EXPOSÉ

DES APPLICATIONS

DE L'ÉLECTRICITÉ

Paris. — Imprimerie et librairie de E. LACROIX. rue des Saints-Pères, 54.

BIBLIOTHÈQUE SCIENTIFIQUE-INDUSTRIELLE ET AGRICOLE
Des Arts et Métiers.

EXPOSÉ

DES APPLICATIONS

DE L'ÉLECTRICITÉ

PAR

LE C^{TE} TH. DU MONCEL

Membre de l'Institut (Académie des sciences)

3ᵉ ÉDITION ENTIÈREMENT REFONDUE

TOME QUATRIÈME

APPLICATIONS MÉCANIQUES DE L'ÉLECTRICITÉ

PARIS
LIBRAIRIE SCIENTIFIQUE, INDUSTRIELLE ET AGRICOLE
Eugène LACROIX, Imprimeur-Éditeur
Du Bulletin officiel de la Marine et de plusieurs Sociétés savantes
54, RUE DES SAINTS-PÈRES, 54

APPLICATIONS MÉCANIQUES

DE L'ÉLECTRICITÉ A L'INDUSTRIE AUX SCIENCES ET AUX ARTS

PREMIÈRE SECTION

HORLOGERIE ÉLECTRIQUE

Au premier abord, quand on entend parler d'*horlogerie électrique*, on se demande quel avantage on peut trouver à introduire dans un système mécanique aussi simple qu'une horloge, et qui marche à si peu de frais, un élément aussi dispendieux et aussi capricieux que l'électricité. Mais l'on ne tarde pas à saisir l'importance de cette application électrique, dès lors qu'on examine que l'électricité, par l'instantanéité de sa transmission, peut rendre deux ou plusieurs mouvements parfaitement synchroniques, et permet de faire marcher d'après un régulateur unique un nombre quelconque de cadrans plus ou moins éloignés les uns des autres. D'un autre côté, bien que le mécanisme des horloges soit très-simple dans son principe, le nombre considérable des rouages et des pièces qui les composent, la difficulté de leur ajustement, l'épaississement des huiles, les variations dans l'isochronisme des mouvements du pendule régulateur par suite de la différence de ses écarts et de la longueur de sa tige, rendent leur fonctionnement peu régulier, et ont dû faire rechercher si l'emploi des moyens électriques ne permettrait pas la suppression de ces rouages, de ces huiles, etc., et une régularisation plus parfaite dans la marche du système. Jusqu'à présent ce dernier problème n'a pas, il est vrai, été résolu d'une manière exempte de tous reproches, pratiquement parlant ; cependant les essais qui ont été faits prouvent que le principe des horloges électriques n'est pas de ceux qui doivent être rejetés d'une manière définitive, et nous verrons dans la suite que la question a fait dans ces derniers temps quelques pas en avant.

Ainsi, l'horlogerie électrique peut avoir deux buts très-distincts à remplir : d'abord de fournir l'heure indépendamment de tout système d'horlogerie ordinaire ; en second lieu, de la distribuer dans tel nombre d'endroits qu'il convient par l'intermédiaire de cadrans compteurs. Ce dernier but est évidemment le plus utile, car il est facile de comprendre de quelle commodité peut être pour une ville comme pour les chemins de fer et les grands établissements industriels dans lesquels les ateliers sont disséminés, la répartition parfaitement exacte de l'heure d'après un chronomètre unique, au règlement duquel on peut alors apporter un soin tout particulier. Du reste plusieurs villes possèdent déjà une installation électrique de ce genre, et il est évident que dans un avenir peu éloigné, ce système de répartition électrique de l'heure sera établi dans les principales villes d'Europe, les ports de commerce et sur les lignes des chemins de fer.

CHAPITRE PREMIER

COMPTEURS ÉLECTRO-CHRONOMÉTRIQUES

Le Bulletin de l'Académie de Bruxelles constate qu avant le 8 octobre 1840, M. Wheatstone avait appliqué le principe de son télégraphe à faire lire simultanément, en un grand nombre de lieux, l'heure donnée par une seule horloge régulatrice ou, en d'autres termes, qu'il était parvenu à télégraphier l'heure, comme il avait télégraphié l'expression d'une pensée ou d'une volonté quelconque. Dans ce but, la roue destinée à fermer ou à rompre le circuit, au lieu d'être mise en mouvement au moyen du doigt, comme dans le télégraphe, était rendue extrêmement légère et recevait sa rotation de l'arbre d'un mouvement d'horlogerie; les aiguilles du cadran fixe, placé à distance, étaient mues par le même moyen absolument que le cadran du télégraphe; enfin, les fils qui établissaient la communication entre l'horloge et l'instrument qui devait répéter son mouvement, pouvaient aussi, comme dans les télégraphes électriques, avoir toute longueur voulue et comprendre dans le circuit un nombre quelconque de ces instruments répétiteurs.

Malgré la notoriété publique de sa découverte et ses brevets, M. Wheatstone fut attaqué par plusieurs physiciens, entre autres par M. Bain, qui voulaient revendiquer à leur profit la priorité de l'invention. Bien que ces physiciens n'aient pu fournir de preuves suffisantes à l'appui de leurs prétentions, il peut bien se faire que l'idée de cette application leur en soit venue en même temps qu'à M. Wheatstone, car il arrive souvent que des découvertes importantes se trouvent faites simultanément par plusieurs personnes, surtout quand la préoccupation publique du moment dirige dans un même sens l'attention des inventeurs. Toujours est-il que, jusqu'à plus amples informations, c'est bien à M. Wheatstone qu'il faut rapporter cette curieuse application de l'électricité.

I. CONSIDÉRATIONS GÉNÉRALES.

D'après l'exposé que nous venons de faire de la disposition des compteurs électro-chronométriques, il est facile de comprendre que la question de leur

installation et de leur bonne disposition est plutôt du domaine de l'électri-
cien que de l'horloger, et c'est parce que les horlogers ne sont pas le plus
souvent versés dans l'étude de la science électrique, que les progrès dans
cette application si utile de l'électricité ont été si lents et les résultats si peu
satisfaisants.

On comprend aisément en effet que les compteurs électro-chronométriques devant fonctionner à une distance plus ou moins grande du régulateur
qui les dirige, et devant se trouver distribués en nombre plus ou moins
grand en divers points d'un circuit plus ou moins exposé aux variations
atmosphériques ou à des effets accidentels qui sont inséparables de toute
installation électrique, il est essentiel que l'appareil soit disposé pour parer
à ces éventualités, et il aura beau être admirablement exécuté au point de
vue des dispositions mécaniques, il pourra être très-capricieux si on n'a pas
pris de précautions convenables.

Nous avons, dans nos précédents volumes, insisté beauconp sur toutes
les causes perturbatrices qui peuvent réagir sur les circuits et sur la manière
de disposer les organes sensibles des appareils par rapport aux conditions
de ces circuits : nous n'y reviendrons donc pas en ce moment ; toutefois,
nous croyons devoir rappeler en quelques mots les effets qui peuvent se
présenter le plus souvent sur les circuits affectés aux transmissions électro-
chronométriques.

Quand les transmissions doivent se faire dans l'intérieur des édifices et
par conséquent à couvert, on a peu de réactions nuisibles à redouter si
on a pris les précautions convenables dans la pose des fils et l'entretien de
la pile, précautions sur lesquelles nous avons insisté dans notre tome II,
(page 382). Les seules causes perturbatrices que l'on puisse avoir à craindre
ne peuvent être guère autres que le relâchement des vis de pression des fils
de communication sur les bornes d'attache de l'appareil, à la suite de
mouvements de trépidation continus communiqués à celui-ci, ou bien les
dérivations par les murs humides, ou enfin le mauvais isolement de la pile
et l'introduction de la poussière dans les appareils. Il y a toutefois à examiner les meilleures conditions d'installation des circuits, et c'est en cela
que la science électrique peut donner d'utiles indications.

Doit-on disposer tous les appareils sur un même circuit en faisant passer
le courant total par tous les appareils à la fois, ou doit-on employer le
système des dérivations? Il est certain que l'un ou l'autre système peut être
employé. Le premier est le plus simple, mais le second a l'avantage qu'un
défaut local dans le circuit n'altère pas la marche de tous les autres appareils. Dans ces deux cas, toutefois, la pile et l'électro-aimant des appareils

chronométriques devront être disposés d'une manière différente, et les formules que nous avons données page 396 de notre tome III, peuvent donner à cet égard toutes les indications nécessaires. Toutefois, les horlogers ne se préoccupant pas de cette question, établissent généralement leurs communications un peu au hasard, et il arrive souvent, surtout avec les systèmes à dérivations, que les moindres variations dans les conditions du circuit affectent tellement les appareils, qu'ils cessent de fonctionner sans qu'on puisse, à première vue, en découvrir la cause. Il est, du reste, certaines considérations qui n'entrent pas dans les lois générales des électro-aimants et sur lesquelles nous devrons donner quelques détails, car elles peuvent contribuer beaucoup au bon fonctionnement des appareils. Nous y consacrerons en temps utile quelques pages.

Quand les circuits sont exposés à l'air et par conséquent soumis aux dérivations et aux courants accidentels, il n'est pas indifférent de les disposer de manière à combattre les effets nuisibles qui peuvent en résulter, et le meilleur moyen trouvé jusqu'à présent a été de faire agir les appareils sous l'influence de courants alternativement renversés. C'est, du reste, un des moyens employés en télégraphie pour obtenir des appareils fonctionnant sans réglage, et il est certain que si on pouvait appliquer aux circuits des compteurs électro-chronométriques tous les moyens usités en télégraphie, la régularité de leur marche serait mieux assurée; mais comme ces appareils marchent automatiquement sans la présence d'un employé qui puisse reconnaître constamment l'état du circuit, on ne peut avoir recours qu'à des moyens simples et immuables et, comme je le disais, le renversement alternatif du sens du courant est celui qui a donné jusqu'ici les meilleurs résultats.

Établissement des circuits pour l'horlogerie électrique. — Quand tous les appareils électro-chronométriques, soumis à l'action d'une horloge régulatrice, sont installés sur un même circuit isolé, la résistance totale de tous les électro-aimants doit être, d'après la théorie, égale à celle du circuit; car la formule $\dfrac{E^2 H}{(R + H)^2}$ qui représente la force attractive d'un électro-aimant dont la résistance de l'hélice magnétisante est H (1), peut être représentée pour un nombre n d'électro-aimants de

---

(1) Voir ma brochure sur la *Détermination des éléments de construction des électro-aimants*, p. 8.

même résistance par $\dfrac{E^2\,n\,H}{(R+n\,H)^2}$, et ces deux formules conduisent ·aux mêmes conditions de maximum, c'est-à-dire à faire $H = R$, dans le premier cas, et $n\,H = R$ dans le second. Il en résulte que, pour une résistance constante R, chacun des électro-aimants, dans ce dernier cas, doit avoir la $n^{\text{ième}}$ partie de la résistance qui aurait incombé à un seul dans le premier cas. Mais comme la formule n'est vraie qu'autant que les dimensions des électro-aimants restent les mêmes, le fil des n électro-aimants devra être plus gros, et cette grosseur sera déterminée par la formule :

$$g = \sqrt{f \sqrt{\frac{c^3\,n}{R}}.\,0{,}00020106}$$

Si l'on veut que la force de chacun des électro-aimants soit celle qu'un seul électro-aimant aurait possédée s'il avait été introduit isolément dans le circuit, il faut augmenter la force électro-motrice de la pile dans un rapport qu'il est facile de calculer, si l'on considère que dans un cas, celui où il y a plusieurs électro-aimants dans le circuit, la force de chacun d'eux est représentée par $\dfrac{E^2\,H}{(R+n\,H)^2}$, tandis qu'elle est $\dfrac{E^2\,n\,H}{(R+n\,H)^2}$ pour un seul placé dans ses conditions de maximum par rapport au circuit.

Or,.si on représente par x le nombre d'éléments destinés à fournir la force électro-motrice E, par ρ la résistance de chaque élément, par x' le nombre inconnu d'éléments pour fournir la force électro-motrice nécessaire, enfin par c la force électro-motrice de chaque élément, on pourra poser :

$$\frac{\overline{x'}\,c^2\,H}{(x'\,\rho + R + n\,H)^2} = \frac{\overline{x}\,c^2\,n\,H}{(x\,\rho + R + n\,H)^2}$$

équation qui donne pour valeur de x:

$$x' = \sqrt{n}\,x.\,\frac{R + n\,H}{(R + n\,H) - x\,\rho\,(\sqrt{n} - 1)}.$$

Comme par suite de la construction des compteurs électro-chronométriques on peut savoir quelle force attractive est exigée pour leur bon fonctionnement, et que par les formules que nous avons données p. 400, tome III, on peut connaître les éléments de construction d'un électroaimant et la composition d'une pile pour fournir dans des conditions données une force voulue, il est facile, au moyen des formules qui précèdent, de donner aux organes électriques des compteurs électro-chronométriques et à la pile qui doit les faire fonctionner, la disposition la plus convenable.

Si le circuit dans lequel sont interposés tous ces compteurs n'est pas parfaitement isolé, la résistance des hélices des électro-aimants doit être diminuée, et cela d'autant plus qu'ils sont plus éloignés de la pile; alors il faut suppléer à la diminution de force qui en résulte par l'augmentation des éléments de la pile, et cette augmentation pourrait être faite d'après les indications de M. Haskins que nous avons rapportées dans notre tome III p. 403.

Quand, par suite de leur situation, les compteurs électro-chronométriques doivent être disposés sur des circuits dérivés, il faut s'arranger de manière à faire converger ceux-ci le plus près possible de la pile et à *équilibrer leur résistance*. On pourrait, il est vrai, par un enroulement différent des électro-aimants, suppléer un peu à cet équilibrement, mais le plus souvent les compteurs sont construits sur un même modèle et ont un même degré de sensibilité : or, il importe que l'un n'absorbe pas le courant aux dépens des autres. Cet équilibrement peut s'effectuer du reste facilement au moyen de bobines de résistance que l'on intercale dans les circuits les moins résistants. Nous avons encore donné page 400, tome III, les formules qui permettent de déterminer dans ce cas les éléments de construction des électro-aimants et la disposition de la pile pour fournir un effet donné; le problème ne présente d'ailleurs aucune difficulté quand les circuits sont bien isolés. Quand ils le sont mal, on y supplée par l'accroissement du nombre des éléments de la pile et l'introduction de résistances variables dans les circuits, à leur extrémité la plus éloignée de la pile, en partant de ce principe que pour empêcher le courant de se perdre trop facilement par les dérivations, il faut diminuer le plus possible la résistance métallique du circuit au-delà des dérivations. On devra donc diminuer d'autant plus cette résistance métallique que les circuits seront moins bien isolés, et pour qu'ils se trouvent tous à peu près dans les mêmes conditions électriques, *on augmentera en même temps la résistance de ceux qui seront les mieux isolés*. On peut du reste obtenir facilement ce réglage en introduisant dans le circuit, avant chaque compteur, une boussole des sinus qui doit naturellement fournir toujours une même indication pour que les conditions du circuit soient bonnes.

Lorsque les circuits dérivés ont une faible résistance, qu'ils partent tous des pôles mêmes de la pile et que l'on est dans la possibilité de combiner les éléments de celle-ci de telle manière qu'on le désire, on arrive par le calcul à démontrer que c'est la combinaison voltaïque qui rend égale la résistance de la pile à la résistance totale des dérivations, qui fournit les résultats les plus avantageux. Mais si après avoir arrêté cette combinaison voltaïque on cherche à obtenir sur chaque dérivation le plus grand effet possible, ce qui arrive fréquemment dans l'horlogerie électrique, les conditions de résistance des électro-aimants interposés sur ces dérivations seront toutes différentes de celles dont nous avons parlé précédemment. Cette fois ces électro-aimants, au lieu d'avoir une résistance plus faible que la résistance de la pile, qui représente alors celle du circuit extérieur, devront avoir une résistance d'autant plus forte qu'il y aura un plus grand nombre de dérivations; et cela se comprend aisément, si l'on considère que la résistance de la pile devant toujours être égale à la résistance totale de ces dérivations, et cette résistance totale diminuant à mesure que les dérivations deviennent plus nombreuses, il faut que leur résistance individuelle soit augmentée pour faire compensation. Si ces dérivations avec les électro-aimants qu'elles contiennent étaient toutes égales entre elles, cette augmentation serait proportionnelle à leur nombre; mais si les dérivations sont d'inégale longueur, leur résistance sera représentée, pour deux dérivations u et H, par :

$$H = \frac{\alpha\, Ru}{u\,\beta - \alpha\, R},$$

ainsi qu'on l'a vu dans notre tome III, p. 397.

Interrupteurs. — L'une des plus grandes difficultés que l'on ait rencontrées dans l'horlogerie électrique est celle qui résulte de l'oxydation et de la détérioration des contacts électriques des interrupteurs. Ces détériorations peuvent provenir de plusieurs causes, mais surtout de l'action des étincelles de l'extra-courant produit par les électro-aimants qui, bien qu'imperceptibles avec des piles peu énergiques, n'en agissent pas moins à la longue et déterminent aux surfaces de contact des rugosités ou des oxydations qui peuvent entraîner des manques de contact ou des contacts multiples fort nuisibles à la régularité de marche des appareils. On a aussi à craindre l'inconvénient des poussières interposées entre les deux lames métalliques destinées à produire les contacts; ce dernier inconvénient, toutefois, peut être très-atténué au moyen d'un mouvement de glissement communiqué à l'une des lames. Quant au premier, on s'est évertué depuis plus de 25 ans à chercher les moyens de le conjurer, et on n'y est parvenu qu'assez incomplétement. Nous avons décrit tome II, p. 111, la plupart de ces moyens, dont les plus simples et les plus efficaces sont ceux de MM. Dering et Dujardin. Le premier consiste, comme on l'a vu, à effectuer les interruptions du courant à travers l'électro-aimant en ouvrant au courant lui-même une voie plus directe et moins résistante. Le second a pour effet d'empêcher l'extra-courant de l'électro-aimant de passer à travers l'interrupteur, en l'écoulant par une bobine très-résistante à fil nu qui réunit les deux bouts du fil de l'électro-aimant. Mais on a imaginé depuis des systèmes à mercure sur lesquels nous devrons un peu insister, car ils sont spécialement affectés à l'horlogerie électrique. L'un de ces systèmes a été imaginé par MM. Leclanché et Napoli, l'autre par M. Liais, et pour qu'on puisse comprendre tout d'abord la complication qu'ils présentent et qui semble inutile à première vue, nous devrons faire observer que le simple contact d'une pointe de platine avec la surface d'une goutte de mercure est loin d'être suffisant pour fournir une action durable. Le mercure est un corps très-oxydable, et quand à la légère couche d'oxyde qui s'y produit se joint une autre couche de poussières excessivement fines qui viennent toujours s'y déposer lorsque l'appareil n'est pas hermétiquement fermé, la pointe de platine peut déprimer la surface du mercure de plus d'un millimètre sans produire de contact. Il a donc fallu trouver des combinaisons pour empêcher d'une part l'oxydation du mercure, de l'autre l'introduction des poussières dont nous avons parlé, et c'est surtout à ces combinaisons que les interrupteurs dont nous parlons doivent leur complication. L'introduction du mercure dans les interrupteurs résolvait du reste une question très-importante pour l'horlogerie électrique, celle de maintenir constante l'action de cet organe, indépendamment de la différence des pressions qui pouvaient être exercées sur lui. On sait en effet que l'intensité des courants transmis par un interrupteur métallique soumis à de faibles pressions est très-souvent moins grande que quand la pression est effectuée avec force.

Système de MM. Leclanché et Napoli. — Ce système, comme on le comprend aisément, devant s'appliquer à l'horloge régulatrice, il fallait, en outre des conditions précédentes auxquelles il devait satisfaire, que le travail absorbé pour son fonctionnement ne pût exercer aucune influence sur la marche du régulateur.

Pour satisfaire d'abord aux conditions de bon contact, MM. Leclanché et Napoli ont disposé leur interrupteur de manière à faire opérer les contacts par le mélange de deux nappes mercurielles dans un espace hermétiquement clos. La rencontre de ces nappes pouvant se faire alors en présence d'un liquide ou d'un gaz réducteur, l'air atmosphérique ne peut réagir sur elles en les oxydant, et le contact s'effectue dans de bonnes conditions.

Quant à la question de soustraire la marche de l'horloge régulatrice à l'action mécanique exigée pour le fonctionnement de l'interrupteur, elle a pu être facilement résolue en ne faisant réagir le régulateur que pour opérer un simple déclanchement, et en empruntant à une source spéciale et .

complétement indépendante du mécanisme du régulateur la force nécessaire pour faire fonctionner l'interrupteur.

L'appareil se compose d'un petit barillet en verre représenté fig. 1 et 2 ci-dessous et dont l'intérieur est divisé en deux chambres A et B au moyen d'une cloison verticale C également en verre et percée dans sa partie supérieure d'un trou D. Ce barillet est fermé hermétiquement aussitôt qu'on a

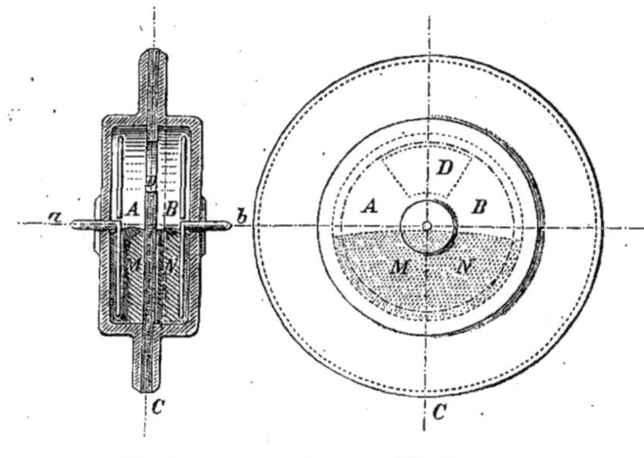

Fig. 1.   Fig. 2.

introduit dans chaque chambre A et B le mercure et le gaz ou liquide réducteur qui doit s'opposer à l'oxydation : Le mercure doit occuper à peu près la moitié de la hauteur de ces chambres, et il est mis en rapport avec les deux parties disjointes du circuit par les deux tourillons a et b sur lesquels tourne l'appareil.

Grâce à ces dispositions, le barillet ne peut accomplir une révolution sur lui-même sans que l'ouverture D venant à plonger dans le mercure, les deux nappes métalliques qui étaient primitivement isolées par la cloison C ne viennent à se mélanger immédiatement et à fournir par conséquent un contact tout à fait intime. Ce contact est, comme on le comprend aisément, indépendant de la pression des surfaces et dure un temps parfaitement déterminé, qui dépend de la vitesse de rotation du barillet et de la largeur de l'ouverture D. Il se produit bien à la vérité une étincelle au moment où la cloison C vient de nouveau séparer les deux nappes mercurielles, mais comme elle se manifeste dans un espace hermétiquement clos, occupé par un milieu réducteur, il ne peut y avoir jamais altération du métal. Le seul résultat produit par l'étincelle est la volatilisation d'une petite quantité de mercure qui se condense à l'état de pureté pour se joindre ensuite à la masse principale. Celle-ci se conserve par conséquent indéfiniment sans altération aucune.

Dans la pratique, on peut adapter à la cloison C deux ouvertures D au lieu d'une, afin de fournir deux contacts pour une révolution du barillet. Ces ouvertures sont alors placées aux deux extrémités d'un même diamètre.

Le mouvement de rotation du barillet est obtenu comme nous l'avons déjà fait entrevoir, par un ressort ordinaire auxiliaire et indépendant de celui du régulateur; on ne demande à celui-ci que la force nécessaire pour opérer les déclanchements à chacun desquels se produit le mouvement de rotation et, par conséquent, le contact qui en résulte. Cette force est, du reste, à peu près la même que celle qui est mise en jeu pour déclancher une sonnerie d'horlóge, et la disposition mécanique des pièces qui composent l'appareil est à peu près semblable à celle de cet accessoire si important des mouvements d'horlogerie. Cet appareil a été imaginé en 1871.

Système de M. E. Liais. — Ce système, dont l'auteur a du reste varié là disposition, est fondé sur le même principe que le précédent, seulement le récipient contenant le mercure est fixe, et les contacts résultent de l'immersion d'une pointe métallique dans le mercure, immersion qui est effectuée sous une cloche hermétiquement close et remplie d'un gaz réducteur. Pour se prêter aux mouvements de la pointe interruptrice, cette cloche est soutenue sur un bain de mercure et recouvre le vase en forme de verre à pied, qui renferme le mercure destiné aux contacts. Ce mercure est mis, par un trou évidé dans le pied du vase, en communication avec le pôle négatif de la pile, et le levier portant la pointe interruptrice qui est en fer ou en nickel se recourbe pour passer, à travers le bain de mercure, au-dessous de la cloche contenant le gaz réducteur. Il regagne ensuite le mécanisme qui doit le mettre en mouvement, et se trouve relié au pôle positif de la pile par une communication plus ou moins directe.

La figure 4, pl. IV, représente ce système d'interrupteur, dont il est facile de distinguer les divers organes. C est la cloche remplie du gaz réducteur; elle est surmontée par une tubulure pour l'introduction de ce gaz. Le levier interrupteur est en L; il est muni à son extrémité libre d'une vis de nickel qui fournit les contacts. N est le récipient contenant le mercure en rapport avec le pôle négatif de la pile; enfin M est le vase qui, par l'intermédiaire du mercure qu'il contient, assure la fermeture hermétique de la cloche C, comme cela a lieu avec les cuves à mercure dans les laboratoires de chimie. Nous reviendrons, du reste, sur ce dispositif, quand nous décrirons l'Horloge de M. Liais.

Systèmes de MM. Volcke et Kaiser. — En Hollande, où l'horlogerie électrique a été très-perfectionnée, grâce aux recherches assidues de MM. Everts, Kaiser et Volcke, on se contente de disposer les lames [de contact des interrupteurs ordinaires de manière à pouvoir être remplacées instantanément, et, d'après M. Everts, qui a publié sur l'horlogerie électrique une brochure très-intéressante, ce moyen est tout à fait suffisant quand on a soin d'armer les lamelles de l'interrupteur de contacts en or et en platine, que l'on assure une bonne pression et que les contacts durent un temps convenable, c'est-à-dire une ou deux secondes.

La figure 2, pl. IV, représente, vu de côté, un de ces interrupteurs. Les deux lamelles *a* et *b* qui le constituent sont en laiton bien mince et séparées par une pièce isolante. Elles sont encastrées à leur partie postérieure dans des pièces métalliques *c* et *d* qui forment du tout un prisme solide, susceptible de pouvoir glisser dans un système à rainures fixé au moyen de pièces isolantes sur les platines de l'horloge. Naturellement ces lamelles sont en contact permanent avec les extrémités disjointes du circuit. La pièce de renfort *d* de la lamelle inférieure se prolonge vers les points de contact de manière à supporter un appendice en ivoire *i* destiné à empêcher les vibrations de ces points de contact. Ceux-ci sont placés en *o* et *p*, et c'est sur la lamelle qui porte le contact en or *o*, que s'exerce l'action mécanique qui doit fournir les fermetures du circuit. Le contact *o*, comme on le voit, est constitué par une pièce saillante légèrement arrondie à son extrémité supérieure, tandis que le contact *p* qui est en platine est formé par une simple plaque soudée à la lamelle supérieure. L'anneau A sert à retirer le système des coulisses où il est engagé, quand on veut effectuer le changement des interrupteurs.

Système de M. Foucault. — Le but que s'est proposé M. Foucault dans son interrupteur a été de faire produire par le balancier d'une horloge un bon contact sans nuire à l'isochronisme des mouvements de ce balancier.

« Ce mécanisme, dit M. Foucault, consiste essentiellement en deux pièces
» A B, B C, fig. 14, pl. I, articulées ensemble et figurant une ligne brisée
» A B C. Des deux extrémités du système, la supérieure s'appuie sur un
» point fixe et s'y rattache par une partie amincie; l'inférieure, terminée
» en pointe, repose au fond d'une agate D, creusée d'une cavité conique et
» portée sur un ressort très-faible D E qui tend à la soulever. Quant à la
» brisure articulée, elle est reliée au pendule lui-même et participe à son
» mouvement oscillatoire au moyen d'une mince barrette horizontale B G.

» Ce mouvement communiqué fait saillir alternativement la brisure d'un
» côté et de l'autre en infléchissant dans l'intervalle le système au moment
» précis où le pendule passe par la verticale; il en résulte que l'agate, tou-
» jours pressée contre la pointe qui s'y trouve engagée, s'élève et s'abaisse
» une fois par chaque oscillation. Dans ce mouvement, elle rencontre une
» pointe de platine H, et comme elle est aussi doublée du même métal, ce
» contact ferme le circuit dans lequel on veut distribuer le courant.

» Il importe bien de remarquer que la pression qui assure ce contact est
» à son maximum au moment où le pendule passe par la verticale, c'est-à-
» dire à l'instant précis où il échappe aux actions perturbatrices. Le pen-
» dule, à toute autre phase de son oscillation, est troublé dans son isochro-
» nisme par le plus léger contact, et ce contact est d'autant plus nuisible
» qu'il a lieu à une époque plus rapprochée de celle où le mobile arrive à
» la limite de son excursion. Or, puisqu'il n'y a pas de distributeur élec-
» trique sans contact, il m'a semblé que pour l'établir il fallait profiter du
» seul instant où le raisonnement lui assigne une moindre influence. C'est
» là en effet ce qui caractérise le nouveau distributeur. »

Interrupteurs inverseurs. — Les systèmes précédents ont été
disposés pour des interruptions simples, mais il est aisé de comprendre
qu'en compliquant un peu leur dispositif, on pourrait en faire des inverseurs de courants. Cette complication toutefois n'est pas nécessaire pour
résoudre le problème dans le cas qui nous occupe en ce moment, car,
comme le plus souvent les compteurs électro-chronométriques ne sont mis
en action que toutes les minutes, l'horloge régulatrice a tout le temps
pendant les interruptions du circuit de faire agir un commutateur inverseur placé en dehors de l'interrupteur, et par conséquent d'effectuer l'inversion des communications électriques sans production d'étincelles. Avec
cette disposition, en effet, il arrive que le courant, au moment d'exercer son
action, trouve toutes les voies préparées convenablement à travers le commutateur, et l'étincelle résultant de sa disparition ne peut se produire que
sur l'interrupteur.

Système de MM. Gloesener, Wheatstone, etc. — Pour éviter les
inconvénients des interrupteurs, MM. Gloesener, Wheatstone et Collin-
Wagner les suppriment complétement et les remplacent par un système
magnéto-électrique mis en action par le pendule de l'horloge régulatrice ou
par un mécanisme accessoire, et c'est sous l'influence des courants induits
résultant des allées et venues de ces aimants générateurs, courants naturellement de sens contraire suivant la direction de leur mouvement, que
fonctionnent les compteurs électro-chronométriques mis en rapport avec

l'horloge régulatrice. Nous décrirons plus tard avec détails ces systèmes intéressants dont l'un, celui de M. Wheatstone, a été installé à l'Université de Londres, à Burlington-house et à l'Exposition universelle de Vienne.

Organes transmetteurs du mouvement. — Dans les attractions électro-magnétiques, la force qui agit sur les cliquets d'impulsion augmente, comme on le sait, dans une proportion énorme au moment où elle doit cesser, et il arriverait, si on ne prenait aucune précaution, que la vitesse acquise de la roue à rochet qui en subit l'effet serait suffisante pour faire sauter plusieurs dents au lieu d'une seule. Dès lors, le compteur ne pourrait plus marcher d'accord avec l'horloge-type. Pour remédier à cet inconvénient, on a ordinairement disposé sur le levier portant le cliquet d'impulsion une sorte de dent à laquelle on a donné le nom de *butoir de sûreté ou d'arrêt* qui, en se présentant devant la sommité d'une des dents du rochet immédiatement après l'échappement, établit un obstacle infranchissable à sa marche. Toutefois, comme ces chocs réitérés ne sont pas sans inconvénient pour des organes aussi délicats que ceux de l'horlogerie, on a cherché à éviter cette action nuisible en faisant réagir sur les cliquets d'impulsion une force prise dans des conditions diamétralement opposées, n'utilisant la force électro-magnétique que pour le rappel du levier agissant sur ces cliquets. La force du ressort antagoniste adapté à ce levier a pu facilement être employée dans ce but, car l'attraction électro-magnétique peut le bander facilement au maximum, puisque la résistance du ressort croît dans un rapport moins grand que la force attractive, et on a de cette manière, pour réagir sur l'appareil électro-chronométrique, une force qui, dès le début, possède son maximum d'énergie et qui décroît successivement à mesure que l'action mécanique s'effectue. Avec ce système, les mouvements brusques dont nous avons parlé ne sont plus à craindre, et l'on pouvait croire le problème résolu de cette manière dans des conditions extrêmement simples : pourtant dans la majeure partie des compteurs électro-chronométriques ce système n'est pas adopté, et il faut croire qu'il n'est pas exempt de reproches, car M. Everts, qui l'avait d'abord préconisé, l'a ensuite abandonné.

En France, MM. Collin-Wagner, Mildé, Leclanché et Napoli, Fournier, etc. l'emploient depuis longtemps et ils en sont très-satisfaits. Il est probable que les défauts qu'on peut lui reprocher tiennent au magnétisme rémanent qui empêche de bénéficier, dans les premiers moments du rappel de l'armature, de l'excédant de la tension du ressort; mais il est facile, en employant pour force antagoniste une lame de ressort disposée en répartiteur électrique, d'éviter cet inconvénient. Cette disposition imaginée en 1854 par

M. Callaud et que nous avons décrite avec figure dans notre deuxième édition tome I, p. 317, consiste à fixer sur l'armature de l'électro-aimant, près de son point d'articulation, une lame de ressort appuyée à son extrémité libre contre la pointe d'une vis de réglage et pouvant rencontrer successivement, par suite de son inflexion de plus en plus prononcée à mesure que l'armature s'approche de l'électro-aimant, deux ou plusieurs autres vis échelonnées devant elle en différents points de sa longueur. On comprendra aisément les avantages de cette disposition, si l'on considère que la résistance opposée par une lame de ressort étant d'autant plus grande que celle-ci agit sur une moindre longueur, on peut jusqu'à un certain point contrebalancer l'accroissement énorme de l'attraction électro-magnétique à mesure que l'armature s'approche de l'électro-aimant, en faisant en sorte que le butoir d'arrêt du ressort réagisse successivement sur lui en des points de plus en plus rapprochés du centre d'articulation du système. Or, c'est ce résultat que produisent les différentes vis dont nous avons parlé. On n'utilise pas, il est vrai de cette manière, l'accroissement de l'énergie magnétique à l'augmentation de la course des pièces qui déterminent l'effet mécanique, comme dans les répartiteurs électriques de MM. Robert-Houdin et Froment, mais on emmagasine une forte tension de ressort, qui peut être utilisée avantageusement pour lutter contre le magnétisme rémanent et vaincre l'inertie des pièces mobiles des appareils au moment des interruptions du courant. Ce système est du reste employé avec succès dans tous les compteurs électro-chronométriques de M. Mildé.

Les répartiteurs électriques eux-mêmes, entre autres ceux de MM. Robert-Houdin et Froment, dont nous avons longuement parlé dans notre tome II, p. 118 et 120, donnent encore le moyen de parer aux inconvénients que nous avons signalés en commençant, et ils ont l'avantage d'utiliser à l'augmentation de la course des organes transformateurs du mouvement, la régularisation de l'action mécanique qu'ils fournissent. Ils ont comme on le verra plus tard, été souvent employés, surtout le répartiteur de M. Robert-Houdin.

Enfin on a résolu encore le problème en confiant à un mécanisme d'horlogerie le soin d'entraîner les rouages, ne conservant à l'action électro-magnétique que des fonctions de déclanchement. Tous ces systèmes ont leur bon et mauvais côté, et quand ils sont bien exécutés et surtout bien surveillés, ils peuvent tous fournir de bons résultats.

Pendant que nous en sommes au chapitre des organes transmetteurs du mouvement, nous devons dire quelques mots de la manière dont la transformation du mouvement est effectuée par ces organes dans l'horlogerie électrique. Généralement on emploie à cet effet des *cliquets d'impulsion* réagissant tangentiellement sur les dents d'un rochet, et ces cliquets sont accompagnés, comme on l'a vu, d'un *butoir de sûreté* et d'un *cliquet de retient,* pour empêcher la roue de rétrograder au moment où le cliquet d'impulsion recule pour se mettre en prise avec une nouvelle dent. Avec ce système, on ne peut faire échapper qu'une dent pour un double mouvement de l'armature, et le retour de celle-ci à sa position initiale n'est pas utilisé. Or, il est facile de concevoir qu'en appliquant ce second mouvement à la marche d'un second cliquet d'impulsion on pourrait, pour un effet mécanique donné, faire réagir l'armature avec un écartement de l'armature moitié moins grand, et par conséquent employer une force électro-magnétique beaucoup moindre. Il est d'ailleurs des cas, par exemple quand on veut faire fonctionner les appareils avec des courants alternativement renversés, où l'emploi d'un moyen de ce genre est indispensable. On a imaginé pour résoudre ce problème plusieurs systèmes dont nous parlerons et qui ont produit d'excellents résultats; mais on comprend aisément que la solution peut en être obtenue très-simplement au moyen d'une ancre d'échappement, comme dans les télégraphes à cadran à mouvement direct. Nous décrirons plus tard un compteur de M. Hipp et un autre de M. Siemens qui sont précisément disposés de cette manière; néanmoins on préfère généralement employer de doubles cliquets indépendants, et des combinaisons réellement ingénieuses ont été imaginées dans ce but par MM. Régnard, Leclanché, Mildé, Breguet, Nollet, etc.

Contrôleurs de la marche des appareils. — L'accessoire le plus important des horloges électriques est un contrôleur automatique à l'aide duquel on puisse reconnaître à chaque instant si le courant passe régulièrement avec une intensité convenable dans les différentes parties des circuits, sans que cette constatation trouble en rien la marche des appareils, et il faut de plus que, par une disposition particulière de commutateur, on puisse, soit couper le circuit sans interrompre la marche du régulateur, soit avancer les aiguilles des cadrans, soit même renverser le courant de la pile. M. Everts, dans la brochure intéressante qu'il a publiée en 1872 sur l'horlogerie électrique, entre dans de grands détails sur l'organisation de ces sortes d'appareils; mais l'on peut parfaitement résoudre la première partie du problème avec l'appareil que j'ai imaginé dès l'année 1856 pour prévenir automatiquement quand l'intensité d'un courant est devenue trop faible pour les usages auxquels on le destine. Cet appareil que nous décrirons plus tard avec détails au chapitre des applications aux appareils de précision, est mis en action toutes les demi-heures par la roue de compte de la sonnerie d'une pendule ordinaire qui, en ces moments-là, ferme un courant électrique à travers un galvanomètre disposé de manière à faire réagir pour certaines positions de l'aiguille un avertisseur électrique. Si ces positions correspondent à un degré de déviation qui ne saurait être atteint sans qu'il se produise une action préjudiciable pour la marche des cadrans, il est bien certain qu'on pourra être prévenu à temps de l'insuffisance de l'action électrique et on pourra dès lors facilement y remédier.

On pourrait encore appliquer dans le même but l'ingénieux appareil que M. Wartmann avait imaginé en 1854, et qui est disposé de manière à régler constamment l'intensité d'un courant. Cet appareil, qui a été de nouveau mis au jour par M. Mascart, en 1873, est mis en mouvement par un mécanisme d'horlogerie qui a pour effet, suivant l'intensité plus ou moins grande du courant, de rapprocher ou d'éloigner deux électrodes métalliques immergées dans une solution peu susceptible de développer des effets de polarisation, et qui constitue une résistance variable suivant l'écartement des électrodes. Nous décrirons plus tard cet ingénieux appareil.

Contrôleurs de M. Everts. — L'organisation de ces appareils dépend, comme on le comprend aisément, de la manière dont les différents cadrans sont disposés dans les circuits. Quand ces cadrans sont intercalés dans un même circuit, l'appareil se compose d'abord de deux galvanomètres a et b, fig. 5, pl. IV, l'un a qui est enveloppé d'un fil gros et court faisant partie du circuit, l'autre b qui est très-sensible et qui est interposé dans un circuit local complété par une bobine de résistance W et un interrupteur G. Il suffit d'appuyer sur cet interrupteur entre deux fermetures de courant pour constater l'intensité de celui-ci, et on doit savoir entre quels degrés de ce galvanomètre les cadrans marchent régulièrement.

Les organes C, D et V sont, le premier un conjoncteur de courant, le second un inverseur et le troisième un interrupteur du circuit des cadrans, à l'aide duquel on peut faire avancer les aiguilles de tous les cadrans, quand ils ne sont pas d'accord avec l'horloge régulatrice. Les pièces H, P, T, T, Z, O, sont des bornes d'attache pour les fils allant aux deux lamelles de l'interrupteur du régulateur, aux cadrans compteurs et aux pôles de la pile. Les premières H, P, correspondent aux lamelles, les deux suivantes T, T aux compteurs, les deux dernières à la pile. L'appareil est du reste placé verticalement et recouvert d'une porte vitrée.

Quand les cadrans sont répartis entre plusieurs circuits, il faut ajouter à l'appareil un second compensateur inverseur D et autant de bornes d'attache qu'il y a de circuits moins un. Ces deux inverseurs sont reliés entre eux et aux différents circuits, et comme on emprunte aux deux extrémités de la pile entière un même nombre d'éléments (ordinairement de 3) qui sont réunis séparément à chaque commutateur, on peut renverser le courant sans déranger la marche des appareils. Pour peu qu'on suive les communications électriques sur le contrôleur, on pourra aisément se rendre compte de ces effets.

Quand on veut régler les différents appareils avant de les mettre en place, on ajoute au dispositif précédent un rhéostat que l'on fait communiquer à la borne d'attache du pôle positif de la pile et à un commutateur dont la manette correspond au même pôle de la pile, et les deux contacts au rhéostat. De cette manière on peut savoir quelle est la résistance qui doit être introduite dans le circuit pour le bon fonctionnement des appareils. M. Everts, dans les nouveaux contrôleurs qu'il emploie, conserve même à demeure ce rhéostat (dont les résistances varient de 1 à 100 unités Siemens), afin de maintenir toujours la même résistance dans le circuit des cadrans, et il fait fonctionner à chaque fermeture du courant, c'est-à-dire toutes les minutes, une sorte de parleur qui frappe légèrement un timbre et qui est réglé de manière à ne pouvoir fonctionner quand le courant est devenu trop faible pour la marche régulière des compteurs.

« J'ai observé, dit M. Everts, que les horloges d'un circuit ne se dérangent le plus souvent que parce qu'elles ne sont pas disposées et réglées avec un soin mathématique et parce que le contrôle manque. Il faut que le premier venu puisse reconnaître immédiatement s'il est nécessaire de faire intervenir le surveillant et qu'il soit même dans la possibilité d'empêcher le déréglage des appareils par une manœuvre aisée qui permette l'arrivée du surveillant. Du reste la pile Leclanché écarte beaucoup les causes de dérangement, et ceux-ci ne se produisent guère si tout est fait avec soin et examiné chaque semaine. »

Nous ne ferons qu'une simple observation au dispositif de M. Everts, c'est que, selon nous, son contrôleur, au lieu d'être introduit dans le circuit près de la pile, devrait l'être au point le plus éloigné, car les variations de la pile ne sont pas les seules causes qui peuvent influer sur la marche des régulateurs, les dérivations fortuites du courant interviennent fréquemment, et dans ce cas les indications du contrôleur placé près de la pile tendraient à faire augmenter la résistance intercalée dans le circuit au lieu de la faire diminuer, car l'intensité du courant près de la pile bénéficie de toutes les dérivations accidentelles qui se produisent sur le circuit, aux dépens, bien entendu, de l'intensité électrique qui doit agir sur les compteurs.

Accélérateurs et retardateurs. — Quand une horloge doit

servir de régulateur pour la transmission de l'heure, et que la régularité de sa marche ne doit pas être troublée pour sa remise à l'heure, en raison du désaccord qui se manifesterait entre elle et les compteurs auxquels elle transmet le mouvement, on est obligé d'adapter à cette horloge régulatrice des appareils auxquels on a donné le nom *d'accélérateurs* et de *retardateurs*, lesquels appareils ont pour objet d'effectuer lentement et successivement les corrections pendant le fonctionnement même de l'horloge. M. Liais s'est occupé beaucoup de ce système de réglage et il en a pourvu presque toutes ses horloges électriques. Nous représentons comme type celui qu'il avait adapté à l'horloge de l'Observatoire de Paris, et que nous avons représenté fig. 15, pl. III.

L'accélérateur consiste dans un levier coudé A B C oscillant en B et portant un contre-poids P. L'extrémité A de ce levier est munie d'une petite palette que peut rencontrer le pendule X Y en oscillant. En temps ordinaire ce levier est maintenu éloigné du pendule par le compas D E F, que l'on incline d'un côté ou de l'autre, à l'aide des fils F G, F H et des anneaux G et H. A cet effet ce compas est vissé à frottement dur en son point d'articulation E. Quand on veut faire réagir l'accélérateur, on tire l'anneau G, et aussitôt la palette A étant rencontrée par le pendule, réagit sur lui en tendant à diminuer l'amplitude de ses oscillations. Celles-ci s'effectuant alors dans un temps plus court, l'accélération du mouvement a lieu.

Le retardateur est un peu plus compliqué dans sa construction bien que le principe en soit très-simple; il consiste dans un levier oscillant I J, terminé en I par une masse pesante, et maintenu dans une position fixe par un encliquetage K L M N T, dont le crochet K U M est articulé sur une douille fixe K P. Tant que ce crochet est maintenu sur le crochet M N, le pendule X Y est libre; mais aussitôt qu'à l'aide d'un cordon *c d* on incline le compas *a b c*, ce crochet M N se trouve écarté par suite de la traction exercée sur le fil *a c*, et le crochet K U M se dégage. Alors l'entaille U, ménagée sous ce dernier crochet, vient bientôt s'enfourcher sur une cheville adaptée à un levier V V, fixé sur la tige du pendule, et le système oscillant I J participe au mouvement de celui-ci. Comme les oscillations des deux tiges oscillantes s'effectuent en sens contraire, c'est-à-dire que l'une s'abaisse quand l'autre se relève, le mouvement du pendule se trouve retardé. Quand le retard qui a été jugé nécessaire est effectué, on accroche de nouveau le crochet K U M sur le crochet M N à l'aide du compas R Q P, dont la branche P porte une cheville et dont la branche R est reliée à un cordon R S. Ce compas revient à sa position initiale après avoir été tiré par l'intermédiaire d'un ressort *r*. Les deux appendices qui se trouvent placés des deux côtés de l'entaille U, servent à empêcher la chute du crochet K U M en dehors de la cheville V, quand la position de cette cheville ne correspond pas à celle de l'entaille U au moment de cette chute. Enfin le crochet T sert de guide au crochet K U M.

Pour que ces accélérateurs et retardateurs n'arrêtent pas la marche de l'horloge, il est nécessaire, au moment où on les met en action, de rendre les poids de cette horloge plus pesants, ce que l'on fait au moyen d'un poids additionnel, que par un système de poulies on amène à appuyer sur les contre-poids eux-mêmes.

Moyen de soustraire les horloges-types à l'action perturbatrice des variations de la température. — La dilatation plus ou moins grande des métaux sous l'influence de la chaleur est, comme on le sait, une des grandes causes de l'irrégularité des horloges, puisqu'en allongeant ou en raccourcissant la tige de leur pendule elle les fait retarder ou avancer. Tous les systèmes compensateurs qu'on a jusqu'à présent employés n'ont jamais résolu complétement le problème, quelques perfectionnés qu'ils aient pu être. En conséquence, M. Faye prétend qu'au lieu de combattre directement les variations du pendule, on ferait mieux de chercher le moyen de les supprimer. Ce moyen pourrait être de placer une horloge-type assez profondément en terre pour que les variations de température ne fussent plus sensibles. Or, cette profondeur n'est pas considérable, puisque les caves de l'Observatoire de Paris n'ont pas fourni, depuis soixante ans, 1/10 de degré de différence entre les températures observées aux différentes heures du jour et aux différentes saisons. Une horloge qui s'y trouverait donc placée dans des conditions de sécheresse convenables, n'aurait plus besoin de pendule compensateur et pourrait, à l'aide de fils conducteurs et de compteurs électro-chronométriques, renvoyer l'heure exacte à toutes les horloges astronomiques de l'Observatoire.

Cette idée, émise en 1849 par M. Faye, a été réalisée, comme nous le verrons plus tard, par M. Liais au moyen de son horloge électrique. Une horloge-type ordinaire n'aurait peut-être pas pu fournir de bons résultats à cause de l'humidité considérable de ces sortes de caves.

II. — DISPOSITIONS DES COMPTEURS ÉLECTRO-CHRONOMÉTRIQUES.

1° **Compteurs à mouvement direct et à un seul cliquet d'impulsion.**

Compteurs électro-chronométriques de M. P. Garnier. — MM. Froment et Paul Garnier ont été les premiers, en France, qui aient exécuté d'une manière complétement satisfaisante les compteurs électro-chronométriques. M. Paul Garnier particulièrement a fait de cette application de l'électricité une branche d'industrie assez importante qu'il a exploitée avec avantage pendant longtemps. C'est lui, en effet, qui a établi les cadrans de la gare du chemin de fer à Lille, qui ont marché synchroniquement au nombre de dix-huit sous l'influence d'un même régulateur. C'est également lui qui a installé les cadrans électriques des stations sur les lignes de Chartres, de Lyon et autres, et ces cadrans dont les dimensions variaient de 0^m,25 à 1^m,80, marchaient souvent à une distance de plusieurs kilomètres de l'horloge régulatrice. Enfin, c'est M. Paul Garnier qui a reçu à l'Exposition universelle de 1855 la médaille d'honneur destinée à l'horlogerie électrique.

Le régulateur ou horloge-type des compteurs électro-chronométriques de M. Paul Garnier est une pendule ordinaire marchant le plus exactement possible, et c'est sur l'axe de la roue de délai du mécanisme de la sonnerie de cette pendule, qu'est pris le mouvement qui doit mettre en jeu l'interrupteur du circuit correspondant aux compteurs. A cet effet, cet axe est muni d'un système d'ailettes H, fig. 3, pl. I (au nombre de trois ou de quatre), qui peuvent arrêter le mouvement de la sonnerie lorsque l'une d'elles *h* est engagée entre les dents d'une étoile d'acier F montée sur l'axe de la roue d'échappement *d*, mais qui la dégagent de six en six secondes à mesure que s'échappent les dents de l'étoile sous l'influence de la rotation de la roue d'échappement. L'axe sur lequel est fixé ce système d'ailettes, porte en même temps une espèce d'étoile à trois dents *a* qui peut, en tournant, soulever un levier coudé métallique A B C mis en rapport avec l'une des branches du courant, et ce levier, muni à l'autre extrémité C d'un appendice de métal non oxydable, peut rencontrer un ressort à pointe d'or D auquel aboutit l'autre branche du courant. Il en résulte que quand le mouvement de l'axe portant les ailettes se trouve dégagé, la dent de l'étoile qui s'est échappée, soulève le levier A B C, et celui-ci vient appuyer contre le ressort à pointe d'or; alors le courant se trouve fermé. Mais aussitôt que l'échappement a eu lieu, c'est-à-dire que l'axe en question a accompli un tiers de sa révolution, une nouvelle ailette s'engage entre les dents de l'étoile F, et le courant se trouve interrompu, parce qu'alors la branche du levier A B C se trouve entre les dents de l'étoile *a* qui doit agir sur lui. Ainsi, comme on le voit, le courant est fermé toutes les six secondes, mais on pourrait en multipliant les dents des étoiles et les ailettes obtenir des fermetures plus fréquentes.

A l'époque où M. P. Garnier a construit ses premières horloges électri-

ques, on a souvent demandé pourquoi il avait employé un interrupteur aussi
compliqué, lorsqu'en faisant réagir directement la roue d'échappement ou
même le balancier de la pendule sur une lame de ressort, il aurait pu
obtenir des fermetures directes qu'il aurait multipliées autant qu'il aurait
voulu; mais si on considère que, pour ne pas altérer la régularité de
marche de la pendule, il est nécessaire de ne pas gêner la roue d'échappement ou le pendule dans son mouvement; si l'on considère que pour
obtenir une bonne fermeture de courant, il faut une pression assez forte
et successive, on ne tarde pas à reconnaître combien il a fallu ce réflexion à M. Paul Garnier pour se défendre d'une trop grande simplicité
dans la construction de son interrupteur, et combien il a fait preuve en
cela de perspicacité à une époque où tous les caprices de l'électricité
n'étaient pas encore connus.

L'interrupteur pour des compteurs battant la seconde a été plus difficile
à combiner; car pour obtenir des fermetures toutes les secondes sans toucher à l'échappement ou au balancier, il fallait réagir sur un moteur indépendant et marchant pourtant synchroniquement avec cette roue d'échappement. En répétant les rouages du mouvement d'horlogerie à partir du
barillet, on y serait peut-être parvenu; mais M. Garnier a mieux aimé
recourir à un autre moyen que nous expliquerons plus tard.

Pour que chaque fermeture de courant, opérée par les moyens que nous
venons de passer en revue, puisse réagir sur un compteur capable de les
enregistrer exactement et de les traduire sur un cadran à l'aide d'aiguilles
analogues à celles d'une horloge, plusieurs conditions indispensables devaient être réalisées.

Il fallait : 1° que chaque fermeture du courant ait pour effet l'avancement d'une roue à rochet, dont les dents fussent en rapport avec le jeu
des pièces subissant l'attraction électro-magnétique ;

2° Que chaque impulsion communiquée à cette roue fût enrayée par
un arrêt secondaire, capable d'anéantir instantanément la force d'inertie
développée par cette impulsion ;

3° Que la force nécessaire pour obtenir le jeu de ce compteur fût assez
minime pour être excitée par une faible pile ;

4° Que l'avancement saccadé de la roue à rochet pût être transformé de
manière à faire fonctionner deux aiguilles dans les rapports de la divis on
du temps.

Pour résoudre ce quadruple problème, M. Paul Garnier a disposé ses
appareils comme on le voit, fig. 1, pl. I.

Dans cette figure, L L' est l'électro-aimant commandant le mécanisme du compteur; il est disposé verticalement, les branches en bas, et c'est la pesanteur de l'armature M, régularisée comme nous l'avons indiqué tome II, p. 53, qui sert de force antagoniste. La tige T sur laquelle réagit le contre-poids, est articulée en O sur un levier F F qui se trouve au-dessous de l'axe de la roue C C', et qui se termine en A K par une potence sur laquelle est fixé un crochet d'encliquetage. Deux butoirs d'arrêt H, H' adaptés sur ce même levier, sont taillés de manière à venir buter contre la roue à rochet après chaque mouvement accompli par ce levier. Enfin un cliquet de retient G et une roue intermédiaire C C', engrenant sur un pignon adapté à la roue à rochet B B', complètent le mécanisme du compteur.

Le mécanisme qui traduit sur le cadran, en divisions du temps, le mouvement saccadé du rochet B B', est placé derrière la platine du compteur, et n'est autre qu'une minuterie ordinaire d'horloge, se composant d'une roue qu'on appelle roue de chaussée qui se monte à frottement sur l'axe de la roue C C', et qui engrène avec une seconde roue dite de renvoi qui porte le même nombre de dents que celle de chaussée. Cette roue de renvoi est montée sur un pignon calculé pour faire douze tours, tandis qu'une troisième roue, appelée roue de canon, avec laquelle elle engrène, n'en fait qu'un. La roue de canon porte l'aiguille des heures, et elle a pour axe la chaussée qui porte l'aiguille des minutes.

Généralement la roue C C' fait un tour par heure, et comme elle engrène avec le pignon de la roue à rochet B B', le rapport des nombres de dents du pignon et de cette roue doit être dans une proportion convenable eu égard au nombre de dents du rochet et aux intervalles de temps que met l'interrupteur entre chaque fermeture du circuit.

Dans les compteurs à secondes de M. Paul Garnier, le nombre des dents du rochet est dé 60, et de 90 dans ses compteurs fonctionnant toutes les quatre secondes; par conséquent la roue intermédiaire a 120 dents dans le premier cas et 80 dans le second.

Le jeu de ce compteur s'effectue de la manière suivante :

Quand une fermeture du courant rend actif l'électro-aimant. L L', l'armature M est soulevée et avec elle le levier E F qui, à l'aide de son crochet d'impulsion, fait avancer d'une dent le rochet. Mais en même temps que ce mouvement s'accomplit, le butoir H vient se placer devant l'une des dents de ce même rochet et l'empêche d'être poussé plus loin. Aussitôt que le courant a cessé de circuler dans l'électro-aimant L L', la roue à rochet se trouve dégagée, mais elle est maintenue dans sa position par le cliquet de retient et le butoir H'.

Dans l'origine, M. Paul Garnier employait de doubles rochets pour donner plus de prise au butoir d'arrêt H, mais il n'a pas tardé à reconnaître qu'on pouvait résoudre le problème avec un seul rochet, puisque le butoir H pouvait constituer un obstacle rigide au mouvement de la roue.

Pour régler la distance entre l'armature et l'électro-aimant sans changer les conditions de position du crochet d'encliquetage, M. Paul Garnier a fait de la tige T une véritable vis de rappel se vissant en Z ; de sorte qu'il suffit de tourner cette vis à droite ou à gauche pour rallonger ou raccourcir la course du crochet, et par cela même rapprocher ou éloigner l'armature. Enfin une vis adaptée à l'extrémité de l'armature de l'électro-aiman, et qui appuie contre le cuivre de la bobine quand cette armature est attirée, maintient celle-ci éloignée des pôles de l'électro-aimant et empêche les effets du magnétisme rémanent.

Quand les aiguilles des cadrans qui doivent être mises en mouvement par ce genre de compteurs sont longues et lourdes, il faut nécessairement qu'elles soient équilibrées. En conséquence, les axes de la minuterie sur lesquels elles sont montées, portent du côté opposé des disques de plomb qui sont cachés derrière le cadran.

La petite roue R R' avec son cliquet d'arrêt X que l'on distingue sur la figure, a été adaptée dans le but de permettre la remise des aiguilles à l'heure, ce que l'on fait à l'aide du bouton Y en ayant soin de soulever le cliquet X par son petit manche. Pour que cette opération soit plus facile et susceptible d'être faite sans que l'on ait besoin de regarder le grand cadran, un petit cadran U U (fig. 1 *bis*) et une aiguille indicatrice S ont été adaptés derrière le mécanisme du compteur.

Nous devons mentionner ici une heureuse application des courants dérivés que M. Paul Garnier a faite dans son système, et qui offre certains avantages dans les applications de l'horlogerie électrique, en ce qu'elle permet d'ajouter ou de retrancher des cadrans, sans que ceux qui restent soient troublés dans leurs fonctions. Au lieu de faire passer directement le courant électrique dans les bobines des divers appareils horaires, il établit deux fils qui forment ce qu'il appelle une artère, et c'est sur ces fils qu'il greffe ceux qui aboutissent aux compteurs. Cette disposition est représentée fig. 2, pl. I. A B, C D sont les fils de l'artère partant de la pile et se dirigeant parallèlement le long de la ligne où doivent se placer les appareils horaires ; l'horloge type H, est mise dans le circuit qui n'est pas fermé, car les deux fils A B, C D sont bien isolés l'un de l'autre. Les appareils horaires *o*, *o'*, *o"* ont leurs fils *a b*, *a' b'*, *a" b"*, etc., en communication avec A B et C D ; de sorte que le circuit voltaïque se trouve complété par ces

différents fils métalliques. On a soin de les prendre d'un beaucoup plus
petit diamètre que celui des deux gros fils, et alors la résistance de ces deux
derniers peut être négligée devant celle des fils ab, $a'b'$, $a''b''$, etc., qui se
partagent le courant électrique comme s'ils étaient attachés au même point,
On conçoit aisément que pourvu que la pile fonctionne et que l'horloge
type ne se dérange pas, un des appareils horaires peut être supprimé sans
que les autres cessent d'indiquer l'heure. On peut même embrancher,
d'après le même principe, les fils cd d'un appareil horaire o'' sur les
fils $a''b''$ d'un autre instrument semblable.

On a supposé que les deux gros fils de cuivre A B, C D étaient isolés;
mais d'après ce que l'on a dit du pouvoir conducteur du sol, on peut en
remplacer un par la terre et se borner à un gros fil C D bien isolé; alors
chacun des fils a, a', a'' des appareils horaires est soudé au gros fil C D,
tandis que chaque fil b, b', b'' est attaché à une plaque métallique plongée
dans le sol.

Compteurs électro-chronométriques de M. Froment. —

La raison qui a déterminé M. Paul Garnier à substituer les effets de la
pesanteur à ceux des ressorts antagonistes dans ses compteurs électro-
chronométriques, est sans doute l'invariabilité de la force antagoniste que
l'on obtient dans le premier cas et qui n'existe pas dans le second, puisque
les ressorts antagonistes perdent de leur élasticité par leur usage prolongé.
Sous ce rapport il y a effectivement avantage, mais plusieurs inconvénients
peuvent en résulter; d'abord le compteur dans lequel la pesanteur joue le rôle
de force antagoniste, doit toujours être placé dans une position verticale
pour marcher; en second lieu, la résistance n'augmentant pas avec la force
électro-magnétique, le mouvement des pièces qui subissent l'impulsion est
à son maximum au moment où il doit cesser. En conséquence les aiguilles,
si elles sont un peu longues, éprouvent à chaque impulsion un tremblement
qui pourrait quelquefois faire céder l'encliquetage. C'est ce que M. Froment
a voulu éviter dans ses compteurs, et pour y arriver plus sûrement, il a
muni les armatures de ses électro-aimants du répartiteur électrique que
nous avons décrit tome II, page 120, et qui maintient la force électro-
magnétique égale pendant tout le temps de l'attraction. C'est pourquoi il a
obtenu pour ses aiguilles un battement sec et sans tremblement, même
avec des cadrans de 2 mètres de diamètre.

Les compteurs de M. Froment battent la seconde, et le mécanisme interrupteur qui les faisait fonctionner dans l'origine était des plus simples. Il
consistait dans une roue à rochet mise en rapport de mouvement avec
l'horloge, de telle manière que chacune de ses dents vint effleurer un res-

sort fixe toutes les secondes. Ce ressort qui n'était autre qu'une lame d'or très-mince était en communication avec une branche du courant, et comme la roue elle-même était en rapport avec l'autre branche, le courant se trouvait fermé à chaque contact, c'est-à-dire toutes les secondes. Toutefois M. Froment a préféré plus tard employer comme régulateur-type sa petite pendule électro-magnétique que nous décrirons bientôt, et dont l'électro-aimant moteur pouvait remplir cette fonction indépendamment de l'horloge.

Le compteur de M. Froment est représenté fig. 1, pl. I. M M est l'électro-aimant, A B son armature, et B C une rallonge de cuivre sur laquelle est articulé le répartiteur C D E. La tige G D de ce répartiteur est articulée à un levier coudé G H I dont le bras I porte un cliquet d'impulsion. Ce cliquet en réagissant sur la roue à rochet K fait marcher la roue L par l'intermédiaire d'un pignon, et la roue L commande la minuterie qui est disposée derrière la platine. Pour qu'on puisse aisément mettre cette minuterie à l'heure, la roue L est emmanchée à frottement gras sur son axe, et cet axe porte une roue d'angle O, avec laquelle s'engrène une autre roue P montée sur l'arbre horizontal Q P. Cet arbre se termine en Q par un carré qui sort du cadre, et au moyen d'une clef on peut faire marcher la minuterie sans changer la position des roues K et L. R est le ressort antagoniste qui rappelle, par l'intermédiaire du répartiteur, l'armature A B contre le butoir S au moment des interruptions du courant. La vis calante V sert à empêcher l'effet du magnétisme rémanent sur l'armature, et peut servir en même temps de relais. Enfin le ressort T U, terminé par une étoile U, joue le rôle de cliquet de retient.

Le jeu de ce compteur est facile à concevoir; lorsque l'armature A B est attirée sous l'influence d'une fermeture de courant, les deux leviers inclinés C D, D E se redressent et entraînent de gauche à droite la tige G D qui, en faisant basculer le levier coudé G H I, pousse le cliquet d'impulsion. Bien que l'amplitude de ce mouvement soit diminuée par suite de la différence de longueur des leviers H I et G H, elle suffit pour faire échapper une dent du rochet, car elle représente elle-même une amplification considérable de la distance séparant l'électro-aimant de son armature, amplification qui est due au jeu du répartiteur. Lorsque le courant est interrompu, le ressort R tend à infléchir les branches de ce répartiteur, et par cela même soulève l'armature A B contre son butoir d'arrêt; alors le cliquet d'impulsion I se trouve mis en prise avec une nouvelle dent du rochet, laquelle dent s'échappe aussitôt que le courant traverse de nouveau l'électro-aimant.

Comme on le voit, ce compteur est admirablement conçu et la disposition des pièces qui le composent est on ne peut plus simple.

Compteur électro-chronométrique de M. Collin-Wagner.

— M. Collin-Wagner est un de ceux qui se sont les premiers occupés d'horlogerie électrique. Dès l'année 1846, alors qu'il était ouvrier chez M. Dent, à Londres, il combina un système de compteur électro-chronométrique remarquable par sa simplicité et la sûreté de sa marche, et dont les résultats ont été tellement bons qu'il n'a pas cherché à en modifier la disposition depuis cette époque.

Cet appareil que nous représentons fig. 3 ci-dessous, est le compteur électro-chronométrique réduit à sa plus simple expression. Il fonctionne sous l'influence d'une rupture de circuit et, par conséquent, sous l'action du ressort antagoniste, qui se trouve alors placé à l'extrémité du levier D de l'armature électro-magnétique, levier qui est très-long.

Le cliquet d'impulsion que nous représentons à part au milieu de la fig. 3, est porté par ce levier, et il est disposé de manière à rendre inutile le butoir d'arrêt qu'on adapte ordinairement aux appareils de ce genre pour empêcher le passage de plusieurs dents. A cet effet il forme une espèce de compas articulé dont l'une des branches I, taillée en bec, constitue le cliquet proprement dit, et dont l'autre F, disposée en fourchette, a sa course limitée par un butoir d'arrêt C fixé sur le levier D entre les deux bras de cette fourchette. Il résulte de cette disposition que quand le bec du cliquet a accompli la course nécessaire pour l'échappement de la dent du rochet avec laquelle il est en prise, la fourchette F qui le termine du côté opposé bute par l'un de ses bras contre l'arrêt C, et le maintient assez serré contre le rochet pour empêcher le passage de plusieurs dents. Cette disposition est réellement très-simple et très-ingénieuse. Le cliquet de retient D n'a du reste rien de particulier, pas plus que la minuterie,

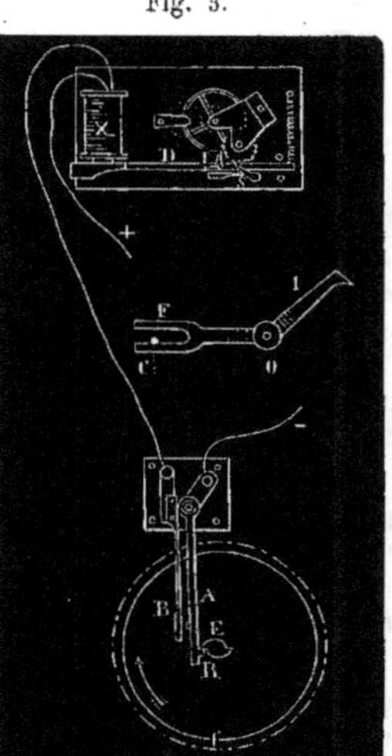

Fig. 3.

dont la roue des minutes engrène avec un pignon adapté à l'axe du rochet.

L'interrupteur de l'horloge régulatrice qui met en fonction l'appareil que nous venons de décrire, se compose d'un levier articulé A muni d'un butoir de contact et qui est placé parallèlement à côté d'un ressort B sur lequel est fixé le second contact. Ce levier est terminé par un petit galet R sur lequel réagit une double excentrique E, portée par l'axe d'un des mobiles du régulateur, et ce mobile est tellement disposé qu'il détermine un contact toutes les dix secondes.

Compteurs électro-chronométriques de M. Robert-Houdin. — La faculté que possède le répartiteur électrique de M. Robert Houdin, que nous avons décrit avec détails (page 118, tome II), de faire réagir énergiquement une armature à une distance considérable de son électro-aimant, a pu être mise à profit par cet habile mécanicien pour mettre en mouvement de grands rochets à larges dents commandant des aiguilles d'une taille considérable. Le compteur qu'il avait à l'Exposition de 1855 réagissait, en effet, sur un cadran de 2ᵐ,50, et pouvait fonctionner avec un seul élément de Daniell de petit modèle. La fig. 5, pl. I, représente le mécanisme de ce compteur gigantesque.

L'électro-aimant commandant la roue à rochet de ce compteur est en E; il a pour armature une lame de fer doux A articulée en B et terminée par un levier L', qui constitue une des branches du répartiteur. L'autre branche L de ce répartiteur pivote en B', et porte, articulé à son extrémité libre, un cliquet d'impulsion D. En face de l'armature A se trouve disposé un levier coudé V, qui, étant rencontré par elle, fait bascule et vient buter contre l'une des dents du rochet comme un butoir d'arrêt. Toutefois, ce levier n'a d'effet qu'au seul moment de la réaction du cliquet d'impulsion. Pour maintenir son effet lorsque l'électro-aimant E est inerte, un second électro-aimant E' devient indispensable, et il se trouve disposé dans le circuit de manière à ne fonctionner qu'après l'électro-aimant E. L'armature de cet électro-aimant auxiliaire porte un ressort R, et ce ressort s'engage entre les dents de la roue à rochet aussitôt que l'électro-aimant E' qui le commande devient actif. La nécessité de l'intervention de ces deux cliquets mécaniques se comprend aisément dès lors que l'on considère que des cliquets de retient ordinaires, assez forts pour résister à la force d'inertie du rochet, pourraient empêcher l'action du cliquet d'impulsion.

L'interrupteur destiné à faire marcher ce système de compteur fonctionne sous l'influence du balancier d'une pendule; il est représenté fig. 5 *bis*, pl. I. Il se compose : 1° d'un ressort R en rapport direct avec l'un des pôles de la pile et fixé en A sur une plaque isolée; 2° d'un butoir T formé par le porte-timbre, qui se trouve à cet effet isolé, et qui communique avec l'électro-aimant E; 3° d'un arc métallique B, porté par la tige du pendule et armé d'une cheville B. Cette tige du pendule est d'ailleurs en rapport avec l'électro-aimant E', qui est relié au même pôle de la pile que l'électro-aimant E. Voici alors ce qui arrive quand l'appareil est mis en fonction :

Au moment où le balancier atteint sa position extrême vers la gauche, le ressort R touche le porte-timbre, et le courant électrique est fermé à travers l'électro-aimant E qui provoque l'impulsion du rochet. Mais aussitôt qu'il accomplit son oscillation rétrograde, la cheville de l'arc B rencontre le ressort R, l'écarte du porte-timbre T, et par son contact avec lui, renvoie le courant dans l'électro-aimant E' qui encliquète le rochet jusqu'à ce que le pendule soit revenu à sa position première.

Le compteur de M. Robert Houdin a fonctionné d'une manière tout à fait satisfaisante pendant la durée de l'Exposition.

Autre compteur de M. Robert Houdin. — Ce compteur est spécialement destiné aux petits cadrans. Il se compose : 1° d'un électro-aimant à répartiteur; 2° d'une roue à rochet, commandant la minuterie par l'intermédiaire d'une vis sans fin; 3° d'une minuterie. La disposition de ces différents organes est indiquée fig. 13, Pl. I, qui représente l'élévation du système répartiteur vu en plan dans la figure 6.

L'interrupteur représenté fig. 7 est disposé de manière à pouvoir couper le courant pendant la nuit, c'est-à-dire pendant les douze heures qui ne sont pas utilisées pour le travail dans les établissements industriels. On réduit ainsi la dépense d'entretien de la pile.

Pour obtenir ce résultat, la roue de compte C de la sonnerie de la pendule porte une goupille *g* susceptible d'être déplacée à volonté, pour être mise à telle ou telle heure. Au-dessous de cette roue de compte, et à portée de la goupille, est fixée une étoile D à six dents portant trois petites goupilles contre lesquelles peut appuyer alternativement, à mesure que l'étoile tourne, un ressort S monté sur une plaque d'ivoire et en relation avec l'un des pôles de la pile. Enfin, deux autres ressorts R et R', également isolés, permettent le renvoi alternatif du courant dans deux compteurs sans bifurcation de circuit. Voici alors comment l'appareil fonctionne :

Lorsqu'une des goupilles de l'étoile D est en contact avec le ressort S, le courant se trouve alternativement fermé dans les compteurs, car leur circuit se trouve tour à tour complété par le contact des bras B, B' du pendule, dont le ressort de suspension communique à la platine de la pendule, laquelle est elle-même en rapport métallique avec l'étoile D et ses goupilles. Tant que la goupille *g* de la roue de compte n'a pas fait tourner l'étoile en rencontrant une de ses dents, le courant est maintenu dans le circuit des

compteurs; mais aussitôt qu'une dent de cette étoile a échappé, le ressort S
se trouve séparé de la goupille contre laquelle il était appuyé et coupe le

Fig. 4.

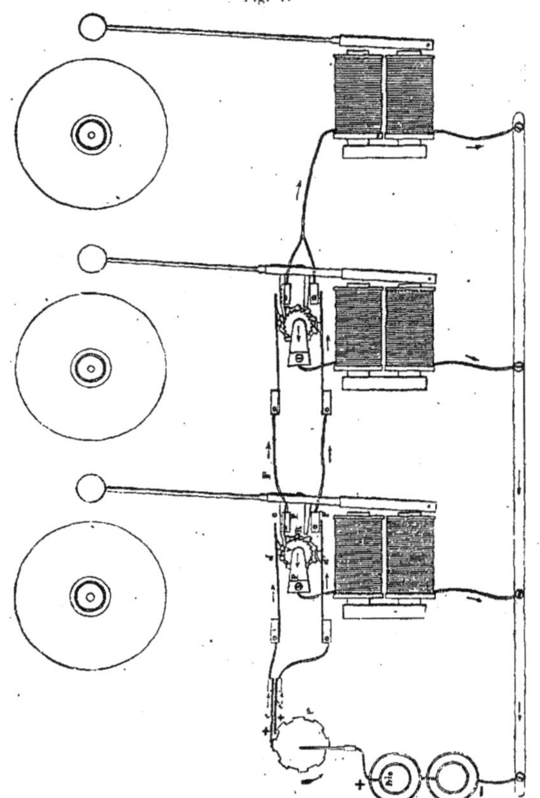

courant jusqu'à ce que la goupille g, au bout de douze heures, ait fait
échapper de nouveau une dent de l'étoile D, ce qui rétablit le contact du
ressort S avec la platine de la pendule.

Pour faire marcher un certain nombre de cadrans électro-chronométriques ou de sonneries sans division du courant, M. Robert Houdin emploie
un système rhéotomique que nous représentons fig. 4 ci-contre, avec des
timbres en guise de cadrans pour montrer comment ces mécanismes peuvent être utilisés.

Compteurs électro-chronométriques de M. Liais. — M. Liais
a imaginé plusieurs systèmes de compteurs électro-chronométriques dont
deux ont été employés aux Observatoires de Paris et du Brésil. L'un de ces
systèmes imaginé en 1856, est représenté fig. 16, pl. III, et a été combiné de
manière à fonctionner avec le moins de force possible et à ce que l'on puisse
contrôler sa marche à distance. L'autre a été construit en 1873, et a figuré
à l'Exposition de Vienne.

1er *Système.* — La sensibilité des compteurs électro-chronométriques
dépendant principalement de la résistance opposée par les cliquets réagissant sur le rouage moteur des aiguilles, M. Liais a rendu les ressorts de
ces cliquets les plus flexibles possible et susceptibles d'avoir leur tension
réglée à volonté. Les cliquets eux-mêmes au moyen de vis de rappel
et de glissières peuvent avoir leur position déterminée d'une manière tout
à fait rigoureuse. C'est à cet effet que ce compteur s'est trouvé compliqué
de toutes les pièces accessoires qu'on remarque sur la figure. Avec une
force si minime de tension dans les ressorts des cliquets, les butoirs d'arrêt
que nous avons décrits au commencement de ce chapitre ne sont plus suffisants, et c'est pour les remplacer, que la roue R R et les cliquets d'arrêt
A B C D, E F, ont dû être ajoutés au système compteur. Le crochet E F,
qui peut être plus ou moins avancé de F en E à l'aide de la vis V poussant
un chariot *ef*, et qui peut être plus ou moins incliné sur la roue R R à l'aide
de la vis V', joue le rôle de cliquet d'arrêt ordinaire. Le système d'encliquetage A B C D, qui se compose d'un levier coudé B C D, muni à son extrémité d'une cheville D, a pour effet d'embrayer la roue R R, quand l'armature de l'électro-aimant revient à sa position normale. On pourrait croire
que, grâce au cliquet de retient G H du rochet moteur, cet encliquetage ne
serait pas nécessaire; mais il n'en est pas ainsi, à cause du petit diamètre
de ce rochet moteur et des saccades qu'imprime au système le crochet E F
quand il vient buter contre une dent de la roue R R. Ainsi dans le compteur de M. Liais, il existe quatre cliquets et une roue de sûreté, laquelle
est munie comme la roue motrice de soixante dents.

Pour contrôler à distance la marche du compteur, et le remettre à l'heure
s'il n'y était pas, M. Liais a ajouté à son instrument le système I J K, qui
se compose d'un ressort I J dont la position peut être réglée d'une manière

absolue, au moyen des vis de rappel K, L et L'. A portée de ce ressort, est fixée, sur la circonférence de la roue R R, une goupille M, dont la position est en parfaite correspondance avec l'aiguille des secondes. Avec cette disposition, si une communication électrique relie le ressort I J avec un second compteur à minutes placé près de l'horloge-type de la station qui envoie l'heure, il arrivera que toutes les minutes un courant sera fermé à travers ce dernier compteur par la goupille M ; de sorte que le compteur à secondes, jouera le rôle d'horloge-type par rapport au compteur à minutes. Si le compteur à secondes marche d'accord avec l'horloge-type, le circuit du compteur à minutes se trouvera fermé au même instant que l'aiguille à secondes de l'horloge-type arrivera à zéro, ce que l'on peut vérifier, puisque ces deux instruments sont placés l'un à côté de l'autre ; mais s'il y a une différence, on sera averti par là que quelques contacts de l'interrupteur de l'horloge-type ont manqué, ou se sont doublés, et à l'aide d'un interrupteur que l'on manœuvre à la main, on avancera ou on retardera le compteur à secondes de la quantité nécessaire.

Un compteur de ce genre avait dû être installé à la Bourse de Paris et devait y fournir l'heure de l'Observatoire. On comprend dès lors quel rôle important devait jouer, dans cet appareil, ce système contrôleur, puisqu'il pouvait dispenser d'envoyer chaque jour contrôler l'heure indiquée.

Dans la fig. 16, pl. III, le ressort antagoniste de l'armature est une lame de ressort ST, dont la tension est réglée par la vis V'. L'articulation de cette armature est constituée par une lame de ressort O. Le long ressort flexible Q P est celui qui agit sur le cliquet de retient G H ; il peut être réglé au moyen de la vis U. Le crochet d'impulsion est en G Z.

2° *Système.* — Afin d'éviter les défauts qui peuvent résulter des manques de contacts de l'interrupteur, ou même de la multiplicité de ces contacts, M. Liais, dans les dernières dispositions qu'il a adoptées pour les horloges astronomiques de l'Observatoire impérial du Brésil, a muni ses compteurs de pendules pesants, portant en guise de lentilles des armatures d'électro-aimants taillées de manière à pouvoir s'adapter, à la fin de chacune de leurs oscillations, contre les pôles d'un électro-aimant, placé à cet effet sur l'un des côtés des appareils. Cet électro-aimant est interposé dans le circuit d'un régulateur qui ferme le courant toutes les secondes, et comme le pendule de chaque compteur est réglé lui-même de manière à battre la demi-seconde, il peut, pour un départ initial convenable, être impressionné électriquement à chacune de ses oscillations complètes et recevoir, par conséquent, toutes les secondes une impulsion attractive qui entretient sans cesse son mouvement, comme dans l'appareil télégraphique de M. Caselli. La fig. 5 ci-dessous représente ce système de compteur.

Derrière le cadran de la pendule et correspondant aux aiguilles, se trouve une roue à rochet de 60 dents retenue par un simple cliquet, et sur laquelle réagit un cliquet d'impulsion à ressort, qui est conduit par un levier articulé. Ce levier est maintenu dans une position fixe par un butoir et un ressort antagoniste, mais il peut à chaque oscilla-

Fig. 5.

tion du pendule de droite à gauche être incliné de côté par une broche que rencontre la tige du pendule, et ce mouvement en écartant le cliquet d'impulsion de la roue à rochet, permet au ressort antagoniste, de faire avancer cette dernière de l'intervalle d'une dent au moment de l'oscillation inverse du pendule. Comme la roue en question commande la minuterie du compteur, on voit que par cette disposition celui-ci ne fonctionne que sous une influence purement mécanique, et par conséquent indépendante des perturbations qui peuvent se produire dans les transmissions électriques. S'il manque un contact ou s'il se produit des contacts multiples, le compteur n'en marchera pas moins régulièrement pour cela, car il ne peut en résulter qu'un trouble momentané dans la force qui entretient le mouvement du pendule, trouble qui, pour être préjudiciable exigerait une succession de manques de contacts qui ne se présente jamais. Ce système n'est d'ailleurs que l'application aux compteurs électro-chronométriques du système de réglage adapté aux pendules par M. Foucault, en 1857, et dont nous parlerons plus tard.

Compteurs électro-chronométriques de M. Mildé. — M. Mildé, un des horlogers français qui se sont occupés le plus fructueusement d'horlogerie électrique et qui a même établi une Société pour l'exploitation en grand de ses inventions, a combiné plusieurs dispositifs de compteurs électro-chronométriques qu'il applique suivant les cas et surtout suivant la grandeur des cadrans qu'il a à faire fonctionner. Il a six modèles différents de ces compteurs qui peuvent s'adapter à des cadrans variant en diamètre depuis 30 centimètres jusqu'à 3 mètres.

Dans ses compteurs moyens, dont nous représentons un type fig. 5 ci-contre, la force électro-magnétique est employée à bander une forte lame de ressort G adaptée à angle droit sur une pièce I F reliée à l'armature de l'électro-aimant, et qui peut appuyer suivant le degré de son inflexion sur deux vis K, J disposées en face d'elle en différents points de sa longueur. C'est le système que nous avons décrit page 15. Le mode d'encliquetage ne présente d'ailleurs rien de particulier. Le cliquet d'impulsion C est à crochet, et la tête de ce crochet est munie en arrière d'un plan incliné qui forme butée contre une vis L pour le maintenir en position. Le butoir de sûreté est en i sur l'armature, et le cliquet de retient appuie sur le rochet par son propre poids. Toutes ces pièces ont la force et la grosseur nécessaires pour fournir une action parfaitement certaine. Pour que le cliquet de retient D puisse se dégager facilement des dents du rochet R qui sont alors très-saillantes et peu inclinées, un long levier H est adapté à son axe d'oscillation et vient appuyer, par l'intermédiaire d'un galet fixé à son extrémité, sur le bout de l'armature A A' qui est taillé en plan incliné. Il en résulte qu'à chaque attraction de cette armature, le cliquet D s'éloigne du rochet en même temps que le cliquet C vient en prise avec une nouvelle dent, et le butoir i maintient le rochet dans sa position pendant cette double action. Ce n'est donc qu'au moment du recul de l'armature que le rochet avance d'une dent sous l'influence du ressort G bandé au maximum. Le ressort du cliquet C se voit en x, et il effectue son action en appuyant sur une sorte de talon *c* adapté au noyau du cliquet lui-même. La pièce M munie de deux vis de réglage sert à limiter la course de l'armature.

Fig. 6.

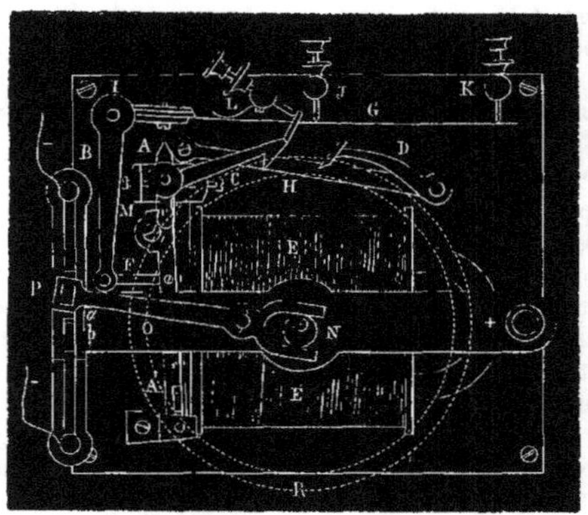

M. Mildé a introduit dans son compteur une innovation qui a une grande importance au point de vue pratique et qui a pour objet de faire réagir alternativement toutes les heures sur l'appareil, deux piles différentes et de force égale. De cette manière, les piles s'épuisent beaucoup moins vite et sont plus régulières dans leur action. Cet effet est réalisé au moyen de la godille N P qui se termine d'un côté par une fourchette sur laquelle réagit une excentrique N adaptée à l'axe du rochet R, de l'autre par un galet P qui roule sur deux pièces de cuivre rouge *a* et *b* isolées l'une de l'autre et mises en rapport avec le pôle négatif des deux piles. Comme la godille N P communique par le fil de l'électro-aimant et le fil de ligne avec le pôle positif des deux piles, il arrive qu'à chaque tour du rochet R le galet a passé successivement sur les deux plaques *a* et *b* et a fait réagir les deux piles l'une après l'autre. Ce dispositif a été également appliqué par M. Mildé à ses horloges électriques.

Dans son grand modèle, M. Mildé fait tourner l'axe principal du mécanisme sur des coussinets à galets qui rendent les frottements à peu près nuls. Il emploie alors deux électro-aimants dont la force antagoniste est toujours produite par une lame de ressort disposée comme il a été dit précédemment, et ces électro-aimants réagissent sur une longue bascule qui commande la marche de la roue à rochet de la minuterie par l'intermédiaire d'un crochet d'encliquetage adapté à l'un de ses bras. Afin de rendre plus sûre et plus efficace l'action du cliquet de retient, celui-ci, qui doit être toujours soulevé par l'une des armatures au moment des attractions, est maintenu en temps ordinaire appuyé sur le rochet au moyen d'un enclanchement qui ne le rend libre que quand les attractions électro-magnétiques se produisent. Cet enclanchement est effectué par une sorte de compas articulé dont l'un des bras, muni d'un galet, est rencontré par le bout libre de la grande bascule dont nous avons parlé, et dont l'autre bras appuie sur la tête du cliquet. Cet appareil est d'ailleurs muni comme le précédent d'un commutateur de pile.

Les petits modèles ont généralement deux cliquets d'impulsion disposés comme ceux de M. Régnard représentés fig. 8, p. 46. Nous en parlerons plus tard.

Pour obtenir le jeu régulier d'un grand nombre de compteurs dans un établissement industriel ou même dans une ville, M. Mildé les dispose par groupes et relie chacun de ces groupes à un relais particulier qui est mis en action, soit directement par le régulateur, soit par l'intermédiaire d'un distributeur. Celui-ci consiste dans un disque d'ébonite muni d'un certain nombre de contacts métalliques et pivotant sur un axe vertical. Une armature et un ressort de rappel adaptés à ce disque permettent à un électro-aimant de réagir sur lui et de lui faire accomplir un déplacement circulaire alternatif qui peut être utilisé à produire des contacts à la manière d'un relais ordinaire; or, comme cet électro-aimant peut être mis en rapport avec l'horloge-type, l'appareil joue le rôle d'un régulateur multiple qui envoie l'heure simultanément dans différentes directions.

Le relais simple de M. Mildé offre une disposition assez intéressante. Son armature disposée angulairement par rapport aux pôles de l'électro-aimant, porte au-delà de son axe d'articulation un levier constitué par une tige de verre qui réagit ainsi qu'elle, et par l'intermédiaire de deux bielles, sur deux petits compas articulés convenablement isolés. L'ue des branches de ces compas porte un long ressort muni d'une pièce de contact en platine, et ces ressorts disposés de manière à avoir leur extrémité libre placée en regard l'une de l'autre peuvent fournir, pour une très-petite distance attractive de l'armature, une course assez grande pour déterminer un excellent contact par friction.

Les compteurs de M. Mildé fonctionnent généralement sous l'influence des régulateurs électriques construits par lui et dont nous parlerons plus tard ; mais on comprend facilement qu'ils peuvent être mis en action par des régulateurs ordinaires, pourvu que ceux-ci fournissent un contact toutes les demi-minutes.

Systèmes électro-chronométriques de MM. Leclanché et Napoli. — MM. Leclanché et Napoli ne se sont pas contentés d'imaginer le dispositif d'interrupteur dont nous avons parlé p. 9, ils l'ont appliqué à plusieurs systèmes de compteurs électro-chronométriques, dont l'un des plus importants a été adapté à un cadran de dimension énorme ayant près de 3 mètres de diamètre. La disposition du mécanisme de ce compteur électro-chronométrique est très-intéressante et présente plusieurs idées nouvelles sur lesquelles nous devons appeler l'attention du lecteur, car elles ont permis de faire d'un compteur à mouvement direct (sans poids) et exposé aux intempéries de l'air, un appareil d'une marche sûre et précise. Le problème était pourtant assez difficile à résoudre, car il peut arriver souvent dans des cadrans de ce genre, que le vent, en s'opposant à la marche des aiguilles, paralyse l'action électro-magnétique. Avec les appareils à poids, cet inconvénient n'existe pas, il est vrai, mais on a en échange celui du remontage, et on perd ainsi un des avantages des appareils électriques. Grâce au système de MM. Leclanché et Napoli, les horloges de clocher pourront fonctionner maintenant directement sans qu'on ait à s'en préoccuper.

En raison du poids considérable des aiguilles dans ce système et de celui de leur contre-poids d'équilibre, il a fallu d'abord diminuer les frottements des axes en les faisant tourner entre deux systèmes de galets composés chacun de 4 disques croisés. L'électro-aimant assez volumineux qui commande la marche du système ne réagit pas directement sur la minuterie c'est un poids de trois cents grammes environ qui détermine l'effet mécanique, de sorte que l'électro-aimant n'a autre chose à faire que de remonter à chaque fermeture de courant le poids à son point de départ, c'est-à-dire de la hauteur d'une dent de la roue qui commande la minuterie. Cette action s'effectue par l'intermédiaire d'un répartiteur de Robert-Houdin. Toutefois, comme en raison de l'action que nous avons signalée en commençant il pourrait arriver que les aiguilles, butées par le vent, ne pussent avancer sous l'influence de l'action mécanique déterminée, M. Leclanché ne fait réagir le poids moteur sur la roue commandant la minuterie que par l'intermédiaire d'une bascule et d'un engrenage conique qui sert en quelque sorte de trait d'union entre cette roue et une autre roue de même diamètre sur laquelle réagit l'encliquetage dirigé par le répartiteur. A cet effet, cette dernière roue, que nous représentons en R (fig. 7) et que nous supposerons

en avant du système d'engrenage représenté sur la figure, porte emboîtée
sur son axe une roue d'angle A′ de même diamètre qu'elle, qui engrène
avec une autre roue d'angle E adaptée à la bascule B C et qui fonctionne
comme une roue ·satellite, c'est-à-dire de manière à relever la bascule
·quand la roue A′ tourne d'une certaine quantité sous l'influence de la

Fig. 7.

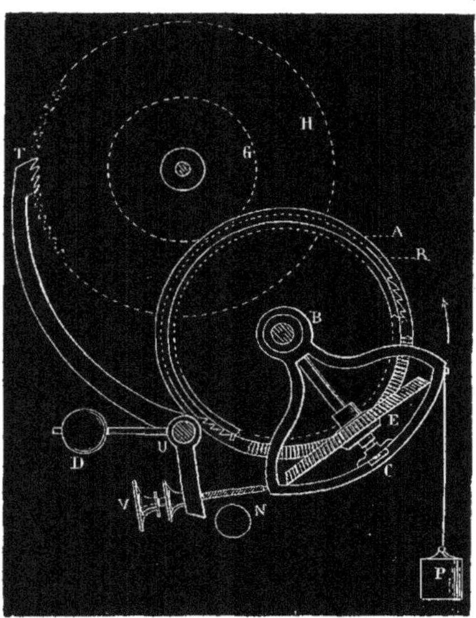

roue R qui l'entraîne. Une seconde roue d'angle A de même diamètre
que A′, engrène également avec la roue d'angle E, mais comme elle commande la minuterie par l'intermédiaire de la roue G et que celle-ci est
butée au moment où la bascule se lève par l'action d'un cliquet T sur une
roue H adaptée sur son axe, la roue satellite E ne fait que rouler sur les
dents de la roue A sans agir sur la minuterie, et ce n'est que quand l'action exercée sur la roue R a cessé, c'est-à-dire au moment où le cliquet T
écarté de la roue H par suite de l'élévation de la bascule B C a rendu libre

cette dernière roue H, que cette bascule en tombant entraîne dans sa chute la roue A, qui fait avancer la roue G et par suite l'aiguille des minutes d'une quantité en rapport avec la hauteur dont elle avait été élevée. Toutefois au moment où elle arrive au bas de sa course, cette bascule B C, en rencontrant la vis V, réagit sur le bras U du levier articulé qui porte le cliquet T, et embraye de nouveau la roue H jusqu'à ce qu'une nouvelle action exercée sur la roue R renouvelle les effets précédents. Comme le courant envoyé par l'horloge régulatrice réagit par l'intermédiaire de l'électro-aimant et des cliquets adaptés au répartiteur sur la roue R, il arrive que, pour chaque fermeture du circuit, la bascule B C avec le poids P qu'elle porte se trouve soulevée de la hauteur d'une dent du rochet R, et si aucun obstacle n'est apporté à la marche des aiguilles, ce contre-poids retombe au moment de l'interruption du courant, entraînant avec lui (par l'engrenage conique) la minuterie; mais si les aiguilles sont retenues pendant une ou plusieurs fermetures du courant, la bascule s'élève à chaque fois d'une même quantité et fournit au poids, au moment où l'obstacle n'existe plus, une hauteur de chute égale à autant de fois la hauteur de chute normale qu'il y a eu de réactions électriques qui n'ont pu s'effectuer; dès lors la roue commandant la minuterie au lieu de ne tourner que de l'intervalle correspondant à une demi-minute, par exemple, tournera d'une quantité beaucoup plus grande, et les aiguilles arriveront à la position qu'elles auraient occupée si l'accident ne s'était pas produit.

Pour éviter aux aiguilles le balant qu'elles doivent nécessairement avoir sur une aussi grande longueur et les empêcher d'avancer ou de rétrograder, on a adapté à l'axe de la roue des minutes, en outre de la roue H dont nous avons parlé, une seconde roue à rochet de même diamètre et d'un même nombre de dents sur laquelle appuie un cliquet de retient. Cette roue a ses dents tournées en sens inverse de celles de la roue H, de sorte que, quand le cliquet T est en prise avec cette dernière, l'aiguille des minutes et par suite l'aiguille des heures se trouvent maintenues comme si elles étaient fixées par leur axe dans un étau. D'un autre côté, comme au moment des grands mouvements de l'aiguille il pourrait se produire des secousses qui pourraient forcer les encliquetages, on a fait appuyer sur la dernière roue à rochet dont nous venons de parler un cliquet traîneur adapté à un balancier à contre-poids, lequel, en oscillant à droite et à gauche à chaque mouvement du cliquet, ralentit le mouvement de l'aiguille tout en le rendant uniforme.

L'interrupteur qui fait fonctionner ce compteur est celui que nous avons décrit page 8 ; il est adapté à une pendule régulatrice dont le mouvement de sonnerie a été utilisé à sa mise en marche. Il a suffi pour cela de faire engrener l'axe du petit barillet de verre avec la roue du quatrième mobile, de ce mouvement de sonnerie, et d'adapter à la roue de l'avant-dernier mobile du mouvement de la pendule 9 goupilles ayant pour fonction de réagir sur une excentrique à détente dont nous devons dire quelques mots.

Cette excentrique est constituée par deux leviers articulés sur un même axe et équilibrés par un bras muni d'un contre-poids ; l'un de ces leviers se termine par une pièce dans laquelle a été évidée une sorte de gorge sinueuse à deux inflexions dans laquelle peuvent s'engager successivement les goupilles dont nous avons parlé, absolument comme cela a lieu pour la goupille qui termine la godille des manipulateurs des télégraphes à cadran de Breguet. Il en résulte, par conséquent, un mouvement de va-et-vient qui est communiqué au levier articulé portant la rainure et par suite au second levier qui porte les butoirs de détente. Ceux-ci n'ont du reste rien de particulier ; ils sont disposés comme tous les organes de ce genre, l'un en retrait au-dessous de l'autre, de manière que le double bras de détente porté par l'axe de l'interrupteur puisse, avant de s'appuyer sur le butoir de détente, avoir son mouvement arrêté après un demi-tour de l'interrupteur.

Dans le système de MM. Leclanché et Napoli, l'interrupteur porte deux fenêtres ; il se produit par conséquent un contact à chaque demi-tour accompli par lui, et chacun de ces mouvements est effectué toutes les demi-minutes. Il en résulte que toutes les demi-minutes, la bascule commandant le mouvement des aiguilles du compteur se trouve relevée pour être déclanchée quelques secondes après. Une pile de 6 éléments Leclanché suffit pour faire fonctionner en circuit local cet appareil monumental.

Dans les petits compteurs qu'ils construisent, MM. Leclanché et Napoli emploient quelquefois, comme M. Régnard, deux cliquets d'impulsion au lieu d'un afin d'utiliser à la marche du compteur les deux mouvements de l'armature électro-magnétique. Nous en parlerons plus tard.

Comme on ne peut sans inconvénient, à cause de la puissance électrique qu'on serait obligé d'employer, faire fonctionner un très-grand nombre de compteurs distribués dans des directions très-différentes, MM. Leclanché et Napoli groupent comme M. Mildé ces compteurs par quartiers, et soumettent chacun des groupes à l'action d'un relais qui est en communication directe avec l'horloge régulatrice. Ce relais se compose de l'interrupteur à mercure que nous avons décrit p. 8, et qui est mis en mouvement par un électro-aimant réagissant sur un encliquetage de roue à rochet. Cette réaction s'effectue par l'intermédiaire d'un répartiteur de Robert-Houdin et elle a pour effet, au moment de l'interruption qui suit chaque fermeture de courant, de faire sauter le rochet d'une dent et de faire accomplir au barillet de verre une demi-révolution sur lui-même.

Compteurs de M. Fournier. — Les compteurs de M. Fournier qui figuraient avec sa grande horloge à l'exposition de 1867 dans la section Américaine, sont de la plus grande simplicité et ne se font remarquer que par la manière dont le cliquet d'impulsion se trouve constituer, en même temps le butoir de sûreté. A cet effet l'électro-aimant et son armature sont placés de manière que le levier portant le cliquet d'impulsion ait son articulation située à une petite distance au-dessous de l'axe de la roue des minutes. Il en résulte que le cliquet d'impulsion dans sa position normale se trouve placé au-dessus du plan horizontal passant par le centre de cette roue, et qu'en s'avançant pour faire échapper successivement les différentes dents de cette roue, il tend à se relever, c'est-à-dire à augmenter l'angle qu'il fait avec le levier qui le porte. Or, si ce levier est terminé au-dessus du cliquet par un crochet muni d'une vis de réglage, il peut arriver, pour une position convenable de cette vis, qu'à la fin de la course accomplie par le levier et alors que la dent a échappé, le cliquet vienne buter contre cette vis en constituant pour la dent suivante un obstacle infranchissable. Dès lors, c'est le cliquet lui-même qui constitue le butoir de sûreté, et ce n'est que quand le levier se relève et que la distance entre le cliquet et l'axe d'articulation du levier s'est trouvée ainsi réduite, que le cliquet passe au-dessus de la dent qu'il avait butée et se trouve en position de la faire échapper à la prochaine action électro-magnétique.

Dans le système de M. Fournier, l'action du cliquet d'impulsion sur les dents du rochet s'effectue sous l'influence seule du poids du levier qui le porte, et par conséquent au moment des ouvertures du circuit, comme dans les systèmes de MM. Collin-Wagner, Mildé, etc. Le cliquet de retient et la minuterie n'ont d'ailleurs rien de particulier. L'interrupteur est placé sur un disque d'ivoire adapté à l'axe du volant du remontoir de l'horloge régulatrice; il consiste en deux cercles de platine, l'un entier, l'autre interrompu sur les deux tiers de sa circonférence, sur lesquels viennent frotter deux ressorts en rapport avec les bouts disjoints du circuit. Comme le disque fait un tour toutes les minutes, l'action de l'interrupteur a lieu toutes les minutes.

Compteurs à l'italienne. — Certaines horloges d'Italie indiquent l'heure par des chiffres qui apparaissent dans deux guichets placés l'un à côté de l'autre. L'un de ces guichets correspond aux heures, l'autre aux minutes. Ordinairement, les chiffres des minutes ne changent que de cinq en cinq minutes. J'ai cherché, en 1855, à établir des compteurs électro-chronométriques de ce genre, et pour cela, j'employais des disques très-légers composés d'un cerceau sur lequel était tendue de la mousseline blanche très-fine. Les heures étaient peintes sur l'un de ces disques en chiffres romains, et les minutes étaient peintes sur l'autre en chiffres arabes. J'avais d'abord songé à les faire marcher directement par l'électricité, mais le grand mouvement que devaient accomplir ces disques pour sauter d'un chiffre à l'autre, exigeait une force beaucoup plus grande que celle dont je pouvais disposer Force a donc été à moi d'employer des mécanismes inter-médiaires. Ces mécanismes pouvaient être des remontoirs électriques ou des mouvements d'horlogerie. J'ai préféré les remontoirs électriques, et voici comment j'ai disposé mes appareils :

Sur l'axe des disques portant les heures et les minutes, et à une distance suffisante pour qu'on puisse les éclairer par derrière à l'aide d'une lampe ou d'un bec de gaz, j'ai fixé deux roues : l'une A, fig. 16, pl. I, portant douze cames, l'autre B, munie sur sa circonférence de douze chevilles. La roue B, correspondant au disque des minutes, commande l'autre au moyen d'un doigt ou cheville D, qui à chaque tour accompli par elle fait sauter le disque A d'un douzième de sa circonférence. Au-dessus de la 2ᵉ cheville de cette même roue B (à partir de la verticale) est placé un bec de cliquet C, terminant une longue bascule C E à laquelle est adapté le remontoir. Un poids mobile P sert à abaisser cette bascule lorsqu'elle est abandonnée à elle-même et à faire tourner le disque B d'un douzième de sa circonférence La chute de cette bascule est limitée par un butoir G. Enfin une fourchette I H, articulée d'un côté à un levier basculant $x\,y$ et de l'autre à l'extrémité d'un levier coudé I J O, sert de cliquet de retient, et le butoir de sûreté est constitué par une cheville K portée par l'appendice K C.

Le remontoir R, composé d'une crémaillère circulaire à dents droites Q Q, engrène avec un pignon F sur l'axe duquel est montée une roue à rochet R. C'est sur cette roue que réagit l'électro-aimant M du remontoir qui fonctionne sous l'influence d'un interrupteur mis en action par les mouvements du balancier d'une horloge quelconque. L'électro-aimant de détente qui est en rapport avec l'horloge-type, et qui doit soulever toutes les cinq minutes les encliquetages du remontoir, est en M'. Voici maintenant comment fonctionne cet appareil :

Lorsqu'après une période de cinq minutes, le courant se trouve fermé par l'horloge-type, à travers l'électro-aimant M', la bascule C E tombe en faisant défiler les rouages du remontoir, et le levier coudé I J O, tiré par l'armature de cet électro-aimant M', soulève la fourchette I H. Le disque B est donc mis en mouvement par l'effet de l'impulsion communiquée par la bascule CE et le contre-poids P. Mais ce mouvement est limité, car au moment où cette bascule arrive en G, la cheville K, qu'elle porte, se présente devant l'une des chevilles de la roue B et empêche celle-ci d'aller plus loin. En même temps, le courant qui s'est trouvé coupé dans l'électro-aimant M' par l'action de l'interrupteur de l'horloge-type, permet à la fourchette I H de s'enfourcher sur la cheville qui se présente alors devant elle. C'est après cette double réaction mécanique que l'interrupteur de l'horloge-type permet au remontoir de fonctionner par suite d'un contact secondaire qui s'établit à travers un second circuit.

Le disque des heures est à l'état ordinaire embridé par un système d'encliquetage particulier constitué par les deux ressorts U V et W, et il reste en repos jusqu'à ce que la cheville D soit venue en prise avec la roue à cames A. Alors cette roue se trouve dégagée de son encliquetage, et peut tourner d'une dent au moment de l'échappement prochain de la roue B qui la commande.

L'interrupteur de l'horloge-type fonctionne sous l'influence du mouvement de la sonnerie. Il est déclanché par des chevilles adaptées à la chaussée de la minuterie. Ces chevilles, au nombre de 12, sont disposées de manière à rencontrer le détentillon de la sonnerie, et à mettre celle-ci en mouvement toutes les cinq minutes après chaque échappement de ce détentillon. La roue de compte de la sonnerie est enlevée, et la roue des totaux porte sur son axe une petite excentrique destinée à réagir sur deux leviers-bascules constituant un double interrupteur du courant. A l'état de repos de l'horloge, cette excentrique appuie contre l'un des deux leviers précédents et ferme ainsi le circuit qui correspond à l'électro-aimant du remontoir, mais aussitôt que le mouvement de la sonnerie s'effectue, l'interrupteur coupe ce circuit, et le courant se trouve rétabli dans le circuit de l'électro-aimant M'. C'est alors que s'effectue l'échappement des disques A et B.

Il résulte de cette disposition que le courant est presque constamment fermé à travers le remontoir C E. Mais comme le remontage doit se faire en cinq minutes, il faut nécessairement que les rouages du remontoir soient combinés de manière à ce que cette période de temps suffise amplement à ce remontage. Il faut même que la bascule puisse être remontée au-dessus de la hauteur calculée de sa chute, pour que l'on soit toujours sûr que les défauts de contact n'empêcheront pas l'échappement des disques de se faire.

Compteurs électro-chronométriques de M. Bain. — Le compteur de M. Bain comme celui de M. Collin-Wagner marche sous l'influence des interruptions du courant et par conséquent par l'effet de la réaction du ressort antagoniste ; encore celui-ci consiste-t-il simplement dans une lame de ressort qui tient cette armature suspendue comme un pendule à portée de l'électro-aimant. Une vis de pression, bien entendu, est placée de manière à régler l'écartement de ces deux pièces.

L'interrupteur consiste tout simplement dans un ressort métallique très-flexible fixé sur la tige du pendule et dans un appendice métallique en rapport avec une des branches du courant. L'autre branche correspondant à la tige elle-même du pendule par son point de suspension, il arrive qu'à chaque oscillation de celui-ci, c'est-à-dire toutes les secondes, le courant se trouve fermé et réagit sur le compteur.

M. Bain a encore employé un autre système de compteur fondé sur les réactions magnétiques des courants à l'égard des aimants. Dans ce système l'électro-aimant est remplacé par un cadre galvanométrique enveloppant un fort aimant permanent ; ce cadre peut pivoter sur deux pointes qui le tiennent à l'aimant, et suivant le sens du courant, il incline dans un sens ou dans l'autre. L'encliquetage est alors monté sur l'un des bras oscillants de ce cadre. Nous avons représenté fig. 47, p. 136 du tome II, un système magnétique de ce genre.

Pour faire marcher à la fois un grand nombre de compteurs sans augmenter la force de la pile et la grosseur des fils conducteurs, M. Bain a cherché à faire agir alternativement et isolément le courant sur chacun des cadrans, et pour cela il a fait en sorte que ces différentes réactions s'effectuassent dans l'intervalle séparant chaque mouvement opéré dans le compteur. Pour cela il a adapté à son horloge-type un petit cadran à secondes, sur lequel était appliquée une circonférence d'ivoire incrustée d'autant de plaques métalliques qu'il y avait d'horloges à faire mouvoir. Ces plaques étaient chacune en rapport avec un compteur spécial et un pôle de la pile. L'autre pôle aboutissait à l'aiguille des secondes elle-même. Cette aiguille, passant toutes les minutes au-dessus de toutes ces plaques, pouvait donc, par l'intermédiaire d'un ressort frotteur, envoyer *successivement* le courant dans les différents compteurs et leur donner l'heure toutes les minutes.

Système de M. Volcke. — L'horloge régulatrice dans le système de M. Volcke est à remontoir, et munie d'un échappement Lepaute. Elle est, en conséquence, mise en mouvement à la fois par un barillet et par un poids qui a la double fonction de tendre, à de courts intervalles (toutes les minutes), le barillet, et de faire fonctionner le mécanisme destiné à mettre en action l'interrupteur. A cet effet, cet appareil comporte deux systèmes de mobiles : un premier qui agit sur l'échappement et qui en a quatre, sans compter ceux de la minuterie; un second qui reçoit son mouvement du troisième mobile du système précédent, et qui réagit sur le volant modérateur par l'intermédiaire de trois mobiles particuliers. Le premier mobile de ce dernier système, qui réagit sur l'interrupteur par l'intermédiaire d'une excentrique, est commandé par un échappement à détente qui se trouve dégagé toutes les minutes par l'action du barillet, lequel barillet est fixé sur le troisième mobile du premier système et agit comme nous l'avons vu indépendemment du poids moteur. Or, il résulte de cette liaison entre les deux systèmes de moteurs que quand le déclanchement du mobile intermédiaire est produit, le poids moteur peut à son tour exercer son action et réagir sur le barillet en resserrant son ressort précisément de la quantité dont il s'était détendu.

La fig. 1, pl. IV, peut donner une idée de ce mécanisme. Le barillet est en B, et c'est lui qui commande par l'intermédiaire de la roue C et du pignon p, le mouvement de la roue d'échappement A qui a 60 chevilles et qui effectue son tour en une minute. Un second pignon P qui engrène avec la roue C et qui n'effectue qu'un demi-tour sur lui-même quand la roue A accomplit sa rotation entière, porte sur son axe une excentrique D, qui en soulevant un levier de détente d, peut dégager le disque K, commandant le mouvement du moteur à poids. Sous l'influence de ce dégagement la roue G dont l'axe porte le barillet, tourne de la quantité nécessaire pour donner au ressort de ce barillet la tension qu'il avait perdue, et la vitesse de ce mouvement est tempérée par le volant modérateur V, qui se trouve mis alors en mouvement par la roue R et les roues d'angle M. D'un autre côté une excentrique H, à deux ressauts soulève un levier articulé I contre la lamelle inférieure de l'interrupteur que nous avons décrit, p. 12, et fournit le contact nécessaire au fonctionnement des compteurs. Ce levier articulé ainsi que le levier de détente d sont vus par le bout sur la figure, de sorte qu'on ne peut se rendre compte ni de leur longueur ni de la manière dont ils sont articulés, mais on peut le deviner aisément. On comprend également que l'interrupteur se trouvant en avant du levier I qui est vu en coupe, on ne puisse le distinguer sur la figure. La minuterie est en S, et on n'a représenté, pour ne pas compliquer la figure, que l'aiguille des secondes.

Le modérateur à ailettes a été placé à la partie supérieure de l'appareil afin de pouvoir régler facilement et à volonté la durée des contacts de l'interrupteur.

Suivant M. Everts, ce système de mécanisme a le grand avantage d'éviter que le poids agisse sur l'échappement, car le mouvement de celui-ci qui est réglé par le pendule, ne dépend que du ressort enfermé dans le barillet et qui est retendu toutes les minutes. Il en résulte que le poids peut être aussi lourd que l'on veut et être approprié aux interrupteurs, suivant leur nombre et la rigidité des pièces qui les constituent. Ce poids dans l'appareil de M. Volcke ne doit être remonté que tous les neuf jours ·

M. Volcke n'a combiné aucun système particulier de compteur, et ses horloges types sont disposées pour faire fonctionner des compteurs de M. Siemens.

2° **Compteurs électro-chronométriques à doubles cliquets d'impulsion**

Nous avons exposé page 11 le but qu'on s'était proposé dans l'application de ces sortes de cliquets aux compteurs électro chronométriques. Ils peuvent comme on l'a vu être disposés de deux manières, soit sur une seule et même pièce des mouvements de laquelle ils sont solidaires, comme les palettes d'une ancre d'échappement, soit indépendamment l'un de l'autre. Nous allons donner des exemples de ces deux genres de disposition.

Compteurs de MM. Régnard, Mildé et Leclanché. — Dans ces compteurs, les cliquets d'impulsion sont indépendants l'un de l'autre et

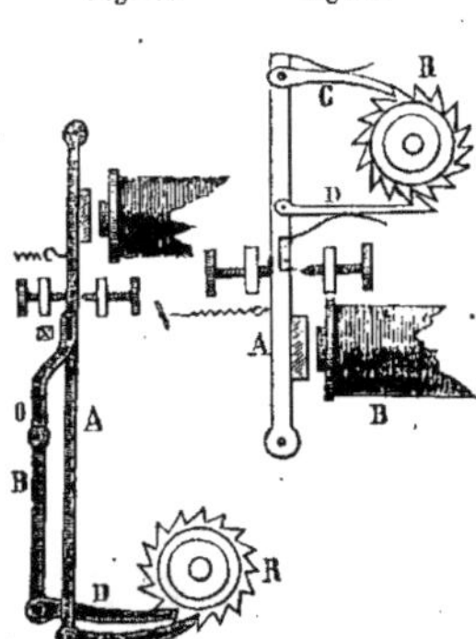

Fig. 8.   Fig. 9.

réagissent par conséquent alternativement comme des cliquets ordinaires, mais dans des conditions de mouvement diamétralement opposée. Dès l'année 1858 M. Régnard avait combiné les dispositions que nous représentons fig. 8, 9 et 10 et qui peuvent à peu près résumer toutes celles qui ont été imaginées depuis.

La fig. 9 représente la plus simple de ces dispositions. Ce sont deux cliquets : l'un d'impulsion C, l'autre à crochet D, qui sont articulés sur le levier même qui porte l'armature A, et qui se trouvent placés aux deux extrémités opposées d'un même diamètre de la roue d'échappement R.

Lorsque l'armature est attirée, le cliquet C fait tourner le rochet de l'intervalle d'une demi-dent, mais comme le crochet D avance de son côté du même intervalle, il dépasse une dent toute entière et accroche la dent suivante. Au moment où l'armature revient dans sa première position, le crochet D fait avancer à son tour le rochet d'un demi-intervalle de dent, et le cliquet C reprend la dent suivante. Ce double effet se reproduit indéfiniment.

Dans la seconde disposition représentée fig. 8, la tige A qui porte l'armature de l'électro-aimant est accompagnée d'une seconde tige B articulée en O et reliée à la tige A par une fourchette dans laquelle glisse une cheville X plantée dans la tige A. Les deux tiges oscillent ainsi ensemble et en sens contraire, et comme chacune porte un cliquet d'impulsion, il arrive que lorsque le cliquet C fait avancer la roue d'une demi-dent, le cliquet D recule de la même quantité et se trouve placé derrière la dent suivante. Or, quand celui-ci avance à son tour, le cliquet C recule et reprend de même la dent suivante et ainsi de suite.

L'effet précédent est reproduit par les deux cliquets C et D au moyen du losange articulé de la fig. 10. En effet, quand le levier A auquel est fixée l'armature s'abaisse, le losange s'allonge, le cliquet C avance et le cliquet D recule. Au contraire quand le levier A se relève, l'inverse a lieu. Un avantage de cette dernière disposition, c'est qu'elle constitue un répartiteur de Froment et permet d'obtenir une grande course des cliquets pour un très-petit écart de l'armature, comme nous l'avons vu tome II, p. 121.

Les petits compteurs de M. Mildé sont, comme nous l'avons déjà dit p. 36, disposés avec de doubles cliquets d'impulsion et ils se rapprochent comme disposition du type représenté fig. 8.

L'armature de leur électro-aimant qui se meut toujours angulairement par rapport aux pôles de celui-ci, porte à son extrémité libre une petite colonne sur laquelle est articulé l'un des cliquets, qui est à crochet et muni d'une tête de butée comme le crochet C de la figure 6. La douille de ce cliquet porte d'un côté une cheville sur laquelle réagit le ressort de ce cliquet, d'un autre côté une seconde cheville qui bute le second cliquet, et en troisième lieu un bras qui est articulé à l'extrémité d'une bascule dont l'autre extrémité porte le second cliquet d'impulsion qui est également à crochet. Le ressort de ce dernier sert en même temps de ressort antagoniste à l'armature. Il en résulte que, sous l'influence des fermetures du courant, le premier

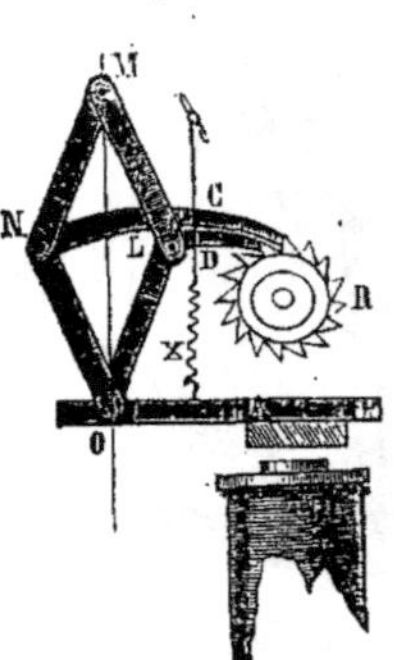

Fig. 10.

cliquet échappe une dent du rochet pendant que le second fait avancer celui-ci d'une dent, et comme c'est le premier cliquet qui détermine la butée du second, cette butée ne s'effectue que quand la dent a échappé et avant, par conséquent, que le premier cliquet ne produise son action sur le rochet lors de la rupture du courant.

Dans les petits compteurs de MM. Leclanché et Napoli, les deux cliquets réagissent par poussée et par l'intermédiaire d'un répartiteur de Robert-Houdin. Ils sont disposés aux deux bouts d'une petite bascule articulée à son centre et qui porte l'une des branches arquées du répartiteur. Un ressort à boudin qui les réunit et qui se trouve fixé sur eux d'une manière inverse, c'est-à-dire en avant du point d'articulation pour l'un et en arrière pour l'autre, leur sert de ressort d'appui sur le rochet, et deux vis adaptées à l'extrémité de leur prolongement postérieur limitent l'étendue de leur mouvement tout en formant *butoirs* d'arrêt. Pour le meilleur engensement des pièces, l'électro-aimant est boîteux, et le mécanisme n'occupe pas une plus grande place que le mouvement d'une pendule ordinaire.

L'inconvénient de ces systèmes à doubles cliquets est que, ne fonctionnant pas sous une influence mécanique identique, il est difficile de les régler de manière à satisfaire aux conditions particulières des deux forces motrices; aussi malgré les avantages qu'ils peuvent présenter, nous croyons que les systèmes les plus sûrs sont encore ceux à un seul cliquet d'impulsion. Nous devons dire toutefois qu'ils présentent sur les échappements à ancre ou à chevilles l'avantage que la force ne se décompose pas et agit tangentiellement à la roue d'échappement, ce qui permet d'obtenir des effets beaucoup plus énergiques avec une force électrique moindre.

Lanternes-horloges. — A une certaine époque on avait eu l'idée, pour donner l'heure dans les villes pendant la nuit, de disposer des compteurs électro-chronométriques dans certaines lanternes des rues, et comme on se trouvait dès lors contraint à réagir avec des circuits aériens, on a dû avoir recours à des courants alternativement renversés. Par suite de cette circonstance, on s'est trouvé conduit à employer des compteurs à doubles cliquets d'impulsion et ceux de ces compteurs qui ont le mieux réussi sont ceux de MM. Nollet, Breguet et Detouche, dont nous allons faire la description; toutefois on semble, dans ces derniers temps, vouloir renoncer à ce système et en revenir à de simples compteurs placés à demeure sur un mur en face d'un bec de gaz.

Système de M. Nollet. — Le compteur électro-chronométrique des horloges-lanternes que M. Nollet a établies à Gand depuis longtemps ne fonctionne que toutes les minutes, et par conséquent son mécanisme a pu être

considérablement simplifié, puisqu'alors l'engrenage intermédiaire entre
la roue motrice et la minuterie n'existe plus. Ce compteur se compose
donc uniquement d'une minuterie, d'une roue à rochet et d'un électro-
aimant dont l'armature porte les cliquets d'impulsion. Il est représenté
fig. 10, pl. I.

Pour obtenir une plus grande course des cliquets d'impulsion et pour
cacher l'électro-aimant dans les bords supérieurs de la lanterne, l'armature
A de l'électro-aimant a été prolongée jusqu'au centre du cadran au moyen
d'une queue en cuivre O C, terminée par une palette P. Cette palette est
introduite entre la platine du compteur et la roue à rochet R qui est fixée
sur l'axe de la *chaussée*. A cet effet, elle est percée d'un trou ovale T, à
travers lequel passe l'axe de cette roue et qui lui permet d'accomplir un
mouvement de droite à gauche. Enfin, cette palette porte les deux cliquets
d'impulsion C, C', deux butoirs d'arrêt K, K' et deux cliquets de retient
D, D'. Voici alors ce qui se passe quand à chaque minute le courant se
trouve fermé par l'horloge-type :

L'armature A étant attirée par l'électro-aimant, et basculant en O, la
palette P est inclinée de droite à gauche. Sous l'influence de ce mouvement,
le cliquet C fait avancer le rochet R d'une dent; en même temps, le cliquet
C' s'est reporté en arrière de la dent contre laquelle il était appuyé. Cet
échappement est calculé de manière à faire avancer la minuterie d'une demi-
minute. Mais lorsque le courant aura été interrompu, l'armature A sollicitée
par son ressort antagoniste B, reportera la palette P vers la droite, et dans
ce nouveau mouvement le cliquet C fera échapper une nouvelle dent du
rochet R, qui fera à son tour avancer la minuterie d'une demi-minute.
Pour chaque action de l'interrupteur, il y aura donc un double échappement qui fera avancer le compteur d'une minute et les butoirs K, K'
assureront cet échappement.

Système de M. Breguet. — Le premier compteur des lanternes-horloges
de M. Breguet était mis en mouvement par une palette aimantée A', fig. 11,
pl. I, oscillant entre deux électro-aimants E, E' et réagissant sur deux
rochets r, r' par l'intermédiaire d'un ancre K K' articulé en x et d'une
fourchette F. Sur les axes de ces rochets étaient fixées deux roues R, R' de
même diamètre et engrenant l'une dans l'autre. L'une d'elles R com-
mandait la minuterie et représentait par conséquent le centre des aiguilles.
La palette A elle-même, terminée par un levier L qui s'adapte en C dans
la fourchette F, était articulée en O de manière à subir à la fois les effets
d'attraction et de répulsion des électro-aimants E, E' et à pouvoir s'incliner
à gauche ou à droite, suivant le sens du courant qui traversait ces derniers.

Cette disposition évite l'emploi d'un ressort antagoniste, mais, en revanche, elle exige pour interrupteur un commutateur à renversement de pôles.

Ce commutateur était placé sur un axe particulier adapté à l'horloge-type et se trouvait commandé par une étoile d'un nombre de dents convenable pour qu'il y en eût une qui échappat toutes les minutes. En employant pour

Fig. 11.

horloge type une Contoise, cette étoile doit avoir dix dents, et elle se trouve commandée par la roue du troisième mobile, qui, à cet effet, est munie de dix chevilles. Comme cette roue fait un tour sur elle-même en dix minutes, chaque cheville fait sauter une dent de l'étoile toutes les minutes.

Le commutateur lui-même se composait d'une espèce de lanterne A B C D, fig. 12 Pl. I, dont le côté A B était isolé de l'axe X Y, et dont les chevilles qui ne tenaient aux anneaux A B, C D que d'un seul côté étaient alternées par rapport à leur point d'attache. Trois frotteurs R, R', R" complétaient le commutateur. En effet, si l'axe X Y était en rapport avec le pôle positif de la pile et le ressort R avec le pôle négatif, il arrivait que chaque fois que l'étoile échappait, les ressorts R' R" permutaient de pôles; par conséquent le courant·

qu'ils transmettaient aux électro-aimants E, E' se trouvait alternativement renversé. Or, comme pour chaque mouvement accompli par l'armature A, une dent de l'un ou l'autre des deux rochets r, r' échappait, et comme ces échappements réagissent dans le même sens sur la minuterie, par suite de l'engrènement des deux roues R R', il en résultait que les aiguilles avançaient à chaque minute d'une manière uniforme et régulière dans le rapport convenable, eu égard aux divisions du temps.

Ce système fonctionnait, à ce qu'il paraît, d'une manière très-précise, et prenait si peu de place, qu'il était impossible de s'apercevoir, en considérant la lanterne, où étaient logés les mécanismes.

Ayant eu à établir à Lyon une vingtaine de cadrans-compteurs pour le service de la ville, M. Breguet s'est trouvé conduit par l'expérience et par motif d'économie à modifier les compteurs à double rochet que nous venons de décrire et à les établir dans le système que nous représentons fig. 4, pl. V. Cette fois l'appareil est réduit à deux cliquets d'impulsion A et B, agissant sur le même rochet et articulés sur deux lames croisées qui se trouvent reliées ensemble, à leur point de croisement, par une cheville C mobile dans une coulisse. Une tige C D, portant l'armature de l'électro-aimant, communique son mouvement oscillatoire à ces deux lames qui font réagir les deux cliquets, l'un par impulsion, l'autre par traction ; de telle sorte que, pour chaque mouvement de gauche à droite ou de droite à gauche, une dent du rochet échappe, et cet échappement est assuré au moyen de deux butoirs d'arrêt F et G, adaptés aux lames mobiles.

Le mouvement communiqué à la tige C D est produit par un système électro-magnétique fonctionnant sous l'influence d'un courant alternativement renversé, et dont la disposition est celle adoptée par le Père Cecchi. Cette disposition, que nous avons déjà décrite tome II, page 84, permet, comme on le sait, la suppression des ressorts antagonistes, et paralyse les effets des courants accidentels atmosphériques, qui sont si à craindre pour les horloges électriques fonctionnant à grande distance du régulateur; elle est d'ailleurs très-commode en ce qu'elle exige peu de place pour l'établissement des différents organes qui la constituent; et elle est en même temps très-économique.

La transmission de l'heure se fait d'ailleurs, comme dans le système de MM. Nollet, Detouche, etc., toutes les minutes seulement; mais comme pour chaque fermeture de courant un double échappement se trouve produit, le rochet avance de deux dents par minute, ce qui rend le mouvement des aiguilles moins saccadé et plus doux. Il paraît que ces compteurs ont très-bien réussi à Lyon.

Système de M. Detouche. — Les lanternes-horloges de M. Detouche sont représentées fig. 8 et 9, pl. I. Dans ces lanternes, comme dans les précédentes, l'électro-aimant moteur est logé dans la garniture supérieure des côtés de la lanterne; son armature coudée réagit comme une équerre de sonnette de haut en bas, de manière à imprimer, par l'intermédiaire d'une tige T, une impulsion au cliquet C. Celui-ci est articulé en E à l'extrémité d'un levier E D qui pivote lui-même en D, et qui est muni d'une dent rigide A destinée à arrêter le mouvement du rochet R. Comme ce rochet de soixante dents est monté sur l'axe même de la roue de chaussée de la minuterie, et comme d'ailleurs le courant est fermé toutes les minutes par l'horloge-type, il commande directement le mouvement de l'aiguille des minutes. Le ressort agissant sur le cliquet C est en G H et le second ressort S joue le rôle de cliquet de retient.

En général, les lanternes-horloges sont munies de verre dépoli du côté du cadran, ce qui permet de masquer totalement tous les mécanismes et en même temps d'éclairer davantage le cadran.

Compteur de M. Hipp. — Le régulateur dans le système de M. Hipp est une horloge qui fonctionne directement sous l'influence électrique, et par conséquent, nous ne devrons en parler qu'au chapitre suivant qui est réservé à ces sortes d'appareils. Nous allons toutefois décrire les systèmes de cadrans compteurs qu'il emploie et qui marchent d'une manière très-satisfaisante au dire de M. Everts.

L'un de ces systèmes qui est en dépôt chez M. Deschiens à Paris, et que nous représentons fig. 13 ci-contre, fonctionne sous l'influence d'un système électro-magnétique particulier et avec une disposition d'échappement à cylindre très-ingénieuse. Dans ce système la roue à rochet qui commande la minuterie porte sur l'une de ses faces une circonférence dentée *r* qui en fait une double roue à rochet. La partie de cette roue qui présente les dents de côté, est soumise à l'action d'une sorte de fourchette d'échappement dont les palettes *p, p'* sont revêtues en arrière d'une gaine demi-cylindrique qui tient lieu de butoir de sûreté, et comme elles agissent aux deux extrémités d'un même diamètre de la roue, à la manière des fourchettes d'échappement des télégraphes à cadran, elles peuvent faire échapper deux dents du rochet pour une oscillation complète de l'armature A qui en dirige l'action. Celle-ci qui est montée normalement à l'extrémité de l'axe portant les palettes *p, p'*, est constituée par un secteur de fer doux, muni en son milieu d'un butoir d'arrêt *b* et se meut entre les pôles *d, d* de l'électro-aimant tangentiellement à leur surface cylindrique. A cet effet, les extrémités polaires de celui-ci dépassent un peu les bobines et se trouvent précédées

de deux arrêts contre lesquels viennent heurter le butoir de l'armature
quelque soit le sens du mouvement de celle-ci. On peut voir du reste plus
facilement la disposition de cette armature dans la fig. 12, qui représente
le système magnétique vu en bout. Les deux branches de l'électro-aimant

Fig. 12.   Fig. 13.

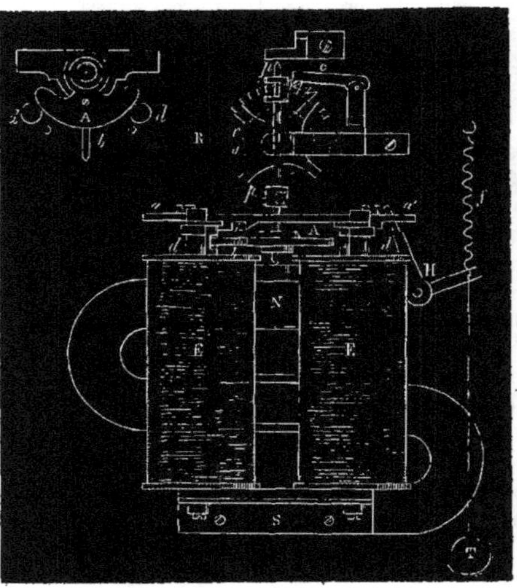

sont d'ailleurs comme dans le système de M. Siemens polarisées par l'un
des pôles d'un aimant permanent qui, pour prendre moins de place, est
replié en S. L'autre pôle de cet aimant polarise l'armature qui, de cette
manière, peut être influencée différemment suivant le sens du courant
traversant les bobines de l'électro-aimant. Mais pour qu'on puisse comprendre comment l'action magnétique s'exerce dans cette circonstance, il
faut que l'on se rappelle que dans un système magnétique de ce genre,
qui n'est en somme autre que celui que nous avons décrit dans notre
tome II, p. 92, l'attraction des pôles de l'électro-aimant sur l'armature se
manifeste depuis l'extrémité du secteur qui constitue cette dernière jusqu'à
sa ligne médiane; ce qui lui permet de se déplacer sous l'influence électro-

magnétique d'une quantité assez considérable représentée par la moitié
de l'arc du secteur. Comme cette armature est polarisée d'une manière
uniforme et que le passage du courant à travers les bobines a pour effet,
comme dans l'électro-aimant de Siemens, de rompre l'uniformité de polarité
des deux branches de l'électro-aimant, l'une des polarités ainsi déterminée agit par répulsion sur la moitié de l'armature alors que l'autre polarité agit par attraction ; il en résulte un mouvement de rotation de l'armature qui change de sens suivant la direction du courant et qui a l'avantage de s'effectuer d'une manière relativement lente et sans une trop grande
accélération à la fin de la course du mobile. Le butoir b qui est fixé à la
partie médiane de l'armature pour limiter l'amplitude de sa course a
d'ailleurs ses chocs amortis par les deux chevilles placées en avant des
pôles magnétiques et qui sont recouvertes de flanelle.

Pour obtenir la remise à l'heure des aiguilles quand l'appareil a été
dérangé, M. Hipp a adapté au-dessus de l'électro-aimant une traverse aa'
mobile dans une glissière et qui porte une dent disposée de manière à agir
sur un butoir i fixé sur l'armature. Cette traverse est reliée à l'une des
branches d'un compas H, dont l'autre branche est fixée à un fort ressort à
boudin f et à un tirant T; qui sort en dehors de la boîte renfermant le mécanisme. Il suffit alors d'abaisser ce tirant pour réagir mécaniquement sur
l'armature et lui faire exécuter le nombre de mouvements nécessaires pour
la remise à l'heure de la minuterie. Inutile de dire que dans ce système le
courant est alternativement renversé.

Dans un autre système de compteur de M. Hipp représenté dans la brochure de M. Everts, l'électro-aimant est couché horizontalement, et son
armature cylindrique est portée par un large levier dont la partie articulée
est munie rectangulairement d'un levier assez long. Celui-ci constitue avec un
autre auquel sont adaptés les cliquets d'impulsion et d'arrêt, une sorte de
répartiteur de Robert-Houdin placé au-dessus de l'électro-aimant parallèlement à son axe. La minuterie n'a d'ailleurs rien de particulier.

**Compteur électro-chronométrique de MM. Siemens et
Digney.** — Ce compteur est exactement la répétition du télégraphe à
cadran magnéto-électrique de M. Siemens que nous avons décrit tome III.
p. 34, seulement la roue à rochet sur laquelle réagit l'ancre d'échappement,
au lieu de porter sur son axe une aiguille, commande le mouvement de la
minuterie. Comme l'action électro-magnétique s'effectue dans ce système
sous l'influence d'un électro-aimant polarisé, le courant qui doit faire fonctionner l'appareil doit être renversé alternativement par l'horloge régulatrice.

M. Siemens construit encore des compteurs plus simples qui ont été
représentés dans l'ouvrage de M. Everts, mais qui sont d'une construction
tellement primitive que je n'en aurais pas parlé si M. Everts n'avait assuré
qu'ils fonctionnent d'une manière très-satisfaisante. Dans ces compteurs
l'électro-aimant agit sur un long levier terminé par un cliquet d'impulsion à
ressort sans butoir de sûreté, et c'est un cliquet également à ressort qui
sert de cliquet de retient. Il faut évidemment que quelques détails aient
été omis dans la figure que M. Everts donne de cet appareil, car il me paraît
dans de bien mauvaises conditions pour fonctionner régulièrement.

**Compteurs électro-chronométriques à relais de M. L.
Breguet.** — A l'époque où l'on se préoccupait beaucoup de l'application
de l'électricité à la marche des horloges publiques des villes, les municipalités
demandaient souvent aux horlogers chargés de cette installation de
disposer les appareils de manière à pouvoir distribuer l'heure aux particuliers et à leur livrer, pour les indications du temps, des concessions analogues à celles qui leur étaient fournies pour l'eau et le gaz. Pour satisfaire à
cette demande, M. Breguet avait d'abord pensé à intercaler les horloges
privées dans le circuit des horloges publiques ; mais ayant reconnu bientôt
que cette disposition pourrait entraîner de nombreux dérangements et que
ces dérangements seraient plus grands encore si on employait le système
des dérivations et l'intermédiaire du sol, il dut rechercher un autre moyen
et il eut l'idée de faire, des horloges publiques elles-mêmes, de véritables
relais mettant en fonction les horloges privées sous l'influence de fermetures
de circuits locaux ayant tous leur pile particulière. De cette manière le
compteur électro-chronométrique agis-
sait comme un véritable relais et
n'avait à opérer au moment de l'avancement des aiguilles qu'un simple contact. Toutefois en raison de la nécessité dans laquelle on se trouvait de renverser alternativement le courant, le
problème était un peu plus compliqué
à résoudre, et voici comment M. Breguet a disposé ses compteurs pour
atteindre ce but.

Sur l'un des deux bras, fig. 14, qui
font marcher la minuterie dans son
système simple, il monte un inver-

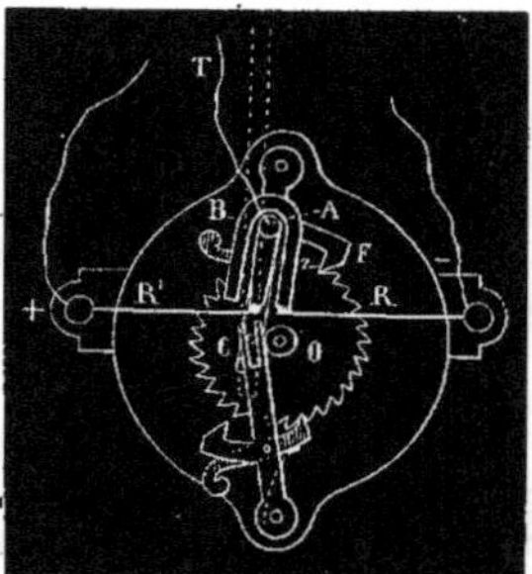

Fig. 14.

seur A B disposé comme on le voit sur la figure. Cet inverseur se compose de deux pièces A et B isolées l'une de l'autre et de deux ressorts R et R′ également isolés et en rapport direct avec les pôles de la pile de l'horloge qu'il s'agit de faire mouvoir. La pièce A est isolée du bras B et est reliée à l'un des fils du circuit de l'horloge qu'il s'agit de mettre en marche, mais la pièce en fer à cheval B touche ce bras B et, par suite, le massif de l'appareil qui est relié métalliquement au circuit de l'horloge éloignée. Sous l'influence du mouvement de va-et-vient communiqué au bras B, les pièces B et A se trouvent mises alternativement en contact simultané avec les ressorts R et R′, tantôt par une extrémité de la pièce B, tartôt par l'autre, et il en résulte naturellement, à travers le circuit de l'horloge en correspondance, des inversions de courant qui peuvent la faire fonctionner sans aucun trouble pour la marche de l'horloge de la ville.

3° Compteurs électro chronométriques à mouvement d'horlogerie.

MM. Wheatstone et Breguet paraissent être les premiers qui aient eu l'idée de constituer les compteurs électro-chronométriques au moyen de mouvements ordinaires de pendule ou d'horloge, dont l'action régulatrice déterminée par le pendule se trouve remplacée par une action électro-magnétique dirigée par une horloge régulatrice. Ce système avait l'avantage de réduire l'action électrique, dans ce genre d'application, à un simple déclanchement déterminé en temps convenable sous l'influence d'une fermeture de courant, absolument comme cela a lieu dans les télégra-phes à cadran à mouvement d'horlogerie. Il est vrai qu'avec cette dispo-sition le compteur électro-chronométrique se trouve soumis au remontage comme les horloges ordinaires, mais sa marche est mieux assurée et n'exige pas une force électrique considérable; on a d'ailleurs sous la main des mécanismes tout faits, et il suffit pour en faire des compteurs électro-chronométriques d'adapter au levier portant l'échappement une armature de fer doux accompagnée d'un système électro-magnétique. Tels ont été les premiers compteurs de M. Breguet, et nous allons voir que ce système est loin d'être abandonné; néanmoins il a dû céder le pas à un système mixte dont nous parlerons et qui n'a simplement pour but que de régler électri-quement les pendules ou horloges ordinaires, soit par une action constante exercée directement sur le pendule, soit en remettant les aiguilles à l'heure, à des moments plus ou moins éloignés.

Compteur électro-chronométrique de MM. Gondolo et V. Perret. — Le compteur de M. Gondolo, successeur de M. Winerle à Paris, est un compteur du genre de ceux dont nous venons de parler mais plus perfectionné. Dans ce système, le mécanisme d'horlogerie n'a besoin d'être remonté qu'au bout d'un an et il peut fournir la seconde. A cet effet, le barillet de ce mécanisme réagit sur un système composé de six mobiles, et c'est sur l'axe du sixième qu'est adaptée la roue d'échappement qui porte l'aiguille des secondes et qui commande la minuterie. Cette roue est un rochet ordinaire sur lequel réagit une ancre d'échappement suspendue verticalement au-dessus. La tige de cette ancre porte au-dessous de son point d'articulation, l'armature de l'électro-aimant, et l'échappement n'est produit que par l'une des branches de l'ancre qui porte à cet effet une petite palette convenablement disposée. L'autre branche est munie à son extrémité d'une cheville qui réagit sur le bout d'un long ressort, auquel est adaptée, précisément en face de l'axe de rotation de la roue, une dent qui constitue un butoir d'arrêt et joue par conséquent le rôle de la palette placée sur la seconde branche de l'ancre dans les échappements ordinaires. Cette disposition a été prise pour donner plus de précision et moins de jeu aux battements de l'aiguille des secondes, et cette précision est due à ce que cette lame de ressort, qui est pincée dans une presse à vis, peut être haussée ou abaissée jusqu'à ce que la dent qu'elle porte puisse buter contre les dents du rochet avec toute la précision désirable. De cette manière l'arrêt de la roue d'échappement peut s'effectuer sans mouvements de recul et d'une façon parfaitement nette.

L'interrupteur qui réagit sur ce compteur est mis en action par une roue à rochet à dents assez élevées fixée sur l'axe de la roue d'échappement de l'horloge régulatrice. Il consiste en deux lames de ressort superposées dont l'une (la supérieure) plus longue que l'autre se termine par une dent qui appuie sur le rochet et qui, étant soulevée et abaissée par suite du passage des dents de celui-ci, peut communiquer au ressort le mouvement oscillatoire nécessaire pour réagir sur le courant. A cet effet ce ressort est muni vers son extrémité d'une pièce métallique sur laquelle est fixé un petit butoir de platine comme dans le système décrit page 12, et le ressort inférieur isolé du précédent porte en face du butoir de platine une plaque du même métal qui fournit les contacts. Pour éviter ou du moins amoindrir les effets de l'étincelle sur cet interrupteur, le circuit a été disposé de manière à ce que le courant au moment de l'inaction du compteur puisse circuler en court circuit; de sorte que c'est par suite de la disjonction des deux ressorts sous l'influence des dents du rochet que l'électro-aimant du compteur fonctionne. Cette disposition du circuit n'a du reste rien de compliqué, car il suffit pour obtenir le résultat précédent de mettre les deux pôles de la pile en communication avec les deux lames de ressort de l'in-

terrupteur, lesquelles sont reliées d'autre part [aux [deux bouts du fil de
l'électro-aimant du compteur qui doit avoir alors une résistance de 30 kilomètres. La pile employée par M. Gondolo pour faire marcher trois appareils de ce genre disposés sur des circuits spéciaux, est formée de 4 éléments
Minotto à sciure de bois et ayant pour dimensions 40 centimètres sur 20.

En adaptant à la tige du cliquet de repos d'un échappement de chronomètre de marine une pièce de contact, et en faisant buter cette pièce contre
une vis convenablement isolée, MM. V. Perret et Gondolo ont pu employer
comme régulateur de [leur compteur électro-chronométrique un chronomètre à balancier, sans introduire aucun organe nouveau dans cet appareil et sans, par conséquent, en altérer en quoique ce soit la marche.
Comme ces appareils sont d'excellents régulateurs, on se trouve avoir, de
cette manière, des horloges types qui peuvent être établies à peu de
frais.

Compteurs électro-chronométriques de M. Kaiser. —
Les compteurs électro-chronométriques de M. Kaiser ont été combinés
de deux manières différentes, l'un avec mouvement d'horlogerie, et par
conséquent avec détente électro-magnétique, l'autre sans mécanisme
d'horlogerie, l'action électrique faisant seule tous les frais du mouvement.
Ces systèmes n'ont du reste rien de particulier quant au principe. Le premier n'est autre chose qu'un mouvement de pendule dans lequel on a
supprimé l'échappement et le pendule. Le pignon de l'axe de la roue d'é-
chappement est remplacé par un pignon d'un plus grand nombre de
dents (14), disposé de manière à effectuer sa rotation entière en une minute
pour ne pas déranger la minuterie. Un volant est adapté à cet axe ainsi
qu'un levier de détente commandé par un système électro-magnétique
dont le levier de l'armature est muni d'une sorte d'ancre d'échappement.
Quand le courant anime l'électro-aimant, le bras inférieur de cette ancre
contre lequel vient buter le levier de détente, s'écarte, et le mouvement
d'horlogerie se trouve dégagé en faisant accomplir aux aiguilles un mouvement de rotation correspondant à une minute. Il est vrai que ce mouvement s'effectue en deux temps, car après son dégagement le levier de
détente vient buter sur le second bras de l'ancre d'échappement qui ne
le laisse libre d'accomplir sa révolution entière que quand l'armature s'est
trouvée repoussée sous l'influence de l'interruption du circuit. Le volant
modère, bien entendu ce mouvement. Avec ce système, les compteurs
doivent être remontés au moins une fois la semaine.

Le système de M. Kaiser sans mouvement d'horlogerie, n'est autre chose
qu'un long levier articulé par l'une de ses extrémités, et terminé à l'autre

extrémité par une fourchette d'échappement qui réagit sur une roue à rochet à la manière des fourchettes des télégraphes à cadran sans mouvement d'horlogerie. De cette manière l'avancement des aiguilles par l'intermédiaire de la minuterie s'effectue en deux fois, c'est-à-dire par deux ressorts consécutifs l'un correspondant à la fermeture du courant, l'autre à son interruption. Dans cet appareil, M. Kaiser a adopté pour l'action de l'armature l'attraction angulaire, qui est, comme nous l'avons dit plus d'une fois, la plus énergique, et le ressort antagoniste à boudin est soutenu par une lame de ressort repliée que serre ou desserre une vis de rappel.

Nous représentons, fig. 2 pl. IV, le régulateur employé par M. Kaiser pour le fonctionnement de ses cadrans compteurs. A est la roue d'échappement, C la roue des minutes. Le rouage est mu par un poids relativement léger, et sur l'axe de la roue intermédiaire se trouve adaptée une étoile B à six pointes aussi petites que possible, accomplissant sa rotation en six minutes.

Le rouage de gauche destiné à effectuer les contacts est mu par un poids un peu plus lourd que le précédent. Sur l'axe de la troisième roue qui suit la roue de fusée, est fixée une excentrique D munie d'un doigt d'acier D B qui appuie sur l'une des pointes de l'étoile B. Si l'on admet que le mouvement des deux mobiles D et B s'effectue en sens contraire l'un de l'autre, on comprendra qu'à chaque minute le doigt DB pourra se dégager de la dent de l'étoile B qui le retenait, et accomplir librement un mouvement lent de rotation sous l'influence du rouage qui le sollicite, jusqu'à ce qu'il ait rencontré de nouveau l'étoile B, et se soit trouvé buté sur une nouvelle dent de cette étoile. L'excentrique D suivant ce mouvement pourra dès lors réagir sur une fourchette E et, par l'intermédiaire du levier L, mettre en jeu l'interrupteur que nous avons décrit page 12, lequel est en G. Une vis régulatrice V pourra d'ailleurs donner à la course accomplie par la lamelle inférieure *a* toute la précision désirable, et un volant H dont on pourra à volonté modérer la vitesse permettra de régler la durée des contacts.

Avec ce système, il est aisé d'établir simultanément plusieurs contacts. Il suffit pour cela de munir l'axe de la fourchette E d'autant de leviers L qu'il y a de contacts à produire, et de placer au-dessus de ces leviers un nombre correspondant d'interrupteurs semblables à celui représenté sur la figure. Il faut avoir soin seulement que les pointes des vis régulatrices V soient munies d'agates, surtout si le régulateur doit agir sur plusieurs circuits. M. Everts assure que deux régulateurs ainsi construits qu'il possède depuis quatre ans n'ont jamais manqué, et jamais exigé le moindre examen. L'un de ces régulateurs porte 4 interrupteurs.

Pour obtenir avec ce système le renversement du courant, on adapte à l'appareil, en dehors de l'interrupteur, un commutateur qui est mis en action indépendamment du premier. Ce commutateur est constitué par trois pièces métalliques A, B et C, fig. 15 ci-dessous, qui servent de pièces de contact, et sur lesquelles viennent appuyer sous l'influence d'une pression déterminée par le mouvement d'horlogerie, deux lames de platine E et E', mises en rapport avec les pôles de la pile. Les trois pièces métalliques rigides A, C et B sont reliées d'ailleurs au circuit du cadran compteur G et de l'interrupteur, comme on le voit sur la figure, et sont pourvues de contacts en platine.

Pour que les coupures de circuit résultant du changement de sens du courant n'influent pas sur l'action électrique transmise, le commutateur n'est mis en action qu'au moment où le compteur doit être en repos, et par conséquent, au moment où aucun courant n'est envoyé par le régulateur. Dès lors, on n'a pas à redouter pour le commutateur de détériorations résultant de l'action de l'étincelle. La commutation est effectuée à l'aide d'une roue R fixée sur l'axe d'un des rouages de l'horloge et qui est munie vers le bord d'un certain nombre de goupilles isolées. Cette roue

Fig. 15.

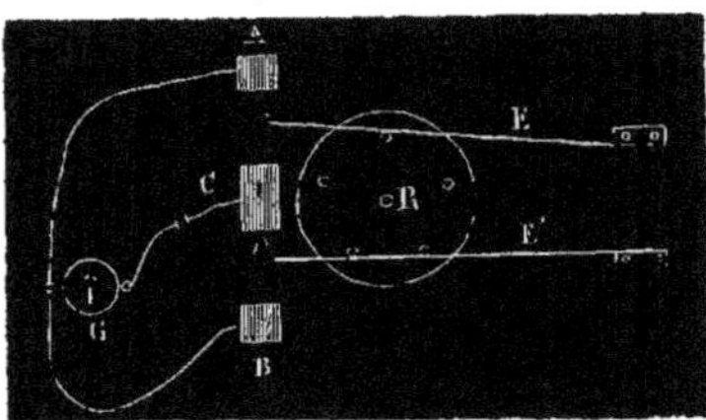

tourne entre les deux lames de platine E, E', qui doivent fournir par leur contact avec les pièces rigides A et B, les inversions. Il en résulte que pour certaines positions de cette roue, l'une des lames de platine se trouve soulevée par l'une des goupilles, alors que l'autre est dans sa position normale, tandis que pour d'autres positions de cette roue l'action inverse se produit. On peut du reste se rendre compte de ce dispositif par l'inspection de la figure.

M. Everts a fait construire ses régulateurs l'un avec l'échappement de Graham, l'autre avec celui de Lepaute, et il en a été également satisfait.

Compteurs électro-chronométriques pour horloges de clochers. — Système de M. de Laguerenne. — Pour obtenir la transmission électrique de l'heure sur de grands cadrans exposés aux intempéries de l'air et à tous les inconvénients qu'entraînent les défauts de soin, tels que le sont par exemple les cadrans des horloges de clocher, il est bien certain que les moyens dont nous avons parlé jusqu'à présent sont très-insuffisants, et pour que la solution du problème soit pratique, il faut nécessairement qu'on puisse agir sur les aiguilles au moyen de mécanismes solides et massifs tels que ceux employés pour ces horloges de clocher. Mais alors l'action électrique deviendrait impuissante à diriger la marche de semblables mécanismes si on ne prenait pas des moyens particuliers pour lui venir en aide. Plusieurs inventeurs se sont occupés de cette question, mais l'une des solutions les plus heureuses est celle qu'en a donnée M. de Laguerenne dans l'horloge qu'il a présentée à la Société d'encouragement en 1874 et dont nous donnons fig. 7, Pl. IV, le dispositif.

Dans ce système, il existe trois dispositions mécaniques, qui bien que reliées entre elles produisent des effets très-différents. L'une est constituée par un système de déclanchage à percussion qui permet à une action électrique très-minime de fournir un effet mécanique assez énergique pour faire fonctionner l'appareil ; une autre comprend tout le système des rouages réagissant sur la minuterie ; enfin la troisième se compose d'un mécanisme à remontoir pour mettre sans cesse l'horloge en état de fonctionner sans aucune intervention humaine.

Mécanisme du déclanchage. — Pour obtenir le déclanchage sensible dont nous avons parlé, l'axe A de la roue qui commande la minuterie est muni d'un long doigt AD qui, en temps de repos de l'horloge, est buté contre un arrêt *t* adapté à un levier OE articulé en O. Ce levier est soutenu dans une position horizontale par la branche verticale d'un compas O'S qui porte à cet effet une coche *c* dans laquelle est introduite une cheville adaptée au levier OE et dont l'autre branche est munie d'un contrepoids *p*. Un percuteur assez lourd PO″ articulé en O″ est maintenu dans une position voisine de la verticale par un petit bras *o″f* encliqueté par une bascule à crochet *mo″* munie à son extrémité inférieure d'une armature de fer doux *a*, et son action est commandée par un électro-aimant V placé en face de l'armature *a*. Enfin deux bielles à rainures *bb'*, *b'b'* relient ce percuteur au doigt AD et au levier EO de telle manière que le doigt AD étant dégagé, il puisse en tournant relever ces deux pièces après qu'elles seront tombées. La roue qui commande la minuterie est sollicitée d'ailleurs au mouvement par un poids de 400 grammes attaché à une corde enroulée sur l'axe A. Or, voici ce qui résulte de l'action du courant envoyé toutes les minutes par l'horloge régulatrice :

Au moment où l'électro-aimant V devient actif, le levier $o''m$ qui porte l'armature a déclanche le bras O″ f qui maintient le percuteur O″ P dans sa position presque verticale, et en raison même de cette position, l'effort à produire en m pour ce déclanchement est extrèmement minime. Le percuteur étant ainsi abandonné à lui-même tombe avec force sur l'extrémité E du levier E O après avoir écarté pendant sa chûte le bras S O′ du compas S O′ p, et comme ce levier E O n'est plus retenu en c, il tombe en abaissant l'arrêt t qui dégage ainsi le doigt A D. Le poids qui sollicite l'axe A peut alors réagir, et en le faisant tourner, entraîne avec le doigt A D la bielle bb' et par suite la bielle $b'b''$, lesquelles relèvent le levier E O et le percuteur O″ P pour les remettre un peu avant un tour accompli dans leur position initiale. Dès lors le percuteur se trouve enclanché en m, le doigt A D est buté en t, et le levier E O soutenu en c, jusqu'à ce qu'une nouvelle fermeture de courant vienne opérer un nouveau déclanchage. Mais pendant cette révolution de l'axe A, une roue intermédiaire R² que cet axe fait mouvoir au moyen d'un pignon a tourné d'une quantité suffisante pour faire avancer l'aiguille des minutes de l'intervalle d'une minute. Nous verrons du reste à l'instant comment la minuterie a été disposée pour réaliser cet effet.

Mécanisme remonteur. — Comme à chaque déclanchage du mécanisme précédent le poids moteur s'abaisse et qu'il ne serait guère pratique d'avoir à le remonter perpétuellement, M. de Laguerenne a profité de l'intervalle de temps séparant les actions successives du courant, intervalle de temps qui est comme nous l'avons vu de une minute ou de 60 secondes, pour faire revenir électriquement à son point de départ le poids moteur aussitôt après sa chute. A cet effet l'axe A porte une roue à rochet r sur les dents de laquelle appuient un cliquet d'impulsion et un cliquet de retient, dont l'un, le cliquet d'impulsion C, est relié par un système de leviers L, l, e' à la fois au mécanisme de la minuterie, au système de déclanchement électro-magnétique décrit précédemment, et à un second système électro-magnétique commandé par un électro-aimant V'. Le levier l est recourbé par son extrémité libre pour s'enfoncer dans une coche pratiquée à la circonférence d'un disque mis en mouvement par une roue de renvoi r', laquelle effectue son mouvement de rotation dans le même temps que la roue r. Le levier L à l'extrémité duquel sont articulés le cliquet C et le levier l, bascule en o et porte à son extrémité libre l'armature a' d'un second électro-aimant V'. Enfin le levier e' est relié par une bielle $e'e$ à un doigt fixé sur l'axe d'articulation O du levier O E.

Pour comprendre le jeu de ce mécanisme, supposons que l'horloge régulatrice n'envoie pas de courant à l'électro-aimant V et, par conséquent, que le mécanisme de déclanchage soit embrayé comme il est représenté sur la figure. Dans ces conditions les cliquets C appuyeront sur le rochet r, et si l'horloge régulatrice ferme à chaque seconde un courant à travers l'électro-aimant V', le rochet r avancera d'une dent toutes les secondes et remontera le poids moteur jusqu'à ce que l'électro-aimant du mécanisme devenant actif le levier EO se trouve déchanché. Alors la bielle ec' en tirant sur le bras c' relèvera le levier l et mettra les cliquets C dans l'impossibilité de faire avancer le rochet r qui se trouvera ainsi désencliqueté. Pendant ce temps un ergot adapté à la corde du poids aura réagi sur le levier d'un commutateur placé à hauteur convenable, et aura interrompu le courant à travers l'électro-aimant V'. Le rochet r n'étant plus retenu permettra donc au poids moteur de descendre pour réaliser les effets mécaniques que nous avons étudiés en premier lieu, et cette descente du poids ne sera pas entravée par suite de la rupture du courant à travers l'électro-aimant V', car l'extrémité recourbée du levier l étant sortie de la coche U se trouvera portée sur la circonférence du disque r' et ne permettra aux cliquets C de revenir en prise avec le rochet r qu'après un tour complet accompli par le disque ou ce qui revient au même par l'axe A.

Mécanisme de la minuterie. — Le mécanisme de la minuterie combiné par M. de Laguerenne est mis en action, comme on l'a vu, par l'axe A sur lequel est enroulé le poids moteur et qui porte un pignon de 12 dents, engrènant avec une roue intermédiaire R^2 de 120 dents. L'axe de celle-ci est également muni d'un pignon de 15 dents qui engrène avec la grande roue R^4 ayant 90 dents ; de sorte que quand l'axe A aura fait un tour, la roue R^4 aura fait un soixantième de tour, et comme c'est sur l'axe de cette roue qu'est fixée l'aiguille des minutes, il arrivera que pour chaque déclanchement électro-magnétique celle-ci avancera d'une minute. L'aiguille des heures est montée sur l'axe creux d'une roue R^3 de même diamètre à peu près que la roue R^4 et qui tourne sur l'axe de cette dernière. Cette roue qui a 80 dents reçoit son mouvement d'une autre roue R^7 de 20 dents dont l'axe porte une roue de 60 dents, laquelle engrène avec une petite roue R^5 de 20 dents portée par l'axe de la roue R^4. Or, le nombre des dents de ces différentes roues est, comme on le voit, calculé de manière que quand la roue R^4 a fait un tour, la roue R^3 n'a fait qu'un douzième de tour, ce qui suppose à l'aiguille qu'elle porte un avancement d'une heure sur le cadran.

Comme complément à son système, M. de Laguerenne indique un dispositif au moyen duquel l'horloge elle-même pourrait avec une machine

magnéto-électrique fournir le courant nécessaire à la marche des appareils
précédents.

4° Compteurs électro chronométriques mis en jeu par des courants magnéto-électriques.

De même que pour la télégraphie électrique on a cherché à faire fonctionner les compteurs électro-chronométriques sous l'influence de courants
magnéto-électriques développés par une horloge régulatrice assez puissante pour mettre en jeu des appareils d'induction.

S'il faut en croire M. Collin-Wagner, l'application d'un appareil magnéto-
électrique aux horloges régulatrices aurait été faite par lui dès l'année 1847,
et il aurait à cet effet mis en usage une machine de Pixii, dont l'aimant
était mis en action par l'horloge régulatrice elle-même. Toutefois comme
dans ces machines les courants étaient redressés, il put constater dès cette
époque que son horloge subissait de grandes perturbations suivant que le
circuit était ou non fermé. Quand le circuit était ouvert un faible poids
pouvait faire fonctionner l'appareil, mais quand le circuit était fermé, il
fallait un poids très-considérable. Cet effet qui est un des exemples les
plus frappants de la conversion des forces physiques entre elles, et qui
montre qu'une quantité de travail électrique produit, correspond à une
quantité équivalente de travail mécanique, l'avait d'abord fort étonné, mais
il put s'en rendre compte, et il ne donna pas de suite à ses essais. Il fallait,
en effet, pour que le problème fut réalisable qu'il n'y eut pas d'interruptions du circuit, et les systèmes à inversions de courant sont venus fort à
propos pour lever la difficulté. Toutefois ce n'est que dernièrement que ces
sortes d'horloges ont pu être disposées assez pratiquement pour être employées, et c'est encore M. Wheatstone qui a fourni jusqu'à présent le meilleur modèle.

**Système de transmission magnéto-électrique de l'heure
de M. Wheatstone.** — Dans ce système dont nous représentons fig. 16
l'horloge régulatrice et fig. 18 le compteur, les courants électriques appelés
à faire fonctionner les appareils sont fournis par une bobine d'induction P,
qui constitue la boule pesante du pendule de l'horloge régulatrice et qui, en
enveloppant au moment de ses oscillations de droite et de gauche deux
aimants recourbés M, M, provoque des courants induits dont le sens
varie suivant que l'oscillation est ascendante ou descendante. Un poids W
assez pesant entretient le mouvement de ce pendule par l'intermédiaire des
rouages de l'horloge, mais un dispositif particulier permet d'en régler la

marche une fois qu'il a eu ses mouvements réglés une première fois,
d'après un régulateur chronométrique. Ce dispositif consiste dans une petite
boule adaptée à la tige du pendule et dont la position est modifiée par le

Fig. 16.

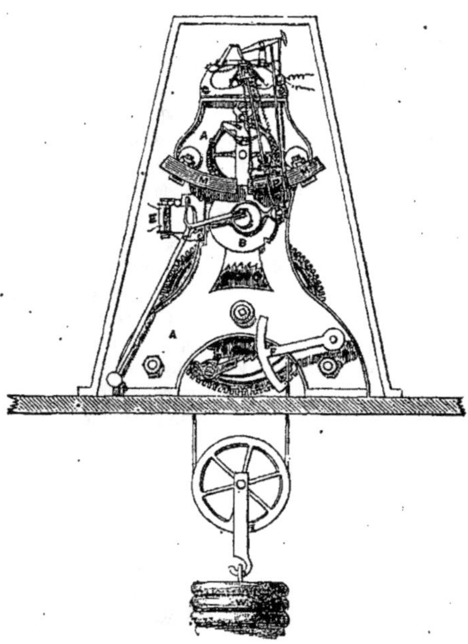

bout d'un levier qui, quand il est dégagé, tombe sur le plan incliné d'une
coche pratiquée dans un disque B qui fait un tour en deux heures.

Le *Telegraphic journal* auquel nous empruntons cette description ne
donne aucuns détails sur la manière dont s'effectue le jeu de ce levier, ni sur
les organes accessoires placés à gauche de l'appareil et qui semblent commandés par un électro-aimant E. Nous supposons que ces derniers ont
pour effet de régler la marche de l'appareil toutes les deux heures sous
l'influence d'une seconde horloge régulatrice et par l'action d'un inter-

rupteur de courant disposé sur cette horloge. Nous représentons fig. 17
cet interrupteur qui est constitué par une sorte de pendule mis en mouve-

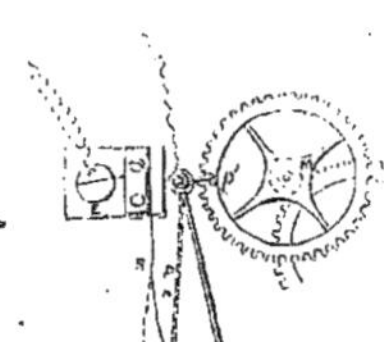

Fig. 17.

ment par un butoir p' adapté à l'un des rouages
et qui, en accomplissant son mouvement d'oscillation, vient rencontrer un ressort de contact S C.

Le compteur mis en action par le système
magnéto-électrique dont il a été question est
représenté fig. 18. Il se compose, comme on le
voit, d'un galvanomètre G muni d'un système
magnétique astatique dont l'axe porte un pignon P, qui réagit par l'intermédiaire d'une
roue à couronne C sur la minuterie M et par
suite sur les aiguilles H et h. Le fil du galvanomètre
est relié à celui de l'hélice oscillante du pendule transmetteur par des communications métalliques convenables. L'action motrice est déterminée dans cet
appareil d'une manière tout à fait particulière, et qui montre une fois de plus
l'originalité des conceptions de l'illustre inventeur Anglais. Pour la comprendre, supposons que les aiguilles du galvanomètre soient parallèles aux fils
de cet appareil; le pendule transmetteur en faisant une demi-oscillation envoie
un courant dans ces fils et fait dévier les aiguilles du compteur ou des compteurs
qui sont dans le circuit, et comme ces aiguilles peuvent se mouvoir sur leur
axe sous une influence électrique assez minime, elles font une demi-révolution

Fig. 18.

et même plus en raison de la vitesse acquise. Le
pendule faisant en ce moment une demi-oscillation
en sens contraire, envoie un courant de sens opposé,
et comme la position des pôles des aiguilles relativement aux fils des galvanomètres est alors renversée,
celles-ci feront une demi-révolution dans le même
sens; de sorte qu'à chaque oscillation entière du
pendule (aller et retour), les aiguilles des galvanomètres des cadrans compteurs feront une révolution entière. Il y aura donc ainsi dans les galvanomètres un mouvement de rotation continu accompli par leur aiguille, qui pourra être communiqué
par un pignon adapté à leur axe de rotation à la roue commandant la
minuterie. On pourrait peut-être penser qu'il faudrait quelque mécanisme
particulier pour que les aiguilles des galvanomètres pussent faire tout juste
une demi-révolution pour chaque courant qui arrive afin que le courant qui

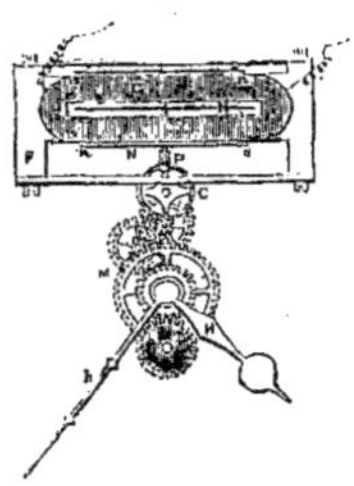

le suit ne soit pas capable de leur donner une impulsion inverse qui tendrait
à les faire osciller ; mais l'expérience a démont é qu'un pareil mécanisme
n'était pas nécessaire, parce qu'après un certain nombre d'oscillations du
pendule, le mouvement galvanométrique devient tout à fait uniforme ; il est
seulement soumis à une action régulatrice effectuée par les courants, comme
cela a lieu dans le télégraphe autographique de M. Lenoir que nous avons
décrit dans notre tome III, p. 350 (*Voir les Mondes*, tome 28, p. 177).

Système de M. Gloesener. — M. Gloesener est un des premiers
qui se sont occupés de faire, fonctionner les compteurs électro-chronométrique par les courants.d'induction, et pour cela il a disposé à portée d'une
forte horloge-type, ou régulatrice, un aimant en fer à cheval, muni sur ses
deux branches de bobines d'induction. Cet aimant, fixé verticalement, les
branches en haut, portait articulée sur l'un de ses pôles une armature basculante dont le bras, en dehors de l'aimant, était très-long. Un marteau,
fixé à l'extrémité d'une autre bascule, pouvait, en retombant sur ce bras,
détacher l'armature, et par conséquent donner lieu à un courant d'induction. Pour obtenir ce choc, la bascule portant le marteau a été placée devant
un des rouages de l'horloge de telle manière, que son bras libre pût être
rencontré par des chevilles portées par ce rouage. Chaque cheville en passant soulevait donc le marteau, et chaque coup de marteau avait pour
effet la naissance d'un double courant d'induction qui réagissait sur les
électro-aimants des compteurs. Ainsi, ce mécanisme servait à la fois d'interrupteur et de producteur du courant.

M. Gloesener assure qu'une fois l'horloge-type et les compteurs réglés, les
appareils peuvent fonctionner des années entières, sans qu'on ait à y apporter
le moindre changement.

III. — Remise a l'heure et réglage des horloges.

1° Remise à l'heure.

Le plus souvent les variations considérables qui surviennent dans la
marche des horloges et même des compteurs électro-chronométriques, ne
proviennent que de petits retards ou de petites avances dus à des causes
très-diverses et qui s'accumulent. Une correction qui serait faite à toutes
les heures du jour ou même tous les jours à une heure déterminée, empê-
cherait donc cette accumulation d'irrégularités, et rendrait une horloge
sinon parfaitement précise, du moins assez régulière pour les services ordi-

naires. Pour obtenir cette correction, M. Bain imagina, vers 1847, un régulateur électrique au moyen duquel l'aiguille des minutes d'une ou plusieurs horloges se trouvait ramenée à douze heures par l'action d'un électro-aimant. Le mécanisme de ce régulateur consistait dans un électro-aimant M, fig. 17, pl. I, placé verticalement les pôles en bas, et dont l'armature A'B portait une fourchette verticale CDE. L'axe de l'aiguille des minutes portait parallèlement à elle un petit levier métallique terminé par une tête conique, et cette tête conique était disposée au-dessus de la fourchette de l'électro-aimant. Tant que cet électro-aimant n'était pas actif, le levier et l'aiguille correspondante pouvaient passer sans obstacle, puisque les branches de la fourchette se trouvaient alors au-dessous de la tête conique du levier. Mais aussitôt que le courant passait à travers l'électro-aimant, la fourchette rencontrait cette tête conique et forçait le système à se placer dans son plan; ce qui ramenait l'aiguille des minutes à l'heure. Comme le courant n'était établi dans cet électro-aimant qu'à la dernière seconde de l'heure de l'horloge régulatrice, on conçoit que par ce moyen tout retard ou toute avance dans l'heure marquée se trouvait sans cesse corrigé et cela sans dépense appréciable d'électricité.

Mais ce système, bien que très-simple, n'était pas assez sûr et ne fournissait pas de résultats assez précis pour qu'on pût s'y fier entièrement. M. Breguet en 1859 a résolu le problème d'une manière plus complète au moyen d'un dispositif que nous représentons fig. 5, pl. V, et qui peut s'adapter à toutes les horloges possibles; mais depuis cette époque plusieurs autres inventeurs ont suivi la même voie et sont arrivés à des résultats assez satisfaisants.

Système de M. Breguet. — Dans la figure 5 pl. V (qui représente une sonnerie de pendule ordinaire avec sa minuterie et les mécanismes additionnels de M. Breguet), nous avons régularisé la position des mobiles afin qu'on puisse distinguer plus facilement les différentes parties de l'appareil; mais il est facile de comprendre que cette disposition n'est pas du tout commandée. Cela dit en passant, voyons comment M. Breguet a combiné son dispositif.

Sur l'axe creux de l'aiguille des minutes et sous le cadran se trouve adapté un bras A, terminé en pointe, dont la position correspond à l'aiguille des minutes elle-même. Au-dessus de la minuterie se trouvent placées deux roues R et R', de même diamètre, engrenant ensemble et portant chacune, dans des positions symétriques, une cheville-butoir i, i'. Ces chevilles, en raison de leur position symétrique, doivent se trouver l'une vis-à-vis l'autre lorsqu'après avoir décrit une circonférence presque entière, elles arrivent en face du point d'engrènement des deux roues. Ces deux roues elles-mêmes reçoivent leur mouvement du mécanisme de la sonnerie par l'intermédiaire d'une roue montée sur l'axe de la roue des chevilles ou sur un axe spécial mis en rapport de mouvement avec le deuxième mobile de la sonnerie. Cette sonnerie, bien entendu, est supprimée, et son mécanisme est, comme on le voit, utilisé à l'opération du réglage. Par suite de ce changement de fonction, la roue de compte n'a plus besoin de ses entailles, et peut être utilisée pour le déclanchage. A cet effet, elle porte 3, 4 ou 6 entailles, suivant le rapport de la roue intermédiaire r avec les roues R, R', et suivant le rapport du pignon de cette roue r avec la roue r', qui commande le mouvement du chaperon. Il faut bien entendu, que l'intervalle de ces entailles corresponde exactement à un tour complet des roues R, R'.

Sur le levier de détente B de la sonnerie est adaptée une armature de fer doux C, maintenue par un ressort antagoniste et un butoir d'arrêt, et au-dessous de laquelle se trouve un électro-aimant E. Voilà tout le mécanisme dont le jeu est facile à saisir.

Supposons, en effet, que l'horloge régulatrice ferme toutes les douze heures un courant traversant l'électro-aimant E : l'armature C sera attirée, et le déclanchage du chaperon aura lieu aussi bien que celui de la roue des délais; le mécanisme de la sonnerie sera mis en mouvement, et les roues R, R' feront un tour sur elles-mêmes dans le sens des flèches. Si l'horloge à régler se trouve en avance ou en retard, le bras A qui suit l'aiguille des minutes se trouvera à gauche ou à droite de la verticale; mais alors l'une ou l'autre des chevilles i, i'', rencontrera ce bras et le ramènera suivant la verticale sans qu'il puisse y avoir la moindre déviation, puisqu'en arrivant à leur point de tangence ou d'engrènement ces deux chevilles i, i', réagiront à la fois sur lui pour le maintenir dans une position fixe. Par ce moyen, l'aiguille des minutes se trouve ramenée à la verticale, c'est-à-dire à midi. Il est facile de comprendre qu'on pourrait régler sur toute autre heure, et que pour cela il ne s'agirait que de placer l'aiguille, par rapport au bras A, de manière que l'angle fourni par leurs deux axes corresponde à celui qui existerait entre l'heure choisie et midi. On observera également que, pourvu que la fermeture du courant qui a provoqué la mise en mouvement du mécanisme précédent soit plus courte que le temps employé par les roues R, R', à accomplir un tour entier sur elles-mêmes, l'action de l'électro-aimant pourra être plus ou moins prolongée sans inconvénient; car une fois sortie d'une entaille, la détente B ne peut plus arrêter les rouages que quand elle rencontre l'entaille qui suit; or, c'est en ce moment-là précisément que les roues R et R' ont achevé leur rotation.

Comme on a pu le remarquer, le champ dans lequel l'aiguille des minutes est susceptible d'être ramenée à l'heure par les roues R, R´, est assez restreint, et ne comporte pas un retard ou une avance de plus d'un quart d'heure. Il est vrai qu'avec un réglage toutes les douze heures, il faudrait qu'une horloge fût bien·mauvaise ou bien mal réglée pour présenter des écarts plus considérables, ou même aussi considérables. Pourtant dans certains cas, où le réglage ne s'effectue qu'à des époques irrégulières, il est nécessaire d'ouvrir un champ plus grand à la correction, et nous verrons bientôt comment le problème peut alors se résoudre. Quoi qu'il en soit, le mécanisme de M. Breguet n'aurait pas encore été suffisamment complet si ce mécanicien n'avait trouvé moyen de régler également l'aiguille des heures ; car en ne réglant que l'aiguille des minutes, il pourrait se faire qu'au bout d'un certain nombre de corrections effectuées dans le même sens, l'heure indiquée par l'aiguille des heures fût complètement différente de l'heure véritable. Le moyen employé par M. Breguet pour effectuer cette correction est le même que celui que nous avons étudié ; il a tout simplement adapté sur le canon de l'aiguille des heures un second bras A´, qui se trouve ramené à la verticale en même temps que l'autre bras par les chevilles i, $i´$. Seulement, à cause de l'engencement des aiguilles indicatrices sur leur canon respectif, un des deux bras additionnels se trouve placé en avant de la minuterie, et le second bras se trouve placé en arrière.

« On voit de suite, dit M. Breguet, le grand avantage que présente ce système ; car en supposant que l'électricité n'ait pas agi pour une cause quelconque, il en résulterait que les horloges marcheraient toujours, que rien ne serait arrêté, et qu'il pourrait se faire seulement qu'elles fussent en avance ou en retard d'une ou de deux minutes. Mais on ne verrait jamais toutes les horloges arrêtées ou dérangées à la fois, comme cela arrive quelquefois avec les compteurs purement électriques. Les horloges étant réglées d'ailleurs comme à l'ordinaire, l'électricité pourrait ne pas remplir ses fonctions pendant deux ou trois jours sans inconvénient grave. »

Système de M. Collin-Wagner. — Le système de M. Collin-Wagner que nous représentons fig. 19 est infiniment plus simple, que celui que nous venons de décrire ; mais pour qu'il soit efficace, il faut que l'horloge ou les horloges que l'on veut régler soient toujours un peu en avance sur l'horloge régulatrice. Dans les appareils de ce genre qu'il a installés, M. Collin fait effectuer le réglage toutes les deux heures, et en conséquence il adapte l'interrupteur du courant qui doit réaliser cet effet sur l'axe de la roue qui commande celle des minutes. Le mécanisme régulateur consiste unique-

ment dans une roue à rochet supplémentaire E adaptée à l'axe de la roue
d'échappement de l'horloge à régler et dans un long levier d'embrayage R
commandé par un électro-aimant X qui, en se rapprochant de la roue à
rochet toutes les deux heures, arrête cette
roue et par suite la roue d'échappement,
laissant le pendule continuer ses oscillations sans produire d'effet.

Fig. 19.

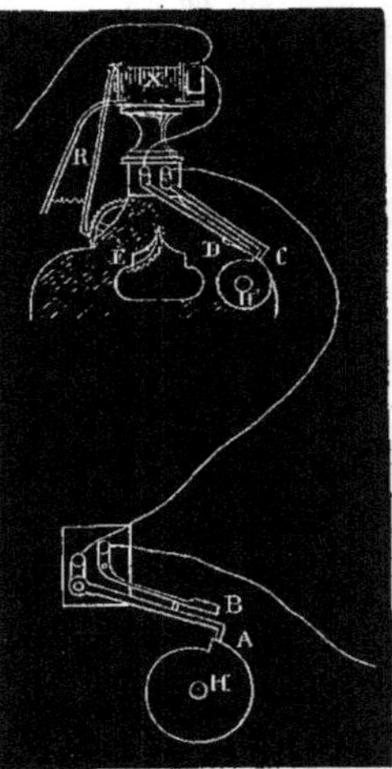

Le circuit est disposé de telle façon que
le courant transmis à l'électro-aimant
correcteur se trouve soumis à l'action de
deux interrupteurs ; l'un est disposé sur
l'horloge régulatrice, l'autre sur l'horloge
à régler. Ce dernier réagit immédiatement
après l'arrivée de l'aiguille des minutes à
l'heure, et son action dure environ une
minute; si le circuit était continu tout le
temps de cette action, l'arrêt de l'échappement de l'horloge se maintiendrait un
temps suffisant pour corriger l'avance
dont nous avons parlé et même au delà;
mais comme la continuité du circuit est
soumise à l'action du second interrupteur
placé sur l'horloge régulatrice, il peut arriver, si l'avance de l'horloge à régler est
plus ou moins grande par rapport à l'heure
indiquée sur le régulateur, que le circuit se trouve coupé plus ou moins tôt,
et alors l'arrêt de l'échappement est plus ou moins long. Or, par la manière
même dont ces interrupteurs sont disposés, le débrayage de l'échappement
de l'horloge à régler ne peut s'effectuer qu'au moment même ou l'aiguille
des minutes de l'horloge régulatrice arrive sur l'heure. Voici en effet comment ces interrupteurs sont disposés.

L'interrupteur de l'horloge à régler est disposé sur l'axe de la roue qui
fait son tour en deux heures; il est mis en action par un limaçon H' qui
présente en son point le plus excentrique un ressaut d'environ 5 à 6 mill.
Ce limaçon réagit sur un levier articulé C muni vers son extrémité libre
d'un butoir de contact en platine, et en face de ce butoir, sur un second
levier D isolé métalliquement du premier, se trouve le second contact de
l'interrupteur. Le plan incliné du limaçon est calculé de manière qu'après
la chute du levier mobile le contact dure un temps suffisant pour corriger

les avances les plus grandes que puisse avoir l'appareil, et cette chute a
lieu comme nous l'avons déjà dit immédiatement après l'arrivée de l'aiguille
des minutes à l'heure. L'interrupteur de l'horloge régulatrice a une disposition semblable, seulement la chute du levier A au ressaut du limaçon H a pour
effet de rompre le circuit au lieu de le fermer, et cette rupture s'effectue au
moment même de l'arrivée à l'heure de l'aiguille des minutes. On comprend
aisément qu'avec cette disposition, si l'horloge à régler est plus ou moins
en avance sur l'horloge régulatrice, le temps d'arrêt de l'échappement de
la première horloge sera plus ou moins long, mais sa remise en marche se
produira toujours sous l'influence de l'horloge régulatrice et d'accord avec
elle. Cette disposition ingénieuse est du reste analogue à celle que M. d'Arlincourt a imaginée pour établir le synchronisme de marche des cylindres
transmetteur et récepteur dans son télégraphe autographique.

Système de M. Lasseau. — Ce système a été combiné principalement en vue de régler toutes les heures la marche des horloges de clocher
et a été installé avec succès à Billom et à Ambert (Puy-de-Dôme), comme
le prouve une lettre de félicitations et de remerciements, adressée à M. Lasseau par le Conseil municipal d'Ambert, lettre qui a été insérée dans l'*Echo*
de la Dore du 11 juin 1859. Nous le représentons fig. 6, Pl. IV.

Dans ce système rien n'est changé au mécanisme des horloges existantes,
et tout le dispositif appelé à effectuer le réglage est adapté sur l'axe qui
relie l'horloge à la minuterie. Ce dispositif consiste essentiellement dans un
petit mécanisme d'horlogerie à trois mobiles commandé par un électro-aimant à répartiteur et qui est monté sur l'axe de la minuterie de manière à
constituer une sorte de boîte d'engrenage électro-magnétique.

A cet effet cet axe est coupé en deux à l'intérieur même de ce mécanisme
d'horlogerie. La roue qui détermine le mouvement de celui-ci est fixée sur
la partie O' de l'axe qui correspond à l'horloge, et la cage qui porte tout le
mécanisme est fixée par l'intermédiaire d'une des platines à la seconde partie F de l'axe correspondant à la minuterie.

L'électro-aimant MM qui réagit sur ce mécanisme pour l'embrayer ou le
désembrayer est fixé lui-même sur la platine en rapport avec l'axe de la minuterie. Or, il résulte de cette disposition que quand l'électro-aimant est
inactif, le mécanisme est embrayé, et les deux bouts d'axe se trouvent reliés
ensemble comme s'ils ne faisaient qu'un ; mais quand un courant passe à
travers l'électro-aimant, le débrayage s'effectue et le mécanisme peut tourner
sans entraîner pour cela la minuterie. Bien plus même, si un dispositif particulier permet de rappeler dans une position déterminée la cage du mécanisme à chaque tour de l'arbre moteur, c'est-à-dire toutes les heures, on

pourra corriger la marche des aiguilles du cadran toutes les heures, sous la seule influence d'une fermeture de courant effectuée par l'horloge régulatrice.

Pour obtenir ce résultat, M. Lasseau adapte sur la cage du mécanisme et à la face extérieure de la platine en rapport avec la minuterie, deux galets G, G' placés aux deux extrémités d'un même diamètre et sur lesquels appuie une longue barre pesante U U' articulée d'une manière fixe au bâti de l'horloge. Cette barre porte à son extrémité libre U' un poids P que l'on varie suivant la force de l'horloge, mais qui est toujours capable, quand le mécanisme est désembrayé et que la barre a été soulevée plus ou moins par l'un des galets, de faire tourner le système soit dans un sens soit dans l'autre jusqu'à ce que cette barre appuie à la fois sur les deux galets. Or, comme la cage du mécanisme que nous avons décrit dirige la marche des aiguilles du cadran, on peut faire en sorte, au moyen d'un interrupteur convenablement disposé, de rappeler toutes les heures à une position déterminée l'aiguille des minutes. Cette position déterminée a été choisie par M. Lasseau de manière à correspondre à la huitième minute après l'heure. En conséquence un ressort à plan incliné de contact a été adapté à l'horloge régulatrice devant la huitième minute du cadran, et c'est l'aiguille des minutes qui en rencontrant ce ressort effectue la fermeture de courant nécessaire. Toutefois, comme l'électro-aimant M M est mobile avec la platine qui le porte, le courant ne peut lui parvenir que par l'intermédiaire de deux lames de ressort Q, Q' appuyées sur deux anneaux isolés adaptés à l'axe de rotation, et en rapport avec les bouts du fil de l'électro-aimant.

On remarquera que par suite du mouvement de la cage du mécanisme dont nous venons de parler, la barre de fer U U' qui fournit le réglage toutes les heures se trouve soulevée toutes les demi-heures, et cela aux dépens du mouvement de l'horloge, du moins pendant une moitié de cette intervalle de temps; mais comme à la suite de ce soulèvement cette barre s'abaisse en joignant l'action de son poids à celle qui entraîne le mouvement, il y a compensation, et la marche de l'horloge n'en est pas davantage troublée.

Nous ajouterons encore qu'en raison des corrections qui peuvent être effectuées, les chevilles de détente pour la sonnerie, au lieu d'être placées sur la roue appropriée de l'horloge elle-même, doivent être adaptées à la cage du mécanisme dont il a été question et sur la platine C D opposée à celle qui porte les galets. Le levier de détente doit en conséquence être repoussé jusque-là, et c'est lui qu'on aperçoit en L. Les chevilles de détente sont en I, I'.

Pour éviter les effets du vent sur les longues aiguilles des cadrans de clocher pendant le temps du déclanchage de la minuterie, M. Lasseau fait

réagir la roue H sur les dents de laquelle s'effectue l'embrayement ou le dé-
brayement du mécanisme, sur un volant à ailettes dont la résistance peut-
être vaincue sous l'influence prolongée du poids de la barre de réglage,
mais qui est suffisante pour empêcher toute action brusque exercée sur les
aiguilles.

Avec ce dispositif, des aiguilles de plus d'un mètre de longueur placées sur un cadran de clocher dans la vallée très-ouverte où se trouve située
Ambert et à une altitude de 530 mètres, n'ont subi aucun dérangement par
les plus grandes tempêtes. M. Lasseau prétend que l'installation de ce système à Ambert, pour trois horloges, n'a pas entraîné plus de 552 fr. de
frais et que l'entretien de la pile ne dépasse pas 8 fr. par an. Si on ajoute à
cette somme celle du régulateur qu'il estime à 100 fr. on peut conclure que
la ville d'Ambert s'est trouvée dotée pour 662 fr. d'un système perfectionné
d'horloges qui, d'après le journal que nous avons cité, a parfaitement
réussi.

Remise à l'heure des horloges de précision. — « Quand il
s'agit d'horloges de grande précision, comme les horloges astronomiques
par exemple, il ne suffit pas, dit M. Liais, d'agir simplement sur les aiguilles
des horloges, il faut encore amener les divers balanciers à la coïncidence
des battements, sans quoi il pourrait exister des différences atteignant
presqu'une seconde entière et qui ne sont pas négligeables dans le
cas que nous considérons. Les accélérateurs ou retardateurs dont nous
avons parlé page 18 sont alors insuffisants, et, pour obtenir une régularisation
plus parfaite, il faut adjoindre aux appareils chronométriques des dispositifs
particuliers qui donnent des moyens de vérification et de réglage tels, qu'à
l'instant fixé chaque jour pour remettre à l'heure exacte l'horloge régulatrice, on puisse d'une part s'assurer que les compteurs sont d'accord avec
elle, et d'autre part disposer des moyens nécessaires pour rétablir l'accord
s'il a cessé. A cet effet, une pile placée près de celle de l'horloge lance son
courant sur l'électro-aimant d'un compteur spécial A, et de là sur une seconde ligne qui est isolée, sauf à la fin de chaque minute où le compteur
B, dont on veut surveiller la marche, établit la communication avec la terre
par le moyen d'une dent placée sur la roue des secondes et qui rencontre
un petit ressort. D'après cette disposition, on voit que si le compteur B est
d'accord avec l'horloge, le compteur A doit marquer la fin de chaque minute en même temps que cette dernière; sinon on peut, à l'aide d'un interrupteur placé sur le courant de l'horloge, faire avancer ou rétrograder le
compteur B, dont l'accord sera vérifié à la fin de la minute suivante.

« Mais, au lieu de transmettre l'heure directement au moyen de l'électricité, on peut aussi n'employer cet agent que pour le réglage d'une pendule de précision placée à une grande distance. On y trouve l'avantage de n'avoir pas à faire construire de lignes spéciales, celle des télégraphes pouvant servir, puisqu'elles ne sont alors nécessaires que pendant quelques minutes par jour. Il importe, on le comprend, de n'employer qu'une seule ligne pour la comparaison et la remise à l'heure de chaque horloge. Voici comment on peut y parvenir.

« Le pendule de l'horloge à régler porte deux coupes coniques, l'une un peu au-dessous du point de suspension, l'autre un peu au-dessus. Ces coupes sont très-légères, de manière à ne pas altérer sensiblement la compensation du pendule, compensation qui peut d'ailleurs être combinée en conséquence. Au-dessus des coupes, sont suspendus par de petites chaînes semblables à celles de la fusée des montres, de petits poids sphériques qui, en s'abaissant, peuvent à volonté venir reposer dans les coupes. Celui de la coupe supérieure ralentit d'un centième de seconde la durée de l'oscillation, et celui de la coupe inférieure augmente cette durée d'un centième de seconde. Les chaînes supportant les petits poids passent au-dessus de poulies et viennent s'attacher à des chevilles fixées sur les roues, de telle sorte que, dans la rotation de ces roues, les poids montent ou descendent d'un diamètre de la roue, et peuvent ainsi tantôt reposer dans les coupes, tantôt être suspendues au-dessus.

« Des poids moteurs notablement plus pesants que les poids accélérateur ou retardateur, tendraient à faire tourner les roues continuellement dans le même sens, sans les arrêts dus à deux butoirs portés par chacune d'elles aux deux extrémités d'un même diamètre, et appliqués sur leur contour suivant le prolongement de ces diamètres. Ces deux butoirs ne sont pas dans le même plan et viennent reposer alternativement sur la palette d'un électro-aimant pour chaque roue, palette dont le mouvement est perpendiculaire à celui de cette roue. L'un des butoirs repose sur la palette quand elle est attirée par l'électro-aimant et collée sur lui, l'autre sur cette même palette lorsqu'elle est écartée par le ressort antagoniste. Par cette disposition, on voit que chaque mouvement de l'armature donne lieu à une demi-révolution de la roue et par conséquent à un abaissement ou à une élévation du poids modificateur de l'oscillation. Les choses sont combinées de telle manière que quand les palettes ne sont pas attirées, les poids modificateurs sont soulevés. On voit donc que chacun de ces poids repose dans sa coupe quand son électro-aimant est aimanté, et se relève dès que l'aimantation cesse.

« Quand le poids accélérateur ou le poids retardateur vient reposer dans les coupes, il y a une petite perte de force vive pour le pendule et de plus une petite augmentation de résistance. Pour éviter que l'amplitude soit notablement modifiée, il convient alors de faire en sorte que la puissance du moteur subisse une augmentation correspondante. Dans ce but, de chaque côté de la poulie du moteur sont deux autres poulies plus petites portées sur le même axe que celle du moteur et entraînées chacune par un moteur additionnel les faisant tourner isolément dans le même sens que la grande poulie. Chacune de ces deux poulies auxiliaires est assujettie sur une roue à rochet épaisse et de même centre, de façon que la poulie et la roue à rochet ne puissent tourner qu'ensemble; l'une des poulies auxiliaires appartient à l'accélérateur, l'autre au retardateur, et des encliquetages commandés par les palettes des électro-aimants de chacun de ces appareils empêchent les poulies auxiliaires de tourner sous l'influence de leur moteur quand les électro-aimants ne sont pas aimantés, c'est-à-dire quand les modificateurs de l'oscillation ne sont pas en prise; mais ces mêmes encliquetages laissent les poulies libres dans le cas contraire. Sur la grande poulie du moteur existe de chaque côté un cliquet qui lui permet de tourner sans les poulies auxiliaires, mais qui ne laisse pas ces dernières tourner seules. L'épaisseur de la roue à rochet empêche d'ailleurs que ce cliquet et celui qui dépend de l'armature ne se rencontrent. On voit par là que chacun des deux moteurs additionnels s'ajoute au moteur de l'horloge quand l'appareil modificateur de l'oscillation correspondante est en prise, et que cette action des moteurs additionnels cesse dès que l'horloge reprend sa marche ordinaire. Voici comment on devra se servir de ces appareils :

« A la station du départ, que, pour abréger, j'appellerai l'Observatoire, on disposerait une pile dont le pôle positif serait en rapport avec la terre et le pôle négatif en communication avec un interrupteur. En sortant de cet interrupteur, le courant traverserait un appareil de signal quelconque, soit électro-aimant, soit boussole, soit chronographe, et se rendrait de là sur la ligne.

« A la station où serait l'horloge munie d'un accélérateur et d'un retardateur, la ligne serait en communication avec le mouvement de l'horloge qui serait isolé. Dans ce mouvement existerait une roue faisant un tour en 10 minutes et portant une dent en platine. Cette dent rencontrerait, à la fin de chaque rotation de cette roue, l'extrémité en platine d'un léger ressort en communication avec la terre.

« Ainsi toutes les 10 minutes, quand à l'Observatoire la pile serait en communication avec la ligne, le signal de l'Observatoire fonctionnerait et permettrait de déterminer par comparaison avec la pendule sidérale l'état de l'horloge à régler (1).

« Deux minutes après le signal donné à l'heure, un rebord en platine de la roue soulèverait l'extrémité en platine d'un ressort en communication avec l'une des extrémités du fil de l'électro-aimant de l'accélérateur, fil dont l'autre extrémité serait en rapport avec la terre, et cet effet durerait 7 minutes. Si alors le courant n'a pas été coupé par l'observateur à l'aide de l'interrupteur de l'Observatoire, l'accélérateur se met en prise et y reste tout le temps qu'on n'interrompt pas le courant à l'Observatoire. Dans le cas de retard, l'horloge peut donc être remise à l'heure en cet instant, mais en cas d'avance on aura soin d'interrompre le courant pendant 9 minutes après le premier signal. A 9 minutes et demie, on rétablira le circuit, et un second signal sera donné à 10 minutes. Si l'horloge a été réglée exactement, le second signal le fera connaître. Si, au contraire, elle avançait et n'avait pu être encore réglée, on vérifiera le calcul de l'erreur, et à 12 minutes un deuxième rebord de la roue des minutes placé à une distance du centre différente de celle du premier, rencontrera un second ressort qui fera passer le courant dans l'électro-aimant du retardateur. Ce courant y resterait 7 minutes, si on ne l'interrompait pas à l'Observatoire. On profitera de cet instant pour régler; on arrêtera le courant après le nombre de secondes voulu, et à 19 minutes et demie on rétablira le circuit pour recevoir un signal qui fera connaître si la correction convenable a été appliquée.

« Dans l'horloge que nous venons de décrire, les courants électriques ne seront guère en fonction qu'une fois par jour; par conséquent ils s'useront très-peu ; de plus, ils ne seront pas appliqués sur les derniers mobiles, de sorte qu'ils ne réagiront pas sensiblement sur la marche du pendule, comme cela a lieu dans les horloges électriques proprement dites. Rien n'empêchera donc qu'avec la nouvelle disposition, les horloges employées ne soient d'excellents régulateurs qui donneront l'heure pendant toute la journée avec plus d'exactitude qu'une horloge à contacts électriques, placée à l'Observatoire et faisant fonctionner des compteurs, ne pourrait le faire. Le but que l'on se propose est donc mieux obtenu, l'application est possible sur une plus grande échelle, puisque l'on peut se servir des lignes télégraphiques ordinaires, enfin les arrêts des appareils ne sont plus à redouter. »

---

(1) Les appareils à signaux pouvant donner lieu à un léger retard sur le battement de l'horloge à régler, ce retard serait déterminé d'avance en portant l'appareil près de l'horloge. On en tiendrait compte ensuite dans le calcul de la correction à appliquer. Si le signal était marqué sur un chronographe, la comparaison serait très-précise.

Régulateur électro-solaire de M. Th. du Moncel. — J'ai cherché en 1856 à ramener au midi vrai une horloge ordinaire par l'action même du soleil, et j'ai combiné à cet effet plusieurs systèmes représentés fig. 1, 2, 3, 4, 5, 5 bis et 6 pl. III et fig. 14 pl. V. J'ai décrit avec détails ces différents systèmes dans la seconde édition de cet ouvrage ; mais ne voulant pas ennuyer le lecteur par des détails inutiles, je parlerai seulement ici du dernier dispositif qui est le seul véritablement applicable.

Pour obtenir que le soleil intervienne comme organe régulateur d'une horloge, il faut comme on le comprend aisément qu'il agisse au moment de son passage au méridien sur un appareil à lentille qui ait pour effet, comme le canon électro-solaire du Palais-Royal, de provoquer une élévation subite de température capable de provoquer une fermeture de courant à travers un appareil régulateur électro-chronométrique. Voici comment j'ai résolu le problème.

Un thermomètre à tube ouvert de calibre assez petit et muni d'une boule de petite capacité en verre très-mince est fixé verticalement sur une planche comme on le voit fig. 6, pl. III. Un écran peint en blanc et percé d'une petite fente à la hauteur de la boule recouvre la partie inférieure de ce thermomètre, et une lentille convergente O dont on peut régler l'inclinaison au moyen d'un genoux M permet, pour une position déterminée de l'appareil et quand le soleil arrive au méridien, de concentrer une assez grande quantité de rayons lumineux à travers la fente pour provoquer une élévation brusque de la colonne mercurielle. Au-dessus de ce thermomètre et plongeant dans son tube, sont adaptés, à l'extrémité d'une crémaillère verticale, deux fils de cuivre recouverts de soie et tressés ensemble de manière à former une petite tige la plus droite possible. Ces deux fils fins se terminent par deux petits bouts isolés de platine dont l'un dépasse l'autre d'environ un millimètre et demi. La crémaillère A B, à laquelle sont attachés ces fils, est mobile sur deux coulisseaux et peut aisément tomber par l'effet de son propre poids quand une roue R, avec laquelle elle engrène, se trouve, par une circonstance particulière que nous analyserons, éloignée d'elle.

L'axe de cette roue R pivote d'un côté dans une fontaine pratiquée sur une platine métallique incrustée dans le bâti de l'appareil, de l'autre dans un trou oblong *ab* sur le côté *a* duquel il est maintenu à l'état normal par un ressort S. Sur cet axe est adapté un anneau libre fixé à l'extrémité d'une tige *a*C qui est articulée sur l'armature C d'un électro-aimant D. Cet électro-aimant est en rapport avec un interrupteur adapté devant la roue des heures de la minuterie de l'horloge régulatrice et qui est destiné à le faire réagir une demi-heure avant l'heure de midi.

Le barillet E d'un mouvement de sonnerie de pendule ordinaire, auquel on a enlevé la roue de compte, le marteau et le détentillon, engrène avec la roue R et se trouve commandé par un électro-aimant E dont l'armature bute à l'état normal contre la cheville de la roue des délais et contre un ressort I mis en rapport avec le circuit de l'électro-aimant D. Cet électro-aimant E est interposé dans un circuit qui est complété par le mercure du thermomètre et le plus long des deux fils de la crémaillère A B. Bien entendu la boule du thermomètre doit être peinte en noir, et la planche qui le recouvre doit être peinte en blanc. Voici maintenant comment fonctionne cet appareil.

Une demi-heure avant midi, l'électro-aimant D reçoit de l'horloge régulatrice un courant qui, en le rendant actif, désengrène la crémaillère A B. Celle-ci aussitôt s'abaisse, et bientôt le plus long des deux fils qui la terminent rencontre le mercure du thermomètre ; le courant se trouve donc alors établi à travers l'électro-aimant E et en même temps interrompu à travers l'électro-aimant D. En effet, le premier électro-aimant E, en attirant son armature, opère la disjonction de cette armature avec le ressort I. Or, comme le circuit n'est complet à travers l'électro-aimant D qu'à la condition de ce contact, le courant est par le fait entièrement reporté sur l'électro-aimant E. D'un autre côté, cette attraction de l'électro-aimant E ayant rendu libre le mouvement d'horlogerie, la crémaillère A B se trouve remontée, lentement, il est vrai, jusqu'à ce que le fil de platine immergé soit sorti du mercure, auquel cas le courant ne passant plus dans l'électro-aimant E, le mouvement est arrêté. Bien qu'alors le circuit de l'électro-aimant D se trouve complété, la roue R reste engrenée avec la crémaillère ; car l'interrupteur de l'horloge régulatrice a eu le temps d'opérer une disjonction du circuit pendant le temps de l'activité de l'électro-aimant E.

Tant que le mercure ne rencontre pas les fils de la crémaillère, l'appareil reste en repos ; mais si, par l'élévation de la température, le mercure monte, une nouvelle ascension de la crémaillère a lieu. Comme les transitions de la température ne sont jamais brusques, le mercure n'atteint jamais, à l'état normal, que le plus long des fils de platine. Mais lorsque le soleil au moment de son passage au méridien concentre ses rayons sur l'appareil, le mercure s'élève brusquement dans le tube, et comme le mouvement d'ascension de la crémaillère A B est plus lent que cette ascension du mercure, il arrive un instant où le deuxième fil de platine est rencontré, et c'est alors que le courant réagit sur les aiguilles de l'horloge régulatrice.

Après cette réaction, la crémaillère se trouve élevée au point le plus haut de sa course et ne peut plus redescendre, car après le passage du soleil au méridien, le mercure commence à baisser, et dès-lors aucune réaction n'est plus produite sur l'électro-aimant D jusqu'au lendemain, où les mêmes fonctions de l'appareil se renouvellent.

Il nous reste maintenant à parler du mécanisme à adapter à l'horloge ou à la pendule pour sa remise à l'heure, et pour qu'on puisse bien en comprendre le dispositif, on doit considérer que la fermeture du courant par l'action solaire étant de longue durée, il fallait pour ne pas prolonger l'action du réglage que le circuit pût se trouver coupé aussitôt le réglage effectué, et, comme la remise à l'heure, dans le système dont nous parlons, suppose la présence du soleil à midi et que cet astre ne se montre pas tous les jours à cette heure, il fallait, pour corriger les différences assez grandes qui pouvaient exister entre l'heure solaire et l'heure fournie par l'horloge, un mécanisme susceptible de ramener les aiguilles à midi, quelle que fût leur position sur le cadran.

Pour résoudre ce dernier problème, j'emploie un système analogue à celui de M. Breguet, que j'ai décrit page 68 ; seulement, au lieu d'un seul rayon soudé sur l'arbre des minutes, j'en emploie quatre, disposés en étoile, comme on le voit fig. 14, pl. V. L'un de ces rayons a, au lieu de se trouver dans le plan des trois autres, se trouve placé un peu en avant de ce plan, et à une distance suffisante de la surface des roues R, R', pour être rencontré par les butoirs i, i', et être ramené par eux selon la verticale. La roue R porte trois autres goupilles plus courtes que i, i', mais qui peuvent rencontrer les autres rayons b, c, d. Enfin les roues R et R' ont leur axe assez rapproché de la minuterie pour que les butoirs i, i' puissent rencontrer le rayon a dans l'étendue de plus d'une demi-circonférence. Il arrive alors que si ce rayon a ne se trouve pas dans une position convenable pour être rencontré par les butoirs i, i', l'un ou l'autre des trois autres rayons sera toujours placé de manière a être atteint par l'une des chevilles courtes de la roue R. De cette rencontre résultera un détournement de l'étoile $abcd$, qui, s'il n'est pas suffisant pour mettre le rayon a à portée des butoirs i, i', permettra toujours à la seconde cheville de la roue R de saisir un nouveau rayon et de faire tourner de nouveau l'étoile jusqu'à ce que le rayon a soit arrivé dans le champ correspondant aux butoirs i, i'. Alors ces butoirs ramènent définitivement le rayon a, et, par suite, l'aiguille des minutes, suivant la verticale.

Pour couper le courant après que son action sur l'électro-aimant a provoqué la rotation des roues R, R', je dispose à côté de la roue R un compas articulé ABC, dont un bras BC appuie contre un ressort D et un butoir d'arrêt E, sollicité qu'il est par un ressort R, et dont l'autre bras AB, portant un bec A, se trouve à portée du butoir *i*. Un ressort à crochet S, placé devant la roue des minutes de la minuterie, présente son crochet à l'extrémité C du bras BC, de telle sorte que quand le compas se trouve soulevé par le butoir *i*, cette extrémité se trouve solidement renclanchée en G. Toutefois, ce renclanchement n'est pas de longue durée, car quand une goupille *x* que porte la roue des minutes vient à passer devant ce ressort S, ce qui a lieu au bout d'une heure environ, elle écarte la dent G du levier BC, et celui-ci vient reprendre sa position initiale contre le ressort D. Si l'on considère que le courant, avant d'aller animer l'électro-aimant de déclanchage, est obligé de passer par le ressort D et le compas ABC, on comprendra facilement que tout le temps que BC sera en prise avec la dent G du ressort S, le courant sera forcément interrompu, bien que la fermeture qui a provoqué le déclanchage des roues R, R' subsiste toujours. Cette interruption ne durera, il est vrai, qu'environ une heure ; mais après ce temps la fermeture de courant fournie par le transmetteur n'existera plus, la cause qui l'avait provoquée ayant cessé avec l'éloignement du soleil du méridien.

Les figures 1, 2, 3, 4, 5, 5 *bis*, pl. III se rapportent au premier système que j'avais imaginé et qui n'a jamais pu fonctionner d'une manière régulière. La fig. 1 représente l'appareil thermométrique sur lequel réagissaient les rayons lumineux concentrés par la lentille. La fig. 2 montre la lentille cylindrique destinée à cette concentration et qui est montée sur l'écran du thermomètre. La fig. 3 représente un électro-aimant placé au-dessus de la pendule et qui a pour effet de réagir sur le mécanisme de la sonnerie de manière à opérer la remise à l'heure des aiguilles. Les fig. 4, 5 et 5 *bis* montrent les dispositifs adaptés à cette sonnerie et à la minuterie de la pendule pour cette remise à l'heure (voir le tôme II de la seconde édition, p. 255 et suiv.).

Depuis les appareils précédents plusieurs inventeurs, entr'autres l'abbé Candido de Lecce, ont mis au jour des systèmes du même genre et se sont bien gardés de parler du premier inventeur. On pourra voir la description d'un de ces appareils dans le *journal les Mondes*, tôme XVI, p. 618.

Horloge électro-solaire de M. Régnard. — M. Régnard a cherché à donner de l'extension au système précédent, en combinant un appareil au moyen duquel l'action du soleil peut être employée à conduire les mouvements d'une horloge. Bien que cette combinaison n'ait été qu'à l'état de conception, elle pourra peut-être intéresser quelques-uns de nos lecteurs, et, dans cette persuasion, nous reproduisons l'explication que nous en a donnée M. Régnard lui-même :

« L'axe AB, fig. 20 ci-contre, coïncide avec la ligne *ab*, qui est parallèle

à l'axe de la terre. Il porte à son extrémité supérieure, vis-à-vis du pôle
arctique, un miroir MM' articulé dans une fourchette au moyen de deux
pivots diamétralement opposés. L'arc DD soutient ce miroir suivant une
inclinaison qu'on règle à volonté au moyen d'une crémaillère et d'un pignon z qu'on tourne à la main. La ligne ab passe par le centre du miroir.

« On peut, en faisant tourner l'axe AB d'une part, et le pignon z d'une
autre, placer le champ du miroir dans une position perpendiculaire aux
rayons du soleil. La déclinaison du jour de l'observation est alors indiquée

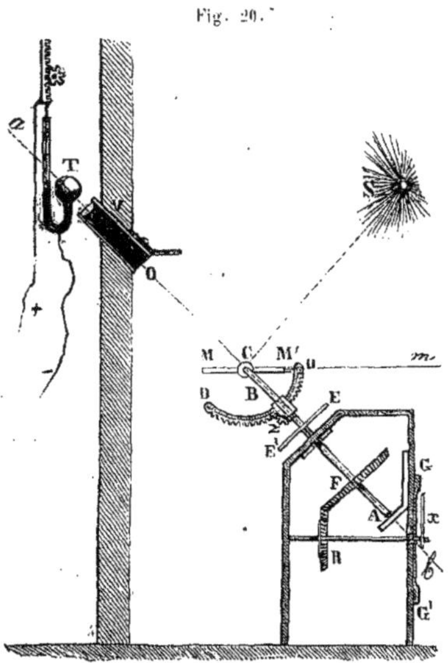

Fig. 20.

par l'angle que la ligne axiale ab forme avec la surface du miroir, et l'heure
est indiquée par l'angle que l'axe du miroir forme avec le méridien du lieu.
Cet angle est mesuré par les divisions du cercle équatorial EE'. Si on incline le miroir de manière que la ligne de sa surface mM partage en deux
parties égales l'angle SCb formé par la ligne axiale ab avec le rayon qui
arrive du Soleil S au centre du miroir, on a l'angle aCM égal à l'angle
SCm. En effet, l'angle SCm = l'angle mCb par construction, et l'angle

$a\,CM = m\,Cb$ comme opposés au sommet; donc $SCm = a\,CM$. Les rayons incidents seront ainsi réfléchis par le miroir suivant la ligne axiale Ca, et comme la déclinaison ne varie pas sensiblement du matin au soir, cet effet se produira à toutes les heures du jour, pourvu que le miroir, en pivotant sur l'axe AB, suive le mouvement du soleil. Il résulte de là plusieurs conséquences :

« En premier lieu, il suffit d'amener la lumière projetée par les rayons réfléchis sur un point fixe O, pris à volonté sur la ligne Ca et marqué sur un mur ou sur une colonne, pour que l'appareil indique à la fois l'heure par la position du cercle équatorial EE', et les quantièmes et les mois par la position de l'axe des déclinaisons DD, dont les divisions sont réduites à moitié.

« En second lieu, si l'axe AB n'était point placé dans une ligne parallèle à l'axe de la terre, la lumière réfléchie par le miroir ne pourrait être maintenue sur un point fixe à toutes les heures du jour. On peut donc déterminer la position de cet axe en cherchant cet effet par des tâtonnements. L'appareil peut ainsi servir pour déterminer dans chaque lieu la direction de l'axe du monde et, par suite, la latitude et la méridienne.

« Ces résultats peuvent être légèrement troublés par la réfraction que les rayons du soleil subissent en traversant l'atmosphère, mais on peut tenir compte de cette influence et en corriger les effets.

« La roue F disposée sur l'axe AB s'engrène avec la roue R, dont les dents sont de moitié moins nombreuses. L'axe de cette roue porte une aiguille x qui marque les heures sur un cadran GG'. On peut y ajouter les rouages d'une minuterie si l'on veut avoir l'indication des minutes. L'aiguille x est sur midi lorsque l'axe du miroir est perpendiculaire au plan du méridien, et comme la roue R fait deux tours pendant que la roue F n'en fait qu'un, les heures occupent sur le cadran G douze divisions, comme dans l'horlogerie ordinaire.

« L'observateur fait tourner les aiguilles en réglant au besoin la déclinaison jusqu'à ce que la lumière réfléchie par le miroir arrive au point fixe O. L'horloge est alors mise à l'heure. Elle ne fournit, comme on le voit, ses indications qu'à l'aide d'une opération qui appelle la main de l'observateur; mais il s'agit de la faire marcher automatiquement.

« Un mécanisme d'horlogerie ordinaire, à poids ou à ressort, dont le mouvement est régularisé par un balancier circulaire, fait tourner la roue R avec une vitesse qui serait à peu près double de celle de la marche du temps si l'appareil était abandonné à lui-même. L'action du soleil peut se borner dès-lors à l'arrêter sans cesse à l'heure.

« A une distance du miroir assez courte pour que les aberrations produites par la réfraction atmosphérique soient encore peu sensibles ou puissent
être convenablement corrigées, est un tube V placé sur le prolongement de
la ligne axiale *ab* et terminé par une lentille L. Au foyer de cette lentille
est un thermomètre à tube ouvert T, suffisamment abrité pour que la température ne le fasse varier que de quelques degrés dans le cours d'une
journée. Les deux fils conducteurs d'une pile électrique arrivent l'un au
mercure de ce thermomètre, et l'autre à un fil de platine qui pénètre dans
le tube. Un électro-aimant placé dans le circuit de cette pile agit sur un
liquet qui arrète le balancier de l'horloge dès que le courant est fermé.

« On remonte l'horloge le matin, on règle en même temps la déclinaison,
on place les aiguilles à quelques minutes de retard, et on fait descendre le
fil de platine dans le tube du thermomètre à une distance du mercure assez
grande pour que les variations produites par la température de la journée
n'établissent pas le contact. Aussitôt que l'horloge, dans son mouvement
accéléré, arrive à l'heure, les rayons solaires sont envoyés par le miroir dans
le tube V et concentrés par la lentille sur la boule du thermomètre. Le mercure monte alors rapidement et touche le fil de platine, le circuit se ferme,
et l'électro-aimant arrête l'horloge. Bientôt les rayons lumineux s'éloignent
du centre du tube, le mercure du thermomètre descend et cesse d'être en
contact avec le fil de platine, le courant est rompu, l'horloge reprend son
mouvement et ramène les rayons solaires au centre du tube, le mercure
remonte et l'horloge est arrêtée de nouveau à l'heure du soleil par l'action
des rayons solaires sur le thermomètre.

« La chaleur concentrée par la lentille L dans la boule du thermomètre
surpasse, comme nous l'avons dit, assez les variations de la température du
jour pour maintenir le niveau de la colonne mercurielle au-dessus de ces
variations, et la mettre seule en contact avec le fil de platine. Cependant,
pour mieux assurer cet effet, on peut renverser la disposition de l'appareil,
disposer le miroir à l'autre extrémité de l'axe A B, vis-à-vis du pôle antarc-
tique, et placer le thermomètre dans un endroit souterrain.

« On peut aussi maintenir automatiquement le fil de platine à une hauteur uniforme au-dessus du niveau thermométrique donné par la température régnante, en employant un second thermomètre sur la colonne duquel est un petit poids flotteur suspendu à l'extrémité d'un fil. Ce fil passe
sur une poulie légère et porte à son autre extrémité un petit contre-poids.
Un second fil attaché sur une autre poulie fixée sur le même axe supporte
le fil de platine qui, suivant ainsi tous les mouvements du petit poids flotteur, reproduit ses mouvements dans le tube du thermomètre où il est

suspendu, et se tient à une distance uniforme du niveau du mercure. Le diamètre des deux poulies est réglé pour contre-balancer la différence qu'il pourrait y avoir dans la marche des deux thermomètres s'ils n'étaient pas parfaitement synchroniques. »

Ce dernier dispositif est exactement celui que j'avais imaginé en premier lieu et qui est représenté fig. I, Pl. III. Du reste M. Régnard n'ayant combiné cet appareil qu'en 1859 n'avait aucune prétention de priorité sur les dispositifs thermométriques dont il parle.

2° Réglage automatique des horloges.

Le système très-rationnel de la remise à l'heure des horloges à des intervalles de temps plus ou moins éloignés a fait penser naturellement à rapprocher de plus en plus ces remises à l'heure et finalement à faire régler automatiquement la marche des balanciers des horloges par un pendule type réagissant électriquement sur ces balanciers. On a imaginé à cet effet plusieurs systèmes, les uns basés sur l'action d'électro-aimants réagissant sur les balanciers à la fin de leur course et provoquant par là l'accélération ou le ralentissement de leur mouvement; les autres sur la mise en action, par des moyens électriques, d'accélérateurs et de retardateurs mécaniques analogues à ceux dont il a été question p. 18. Ces deux systèmes peuvent évidemment résoudre le problème, et ils sont, nous devons le dire, la meilleure solution de la transmission électrique de l'heure à distance.

Le moyen de régler les horloges à l'aide d'électro-aimants agissant pour avancer ou retarder un pendule paraît avoir été imaginé en 1847 par M. Foucault; voici comment il décrivait alors le dispositif qu'il employait à cet effet : « Je profite du mouvement oscillatoire de l'axe qui porte la fourchette d'échappement d'une horloge type, pour opérer alternativement la distribution de l'électricité dans deux fils métalliques, lesquels allant s'enrouler sur deux électro-aimants les aimanteront chacun à leur tour pendant la durée d'une seconde. Ces électro-aimants sont affectés à diriger la marche d'une seconde horloge placée sur le lieu de l'observation. Pour cela, de chaque côté et à une petite distance de la tige de son pendule, armée d'ailleurs d'une pièce en fer doux, on fixera les électro-aimants qui devront être très petits et qui exerceront sur les oscillations une action accélératrice ou retardatrice, suivant que l'horloge subordonnée tendra à retarder ou à avancer sur la pendule principale. » (Voir *les Mondes*, t. I, p. 242).

Système de M. Jone de Glascow. — Ce système imaginé en 1865 quoiqu'ayant été combiné dans un but différent, présente des dispositions tout

à fait analogues à celles qui ont été adoptées dans l'horloge électrique de
M. Bain inventée en 1843 et dont nous parlerons prochainement. Il consiste
à effectuer le réglage des mouvements du pendule de l'horloge à régler par
une action électro-dynamique qui se produit au moment ou le pendule atteint
ses oscillations extrêmes. Ce résultat est produit par l'action de deux aimants
permanents disposés circulairement comme dans le système de M. Wheatstone dont nous avons parlé page 64, et qui étant enveloppés alternativement à l'une de leurs extrémités (le pôle nord par exemple) par une hélice
servant de boule pesante au pendule, peuvent activer ou ralentir la marche
de celui-ci aux moments ou son oscillation change de sens. On comprend
que de cette manière, si l'horloge régulatrice envoie un courant à travers
l'hélice mobile de toutes les horloges en correspondance au moment de
chacun des battements de son pendule, celui-ci devra faire marcher forcément d'accord avec lui, tous les autres pendules, absolument comme cela
a lieu dans le télégraphe autographique de M. Caselli. Ce système présente
sur les compteurs électro-chronométriques l'avantage immense de soustraire la marche des cadrans indicateurs aux manques de contact ou aux
contacts multiples qui se produisent souvent dans les transmissions de ce
genre.

Dans ces conditions, les aimants circulaires fixes réagissent sur l'hélice
mobile en vertu des attractions qui se manifestent entre courants parallèles
marchant dans le même sens, et qui se trouvent être alors le courant circulant
dans les hélices et le courant magnétique des aimants. Ce système a été
appliqué avec succès à l'observatoire de l'université de Glascow, et M. W.
Thomson n'a pas peu contribué à son succès. (Voir *les Mondes*, t. XI,
p. 13).

Système de M. Vérité. — M. Vérité, dans une réclamation de priorité
adressée par lui à M. l'abbé Moigno, le 17 mai 1866 (voir *les Mondes*, t. XI,
p. 96 et 520), prétend avoir imaginé en 1863 un système de réglage analogue au précédent et qu'il décrit de la manière suivante :

« Mon système est extrèmement simple : un électro-aimant, une armature en fer doux fixée à l'extrémité inférieure du pendule, voilà tout. Avec
ces deux organes, j'ai pu corriger des écarts diurnes qu'à dessein, j'ai exa-
gérés jusqu'à 35 minutes. »

Dans ce système, l'horloge régulatrice envoie un courant électrique toutes
les deux secondes dans les électro-aimants synchronisateurs des horloges,
lesquels électro-aimants sont placés au-dessous des pendules ; mais à la
soixantième seconde, le même courant change de direction et fait fonctionner un électro-aimant de contrôle qui réagit sur un timbre, et une aiguille

fixée sur la roue d'échappement permet de voir si le coup ainsi frappé concorde avec la position de cette aiguille de contrôle qui doit toujours être à midi quand le timbre sonne.

Système de réglage des pendules de l'observatoire de Paris. — Les dispositions électriques usitées aujourd'hui à l'observatoire de Paris se réduisent à un simple réglage des pendules astronomiques de la salle des observations et au battement de la seconde sur un certain nombre de parleurs distribués en différents endroits de l'établissement. Tous ces appareils fonctionnent sous l'influence d'une horloge type d'une grande précision placée dans les catacombes, au-dessous de l'observatoire, et par l'intermédiaire d'un système de relais distributeur combiné par M. Wolf et qui est accompagné lui-même d'une série de galvanomètres contrôleurs afin de pouvoir s'assurer d'un seul coup d'œil si tous les appareils fonctionnent convenablement.

Le relais distributeur a une disposition particulière sur laquelle nous devrons insister, car il paraît que c'est la seule qui ait fourni des résultats tout à fait satisfaisants. Il se compose de deux électro-aimants verticaux placés l'un au-dessus de l'autre et se regardant par les faces polaires de noms contraires. L'électro-aimant inférieur est à fil fin, et chaque bobine présente une résistance de 90 kilomètres de fil télégraphique ; elles sont accouplées en quantité de manière à réduire la résistance totale à 45 kilomètres. L'électro-aimant supérieur n'a seulement que 2 kilomètres de résistance et se trouve interposé dans le même circuit que le premier. L'armature, placée entre les deux électro-aimants, est disposée sur l'une des branches d'une bascule dont l'autre branche, munie d'un contre-poids, maintient le système dans un état d'équilibre indifférent autour de son axe de rotation. Aucun ressort de rappel ne réagit d'ailleurs sur cette bascule, et c'est l'un des électro-aimants du relais lui-même qui en remplit les fonctions, comme nous allons le voir à l'instant. Le contact du relais s'effectue à l'une des extrémités de la bascule dont nous venons de parler, et deux butoirs entre lesquels oscille l'autre extrémité, en limitent la course et la position.

Le fig. 21 ci-contre représente la disposition des communications électriques qui relient ce relais à l'horloge type et aux différents appareils qui doivent être mis en action. Les fils en rapport avec l'interrupteur de l'horloge type sont en I I', et les fils P P' aboutissent aux deux pôles d'une pile de deux grands éléments Minotto disposés comme il a été dit page 58.

Les deux extrémités du fil de l'électro-aimant supérieur aboutissent en A A' et par suite aux boutons d'attache 3 et 4 ; celles de l'électro-aimant inférieur sont reliées aux boutons 1 et 2. Enfin la pile locale mise en action

par le relais, communique à l'appareil par l'intermédiaire des fils L L′ qui
aboutissent, l'un L à la pièce de contact du relais par le bouton 5, l'autre L′
au massif par l'intermédiaire du bouton 6 et d'un relais additionnel auquel
M. Wolf a donné le nom de *relais de sûreté.*

Il résulte de cette disposition qu'au moment ou l'interrupteur de l'horloge
type ouvre le circuit complété par les fils I I′, le courant de la pile corres-

Fig. 21.

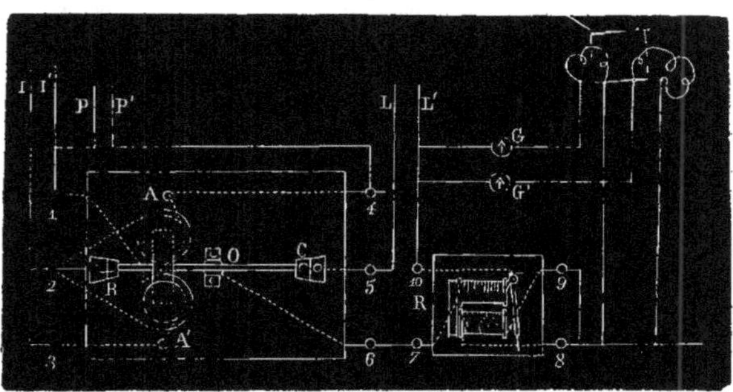

pondante, que nous appellerons *pile du régulateur* traverse, les deux électro-
aimants du relais en passant d'abord par l'électro-aimant à fil fin par les
fils 1 et 2, et en traversant ensuite le second électro-aimant par les fils A 3
et A 4, et comme le premier a un nombre de spires très-supérieur à ce dernier, il exerce une action prépondérante, ce qui provoque un abaissement
de l'armature; mais quand l'interrupteur de l'horloge type a établi la communication entre les fils I, I′, le courant ne rencontrant pas de résistance
de ce côté, cesse de passer à travers l'électro-aimant inférieur à fil fin et se
dirige directement sur l'électro-aimant supérieur par le circuit I I′ I 3 A′ A 4,
en déterminant le relèvement de l'armature. De cette manière il ne se produit pas d'étincelle d'extra-courant à l'interrupteur, puisque ce courant s'é-
coule à travers un circuit fermé, et pour supprimer entièrement l'étincelle qui
pourrait résulter de la décharge voltaïque, M. Wolf a adjoint à l'interrupteur
un condensateur à grande surface, ainsi que je l'avais du reste conseillé
dès l'année 1856. (Voir la seconde édition de cet ouvrage, tome I. p. 247).
Ce système a été parfaitement efficace, car, d'après M. Wolf, les pièces en
platine de l'interrupteur de l'horloge régulatrice ayant été démontées après
cinq années d'un emploi continu, ont été trouvées presqu'intactes.

A chaque fermeture du circuit de l'horloge type, il se produit donc une élévation de l'armature du relais qui donne lieu à une rupture de contact sur l'interrupteur de celui-ci; par conséquent les fermetures de la pile locale destinée à réagir sur les appareils ne s'effectuent que sous l'influence des ouvertures du circuit de l'horloge type. Cette pile locale se compose d'autant de fois quatre éléments qu'il y a de pendules à régler. Ce sont encore de grands éléments à sulfate de cuivre et à sciure de bois pouvant marcher plus d'un an sans demander d'autre soin que de remettre de l'eau chaque mois. On n'a d'ailleurs pris aucune précaution pour éviter l'étincelle à l'interrupteur du relais, l'expérience ayant démontré que les communications pouvaient être excellentes des mois entiers. Il suffit si elles deviennent défectueuses de frotter légèrement les surfaces de contact avec du papier. Du reste le mode même d'accouplement de toutes les bobines que traverse le courant de la grande pile locale, détruit presque complétement l'extra-courant à l'interrupteur du relais.

Il nous reste maintenant à parler du *relais de sûreté* dont nous avons dit quelques mots en commençant. Il a pour but de couper le courant à travers les appareils qui subissent le réglage dans le cas où, un accident survenant à l'interrupteur de l'horloge type ou au relais distributeur, le courant se trouverait fermé d'une manière continue. Pour obtenir ce résultat, le courant entre par la borne 7 dans l'électro-aimant de ce relais de sûreté, en sort par la borne 8, et se rend normalement dans les circuits des pendules. Le levier de ce relais, fortement rappelé par son ressort antagoniste, quitte à peine sa position de repos quand les interruptions du courant sont effectuées dans un espace de temps très-court; mais si le courant passe pendant un temps plus long, c'est-à-dire pendant plus de $\frac{1}{20}$ seconde, ce levier ferme le circuit entre les bornes 9 et 10, et le courant retourne directement à la pile en court circuit.

Dans les conditions normales, le courant se *partage* par dérivations entre les circuits des diverses pendules à régler, circuits dont les résistances sont égales, et c'est à l'origine de ces différents circuits que sont placées les boussoles servant d'appareils contrôleurs.

L'appareil régulateur des pendules est celui de M. Foucault dont nous avons parlé précédemment et qui est à peu près dans les conditions où il a été réalisé par M. Vérité. Le balancier de la pendule est muni à sa partie inférieure d'une armature horizontale en fer doux fixée perpendiculairement au plan d'oscillation. A chaque extrémité de l'oscillation, cette armature se trouve au-dessus et très-près des surfaces polaires d'un électro-atmant fixe vertical que le courant de la pile locale vient animer à *ce même moment*. L'action attractive presque instantanée de l'électro-aimant sur l'armature, répétée à chaque seconde, suffit pour établir et maintenir le synchronisme des oscillations de ce balancier avec celles de l'horloge type, à la condition que la correction à produire soit très-petite, ce que l'on obtient par un réglage préalable de la pendule à synchroniser. M. Wolf a reconnu qu'il est bon de donner à cette pendule une marche légèrement plus rapide que celle de l'horloge type. Les deux électro-aimants placés aux deux extrémités de l'oscillation sont animés à la fois par le courant; mais un seul agit sur l'armature du balancier en raison de la différence des distances attractives. La résistance de chacune des bobines est de 25 kilomètres, et celle de chaque électro-aimant est réduite au quart ($12^k,5$) par suite du mode d'accouplement des bobines en quantité. Les pôles en regard sont de noms contraires dans les deux électro-aimants de manière à renverser chaque fois le sens de l'aimantation de l'armature.

Le bruit de l'échappement qui marque la seconde sur laquelle on observe habituellement se produisant avant la fin de l'oscillation, à un intervalle variable avec l'amplitude de l'arc supplémentaire, il en résulterait que la seconde ne serait pas battue au même instant physique dans toutes les salles d'observation, bien que toutes les pendules aient la même marche, si l'on ne remplaçait pas ce bruit par celui d'un parleur dont l'électro-aimant serait interposé sur le même circuit que les électro-aimants régulateurs. Aussi ce parleur est-il une des parties les plus importantes du système, et il accompagne toutes les pendules astronomiques de l'observatoire. La résistance de chaque bobine de l'électro-aimant de ces appareils est de 90 kilomètres, et sa résistance totale est réduite au quart par l'accouplement des bobines. Il suit de là que la résistance de chaque circuit de pendule est de 45 + 25 kil. soit 70 kil. Lorsque l'on veut observer par enregistrement électrique, ce parleur sert de relais pour la pile du chronographe. Le rôle de la pendule réglée est dans tous les cas réduit à celui de compteur pour la numération des secondes, minutes et heures. Si cette pendule vient à être abandonnée par le courant régulateur, elle reprend sa marche propre et peut servir encore aux observations astronomiques.

Il nous reste à parler de l'horloge type placée comme nous l'avons dit dans les catacombes au-dessous de l'observatoire, afin de se trouver toujours dans un milieu ayant une température constante. Cette horloge construite par M. Winerle est renfermée dans une boîte de fonte et tôle de fer, hermétiquement close. L'air intérieur est donc à une pression constante, et il est entretenu à un degré d'humidité constant, au moyen de phosphate de soude cristallisé placé au bas de la boîte. Cette condition pourra paraître extraordinaire, et on pourra se demander pourquoi, à tant que faire, ne pas dessécher complétement l'air contenu dans la boîte en question. Mais l'expérience a démontré que l'air complétement sec était nuisible à la continuité de la marche d'une horloge, et cela à cause des frottements qui sont beaucoup plus doux avec un air légèrement humide et des grippements qui se produisent avec un air complément sec. Ce fait reconnu par M. Wolf est extrèmement curieux, et on ne l'aurait guère soupçonné.

L'échappement de l'horloge est à ressorts et à force constante ; sa marche constatée maintenant par près d'une année d'observations méridiennes est excellente. A chaque seconde, une roue à rochet de 60 dents calée sur l'axe de la roue d'échappement, dégage un petit volant qui est le dernier mobile d'un second rouage indépendant de celui de la pendule et ayant son moteur propre. Le mouvement de ce rouage produit pendant $\frac{1}{20}$ de seconde, à peu près, la séparation de deux pièces de platine (une plaque et une pointe mousse) qui font partie du circuit II' dont nous ayons parlé, et il se produit une interruption de ce circuit toutes les secondes qui réalise les effets que nous avons indiqués.

Nous devons à l'obligeance de M. Wolf les différents renseignements qui précèdent, et nous sommes d'autant plus heureux qu'ils nous les ait donnés, que cette disposition de la transmission électrique de l'heure paraît être la plus pratique et la plus rigoureuse de toutes celles qui ont été combinées jusqu'ici.

Application des compteurs électriques au règlement des horloges. — En faisant réagir le pendule d'une horloge qu'on aurait à régler sur un interrupteur de Foucault, mis en rapport avec un compteur électrique pouvant enregistrer plusieurs centaines de fermetures de courant, on arriverait à régler assez promptement cette horloge. En effet, sachant le nombre de vibrations qui doivent être accomplies par un pendule bien réglé dans un temps donné, il suffirait de comparer à ce nombre celui des vibrations enregistrées sur le compteur pendant ce même temps pour connaître dans quel rapport on doit allonger ou raccourcir le pendule afin d'obtenir le règlement cherché.

Le même moyen pourrait encore être employé pour comparer ensemble deux pendules astronomiques.

IV SONNERIES ÉLECTRO-CHRONOMÉTRIQUES.

De même qu'une horloge-type peut répéter l'heure sur un nombre indéterminé de cadrans, de même une sonnerie-type peut réagir sur d'autres sonneries et même sur des cloches, de manière à leur faire répéter les heures qu'elle sonne.

Dès l'année 1849, M. Paul Garnier avait imaginé un système de ce genre; mais ne l'ayant alors combiné que dans l'hypothèse de l'emploi de piles à acides, cette application n'avait pris aucune extension et était demeurée à l'état d'essai. Depuis, M. Paul Garnier a repris cette première idée, et, en la perfectionnant, il est parvenu à résoudre le problème d'une manière pratique.

Dans ce système de sonnerie électro-chronométrique, l'appareil transmetteur est une simple comtoise dont la verge du marteau porte à sa partie supérieure un appendice A, fig. 11, Pl. III, qui vient presser sur un ressort B quand l'horloge sonne, jusqu'à ce que ce ressort en rencontre un autre B′ et que le contact de ces deux ressorts ait livré passage au courant à travers l'électro-aimant A, fig. 12. A chaque coup frappé par ce marteau, il y a donc une fermeture de courant opérée, et par suite un coup sonné au récepteur.

Ce récepteur se compose d'un électro-aimant AA, fig. 12, fixé à une potence B, et dont l'armature CC′ est pourvue à l'un de ses bouts C′ de deux goujons coniques ajustés dans des trous sur le pôle correspondant de l'électro-aimant, de manière à former une sorte de charnière. Sur l'autre bout C de cette armature s'articule le pied-de-biche E, maintenu par le guide F et un ressort f fixé à l'armature C′ C. Enfin à portée du pied-de-biche E se trouve le bec H de la levée du marteau G de la sonnerie.

A chaque coup de marteau frappé par la comtoise, le ressort B venant toucher B′, le courant réagit sur l'électro-aimant AA, et l'armature CC′ est attirée. Celle-ci, en se soulevant entraîne le pied-de-biche, et le marteau vient tomber sur le timbre ; mais aussitôt que l'interruption du courant a lieu, l'armature se détache et vient se mettre en position pour frapper un nouveau coup.

Pour faire fonctionner cet appareil, M. Paul Garnier emploie une pile d'une nouvelle disposition qui, d'après l'auteur, serait très-économique, très-constante, et produirait cependant beaucoup de force. Avec cette pile, en effet, il serait parvenu à faire réagir un marteau ne pesant pas moins d'une livre sur un timbre assez fort. C'était, comme on le voit, un acheminement aux sonneries de grosses cloches. Nous ne devons pas toutefois oublier de rappeler ici que M. Robert Houdin, au moyen d'une pile plongeante que nous décrirons plus tard, est arrivé à peu près aux mêmes résultats.

Sonneries électriques à répétition des heures. — Le moyen jusqu'à présent employé pour savoir l'heure au milieu de la nuit, est de faire sonner une montre ou une horloge à répétition. Or, il arrive le plus souvent qu'on n'a à sa disposition ni l'une ni l'autre. D'un autre côté, l'établissement d'horloges à répétition dans les différentes chambres d'une maison serait une dépense d'autant plus considérable, que, devant être placées à l'intérieur du lit et à portée de la main, ces horloges ne pourraient remplacer les pendules ordinaires qui sont, pour une cheminée, un ornement aussi bien qu'un meuble utile. Il en résulte donc que la plupart du temps on est obligé de se passer d'une indication précieuse, surtout pour ceux qui sont sujets aux insomnies. En faisant intervenir l'électricité, l'application de ces appareils à répétition peut être généralisée, et devient très-économique, comme on va pouvoir en juger.

Supposez qu'à la bascule de détente de la sonnerie d'une comtoise soit adaptée une armature équilibrée d'autre part par un contre-poids. Supposez qu'à portée de cette armature soit fixé un électro-aimant, dont le fil sera interposé dans un circuit particulier allant aux différentes chambres de la maison. Enfin, supposez que la tige du marteau de la sonnerie porte un ressort réagissant par pression sur un interrupteur spécial de courant. On comprendra facilement que, fermant le courant dans l'une ou l'autre des chambres on fera agir l'électro-aimant de l'horloge, et celui-ci, en soulevant la détente de la sonnerie, la mettra en mouvement. L'heure, sera donc répétée alternativement avec les demi-heures à chaque fermeture du courant. Mais le marteau, en réagissant lui-même sur l'interrupteur spécial, dont nous avons parlé, peut, à chaque coup qu'il frappe, fermer le courant dans un circuit correspondant à des sonneries électriques placées dans les différentes chambres, et celles-ci, à leur tour, peuvent, par la répétition des coups, indiquer l'heure. Tel est le principe des sonneries électriques à répétition.

Dans la mise à exécution de ce système de sonneries, plusieurs détails secondaires doivent être pris en considération. Il faut d'abord que la répétition de l'heure ne se fasse que pour la chambre qui a sonné et non pour les autres. Il faut, en second lieu, que les sonneries ne fassent pas beaucoup de bruit, afin de ne pas réveiller les voisins. En conséquence, voici comment le système entier doit être disposé.

Un bouton transmetteur, dont je vais indiquer la construction, est placé dans l'alcôve, à distance convenable pour être facilement touché. Il est en rapport avec trois fils ; l'un qui va directement à l'un des pôles de la pile, en passant par le ressort interrupteur de l'horloge ; un autre qui aboutit à l'électro-aimant de la détente de l'horloge ; enfin, un autre qui est rapport avec la sonnerie électrique placée, je suppose, sur la cheminée de l'appartement. Cette sonnerie et l'électro-aimant de l'horloge sont d'ailleurs eux-mêmes en rapport avec l'autre pôle de la pile par un fil commun.

Le bouton transmetteur se compose d'un disque en bois, sur lequel sont incrustées quatre petites plaques de cuivre.

Un arc métallique, dont la partie moyenne est en bois, appuie sur ces quatre plaques ; mais il peut être tourné, de manière à ne plus se trouver en contact avec elles. Il en résulte que, si les deux plaques de gauche sont en rapport avec le circuit de la sonnerie électrique et que les deux plaques de droite correspondent au circuit de la détente de l'horloge, on pourra fermer et ouvrir en même temps les deux circuits par un simple mouvement de la bascule. La fermeture de l'un de ces circuits aura donc pour effet de lever la détente de l'horloge, et la fermeture de l'autre dirigera sur la sonnette électrique de l'appartement qui doit répéter l'heure, les interruptions du courant faites par le marteau du timbre de l'horloge. Il faudra seulement avoir soin de pousser suffisamment la bascule pour que la fermeture du circuit de l'électro-aimant de détente ne soit que passagère. Sans quoi l'heure serait répétée indéfiniment. Du reste, deux butoirs peuvent limiter la course de cette bascule.

Les sonneries électriques les plus convenables pour ce genre d'application sont celles de M. Paul Garnier que nous venons d'étudier. Inutile de dire que, par une disposition particulière que nous étudierons par la suite, on peut employer ces sonneries comme *réveils* ou comme cloches de signal.

Sonnerie électro-chronométrique de M. de Laguerenne. — En adaptant le mécanisme déclancheur que nous avons décrit page 61 à la roue à chevilles d'une sonnerie d'horloge, M. de Laguerenne est parvenu à faire sonner électriquement les heures sur des cloches ou sur de gros timbres éloignés de l'horloge régulatrice. Il lui a suffi pour cela d'ajouter au mécanisme de la sonnerie un mobile supplémentaire, engrenant avec la roue qui réagit sur les leviers des marteaux, et dont l'axe porte le système déclancheur. La roue qui met cet axe en mouvement a le nombre de dents nécessaire pour qu'un tour entier accompli par elle ne laisse défiler la roue à chevilles que de l'intervalle séparant deux chevilles consécutives. Or, il résulte de cette disposition qu'à chaque fermeture de courant opérée à travers l'électro-aimant déclancheur, la détente laisse échapper une cheville de la roue qui commande le jeu des marteaux, et un coup est frappé sur le timbre ou sur la cloche. S'il se produit sur l'horloge régulatrice, au moment de l'arrivée de l'aiguille à l'heure, autant de fermetures de courant qu'il y a de coups à sonner, on peut de cette manière, sans roues de compte ni autres complications mécaniques, obtenir à distance la répétition des heures sonnées. Toutefois, si on tient à avoir plus de sureté dans le jeu de la sonnerie, il conviendra de garder la roue de compte; et alors le rôle de l'interrupteur de l'horloge régulatrice sera réduit à opérer un simple contact momentané toutes les demi-heures.

M. de Laguerenne a pensé encore à utiliser le système de remontoir, que nous avons décrit p. 62 au remontage du poids moteur de la sonnerie pendant ses moments d'inaction; mais en raison de la puissance que doit avoir ce poids moteur, il ne croit pas en définitive que cette idée soit bien pratique.

D'un autre côté, le même inventeur, a cherché à faire fonctionner ses sonneries, sous l'influence de courants produits par une machine magnéto-électrique, et dans ce but, il a combiné une disposition mécanique dans laquelle une machine de Clarke est mise en action sous l'influence d'un mécanisme d'horlogerie très-puissant, lequel se trouve déclanché en temps utile par un système déclancheur analogue à celui déjà employé dans l'appareil précédent, et sous l'influence de la sonnerie de l'horloge régulatrice. A cet effet cette sonnerie met en jeu un rochet qui échappe d'une dent à chaque coup frappé sur le timbre et qui réagit au lieu et place de l'électro-aimant, dans l'appareil précédent, sur le levier déclancheur. En adaptant même sur l'axe de la roue des minutes de l'horloge régulatrice une grande roue à rochet de 60 dents sur laquelle appuie l'extrémité d'un second levier déclancher, M. de Laguerenne a pu faire en sorte de mettre en action la machine magnéto-électrique toutes les minutes, et de fournir par conséquent les courants nécessaires à la marche de son compteur.

Sonnerie électro-chronométrique de M. Fournier. — M. Fournier horloger français établi depuis longtemps à la Nouvelle-Orléans, avait disposé un système du genre de celui que nous venons de décrire, pour faire sonner les heures et les quarts, sur de grands appareils de sonneries qu'il avait envoyés à l'exposition de 1867, et qui ont à cette époque attiré beaucoup l'attention des hommes compétants.

Ce système, comme le précédent, se compose de trois mécanismes : d'un mécanisme déclancheur, d'un mécanisme remonteur, et d'un mécanisme de sonnerie. Le mécanisme déclancheur est constitué par trois leviers articulés encliquetés l'un dans l'autre, et dont l'action, bien que déterminée sous l'influence de la percussion produite par le premier de ces leviers, est néanmoins commandée par l'armature d'un électro-aimant qui opère le premier déclanchement. L'intervention de ces leviers dans cet appareil, a pour but comme dans celui de M. de Laguerenne de désembrayer, sous l'influence d'une force relativement faible, un mécanisme puissant qui peut dès lors réagir avec énergie sur les leviers des marteaux de la sonnerie, et comme ce mécanisme peut lui-même déterminer une action secondaire capable de remettre en place les différentes pièces du système, il commande par ce seul fait le jeu du mécanisme remonteur. Nous représentons fig. 8 pl. IV cet intéressant appareil.

Le levier qui commande le déclanchement sous l'influence de l'attraction électro-magnétique et que nous appellerons *levier impulseur*, est un levier horizontal S Z muni d'un contrepoids R, qui appuie sur une dent S adaptée à l'armature de l'électro-aimant. L'encliquetage de ce levier sur cette dent s'effectue d'une manière assez intéressante. Comme l'armature électro-magnétique pourrait ne pas toujours se détacher de l'électro-aimant au moment précis où l'enclanchement devrait se faire, le levier en question, force le détachement de cette armature au moyen d'un butoir S, qu'il porte à son extrémité, et qui réagit par glissement sur un crochet T' dont est munie l'armature. Ce levier S Z porte en outre au-dessous du contre poids R une pièce arquée R O munie de deux butoirs N et O, dont l'un O, celui du bout, a pour effet, au moment du déclanchement, de pousser de coté le second levier articulé Z C sur lequel est enclanché le troisième A U B'; l'autre butoir N sur lequel vient appuyer une pièce P adaptée au troisième levier, au moment du renclanchement, relève le levier impulseur S Z, lorsqu'il a été déclanché. Le troisième levier A U B' qui commande directement l'action des marteaux, est une équerre articulée dont la branche horizontale A U est encliquetée sur le 2e levier Z C et dont la branche verticale U B', munie de deux cliquets à ressorts D, D', maintient dans une position déterminée le système mécanique qui doit réagir sur les marteaux.

Ce système se compose de deux leviers F et F² fixés sur deux axes horizontaux V, V' que l'on voit en coupe sur la figure, et sur lesquels sont articulés, d'un côté deux bielles J et J' réagissant sur les axes K L, K' L' auxquels sont adaptés les marteaux M, M', de l'autre, deux systèmes de triples cliquets G, P, h, G', P', h', qui, étant mis alternativement en prise avec les dents d'une roue I, peuvent faire osciller les marteaux, et par conséquent faire tinter la sonnerie. Voici comment se produit cette action :

La roue I est d'abord, comme on le voit, mise en mouvement par une chaîne de Vaucanson à laquelle est attaché un poids. Lorsque les deux systèmes de leviers F, F² sont enclanchés par les cliquets D, D' du levier A U B', un seul des longs cliquets de sonnerie, G', est en prise avec la roue I; toutefois, ce cliquet ne peut produire aucun effet à cause de l'enclanchement du levier F², et ce n'est que quand celui-ci se trouve dégagé par suite du déclanchement électro-magnétique, que la roue I en poussant le cliquet G' abaisse le levier F², et fait frapper un coup au marteau M'. En ce moment et par l'action combinée du mouvement accompli par le levier F² et d'un mécanisme en rapport avec le chaperon de la sonnerie, le cliquet G' échappe, et le second cliquet H' se trouve en prise avec la roue I qui, en le poussant à son tour, relève le levier F² et détermine un second mouvement du marteau M' en sens inverse du premier, et par suite un nouveau coup sur la cloche ou le timbre, à l'intérieur duquel le marteau est placé. Ce dernier mouvement du cliquet H' provoque toutefois un effet secondaire qui a son importance, car c'est lui qui renclanche tout le système de la détente électro-magnétique, et cela par l'intervention d'un butoir F'² qui, en appuyant sur le dos du levier U B' au moment du relèvement du levier F², relève en même temps le bras A U, le levier impulseur S Z, et renclanche le levier F² sur le cliquet D'. Il s'agit maintenant de voir comment le nombre de coups correspondant aux différentes heures et aux quarts pourra être déterminé sous l'influence d'un seul déclanchement électro-magnétique,

Le mécanisme qui réalise cette fonction consiste : 1° dans une roue à rochet V' sur laquelle réagit le cliquet h, et qui porte latéralement sur sa face postérieure un rebord circulaire divisé comme le chaperon d'une horloge et sur sa face antérieure un certain nombre de chevilles correspondant aux divisions de cette espèce de chaperon, que nous appellerons chaperon des heures. 2° dans une seconde roue à rochet P' mise en action par le cliquet q, et qui est affectée à la sonnerie des quarts ; elle réagit à cet effet sur une bascule $a^1 a^5$ munie de chevilles sur lesquelles appuient les longs cliquets de sonnerie dont nous avons parlé. Cette bascule oscille autour d'un pivot placé en x et se trouve reliée, par son extrémité a^1, à une tige qui réagit sur un mécanisme particulier dont nous parlerons plus tard. Elle porte de plus un ergot en forme de coin p', sur lequel réagissent les chevilles de la roue de compte au moment de leur passage, de manière à faire abaisser la partie a^1 de la bascule vers le centre de la roue de compte d'une quantité égale à l'incliné de cet ergot. Toutefois, cet abaissement est suivi d'un relèvement qui s'effectue aussitôt que les chevilles ont dépassé l'ergot p', et cela sous l'influence d'une cheville c adaptée à la roue P', laquelle accroche un second ergot p, adapté à la partie a^5 de la bascule.

On comprend, d'après cette disposition, que les chevilles de la bascule précédente sur lesquelles appuient les cliquets de la sonnerie G, H, G', H', auront une position différente par rapport à l'horizontale menée par l'axe d'oscillation de la bascule, suivant que celle-ci sera soulevée ou abaissée par les chevilles de la roue de compte et celle de la roue P'. Conséquemment quand les heures devront sonner, ce seront les cliquets G' et H' qui seront

mis en prise avec la roue I, et quand ce seront les quarts, cette dernière
roue réagira sur les cliquets G et H. Il s'agit maintenant de voir comment
la réaction produite sur la bascule $a^1 a^5$ pourra faire réagir les cliquets
G' et H' d'une manière différente aux différentes heures de la journée.

L'ergot p' qui, étant accroché par les chevilles du chaperon abaisse la bascule $a^1 a^5$, est contourné de manière à pouvoir en même temps s'enfoncer
dans les coches séparant les différentes divisions du cercle latéral de ce
chaperon. Quand après l'échappement de la cheville qui a provoqué son
abaissement il n'est pas retenu, le relèvement de la bascule s'opère librement, et les cliquets G' et H' ne sont plus en prise avec la roue I; mais si
après l'abaissement de la bascule l'ergot p' se trouve maintenu abaissé par
le rebord saillant du cercle latéral du chaperon, le relèvement de la bascule
$a^1 a^5$ devient impossible, et les cliquets G', H' continuent à rester en prise
avec la roue I et à fonctionner alternativement jusqu'à ce que l'ergot ait
échappé l'obstacle qui le maintenait abaissé. Or, le temps de ce fonctionnement est précisément en rapport avec la longueur des divisions du cercle
latéral du chaperon, et par conséquent avec les heures qui doivent être
sonnées.

Examinons maintenant comment tous ces différents organes fonctionnent,
et prenons pour point de départ la suite du moment représenté sur la
figure.

La cheville c, au moment où les quarts finissent de sonner, ayant relevé
la partie a^1 de la bascule, les cliquets G et H sont en prise avec la roue I,
et lorsqu'au prochain déclanchement électrique celle-ci pourra réagir, le
marteau M fonctionnera et sonnera les heures. En même temps le cliquet
h réagira sur la roue de compte, et à chaque coup du marteau la fera
avancer d'une dent. Lorsque l'heure aura fini de sonner, la cheville correspondante à cette heure aura abaissé l'ergot p' et aura, par suite de l'abaissement de a^1 de la bascule, mis en prise avec la roue I les cliquets G' et H',
lesquels, au moment du déclanchement électro-magnétique suivant, feront
fonctionner la sonnerie des quarts tout en faisant avancer d'une dent a roue
P' pour chaque quart sonné. Quand après la sonnerie des quatre quarts
la roue P' a avancé de 10 dents, la cheville c se présente à l'ergot p de la
bascule $a^1 a^5$, le relève, et remet de nouveau en prise les cliquets
G et H, qui alors font sonner les heures, comme il a été dit précédemment.

Il nous reste maintenant à parler du commutateur qui met en action
l'électro-aimant. Ce commutateur est mis en mouvement par un petit
rouage indépendant de l'horloge régulatrice et dont la marche est réglée par
un volant à ailettes. Les ailettes de ce volant sont mobiles, de façon à se

présenter au mouvement, tantôt avec une inclinaison très-prononcée, tantôt sans inclinaison et presque de face. Dans cette dernière position leur mouvement est très-ralenti, et il en résulte que la marche du commutateur peut être rendue lente ou prompte suivant la disposition des ailettes. Or, l'appareil est disposé de manière qu'au moment où les heures doivent sonner les ailettes sont déployées dans toute leur grandeur, tandis qu'elles sont réduites à leur plus petite surface lors de la sonnerie des quarts. Ce résultat est obtenu très-sûrement et très-simplement au moyen d'une sorte de *limaçon* à deux ressauts ou pour mieux dire au moyen d'une roue dont la circonférence est déterminée par des rayons inégaux en longueur. Une détente rattachée aux ailettes par des leviers articulés comme ceux du régulateur de Watt, vient reposer successivement sur les deux crans déterminés par ces rayons inégaux, et, comme le cran le plus élevé se présente sous cette détente précisément au moment où les heures doivent sonner, la vitesse du moteur se trouve alors suffisamment ralentie pour que la sonnerie des heures les plus longues ait le temps de se faire.

Toutefois, pour que les contacts en rapport avec les quarts soient bien distincts dans leurs effets de ceux en rapport avec les heures, on a dû adapter au mécanisme déclancheur un système particulier que nous allons maintenant décrire. Ce système consiste dans la répétition en double des leviers de détente Z C et A U B' des deux côtés du levier impulseur Z S, et dans l'adjonction à ce dernier levier d'une équerre e' adaptée à une bielle l, qui en réagissant latéralement sur le noyau Z, peut le repousser, soit à gauche soit à droite, suivant que la partie a^1 de la bascule $a^1 a^5$ est élevée ou abaissée. Dans le premier cas, qui suppose la partie a^1 de la bascule soulevée, le levier impulseur S Z en tombant réagit sur celui des leviers A U B' qui se trouve en avant sur la figure, et c'est le levier F^2 de la sonnerie des quarts, qui se trouve desencliqueté. Les fermetures du courant à travers l'électro-aimant doivent alors être produites par l'interrupteur des quarts. Dans le second cas, c'est l'interrupteur des heures qui se trouve réagir, et celui-ci, en laissant plus ou moins longtemps abaissé celui des leviers A U B' qui est en arrière, permet au levier F de réagir sur la sonnerie des heures.

Cette sonnerie, qui avait 1^m,20 de largeur, 1 mètre de hauteur et 40 centimètres d'épaisseur, était assez fortement constituée pour faire fonctionner des cloches de 12000 kilog; elle marchait dit-on avec une grande précision, et elle a été très-admirée par les hommes du métier; mais j'avoue qu'à cause de sa complication je donne la préférence au système de M. de Laguerenne. D'ailleurs le levier impulseur, dans le système précédent, étant horizontal au lieu d'être presque vertical comme celui de M. de Laguerenne, laissait à l'action électrique une trop forte besogne pour qu'on put être assuré d'un fonctionnement régulier et durable. On pourra voir dans les Études sur l'Exposition de 1867, publiées par M. E. Lacroix, la description détaillée de ce système d'horlogerie.

Sonnerie électro-chronométrique de M. Mildé. — M. Mildé établit de la manière suivante les avantages de ce système de sonnerie.

« 1° Elle permet d'employer, au point de départ, un régulateur simple, débarrassé des frottements de la sonnerie, et par conséquent réunissant toutes les propriétés réglantes.

« 2° Quelle que soit la longueur du pendule, c'est-à-dire la durée des amplitudes, on peut donner aux cloches la vitesse propre à leur sonorité.

« 3° Avec le même régulateur, on peut faire sonner sur les petits timbres d'appartement, en les mettant en communication avec un compteur proportionnel.

« 4° Les sonneries monumentales ou les sonneries d'appartement donnent à volonté, soit la répétition, soit les heures et les quarts seulement, et, de plus, la sonnerie de nuit; c'est-à-dire que, pendant le jour, elles donnent les heures et les quarts, et pendant la nuit elles répètent les heures à chaque quart. »

Pour que le régulateur réagisse sur le compteur de sonnerie de manière à produire les effets énoncés précédemment, il suffit de placer sur un des compteurs électro-chronométriques qu'il gouverne un interrupteur de courant mis en relation avec le circuit de la sonnerie. Cet interrupteur se composera d'un ressort que rencontreront tous les quarts d'heure des goupilles fixées sur le rochet commandant la minuterie. Si ce rochet fait son tour en une heure, ces goupilles seront au nombre de 4. Or, il pourra résulter de cette fermeture du courant un déclanchement qui mettra en action la sonnerie tous les quarts d'heure, et, si celle-ci est munie de roues de compte convenablement disposées, les différentes heures pourront se succéder dans leur ordre sans autre réaction électrique que la fermeture de courant dont nous venons de parler.

Les fig. 22 et 23 représentent les deux côtés de l'appareil qui, comme on le voit, possède deux électro-aimants. L'un B B, fig. 22, mis en action par un courant local, réagit directement sur le marteau de la sonnerie tout en faisant fonctionner un mécanisme de remontoir; l'autre B' B' fig. 23, relié à l'horloge type et à la pile du compteur électro-chronométrique, effectue les détentes destinées à réagir sur les roues de compte de la sonnerie.

La première partie du système se comprend aisément d'après la simple inspection de la fig. 22. F est l'armature de l'électro-aimant B B; E la première branche d'un répartiteur de Robert-Houdin articulée en e^2 et reliée à l'armature par une petite bielle indiquée en pointillé sur la figure; D′D est la seconde branche du répartiteur, articulée en D′ et portant en D un cliquet d'impulsion qui réagit sur une grande roue à rochet R R de 95 dents

Fig. 22.

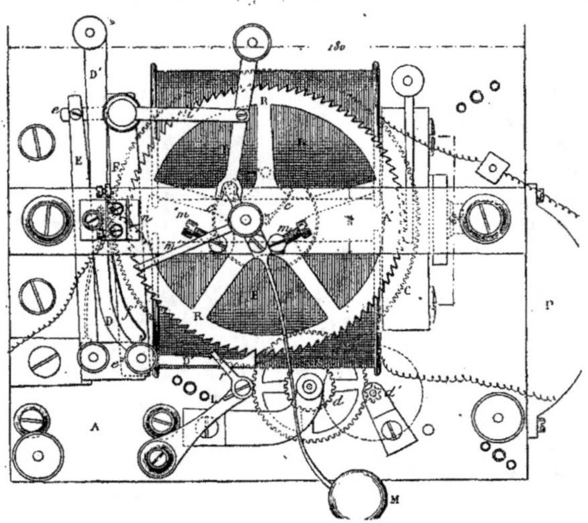

destinée, à chaque coup sonné sur les timbres, à tendre le ressort circulaire d'un mécanisme accessoire en rapport avec la seconde partie du système. Ce ressort que l'on aperçoit en $c\,c$ réagit en effet par l'intermédiaire de la roue C sur un système de rouages d, d', dont le dernier d', indiqué en pointillé, est placé de l'autre côté de la platine de l'appareil et se voit en d' fig. 23. Il a pour fonction de faire réagir deux palettes ou doigts u qu'il porte sur son axe sur les dents de deux crémaillères appartenant au mécanisme de la sonnerie, et son mouvement est régularisé par deux autres

mobiles e et e' dont le dernier e' porte un volant. Nous parlerons à l'instant
de ce mécanisme. Pour compléter la description de la première partie du
système représenté fig. 22, nous dirons que l'armature de l'électro-aimant
B B réagit sur le marteau M de la sonnerie par l'intermédiaire d'une fourchette I, qui est reliée avec elle par une bielle i, et que la tige du marteau
dont les mouvements sont limités par deux vis m, m' porte sur son axe
d'articulation un bras à ressort m' qui au moment de ses oscillations de
gauche vient frotter sur un contact n destiné à envoyer un courant local
dans d'autres sonneries du même genre. Enfin L est une pièce qui sert de
support à un axe horizontal portant deux bras. L'un de ces bras, que l'on
aperçoit sur la figure croisant le cliquet D, est muni d'une cheville que
vient rencontrer, dans certaines conditions, la tige du marteau M ; l'autre
placé en arrière de la platine de l'appareil et que l'on distingue en L, fig. 23,
gouverne l'inclinaison du premier sous l'influence du mécanisme de la
sonnerie, de manière à permettre ou à empêcher l'action du marteau sur
le petit timbre T' qui, conjointement avec le gros timbre T, doit fournir la
sonnerie des quarts. Naturellement, quand ce marteau frappe le gros timbre
seul, il sonne les heures, et quand il frappe alternativement les deux, il
sonne les quarts. Ces deux timbres ne sont pas indiqués fig. 22, mais on
les distingue parfaitement fig. 23.

La seconde partie du mécanisme se compose essentiellement d'un
système de détente électro-magnétique mis en action par une roue à rochet
S^2 de 48 dents, sur laquelle réagit le cliquet d'impulsion D de l'électro-aimant
B' B' sous l'influence du répartiteur à ressort E^2 e^3 qui sert en même temps
de ressort antagoniste à l'armature. La détente électro-magnétique est
constituée elle-même par un bras b articulé en N' et qui étant muni à son
extrémité d'une cheville, vient buter le doigt v' fixé sur l'axe de l'avant
dernier mobile e du mécanisme d'horlogerie dont nous avons parlé, lequel
est remonté à chaque coup sonné par le marteau M. La réaction du rochet
S^2 sur cette détente s'effectue par l'intermédiaire d'un cliquet à crochet H
sur l'axe duquel est fixé un bras h qui réagit sur un compas articulé i I x' ;
ce compas, en abaissant le cliquet de retient de la crémaillère N, permet à
celle-ci d'être repoussée à gauche sous l'influence du ressort I^2 et de soulever
le bras b par l'intermédiaire d'une seconde cheville l dont celui-ci est mun
et qui appuie sur le bord intérieur de gauche de l'arc de la crémaillère.
Dans la figure, l'effet de détente est produit, et c'est pourquoi le doigt v
n'est pas en contact avec le bras b.

Le système distributeur de la sonnerie est constitué par deux roues de
compte, une étoile de 12 dents et les deux crémaillères arquées N N', dont une

seule est vue entièrement sur la figure; la seconde ne s'aperçoit que par le bout en N'. Nous avons déjà parlé de la première. Ces crémaillères sont toutes les deux sollicitées à se mouvoir de droite à gauche par deux lames de ressort I² qui appuient sur deux petits ergots adaptés à leur douille d'articulation, et

Fig. 23.

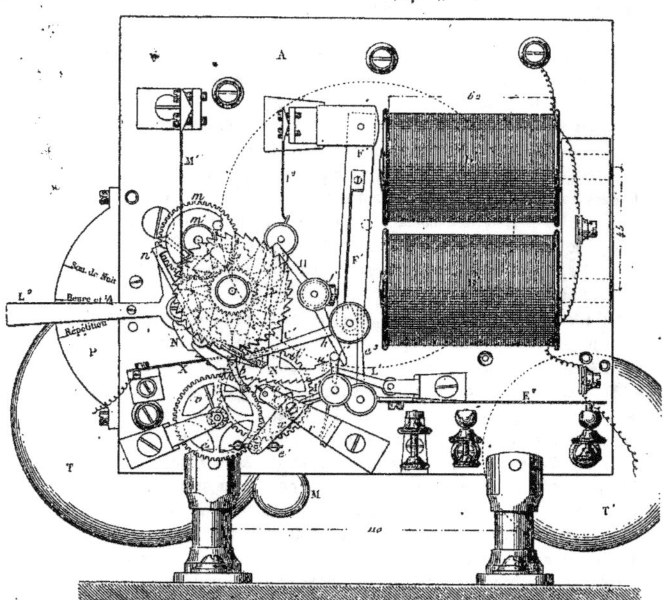

elles portent chacune un bras muni d'une cheville qui vient s'appuyer au moment du déclanchement sur les deux roues de compte. Celles-ci sont indiquées en pointillé sur la figure parcequ'elles sont placées derrière la roue. S². L'une, celle qui est la plus en arrière et qui représente la roue de compte des heures, est constituée par un simple limaçon découpé en gradins comme dans les comtoises ordinaires; l'autre, qui est la roue de compte des quarts, est une roue à 12 larges dents de rochet découpées sur la partie inclinée de manière à présenter en retrait les unes sur les autres trois parties anguleuses formant comme les marches d'un escalier. Ces deux roues sont montées sur le même axe mais sur deux canons distincts, de sorte qu'elles peuvent tourner isolément; cependant une broche qui les réunit peut rendre, dans certaines conditions dont nous parlerons plus tard, leur mouvement solidaire, et comme le rochet S^2 est fixé sur le même canon que la dernière, c'est par le fait la roue des quarts qui commande le mouvement de la seconde. L'étoile de 12 dents dont nous avons parlé et sur laquelle appuie le sautoir M' est fixée sur le canon de la roue de compte des heures et nous en verrons plus tard l'usage.

Les crémaillères dont nous avons parlé, une fois déclanchées, sont remises en position par deux doigts en forme de palettes adaptés à l'axe u du mobile d dont il a été question dans la description de la première partie de l'appareil; les doigts font échapper une dent des crémaillères à chaque tour de ce mobile, et deux cliquets de retient placés l'un derrière l'autre, (on en voit la tête en x'), maintiennent ces crémaillères après chaque échappement de dent; c'est assez dire que quand par une circonstance quelconque ces cliquets sont maintenus écartés des crémaillères, ce qui arrive quelquefois comme on le verra, les doigts u fonctionnent sans résultat. Nous ajouterons que ces deux cliquets de retient sont munis dans l'intervalle qui les sépare d'une goupille qui peut, lorsqu'ils sont abaissés, les enclancher sur une sorte de crochet à ressort surmonté d'une tête saillante que repousse en temps opportun les doigts u pour les dégager. Comme les roues de compte, ces cliquets sont reliés l'un à l'autre par une broche pour rendre leurs mouvements solidaires, mais cette broche est disposée de manière à ce que l'un de ces cliquets puisse agir sans l'autre dans certaines conditions.

Il nous reste maintenant à parler du mécanisme qui permet d'obtenir à volonté la répétition de la sonnerie des heures, la sonnerie de nuit et la sonnerie simple des heures et des quarts. Ce mécanisme est commandé par le levier L^2 qui est comme on le voit articulé en N', et se trouve muni d'un bras recourbé rectangulairement par le haut en n'. Ce bras placé derrière la roue m, porte une cheville qui réagit sur le cliquet n', et a partie recourbée qui le termine est taillée en plan incliné de manière à pouvoir faire avancer sur son axe la roue m, qui est d'ailleurs sollicitée en sens contraire par un ressort à boudin. Cette roue est munie d'une pièce de renfort m' découpée en secteur, et cette pièce, quand la roue m est poussée en avant par le levier L^2, peut présenter pendant les 12 heures de nuit le bord circulaire du secteur m' au cliquet n', qui se trouve par cela même repoussé en arrière pendant ces 12 heures. Le cliquet n' lui-même est articulé en N' sur le même axe que le bras de détente, mais sans en être aucunement solidaire; toutefois, la douille sur laquelle il est monté porte un levier de butée que l'on aperçoit au-dessus de la partie gauche de l'arc de la crémaillère N. Nous expliquerons plus tard les fonctions de ce levier; nous dirons seulement pour le moment que c'est lui qui gouverne le déclanchement de la crémaillère des heures. Quand il est soulevé, le débraiement de celle-ci se fait toujours avec celui de la crémaillère des quarts, et ceci a lieu toutes les fois que le levier L^2 est dans les positions correspondantes à la sonnerie de nuit, et à la répétition. Quand au contraire il est abaissé, ce qui a lieu quand le levier L^2 est horizontal, la crémaillère des heures n'est dégagée qu'après 4 dégagements de la crémaillère des quarts. Nous ajouterons que la roue m est mise en mouvement par une petite roue montée sur le même canon que la roue de compte des heures. Voici maintenant comment cet appareil fonctionne.

Au moment de l'arrivée de l'aiguille de l'horloge régulatrice devant le quart, un courant est fermé à travers l'électro-aimant B' B' fig. 23 ; le cliquet C est mis en prise avec la dent du rochet S^2 qui doit échapper, et cet échappement s'effectue sous l'influence du ressort répartiteur E^2 aussitôt après l'interruption du courant. En même temps le cliquet H étant repoussé par la dent de la roue S^2 contre laquelle il appuie, fait réagir le bras h sur le compas i I x' dont le bras x', en appuyant sur une cheville adaptée à la tête des cliquets de retient des crémaillères, dégage ces dernières; celles-ci viennent alors buter sous l'influence des ressorts I^2 contre les roues de compte, et s'y enfoncent d'une quantité en rapport avec l'heure qui doit être sonnée. Or, en ce moment là, l'extrémité gauche de la crémaillère des quarts en élevant le bras b, dégage le mécanisme d'horlogerie dont le ressort aura été préalablement tendu par suite de la sonnerie de l'heure précédente, et, sous l'influence de son déroulement, l'axe u qui porte les doigts d'échappement des crémaillères tournera en faisant avancer celles-ci d'une dent à chaque tour, jusqu'à ce que le bras b se trouve sufisamment abaissé pour buter de nouveau le doigt v' du mécanisme d'horlogerie qui se trouve alors arrêté. Pendant tout ce remontage, les crémaillères sont maintenues dans leur position, après l'action des palettes u, par les cliquets de retient x' qui se trouvent soulevés de bas en haut par des ressorts ; et comme l'axe portant ces palettes porte une roue d' munie d'une goupille que peut rencontrer une lame de ressort X, en rapport avec l'électro aimant B B, il arrive que pour chaque dent remontée des crémaillères, il y a un coup de sonné sur le gros timbre.

Or, le nombre de ces coups étant en rapport avec le déplacement plus ou moins grand des crémaillères, lequel dépend de la position des roues de compte par rapport à elles, on obtient ainsi la sonnerie des différentes heures.

Il nous reste maintenant à examiner comment la sonnerie des quarts se produit en dehors de la sonnerie des heures, et nous devrons pour comprendre le moyen employé pour y arriver, nous rappeler que devant la tige du marteau M fig. 22, se trouve un levier L muni d'une cheville qui, pour certaines positions, peut empêcher le marteau de s'avancer assez vers le petit timbre T' pour le frapper. Ce levier, comme on l'a vu, est monté sur un axe horizontal qui traverse la platine et qui porte du côté opposé un autre levier L', fig. 23, qui est maintenu soulevé par une goupille adaptée à l'extrémité droite de la crémaillère des quarts N. En temps ordinaire ce dernier levier est placé à une hauteur suffisante pour que le levier L fasse obstacle au marteau quand il tend à frapper le petit timbre T'; mais quand la crémaillère N est déclanchée, le levier L' s'abaisse avec elle, et soulève par cela même le levier L, qui rend dès lors le marteau libre de frapper les deux timbres. D'un autre côté, le déclanchage des deux crémaillères ne se fait pas en même temps, et à cet effet les deux cliquets de retient x' qui les embrayent, se trouvent reliés par une broche fixée sur la tête du cliquet de la crémaillère des heures, laquelle broche traverse la tête du cliquet de la crémaillère des quarts de manière à pouvoir jouer librement dans une petite entaille d'une étendue d'environ 3 millimètres. Or, c'est sur le bout de cette broche qu'appuie l'extrémité de la branche x' du compas x' I i, et il en résulte que la crémaillère des heures se trouve déclanchée un peu avant celle des quarts; mais par le fait ce déclanchement non simultané n'a qu'un rôle secondaire dans l'effet que nous voulons étudier, car il est réalisé essentiellement par la branche i du compas x' I i, qui porte une cheville soutenue sur le bord intérieur de droite de la crémaillère N, et ce bord intérieur est muni d'une petite coche u'. Quand la cheville i se trouve sur la partie arquée de ce bord, la branche x' I du compas se trouve maintenue abaissée tout le temps du remontage de la crémaillère des quarts N; par conséquent le cliquet de retient de la crémaillère des heures ne peut plus l'encliqueter, et le doigt de l'axe u réagit sur elle sans résultat; mais il n'en est pas de même du cliquet de retient de la crémaillère des quarts, précisément en raison de la petite entaille dont nous avons parlé et qui lui permet, après la première action du déclanchage, de se mettre en prise avec cette crémaillère. Dès lors les quarts sonnent suivant la position de la roue de compte des quarts par rapport au bras de la crémaillère N, sans que la sonnerie des heures soit mise en action, et l'on remarquera qu'alors le levier L' qui faisait obstacle à la chute du marteau sur le petit timbre se trouvant maintenu abaissé, rend celui-ci libre jusqu'au retour de la crémaillère N à son point de départ.

Quand les trois quarts ont sonné et qu'il s'agit de faire fonctionner la sonnerie des heures au quatrième quart, il devient nécessaire que la crémaillère des quarts ne réagisse pas, et que le levier L' qui fait obstacle aux coups sonnés sur le petit timbre soit maintenu abaissé tout le temps de la sonnerie de l'heure. A cet effet, le levier de butée monté sur l'axe du cliquet n', est muni d'une cheville qui appuie sur la partie gauche du bord intérieur de la crémaillère N; on en aperçoit le bout près de N. Ce levier se termine par un bec qui bute contre une cheville adaptée à la crémaillère des heures et qui l'empêche par conséquent d'être repoussée de côté au moment du déclanchement du système. Or, le dégagement de cette crémaillère ne peut être effectué que quand la crémaillère des quarts est tombée d'une quantité assez grande pour que la cheville portée par le levier dont nous venons de parler ait rencontré le petit plan incliné que l'on distingue à gauche de N, au point où le levier de la crémaillère des quarts est soudé à son arc denté. Ce petit plan incliné, en soulevant cette cheville, désembraye alors la crémaillère des heures, qui tombe d'une quantité plus ou moins grande suivant la position de la roue de compte correspondante par rapport à elle. Comme on le comprend, cette action ne peut s'effectuer que toutes les heures, puisque ce n'est qu'alors que la crémaillère des quarts a pu effectuer sa course maxima.

Comme, pour la répétition des heures, il est nécessaire que les crans de la roue de compte des heures soient assez longs pour correspondre à la sonnerie de tous les quarts, et que pour la sonnerie des quatrièmes quarts il faut que la roue de compte des heures change, il a été nécessaire de monter les deux roues de compte sur des axes différents et de ne faire effectuer le mouvement de la roue de compte des heures que par l'entremise d'une pièce intermédiaire à mouvement variable la reliant à celle des quarts. A cet effet une entaille d'une longueur correspondante à un échappement de deux dents du rochet S^2 a été adaptée à la roue de compte des quarts, et une broche entrant dans cette entaille a été fixée à la roue de compte des heures. La roue à rochet S^2 a été naturellement fixée sur le même axe que cette dernière, et l'étoile à 12 dents dont nous avons parlé a été fixée sur l'axe du limaçon des heures. La position de l'entaille a été tellement combinée, qu'au moment du premier quart la broche touche cette entaille par son extrémité de droite; sous l'influence du déclanchement correspondant à ce quart, la broche en question avance dans l'entaille sans que le limaçon des heures change de position, et il en est de même pour le deuxième quart; mais au troisième, le bout gauche de l'entaille qui touche la broche entraîne celle-ci, et place l'une des dents de l'étoile sous la partie anguleuse de son sautoir; or, celui-ci, au moment du quatrième quart et sous l'influence du mouvement initial communiqué à la broche, fait avancer le limaçon des heures de l'intervalle correspondant à toute la longueur de l'entaille, qui se trouve de cette manière ramenée dans la première position que nous avons étudiée. Comme l'action du remontage de la crémaillère des quarts précède toujours la sonnerie des heures, et que quand cette crémaillère est revenue à sa position normale le marteau de la sonnerie ne peut frapper le petit timbre, il arrive que tous les coups frappés par ce marteau après les quatre quarts, n'atteignent que le gros timbre qui sonne ainsi les heures.

Après les éclaircissements que nous venons de donner, il est facile de comprendre la manière dont réagit le levier L^2 pour fournir la sonnerie de nuit c'est-à-dire la sonnerie des heures, après chaque quart, pendant 12 heures, et la répétition des heures. En effet, si l'on place le levier L^2 dans la position correspondante à l'inscription *sonnerie de nuit*, la roue m est avancée le long de son axe, et le cliquet n' rencontre pendant 12 heures le secteur saillant m' qui, en le maintenant incliné vers la gauche, dégage la crémaillère des heures pendant cet intervalle de temps. Il en est de même quand on porte le levier L^2 dans la position correspondante à l'inscription *Répétition*; seulement comme l'inclinaison du cliquet n' ne dépend plus alors de l'action limitée d'un secteur saillant, les heures sonnent indéfiniment après les quarts.

L'interrupteur constitué par le bras m' et le contact n remplit les fonctions de translateur, c'est-à-dire de relais pour faire fonctionner une ou plusieurs autres sonneries qui s'y trouveraient reliées.

CHAPITRE II.

HORLOGES ÉLECTRIQUES.

I. — CONSIDÉRATIONS GÉNÉRALES.

Tout le monde sait ce que c'est qu'une horloge ordinaire, et comment, par une série de rouages mus par un poids, le mouvement communiqué à une roue d'échappement se trouve modéré et régularisé par un pendule ou un balancier à l'aide d'un embrayage en forme d'ancre qui, à chaque oscillation du pendule, laisse échapper une dent de la roue régulatrice. Cet échappement permet en même temps de faire réagir le mobile sur le pendule de manière à entretenir son mouvement; et comme les oscillations de ce pendule sont à peu près *isochrones*, c'est-à-dire qu'elles se font dans un même temps, on obtient de cette manière un mouvement circulaire régulier qu'on décompose de manière à faire marcher deux aiguilles dans les rapports de la division du temps.

Théoriquement parlant, le principe des horloges est vrai et ne semblerait laisser rien à désirer pour le résultat qu'on cherche à en obtenir; pourtant, tout le monde sait que toutes les horloges ne vont pas également bien. Cela peut provenir de beaucoup de circonstances accidentelles, telles que les variations dans la longueur du pendule (par suite des changements de la température), l'épaississement des huiles des engrenages, l'introduction de la poussière et la mauvaise disposition de l'instrument ou des pièces qui le composent; mais ces irrégularités viennent aussi de plusieurs causes physiques et mécaniques qu'il est urgent de combattre d'une manière raisonnée, et c'est à ce double point de vue que l'application de l'électricité à l'horlogerie peut être utile.

D'abord les oscillations du pendule ne sont isochrones, dans les horloges, qu'autant qu'elles sont très-petites. C'est pourquoi, dans les bonnes horloges, le balancier n'a que de très-petits mouvements. Toutefois, cet isochronisme n'est pas rigoureux, il n'est qu'approché, et delà résulte la nécessité de la constance du moteur pour maintenir la même amplitude d'oscillation. Tous les soins des horlogers ont donc tendu à rendre l'action du moteur sur le pendule aussi constante que possible, et c'est dans ce but qu'on a adopté dans ces derniers temps les suspensions dites *isochrones*, c'est-à-dire des suspensions à ressort qui rendent la durée de l'oscillation du pendule indépendente de l'amplitude.

Au premier abord, avec une telle suspension, il semble que l'action du moteur doive cesser d'intervenir dans la durée des oscillations; mais la pratique a déjà fait voir à nos artistes qu'il n'en est pas ainsi. « La théorie, dit « M. Liais, le démontre également. En effet, l'isochronisme des oscillations « d'un mobile exige une *certaine relation entre la force· accélératrice et* « *l'écart du mobile de sa position d'équilibre.* Or, de ce que cette relation « existe pour le pendule tant qu'il est libre, il ne s'ensuit pas qu'elle con- « tinue d'exister quand on fait agir sur lui des forces nouvelles, et pour qu'il « en soit ainsi, il faut que ces forces nouvelles remplissent certaines con- « ditions.

« Ce n'est donc pas tant la constance que l'on doit se proposer de cher- « cher dans l'action des moteurs des horloges que l'intervention de cette « action entre la force accélératrice appliquée et l'écart du pendule de la « verticale. Sans doute, s'il était possible de donner au moteur une force « *rigoureusement* constante, *agissant toujours de la même manière, au* « *même instant de la course du pendule,* on arriverait à une marche exac- « tement constante, quelles que fussent les relations des forces accélératrices « et de l'angle d'écart du pendule. Mais, quelque ingénieuses que soient « les dispositions mécaniques employées, une telle régularité, en supposant « même la température et la pression de l'air constantes, est impossible en « pratique. N'y eût-il que les poussières répandues dans l'atmosphère, ce « serait assez, dans des pièces aussi délicates que les horloges, pour amener « des perturbations. »

M. Liais, auquel nous empruntons les lignes qui précèdent, était plus à même que personne de constater ces différentes influences, ayant observé pendant plus de deux ans, comparativement avec le mouvement du ciel, la marche de son horloge électrique établie dans les caves de l'Observatoire de Paris. Aussi, est-ce à la suite d'observations persévérantes qu'il a pu se convaincre que pour exécuter une bonne horloge il fallait nécessairement :

1° Obtenir de la part du moteur une action aussi constante que possible ;

2° Etablir entre l'intensité de l'action du moteur et l'angle du pendule une relation tendant à conserver l'isochronisme.

L'application de l'électricité à l'horlogerie permet de réaliser jusqu'à un certain point, et d'une manière très-simple, ces deux problèmes. Toutefois, comme nous le verrons par la suite, la plupart des horlogers qui se sont occupés de cette question ne se sont attachés qu'à résoudre le problème de la constance du moteur. Encore, pour l'horlogerie électrique, sont-ils venus après M. Liais qui, dès l'année 1851, avait construit une horloge à échappement libre et à moteur constant. M. Vérité, habile horloger de Beauvais, qui avait exécuté, en 1853, une horloge de ce genre, avait cru devoir réclamer en sa faveur la priorité de l'invention, prétendant que, dès l'année 1844, il avait imaginé un système d'échappement libre dont le mouvement du pendule était entretenu par des poids tombant d'une hauteur constante. Mais bien que ce système puisse être le premier qui ait été conçu pour l'horlogerie ordinaire, bien qu'il ait valu à juste titre à son auteur une récompense, l'application de son principe n'en avait pas été faite à l'horlogerie électrique avant M. Liais, puisque dans toutes les horloges électriques construites avant 1851 le pendule recevait directement son impulsion de la force électrique elle-même. M. Liais, en introduisant dans ce système d'horlogerie le principe des échappements libres et des moteurs constants auquel il avait été conduit par des calculs qui lui étaient propres, réalisait donc alors un grand perfectionnement qui n'a pas tardé à porter ses fruits, puisque toutes les horloges qui ont été construites depuis ont été établies d'après ce système. Toutefois, le problème en lui-même n'était pas aussi simple qu'on aurait pu le croire à première vue, car M. Liais n'a pas tardé à se convaincre, dès l'année 1856, que dans les horloges électriques où le pendule doit soulever un poids ou établir un contact à l'une des extrémités de sa course, (ce qui arrive dans les horloges de MM. Froment, Vérité, Houdin, etc.), *la propriété du pendule d'avoir des oscillations d'une durée constante, aux termes près du deuxième ordre, disparaît entièrement*; de sorte qu'à un petit changement dans l'amplitude correspond une variation énorme dans la durée des oscillations (1). M. Liais démontre toutefois que cet inconvé-

---

(1) Voici comment M. Liais démontre cette propriété curieuse.

Soient l la longueur du pendule simple, θ l'angle du pendule et de la verticale, dt l'élément du temps et g la gravité : on sait que l'équation différentielle du mouvement du pendule simple est $l \dfrac{d^2\theta}{dt^2} = g \sin \theta$, dans le vide.

Si maintenant on suppose qu'un poids m' vienne à agir rectangulairement au bout d'un bras de levier k sur le pendule, et si on pose

$$B = \frac{m'}{m + m'} \frac{k}{l},$$

m étant la masse du pendule simple, l'équation du mouvement du pendule simple pendant cette action deviendra :

$$(a) \qquad l \frac{d^2\theta}{dt^2} = g (\sin \theta + B \cos \theta)$$

nient *cesse d'exister, si le poids soulevé par l'horloge exerce sur le bras perpendiculaire au pendule une pression proportionnelle à la tangente de l'angle du pendule avec la verticale.* De plus, à cause de la vitesse perdue par le pendule par suite de la rencontre des poids, il démontre que l'action

d'où en intégrant, et appelant α l'angle d'écart maximum du pendule de la verticale :

$$l \frac{d\theta^2}{d t^2} = -2 g \left[\cos \theta - \cos \alpha + \beta (\sin \alpha - \sin \theta) \right]$$

équation qui peut se mettre sous la forme

$$(b) \qquad dt = -\sqrt{\frac{l}{g}} \, \frac{d\theta}{\sqrt{2 \cos \theta - 2 \cos \alpha + 2 \beta \sin \alpha - 2 \beta \sin \theta}}.$$

Remarquons que β est d'un ordre supérieur à α dans les horloges électriques, puisque pour des amplitudes d'un degré au maximum où $\alpha = \dfrac{1}{60}$, l'expérience prouve que β peut être inférieur à $\dfrac{1}{10000}$. De plus β décroît quand α diminue presque aussi rapidement que α^2 auquel est sensiblement proportionnelle la résistance de l'air. On voit donc que l'on n'a à considérer que le cas où β est au moins de l'ordre de α. Cela posé, si dans l'équation différentielle (b) on néglige les termes du 4e ordre sous le radical, ce radical devient $\sqrt{\alpha^2 - \theta^2 + 2\beta\alpha - 2\beta\theta}$, que l'on peut alors intégrer, et il vient :

$$t = -\sqrt{\frac{l}{g}} \, \text{arc sin} \, \frac{\theta + \beta}{\alpha + \beta} + \text{const.}$$

La durée T de la demi-oscillation sera donc :

$$T = \sqrt{\frac{l}{g}} \left(\frac{\pi}{2} - \text{arc sin} \, \frac{\beta}{\alpha + \beta} \right)$$

En faisant dans cette expression $\beta = 0$, auquel cas on rentre dans les conditions du pendule simple libre, on a la formule connue du pendule

$$T = \frac{\pi}{2}\sqrt{\frac{l}{g}}, \text{ pour la demi-oscillation.}$$

Dans la formule $T = \sqrt{\dfrac{l}{g}} \left(\dfrac{\pi}{2} - \text{arc sin} \, \dfrac{\beta}{\alpha + \beta} \right)$, β étant constant, si on met le pendule en marche, la durée de l'oscillation dépendra de la valeur

de ceux-ci, comme moteurs, doit se prolonger jusqu'au passage du pendule par la verticale, et que leur rencontre avec ce pendule doit se faire un peu avant la fin de la course de ce dernier. Les formules indiquent le rapport

---

de α. Donc les oscillations ne sont plus isochrones quelle que soit l'amplitude.

Comme on a pour expression de la variation de T par rapport à α :

$$\frac{\delta T}{\delta \alpha} = - \sqrt{\frac{l}{g}} \frac{\beta}{(\alpha + \beta) \sqrt{\alpha + 2\beta \sqrt{\alpha}}},$$

expression qui tend vers l'infini quand α tend vers o, on arrive à ce curieux résultat, que les oscillations sont d'autant moins isochrones qu'elles sont plus petites, et que les variations dans la durée de l'oscillation sont énormes quand l'amplitude est petite et varie. La loi du pendule est donc renversée, et le pendule devient le pire des régulateurs.

Ce défaut disparaît si on suppose que dans l'équation (a), β est proportionnel à *tang.* θ, c'est-à-dire si le poids qui entretient le mouvement pèse sur le pendule proportionnellement à la tangente de l'angle d'écart du pendule de la verticale, au moyen d'une disposition analogue au peson. Soit en effet dans cette équation $\beta = \mu$ *tang.* θ, l'équation (a) devient

$$l \frac{d^2 \theta}{dt^2} = g (1 + \mu) \sin \theta,$$

et on arrive, en négligeant les termes d'ordre supérieur au 2e, pour la durée de la demi-oscillation, à l'expression :

$$T = \frac{\pi}{2} \sqrt{\frac{l}{g (1 + \mu)}},$$

expression indépendante de l'amplitude. L'isochronisme existe donc comme dans le cas du pendule libre. Il n'y a de changé que la longueur du pendule qui bat la seconde.

M. Liais fait voir ensuite que les propriétés du pendule simple dans le vide existent également pour le pendule composé dans l'air. Il donne les expressions du mouvement d'un pendule soumis pendant une partie de sa course à l'action d'accélérateurs, en faisant intervenir les pertes de forces vives dues aux chocs. Nous n'entrerons pas dans ces détails ; le fragment que nous venons de citer est suffisant pour faire voir la nécessité des relations entre les forces accélératrices et l'angle d'écart du pendule, et pour faire apprécier l'importance des travaux sur l'horlogerie électrique de M. Liais.

Ce qui précède prouve encore combien il est difficile de faire établir des courants électriques à une horloge ordinaire sans altérer sa marche, et montre que l'on doit, autant que possible, éviter les contacts établis par le pendule, contacts qui donnent lieu à des anomalies énormes, comme l'expérience l'a fait voir.

qui doit exister entre l'angle de la rencontre et l'amplitude totale, pour qu'un changement de cette amplitude n'altère pas plus la durée de l'oscillation que dans le cas du pendule libre. L'auteur a réalisé ces conditions, dans la pratique, par une disposition des poids à l'extrémité d'un levier coudé analogue au peson. Nous décrirons plus tard avec détails son système ; toutefois, dans la dernière horloge qu'il a fait construire pour l'Observatoire du Brésil, M. Liais a eu recours à un autre système dans lequel l'impulsion déterminée par la chute du poids s'effectue au moment du passage du pendule suivant la verticale. Nous décrirons également ce système qui paraît le plus parfait de tous.

Quand il ne s'agit pas d'obtenir de la part des horloges électriques une grande précision, on peut employer des dispositions plus simples; on peut, par exemple, les faire fonctionner par l'intermédiaire d'un ressort sans cesse remonté par l'action électrique, ou faire en sorte que l'action électro-magnétique ne réagisse que quand le pendule, abandonné à lui-même après une première impulsion, a ses oscillations assez réduites pour nécessiter une nouvelle impulsion. Des pendules construites sur ce dernier principe par M. Hipp ont parfaitement réussi, et sont même celles qui ont eu dans ces derniers temps le plus de succès.

En résumé, si les horloges électriques étaient bien établies, et surtout bien surveillées, si les piles qui les mettent en mouvement étaient bien entretenues et le courant qu'elles envoient convenablement réglé; elles présenteraient les avantages suivants :

1° De supprimer les rouages des horloges ordinaires, et par conséquent de rendre leur marche indépendante de l'épaississement des huiles et de l'introduction de la poussière.

2° De permettre au pendule d'exécuter ses mouvements en pleine liberté.

3° De permettre l'introduction de moteurs à force constante et d'intermédiaires mécaniques, susceptibles de rendre parfait l'isochronisme des oscillations du pendule.

4° De pouvoir, sans addition de frotteurs spéciaux, réagir électriquement sur autant de cadrans électro-chronométriques qu'on pourrait le désirer.

5° D'être plus précises et moins chères que la plupart des régulateurs, et de n'avoir jamais besoin d'être remontées.

Malheureusement, l'usage qu'on a fait de ces appareils n'a pas répondu jusqu'à présent aux espérances qu'on s'en était faites, et cela doit être évidemment attribué au peu de soin qu'on a apporté jusqu'ici à leur installation et à leur surveillance.

II. — SYSTÈMES DIVERS D'HORLOGES ÉLECTRIQUES

1° Horloges à réactions directes.

Horloge électro-magnétique de M. Bain. — M. Bain paraît être le premier qui ait construit une horloge susceptible d'être mise en mouvement par l'action électro-magnétique. Dans cette horloge le pendule portait, au lieu d'une lentille, une bobine électro-magnétique disposée horizontalement, et son mouvement était entretenu par le passage alternatif d'un courant tellurique à travers cette bobine, après chaque oscillation accomplie. A cet effet, deux aimants permanents présentant en regard l'un de l'autre leurs pôles opposés, étaient placés des deux côtés de ce pendule, près de la limite maximum de ses oscillations. Au moment où le courant passait dans la bobine, il s'exerçait entre ce courant et les courants magnétiques des aimants, une réaction électro-magnétique, qui favorisait doublement le mouvement circulaire du pendule. En effet, cette action tendait d'un côté, à éloigner les spires de l'hélice voltaïque de l'un des aimants, par suite de la discordance de marche des courants en présence dans ces deux organes ; de l'autre, elle provoquait entre cette hélice et le second aimant une attraction qui était la conséquence de la réaction des courants parallèles. C'était par l'intermédiaire d'une lame de platine très-flexible, placée sur le pendule près de son point de suspension, et réagissant sur une cheville de platine fixe, que s'opéraient les fermetures successives du courant, à chaque oscillation complète du pendule ; et ces fermetures pouvaient en même temps produire leur effet sur un ou plusieurs compteurs électro-chronométriques, qui se trouvaient par cela même battre la seconde.

Il est facile de comprendre que cette disposition ne pouvait comporter l'isochronisme des oscillations du pendule, puisque *la force du moteur était en rapport direct avec l'intensité électrique,* intensité qui est toujours variable, bien que M. Bain, pour la rendre constante, ait employé le courant tellurique.

Horloges de M. Weare.—Quelque temps après M. Bain, M. Weare, horloger anglais, construisit trois systèmes différents d'horloges électriques ; l'une marchant avec un pendule comme l'horloge précédente ; l'autre marchant avec un balancier semblable à un balancier de montre ; enfin un troisième marchant sous l'influence d'une pile sèche.

Dans la première, le mouvement du pendule est entretenu par un électro-

aimant droit, placé cet à effet transversalement à son extrémité inférieure ;
cet électro-aimant oscille entre les pôles d'un aimant permanent, dont chacune des branches porte un petit ressort à boudin en or, en rapport avec le
même pôle de la pile. Le fil de l'électro-aimant en remontant par la tige du
pendule, communique avec l'autre branche du courant, et se trouve soudé
du côté opposé sur le fer de l'électro-aimant lui-même. Il en résulte, qu'à
chaque oscillation, le pendule venant à toucher le ressort fixé sur l'aimant
permanent, établit le courant dans l'électro-aimant droit dont il est muni.
Or, si le courant circule dans cet électro-aimant de telle manière que les
pôles des deux aimants qui doivent se rencontrer soient de même nom, il
en résulte une continuelle répulsion de part et d'autre de l'axe d'oscillation
qui entretient le mouvement du pendule. On comprend d'après cela, que la
roue d'échappement de l'horloge n'ayant plus d'impulsion à communiquer
au pendule, comme dans les horloges ordinaires, et recevant au contraire
de lui son mouvement de rotation, n'a plus besoin, sauf sa minuterie, de
tous les engrenages sur lesquels réagissent les poids ou les ressorts, et peut
donner directement l'heure sur un cadran adapté à l'appareil même, ou sur
d'autres cadrans électro-chronométriques mis en relation avec elle.

Le système d'horloge sans pendule se compose d'un axe vertical qui porte
le volant ou balancier appelé à remplacer le pendule, et une aiguille fortement aimantée enclavée dans un cadre galvanométrique. Un petit ressort
spiral rappelle toujours le balancier dans une position fixe, et une traverse
métallique fixée sur l'axe de l'aiguille aimantée parallèlement à elle, peut
établir le courant dans le cadre galvanométrique en réunissant métalliquement deux butoirs en rapport avec les deux pôles de la pile. D'après cette
disposition, on peut comprendre que si l'aiguille aimantée, ayant sa situation d'équilibre dans le sens des fils du cadre galvanométrique, se trouve
écartée de manière à ce que la traverse métallique ferme le courant, cette
aiguille doit être, pour une direction convenable de celui-ci, repoussée du
côté opposé ; le volant est donc entraîné avec elle ; mais, comme en abandonnant son premier écart, l'aiguille produit une interruption du courant,
le ressort qui rappelle le volant à sa position d'équilibre, réagit en sens contraire, et ramène bientôt la traverse métallique en contact avec les butoirs.
Alors le courant se trouvant de nouveau rétabli, donne lieu à une nouvelle
déviation qui fait place à un nouveau mouvement en sens contraire et ainsi
de suite.

Le troisième système de M. Weare n'est qu'une simple modification du
système précédent. Au lieu de l'aiguille aimantée, fixée sur l'axe du volant,
c'est une boule métallique portée sur un petit levier de verre qui oscille

entre deux autres boules métalliques en rapport avec les deux pôles d'une pile sèche. Quand la boule mobile touche la boule positive, l'électricité dégagée par celle-ci se distribue entre les deux boules, et une répulsion survient. En même temps une attraction de l'autre boule se manifeste, et la boule mobile, reportée au contact de la boule négative, se charge d'électricité négative, d'où il résulte une nouvelle répulsion puis une attraction en sens inverse du premier mouvement. Le volant se trouve donc perpétuellement animé d'un mouvement de va-et-vient qui peut réagir sur les mécanismes de l'horloge.

Horloges électriques de M. Liais.—M. Liais, comme je l'ai déjà dit, est le premier qui a combiné les horloges électriques à moteur constant. Outre l'horloge qu'il fit construire en 1851 et dont la marche était entretenue par la chute de pièces pesantes, tombant d'une hauteur constante sur deux bras adaptés au pendule régulateur, il avait à la même époque imaginé un système de chronomètre pour la marine dans lequel l'action de ressorts uniformément tendus remplaçait celle des poids de son horloge, et s'effectuait sur le balancier circulaire qui, dans ces appareils, tient lieu du pendule. J'ai décrit ces deux systèmes chronométriques dans les deux premières éditions de cet ouvrage, et, comme ils ne présentent actuellement qu'un simple intérêt historique, je renverrai le lecteur que cette question pourrait intéresser à ces deux éditions, me réservant de parler ici avec détails des derniers appareils que ce savant a fait construire et qui sont dignes d'intérêt.

1er *Système*. — Chargé en 1856 par M. Leverrier d'établir à l'Observatoire de Paris une horloge électrique qui, par son exactitude, fût susceptible de régler la marche des divers cadrans distribués en différents points de cet établissement, M. Liais fut conduit, comme nous l'avons déjà dit, à étudier avec un soin tout particulier la marche de son premier système d'horloge électrique, et à voir s'il n'y aurait pas moyen d'en faire une horloge de précision. C'était certainement un problème difficile à réaliser, car dans le cas en question, le degré de précision devait être tel que les variations de l'instrument ne devaient pas dépasser un *dixième* de seconde en vingt-quatre heures. Observateur habile et bon mathématicien, M. Liais ne tarda pas à reconnaître les causes qui pouvaient influer sur la marche de son horloge ; et c'est alors qu'il chercha à y remédier en donnant une disposition toute particulière aux pièces destinées à réagir comme moteurs constants.

La fig. 1, pl. II représente le mécanisme de l'horloge qui fut alors construite et qui fut même installée dans les catacombes au-dessous de l'Observatoire pour ne pas subir les effets des variations de la température ambiante. On remarquera que dans cette horloge M. Liais a supprimé toutes les articulations des pièces mobiles et les a remplacées par des lames de ressort (voir fig. 2). Les ressorts antagonistes eux-mêmes, au lieu d'être à boudin, ont été constitués par des contre-poids afin que leur force fut invariable ; enfin toutes les conditions théoriques qui ont été exposées page 111 ont été réalisées dans la construction des différentes pièces de l'appareil. Malheureusement l'appareil devint par cela même très-compliqué, très-délicat, et finalement on cessa de l'employer malgré l'ingéniosité de sa conception. Une légende explicative fera du reste parfaitement comprendre ce système.

X Y est le pendule ; sa tige est en sapin et suspendue par un ressort isochrone dont la pince peut être haussée ou baissée à l'aide d'une vis de rappel V. C'est au moyen de cette vis qu'on retarde ou qu'on avance l'horloge, sans pour cela arrêter le pendule dans sa marche.

M G, M' G' sont les deux branches du pendule destinées à recevoir l'impulsion des poids moteurs et à servir d'interrupteur. L K, L' K' sont les poids moteurs. Ils consistent dans deux pièces rigides fixées en L et en L' par des lames de ressort très-flexibles. Ces pièces rigides sont équilibrées par un système de contre-poids F E, F' E' placés sur les leviers C D, C' D' auxquels elles sont reliées par un fil D K, D' K'. Mais cet équilibre est calculé de manière à laisser aux lames L K, L' K' l'excédant de poids nécessaire pour l'entretien de la marche du pendule. Les boules Z, Z' constituent le peson destiné à corriger le défaut d'isochronisme dépendant des oscillations inégales du pendule ; elles sont vissées à l'extrémité d'un levier taraudé porté par la pièce oscillante sur laquelle est fixé le levier C D, C' D' ; elles suivent donc tous les mouvements de ce levier, de telle sorte que, quand celui-ci s'écarte de sa position horizontale, elles réagissent d'autant plus énergiquement pour le ramener dans cette position, que l'écart a été plus considérable.

Les bascules A B, A' B qui portent à l'une de leurs extrémités des soucoupes A, et A' et qui sont articulées l'une en T, l'autre en T', sont reliées à des électro-aimants P, P' destinés à réagir à distance comme accélérateurs ou retardateurs du mouvement du pendule. C'est à cet effet qu'on a été introduites, dans les systèmes compensateurs des poids moteurs, les boules T et T'. On en comprendra facilement la fonction, si l'on examine que l'une des bascules A B constitue, par rapport à sa liaison avec l'électro-aimant P, un levier du premier genre, et que l'autre est disposée de manière à réagir comme un levier du deuxième genre. En effet, si à l'état normal le pendule fonctionne comme l'indique la figure, c'est-à-dire, sous l'influence de L K —

(E + F) d'un côté, et de L' K' — E' de l'autre, ce qui suppose la boule F'
soutenue par le levier A' B', il arrivera que quand on fera circuler le courant
à travers l'électro-aimant P, la bascule A B rencontrera la boule F et la
soutiendra. Le levier L K ne sera donc plus équilibré que par la boule E et
pèsera davantage. Il y aura donc accélération de mouvement. Quand, au
contraire, le courant sera envoyé à travers l'électro-aimant P', la bascule
A' B' ne soutiendra plus le poids F', et celui-ci contribuera à diminuer la
force motrice du levier L'K', et il y aura par conséquent retard.

Les électro-aimants qui déterminent la chute des poids moteurs sont en
O et O'; leur armature est équilibrée par des contre-poids N, N' et maintenue à une hauteur déterminée par les butoirs Q, Q'. Ces armatures portent deux fourchettes J H, J' H' dont les branches, réunies par une traverse
d'ivoire, soutiennent en H et H', les leviers L K, L' K'. Quand les électro-
aimants sont inactifs, les contre-poids N, N' ont assez de puissance pour
maintenir leurs armatures contre leur butoir Q, Q', et par suite, pour soutenir les leviers L K, L' K' à une hauteur fixe qui est réglée par ces butoirs
eux-mêmes; mais quand ils deviennent actifs, les fourchettes H J, H' J' se
trouvent abaissées et laissent tomber les leviers d'une hauteur qui peut
être réglée au moyen des butoirs d'arrêt R, R'. L'étendue de cette chute
peut d'ailleurs être réglée par rapport aux bras M G, M' G' du pendule, au
moyen d'une vis S, S', adaptée à l'extrémité des leviers L K, L' K' et munie
d'une plaque de platine.

D'après cette explication il est aisé de comprendre la marche de cette
horloge.

Quand le pendule X Y est incliné vers la droite, la branche M G vient
rencontrer la vis S, et par son intermédiaire, soulève le levier L K. Mais en
soulevant ce levier, les contre-poids E et F diminuent d'effet, car le peson Z
s'incline vers la droite; de sorte que la force qui réagit sur le pendule augmente comme les tangentes des angles d'écart de celui-ci. En même temps
que ce soulèvement a lieu, le courant se trouve fermé à travers l'électro-
aimant O qui, en devenant actif, abaisse la fourchette H J; le levier L K,
n'étant plus soutenu au moment de l'oscillation descendante du pendule,
accompagne la branche M G dans son mouvement rétrograde jusqu'à ce
qu'il soit lui-même arrêté par le butoir R; et c'est précisément cette chute
de K en R qui entretient le mouvement de l'horloge. Quand la branche
M G a abandonné la vis S, le courant est de nouveau interrompu dans
l'électro-aimant O, la fourchette H J est relevée et avec elle le levier L K,
qui se trouve dès lors en position de réagir à la prochaine oscillation du
pendule.

Les mêmes effets s'effectuent pour les oscillations de gauche du pendule.

2me *Système.*—La nouvelle horloge de M. Liais exécutée avec une grande habileté par M. Deschiens pour l'Observatoire de Rio-Janeiro, a figuré à l'Exposition universelle de Vienne de 1873 où elle a attiré l'attention des hommes de l'art et des savants. Cette fois l'appareil a pris des proportions très-restreintes et s'est trouvé réduit aux dimensions d'une simple pendule. Il est vrai qu'en somme il ne renferme qu'un simple pendule libre, et tout le mécanisme destiné à entretenir le mouvement de celui-ci est placé au bas de l'appareil, sans liaison autre avec cet organe régulateur, que les pièces de détente et d'impulsion.

Nous représentons fig. 4, pl. IV et fig. 24 ci-contre cet intéressant appareil. C'est comme on le voit, un pendule A B battant la demi-seconde qui, au moment où il passe par la verticale, détermine en touchant un système d'échappement libre *c g*, une action électro-magnétique propre à entretenir son mouvement. Cette action s'effectue par l'intermédiaire d'un levier bifurqué *m l k* sur lequel réagit la détente *c g*, et qui est sollicité à se mouvoir de bas en haut sous l'influence d'une force constante représentée par le poids Q. Ce levier que nous appellerons *levier d'impulsion* joue le rôle le plus important, car, indépendamment de l'impulsion qu'il communique au pendule par son extrémité *m* chaque fois que l'échappement *c g* permet au poids Q de le faire basculer, il fait fonctionner par son extrémité *k* l'interrupteur dont nous avons parlé page 11, ainsi qu'un rhéotome *e* destiné à assurer le bon fonctionnement de ce dernier; or, c'est sur lui que s'exerce l'action électro-magnétique destinée à mettre sans cesse le poids Q en situation d'effectuer son action impulsive. Pour peu qu'on étudie la disposition des pièces sur la figure, on comprend facilement les différentes fonctions de cet organe. En effet la détente *c g* étant articulée en *c* à l'extrémité d'une bascule *c o d* butée sur le bras *k* du levier d'impulsion *m l k*, et étant sans cesse rappelée dans une position fixe par le contre-poids *i* et les vis calantes *h* et *j*, elle peut par suite de sa rencontre avec l'extrémité *b* de la tige du pendule faire incliner la bascule *c o d*, faire tomber son extrémité *d* dans l'entaille *r* pratiquée dans le bras *k* du levier *m l k*, et provoquer par là le déclanchement de celui-ci, qui réagit alors par son bras *m* sur le plan incliné *s* de l'écrou V terminant la tige du pendule; ce qui lui communique une impulsion en rapport avec l'importance du poids Q. A la suite de cette action, le bras *k*, par l'intermédiaire d'une vis *u*, réagit sur le bras *w* de la bascule L de l'interrupteur, et fait pivoter celle-ci de manière à faire plonger la pointe *y* dans le mercure du vase N; d'où il résulte une fermeture de courant à travers l'électro-aimant E dont l'armature G, en s'abaissant,

rétablit le levier d'impulsion dans sa position normale. A chaque oscillation
du pendule, de droite à gauche, il se produit donc une impulsion latérale
sur sa tige qui s'effectue sous l'influence d'une force constante et au moment même où cette action est la moins nuisible, puisqu'elle ne se manifeste
que quand le pendule arrive à la verticale. Au moment des oscillations

Fig. 24.

rétrogrades de gauche à droite, il ne peut se produire aucun effet, car la
détente cg cède alors devant le butoir b du pendule qui passe de cette manière librement. Il en résulte que par le fait, et malgré que le pendule batte
la demi-seconde, les fermetures du courant ne s'effectuent que toutes les
secondes.

Le jeu de l'interrupteur, bien que simple en lui-même et facile à com-

prendre, a exigé pourtant pour son bon fonctionnement certaines dispositions sur lesquelles nous devons un peu insister. D'abord, afin d'éviter des
actions brusques pour les fermetures du courant, on a dû donner une certaine masse à la bascule L de cet interrupteur, et c'est pour cette raison qu'on
a adapté des deux côtés de l'axe d'oscillation deux boules pesantes, qui ont
été combinées de manière à n'effectuer le rappel de la bascule à sa position
initiale que sous l'influence d'un excédant de poids calculé de la boule v.
En second lieu, pour prolonger l'action du courant un temps suffisant, on a
dû adapter à la bascule le rhéotome conjoncteur dont nous avons parlé, et
qui est constitué par le bras u, le ressort e et la vis n. La vis y de l'interrupteur communique par la bascule avec l'un des bouts du fil de l'électro-
aimant E et par lui avec le pôle positif de la pile, qui est relié d'autre part
avec la vis de contact n du conjoncteur. Le pôle négatif de la pile communique d'ailleurs avec le mercure du vase N. Or, il résulte de cet arrangement
que quand la vis y de l'interrupteur ne touche pas le mercure, il n'y a pas
de circuit fermé, puisqu'il n'y a aucune communication entre celui-ci et le
pôle négatif de la pile; mais quand il y a contact de cette pointe avec le
mercure, il peut se produire deux effets différents suivant que le ressort e
touche ou ne touche pas la vis n. Si ce contact a lieu, il ne peut passer à
travers l'électro-aimant E qu'une partie infiniment petite du courant, qui
trouve une issue plus directe par le balancier et la pointe de l'interrupteur y.
Si au contraire le ressort e ne touche pas n, le courant passe entièrement
par l'électro-aimant E en même temps que la pointe y s'enfonce plus profondément dans le mercure. D'après cet effet multiple, on comprend aisément que quand le levier d'impulsion vient à réagir sur la bascule de l'interrupteur, le courant ne se trouve fermé à travers l'électro-aimant E que
quand la pointe y s'est enfoncée dans le mercure d'une quantité assez
grande pour fournir un contact assuré, et après une durée d'inaction de
l'électro-aimant assez grande pour que les effets sur le pendule soient
entièrement accomplis. Cette durée peut d'ailleurs être réglée par le
serrage plus ou moins grand de la vis n contre le ressort e. On gagne encore
à cette disposition que, quand après le renclanchement électro-magnétique
du levier d'impulsion le ressort e revient en contact avec la vis n, les deux
bouts du fil de l'électro-aimant se trouvent réunis métalliquement, et écou-
lent l'extra-courant résultant du passage du courant à travers cet électro-
aimant, avant même la sortie du mercure de la pointe y de l'interrupteur;
ce qui diminue considérablement l'étincelle qui s'y manifeste. Afin de
diminuer la résistance opposée par le mercure du vase M aux mouvements
de la bascule de cet interrupteur, la partie recourbée qui y plonge est constituée par une lame métallique très-aplatie comme celle d'un couteau.

Quant au pendule lui-même, il est compensé contre les variations de la température, et le système adopté est celui au mercure. La suspension est à ressort, et la tige est disposée de manière à pouvoir subir l'action d'accélérateurs ou de retardateurs dont nous expliquerons à l'instant le dispositif. La partie inférieure de cette tige se termine comme on l'a vu par un butoir b dont on peut régler la saillie au moyen d'une vis, et la pièce qui la porte forme un pont afin de permettre à l'extrémité m du levier d'impulsion de pouvoir traverser le système au moment des oscillations ascendantes de gauche à droite.

Les mécanismes accélérateur et retardateur de l'appareil de M. Liais sont disposés de manière à lui faire accomplir soit 101 doubles oscillations en 100 secondes au lieu de 100, quand l'accélérateur est mis en fonction, soit seulement 99 quand on met en jeu le retardateur. Le premier de ces mécanismes est représenté à droite dans la fig. 24 ci-dessus, le second à gauche.

L'accélérateur est constitué essentiellement par un ressort fixé au bâti de l'appareil et muni à sa partie inférieure d'une bascule. Cette bascule se termine du côté du pendule par une sorte de crochet disposé de manière à pouvoir, en tombant, s'enclancher sur une cheville adaptée à la tige du pendule. De l'autre côté, cette même bascule supporte une tige qui traverse la monture de l'appareil en glissant à travers un guide, et qui en temps ordinaire maintient la dite bascule soulevée au-dessus de la cheville du pendule. Cette tige est munie à sa partie supérieure d'un crochet qui, étant soulevé et appuyé sur un repos, permet à la [bascule de s'enclancher sur la tige du pendule et de la suivre dans ses oscillations. En raison de son élasticité, la lame de ressort qui porte la bascule devient une force additionnelle qui se joint à la pesanteur pour ramener sans cesse le pendule à la verticale, et qui active par conséquent ses mouvements oscillatoires. On règle naturellement la force du ressort suivant l'accélération qu'on veut obtenir.

Le retardateur est fondé sur le même principe, seulement la bascule qui s'enclanche sur la tige du pendule, au lieu d'être supportée par une lame de ressort est suspendue à un levier oscillant qui porte à son extrémité supérieure une boule pesante dont la force d'inertie s'ajoute à celle du pendule pour arrêter son mouvement oscillatoire. Naturellement le retard que l'on peut produire est en rapport avec la hauteur du poids fixé sur la tige. La bascule elle-même a son extrémité libre un peu différente de celle de l'autre bascule; cette extrémité porte en effet au-dessous d'elle un appendice muni d'une échancrure à coin dans laquelle s'engage une cheville portée par le guide de la tige basculante. Cette disposition est nécessaire

pour ramener et maintenir dans la verticale cette tige quand la bascule
après avoir été abandonnée à elle-même, est soulevée par la tige en
question.

Quand l'appareil doit faire fonctionner des compteurs électro-chronométriques, on intercale dans le circuit de l'électro-aimant E un relais qui
distribue un ou plusieurs courants spéciaux aux différents compteurs, et ce
relais peut même commander un appareil à déclanchement susceptible de
faire fonctionner un des interrupteurs perfectionnés dont nous avons parlé
p. 9. Pour mettre en marche les appareils, on commence par maintenir
abaissée l'armature du relais, afin d'obtenir une fermeture prolongée des
courants à travers tous les compteurs ; puis on met ceux-ci à l'heure, et
après avoir abandonné le relais à lui-même, les pendules se trouvent tous
dégagés en même temps et effectuent dès lors leurs mouvements oscillatoires synchroniquement comme dans le télégraphe de M. Caselli.

Horloge électrique de M. Vérité.—Dans l'horloge de M. Vérité,
comme dans celle de M. Liais, le pendule régulateur porte une traverse rigide
disposée en croix. Seulement cette traverse est plus longue et porte deux
petites chevilles C et D, fig. 3, pl. II, qui peuvent se mouvoir avec une complète liberté à l'intérieur de deux petites cloches métalliques E', F, suspendues à de longs fils d'argent EG, FH. Ces fils, qui doivent être très-fins,
sont attachés aux deux bras d'une bascule horizontale LM, et pour qu'ils
soient toujours maintenus d'aplomb, des contre-poids O et P divisent en
deux leur longueur. La bascule LM porte à ses deux extrémités deux
armatures de fer doux correspondant à deux électro-aimants T et U, et se
trouve isolée en son milieu au moyen d'un manchon d'ivoire *ab*. Une liaison
métallique existe entre chaque branche de cette bascule et l'électro-aimant
correspondant. Enfin l'un des pôles de la pile communique au support du
pendule tandis que l'autre communique directement aux deux électro-
aimants. Voici comment l'appareil fonctionne.

Quand le pendule est dans sa position d'équilibre suivant la verticale, les
chevilles C et D ne touchent pas les cloches E et F dont l'intérieur, sauf la
partie du fond, est recouvert d'une substance isolante. Mais aussitôt que le
pendule est dévié de sa position d'équilibre, l'une des chevilles C par
exemple, touche le fond de la cloche correspondante F et ferme alors un
courant électrique à travers l'électro-aimant T placé du même côté. Sous
l'influence de cette fermeture de courant, l'armature L est attirée ; par suite
la cloche E s'abaisse, et, en appuyant de tout son poids sur la cheville C
tend à faire prendre au pendule un mouvement rétrograde. Toutefois, ce
mouvement ne commence que quand la vitesse acquise du pendule s'est

éteinte ; mais pendant l'oscillation rétrograde, le poids de la cloche réagit jusqu'à ce que le contact de la cheville C avec la cloche ait cessé d'exister ; alors le courant se trouve rompu à travers l'électro-aimant T pour être reporté à travers l'électro-aimant U, qui possède alors le courant par suite de la rencontre de la cheville D avec la cloche F, rencontre qui est calculée de manière à s'effectuer à l'instant même où la cheville C abandonne la cloche E. Par l'effet de cette commutation, la bascule L M, qui était inclinée vers T, se relève pour s'incliner vers U et reproduire de ce côté la même réaction que celle qui avait été primitivement accomplie ; on voit donc que par ce moyen le mouvement du pendule se trouve sans cesse entretenu d'une manière régulière, sans que les pièces du commutateur soient soumises à aucun frottement.

En faisant réagir les électro-aimants ou la bascule L M elle-même sur des encliquetages ou des interrupteurs, on obtient, comme dans les systèmes précédents, ou l'indication des heures sur un cadran, ou la marche de cadrans électro-chronométriques, distribués en divers endroits.

A l'exposition universelle de 1855, M. Vérité avait exposé un régulateur électrique et une pendule fondés sur le principe que nous venons d'exposer et qui étaient remarquables par la perfection de leur exécution. Il paraît même que ces appareils ont parfaitement fonctionné pendant toute la durée de l'exposition ; pourtant, théoriquement parlant, ce système n'est pas exempt de certains défauts. Ainsi, des fils aussi fins que ceux qui supportent les poids moteurs, doivent nécessairement, étant employés à transmettre le courant, subir l'effet calorifique de ce courant, et présenter un allongement variable suivant l'intensité de la pile. Dès lors, la constance du moteur n'existe plus. D'un autre côté, les courants d'air ne sont pas sans action sur un système aussi mobile, et le déplacement du point d'application de la force motrice empêche la constance de cette force. Je sais qu'avec la nouvelle disposition de M. Vérité cette influence est bien réduite, mais de ce que les chevilles C et D doivent entrer librement et sans contact sous les cloches E et F, il faut nécessairement qu'il y ait beaucoup de jeu, et ce jeu peut suffire pour faire varier le point d'application de la force. Sans doute, ces objections sont plutôt théoriques que réelles : la preuve c'est que le régulateur de M. Vérité a bien fonctionné ; mais, comme le fait observer M. Liais, quand il s'agit d'une appréciation très-exacte du temps comme celle qui est exigée pour les observations astronomiques, on ne doit négliger aucune cause, même théorique, de perturbation ; et il est probable que si M. Vérité comparait la marche de son régulateur avec le mouvement du ciel il trouverait de notables différences.

Dans tout ce que j'ai dit sur M. Vérité, je n'ai pas prétendu diminuer en aucune façon son mérite. Je sais pertinemment combien cet artiste est ingénieux et quels remarquables progrès il a fait faire à l'horlogerie. Je sais encore que quand il a exécuté sa première horloge électrique il n'avait pas eu connaissance de celle de M. Liais, et qu'il n'avait eu en vue que de faire réagir l'électricité sur l'échappement libre qu'il avait inventé longtemps avant, lequel effectivement est exactement semblable à celui que nous avons décrit, comme on peut s'en assurer par le modèle déposé au Conservatoire des Arts-et-Métiers. Mais, comme mon livre n'est pas un catalogue de réclames, j'ai dû dire sincèrement ce que je pensais.

Horloge électrique de M. Froment. — L'horloge électrique, ou plutôt la petite pendule électrique que M. Froment a utilisée à faire marcher, à l'exposition de 1855, un grand compteur de deux mètres de diamètre, est fondée identiquement sur le même principe que celle de M. Liais. Elle a été l'objet d'une réclamation de M. Vérité; mais comme elle n'a été décrite dans aucun recueil au moment de son exécution, il est tout à fait impossible de préciser quel rang elle doit occuper dans l'ordre chronologique des horloges électriques. C'est toujours, je le dirai en passant, une grande faute de la part des inventeurs de ne pas établir leurs droits en temps opportun soit par un brevet, soit par une publication dans un recueil à date certaine. On peut perdre de cette manière l'honneur d'une invention. Quoi qu'il en soit, voici en quoi consiste l'horloge de M. Froment.

A B, fig. 4, pl. II est un pendule dont la tige est en bois, et qui porte sur le côté un petit levier O, muni d'une vis de rappel ; au-dessus de cette vis, et sans qu'il le touche tout à fait quand le pendule se trouve suivant la verticale, est adapté un petit poids P, de cuivre, soudé à l'extrémité d'une lame très-flexible de cuivre P I. Ce contre-poids est soutenu en C par une bascule C D dont l'extrémité D peut osciller entre deux vis G', H, qui en limitent la course. Dans la position du pendule sur la figure, c'est la vis H qui la maintient, car elle porte en E une armature d'électro-aimant qui fait contre-poids. L'électro-aimant est en M au-dessus de cette armature, et les communications électriques sont établies de manière que le support A du pendule soit en rapport direct avec l'un des pôles de la pile, le pôle positif par exemple, et que le support I soit en communication avec le fil de l'électro-aimant qui est d'ailleurs en rapport avec le pôle négatif de la pile. M. Froment a pensé qu'un seul électro-aimant était suffisant pour entretenir la marche de son pendule, et c'est pour cela qu'il n'a employé que la moitié de la disposition des autres systèmes. Il est certain que la force nécessaire pour mettre en marche une horloge électrique est tellement minime, que c'est réellement du luxe que de répéter en double le système des moteurs à force constante.

Horloges de MM. Robert-Houdin et Detouche.— M. Detouche dont tout le monde connaît le magnifique établissement d'horlogerie, est un de ceux qui ont le plus contribué à la vulgarisation et au perfectionnement de l'horlogerie électrique et de beaucoup d'autres inventions de ce genre. Dès l'année 1852, en effet, alors que personne en France ne s'occupait d'horgerie électrique, si ce n'est M. Liais, M. Detouche avait traité avec un inventeur ingénieux appelé M. Brisebarre, pour la construction de pendules électriques. Ces pendules, que j'ai décrites dans la première édition de mon ouvrage, étaient loin de présenter les perfectionnements de celles qui ont été faites depuis, car dans ces horloges le mouvement du pendule n'était pas entretenu par des moteurs à force constante, et variait par conséquent avec l'intensité de la pile. C'est sans doute pour cette raison que ces pendules, dont M. Detouche avait essayé, dès l'origine, d'établir la fabrication sur une grande échelle, n'ont pu être exploitées. Quoi qu'il en soit, M. Detouche ne se rebuta pas, et trois ans plus tard, il fit un nouveau traité avec M. Robert-Houdin (le célèbre prestidigitateur), qui réalisa cette fois autant que possible les espérances qu'on pouvait fonder sur ce système d'horlogerie.

Les horloges de M. Robert-Houdin, fabriquées par M. Detouche, sont de trois sortes; les régulateurs à pendule compensé et à doubles moteurs; les pendules simples et les pendules à sonneries électriques.

Le régulateur de M. Robert-Houdin, que nous avons représenté, fig. 5, pl. II, est toujours fondé sur le même principe que ceux dont nous venons de parler; seulement, ce ne sont plus des poids qui agissent comme moteurs constants, mais bien des lames de ressort dont l'action est suspendue, en temps voulu, au moyen de petits encliquetages fort ingénieux qui se débrident et s'embrident par l'effet d'électro-aimants disposés des deux côtés du pendule régulateur. Contrairement au système de M. Liais, M. Robert-Houdin ne fait réagir ces électro-aimants que quand le pendule est sur une oscillation opposée à celle qui leur correspond. Ainsi, en admettant que la branche A du pendule vienne rencontrer le ressort B et le désencliquette en raison de sa vitesse acquise, pour qu'il vienne lui donner ensuite l'impulsion nécessaire, c'est l'électro-aimant B' qui deviendra actif et qui réagira pour l'encliqueter. M. Robert-Houdin prétend qu'avec cette disposition il se rend indépendant de toutes les variations électriques.

Dans la fig. 5, X Y est le pendule régulateur, E′ E′ les deux électro-aimants, A′ A′ leurs armatures, S′ S′ les deux encliquetages, L′ L′ les ressorts moteurs, B′B′ les deux branches du pendule recevant les impulsions, enfin T′T′ les tiges réagissant sur la minuterie Q.

Le courant arrive de la pile par le fil + pour entrer dans le balancier par la suspension. Lorsque celui-ci oscille à gauche, son bras B vient toucher le ressort L qui est en communication par un fil avec l'électro-aimant E′, et complète ainsi le circuit à travers cet électro-aimant. L'armature A′ se trouve donc attirée, et par l'intermédiaire de la tige T′ et de l'anneau N′, elle soulève le ressort L′ en même temps qu'elle fait avancer d'une dent la roue à rochet Q commandant la minuterie. La petite masse M′ qui appuie sur l'armature A′ est fixée sur le levier S′ par une lame de ressort, de manière que l'armature en se soulevant force le levier S′ à s'approcher du ressort L′. Celui-ci étant alors lui-même soulevé comme nous l'avons vu, vient s'engager au-dessus du crochet C′ et y reste accroché après la rupture du courant dans l'électro-aimant E′. Quand le balancier revient vers la droite, il abandonne le ressort L, et le courant se trouvant par cela même interrompu dans l'électro-aimant E′, la tige T′ est abaissée et repousse le cliquet qui lui correspond au-dessus d'une nouvelle dent du rochet; mais le ressort L′ reste toujours accroché sur le levier S′. Ce n'est que quand le balancier rencontre ce ressort par la branche B′, que le crochet C′ se trouve libre et peut se dégager de dessous le ressort L′; alors celui-ci appuie de toute son élasticité sur la branche B′ du balancier, et lui communique l'impulsion dont il a besoin pour avoir sa marche entretenue. En même temps que cet effet s'opère, le contact établi entre le ressort L′ et la branche B′ ferme le courant à travers l'électro-aimant E qui réagit comme l'électro-aimant E′ en faisant avancer le rochet de la minuterie d'une dent, et en accrochant le ressort L sur le crochet C.

Comme la chute des ressorts L et L′ est sensiblement la même, la force motrice peut être considérée comme à peu près constante. Je dis *à peu près*, car les variations de température allongeant plus ou moins ces ressorts, leurs hauteurs de chute ne sont pas rigoureusement les mêmes. D'ailleurs, la force élastique des ressorts en général est sujette à plusieurs variations contre lesquelles il est impossible de se prémunir. Cependant, comme cette force élastique augmente avec l'inflexion, ce système satisfait mieux à la seconde condition d'isochronisme posée par M. Liais, que ceux dans lesquels la force constante résulte de la chute seule d'un poids.

Pour régler la force d'impulsion des ressorts L′L′, M. Robert-Houdin leur a adapté deux petits contre-poids R′R′ qui étant placés plus ou moins loin des points d'attache de ces ressorts, augmentent ou diminuent leur action motrice.

Pendule électrique de M. Robert-Houdin. — La pendule électrique de M. Robert-Houdin n'est qu'un diminutif de son régulateur. Elle se compose : 1° d'un pendule à suspension isochrome et de son système moteur ; 2° d'un électro-aimant à répartiteur, réagissant sur ce système moteur ; 3° d'une minuterie de pendule commandée par une vis sans fin et une roue à rochet qui reçoit son impulsion du répartiteur de l'électro-aimant. Cette pendule est représentée fig. 6, pl. II.

A B est le pendule dont la lame de suspension est introduite dans la boule C, qui est divisée en deux par une cale d'ivoire. Z X, Z Y sont les deux branches de ce pendule destinées à recevoir l'impulsion du ressort moteur C D, et à fermer le courant à travers l'électro-aimant par l'intermédiaire du ressort C E. La hauteur de ces deux branches peut être réglée au moyen de la vis de pression Z. H I est un crochet d'encliquetage qui passe à travers une entaille pratiquée sur le ressort C D. Quand la portée de ce crochet se trouve engagée sous le ressort, celui-ci est buté et ne peut plus bouger ; mais si le levier H I est incliné, le crochet H passe à travers l'entaille et laisse échapper le ressort C D, qui vient tomber sur une tige J K portée par un levier L M. Cette tige J K est mobile de bas en haut, et le levier L M, qui peut lui donner ce mouvement, fait partie du répartiteur. Ce répartiteur, comme celui des compteurs que nous avons décrits précédemment, est composé des deux leviers courbes L V, Q U fixés, l'un en Q, au point d'articulation de l'armature Q R de l'électro-aimant S, l'autre en L, au point d'articulation des deux leviers L M, L N dont le dernier commande le mouvement de la roue à rochet O. Cette roue se présente perpendiculairement par rapport à la platine de la pendule, et c'est elle dont l'axe porte une vis sans fin, qui détermine le mouvement de la minuterie.

Maintenant voici comment fonctionne cette pendule :

Le courant arrivant de la pile, monte par un fil dans le ressort E C, qui est en contact avec le frotteur W. Dans la première impulsion du pendule vers la gauche, le bras Z X touche le ressort E C et permet au courant de descendre dans l'électro-aimant, en suivant le bras B, le ressort de suspension du pendule, le bras Z X, le ressort C E, puis la platine de la pendule à laquelle est fixée en *a* l'une des extrémités du fil de l'électro-aimant dont l'autre extrémité aboutit au second pôle de la pile. Sous l'influence de cette fermeture de courant, l'armature Q R est attirée ; son mouvement, transmis au levier-ressort L N par l'intermédiaire du répartiteur, pousse d'une dent le rochet O de la minuterie, et l'aiguille avance d'un pas sur le cadran. En même temps le levier L M soulève le ressort C D par l'intermédiaire de la tige mobile K J ; mais également, au même instant, un petit doigt P, porté par les leviers L N et L M, réagit sur le ressort G faisant suite au levier H I, fait basculer ce dernier et l'amène à s'engager sous le ressort C D, ce qui ui est facile, puisque la tige J K soulève dans ce but ce ressort. Alors le ressort moteur se trouve, pour ainsi dire armé et tout disposé à réagir sur le pendule.

Lorsqu'en revenant vers la droite, le bras Z X du pendule a cessé de toucher le ressort C E, le circuit électrique est rompu, l'aimantation de l'électro-aimant cesse, la tige J K n'étant plus soulevée par le levier L M, laisse retomber le ressort C D sur le crochet H, et comme le doigt P n'agit plus sur le ressort G, le levier H I sollicité par un contre-poids G, se dégagera aussitôt que le ressort C D aura été soulevé par le balancier dans son oscillation vers la droite. Alors ce ressort, en se détendant et revenant à sa position normale, pressera sur le balancier et lui rendra l'impulsion dont il a besoin pour continuer ses oscillations.

La pendule que nous venons de décrire a été compliquée d'un répartiteur

Fig. 25.

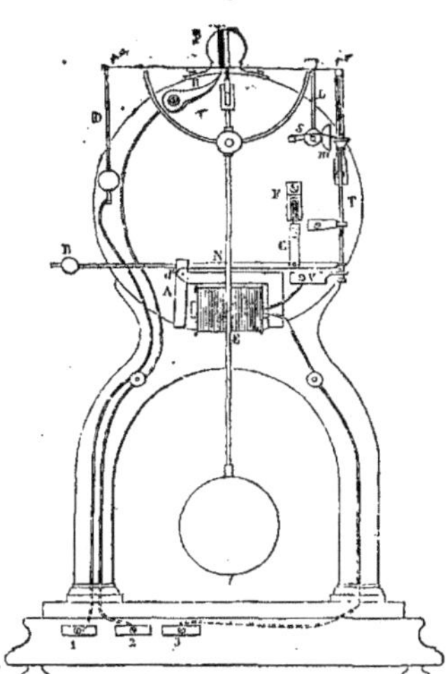

électrique, pour qu'on puisse la faire marcher avec le moins de force possible ; mais ce répartiteur n'est pas indispensable, et M. Robert-Houdin a

pu la réduire à sa plus simple expression dans la disposition ci-contre
fig. 25, laquelle disposition ne diffère de celle que nous venons de décrire
que par la position différente des pièces N L M et L P G, fig. 6, pl. II.

Dans ce modèle, le mouvement transmis à la tige T. (fig. 25 ci-contre),
par l'armature A et le levier N, réagit sur le levier coudé d'encliquetage L,
par l'intermédiaire d'un ressort S qui, étant soulevé par cette tige, permet
au contre-poids *m* d'entraîner le levier L vers la droite pour le placer sous
le ressort *r'''*, alors que celui-ci est soulevé par la tige T. Mais ce même mouvement, en repoussant de bas en haut le ressort C, fait avancer d'une dent
le rochet F. La force antagoniste de l'armature A, qui est le ressort *r'*, se
trouve alors réglée au moyen du contre-poids B placé sur le prolongement
du levier N. Enfin, le butoir d'arrêt D peut servir d'interrupteur de courant
à un compteur électro-chronométrique mis en relation avec cette pendule.

Pendule à sonnerie électrique, de MM. Emile Robert-Houdin et Detouche.
— Cette pendule que nous avons représentée fig. 7, pl. II, est identiquement semblable à celle que nous venons de décrire; quant au mécanisme
destiné à donner l'heure. La seule différence qu'il y ait, c'est que l'électro-
aimant au lieu d'être couché horizontalement à la partie inférieure de la
platine, est placé verticalement sur le côté.

La sonnerie se compose : 1° d'un remontoir à détente, mis en mouvement
par un électro-aimant spécial, qui donne en même temps l'impulsion au
marteau de la sonnerie; 2° d'un système de sonnerie à râteau et à crémaillère commandé par un limaçon, comme dans les sonneries des comtoises;
3° d'un timbre. Le mécanisme de cette sonnerie, qui est placé sur la seconde
platine de la pendule, derrière le cadran, est représenté fig. 8, Pl. II. Pour
qu'on puisse comprendre le rapport qui existe entre les deux figures, il nous
suffira de dire que la roue pointillée O représente le rochet de la minuterie,
et que le point d'articulation T de la fig. 8, correspond à l'articulation U
de la fig. 7; le cliquet H T, fig. 8, et la branche U I du répartiteur, fig. 7
sont fixés sur le même axe.

Le remontoir à détente se compose d'un cliquet H, fig. 8, mis en mouvement par le répartiteur de l'électro-aimant E' et d'un valet V qui est commandé par une goupille G, fixée sur la roue des minutes (de la minuterie).
Ce valet remplit la double fonction de cliquet de retient et de cliquet de détente. Le système de sonnerie à crémaillère est constitué d'abord par le
râteau à crémaillère S, qui porte deux brides rigides E et F destinées à limiter
sa chute, suivant les heures à sonner, et sur l'axe duquel est fixé un plateau
métallique P portant une coche I; en second lieu, par un limaçon C L,
divisé de manière à fournir au râteau S, qui doit le rencontrer dans sa

course, douze chutes différentes en rapport avec les dents de la crémaillère. Ce limaçon est fixé sur l'axe de la roue des heures·de la minuterie. Quant aux communications électriques, voici comment elles ont été établies :

. La tige D, fig. 7, sur laquelle appuie le ressort R˙ communique par un fil A qui traverse la platine avec un ressort R (fig. 8) qui appuie sur l'axe du râteau S. Un autre ressort R′, appliqué contre la circonférence du plateau P, communique par un fil passant par le trou B avec l'électro-aimant E′ qui est d'ailleurs en rapport avec le même pôle de la pile que l'électro-aimant E. L'appareil est tellement disposé que, quand la crémaillère du râteau S est remontée, le ressort R′ se trouve au-dessus de la coche I du plateau P. Voici alors ce qui arrive quand cette partie de la pendule doit entrer en fonction.

· Au moment où l'heure va sonner, la goupille G de la minuterie pousse le valet V et désencliquète la crémaillère. Celle-ci tombe jusqu'à ce que les brides E, F aient rencontré le limaçon; mais comme ce limaçon est alors placé par la minuterie de manière à ne laisser au râteau qu'une chute en rapport avec l'heure à sonner, il peut arriver que la crémaillère ne tombe que de 1 ou de 6 dents, si l'heure à sonner est une heure ou six heures. Sous l'influence de cette chute, le plateau P a tourné et se trouve mis en rapport avec le ressort R′. Dès lors le courant est fermé à travers l'électro-aimant E′, fig. 7, chaque fois que le pendule oscille de gauche à droite. En effet, le ressort R appuyant alors sur la tige D, le courant va de R en R′, de R′ en D, de D en A, de A en R, fig. 8, de R en P, de P en R′, de R′ en B et de B à la pile, à travers l'électro-aimant E′. Pour chaque fermeture du courant, c'est-à-dire pour chaque demi-oscillation du pendule, il y aura donc un mouvement du cliquet H qui remontera d'une dent la crémaillère, en même temps qu'un coup sera frappé sur le timbre, et ce remontage s'effectuera jusqu'à ce que la crémaillère, étant replacée dans sa position initiale, le plateau P ne touche plus le ressort R′; alors le marteau cessera de frapper sur le timbre, et le nombre de coups qui auront été frappés sera précisément égal au nombre de dents remontées, c'est-à-dire en correspondance avec la hauteur de chute du râteau limitée par le limaçon.

Pour les demi-heures, lorsque le râteau est dégagé, la bride E tombe sur une portion de circonférence C, fixée sur la chaussée qui empêche le râteau de tomber sur le limaçon; en sorte que chaque fois que cette partie C se rencontre sur le chemin des brides, il n'y a qu'une dent à remonter.

Si parfois la sonnerie venait à manquer, et que le râteau ne fût pas relevé par l'électro-aimant, après avoir tombé, la partie C se chargerait de le remonter, de sorte que la pendule ne s'arrêterait pas pour cela.

Autre pendule électrique à sonnerie de M. Robert-Houdin — M. Robert-Houdin a cherché à simplifier encore la pendule que nous venons de décrire, et il est arrivé à la réduire à sa plus simple expression sans lui rien ôter de la sûreté de sa marche et de sa précision. Cette nouvelle disposition a l'avantage de pouvoir s'adapter à toute minuterie de cadrans grands ou petits, et c'est grâce à elle qu'un cadran d'un mètre de diamètre, placé sur le fronton de l'hôtel de ville de Blois, marche depuis longtemps avec la plus grande régularité. Comme complément, M. Robert-Houdin a ajouté à cette nouvelle pendule une sonnerie électro-magnétique qui peut être complétement indépendante et être placée à telle distance que l'on veut de la pendule elle-même, sans nécessiter une pile particulière. Bien plus même, deux ou plusieurs sonneries peuvent être disposées en plusieurs endroits différents et fonctionner sous la même influence.

Les fig. 9 et 10, pl. V, représentent l'appareil chronométrique et la sonnerie de cette nouvelle pendule. On peut remarquer que toutes les tiges intermédiaires destinées, dans la première disposition de cet appareil, au relèvement du ressort moteur, n'existent plus ; l'électro-aimant agit directement, et constitue même un rhéotome destiné à faire fonctionner la sonnerie. Du reste, le mécanisme qui relie le rochet à secondes (sur lequel réagit l'électro-aimant) avec la minuterie, est exactement le même que celui de la première pendule, et il n'y a d'ajouté à ce mécanisme que le levier-bascule B *e*, fig. 10, et le doigt D dont l'intervention est nécessaire pour le jeu de la sonnerie. Pour qu'on puisse suivre la marche de l'appareil, nous rappellerons que, dans le support de la suspension S, fig. 10, sont adaptées deux lames isolées, dont l'une soutient le balancier et l'autre le levier d'impulsion L. Cette dernière communique directement au pôle positif de la pile P, et la première est mise en rapport avec le pôle négatif de cette même pile par l'intermédiaire de l'électro-aimant E. Si l'on pousse une première fois le balancier vers la droite, le circuit se trouve fermé à travers l'électro-aimant E par l'arc de cercle C et le levier L, et dès lors celui-ci, devenant actif, provoque l'abaissement de l'armature A qui fait sauter une dent du rochet *r*, fig. 10 *bis*. En même temps le support *s* se trouve abaissé, ce qui permet au levier L, qui n'est plus soutenu, d'appuyer sur l'arc de cercle C et de lui communiquer une impulsion. C'est ainsi que la marche du balancier se trouve entretenue et que la minuterie se trouve mise en mouvement ; car la roue à rochet *r* des secondes porte sur son axe une vis sans fin qui engrène avec la roue des minutes M.

Lorsque le balancier de la pendule retourne vers la gauche, l'armature A, en s'éloignant, soulève le levier L par l'intermédiaire du support *s*. Alors le courant, au lieu de passer par l'arc de cercle C, passe par le support *s*, gagne le fil F qui se trouve en contact avec lui par l'intermédiaire du pont qui le supporte, et peut réagir sur la sonnerie, comme nous allons le voir.

Le circuit auquel appartient le fil F se bifurque de manière à former deux circuits dérivés, complétés par des interrupteurs. L'un de ces interrupteurs est constitué par la bascule B et le doigt D; l'autre par le ressort C (fig. 9) et le butoir F' relié à la bascule B. Le premier est mis en jeu par deux goupilles *x*, *x'* fixées sur la roue des minutes et qui, toutes les demi-heures, approchent l'extrémité *e* du doigt D. Celui-ci, en rencontrant cette extrémité, ferme le circuit; mais cette fermeture ne dure qu'une seconde, car le doigt D, étant fixé sur l'axe de la roue des secondes, fait son tour entier en une minute.

Le second interrupteur fonctionne sous l'influence d'une roue de compte *r''*, dont le jeu dépend de celui de la sonnerie. Toutes les fois que cette roue de compte présente devant une dent *d*, dont est muni le ressort C, un cran saillant, le circuit se trouve rompu par l'éloignement du ressort C du butoir F. Mais toutes les fois, au contraire, qu'une partie creuse de la roue de compte se présente devant *d*, le circuit se trouve fermé, et la longueur de ces ouvertures et fermetures du circuit dépend de la longueur des intervalles qui séparent les crans de la roue de compte.

Sur le même axe que la roue *r''* (fig. 9) se trouve fixée une roue à rochet de 90 dents *r'*, sur laquelle réagit l'armature d'un électro-aimant E' interposé dans un troisième circuit dérivé aboutissant à la pile P. Mais, pour que ce circuit puisse être complété, il faut que l'un ou l'autre des deux interrupteurs précédents ait fermé préalablement le circuit qui lui correspond. Alors, pour chaque fermeture du courant opérée par le contact du levier L (fig. 10) avec le butoir *s*, l'électro-aimant E' fait avancer le rochet *r'* d'une dent, tout en frappant un coup sur le timbre T.

Si l'on examine la manière dont sont combinées les dérivations du courant dans les liaisons électriques établies entre la pendule et la sonnerie, on comprendra facilement que le jeu de celle-ci ne peut avoir lieu que sous l'influence de la minuterie de la pendule, c'est-à-dire sous l'influence de l'interrupteur constitué par la bascule B et le doigt D. En effet, en temps de repos, le ressort C (fig. 9) a forcément la position que nous avons indiquée sur la figure, ainsi que nous l'expliquerons tout à l'heure. Or, si le contact de *e* avec D n'a pas lieu, les fermetures de courant opérées en *s* par les oscillations rétrogrades du balancier demeureront sans effet sur l'électro-aimant E', puisque le courant ne pourra sortir du fil F et sera arrêté en C. Il n'en sera plus de même quand *e* aura touché D, car le courant suivra le chemin suivant FD*c*, BF'E'P; la roue *r'* avancera donc d'une dent chaque seconde, et la dent *d* du ressort C tombant dans une coche de la roue de compte, le contact de C et de F' aura lieu; il est vrai qu'au même instant celui de D avec *e* cessera; mais le circuit pourra rester fermé à travers l'électro-aimant E' par la voie FCF'E'P jusqu'à ce que le rochet *r'*, à la suite d'une dernière impulsion de cet électro-aimant, ait soulevé la dent *d* sur un nouveau cran de la roue de compte. Or, tout le temps que cette dent *d* sera restée dans une coche de cette roue de compte, les fermetures de courant produites en *s* (fig. 10) seront traduites sur la sonnerie par des coups frappés sur le timbre, et le nombre de ces coups sera le même que celui des dents du rochet comprises entre les deux crans de la roue de compte dans l'intervalle desquels est tombée la dent *d*. Si donc la roue de compte est divisée en coches de longueur convenable pour correspondre aux heures et aux demi-heures, on obtiendra de cette manière une sonnerie à distance qui jouera exactement le rôle d'une sonnerie d'horloge ordinaire.

Pendule électrique servant de contrôleur et de distributeur de courants de M. Robert-Houdin. —M. Robert-Houdin a utilisé la pendule que nous venons de décrire comme moyen de contrôler la marche des compteurs avec lesquels elle est reliée, et en même temps comme moyen de renforcer automatiquement la force du courant dans le cas où ces compteurs ne pourraient plus fonctionner régulièrement faute de force. Pour obtenir ces différents résultats, M. Robert-Houdin ajoute à la pendule précédente un second électro-aimant à compteur E' E' fig. 11, Pl. V exactement semblable à E, mais ayant une hélice plus résistante et un système de rhéotome figuré en *r* T, qui se trouve relié à un avertisseur électrique Z.

La pile P_2 est la pile destinée à la marche des compteurs 1, 2, 3, 4. P est la pile qui fait fonctionner la pendule; P_4, celle qui réagit sur l'avertisseur. Enfin P_3 est la pile d'attente destinée à renforcer le courant en cas de besoin.

Le rhéotome se compose essentiellement d'un disque métallique *z* fixé à l'extrémité de l'axe V, et sur lequel sont incrustées deux petites lames d'ivoire qui ne se trouvent pas exactement dans le prolongement d'un même diamètre du disque, mais qui sont disposées de manière que ce diamètre les rencontre l'une à droite, l'autre à gauche. Sur ce disque appuient deux lames de ressort *t*, *t'*, isolées l'une de l'autre et fixées sur un axe T qui tourne sous l'influence du rochet de l'électro-aimant contrôleur E' (ce rochet est caché sur la figure comme celui de l'électro-aimant F par le levier qui porte le cliquet). A l'état normal, le ressort *t'* appuie sur la partie métallique du disque z, et le ressort t sur une partie d'ivoire. Ce dernier ressort est relié à la pile d'attente, tandis que t' dépend de l'axe T.

Ainsi que dans la pendule précédente, le balancier, après avoir fourni le circuit qui doit entretenir ses oscillations, laisse, en s'éloignant, appuyer le levier L sur le petit support s, et ferme ainsi un courant dérivé qui passe par le pont p, la vis sans fin V, le disque z, le ressort t', la tige T, puis, se joignant à la pile P_2, anime les cadrans 1, 2, 3, 4, ainsi que l'électro-aimant contrôleur E'. Il résulte de cette disposition que, tant que les appareils fonctionnent, ils marchent synchroniquement les uns avec les autres, et les ressorts t, t' conservent sur le disque z, tout en tournant, la même position à l'égard des parties isolantes. Mais sitôt que le courant de la pile P_2 est assez affaibli pour que le jeu du contrôleur soit incertain, le disque z, marchant seul, glisse sous les ressorts t, t', alors arrêtés, et bientôt le ressort t se trouve sur le métal du disque, et t' sur l'ivoire. Alors l'axe T se trouve isolé du circuit de l'interrupteur s, et ce circuit est complété par la pile d'attente P'_3, qui dès lors se trouve adjointe à la pile P_2 pour faire fonctionner les appareils 1, 2, 3, 4, et le contrôleur E', dont la marche sera maintenant assurée. En même temps un second courant dérivé s'établit de f en p et fait fonctionner l'avertisseur tant que les contacts ne sont pas remis dans leur état normal. Cet avertisseur sonne également dans le cas où le fil du circuit serait coupé, car, l'électro-aimant contrôleur E' ne fonctionnant plus, les contacts des ressorts t, t' changeraient, ainsi que nous l'avons vu, et viendraient établir un circuit indépendant des autres piles.

Pendule électrique de M. Paul Garnier. — De même que M. Vérité, M. P. Garnier a voulu utiliser l'électricité à mettre en jeu son système d'échappement libre à remontoir qu'il avait imaginé dès l'année 1826. Dans cet ingénieux échappement, les mécanismes sont combinés de manière qu'une des oscillations du pendule s'opère sans que le rouage progresse et que l'aiguille des secondes ne se meuve qu'à chaque double oscillation; ce qui présente l'avantage d'obtenir la seconde fixe avec une pendule à demi-secondes. C'est en définitive ce que l'on appelle en horlogerie un échappement à coup perdu.

La pendule de M. Paul Garnier, d'ailleurs assez compliquée, se compose : 1° d'un système électro-magnétique destiné à mettre en mouvement une roue motrice engrenant avec les roues de la minuterie; 2° d'un système régulateur d'impulsion; 3° d'un système de détente servant en même temps de commutateur. Ces différents systèmes sont représentés fig. 9 et 10, Pl. II.

Le premier système est commandé par un électro-aimant MM, fig. 9, réagissant sur une roue à rochet dont l'axe porte une roue d'engrenage A qui amplifie par son engrènement avec le pignon B le mouvement communiqué au rochet A'. Ce pignon B, porte sur son axe, en dehors de la platine de la pendule, une roue C, fig. 10, munie de dix chevilles perpendiculaires à son plan. La grande roue A a un diamètre six fois plus·grand que ce pignon, et correspond à l'aiguille des secondes.

Le système régulateur d'impulsion se compose essentiellement d'une roue D, fig. 10, portant trois dents a, b, c, ayant des fonctions bien différentes à remplir. L'une a, est disposée de manière à être rencontrée par les chevilles de la roue C, au moment où cette roue est mise en mouvement sous l'influence électrique ; l'autre b, est destinée à transmettre au pendule une impulsion résultant de la chute du poids moteur adapté sur l'axe de la roue D ; enfin le troisième c, sert d'arrêt à cette roue après qu'elle a été rencontrée par la roue C. A cet effet, elle vient buter contre un talon e, placé sur un levier de détente E dont nous verrons à l'instant la fonction. En outre de ces trois dents, la roue d'impulsion D porte sur une des barrettes de sa croisée une petite goupille sur laquelle appuie, au moment de l'impulsion communiquée au pendule, une bascule Ff portant un doigt t contre lequel viennent buter alternativement les ailettes d'un modérateur K. Ce modérateur, par l'intermédiaire d'un pignon fixé sur son axe, commande le mouvement de la roue à secondes A, fig. 9.

Le système de détente à commutateur consiste dans un levier E, fig. 10, articulé en i, dont la pointe se trouve alternativement rencontrée à chaque double oscillation du pendule, par un petit butoir I fixé sur le prolongement H de ce pendule. Un ressort V, appuyé contre une goupille e' placée transversalement sur le levier E, est mis en relation électrique avec l'un des pôles de la pile, tandis que le levier E communique lui-même à l'électro-aimant par l'intermédiaire du ressort U. Voici maintenant comment s'effectue le jeu de l'instrument :

Quand le pendule est dans sa position verticale ou sur son oscillation de droite à gauche, le ressort V appuie contre la goupille e' du levier de détente E, et le courant électrique traverse l'électro-aimant commandant la roue C. Sous l'influence de l'attraction de cet électro-aimant, cette roue C avance de l'intervalle d'une cheville et repousse vers la gauche la roue de détente, dont la dent c vient s'engager sous le talon e du levier de détente E ; alors le poids moteur g est remonté et reste maintenu dans cette position jusqu'à ce que le pendule, accomplissant son oscillation rétrograde, repousse par l'action du butoir 1 le levier de détente E, ce qui entraîne le dégagement de la dent c de la roue d'impulsion et la réaction de la dent b sur le butoir I du prolongement du pendule, réaction qui s'effectue sous l'influence du poids g. Le mouvement est donc ainsi restitué au pendule ; mais en même temps que cette fonction s'opère, la dent a est venue buter contre l'une des chevilles de la roue C ; ce qui limite la course du poids moteur, et la bascule F f s'est trouvée soulevée par la goupille f fixée sur le croisillon de la roue D. Ce soulèvement a permis le dégagement du modérateur K qui a laissé tourner la roue A de l'intervalle d'une seconde. Enfin le courant ayant été rompu par l'éloignement du ressort V du levier de détente, la roue C ne peut plus réagir que lorsque le pendule accomplissant une nouvelle oscillation de droite à gauche, a de nouveau permis la jonction du ressort V et du levier E ; alors les fonctions que nous avons décrites se renouvellent, et le pendule continue ainsi son mouvement indéfiniment.

C'est le contact du ressort V avec le levier F que M. Paul Garnier a utilisé pour la marche de ses compteurs à seconde. Il paraît, du reste, que ce système d'horloge électrique dont le conservatoire des Arts et Métiers a fait l'acquisition marche parfaitement.

D'après la description que nous avons faite de la pendule de M. Paul Garnier, on peut comprendre facilement que tous les systèmes d'échappements libres, tels que ceux de M. Houdin et de tant d'autres, peuvent être facilement transformés en pendules ou en horloges par l'adjonction de l'action électrique. Aussi je ne doute pas que d'ici à quelques années chaque horloger n'ait son système d'horloge électrique.

Horloge électrique de M. de Combettes. — Cet appareil construit par M. Deschiens est très-simple et assez original dans sa conception. Dans ce système, la marche du pendule est entretenue par un électro-aimant logé ainsi que son armature dans la lentille qui le termine. Quand le courant ne passe pas à travers cet électro-aimant, l'armature étant éloignée constitue avec l'électro-aimant et les pièces accessoires un état d'équilibre particulier, dont le centre de gravité est calculé de manière à correspondre à la verticale passant par le point de suspension ; mais quand le courant rend actif cet électro-aimant, l'armature en se rapprochant de celui-ci, déplace ce centre de gravité, et détermine par ce seul fait une petite impulsion qui, effectuée en temps opportun par un interrupteur de courant, suffit pour entretenir la marche du pendule. Or, cet interrupteur étant mis en action par le pendule lui-même, l'impulsion dont il vient d'être question peut être déterminée en temps utile de la manière la plus simple.

Le mouvement de va-et-vient de l'armature se transmet d'ailleurs, à la minuterie par l'intermédiaire d'un échappement disposé comme dans les télégraphes à cadran, et deux éléments Daniell suffisent pour faire fonctionner cette pendule pendant plusieurs mois.

Horloge électrique à sonnerie de M. Royer. — Cette horloge, que nous avons représentée fig. 13, Pl. II, n'est, quant au mécanisme qui fait fonctionner les aiguilles, que la reproduction du système de M. Liais ; mais l'auteur lui a adjoint un système de sonnerie électrique particulier dont l'organe régulateur n'est plus le rateau des sonneries des comtoises, comme dans la sonnerie de M. Robert-Houdin, mais la roue de compte ou le chaperon des pendules ordinaires:

Cette sonnerie a pour organes sensibles deux électro-aimants spéciaux, et pour moteur l'un des deux électro-aimants qui entretiennent le mouvement du pendule ; en sorte que cette horloge est munie de 4 électro-aimants. Voici comment ils sont combinés :

La roue des minutes de la minuterie de l'horloge porte aux deux extrémités d'un même diamètre correspondant au chiffre 12 et au chiffre 6 du cadran, deux chevilles sur lesquelles commence à appuyer, quelques instants avant l'arrivée de l'aiguille des minutes aux chiffres 12 et 6, une bascule métallique A B (fig. 14) portant un ressort d'argent. Cette bascule est indiquée en pointillé dans la fig. 13, parce qu'elle se trouve placée, ainsi que la minuterie, sur la face opposée à celle qui est représentée.

En face du ressort d'argent porté par cette bascule s'en trouve un autre C D mis en relation avec un électro-aimant M et un pôle de la pile. Il arrive donc qu'au moment où l'heure va sonner, la bascule A B opère entre les deux ressorts un contact métallique qui peut mettre en action l'électro-aimant M dont nous allons voir la fonction. Toutefois, comme la fermeture opérée ainsi serait de trop longue durée, un système rhéotomique a dû être ajouté ; et voici comment il se trouve disposé :

La roue à rochet qui met en mouvement la minuterie dans l'horloge de M. Royer, et sur laquelle agissent les armatures des électro-aimants qui entretiennent le mouvement de la pendule, n'est pas montée sur le même axe que la roue des minutes ; c'est par une roue intermédiaire S que se fait la transmission. Or, cette roue intermédiaire porte à son tour deux chevilles dont la position correspond à celle des chevilles de la roue des minutes, c'est-à-dire qu'elles sont disposées de manière que toutes les fois que ces dernières opèrent le contact électrique dont nous avons parlé précédemment, elles peuvent en opérer un semblable entre deux autres ressorts E F, G H disposés en conséquence ; seulement, comme cette roue intermédiaire tourne beaucoup plus vite que la roue des minutes, plusieurs fermetures de courant peuvent être produites sur ce second interrupteur, sans qu'elles existent sur le premier ; mais comme le courant est obligé de passer par les deux interrupteurs à la fois, il n'y a que celles qui sont faites simultanément, c'est-à-dire aux heures et aux demi-heures, qui soient effectives. Il résulte de cette disposition, que le contact métallique ne dure pas plus de deux secondes, et que la prolongation de l'action électro-magnétique ne peut gêner les mouvements mécaniques que nous allons maintenant décrire.

Sous l'influence de cette fermeture de courant opérée à chaque heure et à chaque demi-heure, l'électro-aimant M est mis, comme nous l'avons déjà dit, en activité, et son armature attirée, tout en soulevant, par l'intermédiaire des leviers A B, C D, fig. 13, une détente E F enfoncée dans celle des coches de la roue de compte O qui correspond à l'heure qui doit sonner, débride une tige d'encliquetage H I mise en mouvement continuel de va-et-vient par l'armature de l'un des électro-aimants M′ de l'horloge à laquelle elle est fixée. Ce débridement s'opère au moyen de la tige D G, qui est articulée d'un côté au levier C D portant la détente E F, et de l'autre à un petit levier fixé sur le même axe que le levier G L. Ce dernier levier, qui porte un galet L, sur la gorge duquel passe la tige H I, est en temps ordinaire incliné vers la droite de manière à écarter le crochet H I de la roue de compte; mais quand l'heure doit sonner, il se trouve relevé par la tige D G, et dès lors le ressort R pousse la tige H I contre la roue à rochet sur laquelle est appliquée la roue de compte. Comme le mouvement de cette tige H I est continuel, elle met en mouvement ce système de roue qui avance d'une dent pour chaque attraction de l'armature de l'électro-aimant M′ et établit un contact métallique qui a pour effet la fermeture alternative du courant à travers l'électro-aimant M″. Celui-ci fait alors frapper sur le timbre T le marteau V par l'intermédiaire de son armature, et le nombre de coups frappés est en rapport avec la largeur du cran de la roue de compte qui échappe, c'est-à-dire avec le nombre de dents du rochet qui correspond à ce cran. Quand ce cran s'est ainsi échappé sous l'influence des attractions successives de la tige d'encliquetage H I, la détente E F retombe dans une coche; et comme le courant qui l'avait primitivement soutenue n'existe plus, le levier G L est encore incliné vers la droite et repousse la tige H I qui ne peut plus dès lors agir sur le rochet de la roue de compte. A la prochaine fermeture du courant, c'est-à-dire une demi-heure après, la détente et cette tige se trouvent de nouveau soulevées, et le mécanisme recommence à fonctionner comme précédemment. Nous ferons remarquer, toutefois, que la roue de compte, dans ce système de sonnerie, doit présenter au milieu de chaque coche séparant les crans des heures, un petit cran pour permettre la sonnerie des demi-heures.

Ce système d'horloge électrique à sonnerie, qui est un des premiers qu'on ait exécuté (mars 1855), avait été disposé dans l'origine pour marcher avec deux piles; mais en n'employant pas l'électro-aimant M″ pour l'entretien de la marche du pendule, on pourrait le faire fonctionner avec une pile seulement.

Dans la fig. 13, les électro-aimants moteurs M′M″ sont vus de champ, c'est-à-dire que leur deuxième bobine est cachée. Leurs armatures se distinguent en K et en N; P, P′ sont les butoirs d'arrêt de ces armatures, et S, S′ leurs cliquets d'impulsion réagissant sur la minuterie. Les appendices X, X′ sont de petits anneaux portés par les armatures K et N, et destinés à relever les poids moteurs après qu'ils ont accompli leur effet. Enfin Z, Z′ sont des vis de rappel ayant pour fonction de limiter la course des poids moteurs. Le pendule est en Y.

Horloge électrique de M. Grasset de Genève. — L'horloge de M. Grasset a été imaginée en 1853 et exposée à la société des arts de Genève en 1854. Elle est donc une des premières qui aient été construites. Elle a été installée à l'observatoire de Genève où elle a fonctionné d'une manière assez satisfaisante. Le principe sur lequel est fondée cette horloge est toujours celui de l'horloge de M. Liais, seulement la disposition des poids moteurs est différente, et tout le système est porté sur un cadre oscillant disposé de manière à pouvoir être toujours équilibré.

Dans la figure 13, pl. III, la moitié seulement de l'horloge de M. Grasset est représentée. Elle est vue en coupe verticale. Le pendule est en A B; il oscille sur deux couteaux CC′ appuyés sur des plans d'agate D D′. A quelque distance de ces couteaux se trouvent adaptés, sur la tige même du pendule, deux butoirs E, E′ sur lesquels viennent réagir les poids moteurs P, P′ par l'intermédiaire des leviers ILP, I′L′P′. L'écart de ces pièces est réglé par les vis de rappel G, G′.

Le châssis oscillant est figuré en M N. M est le derrière du cadre et N un des côtés vu en coupe, la vis N Q, avec son contre-écrou O fixé sur le support rigide R R, est un des pivots d'oscillation de ce cadre. On comprend qu'avec cette disposition, le pendule appuie toujours également sur ses deux couteaux, ce qui n'aurait pas lieu avec un système fixe.

L'un des deux électro-aimants destinés à réagir sur les poids moteurs est en S; il est vu de champ sur la figure, ce qui fait qu'on ne distingue qu'une de ses bobines; les pôles sont en T, et l'armature T, portée sur une palette de cuivre, est maintenue à distance par un ressort antagoniste U et un butoir d'arrêt à vis de rappel. C'est sur cette armature qu'appuie le levier IJ qui supporte le système moteur P, et qui est articulé au châssis en I. A cet effet ce levier se recourbe en V et vient s'articuler de nouveau sur le châssis du côté opposé à I, de manière à constituer une sorte de mâchoire articulée, et c'est sur une traverse L (vue en coupe) unissant

deux points opposés de cette mâchoire, qu'est fixé le levier L P sur lequel
est vissé le poids P.

L'interrupteur ou plutôt le commutateur, car dans l'horloge de M. Grasset
la quadrature est indépendante du système moteur, est placé à la partie
supérieure de l'instrument, et se trouve mis en jeu par une petite palette
rigide X adaptée à l'extrémité du prolongement de la tige du pendule ; ce
commutateur est représenté avec détails fig. 14, pl. III. Il se compose d'un
levier A B portant en C D un grand cercle évidé muni de deux vis de rappel E,
E'. Ce levier pivote en B autour d'une pointe d'acier portée par le pilier G H,
et se termine en I par une lame flexible d'or qui appuie sur trois plaques
d'or isolées montées sur la colonne I K. Enfin une lame de ressort en fourchette G L, à travers laquelle passe la pointe d'acier B, permet d'établir un
contact parfaitement intime entre la colonne B H et le levier A B. C'est
entre les deux vis E, E' du cercle C D qu'oscille la palette X du pendule de
l'horloge ; de sorte que le commutateur que nous venons de décrire, se présente vu de champ sur la fig. 13, et c'est pour cela que nous n'avons représenté dans cette figure que le cercle C D de ce commutateur. Voici maintenant comment cette horloge fonctionne, en admettant que les plaques a,
b, c (fig. 14) du commutateur soient en rapport : la première a (qui est au-
dessus et au milieu des deux autres) avec le cadran compteur, et les plaques
b et c avec les deux électro-aimants S S' :

Quand le pendule incliné vers la droite aura reporté la lame I du commutateur sur la plaque b, le courant sera fermé dans l'électro-aimant S. Son
armature étant attirée laissera libre le poids P qui appuiera en E sur le
pendule et contribuera à le faire rétrograder. Quand celui-ci passera à la
verticale, la plaque a du commutateur sera rencontrée, et le compteur fonctionnera ; mais l'électro-aimant S étant devenu inerte, le poids P sera reporté
à sa position initiale. Enfin quand le pendule aura atteint le point extrême
de son oscillation de gauche, l'électro-aimant S' deviendra actif et réagira
comme l'électro-aimant S.

M. Grasset aurait pu combiner d'une manière plus simple son interrupteur en faisant réagir directement la tige du pendule A B sur les leviers
moteurs en G et en G', mais il a mieux aimé le rendre complétement indépendant pour plusieurs raisons : d'abord parce que la disposition que nous
avons décrite lui permet de dériver son courant sur deux électro-aimants
avant que de l'interrompre, ce qui diminue beaucoup les oxydations dues à
l'étincelle ; en second lieu parce que le passage de l'électricité par les couteaux et les plans d'acier aurait pu en altérer le poli ; enfin parce qu'il
croit que le choc brusque de la tige du pendule contre les poids moteurs,

doit donner quelquefois lieu à certaines trépidations qui peuvent réagir d'une manière fâcheuse sur la régularité d'action de la force électro-motrice.

Pendule électro-magnétique de M. Garnier fils. — M. E. Garnier, fils de M. Paul Garnier, dont nous avons parlé si souvent, a recherché les moyens de soustraire les horloges électriques à l'oxydation fournie par l'étincelle de l'interrupteur, laquelle oxydation exerce, comme on l'a vu, ses effets les plus préjudiciables quand l'interruption du courant est faite entre le balancier et le ressort moteur destiné à entretenir son mouvement. Il arrive, en effet, qu'il se produit dans ce cas un collage irrégulier entre ces deux organes, qui peut troubler considérablement l'isochronisme des oscillations du pendule. Ne pouvant détruire complétement cette oxydation, M. Garnier fils a voulu en faire disparaître les inconvénients les plus fâcheux en isolant l'interrupteur du balancier, et pour cela il a employé le dispositif que nous avons représenté fig. 6 et 7, pl. V.

Dans la fig. 6, le ressort moteur se voit en R ; il porte un petit appendice de platine A et une semelle B sur laquelle réagit le bras du pendule P. Au-dessous de l'appendice de platine A se trouve une pièce C munie d'une vis de platine qui est soutenue par un levier adapté à l'axe sur lequel pivote l'armature de l'électro-aimant E. Ce levier se voit plus distinctement en C, fig. 7. Il accompagne le levier GH qui porte le cliquet d'impulsion et le bras I, sur lequel réagit le ressort antagoniste. Les butoirs d'arrêt de ces leviers sont en K et L. Voici maintenant comment cet appareil fonctionne :

En temps ordinaire, c'est-à-dire quand le balancier ne touche pas le ressort moteur, la pièce C (fig. 6) est en contact avec l'appendice A ; le courant se trouve fermé à travers l'électro-aimant E ; par conséquent, le levier C (fig. 7) se trouve soulevé. Mais au moment où le bras du balancier vient rencontrer le ressort R, le courant se trouve rompu, l'armature se détache de l'électro-aimant, et le levier C s'abaisse ; alors le ressort R appuie sur le bras du balancier et lui restitue la quantité de mouvement en rapport avec l'écartement existant entre les pièces A et C (fig. 6). Après cette impulsion, le pendule abandonnant le ressort R qui se trouve soutenu par C, le courant est rétabli dans l'électro-aimant E, et le levier C (fig. 7) est relevé avec le ressort R qui se trouve dès lors tendu et prêt à fournir une nouvelle impulsion au moment de la rupture prochaine du courant.

En même temps que le levier C tend le ressort moteur de l'horloge, le levier GH réagit sur la roue à rochet et la fait avancer d'une dent pour chaque oscillation complète du balancier, c'est-à-dire toutes les secondes. Cette roue, munie de 60 dents, fait donc un tour sur elle-même en une minute, et, en réagissant sur la minuterie, donne l'heure sur le cadran.

La minuterie adoptée par M. Garnier est tout à fait particulière et permet, au moyen d'une simple roue intermédiaire entre-elle et le rochet, de traduire l'heure sans l'emploi d'une vis sans fin, système que l'on condamne dans l'horlogerie de précision. Cette minuterie, que nous représentons fig. 8, pl. V, se compose de trois roues A, B, C, dont l'une B peut tourner librement sur l'axe creux de la roue A qui représente la roue des minutes des minuteries ordinaires. La roue C qui représente la roue des heures est à rochet, et montée sur un canon adapté à frottement libre sur le canon de la roue A. Le mouvement est communiqué à la minuterie par la roue B et par l'intermédiaire de deux ressorts frotteurs r, r' qui l'appuient contre l'assiette de la roue A ; cette disposition permet, comme on le devine aisément, de remettre facilement les aiguilles à l'heure sans réagir sur le mécanisme commandé par la roue à rochet. Ce mécanisme se compose uniquement d'une roue D engrenant avec un pignon G et portant sur son axe un autre pignon H qui engrène avec la roue B. Le rapport de cette roue D avec le pignon G est de 1 à 7 1/2, et celui du pignon H avec la roue B est de 1 à 8. Enfin la roue A engrène avec une autre petite roue I dont l'axe porte un doigt K destiné à réagir sur la roue à rochet C ; le rapport de cette roue avec la roue A est de 1 à 4. Voici maintenant le jeu de ces divers organes :

Quand la roue à rochet S a fait un tour, le pignon H n'en a fait que un septième et demi, et, par suite, la roue B n'en fait que un soixantième. Un tour de cette dernière correspondra donc à 60 tours de S, par conséquent à une heure de durée. La roue I fera un tour tous les quarts d'heure, et, par suite, le doigt K fera sauter quatre dents de la roue C en une heure. Si cette roue a 48 dents, elle accomplira son tour en douze heures, et représentera par conséquent la roue des heures.

Horloges électriques de M. Lasseau. — M. Lasseau, un de nos plus fervents-amateurs des applications électriques, a installé lui-même, dans les villes de Montbéliard (Doubs) et de Billom (Puy-de-Dôme), un système complet d'horloges électriques qui, de l'aveu de la Société d'Émulation de Montbéliard, a fonctionné de la manière la plus satisfaisante.

Le système de M. Lasseau est une combinaison très-habilement faite des systèmes de MM. Liais et Breguet, dans le but de transmettre l'heure aux horloges principales d'une ville sans changer le mécanisme de ces horloges, et avec la facilité de pouvoir les remettre à l'heure, du point central où se trouve établi le régulateur. En conséquence, il comporte quatre genres d'appareils distincts :

1° Un régulateur électrique avec compteur (il était installé à Montbéliard, à l'hôtel de ville);

2° Des horloges à compteur électro-chronométrique (c'étaient : à Montbéliard, les horloges de Saint-Martin, de Saint-Georges et de la place d'armes);

3° Des compteurs répétiteurs avec accélérateurs et retardateurs (adaptés au régulateur).

Le régulateur électrique, que nous avons représenté, fig. 12, pl. V, se compose d'un simple système à contre-poids et à pendule (analogue à celui de M. Froment), qui a pour effet d'entretenir la marche du pendule P, par la chute d'une lame H sur un bras R, laquelle chute a lieu toutes les fois que ce bras R rencontre cette lame, c'est-à-dire, au moment où le pendule atteint la limite extrême de sa course. De cette rencontre, en effet, résulte un courant qui, en circulant dans l'électro-aimant E, provoque l'attraction de l'armature N, et par conséquent l'abaissement de la tige L qui supporte la lame H.

Le compteur de ce régulateur, au lieu d'être mis en fonction par l'électro-aimant E lui-même, comme dans la plupart des régulateurs que nous avons décrit, marche sous l'influence de deux électro-aimants E' E'', entre lesquels oscille l'armature V qui leur est commune. Or, cette armature, terminée par un levier, réagit à son tour sur une fourchette X, oscillant en K, qui porte un double système de cliquets d'impulsion. Ces cliquets réagissent sur deux roues à rochet Y, Y', et pour chaque oscillation de l'armature V, soit à gauche, soit à droite, l'une ou l'autre de ces roues échappe d'une dent. Ce mouvement oscillatoire de l'armature V est d'ailleurs obtenu au moyen d'un interrupteur R sur lequel réagit l'armature N de l'électro-aimant E et qui renvoie alternativement un courant à travers les électro-aimants E', E' suivant que N est attirée ou repoussée. C'est, comme on le voit, le système de compteur de M. Breguet que nous avons décrit p. 49. Nous renvoyons à cette description pour que l'on puisse comprendre comment les deux roues Y et Y' peuvent, au moyen de deux autres roues de mêmes diamètres montées sur les mêmes axes et engrenant ensemble, réagir sur la minuterie dont l'axe se voit en S.

M. Lasseau a utilisé l'une de ces roues Y au renvoi de l'heure dans les compteurs électro-chronométriques placés en ville. A cet effet, il a adapté sur l'une des faces de cette roue une cheville, et a disposé autour d'elle trois ressorts W, W', W'', de manière que ceux-ci pussent être successivement rencontrés par cette cheville, toutes les minutes. De cette manière, il est vrai, l'heure n'est pas transmise simultanément aux trois compteurs; mais comme l'ordre de succession des contacts est toujours le même, les horloges qui sont en retard d'une demi-minute ou d'un quart de minute peuvent être avancées préalablement de ces quantités, et dès lors les heures indiquées sont exactement les mêmes partout. Nous représentons, fig. 26 ci-dessous le mécanisme que M. Lasseau a ajouté aux horloges déjà existantes (et ces horloges étaient des horloges de clocher) pour les faire servir de compteurs électro-chronométriques.

A représente l'axe de la roue d'échappement de l'horloge dont l'ancre et le balancier sont enlevés. Cet axe se prolonge et se termine par une roue munie de cinquante dents qui engrène d'une part avec un pignon qui fait tourner un volant à ailettes H, et de l'autre avec une seconde roue R servant, jusqu'à un certain point, de chaperon. L'axe de cette dernière roue porte une excentrique qui réagit sur deux lames de ressort P placées parallèlement l'une à côté de l'autre et constituant un interrupteur. Enfin, un électro-aimant E, par l'intermédiaire de son armature F, réagit sur un long levier IR qui sert de détente, soit directement au moyen d'une dent qui s'enfonce entre deux dents de la roue R servant de chaperon, soit indirectement au moyen de la tige V qu'il pousse ou recule vers une tige qui accompagne le volant à ailettes. On comprend facilement, d'après cette disposition, que pour chaque fermeture de courant opérée au régulateur, la détente se trouve soulevée, le rouage défile et l'aiguille des minutes avance sur le cadran ; mais comme le mouvement pourrait ne pas être parfaitement régulier, un rhéotome placé sur l'un des mobiles de l'horloge coupe le courant en temps opportun pour arrêter le volant H au moment où l'aiguille est arrivée sur la minute qu'elle doit désigner.

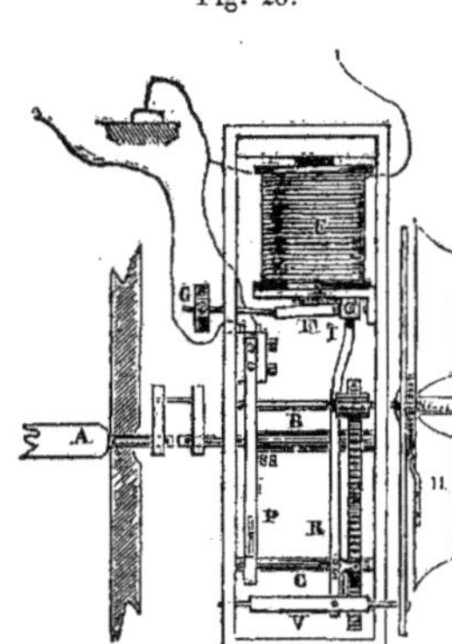

Fig. 26.

L'interrupteur P a pour fonction de fermer un courant à travers le compteur-répétiteur qui correspond à l'horloge, toutes les minutes, c'est-à-dire pour chaque tour de la roue R servant de chaperon.

Ce compteur-répétiteur, destiné à indiquer au poste central l'heure fournie par l'horloge avec laquelle il est lié, est un compteur ordinaire que nous avons représenté fig. 13, pl. V. A côté de lui se trouvent un conjoncteur et un disjoncteur de courant qui permettent, l'un S de fournir à la main plusieurs fermetures précipitées afin d'avancer l'horloge quand le répétiteur indique qu'elle est en arrière, l'autre d'interrompre le courant de manière à empêcher l'horloge de fonctionner quand, au contraire, le répétiteur indique de l'avance. Dans les appareils de M. Lasseau, ces répétiteurs, au nombre de trois, sont adaptés à la partie inférieure du régulateur. On sait que l'idée de ces appareils accessoires appartient à M. Liais, qui les avait établis à l'Observatoire de Paris, ainsi que nous l'avons vu.

Pendules de M. Hipp. — M. Hipp a combiné plusieurs systèmes de pendules électriques dont nous représentons fig. 27 et 30, les modèles les plus recherchés et en même temps les plus simples. Ces appareils, nous devons le dire dès à présent, sont tout à fait pratiques et marchent parfaitement. Ils sont d'ailleurs d'une fabrication courante et ont fait leurs preuves depuis plusieurs années. On les trouve à Paris chez M. Deschiens.

Dans ces deux modèles, le mécanisme électro-magnétique destiné à entretenir les mouvements du pendule est le même ; on l'aperçoit dans les deux figures au-dessous de la tige du pendule. Il consiste essentiellement dans un système électro-magnétique qui à l'état normal est inactif, mais qui, en réagissant sur le pendule au moment où ses oscillations atteignent une amplitude minima, lui donne une nouvelle impulsion capable d'entretenir sa marche pendant quelques instants. Quelquefois ces pendules accomplissent une quarantaine d'oscillations sans réaction électro-magnétique; d'autres fois ils en accomplissent beaucoup moins ; mais la marche, quoiqu'irrégulière, n'en est pas moins parfaitement entretenue, et si l'on ne considère que des intervalles de temps espacés, comme des minutes par exemple, on peut être certain que l'on a l'heure exacte à quelques centièmes de seconde près.

Pour réaliser cet effet, l'extrémité inférieure de la tige du pendule porte une armature A fig. 28, au-dessous de laquelle est suspendue une petite languette p légèrement appointie qui, étant articulée à charnière, peut se replier sur elle-même quand un obstacle se présente devant elle pendant les oscillations du pendule. Au-dessous de l'armature A, mais placé un peu de côté par rapport à elle quand la tige du pendule est dans la verticale, se trouve un électro-aimant E entre les branches duquel est adaptée, sur un pilier métallique, une lame de ressort horizontale r dont l'extrémité est munie d'un contact en platine. Cette extrémité appuie à l'état normal contre une vis de réglage portée par un second pilier; mais, étant abaissée, elle rencontre un second contact en or qui opère les fermetures du courant à travers l'électro-aimant E, et pour obtenir cet abaissement au moment où le pendule est dans ses meilleures conditions d'action, on a adapté sur cette lame de ressort, un peu avant son contact de platine une pièce métallique saillante terminée à ses deux extrémités par deux plans inclinés et portant supérieurement, dans le voisinage de ces extrémités, deux petites encoches

Fig. 27.   Fig. 28.

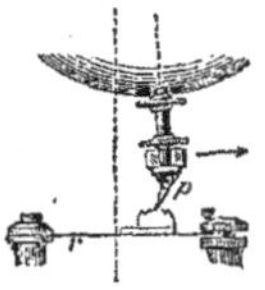

Fig. 29.

dans lesquelles peut s'introduire, sous certaines conditions dont nous allons parler, la petite languette p. Le détail de ce dispositif est représenté fig. 29.

Les choses étant dans cet état, supposons que le pendule soit mis en mouvement avec une amplitude d'oscillation suffisante, la languette *p* en passant au-dessus de la pièce portant les encoches va s'infléchir, et, en raison de son inertie, restera assez soulevée pour ne pas déterminer sur le ressort une résistance capable de l'abaisser. Par conséquent, tant que les oscillations s'effectueront sous une amplitude un peu grande, le ressort de contact *r* restera inactif; mais quand ces oscillations deviendront courtes, la languette *p* se redressera, et, au moment de son passage sur la pièce de rencontre du ressort *r*, elle s'engagera dans l'une ou l'autre des encoches qui se trouvent adaptées à cette dernière, en provoquant un infléchissement du ressort *r* et par suite une fermeture de courant à travers l'électroaimant E. Celui-ci attirera alors l'armature A avec énergie pour la faire arriver à la verticale, et comme à ce moment la languette *p* aura abandonné le ressort *r*, l'attraction ne sera que momentanée, ce qui permettra à l'oscillation ascendante qui suivra de s'effectuer librement.

La transmission du mouvement du pendule à la minuterie, quoique fondée sur le même principe dans les deux modèles de M. Hipp, est pourtant un peu différente pour l'arrangement des pièces. Dans le modèle que nous représentons fig. 27 et 28 et qui est destiné à transmettre l'heure à des cadrans compteurs, il existe un interrupteur et un inverseur de courant qui ne se trouvent pas dans le petit modèle de la figure 30, et cette complication a forcé de disposer les organes mécaniques un peu différemment; cependant, dans les deux cas, c'est le choc produit par la tige du pendule contre une broche adaptée à un levier articulé portant le cliquet d'impulsion, qui réagit sur la roue de commande de la minuterie. Dans le grand modèle, cette broche qui se présente en bout se voit en *e* contre la tige T, et l'on peut reconnaître qu'elle est adaptée à un long levier vertical articulé à la partie inférieure du mouvement, et qui porte d'un côté un contre poids, de l'autre un bras sur lequel est adapté le cliquet d'impulsion *b* qui n'est autre qu'une lame de ressort dont l'extrémité est un peu recourbée. La roue de commande de la minuterie est en R; elle est butée par un cliquet de retient *c* et engrène, par l'intermédiaire d'un pignon, avec une autre roue R′ destinée à faire fonctionner l'inverseur du courant placé en *v f*, ce qui évite l'emploi d'un cliquet d'arrêt. Cette roue R porte en outre sur son axe une traverse *b* qui réagit sur l'interrupteur placé en C C, en s'introduisant entre deux pièces de contact isolées et munies de ressort, dont elle établit ainsi la liaison métallique. Dans les figures 27 et 28, cet interrupteur est double pour correspondre à deux compteurs, mais il pourrait être simplifié pour un seul compteur. Les pièces du dessus de cet interrupteur sont, comme on le voit sur la figure, en rapport avec les boutons d'attache LL qui

correspondent aux fils de ligne ; la pièce de dessous correspond au massif de
l'appareil. La roue R' destinée à faire fonctionner l'inverseur est munie de
8 rayons qui portent des chevilles destinées à réagir sur les deux branches
d'une ancre d'échappement *f* de manière à lui faire accomplir une demi
oscillation en une minute. Cette ancre porte fixé sur son axe d'oscillation
un inverseur *v* composé de deux lames de ressort recourbées à angle droit
à leur partie supérieure et isolées l'une de l'autre. Ces lames appuient, par
leur partie supérieure sur des frotteurs rigides qui sont au nombre de trois,
et qui sont mis en rapport, par les boutons d'attache M, P, T, avec la terre et

Fig. 30.

avec les deux pôles de la pile destinée aux compteurs. Le frotteur du milieu
qui est un peu plus élevé que les deux autres, correspond au pôle positif de
la pile par la vis 5 et le bouton T ; ceux de droite et de gauche communiquent par la vis 4 et le bouton P avec le pôle négatif, et le ressort de droite
de l'inverseur, isolé du ressort de gauche, est relié par un fil extensible à la
terre par la vis 3 et le bouton M. Au moment où l'ancre *f* est inclinée vers
la gauche, la lame de droite de l'inverseur est appuyée sur le frotteur du
milieu, et la lame de gauche sur le frotteur de gauche. Le courant entre
donc dans l'inverseur par le ressort de droite, se rend de là à la terre, passe
à travers le compteur par la ligne, et revient à l'interrupteur C C, au moment

où le levier *b* établit la fermeture du circuit, pour se rendre ensuite à la pile par le massif de l'appareil, la lame de gauche de l'inverseur et le frotteur du même côté. Quand l'ancre est inclinée vers la droite, c'est la lame de gauche de l'inverseur qui est en rapport avec le pôle positif de la pile, et la lame de droite qui communique avec le pôle négatif, et le courant suit alors la marche suivante : lame de gauche, massif, interrupteur C C, fil de ligne, compteur, terre, lame de droite de l'inverseur, pôle négatif. Comme la position de l'inverseur est prise avant l'action de l'interrupteur et qu'elle dure plus d'une demi minute, le courant ne circule à travers les compteurs qu'au moment même de l'action de l'interrupteur, et il est alternativement renversé toutes les minutes. Nous ne parlerons du reste pas de la transmission du mouvement de la roue R à la minuterie, ce n'est qu'une question de rouages, et la disposition adoptée est à peu près la même que celles que nous avons déjà étudiées, car la roue R ayant 60 dents et le pendule battant la demi seconde, chaque échappement de dent fait avancer d'une seconde l'aiguille des secondes.

Dans le petit modèle, l'aiguille des secondes n'existe pas, et l'action du cliquet d'impulsion déterminée par le pendule, se produit sur une petite roue de 30 dents qui engrène à angle droit avec la roue de commande de la minuterie (munie de 120 dents), par l'intermédiaire d'une vis sans fin.

Horloges de M. Gérard, de Liége. — Aux différentes expositions universelles qui ont eu lieu, M. Gérard, de Liége, a exposé des horloges électriques imaginées par lui qui, quoique ne présentant rien de bien nouveau en principe, se faisaient remarquer par leur simplicité. Celles de l'Exposition de 1867 se composaient uniquement d'un pendule battant la demi-seconde dont l'interrupteur se trouvait logé en son point de suspension et dont la lentille était constituée par un gros aimant naturel enchâssé dans une garniture d'étain. Cet aimant, dans les oscillations du pendule, se mouvait tangentiellement à un anneau elliptique constitué par le fer recourbé d'un électro-aimant droit, et ce fer étant prolongé bien au-delà de la bobine magnétisante, fournissait ses deux pôles l'un vis-à-vis de l'autre, à une distance de 2 ou 3 millimètres. Ces deux pôles, en réagissant sur l'aimant par répulsion au moment où le pendule dépassait la verticale, entretenaient le mouvement de celui-ci avec une force relativement constante, en raison de l'épanouissement des pôles de l'électro-aimant sur une grande surface magnétique, et de la réaction directe échangée entre eux par suite du très-grand rapprochement des extrémités polaires.

Le compteur en correspondance avec cette horloge était constitué par une quadrature à vis sans fin, réglée par un rochet de 60 dents sur lequel réagissait un électro-aimant à double armature. M. Gérard croit cette disposition très-favorable à la sûreté de l'action mécanique exercée, et voici comment il en explique l'importance :

« Lorsqu'on présente à un aimant une aiguille à coudre posée sur une table, elle tend à être attirée par les deux pôles, et l'on observe que si elle est disposée angulairement par rapport à l'axe de l'aimant, elle pivote d'abord sur elle-même, avant d'être enlevée, pour se placer parallèlement à cet axe. Si l'on présente une seconde aiguille à l'influence de la première, cette tendance au parallélisme sera encore plus accusée. Or c'est sur ce principe que j'ai établi mon électro-aimant, et, pour cela, je place sous son armature une seconde palette très-légère, montée de manière à former un angle avec cette armature, et c'est son extrémité recourbée en forme de lèvre saillante qui réagit directement sur le rochet. Le courant manifeste d'abord son action en ramenant au parallélisme cette seconde palette et en l'engageant sur le rochet, puis la puissance magnétique augmentant, les deux palettes sont attirées, entraînant avec elles le rochet qui se trouve de cette manière céder à une action mécanique parfaitement régulière sans aucune complication d'organes accessoires. »

La mise en marche de tout ce système n'exige que six éléments Daniell disposés suivant le système de l'auteur.

2° **Horloges à remontoir.**

Pendule à remontoir de M. Breguet. — Il y a une vingtaine d'années environ, M. Breguet cherchant à obtenir une pendule sans remontage, fut conduit à faire réagir un électro-aimant sur un ressort en spiral commandant directement une roue d'échappement. Il obtint de cette manière une pendule électrique fonctionnant sous l'effort d'un ressort tendu sans cesse d'une manière parfaitement égale. Ne s'étant pas préoccupé davantage de cette invention, et ne l'ayant pas même publiée, il eut bientôt occasion de voir que cette même idée avait été mise à exécution, et même brevetée, par M. Leroy de Reims. Pour conserver ses droits de priorité, M. Breguet acheta le brevet de M. Leroy, et c'est eu égard à cette circonstance que plusieurs personnes ont été induites en erreur relativement à l'invention de ce système d'horlogerie électrique.

La pendule de M. Breguet est représentée fig 7, 8, 9 et 10, pl. III. Dans les fig. 9 et 10, on voit le système de remontoir de la roue d'échappement. Il se compose : 1° d'une roue d'échappement J sur laquelle réagit le balancier de la pendule; 2° d'une roue à rochet K qui est mise en action par l'électro-aimant moteur; 3° enfin d'un spiral S dont l'extrémité intérieure est fixée sur l'axe I K commun aux deux roues, et dont l'extrémité extérieure est fixée sur l'un des rayons de la roue à rochet K. Cette dernière roue au lieu d'être montée sur l'axe I K, tourne sur lui à frottement libre et n'est maintenue que par le spiral S et le cliquet de retient M. Ce remontoir se distingue aisément dans la fig. 7, derrière la tige du balancier H H de la pendule.

L'électro-aimant moteur est en A; il peut être plus ou moins rapproché de son armature E par la vis de rappel V. Cette armature est articulée en E, et porte une tige rigide E' fixée à peu près à angle droit sur elle, et maintenue inclinée vers la droite par un ressort antagoniste G. Cette tige rigide, dont le mouvement de gauche à droite est limité par deux vis, comme on le voit sur la figure, est munie de deux cliquets L et N qui réagissent sous l'influence des deux mouvements opposés de l'armature. Quand celle-ci est attirée, le cliquet N fait avancer d'une dent le rochet O qui commande la minuterie par la roue intermédiaire O' avec laquelle elle engrène; en même temps le cliquet L recule d'une dent sur le rochet K du remontoir. Quand, au contraire, l'armature est repoussée sous l'influence du ressort antagoniste C, cette roue K se trouve avancée d'une dent, et par suite le spiral est tendu de la quantité correspondante à ce mouvement. Comme le courant est fermé à travers l'électro-aimant A par le ressort flexible I, à chaque oscillation entière du balancier de la pendule, il en résulte que pour chaque échappement de la roue J, un remontage s'effectue, et si ce remontage est convenablement calculé, on obtient une force constante qui réagit d'une manière continue sur le balancier de la pendule et en entretient le mouvement.

M. Breguet a appliqué ce même système de remontage à un mécanisme de sonnerie qui fait de sa pendule une pendule électrique sonnante dans le genre de celle de M. Detouche. Cette disposition est représentée fig. 8. Elle consiste dans l'addition d'un mouvement de sonnerie de pendule ordinaire dont l'axe du barillet porte une deuxième roue munie d'un encliquetage. Cet encliquetage est retenu par le bout du ressort moteur de la sonnerie, par des pignons et des roues dont le nombre des dents est calculé pour que la pendule, dans les vingt-quatre heures de marche, remonte le ressort autant que la sonnerie, en fonctionnant, l'a descendu pendant cet intervalle de temps. C'est l'armature E qui réalise cet effet par l'intermédiaire du cliquet N sur le rochet O, lequel, dans ces sortes de pendules, devient le dernier mobile du remontoir de ces sonneries.

Pendule électrique de MM. Mouilleron et Anthoine. — La

pendule électrique de MM. Mouilleron et Anthoine est fondée sur le même principe que celle de M. Breguet; seulement, pour donner plus de sûreté à l'action de remontage du spiral de la roue d'échappement, et pour regagner la force perdue en cas de manque de certains contacts de l'interrupteur, MM. Mouilleron et Anthoine ont donné à la roue à rochet du remontoir un moins grand nombre de dents qu'à la roue d'échappement, ce qui fait que, pour chaque oscillation du balancier, la roue à rochet monte le spiral d'une quantité plus grande que celle qu'il a perdue par l'échappement de la roue. Cette disposition a forcément entraîné un mécanisme de détente susceptible d'empêcher l'action de remontage après une tension suffisante du spiral. Sans ce mécanisme, en effet, la pendule serait immédiatement arrêtée.

Les fig. 11 et 12, Pl. II, représentent la disposition de la pendule de MM. Mouilleron et Anthoine.

Sur la tige Z, fig. 12, qui porte la roue d'échappement F, est fixée par son centre le spiral C, dont l'extrémité extérieure est articulée sur la roue à rochet D D. Cette dernière roue reçoit son mouvement d'un cliquet d'impulsion S, et est maintenue fixe après l'action de celui-ci par un cliquet de retient V. Le cliquet d'impulsion S, fig. 11, est porté par un levier articulé K K dont l'extrémité libre est soutenue par un levier coudé N O L, sur lequel réagit l'armature P de l'électro aimant R, par l'intermédiaire de la fourchette P L. Enfin le contact électrique s'opère en T par l'intermédiaire d'une cheville de platine adaptée à l'ancre d'échappement et qui vient rencontrer le ressort T.

Avec cette disposition, on comprend qu'à chaque oscillation complète du balancier de la pendule, le courant électrique étant fermé à travers l'électro-aimant M, la palette P pousse le levier L O N de bas en haut et réagit ainsi sur le cliquet d'impulsion V, dont le mouvement est calculé de manière à faire avancer le rochet de deux dents à la fois. Il arrive donc que la quantité dont s'est détendu le spiral, à chaque demi-oscillation du balancier, se trouve regagnée après chaque oscillation entière de celui-ci par l'action électrique sur le rochet D D, et par conséquent la pendule est sans cesse remontée.

La roue d'échappement, dans la pendule de M. Mouilleron, a 60 dents, tandis que le rochet du remontoir en a 116. Le nombre de dents de ce rochet correspondant à celui des dents de la roue d'échappement devrait être 120. Il en résulte donc que chaque bandage de la roue à rochet, par l'électro-aimant, dépasse le débandage de l'échappement de 2/60. C'est précisément ce surplus d'action mécanique qui est destiné à compenser la force perdue en cas de manque d'un ou plusieurs contacts de l'interrupteur.

Maintenant, pour éviter une trop grande tension de la part du spiral dans le cas où tous les contacts seraient bons, un levier A A, fig. 11 et fig. 12, pivotant en y, se trouve disposé parallèlement au rochet de manière à réagir par son extrémité libre sur le cliquet d'impulsion V ou sur un disjoncteur du courant, quand il est repoussé en dehors. Un levier recourbé Bx', fixé sur le rochet et articulé en X', peut opérer cette répulsion qui se manifeste quand une goupille x, adaptée sur la roue d'échappement, vient à le rencontrer. Or, cette rencontre n'a lieu que quand les deux roues, qui ne marchent pas tout à fait synchroniquement à cause de l'avance de 2/60 donnée à la roue de rochet pour chaque impulsion du cliquet V, sont en discordance trop grande, ce qui suppose alors une trop forte tension de la part du spiral. Dans ce cas, le levier A A écarte le cliquet d'impulsion du rochet V, ou rompt le courant jusqu'à ce que la goupille, ayant repris de l'avance, ait permis au levier Bx' de retomber sous l'influence du ressort antagoniste U. Ainsi, comme on le voit, on n'a jamais à craindre, avec cette disposition, que le spiral manque de force ou soit trop tendu, ce qui est d'une grande importance pour la régularité de marche de la pendule.

Les engrenages que l'on distingue dans la figure 12, entre les deux platines de la pendule, sont des roues de renvoi pour la minuterie et un système d'engrenage à vis sans fin destiné, comme celui du compteur de M. Robert-Houdin, à servir d'intermédiaire entre la roue d'échappement et la minuterie. Celle-ci se voit en dehors de la platine de droite avec les deux aiguilles qu'elle commande.

Cette pendule, assurent MM. Mouilleron et Anthoine, ne réclame qu'une très-petite force pour marcher. Ainsi un élément de Daniell (de petite dimension), suffit pour bander complétement le spiral. Elle peut aussi servir de régulateur pour réagir sur des compteurs électro-chronométriques.

Pendule électrique de M. Langrenay. — La pendule électrique de M. Langrenay qui n'est, du reste, qu'une modification de l'appareil précédent et une application sous une autre forme du système télégraphique du même auteur, que nous avons décrit tome III, p. 40, ne se fait remarquer que par le système d'échappement à coup perdu qui fait battre directement la seconde à l'une de ses aiguilles, alors que son balancier ne bat que la demi seconde. Ce système d'échappement que nous représentons fig. 31 ci-contre est extrêmement simple. Il consiste essentiellement dans deux cliquets A et B dont l'un A, mobile sur un axe horizontal, est sollicité à se porter en avant sous l'influence d'un ressort arqué C. Toutefois, il ne peut accomplir ce mouvement que dans un espace très-limité, car il porte un talon qui en s'appuyant contre le noyau N le maintient dans une position fixe, et ne laisse entre lui et le cliquet B, qui est fixe, que l'intervalle nécessaire pour que les dents du rochet R puissent échapper. Cet échappement s'effectue par suite d'un mouvement oscillatoire communiqué aux deux cliquets par l'axe M M, lequel est relié au pendule comme dans

Fig. 31.

les horloges ordinaires. Or, il résulte de ce mouvement que quand après une oscillation de gauche à droite, l'une des dents du rochet R est venue buter contre le cliquet fixe B, cette dent échappe forcément au moment de l'oscillation suivante de droite à gauche par l'intervalle entre les deux cliquets ; mais la dent suivante en venant buter contre le cliquet A le fait fléchir, et, au moment de l'oscillation de gauche à droite, elle ne fait que glisser de A en B sans changer de position. Il n'y a donc que pour les oscillations de droite à gauche que l'échappement peut se produire, et dès lors le balancier peut réagir directement sur la roue des secondes, comme s'il battait lui-même la seconde. Du reste l'emploi des échappements à coup perdu peut être d'une grande utilité non-seulement pour les horloges électriques à pendule court, mais même pour certains compteurs électro-chronométriques à mouvement d'horlogerie qui, devant fournir la seconde sous l'influence d'une fermeture de courant opérée toutes les secondes, sont pourtant réglés par un pendule battant la demi-seconde. Le compteur de M. Gondolo que nous avons décrit p. 56, est précisément dans ce cas, et son échappement n'est en définitive qu'un échappement à coup perdu qui ressemble un peu à celui des chronomètres de marine.

Horloge de M. Callaud. — M. Callaud, auteur de la pile que nous avons décrite, a construit aussi une pendule électro-magnétique qui n'est que la reproduction un peu changée, quant à la disposition des pièces, des pendules précédentes.

Dans l'appareil de M. Callaud, comme dans ceux de MM. Leroy, Breguet et Mouilleron, le mouvement du balancier est entretenu par un ressort-spirale sans cesse remonté par une réaction électro-magnétique, et le mécanisme de la pendule elle-même est commandé, comme dans les pendules ordinaires, par une ancre d'échappement. La seule particularité que nous avons à signaler, c'est que le remontage du ressort, se faisant toutes les minutes seulement au lieu de toutes les secondes, a exigé un commutateur particulier qui a été assez ingénieusement combiné, et que nous représentons fig. 32 ci-contre.

Fig. 32.

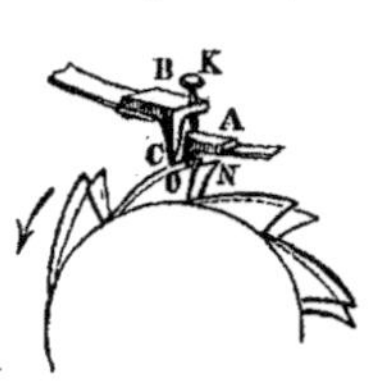

Ce commutateur placé sur l'axe du deuxième mobile se compose, comme on le voit, de deux rochets placés parallèlement l'un à côté de l'autre, mais disposés de manière que les dents de l'un soient en avance sur les dents de l'autre d'un intervalle correspondant à deux secondes ; deux frotteurs A, B, appuient sur ces dents ; mais l'un d'eux B, plus élevé que l'autre, porte une pièce métallique dans laquelle se trouve vissée, précisément au-dessus de l'autre frotteur, une vis de platine K. Cette vis est réglée de telle manière que, tant que le frotteur B se trouve supporté par une dent O, aucun contact ne s'effectue entre la vis K et le frotteur A ; mais aussitôt que ce frotteur B a dépassé la dent O, il retombe sur le frotteur A, et se trouve maintenu en contact avec lui jusqu'à ce que A soit tombé à son tour, c'est-à-dire pendant l'espace de deux secondes. Les ressorts A et B étant en communication avec la pile, il résulte de ce contact une fermeture de courant qui, en réagissant sur l'électro-aimant du remontoir, provoque une tension du ressort moteur. Ajoutons que cette tension est produite, pour une raison que nous expliquerons bientôt, sous l'influence de la force antagoniste.

Les raisons qui ont engagé M. Callaud à faire un commutateur en apparence assez compliqué sont faciles à saisir. Ne remontant, en effet, le ressort moteur que toutes les minutes, il a fallu que ce ressort moteur fût plus fort que celui employé par MM. Breguet et Mouilleron et qu'il pût atteindre la force d'un ressort de montre ; or, pour tendre un pareil ressort avec une faible pile, il fallait à l'interrupteur non-seulement un contact un peu dur, mais encore une action de longue durée, afin que l'électro-aimant pût atteindre son maximum de force ; or, cette double condition ne pouvait être obtenue qu'en plaçant l'interrupteur sur un mobile doué d'une certaine force et tournant lentement, et en disposant les frotteurs de manière que leur tension, à leur point de contact, pût s'accroître au lieu de diminuer, ce qui a été réalisé dans l'interrupteur que nous venons de décrire.

Quant aux détails d'exécution de son horloge, M. Callaud a suivi les indications fort justes de M. Liais. Ainsi, au lieu d'articuler le levier de son armature, il l'a suspendu à deux lames de ressort flexibles, et il a pris une lame de ressort pour force antagoniste. Pour éviter les irrégularités qui pouvaient résulter des manques de contact et par suite des défauts de remontage, il a, comme M. Mouilleron, muni la roue du remontoir d'un nombre de dents moins considérable que celui nécessaire pour restituer au ressort moteur (dans un temps donné) la tension qu'il avait perdue. Il en résulte que si des manques d'attraction surviennent dans le cours du remontage, elles se trouvent compensées à chaque tour de la roue du remontoir, et ce système de compensation ne peut altérer la marche de la pendule ; car si ces manques d'attraction n'existent pas, le ressort moteur acquiert une tension supérieure à celle du ressort antagoniste qui produit le remontage, et dès lors l'action électro-magnétique s'arrête forcément jusqu'à ce que l'excès de tension du ressort moteur ait cessé d'exister. On voit, d'après cela, pourquoi M. Callaud a appliqué à la marche du remontoir la force antagoniste au lieu de la force magnétique. Sous ce rapport, l'appareil de M. Callaud est plus simple que celui de M. Mouilleron.

Horloges électriques de M. Mildé. — 1er *Système sans sonnerie.* — Les horloges électriques de M. Mildé, comme celle de M. Mouilleron, fonctionnent sous l'influence d'un petit barillet sans cesse remonté par une action électro-magnétique. Le mécanisme se compose de trois mobiles dont le dernier porte une roue d'échappement E (fig. 3, pl. IV) commandée par une ancre A comme dans les pendules ordinaires, et cette ancre entretient les mouvements du pendule. Le barillet B est disposé sur le premier mobile, et le bout de son ressort est fixé sur l'axe d'une roue à rochet R sur laquelle réagit le système électro-magnétique qui la fait avancer d'une dent toutes les demi-minutes. Il en résulte que ce barillet se trouve sans cesse regagner en tension ce qu'il a perdu pour faire tourner la roue E et peut entretenir par elle le mouvement du pendule.

Le système électro-magnétique se compose d'un électro-aimant M M dont l'armature C C réagit sur un répartiteur de Robert-Houdin D D', dont le second bras D' porte le cliquet d'impulsion qui, dans ce système, est constitué par un crochet F.

L'interrupteur est disposé d'une manière toute particulière. Le pendule porte l'une des pièces de contact qui est rigide ; c'est une espèce de petite palette verticale en platine; mais le second contact est adapté à l'extrémité d'un ressort à bascule L dont la branche opposée G, terminée par une cheville, se trouve butée contre l'une des branches d'une petite ancre d'échappement à deux ressauts H analogue à celle de l'échappement de Lepaute. Cette ancre porte sur son axe d'articulation un long bras I c que peut rencontrer dans une position déterminée une goupille c adaptée près de l'axe de la roue d'échappement, et cette goupille, en soulevant toutes les demi-minutes le bras I c fait osciller l'ancre H, qui dégage le levier G et permet à la pièce L de s'abaisser après une pose sur la plus longue branche de l'ancre. De cette manière, le contact de L se trouve mis à portée de celui du pendule, qu'il rencontre sur la fin de l'oscillation ascendante de celui-ci, et qu'il repousse ensuite au moment de l'oscillation descendante. Or, cette fermeture du circuit ainsi opérée a pour effet de rendre actif l'électro-aimant qui, tout en accomplissant le remontage du barillet ainsi qu'on l'a vu, soulève le contact L abaissé et le renclanche dans sa première position au moyen d'une broche J et d'un doigt adapté à l'axe du levier G.

Afin d'empêcher la pile de se fatiguer par une action trop prolongée, M. Mildé fait agir l'horloge sur un commutateur K qui fait passer alternativement à travers l'électro-aimant, après certaines périodes de temps, le courant de deux piles différentes. Ce commutateur se compose d'un frotteur à galet K qui roule sur deux lames de cuivre mises en communication avec le pôle négatif de deux piles distinctes, et qui est mis en action toutes les demi-heures par une excentrique O adaptée à l'axe du premier mobile. Cette action s'effectue par l'intermédiaire d'une fourchette adaptée au bras inférieur d'un compas N O, dont la branche libre est articulée à un levier qui constitue avec le frotteur un second compas articulé.

Du côté opposé à ce commutateur se trouve un interrupteur pour le fonctionnement de cadrans compteurs. Cet interrupteur est mis en action par l'extrémité de l'armature, et son jeu se devine aisément à l'inspection de la figure.

Nous devons ajouter que le pendule a été enlevé sur la figure pour laisser voir plus facilement les différents dispositifs que nous avons décrit. Les communications électriques sont d'ailleurs indiquées.

2° *Système avec sonnerie.* — M. Mildé a combiné l'horloge électrique que nous venons de décrire de manière à fournir non-seulement la sonnerie des heures, mais encore celle des quarts, et il a naturellement emprunté au compteur de sonnerie qui a été décrit p. 100, quelques-uns des dispositifs mécaniques destinés dans cet appareil à produire ce genre d'effets.

Dans cette horloge dont nous représentons les deux faces fig. 33 et 34, le

Fig. 33.

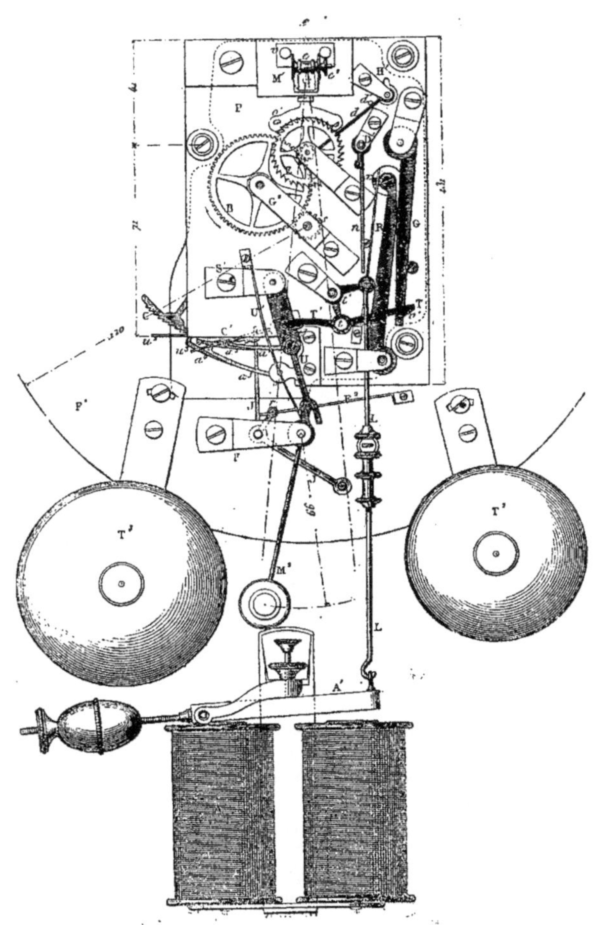

mouvement du pendule se trouve donc entretenu, comme dans l'horloge précédente, par une roue d'échappement E, sollicitée par un petit barillet que vient tendre toutes les demi-minutes une roue à rochet sur laquelle réagit l'électro-aimant A par l'intermédiaire d'une longue tige LL et du répartiteur de Robert-Houdin dont les branches se voient en R et en G. Cette réaction est effectuée par un compas articulé t' dont la branche t fait mouvoir une bascule TT′ qui est une des pièces les plus importantes de l'appareil. Cette bascule, en effet, en se crochetant en v' sur la branche G du répartiteur, rend celui-ci solidaire du mouvement de l'armature A′ de l'électro-aimant; mais portant en t^2 un doigt sur lequel réagit le mécanisme de la sonnerie placé derrière la platine, elle peut se trouver soulevée au moment où la pendule doit sonner et se trouver par là détachée du répartiteur; de sorte qu'en ce moment l'électro-aimant, au lieu de réagir sur le remontoir du barillet, exerce son effet sur la tige du marteau M² qui frappe soit sur le timbre T³, soit sur les deux timbres T³ et T², suivant la position des roues de compte du mécanisme de la sonnerie. Cette action est produite par l'intermédiaire de la fourchette articulée U et d'une cheville que vient saisir alors l'extrémité gauche de la bascule TT′ qui porte de ce côté une encoche. Un ressort U′ rappelle d'ailleurs cette fourchette et par suite le marteau M², dans une position déterminée.

Les roues de compte de la sonnerie sont fixées, l'une sur la chaussée de la minuterie, l'autre sur la roue des heures, et l'axe commun de ces deux roues se termine en s par un pignon qui engrène avec une roue B sur l'axe de laquelle est fixé le barillet appelé à faire fonctionner l'horloge. C'est donc cette roue B qui met en mouvement la roue E par l'intermédiaire d'un pignon, et c'est sur l'axe de cette roue, fixé au ressort du barillet, que réagit, par l'intermédiaire d'un pignon et d'une roue intermédiaire, la roue à rochet de remontoir qui, elle-même, reçoit son mouvement du cliquet d'impulsion x fig. 34 adapté au répartiteur. Cette roue à rochet ainsi que l'autre qui est montée sur le même axe qu'elle, n'ont pas été indiquées sur la figure 34 de crainte de confusion et parce qu'elles sont supposées cachées par la roue des heures qui est de même diamètre. La roue de compte des heures se voit d'ailleurs dans cette figure en M′, et celle des quarts, qui n'a que quatre ressauts puisque l'axe qui la porte fait un tour toutes les heures, se voit en m'. La roue N n'est autre que la roue de renvoi de la minuterie, et le cliquet r est le cliquet de retient de la roue à rochet du remontoir.

Pour peu qu'on étudie les deux figures, on voit que le fonctionnement de l'interrupteur électrique qui entretient le mouvement du système régula-

.teur est le même que dans l'horloge précédente ; seulement il.s'effectue toutes les minutes au lieu de se faire toutes les demi-minutes. En effet, la roue B fig. 33, qui fait un tour en 12 minutes, porte douze chevilles que peut rencontrer l'extrémité d'un long levier articulé d, dont l'axe H′ porte la fourchette de détente o fig. 34, et on a vu que c'est contre l'une des branches de cette fourchette que bute le bras g du compas articulé $g\,g'$

Fig. 34.

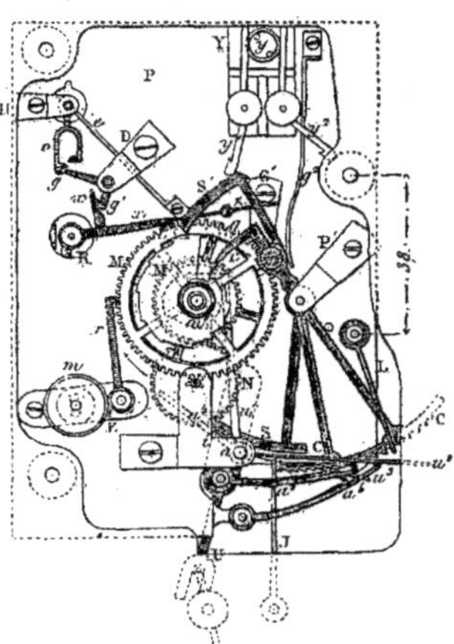

qui commande le jeu du levier de contact qui est en n fig. 33. Un ressort e, fig. 34, tend toujours à ramener vers la droite cette fourchette o, mais quand le levier d, fig. 33, se trouve abaissé par l'une des chevilles de la roue B, la fourchette en question s'écarte vers la gauche, et permet au bras g du compas $g\,g'$, fig. 34, de sauter d'une palette sur l'autre et de tomber ensuite au centre de la fourchette en déterminant la chûte du levier de contact n, fig. 33 ; celui-ci prend alors une position convenable pour que le balancier de l'horloge, à la fin de chaque double oscillation, puisse fournir les contacts nécessaires pour le remontage du barillet et pour le fonctionnement de la sonnerie des heures et des quarts. Quand cette dernière fonction se produit, le répartiteur ne peut, comme nous l'avons dit en commençant, réagir sur la roue du remontoir et, par conséquent, le cliquet x, fig. 34 reste inactif; mais aussitôt que le répartiteur exerce son action, ce cliquet d'impulsion x par l'intermédiaire d'un doigt x' qu'il porte, réagit sur le bras g' du compas articulé et fait renclancher le second bras g sur la fourchette o; ce qui relève en même temps le levier de contact n, fig. 33, et le met hors d'atteinte de l'action du pendule. La position de ce levier de contact sur la fig. 33, est mal indiquée: au lieu d'être vertical il devrait être incliné vers la gauche, jusqu'à la ligne pointillée qui indique l'oscillation extrême du pendule de ce côté.

Il nous reste à examiner comment s'effectuent, 1° la mise en action de la bascule TT' pour fournir en temps opportun soit le remontage du barillet de la roue B et, par suite, l'enclanchement du levier de contact n, soit le jeu de la sonnerie; 2° la mise en action de la sonnerie des quarts et des heures qui doit avoir lieu à chaque quart; 3° l'alternative des coups doubles et des coups isolés du marteau. Malheureusement toutes les pièces qui concourent à ces différentes réactions n'ont pu être représentées sur les figures 33 et 34, mais nous essayerons d'y suppléer par une description claire et précise.

Nous dirons tout d'abord que la sonnerie des heures et des quarts s'effectue de la même manière que dans le système de compteur à sonnerie du même auteur que nous avons décrit p. 100. Ce sont, en effet, deux crémaillères articulées C, C' sollicitées par des ressorts antagonistes et embridées par deux systèmes de doubles cliquets a^3 a^4 (dont deux sont cachés) qui, par la rencontre de leur bras S' et c avec les deux roues de compte M' et m', limitent le nombre des coups frappés sur les timbres, nombre nécessairement en rapport avec l'inclinaison plus ou moins grande des crémaillères; mais la pièce importante de ce mécanisme est un levier articulé muni d'un arc métallique S que M. Mildé appelle *secteur*, lequel, conjointement avec un système de détente constitué par les leviers u', u^2, u^3, u^4 fixés sur un même axe d'articulation a, réalise la plupart des effets voulus Examinons en effet le jeu de ces différentes pièces.

Les cliquets d'impulsion des crémaillères sont, comme on le voit, fixés sur la fourchette U qui met en jeu le marteau M^2; par conséquent, en admettant que la bascule TT', fig. 33, se trouve disposée de manière à réagir sur la fourchette U, il se produira après chaque attraction électromagnétique, un avancement d'une dent des crémaillères, et cet avancement sera maintenu par les cliquets de retient a^4. Toutefois, si des chevilles convenablement disposées sur la tête des quatre cliquets peuvent être rencontrées simultanément par les leviers de détente a u^2, les crémaillères seront dégagées et repoussées à droite, l'une sous l'influence du levier à ressort L, l'autre sous l'influence du poids du bras C. Or, ce dégagement se trouvera ainsi effectué lorsque le levier vertical u' qui est solidaire des leviers $a\,u^2$ se trouve écarté vers la droite, et comme cet écartement peut être produit tous les quarts d'heure par 4 chevilles adaptées à la roue de chaussée ou des minutes, les crémaillères se trouvent en position de diriger la marche du marteau de la sonnerie tous les quarts d'heure.

Pour comprendre maintenant les fonctions du secteur dont nous avons parlé, lequel doit isoler les actions exercées par l'électro-aimant sur la sonnerie et sur le remontoir, il faut nous rappeler que la bascule T T', fig. 33, porte à son extrémité gauche une pièce en forme de palette qui traverse la platine de l'appareil et qui se meut au-dessous de l'arc du secteur S. Quand cet arc est précisément au-dessus de cette pièce, il forme butée et empêche, par conséquent, le bout T de la bascule de s'accrocher sur le répartiteur; de sorte que les mouvements communiqués à cette bascule ne peuvent avoir alors d'autre résultat que de faire réagir le bras T' de la bascule sur la fourchette U, et de déterminer les effets dont il a été déjà question. Au contraire, quand le secteur S se trouve déclanché et hors de la portée de la pièce fixée au bras T' de la bascule T T', le bras T de celle-ci peut dès lors s'abaisser et se crocheter sur le répartiteur en v'. Or, la position du secteur S, dépend de celle de la crémaillère des heures C et de celle du bras u^4, fig. 34, qui est comme on l'a vu fixé sur le même axe que les leviers u' et u^2. Le levier de ce secteur porte, en effet, au-delà de son point d'articulation, une tête munie d'une vis de réglage qui appuie sur une broche adaptée au bras c, laquelle broche se termine par une tête de vis que l'on distingue aisément sur la figure. Un ressort g^2 appuie de son côté sur la tête du levier du secteur; de sorte que celui-ci est sollicité à s'écarter vers la droite (comme les deux crémaillères) au moment du déclanchement de celles-ci. D'un autre côté, le bras u^4 porte à son extrémité un butoir d'arrêt contre lequel vient appuyer une cheville portée par l'arc métallique du secteur S, quand après un premier dégagement de ce secteur le bras u^4 n'est pas assez soulevé pour laisser passer cette cheville. Il en résulte, par conséquent, que le débrayage du secteur s'effectue en deux fois, une première fois au moment du dégagement des crémaillères, ce qui empêche la réaction de l'électro-aimant sur le répartiteur et provoque l'action du marteau de la sonnerie, une seconde fois après l'écartement complet du levier u', et après un temps suffisamment long pour que les heures les plus longues aient eu le temps de sonner sans que la réaction sur le répartiteur, qui aurait été la conséquence de l'éloignement du secteur, vienne entraver la marche de la sonnerie.

Dans l'horloge dont nous parlons, les heures sonnent à tous les quarts et, par conséquent, après que ceux-ci ont déjà sonné. Pour obtenir ce résultat, la crémaillère des quarts munie seulement de six dents sur le côté gauche de l'arc qui la constitue, porte sur le côté droit un arc plein pourvu à son extrémité d'une petite coche et d'un plan incliné. Au moment du déclanchage, le cliquet de retient a^4 de la crémaillère des heures qui est muni en arrière d'une longue cheville, se trouve maintenu abaissé après la détente et le relèvement du levier u^2, par le rebord arqué de la crémaillère des quarts, et, par conséquent, les mouvements de la fourchette U ne peuvent produire d'effet que sur la crémaillère des quarts qui avance d'une quantité en rapport avec la position de la roue de compte correspondante. Ce n'est que quand elle est complétement relevée et que la cheville du cliquet a^4 a pu échapper le rebord arqué de la crémaillère des quarts pour glisser sur le plan incliné qui la termine, que la fourchette U peut exercer une action efficace sur la crémaillère C'; celle-ci se trouve alors successivement ramenée en place après avoir donné lieu à une série d'échappements de dents, en rapport avec la position de la roue de compte des heures en ce moment. Pour distinguer les coups en rapport avec chacune des deux crémaillères, une petite cheville a été adaptée à l'extrémité gauche de la crémaillère des quarts, et un levier articulé J J' muni d'un ressort de rappel F^2, fig. 33, appuie par son bras J contre cette cheville. Le bras J', de son côté, porte à son extrémité un petit butoir qui, comme dans le système du même genre adapté au compteur de sonnerie du même auteur (voir p. 102), peut empêcher le marteau M^2 de frapper le timbre T^2 au moment du déclanchement des crémaillères. Le levier J étant abaissé, le levier J' est soulevé, et le marteau M^2 peut frapper librement les deux timbres; mais après que la crémaillère des quarts est revenue en place, le système des leviers J J' vient faire obstacle au mouvement du marteau, et celui-ci ne peut plus frapper que sur le timbre des heures. Les mouvements des cliquets de la crémaillère des quarts ne peuvent d'ailleurs exercer aucune action sur celle-ci pendant le fonctionnement de l'autre, car le cliquet de retient glisse sur la partie pleine de la susdite crémaillère.

M. Mildé a adapté à cette horloge un interrupteur pour faire fonctionner un compteur de sonnerie qui, sans aucun mécanisme, peut sonner les quarts et les heures, en distinguant les quarts par deux coups rapprochés et les heures par des coups plus distancés. Il fixe à cet effet sur l'axe de rotation de la tige du marteau un levier ressort muni à son extrémité d'un petit cylindre en platine; ce levier, au moment des mouvements du marteau, rencontre un contact rigide disposé à l'extrémité d'une équerre et pouvant fournir contact en avant ou en arrière. Quand les mouvements du marteau ne sont pas entravés, le levier qu'il porte rencontre le contact fixe, et l'ayant dépassé, s'infléchit par-dessus à l'extrémité de la course du marteau, et vient fournir un nouveau contact à son mouvement inverse; de là les coups rapprochés dont nous avons parlé. Quand au contraire, la tige du marteau est embridée, le levier en question ne peut pas passer par-dessus le contact fixe et ne peut fournir d'effet électrique au retour, ce qui rend les coups espacés.

Pendule magnéto-électrique de M. H. de Kerikuff. —
M. H. de Kerikuff a voulu faire intervenir les courants induits que peuvent provoquer, de la part d'une bobine, le rapprochement ou l'éloignement d'un aimant fixe, pour entretenir la marche d'un pendule qui serait appelé lui-même à mettre en jeu l'aimant fixe. C'est, comme on le voit, le mouvement perpétuel présenté sous sa forme la plus spécieuse; mais dans ce cas pas plus que dans d'autres il ne peut physiquement exister. En attendant, voici comment M. de Kerikuff dispose les différents organes qui doivent fournir l'effet que nous avons annoncé.

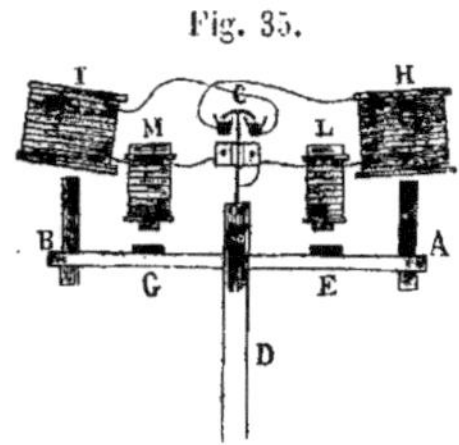

Fig. 35.

Sur la tige d'un pendule suspendu en C, fig. 35 ci-dessus, se trouve fixée une traverse de cuivre AB portant en E et G deux petites palettes aimantées, et en A et B deux aimants fixes d'une certaine énergie. Au-dessus de ces aimants sont disposées deux bobines d'induction H et I dont les fils sont réunis isolément à ceux de deux électro-aimants L et M placés au-dessus des palettes E, G. Enfin un double interrupteur à mercure, interposé en C dans les circuits des bobines d'induction, est disposé de manière à interrompre ces circuits au moment des oscillations ascendantes du pendule. Voici alors, selon M. de Kerikuff, ce qui doit arriver quand le pendule accomplit ses oscillations :

Au moment où le pendule incline vers la droite, l'aimant A s'introduit dans la bobine d'induction H et provoque un courant inverse; mais ce circuit étant alors interrompu, le courant ne produit aucun effet sur l'électro-aimant L. Au contraire, quand le pendule commence son oscillation rétrograde, un courant direct prend naissance, et en traversant l'électro-aimant L détermine entre les pôles de celui-ci et ceux de la palette E, une répulsion qui restitue au pendule la quantité de mouvement qu'il avait perdue. Quand le pendule incline à gauche, les mêmes phénomènes se re-

produisent ; de telle sorte qu'une fois une première impulsion communiquée
au pendule, le mouvement de celui-ci se trouve entretenu indéfiniment.

Si l'on considère que du fait même de la production des courants induits
résulte, entre les aimants A et B et les hélices induites I et H, une réaction
qui est attractive pour les courants directs, répulsive pour les courants
inverses, on arrive à conclure que toute l'action mécanique qui pourrait
être produite par la répulsion exercée par les électro-aimants M et L se
trouve complétement détruite dans la disposition précédente, et cet effet se
reproduirait également si, au lieu d'utiliser les courants directs, on avait
utilisé les courants inverses. On retrouve donc là comme partout le grand
principe d'équilibre qui gouverne les forces physiques de la nature, et qui
empêchera toujours le mouvement perpétuel d'être trouvé.

III. — APPAREILS ACCESSOIRES DE L'HORLOGERIE.

Réveils électriques. — Il y a environ 20 ans, en 1855, j'avais eu
l'idée de faire réagir électriquement les aiguilles d'une horloge ou d'une
pendule de manière à déterminer à certaines heures du jour ou de la nuit
le mouvement d'une sonnerie électrique ; c'était en quelque sorte l'application aux horloges du mécanisme des réveils-matin, avec cet avantage que
l'on pouvait de cette manière faire tinter à une distance quelconque des
sonneries de toute taille, susceptibles même d'être employées comme cloches
de signal pour la reprise ou la cessation du travail dans les grands ateliers.
J'ai fait exécuter un appareil de ce genre qui a très-bien réussi et qui a été
décrit avec détails dans la seconde édition de cet ouvrage tome III, p. 72.

Pour obtenir le résultat que j'ai annoncé, j'avais disposé autour du cadran
de mon horloge régulatrice deux circonférences métalliques concentriques
isolées l'une de l'autre, et disposées de manière à fournir sur leur bord intérieur une partie évidée sur laquelle on pouvait fixer en tel ou tel point qu'il
convenait une pince métallique. L'une de ces circonférences était mise en
rapport avec le pôle positif d'une pile ; l'autre avec le circuit d'une sonnerie
électrique, et les pinces elles-mêmes étaient munies de butoirs métalliques,
(de hauteur différente pour chaque circonférence), que devaient rencontrer
deux leviers à ressorts articulés sur les aiguilles de l'horloge. Naturellement
le levier de l'aiguille des minutes devant passer par-dessus les butoirs de la
circonférence intérieure sans les toucher, il fallait que ceux-ci fussent plus
courts que les autres. D'un autre côté, comme l'aiguille des heures, dans
les horloges ordinaires, fait deux fois le tour du cadran en 24 heures et que
les contacts produits par les aiguilles pourraient de cette manière se répéter

induement le jour et la nuit, j'ai dû adapter à l'horloge une troisième aiguille faisant son tour de cadran en 24 heures, et c'est sur cette aiguille qu'a été fixé le deuxième levier de contact. Avec cette disposition, il suffit comme on le comprend facilement, de placer les pinces à butoir devant l'heure et la minute auxquelles la sonnerie doit tinter, pour que les aiguilles, au moment de leur passage devant ces butoirs et par suite de leur contact simultané avec eux, viennent fermer le courant à travers la sonnerie et provoquer l'appel. Afin d'éviter les vibrations des leviers au moment de leur contact avec les butoirs, vibrations qui pourraient avoir des inconvénients dans les grosses sonneries à déclanchement, j'employais comme leviers de contact des barreaux aimantés, et les butoirs des circonférences métalliques étaient constitués par des morceaux de fer doux. Ces pièces étaient d'ailleurs platinisées pour rendre les étincelles moins intenses. Comme les butoirs étaient mobiles et qu'ils pouvaient être placés sur tout le pourtour des deux circonférences, il était facile avec cette disposition de multiplier les appels aussi souvent qu'on pouvait le désirer. Il ne s'agissait que d'avoir un certain nombre de ces butoirs, et de les fixer en position convenable sur les deux circonférences.

Dans ces derniers temps plusieurs constructeurs et inventeurs, entr'autres M. Everts, ont repris cette idée et l'ont appliquée à quelques-uns de leurs régulateurs.

Dans les appareils de M. Everts, la pièce circulaire servant à la fixation des butoirs interrupteurs est placée à l'intérieur de l'appareil et sur la platine postérieure du mouvement d'horlogerie. Elle a pour centre celui de la roue de compte de la sonnerie, et c'est un long levier porté par l'axe de cette roue (qui a été enlevée), qui conduit le ressort de contact appelé à faire fonctionner la sonnerie électrique. Le système interrupteur quoique fondé sur le même principe que le mien a néanmoins une disposition un peu différente. Il se compose d'une circonférence métallique supportée par 4 petites colonnes sur la platine postérieure du mécanisme. Une autre circonférence de matière isolante, au milieu de laquelle on a évidé une rainure, est appliquée sur la première et se trouve latéralement percée de 24 trous dans lesquels on peut introduire, suivant le rayon du cercle, des aiguilles d'argent. C'est sur ces aiguilles que vient frotter le ressort de contact porté par le long levier dont nous avons parlé, et ces aiguilles elles-mêmes sont reliées par des fils isolés à un commutateur placé extérieurement sur l'un des côtés de la boîte renfermant l'appareil. Le levier interrupteur lui-même est relié au commutateur.

On conçoit d'après cette disposition, que si toutes les aiguilles d'argent

de l'interrupteur sont à leur place et que le commutateur établisse la liaison
de ce système avec la sonnerie d'appel et une pile, il pourra se produire
toutes les heures et toutes les demi-heures, au moment du déclanchement
de la sonnerie, un contact donnant lieu à un appel. Mais si au lieu de se
trouver toutes en place, les aiguilles ne sont fixées sur la circonférence qui
les porte que dans certaines positions correspondantes aux heures d'appel
que l'on a choisies, les fermetures de courant ne s'effectueront qu'à ces
moments là seulement, et leur durée dépendra du temps du frottement du
ressort interrupteur ; or, cette durée étant plus longue pour les heures que
pour les demi-heures, pourra être régularisée soit par la plus ou moins
grande largeur des aiguilles, soit en accolant un plus ou moins grand nombre
d'aiguilles les unes à côté des autres.

L'inconvénient de ce système est de faire répéter les mêmes appels le
jour et la nuit, puisque le chaperon de la sonnerie fait comme l'aiguille des
heures deux tours en 24 heures. On ne peut pas non plus obtenir un appel
en dehors des heures et des demi-heures, ce qui est quelquefois nécessaire.

M. Everts a aussi appliqué son système aux horloges dont la sonnerie
est à rateau. Cette application n'a du reste rien de difficile ; « seulement, dit
M. Everts, il faut s'assurer si dans le rouage destiné à la sonnerie, la roue
intermédiaire entre la roue de barillet et celle des chevilles, c'est-à-dire
celle dont l'axe doit être muni du levier interrupteur, fait exactement un
tour entier en 12 heures, ce qui a lieu ordinairement dans les bons mouvements. Il faut alors prolonger l'axe de cette roue hors de la platine postérieure de l'appareil afin de pouvoir y fixer le levier interrupteur. »

Calendrier perpétuel électro-magnétique. — On a construit
depuis longtemps des horloges à calendrier qui pouvaient indiquer les jours
de la semaine et les quantièmes des différents mois sans qu'il fut besoin
d'y toucher en aucune manière. Ces horloges auraient donc été de la plus
grande utilité si leur prix élevé ne les avait rendues inabordables dans le
commerce. On pouvait d'ailleurs désirer que cet accessoire fut indépendant
de l'horloge et put être placé en tel endroit qu'il pouvait convenir, sans avoir
à y transporter l'horloge elle-même. Ce problème a pu être résolu par
l'électricité, et dès l'année 1855 j'avais fait construire un calendrier perpétuel électro-magnétique que j'ai décrit avec détails dans la seconde édition
de cet ouvrage, tome II, p. 474. Toutefois en raison de sa complication, cet
appareil ne réunissait pas les conditions voulues pour être utilisé pratiquement, et moi-même je ne le considérais que comme un appareil de démonstration dans lequel j'avais réuni une grande partie des artifices électro-

mécaniques susceptibles d'être employés dans les applications de l'électricité. Quelques années plus tard, en 1859 M. Royer, bijoutier à Caen, aujourd'hui photographe, combina un système beaucoup plus simple dont je vais faire la description et qui paraît susceptible d'application.

La grande difficulté que l'on rencontre pour une solution simple de ce problème est la complication qu'entraîne l'inégalité des jours du mois de février, suivant que les années sont ou ne sont pas bissextiles. D'un autre côté, il paraissait nécessaire d'avoir trois cadrans et trois aiguilles indicatrices, l'une pour la désignation des différents jours de la semaine, une autre pour celle des quantièmes du mois et une autre encore pour celle des diffé-

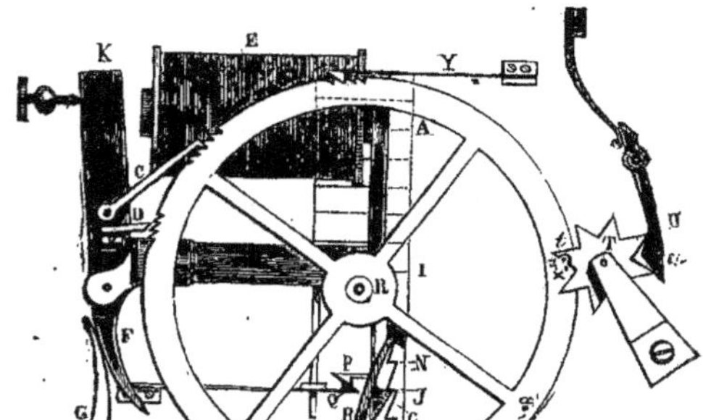
Fig. 36.

rents mois de l'année. Dans ces conditions, le problème était évidemment très-complexe, car pour obtenir avec une seule action mécanique, effectuée une fois par jour, des indications séparées qui pussent se produire dans des conditions différentes tous les cinq ans, il fallait un mécanisme intermédiaire qui pût pendant quatre révolutions complètes de l'aiguille des mois faire sauter, le 28 février, l'aiguille des quantièmes de deux divisions, et ne la faire avancer que d'une division seulement après la cinquième révolution de la première aiguille. C'est ce problème que j'ai résolu; mais M. Royer l'a simplifié considérablement en n'employant qu'une seule aiguille indicatrice pour les quantièmes et les différents mois, et en affectant à la désignation des jours de la semaine, un mécanisme spécial, indépendant de celui des quantièmes. Par suite de cette disposition, il n'emploie qu'un seul cadran autour duquel sont marqués les différents jours de l'année, avec les mois auxquels ils correspondent, et il évite ainsi les complications mécaniques qui sont la conséquence de la longueur inégale de ces différents mois.

La fig. 36 ci-contre, représente le mécanisme intérieur de cet appareil. Il consiste dans une roue à rochet R, divisée en 366 dents, sur laquelle réagit un électro-aimant E, au moyen des cliquets C et D, et dans un mécanisme à crémaillère AB, mis en action également par l'électro-aimant E, mais par l'intermédiaire d'un répartiteur de Robert-Houdin FGH. Ce mécanisme à crémaillère n'est autre chose qu'une longue plaque AI, terminée par la crémaillère IB, qui porte gravés sur elle les sept jours de la semaine, et qui se meut devant un guichet placé au haut du cadran. Sous l'influence de chaque fermeture de courant opérée toutes les vingt-quatre heures par l'horloge régulatrice, l'armature de l'électro-aimant E fait sauter une dent de la roue R, et, en réagissant par sa queue F, taillée en courbe de répartiteur, sur le levier coudé LOG, qui oscille en O, et qui est également recourbé en F, il fait avancer le cliquet H d'une quantité NJ qui peut être considérable, en raison de la possibilité que donne le répartiteur FG d'écarter beaucoup l'armature KF de l'électro-aimant E. Sous l'influence de cette double réaction, l'aiguille indicatrice avance donc d'un jour sur le cadran, et l'indication du jour de la semaine change dans le guichet. Lorsque après une série de fermetures successives de courant, la crémaillère IB présente son dernier cran au cliquet H, un renflement B qu'elle porte se présente devant le crochet de retient J, et l'écarte de sa position précisément au moment où le cliquet H pousse ce dernier cran. Or, comme ce crochet de retient est muni d'un petit crochet P, qui glisse sur un autre Q, porté par un ressort, il arrive qu'une fois repoussé, le crochet J ne peut plus reprendre sa position normale, et permet à la crémaillère de tomber, lorsque le cliquet H, après avoir été déjà soulevé par la cheville C, se trouve définitivement écarté de la crémaillère au retour du levier FOG. Toutefois, avant d'être complétement tombée, la crémaillère réagit sur le ressort Q, par l'intermédiaire d'un butoir fixé à la plaque AI, et dégage le crochet J qui peut dès lors reprendre ses fonctions de cliquet de retient.

L'étoile T est établie pour corriger les indications de l'aiguille des quantièmes, lors des années bissextiles. Comme la roue à rochet R est munie de 366 dents, et que, pour correspondre au nombre de jours des années ordinaires, elle devrait n'en avoir que 365, il fallait faire en sorte que cette roue pût sauter de deux dents au 1ᵉʳ mars pour les années ordinaires et d'une seule pour les années bissextiles. Pour cela, la roue R porte trois chevilles x, x' et z, dont la dernière n'est éloignée de la cheville x que de l'intervalle d'une dent, et l'étoile T est munie de huit rayons, dont l'un t porte une coche assez profonde pour correspondre, en diamètre, également à l'intervalle d'une dent de la roue R. Lorsque cette roue R tourne sous l'influence de l'électro-aimant E, la cheville x' rencontre bientôt un rayon de l'étoile T, et au bout de quelques jours de prise, elle le fait échapper sous l'influence du cliquet en coin U, qui fait basculer l'étoile aussitôt que la pointe du rayon opposé à celui qui est en prise a dépassé la partie anguleuse u. Avant cet échappement, l'étoile est maintenue par le cliquet de retient de la roue R, et par la tension exercée par le cliquet U. Quand la seconde cheville x se présente devant le rayon suivant, ce qui a lieu le 1ᵉʳ mars, le même effet se reproduit ; mais le rayon qui suit ce dernier, et qui prend la place de celui-ci sous l'influence du cliquet U, rencontre la troisième cheville z, et la repousse jusqu'à ce qu'elle ait pris la position de la cheville x, c'est-à-dire de l'intervalle d'une dent. Cette réaction, jointe à l'action du cliquet d'impulsion de l'électro-aimant, produit donc bien au 1ᵉʳ mars l'échappement de deux dents nécessaire pour les indications de l'aiguille pendant les années ordinaires. Maintenant, quand au bout de 4 ans d'indications faites de la manière précédente le rayon t se présente devant la cheville z, après l'échappement déterminé par la cheville x, il ne peut produire aucun effet, car la cheville z entre dans la coche qui se trouve devant elle et n'est pas, par conséquent, touchée. Il n'y a donc alors qu'une dent de la roue R, qui échappe au 1ᵉʳ mars, et c'est celle qui est poussée par le cliquet de l'électro-aimant E. Ainsi se trouve résolu le problème relatif aux années bissextiles.

Le conjoncteur destiné à faire marcher cet appareil est mis comme le mien en action par la roue de compte de la sonnerie d'une pendule ; seulement, afin d'éviter la roue intermédiaire, que j'avais établie de manière à ne faire qu'un tour par 24 heures, M. Royer emploie une étoile munie d'un certain nombre de rayons, dont les impairs portent une petite cheville métallique. Cette étoile saute d'un rayon toutes les 12 heures, à midi, sous l'influence d'une cheville adaptée à la roue de compte, et se trouve mise en rapport par son axe avec le circuit du calendrier. Un ressort, qui peut être rencontré par les chevilles de l'étoile au moment où celle-ci échappe, se trouve également interposé dans ce circuit ; de sorte que, pour chaque contact entre ce ressort et les chevilles de l'étoile, c'est-à-dire toutes les 24 heures, une fermeture de courant a lieu, et cette fermeture produit les différents effets que nous avons analysés.

Memento ou aide-mémoire électrique de M. Th. Du Moncel. — Il n'est personne qui n'ait eu souvent à regretter les conséquences d'un oubli involontaire soit pour quelque affaire, soit pour quelque acte de la vie privée. Pour aider le souvenir on a bien imaginé de faire un nœud à son mouchoir ou de faire une marque quelconque sur un objet qui frappe sans cesse la vue ; mais ces moyens sont loin d'être suffisants, car ils n'attirent pas spécialement l'attention, et d'ailleurs ils n'indiquent pas l'objet pour lequel ils rappellent le souvenir. Le système des notes écrites sur des agendas est bon pour les personnes qui ayant beaucoup d'affaires sont habituées à ouvrir chaque jour leur carnet ; mais la plupart du temps on néglige cette précaution, et les personnes distraites sont souvent obligées, quand le souvenir de ce qu'elles ont à faire leur passe par

Fig. 37.

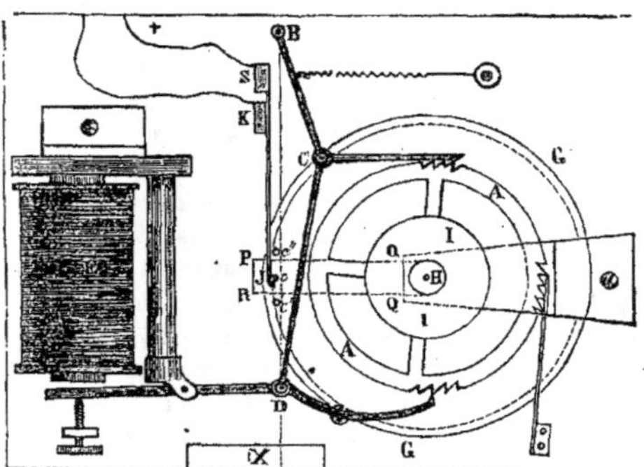

l'esprit à temps, de prier des personnes ayant meilleure mémoire de les faire se ressouvenir, ce qui, par parenthèse, n'a lieu presque jamais. Étant du nombre de ces personnes distraites, j'ai cherché un moyen électro-mécanique d'éveiller mes souvenirs et j'y suis arrivé au moyen de l'appareil représenté ci-dessus, fig. 37.

Cet appareil se compose en grande partie d'un compteur électro-magnétique dont la roue à rochet **AA** munie de 124 dents laisse échapper 4 dents par jour sous l'influence d'une pendule à laquelle elle est reliée électriquement. Pour que cette roue à rochet puisse avoir un diamètre assez grand (10 centimètres environ, ce qui lui suppose des dents de 2 millimètres et demi), l'électro-aimant E doit réagir sur elle par l'intermédiaire d'un répar-

titeur BCD. L'axe de cette roue se prolonge au delà du pont sur lequel il
pivote et porte un disque de cuivre II servant d'assiette pour maintenir un
grand disque de bois ou de carton-pâte peint en blanc GG que l'on fixe au
moyen de l'écrou H.

Ce disque de bois, destiné à recevoir les indications au crayon qu'il s'agit
de montrer en temps opportun, est divisé, sur le bord de sa circonférence,
en 31 divisions numérotées, devant chacune desquelles se trouve un petit
trou circulaire c, c', c'', etc. Des chevilles de cuivre distribuées dans un petit
casier X peuvent être introduites à volonté dans ces trous et réagir en passant sur un interrupteur SKJ composé de deux lames de cuivre placées
parallèlement l'une à côté de l'autre et isolées métalliquement. L'une de
ces lames correspond à la pile, l'autre à une sonnerie électrique ou mieux
à un simple trembleur sans timbre placé derrière l'instrument. Tout ce
mécanisme est enfermé dans une petite boîte dont la devanture est montée
à charnière comme une porte et se trouve percée en OPQR d'un guichet.

Les fermetures de courant opérées à travers le compteur de l'instrument
sont provoquées par deux chevilles placées sur le chaperon de la sonnerie
de la pendule (devant les crans de midi et de six heures) et qui rencontrent
quatre fois par jour l'une des lames d'un interrupteur placé à portée.
Comme le disque d'ivoire n'a que 31 divisions alors que la roue à rochet
qui commande son mouvement a 124 dents, une division seulement du
disque d'ivoire passe chaque jour devant le guichet de l'appareil ; de sorte
que ces différentes divisions correspondent aux différents jours du mois.

Pour faire usage de cet instrument on retire, au commencement de
chaque mois le disque GG de l'appareil en dévissant l'écrou H_1, puis on écrit
au crayon en face de celles des divisions du disque qui, par leur numéro
d'ordre, correspondent aux jours du mois que l'on veut signaler, les aver-
tissements qui doivent être fournis. Puis on replace le disque à sa position
normale en ayant soin de placer la première division devant l'interrupteur
SKJ. On fixe alors des chevilles de cuivre dans les trous correspondants
aux indications écrites, et l'appareil est prêt à agir. En effet, tant qu'aucune
cheville ne se présente devant l'interrupteur SKJ l'appareil fonctionne
comme un compteur ordinaire, en faisant échapper chaque jour une division du disque GG ; mais lorsqu'une cheville arrive en J, un contact métallique se trouve bientôt établi entre les deux ressorts SJ, KJ, et la sonnerie
électrique entre en mouvement. Comme ce tintement de la sonnerie pourrait durer six heures, il est certain qu'à un moment ou à un autre on finira
par être prévenu, et en regardant dans le guichet OPQR on saura pour
quelle affaire on est ainsi averti.

On comprend aisément qu'on pourrait, dans le cours du mois, inscrire de nouvelles indications ou détruire les anciennes sans même démonter le disque GG, car il suffirait pour cela de coller sur ce disque de petits morceaux de papier sur lesquels seraient écrites ces nouvelles indications ou d'effacer avec un chiffon mouillé les traces au crayon dont il n'est plus besoin ; mais il faudrait avoir soin dans un cas de placer de nouvelles chevilles et dans l'autre de retirer celles qui sont devenues inutiles.

L'appareil précédent pourrait aussi être établi avec un compteur à crémaillère et s'adapter aux différents jours de la semaine au lieu de correspondre aux différents jours du mois ; ce ne sont que des substitutions de mécanisme à effectuer et qu'il est aisé de deviner. Il en serait de même dans le cas où l'on voudrait adapter ce système à une horloge sans l'intermédiaire du compteur électro-magnétique. Ce seraient alors deux doigts adaptés à l'axe du chaperon de la sonnerie qui produiraient l'échappement de la roue AA, laquelle serait à chevilles au lieu d'être à rochet. Enfin les chevilles du disque GG, au lieu de réagir en produisant une fermeture de courant, pourraient déclancher une sonnerie mécanique. Mais ces différents systèmes seraient en définitive moins simples et plus encombrants que celui que nous avons décrit.

On pourrait objecter à notre appareil que les mois étant d'inégale longueur, on se trouve obligé de les régler à la main une fois par mois ; mais nous répondrons à cela que, comme on est obligé de toucher à l'appareil pour inscrire les indications du memento, on peut du même coup faire ce règlement. Si nous avions cherché à faire de cet appareil un calendrier perpétuel, comme du reste nous l'avons déjà fait, nous lui aurions retiré toute sa simplicité, et il n'aurait plus été dès lors d'un usage pratique. D'ailleurs, l'indication du nombre de jours des différents mois se trouve gravée sur la devanture ouvrante de l'appareil ; et une cheville, placée d'une manière fixe à la division 28, avertit toujours, vers la fin du mois, de regarder cette table pour opérer à temps la correction voulue, ce qui ne nécessite généralement qu'une impulsion à la main (trois au plus) communiquée à l'armature de l'électro-aimant.

En combinant cet appareil à mon système de réveil électrique, que j'ai décrit page 167 on pourrait faire en sorte que le tintement de la sonnerie ne s'effectue qu'au moment même où il en est besoin. Il suffirait pour cela d'interposer le réveil dans le circuit de la sonnerie fermé par les ressorts SJ, KJ. Alors, malgré le contact des chevilles du disque d'ivoire, la sonnerie ne pourrait fonctionner qu'autant que l'aiguille des minutes du réveil aurait rencontré le butoir indicateur de l'heure. Ce système, au fonctionnement duquel on pourrait affecter la pendule même qui réagit sur le compteur, aurait toutefois l'inconvénient de ne pas fournir des appels d'assez longue durée, car on peut être absent au moment du tintement de la sonnerie. Il vaut mieux, je crois, adapter un interrupteur à la sonnerie, pour couper le courant quand on a entendu le signal, afin que le bruit n'importune pas; d'ailleurs, au moyen d'un second contact adapté à cet interrupteur, et d'un second interrupteur placé devant le chaperon de la pendule, on pourrait faire répéter à toutes les heures un tintement, jusqu'à l'expiration du délai voulu, pour réveiller le souvenir.

Application de l'électro-magnétisme à la marche du pendule pour la démonstration du mouvement de rotation de la terre. — Tout le monde connaît la belle expérience par laquelle M. Foucault a démontré matériellement aux yeux, le mouvement de rotation de la terre au moyen du pendule. Cette expérience fondée sur l'immobilité du plan d'oscillation du pendule se comprend aisément, dès lors que l'on examine qu'un pareil système ne tenant à son support que par un seul point autour duquel il peut aisément pivoter, est complétement indépendant du déplacement que subira celui-ci, et doit en conséquence osciller toujours dans une même direction après qu'une première impulsion lui aura été communiquée. La conséquence de cette propriété est qu'un corps mobile muni d'un pendule libre dans ses mouvements, possédera ainsi un système de repère à l'aide duquel ses déplacements pourront être constatés. La terre étant un corps mobile, on pourra donc apprécier ses mouvements, en faisant osciller un pendule à sa surface; et comme nous ne voyons pas tourner la terre faute de points de repère, c'est le pendule qui, au contraire, nous paraîtra dévier de son plan initial d'oscillation. En effet, si on adapte sous ce pendule que nous supposons à l'un des pôles de la terre, un cadran divisé, et qu'on lui donne une première impulsion dans la direction du 360ᵉ degré au 180ᵉ, au bout d'un certain temps le pendule aura dévié et oscillera du 350ᵉ degré au 170ᵉ degré; il y aura donc une différence de 10 degrés dans les deux directions du plan d'oscillation du pendule, et cette différence représentera *la somme* des déplacements que la terre a subies pendant cet intervalle de temps. Je dis *la somme* des déplacements, car le mouvement de la terre, par rapport au pendule, se complique de son mouvement de révolution autour du soleil et de son mouvement sidéral. Je ne m'arrêterai pas à expliquer comment, dans nos régions, le pendule oscillant dans un plan qui n'est pas perpendiculaire au plan de rotation de la terre, se déplace beaucoup plus lentement (1) qu'il ne le

____

(1) Cette décroissance est proportionnelle au sinus de la latitude.

ferait aux pôles de la terre, seuls points où ses déviations représenteraient exactement les arcs décrits par la terre dans ses mouvements. Cette question est complétement en dehors de notre sujet, et ne se rattache à l'électricité que par un système d'entretien de mouvement du pendule dont nous allons parler. Toutefois, les simples considérations que nous venons d'exposer suffisent pour démontrer que les déviations du plan d'oscillation du pendule ne peuvent indiquer l'heure comme plusieurs journalistes l'ont affirmé (1).

Pour que les déviations apparentes du plan d'oscillation du pendule puissent s'effectuer d'une manière sensible, il faut que le mouvement de celui-ci dure un certain temps et qu'il soit complétement affranchi de toute influence contraire à la première impulsion qu'il a reçue. Or, ces conditions sont difficiles à réaliser avec de petits pendules dont les oscillations durent quelques minutes à peine. Avec des pendules dont la tige est très-longue, et dont le poids est très-considérable, ces oscillations peuvent durer beaucoup plus longtemps, et c'est pourquoi dans l'origine, M. Foucault avait établi son appareil sous le dôme du Panthéon. Mais de pareils pendules exigent une installation toute particulière et un local qu'il n'est pas donné à tout le monde de se procurer. On a donc dû chercher à réagir mécaniquement sur des pendules de moindres dimensions, tout en les laissant libres dans leurs mouvements, et c'est dans ce but que l'électricité a pu être d'un secours fort utile.

La première idée d'employer l'électricité à entretenir le mouvement du pendule de M. Foucault, appartient à M. Franchot, qui à cet effet avait fait construire un appareil fondé sur le système d'entretien du mouvement de la balançoire par des oscillations mécaniques opérées verticalement. Mais ce système réalisé électriquement, quoique entretenant suffisamment bien le mouvement du pendule empêchait celui-ci de *manifester la moindre déviation.* Or, tel n'était pas le but que se proposait l'inventeur. En 1855, cette idée a été reprise par M. Foucault lui-même, et cette fois, avec l'aide de M. Froment, le problème a été complétement résolu.

La cause pour laquelle la déviation du pendule ne pouvait être accusée dans le système de M. Franchot, provenait essentiellement de la mobilité de la tige du pendule dans le sens de sa longueur (*nécessitée par les oscillations verticales auxquelles elle se trouvait assujettie*), et de sa réaction sur un commutateur. Pour obtenir en effet des déviations bien marquées, il

---

(1) Voir sur ce sujet une note intéressante de M. Govi, dans l'*Illustration* du 22 septembre 1855, et une brochure de M. E. Gand.

faut que la tige du pendule soit entièrement libre comme nous l'avons déjà dit, et qu'elle se trouve fixée par un mode de suspension excessivement rigide. Dans la solution du problème de l'entretien du mouvement de cette sorte de pendule, il fallait donc faire en sorte :

1° Qu'une attraction rayonnante dans tous les sens pût rappeler le pendule écarté de la verticale, en quelque point de sa déviation qu'il pût se trouver placé.

2° Que cette attraction fût supprimée au moment du passage du pendule à la verticale, pour ne recommencer qu'au moment de son oscillation descendante.

3° Que le pendule pût exercer *à distance* son effet sur le commutateur.

Voici comment M. Foucault a satisfait à ces différentes exigences dans l'appareil installé par lui à l'exposition universelle de 1855.

Son pendule consistait dans un long fil d'environ 11 mètres de longueur, terminé par une grosse boule de fer doux de 20 centimètres de diamètre. Ce fil était solidement fixé par une pince à la voûte de pierre du pavillon nord-ouest de l'exposition, et pouvait par sa torsion se prêter aux déviations de la masse oscillante, ou plutôt, comme je l'ai déjà dit, au mouvement circulaire opéré par le support, par suite de la rotation du globe. Au-dessous de ce pendule, se trouvait une table circulaire, divisée en 360 degrés qui pouvait aisément servir à constater les différentes déviations du plan d'oscillation du pendule. Enfin, au centre de cette table, était disposé l'appareil rhéotomique que nous représentons fig. 38 et dont nous allons donner à l'instant l'explication.

Avec ce système, la force électro-magnétique qui est rayonnante pouvait exercer son effet sur la masse oscillante, quelle que fût la direction de son mouvement ; et cette réaction ne pouvait influencer en rien cette direction. De plus, le rhéotome n'était mis en jeu qu'au moment seul des oscillations descendantes. Le mouvement du pendule se trouvait donc ainsi entretenu d'une manière permanente, bien que celui-ci pût conserver sa complète liberté.

Pour que l'on puisse comprendre le jeu de l'appareil rhéotomique représenté fig. 38, il faut que l'on sache que l'électro-aimant droit A est mobile selon son axe, et soutient à sa partie inférieure, par l'intermédiaire d'un crochet K, un levier C D articulé en C et en contact ordinaire par son extrémité D avec une pointe à vis de rappel H, qui constitue avec lui un premier interrupteur. Ce levier communique, en effet, par l'intermédiaire du fil d'un électro-aimant T au pôle positif d'une pile Y dont l'autre pôle correspond à la pointe H ; et l'électro-aimant T a lui-même pour armature une pièce de fer O fixée sur un levier articulé EF qui constitue en G un second interrupteur; cet interrupteur a toutefois son action modérée et ralentie par un système de rouages à ailettes M L sur lequel réagit un cliquet F adapté à l'extrémité du levier E F; et c'est lui qui réagit sur l'électro-aimant A par suite de la communication du fil de celui-ci avec le levier E F et de la liaison de la pointe G avec la pile Y qui communique d'autre part avec ledit électro-aimant A.

La masse du pendule M est comme on l'a vu, en fer, et l'électro-aimant A est soutenu sur un ressort à boudin qui lui permet d'être soulevé et rappelé ensuite à sa position normale. Or, voici ce qui arrive pendant que s'accomplissent les oscillations du pendule :

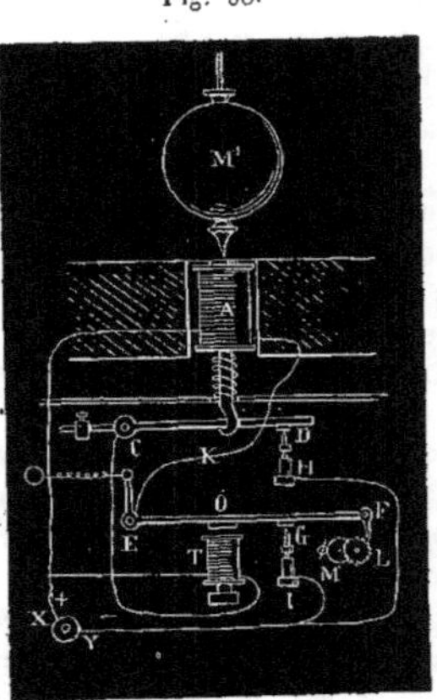

Fig. 38.

Au moment où la boule M est sur le point d'arriver à la verticale, le courant passe à travers les deux électro-aimants A et T, car les deux interrupteurs G et H sont sur contact; l'électro-aimant A tendra donc à attirer la masse de fer M, et tout en donnant ainsi une impulsion au pendule, il subira lui-même l'effet de la réaction de la boule de fer sur lui, laquelle au moment de son passage à la verticale le soulèvera de quelques millimètres. Par suite de ce soulèvement, le levier C D abandonnera son contact avec le butoir H, et, par suite, l'électro-aimant T deviendra inerte, ce qui provoquera la rupture du courant à travers l'électro-aimant A. La boule M pourra dès lors accomplir son oscillation ascendante sans encombre, et l'électro-aimant A devenu inerte reviendra à sa position initiale en rétablissant les contacts sur les deux interrupteurs G et H; toutefois le dernier de ces contacts ne pourra s'effectuer instantanément, car avant de se produire il faudra que le système de rouages M L ait défilé pendant quelques instants, et c'est ce retard apporté au jeu du second interrupteur, retard qui peut être réglé par le volant M qui empêche l'électro-aimant A de réagir sur le pendule pendant ses oscillations ascendantes. De cette manière, l'attraction électro-magnétique ne se produit qu'à la fin des oscillations descendantes et dans les conditions les plus convenables pour entretenir sans réactions nuisibles la marche du pendule.

Le pendule que nous venons de décrire étant d'une grande dimension, le fil qui soutenait la boule pouvait se tordre pendant longtemps sans réagir sur la masse qu'il supportait; mais dans des pendules de plus petite dimension, ce mode de suspension ne serait pas toujours efficace. Dans ce cas, je crois qu'il faudrait avoir recours à une suspension sur pointe, dans le genre de celle que nous avons représentée fig. 20, pl. VI. Cette suspension consisterait dans un support rigide A B C solidement boulonné à la voûte d'une chambre, ou même sur une traverse rigide soutenue sur quatre colonnes. L'extrémité en cône C de ce support, serait en agate ou en acier trempé, parfaitement poli sur son contour supérieur a b, et un autre cône

Fig. 39.

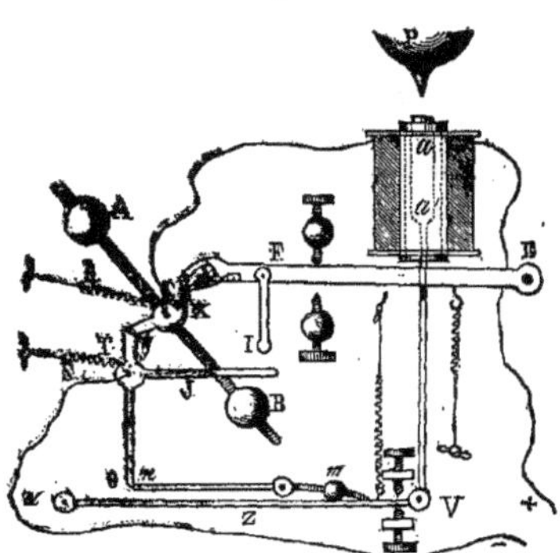

creux, également d'acier trempé D C E à travers lequel passerait la tige amincie du support, reposerait sur ces rebords, a, b. Un cadre D F G H E serait ensuite adapté au cône creux D C E, et servirait de support mobile au pendule. On comprend facilement qu'avec cette disposition, le cône creux peut se déplacer indéfiniment dans le sens de la déviation du pendule, sans influencer en aucune façon ses mouvements.

M. Régnard a combiné pour la solution du problème précédent un système rhéotomique que nous représentons fig. 39, et qui paraît plus simple que celui que nous venons de décrire. Dans ce système, l'électro-aimant a pour noyau magnétique un tube de fer très-mince terminé inférieurement par un disque et muni intérieurement d'un cylindre de fer a a' mobile à son intérieur. Ce cylindre porte à sa partie inférieure une tige qui, en faisant mouvoir un levier articulé u V, peut réagir sur une bascule à contre-poids nm servant de détente à un système de tourniquet TOJ. Ce système est maintenu contre l'extrémité de la bascule mn par l'action d'un ressort antagoniste S, et son extrémité supérieure y sert d'arrêt à un balancier à deux boules AB maintenu en dehors de la verticale par un ressort à boudin R. Enfin une armature EF munie à son extrémité libre d'un cliquet d'impulsion G et d'un butoir I peut réagir pour mettre en branle le balancier A B, par l'intermédiaire d'une came X, lorsque le doigt y est dégagé, et pour enclancher celui-ci lorsque l'action du balancier a été effectuée. Les fils conducteurs de la pile aboutissent, l'un à l'axe du balancier A B après avoir traversé l'électro-aimant, l'autre à l'axe du tourniquet T ; de telle sorte que le courant se ferme par le contact du bec y avec le bras T.

Dans la position indiquée sur la figure, le courant est fermé ; il est maintenu par la traction que le ressort R exerce sur le balancier et le levier de détente O. Dès que le pendule P en passant au-dessus de l'électro-aimant soulève le cylindre $a\,a'$, la tige V est soulevée, et par suite, la bascule mn ; le tourniquet échappe et s'incline sous l'effort du ressort S. Le courant est rompu, et l'armature EF qui était soulevée retombe. Alors le cliquet G pousse la dent X, fait osciller le balancier et, réagissant sur le bras J du tourniquet par le butoir I, renclanche ce tourniquet sur la bascule mn, tandis que le bras T de ce tourniquet, par suite de son redressement, vient buter le doigt y du balancier au moment de son oscillation rétrograde. Le courant se trouve alors de nouveau fermé à travers l'électro-aimant, et les choses se passent de la même manière un peu avant chaque passage du pendule P à la verticale. Or, comme les mouvements du balancier AB peuvent être plus ou moins prompts suivant la position des boules qui s'y trouvent fixées, il est facile de le disposer de manière que sa double oscillation s'effectue pendant tout le temps de l'oscillation ascendante du pendule P et même un peu au-delà.

Nous aurions bien à décrire encore dans ce chapitre quelques systèmes d'horloges électriques, imaginés un Angleterre, en Suède et en Allemagne, entr'autres les appareils de MM. Streeter, de Londres, et de M. Theorell d'Upsal; mais ils ne nous sont pas assez connus pour que nous tentions même d'en donner une idée. La photographie de l'appareil de M. Theorell figurait cette année à l'exposition géographique.

DEUXIÈME SECTION

ENREGISTREURS ÉLECTRIQUES.

La faculté que possède l'électricité de fournir des signaux écrits à distance sous une influence mécanique quelconque qui peut même être extrêmement faible, la promptitude d'action de ce fluide et la manière facile dont on peut provoquer son action, ont pu être utilisées avantageusement pour les observations scientifiques, soit pour remplacer l'observateur lui-même et lui éviter l'ennui d'une attention trop soutenue, soit pour permettre l'appréciation d'intervalles de temps infiniment courts, soit pour suppléer à la vue dans certaines expériences délicates exigeant une grande précision, soit pour conserver les traces d'actions mécaniques fugitives et variables. Ce sont ces applications qui vont faire l'objet de cette section de notre ouvrage, et nous les diviserons naturellement en 3 groupes qui comprendront : 1º les chronoscopes et les chronographes électriques; 2º les enregistreurs météorologiques et scientifiques; 3º les enregistreurs industriels et artistiques.

Dans le premier groupe figureront les appareils employés par l'artillerie pour l'étude de la balistique, et ceux qui ont été mis à contribution par les astronomes, soit pour la détermination des différences de longitude entre les différents points du globe, soit pour la formation des catalogues d'étoiles, soit pour la détermination de la vitesse de la lumière. Dans le second cas seront placés les anémographes, les météographes, les maréographes, les sillométrographes et les appareils pour enregistrer les mouvements produits par les tremblements de terre et les variations dans la verticallité du fil à plomb, etc. Enfin, dans le troisième, nous rangerons les enregistreurs des improvisateurs musicaux, les appareils pour enregistrer la flexion des ponts en fer aux différents moments, les compteurs de vitesse, les appareils de contrôle, etc., etc.

Toutes ces applications sont aujourd'hui d'un usage courant, et les instruments qui les réalisent ont été considérablement perfectionnés dans ces dernières années. Aussi devrons-nous y consacrer un assez grand nombre de pages. Nous commencerons par les chronoscopes et les chronographes.

CHAPITRE PREMIER

CHRONOSCOPES ET CHRONOGRAPHES ÉLECTRIQUES.

Dans une foule de circonstances particulières, on est appelé à mesurer un intervalle de temps infiniment court comme un millième de seconde par exemple. Ainsi, quand on veut constater la promptitude d'inflammation des différentes espèces de poudre, la vitesse des projectiles et d'éléments physiques qui, comme la lumière, ne peuvent produire par eux-mêmes que des effets insaisissables aux différents points où ils manifestent successivement leur présence, on est forcé d'employer des mécanismes susceptibles de fournir une mesure de temps, quelquefois même plus petite que la fraction de seconde que nous avons indiquée. On comprend alors que la plus grande difficulté à surmonter n'est pas tant l'appréciation mécanique de ce temps infiniment court, que le *point de départ et le point d'arrêt* de l'observation ; car nos organes sont bien loin d'être assez sensibles pour une pareille appréciation. L'électricité est venue encore merveilleusement en aide à la mécanique, pour servir d'organe sensible, et doter les corps matériels des propriétés révélatrices au moyen desquelles la vitesse de la lumière a pu être constatée directement. Ce sont ces instruments auxquels on a donné le nom de *chronoscopes et de chronographes électriques.*

I. — CONSIDÉRATIONS GÉNÉRALES.

Au premier abord, quand on examine les ressources que l'électricité met entre nos mains et les moyens faciles d'amplification qui peuvent être fournis par les moyens mécaniques, on pourrait croire que le problème des chronographes électriques est des plus faciles ; mais pour peu qu'on étudie la question, on acquiert la conviction qu'il est très-complexe et hérissé de difficultés de tous genres, surtout lorsqu'on veut avoir une grande précision dans des estimations de temps extrêmement petits. Ces difficultés tiennent d'abord à ce que, malgré la subtilité de l'action électrique, les organes appelés à en révéler la présence ou à la traduire par des effets matériels, sont plus ou moins paresseux, plus ou moins capricieux et variables ; de sorte que le commencement et la fin de l'effet qu'il s'agit d'apprécier sont loin d'être enregistrés instantanément. En second lieu, les mécanismes d'horlogerie eux-mêmes, quand ils sont animés d'une grande vitesse, sont généralement plus ou moins loin de fournir une uniformité de mouvement assez complète pour qu'on puisse admettre que tel arc de cercle décrit par le dernier mobile correspond exactement à une fraction de temps déterminée. Or il ne faut pas perdre de vue qu'il est des expériences où il est nécessaire d'apprécier des fractions de temps qui peuvent atteindre des cent millièmes de seconde. On ne doit donc pas s'étonner que les chronographes électriques, accueillis dans l'origine avec un grand enthousiasme, aient été ensuite dénigrés et même souvent rejetés par ceux-là même qui avaient le plus d'intérêt à s'en servir. Dans ces derniers temps cependant, la question est entrée dans une voie de progrès qui fait espérer que bientôt le problème fournira une solution complétement satisfaisante. Déjà, grâce aux remarquables perfectionnements apportés à ces appareils par M. Deprez, on peut obtenir électriquement des indications qui peuvent donner *exactement* un six centième de seconde, et il est probable que cet ingénieux inventeur n'en restera pas là. En attendant, nous allons exposer les solutions les plus ingénieuses qui ont été données pour parer aux difficultés que nous avons signalées.

Disposition générale des chronographes électriques. — Puisqu'un chronographe doit enregistrer les moments précis où se produisent les différentes phases d'un phénomène physique que l'on veut étudier, et fournir par suite les intervalles de temps écoulés entre ces différentes phases, il faut nécessairement qu'il se compose de trois systèmes électro-mécaniques reliés entre eux : 1° d'un système moteur parfaitement réglé; 2° d'un système enregistreur sur lequel puisse réagir électriquement le phénomène étudié ; 3° d'un système chronométrique qui permette de rapporter aux divisions du temps les intervalles des traces produites par le système enregistreur. Ordinairement le système enregistreur se compose d'un cylindre dit *enregistreur* mis en mouvement par le système moteur, et sur lequel se produisent des traces de nature variable (suivant les systèmes) sous l'influence d'une fermeture ou d'une rupture du circuit, déterminée par le phénomène physique que l'on veut étudier. Les organes électriques appelés à fournir ces traces sont appelés *styles ou organes traceurs*. Le mécanisme moteur n'est autre qu'un mouvement d'horlogerie dont la marche doit être rendue complètement uniforme par un moyen quelconque, mais qui peut cependant fournir des vitesses différentes suivant les besoins de l'expérience ; et comme les effets à constater pendant une expérience peuvent durer quelques instants, ce mécanisme moteur doit communiquer au cylindre enregistreur ou aux styles traceurs un mouvement longitudinal très-lent pour échelonner les traces sur une ligne en hélice enveloppant tout le cylindre. Enfin le système chronométrique destiné à relier au temps les indications fournies, est constitué, soit par un système enregistreur particulier qui fournit auprès des indications chronographiques une série de traces régulières provoquées sous l'influence d'un appareil chronométrique (pendule lame vibrante ou diapason) dont les battements ont une durée connue, soit par un compteur qui permet de connaître exactement la vitesse de rotation du cylindre au moment de l'expérience, soit par un chronomètre à pointage sur lequel réagit électriquement le phénomène étudié. Comme complément, un chronographe doit être accompagné d'un *appareil de relèvement*, au moyen duquel on puisse déduire, des traces fournies, les durées qui leur correspondent. Ces différentes conditions ont été réalisées plus ou moins heureusement dans les divers appareils qui ont été imaginés jusqu'ici, et ceux-ci ne diffèrent guère entre eux que par la manière dont les oragnes sensibles se trouvent impressionnés électriquement, ou par la manière dont les traces fournies peuvent être rapportées à la mesure du temps. Toutefois avant de décrire ces différents systèmes, nous devrons entrer dans quelques considérations sur les meilleures conditions de construction des différentes parties qui les composent.

Organes sensibles d'enregistration. — Les électro-aimants avaient été d'abord employés comme organes intermédiaires de l'action électrique pour fournir les indications chronographiques; mais ces organes, comme nous l'avons vu dans notre tome II, sont loin d'être réguliers dans leur action; ils mettent un temps très-appréciable à acquérir leur aimantation, un temps également très-long à se désaimanter, et la vitesse de chute des armatures, qui est relativement assez longue, varie encore avec l'intensité des courants qui les traversent. Pour obtenir de ces organes de bons résultats, il faut qu'ils soient extrêmement petits et qu'on supplée à la faiblesse de leur force attractive par une disposition d'armature légère qui l'utilise, sinon au contact, du moins excessivement près des pôles de l'électro-aimant, et qui rende en même temps insignifiant le temps perdu par la course de cette armature; il faut de plus que l'action antagoniste soit la plus forte possible afin de rendre plus prompt l'effet déterminé par la désaimantation. Enfin il faut s'arranger de manière à ce que les indications chronographiques les plus importantes s'effectuent sous l'influence des désaimantations. M. Marcel Deprez a fait à cet égard des expériences très-curieuses qui, en confirmant ce que nous avons dit tome II, p. 48, sur la durée moins grande des désaimantations, montrent que cette durée est indépendante de l'intensité magnétique que l'on développe, tandis que celle des aimantations, qui est infiniment plus longue et qui peut dépasser quelquefois cinq ou six fois le temps des désaimantations, est excessivement variable. Avec les petits électro-aimants dont se sert M. Deprez et dont les noyaux ont 2 millimètres de diamètre sur 12 millimètres de longueur, et avec une force antagoniste de 150 grammes, la durée des désaimantations ne dépasse pas $\frac{1}{3000}$ de seconde. Nous verrons plus tard comment M. Deprez a disposé ses électro-aimants pour fournir une force capable de vaincre une force antagoniste aussi grande; pour le moment nous constatons le fait, afin de montrer que les électro-aimants bien conditionnés sont encore les organes les plus parfaits pour les indications chronographiques. Quant à la nature du métal à employer pour la construction de ces sortes d'électro-aimants, il résulte d'expériences récentes de M. Deprez dont on pourra voir le détail dans les *Comptes-rendus de l'Académie des sciences* (t. LXXX, p. 1553), que le fer doux, le fer ordinaire, la fonte malléable et *même l'acier trempé* prennent à peu près le même temps à s'aimanter et à se désaimanter, et ce temps, avec les dimensions et les conditions des électro-aimants dont nous avons parlé précédemment, est :

Pour la désaimantation . . . . 0″,00025
Pour l'aimantation. . . . . 0″,00150

Mais la *fonte grise* donne sous le rapport de la promptitude d'aimantation les résultats les plus favorables; car la durée de l'aimantation se trouve alors réduite à 0″,001. C'est donc avec ce dernier métal qu'il conviendrait de construire les électro-aimants chronographiques destinés à fournir des signaux excessivement rapprochés.

Relativement à la question du temps perdu par la chute des armatures, elle peut être résolue très-facilement en faisant réagir les organes traceurs dès l'origine de l'action électro-magnétique, et, pour cela, il suffit de coucher l'électro-aimant de manière à ce que les mouvements de l'armature puissent s'effectuer transversalement, suivant un arc perpendiculaire au sens du mouvement de l'enregistreur. De cette manière, les traces fournies constituent des espèces de jambages, et les variations des temps de chute de l'armature ne peuvent influer qu'en inclinant plus ou moins ces jambages; l'action initiale se trouve toujours enregistrée exactement. Quand, par suite de circonstances particulières, on veut faire réagir le style traceur dans le plan même du mouvement de l'enregistreur, comme cela a lieu dans les télégraphes Morse, on peut employer un dispositif ingénieux imaginé encore par M. Deprez et qui permet d'obtenir des indications de cette nature avec un électro-aimant excessivement petit. Ce dispositif consiste à introduire entre l'électro-aimant et son armature la bande de papier sur laquelle doivent s'inscrire les observations ; la pression exercée sur cette bande par l'attraction de ces deux pièces peut alors servir de frein au mouvement du moteur, et si le style traceur appuie constamment sur la bande, il pourra fournir des marques aussitôt que, l'action électro-magnétique cessant, le moteur se trouvera libre d'accomplir ses mouvements. Il faudra seulement que celui-ci se trouve disposé de manière à n'être jamais arrêté, et que la participation de la bande de papier à son mouvement ne s'effectue que par l'intermédiaire d'une sorte de roue folle susceptible d'être arrêtée sous l'effort de la pression exercée sur la bande de papier. Dans ces conditions, il est certain que l'action de l'électro-aimant est indépendante de l'inertie des pièces mobiles, et si la force de traction exercée sur la bande de papier est très-près de vaincre la force de pression électro-magnétique, il suffira de la moindre variation dans l'intensité électrique, pour donner lieu à cette sorte de *déclanchement par frottement* et à l'enregistration des traces électro-chronographiques. M. Deprez emploie dans ce cas, du papier à calquer qui, suivant lui, peut résister à une traction de près d'un kilogramme.

En faisant réagir directement sur la bande de papier à calquer la force élastique d'une lamelle de caoutchouc, et en munissant le bout de cette bande d'une garniture portant un style traceur, on peut obtenir avec le système précédent un chronographe très-simple qui, suivant M. Deprez, est d'une assez grande sensibilité, car la vitesse de contraction d'une bande de caoutchouc tendue au maximum que comporte la ténacité du papier végétal, est considérable et représente une vitesse de 25 à 30 mètres par seconde après un parcours de 2 à 3 millimètres.

Pour éviter les électro-aimants, plusieurs savants ont voulu employer, comme organes sensibles, des galvanomètres ; mais ces organes ayant une force très-minime et ne pouvant être rappelés que par une force antagoniste très-réduite, on a dû employer, pour les mettre en action, des courants assez intenses et par cela même très-variables. Nous décrirons plus tard un système basé sur ce principe combiné par M. Gloesener.

Dans d'autres systèmes, on a mis à contribution les effets électro-chimiques, tantôt en les provoquant directement au moyen de pointes traçantes appuyées sur des bandes de papier préparé comme dans les télégraphes électro-chimiques, tantôt en les excitant par l'intermédiaire de

l'étincelle d'induction ; mais l'étalage des traces chimiques qui empêchait
de saisir facilement l'origine et la fin de l'action électrique, et la mobilité
du trait de feu, quand on employait l'étincelle, ne permettaient pas de se fier
aux indications produites, et malgré l'ingéniosité des appareils combinés
dans ce système par MM. Siemens, Martin de Brettes, Schultz et Lissajous, on
a dû regarder le problème comme imparfaitement résolu. Dans les systèmes
de MM. Siemens et Schultz, cependant, les traces laissées par l'étincelle
étaient tellement nettes et tellement fines qu'elles auraient pu se prêter à des
mesures micrométriques très-faciles et très-précises si on avait pu compter sur
la stabilité complète du trait de feu. Dans ces systèmes, en effet, les traces sont
fournies par la tache que produit l'étincelle sur une surface métallique. Cette
tache est, il est vrai, très-large au premier aspect parce qu'elle est produite
en grande partie par l'auréole de ces sortes d'étincelles, mais au centre on
découvre un petit point blanc très-bien marqué et très-net qui correspond
à l'étincelle proprement dite, c'est-à-dire au trait de feu. Or, si ce trait de
feu correspondait exactement à la normale abaissée de la pointe excitatrice
à la surface métallique, il est bien certain que ce système d'enregistration
serait le plus parfait, car la durée de la production de l'étincelle d'induction

paraît inférieure à $\dfrac{1}{10000}$ de seconde ; mais il est loin d'en être ainsi, et bien

qu'en rendant positive cette plaque et négative la pointe, on rende le trait
de feu plus stable, ainsi que je l'ai le premier démontré, il y a entre les
points laissés par plusieurs étincelles consécutives des différences de position assez grandes pour qu'on soit assuré que le degré de précision voulu
pour ces sortes d'appareils n'est pas alors complétement atteint ; il est rare
d'ailleurs que les traces laissées par chaque étincelle soient uniques ; il en
existe toujours plusieurs, et cet inconvénient est encore plus marqué quand
la surface sur laquelle ces marques sont laissées, a été préalablement en-
fumée, comme cela est quelquefois nécessaire quand on veut enregistrer
des repères pour l'appréciation du temps. Dans le système de M. Martin-
de Brettes les taches blanches dont nous parlions à l'instant n'existent pas ;
le trait de feu a pour effet de perforer une bande de papier, et comme les
marques ainsi produites ne sont visibles qu'en regardant le papier devant
le jour, on est obligé, pour les rendre visibles sur l'appareil, de préparer
le papier lui-même au cyanure de potassium ; mais alors la trace n'est plus
assez fine pour qu'on puisse apprécier exactement sa position. Toutefois ce
système présente quelques avantages que nous devons faire ressortir ; mais
il faut pour cela que la pointe métallique d'où part l'étincelle appuie légèrement sur le papier préparé, et que celui-ci soit toujours un peu humidifié.

Dans ces conditions, l'étincelle ne *dévie jamais de la direction normale au cylindre* et ne se divise pas, et comme sa trace est plus fine qu'une trace électro-chimique, on se trouve réunir de cette manière les avantages des deux systèmes d'enregistrement. Quand les indications doivent se succéder à des intervalles très-rapprochés, par exemple, quand l'intervalle entre deux secondes consécutives est représenté par une longueur de deux mètres de papier développé, M. Hardy a reconnu que la préparation du papier au cyanure de potassium est insuffisante et qu'il faut remplacer cette substance par de l'azotate d'argent rendu hygrométrique au moyen de chlorure de calcium ou d'azotate d'ammonique. (Voir un travail de M. Deprez, sur l'étincelle d'induction appliquée aux chronographes, *Journal de physique*, tome IV, p. 39).

Nous devons dire toutefois que les appréciations que nous venons de faire sont plutôt théoriques que réelles ; car on peut suppléer au défaut de précision dans la position exacte des traces, en donnant une plus grande vitesse au moteur entraînant la surface enregistrante. On comprend, en effet, que plus l'espace entre deux indications sera grand pour correspondre à une même durée, plus l'incertitude sur la position exacte de ces traces tendra à s'amoindrir devant le résultat définitif que l'on obtient ; il est vrai que les variations dans l'uniformité du mouvement augmenteront par ce seul fait, mais nous allons voir à l'instant que grâce au régulateur de M. Yvon Villarceau, ce dernier inconvénient est peu à redouter. Quoiqu'il en soit, ces appréhensions théoriques ont suffi pour empêcher la confiance qu'on pouvait avoir dans les chronographes électriques, et nous faisons des vœux pour que l'artillerie, la marine et les astronomes qui ont à faire de fréquents usages de ces sortes d'appareils ne se ressentent pas par les inconvénients signalés précédemment, et qui sont en grande partie conjurés dans les appareils perfectionnés que l'on construit aujourd'hui.

Organes régulateurs de l'uniformité des mouvements. — Nous devons maintenant entrer dans quelques détails sur les dispositions mécaniques des chronographes. Bien que cette question paraisse simple au premier abord, elle est par le fait plus compliquée qu'on ne serait porté à le croire ; car en raison des petites fractions de temps qu'il s'agit souvent d'apprécier, on ne peut employer pour la régularisation des mouvements le système des échappements. On comprend, en effet, que par suite de la marche saccadée qui résulte des oscillations d'un balancier, il pourrait se faire que tout ou partie des signaux à enregistrer, manquât au moment des temps d'arrêt. On se trouve donc obligé d'avoir recours soit aux pendules coniques, soit aux lames vibrantes, soit aux régulateurs à force cen-

trifuge ou à ailettes; mais de ces différents systèmes le dernier serait
évidemment le plus parfait, si les ailettes du régulateur pouvaient présenter
une résistance exactement en rapport avec les variations de vitesse du
moteur; car les pendules coniques ne permettent de donner au moteur que
des vitesses très-limitées, et les lames vibrantes, à moins qu'elles n'agissent
à la manière de celles de l'appareil Hughes, ne laissent pas que de communiquer au moteur une marche un peu saccadée. Heureusement plusieurs
savants, entr'autres MM. Foucault et Villarceau se sont occupés des régulateurs à ailettes et ont combiné des systèmes excessivement ingénieux qui
ont pu résoudre le problème de la manière la plus satisfaisante. Toutefois,
le plus parfait de ces systèmes est incontestablement celui de M. Yvon
Villarceau qui a permis d'obtenir une régularisation assez précise pour que
la variation ne dépasse pas $\dfrac{1}{5000}$ de la vitesse constante, et cela avec un
moteur variant de puissance dans le rapport de 1 à 8. M. Antoine Breguet
a bien voulu résumer pour nous la théorie de cet ingénieux appareil et nous
en donner la description suivante :

Régulateur isochrone de M. Villarceau. — La figure 41 représente un
régulateur isochrone de Villarceau à deux ailettes. Un plus grand nombre
de ces ailettes augmenterait la précision de l'instrument, mais M. Villarceau
a reconnu que deux suffisaient dans la plupart des cas pour compenser
les variations du moteur. Nous ne décri-
rons ici qu'un seul des sytèmes à ailettes,
tous les autres étant et devant être identiques entre eux. La figure 40 en donne
la représentation théorique.

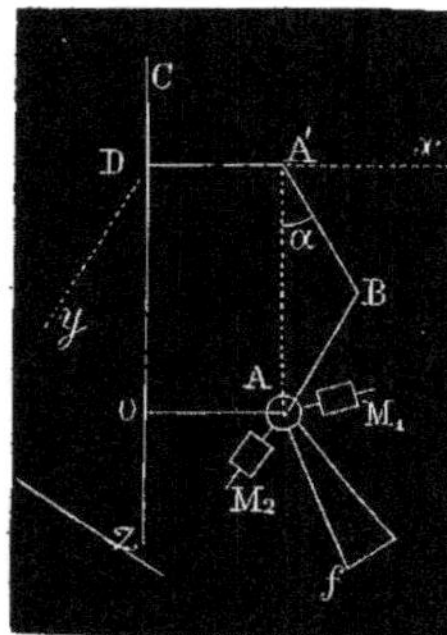

Fig. 40.

C z est l'axe généralement vertical du
régulateur. Il porte un pignon à sa partie
inférieure, de façon à recevoir son mouvement de rotation du dernier mobile du
rouage. Un plateau O, fixé sur cet axe,
porte autant de traverses O A qu'il y a
d'ailettes; une douille mobile D porte
aussi des traverses D A', correspondantes
et égales aux précédentes. A B et A'B
sont deux tiges égales entre elles, et articulées cylindriquement en B, en A et
en A'. L'ailette f et les deux masses de réglage M_1 et M_2 sont solidaires
de la tige A B. Dès lors, si la rotation s'effectue, l'ailette et les masses

s'écartent en vertu de la force centrifuge, les tiges A B et B A' se redressent,
et la douille mobile O s'élève verticalement.

A chaque valeur de la force motrice, correspond une seule position
d'équilibre stable du système qui vient d'être décrit, et l'on s'arrange de
manière que, dans cette position, la vitesse que l'on a en vue d'obtenir
et pour laquelle l'instrument est spécialement calculé, vienne à se produire.

Ce régulateur peut s'incliner autour de l'axe du mobile qui conduit son
pignon, et par là permet d'avoir un jeu de vitesses de régime, variant
entr'elles comme le cosinus de l'angle d'inclinaison. Mais dans la pratique,
à cause des frottements de la douille mobile sur l'axe incliné, l'instrument
n'est régulateur que pour des
angles ne dépassant pas 45°.
Cette limite toutefois peut être de
beaucoup dépassée au moyen de
galets. Les douilles et les masses
de réglage sont en bronze, l'axe
et les tiges A B, A'B en acier,
et les ailettes f en aluminium.
Disons encore que les masses
de réglage sont de petits cylindres pouvant s'avancer ou se
reculer sur des axes taraudés,
et que ces cylindres sont tels
que le rapport de leur hauteur
au rayon de leur base soit égal
à $\sqrt{3}$. S'ils étaient plus aplatis
que ne l'indique ce rapport, ils
tendraient, dans la rotation, à
se placer de telle sorte que leur
axe fut parallèle à l'axe du régulateur (ceci en raison des
propriétés des axes principaux
d'inertie) ; et s'ils étaient plus
allongés que ne le veut le même
rapport, leur axe tendrait au contraire à devenir normal à l'axe du régulateur. Ces deux tendances nuiraient à l'action régulatrice que l'on cherche
à réaliser pour le bon fonctionnement de l'appareil.

Indiquons maintenant la marche qu'a suivie l'inventeur dans la théorie
de son instrument.

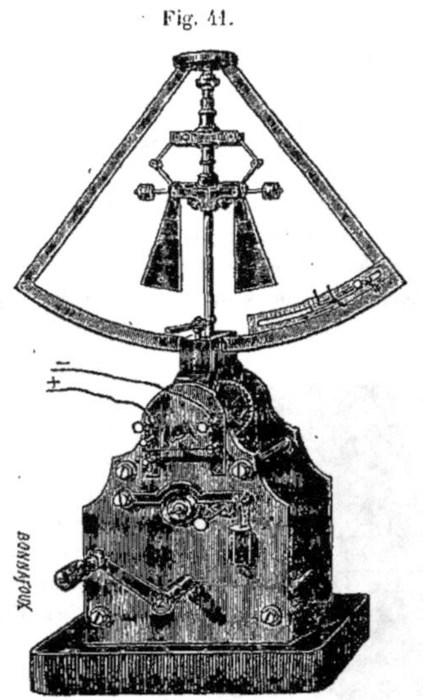
Fig. 41.

« Le caractère essentiel d'un régulateur isochrone, dit M. Villarceau, est
« la faculté qu'il doit avoir de se tenir en équilibre relatif dans toute posi-
« tion des masses oscillantes, lorsque la vitesse de rotation de l'appareil
« coïncide avec la vitesse de régime, et celle de produire des oscillations de
« ces mêmes masses, dès que l'écart de la vitesse effective par rapport à
« la vitesse de régime dépasse certaines limites ordinairement fixées à
« l'avance. »

Prenant, comme indéterminées, les dimensions des tiges, la longueur
O A et les poids des diverses masses de l'instrument, le calcul permet de
fixer leurs valeurs de façon à satisfaire aux conditions de l'isochronisme,
ci-dessus énoncées.

Pour cela, M. Villarceau commence par étudier le mouvement d'un
point matériel rapporté à un système d'axes rectangulaires, mobile autour
de l'un d'entre eux, afin de chercher l'équation des forces vives dans ce
mouvement relatif. Il applique alors cette équation des forces vives, dans
le mouvement relatif approprié au cas du mouvement autour de l'axe
fixe Cz, et au cas du mouvement de l'un des n systèmes articulés dont
se compose le régulateur. Cette équation est la suivante (1) :

$$\frac{1}{2} d \Sigma m \left(\frac{dx^2}{dt^2} + \frac{dy^2}{dt^2} + \frac{dz^2}{dt^2} \right) = \Sigma \left(X\,dx + Y\,dy + Z\,dz \right) +$$

$$\omega^2 \Sigma m \left(x\,dx + y\,dy \right) + \frac{d\omega}{dt} \Sigma m \left(y\,dx - x\,dy \right).$$

Mais elle se réduit, car :

1° Le dernier terme s'annule, puisque $dy = o$, l'axe des y étant perpendiculaire au plan du système articulé, et que, en outre, $\Sigma m y\,dx = o$ par
symétrie.

2° Nous négligeons les frottements, et alors les travaux se réduisent au
travail des poids p des masses m.

L'équation précédente s'écrit donc alors :

$$\frac{1}{2} d \Sigma m \left(\frac{dx^2}{dt^2} + \frac{dz^2}{dt^2} \right) = \Sigma p\,dz + \omega^2 \Sigma m x\,dx.$$

Il s'agit maintenant d'obtenir l'équation véritable dont celle-ci ne donne
que la forme.

---

(1) m désigne une masse élémentaire du système, dont les coordonnées sont x, y, z.
X, Y, Z sont les composantes des forces tant extérieures qu'intérieures. ω est la
vitesse angulaire autour de Cz, mesurée de x vers y.

Pour cela, on calcule le travail de la pesanteur et celui de la force centrifuge : 1° pour la masse principale liée à la tige inférieure, 2° pour la tige inférieure, 3° pour la tige supérieure, 4° pour la douille mobile.

Dans le calcul de ces expressions, on introduit l'angle α que fait l'axe de rotation avec la direction des tiges articulées. On obtient ainsi le développement de l'équation des forces vives.

D'après la théorie du travail virtuel, la condition d'équilibre du système dans son plan, se trouvera en égalant à zéro le coefficient de $d\alpha$ dans le second membre de l'équation. De là résultera une relation entre la vitesse de rotation ω, l'angle α et les constantes, qui sera de la forme :

$$A \cos \alpha + B \sin \alpha + C \cos 2\alpha + D \sin 2\alpha = 0$$

A, B, C, D, étant des fonctions de ω.

De cette façon, l'équilibre ne pourrait avoir lieu, pour une vitesse donnée ω, que dans un nombre restreint de positions du système, correspondant aux valeurs de α que cette équation donnerait en fonction de ω. Mais si l'on veut que l'appareil soit isochrone, il doit rester en équilibre dans toute position du système, quand ω aura atteint la vitesse du régime Ω. Pour exprimer cette condition, il faut substituer Ω à ω dans les coefficients A, B, C, D, et les égaler séparément à zéro. On obtient ainsi les quatre équations de condition du problème, et ce sont elles qui fixent les valeurs des indéterminées dont nous avons parlé plus haut.

Pour donner une idée de la précision de ce régulateur, donnons en terminant, un tableau contenant les résultats fournis par une expérience sur un régulateur à 3 ailettes, construit pour une lunette parallatique d'un observatoire à Anvers :

Poids moteur	Durée de 262 tours, 83	Excès sur la moyenne.
3ᵏ,3	57ˢ,50	— 0,03
3 ,6	57 ,50	— 0,03
5 ,6	57 ,51	— 0,02
8 ,6	57 ,51	— 0,02
12 ,4	57 ,49	— 0,04
16 ,4	57 ,57	+ 0,04
19 ,4	57 ,61	+ 0,08
24 ,4	57 ,59	+ 0,06
28 ,4	57 ,51	— 0,02
	moyenne = 57ˢ,53	moyenne = ± 0,04

Le nombre 57,53 est précisément le nombre correspondant à la vitesse qu'il s'agissait d'obtenir. L'écart moyen correspondant à ce nombre en est la 1439ᵉ partie, tandis que le poids moteur a varié de $3^k,3$ à $28^k,4$, soit de 1 à 8,6.

Nous verrons plus tard qu'on a cherché à résoudre le problème de l'uniformité du mouvement des chronographes de plusieurs autres manières, soit au moyen de pendules coniques, soit au moyen de lames vibrantes, soit au moyen de diapasons vibrants. Les télégraphes Hughes et d Arlincourt que nous avons décrits dans notre troisième volume, peuvent donner une idée de ces systèmes de réglage; mais ils présentent certains inconvénients quand on veut obtenir de grandes vitesses; de sorte que c'est encore avec des régulateurs à ailettes ou à volants que sont construits les chronographes les plus ordinairement employés. Il est donc heureux que le régulateur de M. Yvon Villarceau soit venu donner à ces systèmes la précision désirable.

Dans certains appareils chronographiques on a encore employé avec succès, pour uniformiser le mouvement, le régulateur de M. Foucault; mais cet appareil beaucoup plus compliqué que le précédent est aussi moins parfait; c'est une sorte de régulateur à force centrifuge muni d'ailettes, de leviers et de contre-poids dont les uns sont destinés à réagir sur la marche générale seulement, d'autres sur l'isochronisme seul, d'autres enfin sur la marche générale et l'isochronisme à la fois. Afin d'avoir toujours de la force motrice en réserve, l'un des leviers dont il a été question ouvre ou ferme les orifices extérieurs d'une espèce de turbine à air, quand les branches du régulateur s'ouvrent ou se ferment. Les ailes de la turbine qui ne font pas moins de trente tours par seconde, prennent l'air au centre de la turbine par la partie supérieure, et elles chassent ainsi par les orifices un nombre de bouffées d'air en rapport avec la plus ou moins grande ouverture de ces orifices, en consommant un travail mécanique plus ou moins grand; c'est ce qui régularise le mouvement. On a prétendu qu'avec cette disposition la force du moteur pouvait varier de 20 kilog. sans que l'isochronisme de marche de l'appareil en fut altéré. C'était M. Eichens qui était le constructeur de ces sortes de régulateurs. Un de ces appareils a été adapté au chronographe commandé en 1865 à M. Hardy par le gouvernement Anglais pour la détermination des différences de longitude et dont nous parlerons plus tard.

Systèmes à pointage du temps. — Quand on veut obtenir de la part de mécanismes d'horlogerie ordinaires des indications chronométriques d'une certaine exactitude, on peut employer avec avantage le système à

pointage de la mesure du temps. Ce système consiste à faire pointer sur la
bande de papier destinée à enregistrer les observations chronographiques et
tout à côté de celles-ci, les secondes battues par un régulateur chronomé
trique. Ce pointage peut être fait mécaniquement ou électriquement, et si
l'espace séparant les secondes ainsi pointées est divisé lui-même par de petits
traits portant de 10 en 10 des n⁰ˢ d'ordre, il devient facile, par la correspondance des traces chronographiques avec ces petits traits, non-seulement
de voir à quelle fraction de seconde a commencé et fini l'action physique
ou mécanique que l'on veut étudier, mais enco e la durée de chaque indication chronographique et les variations de vitesse du moteur; ce qui
donne les moyens de correction nécessaires pour obtenir la mesure rigoureuse du temps. Souvent ce pointage des divisions est effectué par l'appareil moteur lui-même, et naturellement si ce moteur présente des irrégularités dans sa marche, on peut les apprécier par le plus ou moins grand espacement des traits qui se trouvent marqués entre les pointages des secondes.
Généralement cependant, les espaces entre les marques de secondes ne sont
pas divisés, et on préfère employer pour l'estimation des fractions de seconde correspondantes aux indications chronographiques, des appareils à
relèvement dont nous parlerons à l'instant et qui comportent une plus
grande exactitude d'appréciation. Il ne faut pas toutefois exagérer l'importance de cette perfection de relèvement, car les erreurs qui sont la conséquence des effets physiques mis en jeu dans ces sortes d'appareils, sont
souvent plus grandes que celles qui peuvent résulter d'un défaut de précision dans le relevé.

Quel est l'inventeur de ce système éminemment pratique de l'enregistrement de la mesure du temps dans les chronographes?... C'est une question à laquelle il est assez difficile de répondre péremptoirement; M. Liais
en avait parlé dès l'année 1853; mais nous voyons qu'un semblable moyen
avait été employé dans le chronographe de M. Bond, exposé en 1867 à
Paris, et le chronographe de M. Bond est un des premiers qui ont été mis
en application. Ce dispositif existait-il dans les premiers chronographes de
ce savant?... c'est ce que je n'ai pu éclaircir.

Généralement le pointage des secondes s'effectue par l'intermédiaire
d'un électro-aimant placé exactement dans les mêmes conditions que celui
destiné à l'enregistration des traces chronographiques. De cette manière,
les retards dus à l'action électro-magnétique se trouvent être les mêmes
dans les deux pointages. Il est même essentiel, quand on opère sur de longs
circuits et principalement sur des circuits télégraphiques, que l'on donne
au circuit du pointage des secondes, la même résistance et le même degré

d'isolation qu'à celui destiné à l'enregistration des indications chronographiques ; car la promptitude d'action des électro-aimants est fonction de
l'intensité des courants, et ceux-ci, surtout dans la période variable de leur
propagation, dépendent essentiellement de la résistance du circuit et de son
isolement.

Pour obtenir les indications des fractions du temps dans des limites beaucoup plus étendues que par les moyens précédents, on a imaginé de les
faire produire par l'intermédiaire des vibrations d'un diapason (1). On sait
que les vibrations d'un diapason sont isochrones, et qu'on peut reconnaître
facilement le nombre des vibrations qu'il émet par le degré d'acuïté des
sons produits. En armant l'une des branches d'un pareil organe d'un style
traceur très-léger appuyant sur le cylindre enregistreur ou sur la bande de
papier destinée à recevoir les indications, on peut de cette manière obtenir
une ligne sinueuse dont les ondulations correspondent aux vibrations du
diapason et qui sont plus ou moins longues suivant la vitesse de déroulement de l'appareil et suivant le son du diapason. Il faut, par exemple,
pour des observations un peu longues, que les vibrations soient entretenues d'une manière continue, et l'on a imaginé à cet effet plusieurs
systèmes électro-magnétiques dont nous parlerons plus tard avec détails,
mais dont l'idée première appartient à M. Lissajous. Toutefois, le système
le plus simple est celui que M. Deprez a adapté à son chronographe. C'est
un long diapason qui porte en croix, vers l'extrémité de ses deux branches,
deux armatures de fer doux en face desquelles sont placés deux électroaimants. Une lame de ressort fixée sur l'une de ces armatures oscille entre
deux vis de manière à constituer un trembleur, et, pour un réglage convenable de ces vis, on peut arriver à faire coïncider les vibrations électriques
avec les vibrations du diapason qui se trouvent de cette manière constamment entretenues, tant que la pile conserve une intensité suffisante. On a
prétendu qu'avec cette disposition l'isochronisme des vibrations du diapason devait être altéré ; mais, par le fait, cette altération entre dans la catégorie des erreurs négligeables, comme l'ont démontré les expériences chronographiques de M. Deprez qui ont toujours fourni une même longueur

---

(1) Il paraîtrait que ce serait M. Valérius de Gand qui aurait eu la première idée
de cette application du diapason à la mesure du temps dans les chronographes (Voir
les Mondes, tome VIII, p. 115) ; toutefois, longtemps avant, M. Wortheim avait
employé les sons produits par les vibrations du diapason comme moyen d'apprécier
des fractions très-petites du temps.

d'onde sur le cylindre enregistreur. Avec ce dispositif, il suffit d'une fermeture de circuit pour mettre l'appareil en fonction. Ce système d'indication du temps par le diapason est, du reste, très-employé dans les appareils enregistreurs que l'on construit maintenant. Dans l'appareil de M. Deprez, chaque longueur d'onde qui fournit sur le cylindre enregistreur une marque de 8 à 10 millimètres de longueur représente $\frac{1}{500}$ de seconde. On a donné à ces diapasons à vibrations continues le nom d'*électro-diapasons*, et comme nous l'avons dit, la condition indispensable pour assurer la continuité de leur marche, est que les vibrations du trembleur coïncident avec les vibrations du diapason.

Mode d'enregistration des marques laissées par les styles traceurs. — Il est encore un point qui a attiré beaucoup l'attention des savants et des constructeurs dans l'organisation des appareils chronographiques, c'est celui du mode de traçage des pointes. Les traces au crayon sont loin d'être nettes, celles produites par des plumes ou tirelignes présentent les inconvénients que nous avons déjà énumérés au chapitre des télégraphes écrivants, et les traces électro-chimiques en raison de leur étalage sont tout à fait incertaines. On a bien essayé l'action de pointes métalliques sur des surfaces enfumées; mais pour des expériences un peu longues ce moyen présente des difficultés; c'est néanmoins celui qui est le plus prisé pour les expériences de précision et de courte durée. La roulette tournante du système Thomas John et Digney n'a pas non plus fourni de résultats complétement satisfaisants en raison de l'écrasement de la trace. Le système qui a le mieux réussi jusqu'à présent, en dehors du papier enfumé, est celui que M. Deschiens a adapté au dernier chronographe de M. Liais. Il consiste à faire réagir directement des pointes de cuivre sur du papier porcelainé, c'est-à-dire sur du papier préparé au blanc de zinc, comme pour les cartes de visite. La trace laissée sur ce genre de papier est d'une finesse extrême, très-visible, et conserve sa netteté et sa finesse jusqu'au complet émoussement de la pointe, c'est-à-dire pendant un temps très-long, bien supérieur à celui qui est nécessaire pour les plus longues expériences chronographiques. Sous ce rapport le problème paraît résolu d'une manière tout à fait complète; seulement du papier de ce genre est difficile à préparer en bandes, et il devient alors nécessaire d'effectuer les enregistrements sur une feuille d'une certaine surface. Cette disposition a été réalisée dans le dernier appareil de M. Liais que nous décrirons plus tard.

Moyens employés pour l'évaluation des durées d'après les traces fournies. — Quand le mouvement du mécanisme chrono-

graphique est parfaitement uniforme et que, par des expériences préalables;
on a pu calculer exactement le temps que met le cylindre enregistreur à
faire un tour sur lui-même, la déduction du chiffre des durées entre deux
indications consécutives est facile, et on peut employer à cette détermination, un compteur à Vernier disposé sur l'axe du cylindre à l'une de ses
éxtrémités, lequel Vernier étant accompagné d'une loupe, permet d'apprécier avec une très-grande approximation des déplacements très-petits du
cylindre, surtout si on emploie comme repère le réticule d'une petite lunette
adaptée au chariot des porte-styles (1). On peut même se passer de compteur, si le support de la lunette dont nous venons de parler est mobile sur
une crémaillère circulaire qui permette à la lunette d'accomplir un mouvement autour du cylindre tout en maintenant son axe dirigé suivant le
rayon de ce cylindre. Dans ce cas, celui-ci doit rester immobile, et c'est un
Vernier circulaire adapté à la crémaillère qui permet d'évaluer l'arc compris entre les deux traces. En rapportant cet arc à la circonférence entière
du cylindre dont la durée de rotation est connue, on peut déterminer le
temps que l'on veut apprécier.

Quand les indications de la mesure du temps sont marquées à côté des
indications chronographiques, il s'agit d'abord de mesurer exactement
la distance comprise entre les origines de deux secondes consécutives
sur la partie de la surface correspondante aux indications chronographiques que l'on considère, puis de mesurer la distance entre ces indications
et l'origine des secondes les plus voisines ; il devient alors facile, par le
rapport de ces dernières distances avec celles représentant [l'intervalle de
deux secondes consécutives, de déduire les durées écoulées entre les indications chronographiques. Plusieurs moyens peuvent, comme on le comprend
aisément, être employés pour obtenir ce résultat, mais le système le plus
pratique est celui qui a été combiné par MM. Hirsch et Plantamour lors
de la détermination qu'ils ont faite de la différence de longitude entre
Genève et Neuchâtel et qui consiste dans l'emploi d'une machine dite à
relever. Cette machine se compose essentiellement d'une échelle de 15 centimètres de longueur, divisée en millimètres et le long de laquelle se déplace
un index à Vernier que l'on fait mouvoir à l'aide d'une corde ou d'une
crémaillère. L'index est constitué par une sorte de règle en acier fixée à
angle droit sur le chariot du Vernier, et on place la bande de papier où

---

(1) Ordinairement ces compteurs se composent d'une roue à dents obliques montée
sur l'axe du cylindre et qui engrène avec une vis sans fin munie d'un tambour divisé.
Ce tambour se meut devant un limbe également divisé qui constitue Vernier.

sont marquées les indications chronographiques dans une rigole métallique à pièces de serrage adaptée à côté de l'échelle divisée. Naturellement l'index traverse cette bande dans toute sa largeur, et en faisant coïncider successivement l'origine des traces fournies avec l'arête droite de l'index, on peut lire sur le Vernier les distances séparant toutes ces origines de traces. Les calculs n'ont ensuite rien de difficile. Un bon Vernier permet de distinguer à la vue simple des vingtièmes de millimètre, mais l'approximation peut être poussée plus loin encore avec une loupe. Toutefois MM. Hirsch et Plantamour se sont contentés d'un dixième de millimètre. C'était une approximation suffisante pour le genre de recherches qu'ils faisaient et surtout avec les moyens d'enregistration qu'ils employaient, lesquels pouvaient fournir des erreurs plus grandes.

Avec des enregistrements faits selon des lignes en spirale sur une surface de papier dont on recouvre un cylindre enregistreur, le moyen précédent serait difficilement applicable. Aussi, dans ce cas, MM. Hirsch et Plantamour préfèrent employer un autre appareil que nous allons décrire en quelques mots. Cet appareil porte un cercle divisé en 100 parties et autour duquel se meut une aiguille. Cette aiguille réagit sur une seconde aiguille fine qui se meut entre les deux arêtes d'une sorte de fenêtre adaptée au bâti de l'appareil, fenêtre que l'on applique sur la feuille de manière à encadrer la partie du tracé que l'on veut étudier. La position des deux aiguilles est telle que quand l'une correspond à l'une des arêtes de la fenêtre, l'aiguille du cadran se trouve à o, et si la première arrive à la seconde arête de la fenêtre, la seconde marque 100. Les arêtes de la fenêtre en question étant inclinées l'une par rapport à l'autre et suivant le rayon du cadran, il est facile, en avançant plus ou moins l'instrument sur le papier, de faire coïncider toujours ces deux arêtes avec les origines des traces de deux secondes consécutives; et en faisant pointer l'aiguille fine sur l'indication chronographique dont on veut mesurer la position, on peut voir, par la place occupée par la seconde aiguille sur le cadran, le nombre de centièmes de seconde écoulées entre l'une des secondes enregistrées et le moment où s'est produite l'indication chronographique. MM. Hirsch et Plantamour prétendent que le relevé des opérations par ce système s'opère très-vite et avec une exactitude bien suffisante.

M. Valérius de Gand a employé, pour l'évaluation des indications fournies par les courbes sinusoïdes sur les chronographes à cylindre, le cathétomètre ordinaire, qui permet, suivant lui, d'apprécier des vingtièmes de millimètre; mais il faut alors que les traces soient fournies sur une feuille de papier susceptible d'être détachée du cylindre et disposée à distance convenable devant la lunette du cathétomètre, de façon que les sinusoïdes soient placés verticalement. Alors on dirige la lunette de manière que le fil vertical du réticule soit tangent à la partie de la courbe qui correspond à l'écart extrême de la lame vibrante; cela fait, on élève ou on abaisse la lunette jusqu'à ce que la croisée des fils du réticule corresponde autant que possible au milieu de la partie de la courbe qui semble se confondre avec le fil vertical. On note alors la position de la lunette sur la tige verticale de la lunette de l'appareil, puis, après avoir fait descendre la lunette sur l'axe vertical du cathétomètre, on l'élève ou on l'abaisse jusqu'à ce qu'on ait pu obtenir les mêmes observations sur la courbe qui suit celle d'abord expérimentée. La quantité dont on a ainsi déplacé la lunette pour l'amener de la première position à la seconde, donne à un vingtième de millimètre près la longueur cherchée.

Quand les indications sont fournies sur la surface même du cylindre enregistreur, comme dans le système de MM. Schultz et Lissajous, la distance des traces dans le sens perpendiculaire à la génératrice du cylindre peut être mesurée au moyen d'une lunette à crémaillère circulaire, comme nous l'avons indiqué en commençant, et la correspondance de ces traces avec celles en rapport avec la mesure du temps peut être obtenue en promenant horizontalement, à l'aide d'une vis de rappel, le support de la crémaillère sur la plate-forme d'un chariot, qui porte à cet effet une pièce mobile dans une glissière. Comme cette glissière est exactement parallèle à la génératrice du cylindre, le mouvement produit permet de rapporter exactement les indications chronographiques sur la ligne occupée par les traces en rapport avec la mesure du temps, et il suffit de mesurer l'intervalle de ces traces entre elles pour déterminer non-seulement la durée des effets produits, mais encore le moment auquel ils se sont manifestés. Avec des traces constituant un sinusoïde, il importe de tracer préalablement la ligne médiane afin d'y rapporter les autres indications. Cette opération n'a du reste, rien de difficile, car il suffit de faire tracer cette ligne par le style même qui doit fournir les traces du sinusoïde, en ayant soin de le maintenir au repos. L'intersection de cette ligne médiane avec la courbe sinusoïde détermine l'origine de chaque vibration; et, par conséquent, la durée de la vibration simple sera le temps écoulé entre deux passages consécutifs de la pointe traçante à la position moyenne.

Corrections à introduire dans les résultats des indications chronographiques. — Quand on met à contribution dans un chronographe des électro-aimants et que le circuit sur lequel on doit agir est d'une grande longueur, il faut nécessairement tenir compte dans les indications chronographiques fournies, du retard occasionné par l'inertie des organes enregistreurs et la durée de la transmission électrique. Cette vérification est encore plus importante quand on emploie deux électro-aimants dont l'un est affecté à l'enregistration de la mesure du temps. Dans ce cas, non-seulement il faut tenir compte des éléments dont nous venons de parler, mais encore du désaccord qui peut exister entre la position des traces des deux marqueurs soumis à une même influence électrique. On comprend, en effet, que si cette correction n'était pas effectuée, on pourrait rapporter aux durées enregistrées des différences qui tiennent à la nature propre de ces marqueurs. Or, ce sont ces différences auxquelles on a donné le nom de *parallaxes des plumes*, et leur évaluation est une des opérations les plus importantes qui doivent être remplies, quand on emploie les chrono-graphes électriques à la détermination des différences de longitude entre différents lieux. On peut, il est vrai, jusqu'à un certain point, éliminer les différences qui peuvent résulter des vitesses différentes de la transmission électrique dans deux circuits inégalement résistants, en faisant en sorte que le courant circule dans les deux marqueurs dans les mêmes conditions de résistance et d'intensité ; mais il est impossible de corriger matériellement la parallaxe des plumes, qui résulte non-seulement d'une inertie magnétique différente dans les deux marqueurs, mais encore de l'action mécanique exercée sur l'armature électro-magnétique, laquelle peut à elle seule faire dévier de l'alignement qu'elles doivent avoir les origines des deux traces fournies.

Le système employé par MM. Hirsch et Plantamour pour la détermi-nation du temps de la transmission électrique, dans leurs expériences pour la détermination des différences de longitude entre Genève et Neuchâtel (1), a consisté à interposer dans un même circuit les deux chronographes établis dans ces deux villes, et à faire réagir sur leurs marqueurs les pen-dules astronomiques placées à côté de ces appareils. Ces pendules ayant été amenées électriquement à la coïncidence de leurs battements, ont été disposées de manière à marquer alternativement la seconde sur les deux chronographes, en y déterminant, l'une les secondes paires, l'autre les se-condes impaires. Le courant de chacune des deux stations traversait d'ail-leurs à la fois deux marqueurs, l'un appartenant au chronographe de la station locale, l'autre au chronographe de la station opposée. On obtenait donc

---

(1) Voir le mémoire de ces deux savants dans les *Mémoires de la Société de physique et d'histoire naturelle de Genève*, tome XVII.

ainsi sur chaque chronographe deux rangées de traces de secondes, dont les intervalles, d'une seconde paire à une seconde impaire, comparés sur les deux chronographes, fournissaient une différence qui représentait précisément le double du temps de la transmission électrique.

Pour déterminer les différences constituant la parallaxe des plumes, il suffit comme on le comprend aisément de faire fonctionner localement sous la même influence électrique et à travers un même circuit les deux électro-aimants marqueurs, et de déterminer la différence de position de l'origine des traces fournies, par rapport à la normale menée par l'une d'elles. Toutefois, comme les deux électro-aimants ne doivent pas réagir dans un même circuit, et qu'il importe peu de confondre dans la parallaxe des plumes le temps de la transmission électrique, on s'arrange ordinairement de manière à faire réagir simultanément les deux électro-aimants dans les circuits où ils doivent fonctionner et en les soumettant à l'intensité électrique qui doit les animer. De cette manière, la parallaxe des plumes comprend toutes les irrégularités qui peuvent résulter des conditions différentes des circuits et des électro-aimants, ainsi que du mode d'action des armatures portant les marqueurs. Nous verrons plus tard une disposition très-ingénieuse imaginée par M. Lœwy pour permettre la répétition facile de cette détermination aux différents moments des expériences.

On peut encore, au lieu de faire intervenir dans les calculs la correction due à la parallaxe des plumes, annuler les effets de cette parallaxe, et voici comment MM. Hirsch et Plantamour s'y sont pris pour obtenir ce résultat :

Ils faisaient passer alternativement les deux courants qui fournissaient la seconde sur leurs chronographes à travers les quatre marqueurs, ce qui donnait lieu à quatre combinaisons dont chacune durait 2 minutes. On faisait passer d'abord sur le chronographe de Neuchâtel, pendant deux combinaisons, le courant de Genève par l'électro-aimant gauche désigné par g, et celui de Neuchâtel par l'électro-aimant droit d. Ensuite, pendant les deux dernières combinaisons, le courant de Neuchâtel s'enregistrait par la plume gauche et celui de Genève par la droite. A Genève, pendant la première et la dernière combinaison, le courant de Genève passait par l'électro-aimant droit a de son chronographe et celui de Neuchâtel par le gauche, tandis que c'était le contraire pendant la deuxième et la troisième combinaison.

Ces quatre combinaisons formaient une série complète, et il est facile de voir qu'en en prenant la moyenne, les différences résultant des actions inégales des électro-aimants devaient disparaître des résultats. De plus, la

détermination de la parallaxe des plumes des deux chronographes pouvait
être fournie par les équations suivantes :

$$\frac{(I + II)}{2} - \frac{(III + IV)}{2} = 2\,(g-d)$$

$$\frac{(I + IV)}{2} - \frac{(II + III)}{2} = 2\,(a-b).$$

Dans leurs expériences, MM. Hirsch et Plantamour ont trouvé que le
retard dû à la vitesse de la propagation électrique devait être estimé dans
l'hypothèse que cette vitesse est de 13900 kilomètres par seconde pour les
courants hydro-électriques, et de 18400 kilomètres avec les courants induits
d'ouverture. Je ne parlerai pas des considérations théoriques que ces
Messieurs ont données relativement à ces chiffres de durée, car elles m'ont
prouvé que la question de la propagation électrique dans la période variable
ne leur était pas familière ; j'indique seulement ces résultats, parce que ce
sont des données utiles pour les expérimentateurs ; mais ils ne représentent
pas du tout la vitesse de propagation électrique, comme on peut s'en convaincre en se reportant aux Études sur la propagation électrique que nous
avons données tome I, p. 73.

II. — Principaux chronoscopes et chronographes électriques.

1° Chronoscopes.

Chronoscope de M. Wheatstone. — M. Wheatstone dont nous
avons si souvent parlé, paraît être encore le premier qui ait eu l'idée de ce
genre d'application de l'électricité. Il aurait, dit-il, dans une réclamation
adressée à l'Académie des sciences, inventé et construit, dès 1840, un
appareil électro-magnétique destiné à mesurer la vitesse initiale des projectiles. Cet appareil, composé d'un mouvement d'horlogerie, portait une
aiguille qui marquait sur un cadran divisé, l'instant où une roue d'échappement, mise en mouvement par un poids, était arrêtée par une ancre.
Cette ancre, selon qu'elle était ou non sollicitée par un électro-aimant,
arrêtait ou rendait libre la roue d'échappement, et la durée du courant était
mesurée par l'arc décrit.

M. Wheatstone avait avancé que son appareil pouvait donner un 7 300ième
de seconde. Néanmoins il est permis de douter de sa précision pour mesurer un temps si court, attendu que le mouvement d'une aiguille dans un
appareil soumis à un échappement est nécessairement saccadé, et que
l'arrêt peut se faire un peu avant ou après le passage d'une dent de
l'échappement, sans suivre aucune loi, et sans qu'on puisse prévoir le

sens et la grandeur de l'erreur. Quoi qu'il en soit, ce système, qui a été
le point de départ de beaucoup d'autres plus ou moins compliqués dont
nous allons parler, constituait, dès cette époque, une invention de la
plus haute importance. M. Wheatstone, d'ailleurs, ne tarda pas à reconnaître que son appareil était susceptible de nombreux perfectionnements,
car, dès l'année 1845, il envoyait un mémoire à l'Académie des sciences
dans lequel il indiquait les moyens de remédier à deux défauts que la pratique lui avait fait constater dans son instrument et qui se rapportaient
au magnétisme rémanent de l'électro-aimant et à l'instantanéité des contacts effectués sous l'influence des causes dont il fallait apprécier la durée
contacts qui étaient insuffisants le plus souvent pour maintenir les
aiguilles du chronoscope dans la position qui devait correspondre aux fermetures du courant. Voici comment M. Wheatstone avait remédié à ces
inconvénients

« J'avais trouvé, dit-il, par expérience que lorsqu'une pièce de fer doux
avait été attirée par un électro-aimant et que le courant venait ensuite à
cesser, bien que le fer parût retomber immédiatement, son contact était
maintenu pendant un temps qui, plusieurs fois, équivalait à une fraction
considérable de seconde. La durée de cette adhérence augmentait avec
l'énergie des courants voltaïques et avec la faiblesse du ressort antagoniste.
Pour la réduire à un minimum, il était nécessaire d'employer un courant
très-faible, et d'augmenter la résistance du circuit jusqu'à ce que la force
d'attraction de l'aimant fût réduite au point de ne surpasser que d'une
très-faible quantité la force de réaction du ressort. Mais alors l'aimant n'avait
plus la force suffisante pour attirer le fer lorsque l'effet [indicateur devait
se produire. Cependant je surmontai cette difficulté de la manière suivante :
j'arrangeai les fils métalliques du circuit de manière qu'avant la production
de l'effet physique ou mécanique qu'il s'agissait de mesurer, le courant
d'un seul élément de très-petite dimension et réduit au degré convenable
au moyen d'un rhéostat aussi interposé dans le circuit, fût le seul à agir
sur l'électro-aimant ; mais lorsque l'action physique ou mécanique cessait,
six éléments se trouvaient alors interposés dans le circuit et agissaient
directement sur l'aimant. Malgré ces précautions il y a bien encore du
temps de perdu durant l'attraction de l'armature de l'aimant aussi bien
que par suite de son adhérence après que le courant a cessé, et la différence de ces deux erreurs pourrait rendre des approximations telles que
$\frac{1}{500}$ ou $\frac{1}{1000}$ de seconde tout à fait incertaines ; toutefois ce genre d'erreurs peut être facilement réduit à moins de $\frac{1}{60}$ ou de $\frac{1}{100}$ de seconde.

« Dans mon opinion, continue M. Wheatstone, un chronoscope qui divise la seconde en soixante parties, et qu'on peut prouver ne donner jamais lieu à une erreur dépassant une seule de ces divisions, est préférable à un instrument offrant des divisions plus avancées et qui donnerait lieu à des erreurs embrassant bon nombre de ces divisions. Guidé par ces expériences, je fus en mesure de construire un chronoscope très-simple et très-efficace. Un échappement très-simple était mis en mouvement par un poids suspendu à l'extrémité d'un fil enroulé dans une hélice creusée sur un cylindre fixé lui-même sur l'axe d'une roue d'échappement. Sur cet axe était aussi adaptée une aiguille qui avançait d'une division à chaque échappement. Quand il était nécessaire de prolonger le temps de l'expérience, la roue d'échappement et le cylindre étaient établis sur des axes différents, et leur engrenage s'opérait au moyen d'une roue et d'un pignon. Dans ce cas deux aiguilles étaient employées. Au moyen de cette construction on évite l'accélération du mouvement qui aurait lieu s'il n'y avait pas d'échappement, et l'index franchit chaque division dans un même temps. Le poids était disposé de manière à pouvoir se régler, et la valeur d'une seule division était obtenue en divisant le temps de la chute entière par le nombre des divisions franchies dans cet intervalle ; mais des méthodes encore plus exactes peuvent être employées.

« Au moyen de cet instrument j'ai mesuré le temps mis par une balle de pistolet à parcourir différentes portées avec des charges différentes de poudre ; la répétition de ces expériences donna lieu à des résultats passablement constants présentant rarement une différence plus grande qu'une division du chronoscope. Je mesurai aussi la chute d'une balle tombant de différentes hauteurs, et la loi des vitesses accélérées fut obtenue avec une rigueur mathématique. Avec l'appareil dont je me suis servi pour cette dernière expérience, je pouvais mesurer la chute d'une balle tombant de la hauteur d'un pouce. Je me propose encore d'employer cet instrument pour mesurer la vitesse du son à travers l'air, l'eau et des massifs de rochers, et j'espère que les mesures que j'obtiendrai auront une approximation qu'on n'a jamais obtenue jusqu'à présent. »

Pour éviter les inconvénients de la fermeture du courant au moment où devait se produire l'arrêt du chronoscope, M. Wheatstone a eu recours au moyen suivant, qui, comme je l'ai déjà dit tome III, p. 435, renferme en lui le principe des télégraphes à double transmission des dépêches :

« ..... Au lieu de rompre la continuité du circuit et de la reconstituer ensuite, dit M. Wheatstone, l'électro-aimant du chronoscope *peut être maintenu en équilibre au moyen de deux courants égaux et opposés ; en in-*

*terrompant le premier circuit l'équilibre est détruit; et en interrompant le
second, le courant occasionné par la destruction de l'équilibre cesse.* Cette
disposition fournit les moyens d'employer un chronoscope tout à fait différent du premier, dont voici la disposition :

« Deux pendules, dont l'un à demi-secondes et l'autre animé d'un mouvement plus accéléré, sont maintenus chacun aux extrémités de leurs arcs
d'oscillation par un électro-aimant. Quand l'action physique à mesurer
commence, l'un des pendules est libéré, et quand elle cesse, l'autre pendule se trouve dégagé à son tour. On compte alors le nombre d'oscillations
d'un des pendules jusqu'à ce que le mouvement des deux pendules coïncide, et d'après ce fait on détermine aisément le temps qui sépare les com-
mencements des premières oscillations des deux pendules. »

Nouveau chronoscope de M. Wheatstone. — Les inconvénients du premier chronoscope de M. Wheatstone résultaient principalement de l'emploi de la fermeture et de la disjonction du courant pour le
déclanchage et l'arrêt de l'appareil enregistreur. Or, dans les électro-
aimants, le temps de l'aimantation étant bien différent du temps de la
désaimantation, il arrivait que la fraction de seconde désignée par l'appareil n'était pas rigoureusement exacte. D'un autre côté, le système mécanique lui-même laissait aussi quelque chose à désirer. Ce sont ces différents
inconvénients que M. Wheatstone a voulu éviter dans son nouveau chronographe.

D'abord, pour obtenir une régularité de mouvement tout à fait complète
et faire en sorte que la vitesse de ce mouvement pût être facilement appré-
ciée, M. Wheatstone a employé, comme organe d'échappement du mécanisme d'horlogerie appelé à faire mouvoir les aiguilles, une lame de ressort
mise en mouvement de vibration par un courant d'air, comme dans les
instruments à anches. En modérant ou en activant ce courant d'air, on
pouvait faire vibrer cette lame plus ou moins vite, et en rapportant le son
produit à celui d'un diapason, il devenait facile, non-seulement de reconnaître et de régler l'uniformité du mouvement de l'appareil, mais encore
d'apprécier son degré de vitesse.

Pour obtenir l'arrêt ou le dégagement du mécanisme précédent, M. Wheatstone faisait réagir directement sur la lame vibrante un système électro-
magnétique analogue à celui de son télégraphe à pointage; de cette manière,
le dégagement du mécanisme avait lieu sous l'influence du courant dirigé
dans un certain sens, et son arrêt était produit sous l'influence de ce même
courant dirigé en sens contraire. Comme, dans les deux cas, l'action ma-

gnétique avait lieu de la même manière, l'inconvénient que nous avons signalé en commençant n'existait plus, car s'il y avait un retard au moment du déclanchement, il y avait un retard équivalent au moment de l'arrêt.

M. Wheatstone estime que son appareil permettait d'apprécier des millionièmes de seconde.

Chronoscope de M. Hipp. — Pour éviter les inconvénients du chronoscope de M. Wheatstone, M. Hipp a modifié le chronomètre de cet appareil, en le construisant de manière à ce que la marche n'en soit pas changée, que les aiguilles indicatrices soient en mouvement ou en repos : aussitôt que le circuit est ouvert l'axe qui porte l'aiguille des millièmes de seconde et qui peut se déplacer longitudinalement sous l'influence électromagnétique, vient mettre en prise avec une roue à dents de côté appartenant au mécanisme d'horlogerie, un bras d'encliquetage qui fait participer cette aiguille au mouvement du mécanisme, ne remplissant l'office de boîte d'engrenage. Au contraire, quand le courant vient à être fermé, ce même bras est repoussé sur une autre roue à dents de côté qui est fixe et qu arrête subitement le mouvement de l'aiguille ; de sorte que le nombre des divisions indiqué par l'aiguille mesure l'intervalle de temps séparant la rupture du circuit de sa fermeture. Le mouvement du mécanisme d'horlogerie est d'ailleurs uniformisé par une lame vibrante qui réagit sur une roue à rochet constituant le dernier mobile de l'appareil. Dans ce système le déclanchement s'effectue par l'intermédiaire d'une double détente sur la roue à rochet et sur la roue du deuxième mobile. Les aiguilles indicatrices au nombre de deux sont placées sur le premier et le troisième mobile, et comme les vitesses de rotation de ces mobiles sont dans le rapport de 1 à 100, l'une des aiguilles marque les millièmes de secondes et l'autre donne les dixièmes. (Voir la description complète de cet appareil dans le mémoire de MM. Hirsch et Plantamour publié dans les *Mémoires de la Société de physique et d'histoire naturelle de Genève*, tome XVII, p. 90).

Chronoscope à pointage de M. Breguet. — Quand il ne s'agit que d'apprécier des instants très-courts à un dixième ou à un vingtième de seconde près, on peut se servir d'un chronoscope assez simple que nous avons représenté fig. 11, pl. VI. Il consiste principalement dans un compteur ou chronomètre à pointage, disposé de manière que la pression exercée sur un bouton extérieur A se transmette instantanément à l'aiguille, qui marque alors un point noir sur le cadran au moyen d'encre grasse dont elle est imprégnée. De cette manière, l'instant précis de la pression exercée sur le bouton est pointé sur le cadran.

En supposant donc qu'un semblable compteur soit fixé sur un support, et qu'à portée du bouton A soit disposée une queue à piston CD adaptée à une armature de fer doux, on comprendra qu'un électro-aimant M disposé convenablement pourra attirer cette armature au moment où le circuit sera fermé, et, par l'intermédiaire de cette dernière, il réagira sur le compteur à pointage.

Si donc l'électro-aimant M est en rapport avec deux circuits différents correspondant, l'un à un premier interrupteur, l'autre à un relais disjoncteur en rapport avec un second interrupteur, il arrivera qu'au moment de l'expérience, le chronoscope sera arrêté, et un point noir indiquera la place de cet arrêt ; mais aussitôt que le premier interrupteur aura été mis en fonction, le chronoscope étant abandonné à lui-même, marchera jusqu'à ce que le relais disjoncteur, ayant été mis en action par le second interrupteur, ait provoqué l'impression d'un nouveau point noir. L'intervalle des deux pointages donnera donc, en faisant toutefois les corrections nécessaires, la fraction de seconde écoulée entre les deux ruptures des circuits.

Sans doute dans des expériences aussi délicates que celles de l'artillerie, ce système ne serait guère admissible, mais il est une foule d'autres expériences moins précises auxquels ce système chronographique peut être appliqué d'une manière avantageuse (1).

Chronoscope de M. Pouillet. — En 1844, M. Pouillet construisit un chronoscope fondé sur un principe tout à fait nouveau et très-curieux en lui-même, c'est-à-dire sur les déviations de l'aiguille d'un galvanomètre suivant la durée de l'action exercée sur lui par des courants. Mais la nécessité d'une graduation particulière du galvanomètre et d'une constance rigoureuse dans l'intensité du courant pendant toute la durée des expériences, faisait de ce chronoscope plutôt un appareil théorique qu'un instrument pratique. Quoiqu'il en soit, voici en quelques mots le principe de ce système chronoscopique :

« On conçoit, dit M. Pouillet, que si une aiguille aimantée est en repos, et qu'un courant électrique vienne à agir vivement sur elle pendant un temps très-court, par exemple un dixème, un centième ou un millième de seconde, il pourra résulter de cette impulsion unique et presque subite un mouvement de déviation lent et régulier d'une amplitude déterminée et parfaitement appréciable. Cette amplitude doit nécessairement dépendre, non-seu-

---

(1) M. Breguet a construit des chronoscopes de cette sorte qui permettent d'apprécier des vingtièmes de seconde.

lement de l'établissement de l'aiguille, c'est-à-dire de sa masse pondérable, de sa longueur, de son moment d'inertie, de la quantité et de la distribution de son magnétisme libre, mais encore de l'intensité du courant électrique et du *temps* pendant lequel il a exercé son action. Enfin, les oscillations qui en sont la suite et qui sont produites par la force du magnétisme terrestre dépendent, elles-mêmes de cette première impulsion. Il résulte de ces différentes relations, que la durée d'action du courant électrique peut se déduire de son intensité, pourvu que les conditions relatives à l'aiguille soient complétement connues.

« S'il arrive, par conséquent, qu'un courant électrique puisse agir d'une manière régulière et identique à elle-même pendant un instant très-court, tel, par exemple, qu'un millième ou un dix-millième de seconde ; et s'il arrive en même temps qu'il puisse, par cette action si prompte, produire, sur un système magnétique convenable, une première impulsion, une déviation promotrice assez lente et d'une amplitude assez étendue, rien ne sera plus facile que de déterminer avec exactitude des intervalles de temps qui se comptent par millièmes ou par dix-millièmes de seconde. Pour obtenir de telles mesures au moyen des aiguilles aimantées, tout se réduit donc à ces deux questions essentielles : Quelle est la limite nécessaire à un courant pour traverser un circuit donné ? Quelle est la limite d'amplitude des déviations qu'il peut produire sur le système magnétique le plus impressionnable ? »

La première question a été traitée assez longuement au commencement de cet ouvrage (page 73, 1er vol.) pour que nous n'y revenions pas ici. Nous dirons seulement que cette durée de transmission avait été estimée par M. Pouillet à $\frac{1}{7000}$ de seconde.

« La seconde question, continue M. Pouillet, n'est pas résolue par la première. De ce que le courant passe intégralement dans $\frac{1}{7000}$ de seconde, et de ce qu'il maintient en équilibre l'aiguille de la boussole d'intensité, par son retour périodique, à des intervalles aussi rapprochés, il n'en résulte aucunement qu'une seule de ces actions doive imprimer à l'aiguille une déviation sensible et observable. Il fallait donc isoler l'un de ces chocs pour en connaître l'effet ; j'y suis parvenu de la manière suivante :

« Sur un plateau de verre de 84 centimètres de diamètre est collée une bande d'étain d'un millimètre de largeur, s'étendant comme un rayon de la circonférence vers le centre ; là, elle communique à une bande circulaire plus large qui entoure l'axe de rotation. Supposons que le plateau tourne à raison d'un tour par seconde, et que les deux extrémités d'un circuit électrique s'appuient par des ressorts, l'une sur la bande centrale qu'il touche toujours, l'autre sur le verre du plateau près de la circonférence ; au moment où la bande d'un millimètre viendra passer sous ce dernier, il y aura communication électrique, et la durée du courant sera justement égale à la durée du passage de la bande, c'est-à-dire à $\frac{1}{2250}$ de seconde, si l'on touche près de la circonférence, et à $\frac{1}{1260}$, si l'on touche au milieu du rayon, etc.

« Si le plateau fait deux tours, trois tours, quatre tours par seconde, on atteindra ainsi des passages d'une durée deux, trois ou quatre fois moindre.

« Or, en faisant l'expérience, j'ai trouvé qu'une pile ordinaire de Daniell, de six éléments, ayant à traverser un circuit d'environ 40 mètres de fil de cuivre de 1 millimètre, donne un courant assez intense pour que l'action qu'il exerce pendant $\frac{1}{5000}$ de seconde imprime une déviation de 12 degrés à l'aiguille d'un galvanomètre peu sensible ; l'aiguille met environ 10 secondes à parcourir cet arc, de telle sorte que l'action rapide des fluides électriques et magnétiques, qui s'est exercée pendant $\frac{1}{5000}$ de seconde, se trouve par là transformée en un mouvement cinquante mille fois plus lent, lorsqu'il passe dans la matière pondérable de l'aiguille.

« Le galvanomètre de M. Melloni a une sensibilité qui est maintenant connue de tous les physiciens ; elle est variable dans les divers appareils ; cependant elle peut être prise pour terme de comparaison, lorsqu'il ne s'agit que de donner une idée approximative des effets électriques. L'un de ces instruments donne 15 degrés de déviation, lorsqu'on fait agir sur lui, pendant $\frac{1}{5000}$ de seconde, le courant d'un seul élément de Daniell, dont le circuit se compose d'environ 10 mètres de fil de cuivre de 1 millimètre. Ainsi, avec cet instrument, l'on peut apprécier sans peine la dix-millième partie d'une seconde.

« On comprend qu'il y a ici à déterminer les lois suivant lesquelles l'amplitude de la déviation varie dans le même appareil, avec l'intensité du courant et la durée du contact ; ces lois peuvent se déduire de diverses considérations théoriques ; cependant il sera nécessaire de les vérifier par des expériences précises. En attendant, je me suis borné à graduer empiriquement l'appareil qui m'a servi, c'est-à-dire à dresser une table des déviations qu'il éprouve sous l'influence d'un courant connu agissant pendant un temps déterminé. Cette graduation une fois faite, le galvanomètre devient, en quelque sorte, un pendule balistique qui donne le temps pendant lequel le même courant exerce son action. »

2° Chronographes électro-magnétiques.

Chronographe de MM. Breguet et Konstantinoff. — En 1843-44, M. Breguet construisit pour le capitaine russe Konstantinoff, qui le lui avait commandé, un chronographe mesurant les temps correspondant aux divisions successives de la trajectoire des projectiles. Ce chronographe fut, en 1845, l'objet d'une discussion assez animée entre MM. Wheatstone et Breguet, de laquelle il est résulté que la première idée des chronoscopes et chronographes électriques appartient bien à M. Wheatstone, mais que c'était au capitaine Konstantinoff que revient l'idée d'enregistrer la vitesse des projectiles aux différents points de leur trajectoire, et à M. Breguet que doit être attribuée la disposition de l'instrument pour résoudre le problème posé par M. Konstantinoff.

Le chronographe de MM. Breguet et Konstantinoff (1) se composait d'un cylindre de cuivre ABCD (fig. 8, pl. VI), tournant autour de son axe, et dont la surface était divisée en millimètres par des génératrices. Sur ce cylindre venaient appuyer deux styles E, F, portés par un chariot mobile sur un chemin de fer parallèle à l'axe. Ce chariot portait trois électro-aimants dont deux maintenaient les styles éloignés du cylindre jusqu'à l'interruption du courant; le troisième maintenait le chariot jusqu'à l'instant du départ. Le chariot était mis en mouvement par un échappement à ancre G oscillant entre deux électro-aimants, lequel laissait à chaque oscillation échapper la dent d'une roue sur l'arbre de laquelle s'enroulait le fil qui tirait le chariot.

Enfin, le mouvement d'horlogerie qui communiquait au cylindre une vitesse uniforme de deux tours par seconde, réagissait sur un commutateur en rapport avec les électro-aimants de l'échappement à ancre du chariot, et faisait avancer celui-ci d'une dent par chaque demi-tour du cylindre.

Avec cette disposition, chaque millimètre du cylindre représentait, par rapport aux styles fixes, une fraction de seconde dépendant du nombre de millimètres contenus dans la circonférence du cylindre et de la vitesse de celui-ci. En admettant donc que chacun des styles fût en connexion avec un circuit spécial et que ces circuits fussent en correspondance avec un inter-

---

(1) Voir l'ouvrage de l'abbé Moigno, dans lequel se trouvent les plans de cet appareil et les *Comptes-rendus de l'Académie des sciences*, du 20 janvier 1845.

rupteur particulier mis en action sous l'influence de l'effet physique dont il s'agissait de mesurer la durée, on conçoit qu'il devenait facile, par suite de l'interruption successive de ces circuits, non-seulement d'obtenir cette durée, mais encore de l'apprécier aux différentes phases du développement de l'action physique elle-même ; car ces circuits interrompus pouvaient réagir sur les styles en les forçant d'abandonner les électro-aimants qui les maintenaient à distance du cylindre. Ces styles venaient donc tracer, l'un après l'autre, une ligne sur le cylindre en mouvement, et la différence de position de ces lignes, à l'égard des génératrices servant de point de départ, pouvait fournir la fraction de seconde écoulée entre la mise en action des deux interrupteurs.

Par un relais additionnel extrêmement simple, M. Breguet était parvenu à n'employer qu'un seul courant pour les différents interrupteurs. Pour cela, il le faisait passer successivement de l'un à l'autre circuit, au fur et à mesure que chacun de ces circuits se trouvait interrompu. Cette disposition lui fournissait, en outre, le moyen de n'employer que deux styles pour un nombre quelconque d'interrupteurs, et c'est à cet effet que le chariot mobile avait dû être installé.

Un rhéotome, ajouté à l'appareil, a permis de constater le degré d'uniformité du mouvement de l'instrument, et de calculer le temps employé par les styles à s'abaisser, temps qu'un grand nombre d'expériences réitérées a fait estimer à douze millièmes de seconde.

Ce système fut vivement critiqué par M. Wheatstone. Outre qu'il trouvait préférable de déterminer la vitesse des projectiles aux différents points de leur trajectoire au moyen de décharges successives, ce savant prétendait que M. Breguet avait inutilement compliqué son appareil, et que, dans le système qu'il avait imaginé, lui, M. Wheatstone, lors du voyage de M. Konstantinoff à Londres, il n'employai qu'un seul électro-aimant au lieu de cinq. Voici quel était ce système :

« Un cylindre, dit M. Wheatstone, exécute un mouvement de rotation autour d'une vis, de façon à avancer d'un quart de pouce par révolution. A une des extrémités du cylindre est adaptée une roue dentée d'un diamètre un peu plus grand que celui du cylindre et qui s'engrène avec un pignon dont la longueur est égale à la portion totale d'axe que doit franchir le cylindre dans ses révolutions successives. Ce pignon communique avec des rouages mis en mouvement par un poids suspendu à l'extrémité d'un fil qui tourne autour d'un cylindre, et le rouage est muni d'un régulateur qui égalise le mouvement. Un crayon, adapté à l'extrémité d'un petit électro-aimant, est amené en contact avec le cylindre et y trace une hélice qui est

interrompue chaque fois que le courant cesse. On comprend aisément,
d'après cette disposition, de quelle manière le commencement et la fin du
mouvement d'un projectile sont indiqués par cet instrument. Les périodes
intermédiaires sont enregistrées de la manière suivante : Aux points voulus
sur la ligne de passage du projectile, on établit des cadres formés par des
réseaux en fils métalliques; le projectile rompt les fils métalliques en traversant les cadres; on emploie autant de batteries voltaïques qu'il a de paires
de cadres, et les fils de ces cadres communiquent avec les pôles de ces batteries et l'électro-aimant, de telle façon que le courant électrique traverse
l'hélice métallique de cet électro-aimant, ou cesse de la parcourir, suivant
que l'équilibre est alternativement détruit ou rétabli par la rupture successive des fils métalliques des cadres. Pour obtenir ce résultat, il est nécessaire que la résistance des différents fils métalliques soit convenablement
proportionnée. »

Cette critique a été, à son tour, controversée par M. Breguet; mais je
n'entrerai pas davantage dans cette discussion, car elle n'aurait rien d'intéressant pour le lecteur; je dirai seulement que ces différents systèmes
avaient leur bon et leur mauvais côté, mais qu'ils appelaient évidemment
de nouveaux perfectionnements qu'on a cherché à leur apporter depuis.

Chronographes de M. Martin de Brettes. — M. Martin de
Brettes, officier d'artillerie et auteur de plusieurs ouvrages de balistique a
imaginé plusieurs systèmes ingénieux de chronographes que nous allons
maintenant étudier.

L'un de ces chronographes imaginé en 1847, et qui a valu à son auteur
de nombreuses félicitations de la part des hommes compétents, offre à peu
près la même disposition que celui de MM. Breguet et Konstantinoff dont
nous avons parlé précédemment; seulement la disposition des styles et leur
jeu sous l'influence des courants sont dans des conditions complétement
différentes de celles de l'appareil russe. Ainsi le chariot, le chemin de fer, le
pendule moteur, enfin les boîtes et leur mécanisme destiné à rétablir les
circuits ont été supprimés. A leur place se trouve seulement une série de
styles rangés en ligne droite, parallèlement à l'axe du cylindre enregistreur,
et susceptibles, étant mis en activité par des électro-aimants spéciaux qui
leur correspondent, non-seulement de fournir des traces sur le cylindre,
mais encore de réagir les uns sur les autres par l'effet d'un système rhéotomique qui leur correspond. En outre, un chronoscope à pointage supplémentaire, permet d'apprécier le temps écoulé entre les chutes de ces différents styles, et de vérifier quand l'appareil moteur a atteint le degré voulu
de régularité dans son mouvement.

Cette disposition beaucoup plus simple que celle adoptée dans l'appareil russe, est aussi plus facile d'exécution d'après l'avis même de M. Breguet.

Ce chronographe est représenté fig. 6, pl. VI. Le cylindre enregistreur est en C. Sa surface est divisée en 1000 parties égales par des génératrices équidistantes de 0^m,001. Il est monté sur un axe en acier tournant sur des galets, et reçoit son mouvement d'un mécanisme d'horlogerie à deux mobiles, qui est régularisé par un volant à ailettes hélicoïdales. Un conjoncteur de courant est établi sur l'axe du premier mobile (celui sur lequel réagit le poids), et un disjoncteur de courant est établi sur l'axe même du cylindre enregistreur. Tel est, sauf quelques détails d'exécution dans lesquels nous n'entrerons pas, le système moteur du chronographe.

Le système traçant se compose :

1° D'une série de styles f, f' f'', etc., rangés comme nous l'avons dit sur une ligne parallèle à l'axe du cylindre, et dont un seul est représenté sur la figure, les autres se trouvant cachés. Ces styles en acier ont une pointe très-fine qui peut être rapprochée de la surface du cylindre à volonté, au moyen d'une vis de rappel. Chaque style est fixé à une palette métallique formant l'extrémité supérieure d'un levier vertical, mobile autour d'un axe horizontal a, parallèle à celui du cylindre. Le levier *porte-style* a son centre de gravité placé au-dessus de cet axe a et incliné du côté du cylindre, de sorte qu'il tombe sur ce dernier lorsqu'il est abandonné à l'action de la pesanteur.

2° D'une série d'électro-aimants fixes E, E', E", etc., destinés à réagir sur les styles, par l'intermédiaire d'une palette de fer doux fixée sur chacun de ces derniers.

3° D'une série de petits leviers coudés l, l', l'', disposés au-dessous des leviers *porte-style*, de manière que la queue de ces derniers les repousse de droite à gauche, quand les styles tombent sur le cylindre. Il arrive alors que la branche horizontale de ces leviers coudés vient toucher une plaque métallique et peut établir un contact électrique ayant pour effet la fermeture d'un circuit.

Le compteur à pointage supplémentaire placé en H est commandé par un électro-aimant dont l'hélice magnétisante est composée de deux fils. Au-devant de ce compteur se trouvent disposés d'autres petits électro-aimants, e, e', etc., agissant sur de petits leviers bifurqués j, j', j'' dont les branches peuvent toucher deux plaques métalliques placées au-dessous d'elles. La bobine de chacun de ces petits électro-aimants est aussi à double hélice et parcourue, ainsi que celle du compteur lui-même, par des courants équilibrés.

Les dispositions électriques sont tellement combinées dans cet appareil, qu'au moment de son action, tous les styles f, f', etc., se trouvent éloignés de la surface du cylindre C ; mais si l'un f vient à tomber sur le cylindre, il se trouve relevé aussitôt après la chute du style suivant f' par l'effet du contact opéré par le levier l. D'un autre côté, un courant issu d'une seconde pile établit une relation entre le conjoncteur et le disjoncteur établis sur le moteur et l'électro-aimant du chronographe à pointage, qui lui-même est en rapport, par l'intermédiaire des électro-aimants e, e', etc., avec les styles f, f', etc. Voici maintenant comment cet appareil fonctionne :

Au moment de l'expérience, l'appareil étant mis en mouvement, le *conjoncteur* réagira sur le chronoscope à pointage H, et lui fera tracer un point noir à chaque révolution de l'axe sur lequel il est fixé. Quand ces marques se succèderont à des intervalles de temps égaux le mouvement du mécanisme sera devenu uniforme, et on pourra faire jouer les styles.

Ces styles, à mesure que les différents circuits auxquels ils correspondent se trouvent coupés, tomberont successivement sur le cylindre et imprimeront une trace ; mais il n'y aura jamais qu'une trace d'imprimée à la fois, car la chute de l'un ou de l'autre de ces styles a pour effet secondaire l'enlèvement de celui qui le précède. Comme le courant qui anime les électro-aimants E, E', E', etc., passe en même temps par les électro-aimants e, e', e'', et équilibre le courant issu d'une autre pile qui traverse déjà ces derniers, sa rupture entraîne la mise en action de ceux-ci, et par suite leur réaction sur le chronoscope à pointage, qui marque un point sur le cadran en même temps que le style correspondant tombe sur le cylindre. L'arc compris entre deux points consécutifs ainsi marqués, donnera donc la valeur du temps écoulé entre deux chutes de styles, que ceux-ci se trouvent rangés aux deux extrémités de la série, ou qu'ils soient placés consécutivement l'un près de l'autre ; de cette manière on peut aisément totaliser les instants des chutes successives des styles, ce qui est un avantage pour la vérification des indications fournies par ces styles sur le chronographe.

Ces indications, comme on l'a déjà compris, consistent dans une série de courbes circulaires tracées chacune par un style particulier. On peut se servir de ces courbes de deux manières, soit en considérant pour chacune d'elles l'arc de cercle réellement tracé par le style, soit la partie comprise entre les génératrices sur lesquelles se trouvent les points de chute de deux styles consécutifs. Mais l'emploi de ces deux moyens ne peut en général servir à calculer immédiatement le temps écoulé entre les interruptions des circuits ; car dans des appréciations aussi minutieuses, le temps de la chute des styles et celui de la désaimantation ne sont pas négligeables, et contribuent à diminuer l'étendue de la courbe tracée. D'un autre côté, le temps employé par les leviers *porte-style* pour aller toucher les leviers rhéotomiques *l*, entraîne l'allongement de cette même courbe; de sorte que ce serait dans le cas particulier où ces deux effets se neutraliseraient, que la courbe représenterait exactement le temps cherché. Cela aurait lieu si le style tombait et se relevait instantanément, quand les circuits correspondants sont interrompus, ce qui est impossible, ou si les temps de chute et de relèvement étaient égaux, ce qu'il est possible d'obtenir, encore y aurait-il toujours l'influence de la force coercitive qui serait à déterminer.

Pour obtenir la valeur des corrections à introduire dans les formules, M. Martin de Brettes propose les moyens suivants : d'abord, pour la détermination du temps employé par l'un des styles à tomber sur le cylindre, il suffit de couper le circuit correspondant à ce style, et de mettre une des extrémités coupées en rapport métallique avec le disque du disjoncteur ; de cette manière, le circuit est fermé pendant tout le temps de la rotation du cylindre C, sauf l'instant où la petite partie isolante de ce disjoncteur rencontre le ressort communicateur. Avant d'opérer, on doit régler la résistance du nouveau circuit, de manière à être la même qu'avant l'introduction du disjoncteur.

Quand le disjoncteur ainsi disposé tournera, il arrivera qu'au moment de l'interruption du courant par ce disjoncteur, le style correspondant tombera sur le cylindre enregistreur pour se relever immédiatement après le passage de la partie isolante sous le frotteur. Pour que le point de chute du style sur ce cylindre fût sur la même génératrice que l'arête initiale de la partie isolante du disjoncteur, il faudrait que le temps de la chute du style fût nul, ce qui est impossible, mais la différence des deux génératrices menées l'une par cette arête initiale du disjoncteur, l'autre par le commencement de la trace laissée par le style sur le cylindre, pourra donner la valeur du temps de cette chute.

On détermine de la même manière la valeur du temps employé par l'un des styles à relever celui qui le précède. Il devient dès lors facile, en faisant entrer ces valeurs dans les formules, d'obtenir les vitesses cherchées.

Pour ne pas renouveler à chaque expérience la détermination de ces valeurs, M. Martin de Brettes en fait un tableau définitif correspondant à divers nombres de tours de cylindre enregistreur, en les rapportant à une intensité déterminée de courant; de sorte qu'il suffit d'interposer dans les circuits sur lesquels on doit opérer, une résistance capable de ramener les courants à cette intensité, pour qu'on puisse se passer de toute expérience préparatoire.

Dans son ouvrage, M. Martin de Brettes décrit avec détails les moyens de constater avec cet appareil : 1° la vitesse initiale des projectiles ; 2° la mesure immédiate de la vitesse de ces projectiles en un point quelconque de leur trajectoire ; 3° la mesure immédiate de la vitesse des projectiles en plusieurs points de leur trajectoire ; 4° la vitesse maxima des éclats ou des balles d'obus. Nous ne nous arrêterons pas à l'explication de ces moyens qui d'ailleurs se devinent aisément, car notre but n'est pas de faire ici un traité de balistique.

Autres systèmes de M. Martin de Brettes. — On a vu que le chronographe précédent pouvait être employé pour mesurer une certaine durée quand celle-ci représentait sur le cylindre un arc moindre d'une circonférence entière. Quand on n'a qu'une seule durée à mesurer, on peut toujours la représenter par un arc moindre d'une circonférence, en donnant au cylindre une vitesse de rotation convenable ; mais lorsqu'il s'agit de mesurer plusieurs durées successives et très-différentes les unes des autres, il n'en est plus ainsi, car tandis qu'un petit arc de cercle suffira pour représenter un de ces temps, il pourra arriver qu'il en faille un plus grand qu'une circonférence entière pour mesurer un autre temps ; il est donc nécessaire de modifier la disposition de l'appareil traçant du chronographe précédent pour le rendre applicable à la mesure de toutes les vitesses.

Dans ce but, M. Martin de Brettes propose de fixer tout le système traçant sur un chariot mobile guidé par deux règles en fer et conduit par une vis sans fin à la manière des écrous mobiles. Le mouvement de cette vis serait commandé par un fort mouvement d'horlogerie à ailettes qui pourrait être accéléré ou retardé à volonté pour être mis en rapport avec la vitesse du mécanisme moteur du chronographe. Avec cette disposition, les traces laissées par les styles seraient des portions d'hélice qui ne pourraient se superposer.

Pour éviter le calcul des temps de chute des styles et de leur relèvement, M. Martin de Brettes a aussi imaginé une combinaison particulière des styles que nous devons mentionner.

Dans cette combinaison, les leviers *porte-style* que nous avons étudiés seraient remplacés par d'autres, dont le centre de gravité serait placé au-dessous de l'axe de rotation, mais dont les palettes de fer seraient placées à leur partie inférieure. La partie supérieure serait munie d'une vis de rappel, destinée à mettre le style à une distance convenable du cylindre, mais toujours très-petite. D'un autre côté, les électro-aimants au lieu d'être à simples hélices, en posséderaient deux à travers lesquelles passeraient deux courants de sens contraire équilibrés. Des vis de rappel donneraient le moyen d'amener ces électro-aimants à une distance des palettes telle que l'action électro-magnétique pût s'exercer facilement. Les circuits secondaires établis par les petits leviers coudés à mesure que les styles tomberaient sur le cylindre, seraient composés de manière que leur résistance respective fût égale à celle du circuit interrompu qu'ils devraient remplacer. Enfin les communications électriques seraient établies, de façon à ce que les courants équilibrés, après avoir parcouru les hélices de chaque électro-aimant vinssent aboutir les uns (ceux d'ordre pair) aux interrupteurs, les autres (ceux d'ordre impair), aux pôles de la pile.

Le jeu de cet appareil s'explique facilement. Quand l'expérience commence les styles sont éloignés du cylindre, parce que les courants équilibrés sont tous les deux fermés, l'un directement, l'autre par l'intermédiaire des interrupteurs, et que la pesanteur tend à écarter ces styles du cylindre. Mais lorsque les interrupteurs viennent à fonctionner, la neutralisation magnétique des électro-aimants cesse, et les styles sont poussés successivement sur le cylindre enregistreur. Or, dans cette réaction, les contacts secondaires interviennent, et il en résulte que l'interrupteur n° 2, par exemple, après avoir fait réagir le style n° 2, provoque dans l'électro-aimant du style n° 1, la fermeture du courant, que l'interrupteur n° 1 avait rompu ; ce style revient donc à sa position normale. Les fonctions des styles s'opèrent ainsi qu'on le voit dans ce cas comme dans le premier système ; seulement c'est l'action attractive de l'électro-aimant qu'on utilise au lieu de son inertie magnétique.

Chronographe de M. Gloesener. —Pour éviter les inconvénients des électro-aimants comme organes traceurs dans les chronographes, M. Gloesener les remplace par des multiplicateurs galvanométriques, et pour que les effets électriques soient toujours produits dans les mêmes conditions, il dispose son système de manière à ne mettre à contribution qu'un seul galvanomètre. En définitive son appareil se compose d'un cylindre horizontal mis en mouvement par un mécanisme d'horlogerie et sur lequel peut appuyer, au moment de la rupture d'un circuit électrique, une plume ou une pointe portée par le barreau aimanté d'un multiplicateur vertical. Ce barreau est fixé par son centre sur un pivot horizontal muni de deux leviers placés, l'un horizontalement, l'autre verticalement. Le premier porte un contre-poids que l'on peut avancer ou reculer au moyen d'un pas de vis pour augmenter plus ou moins la sensibilité de l'appareil ; le second est muni d'un clique qui, en réagissant sur un rhéotome particulier muni d'une roue à rochet, fait en sorte que le barreau après s'être abaissé sur le cylindre sous l'influence de son contre-poids, au moment de la rupture du courant à travers le galvanomètre, se trouve immédiatement relevé par la fermeture d'un nouveau circuit, ce qui le met en position de fournir une nouvelle indication, lors de la rupture de ce nouveau circuit. Cette réaction est effectuée par une goupille fixée sur la roue à rochet du rhéotome et qui, à chaque échappement de dent, abandonne un ressort pour se porter sur un autre. Comme chacun de ces ressorts est en rapport avec un circuit distinct, la permutation des circuits s'effectue en même temps que l'enregistration de la trace chronographique.

Il résulte de cette disposition que les indications sont placées les unes à la suite des autres, et que se trouvant produites par le même organe électro-magnétique, elles sont en dehors des variations d'inertie qui sont la conséquence d'appareils distincts. De plus, comme le magnétisme rémanent n'existe pas dans ces sortes d'organes électro-magnétiques, la différence de résistance des circuits n'exerce plus, suivant l'auteur, d'influence fâcheuse. Pour uniformiser le mouvement du mécanisme d'horlogerie, M. Gloesener a adapté à ce mécanisme un modérateur à force centrifuge qui, en réagissant sur un levier coudé, permet à un bec de plume d'appuyer plus ou moins sur le cylindre suivant que le mécanisme tourne plus ou moins vite.

Dans les chronographes à cylindre, on ne peut généralement apprécier que de très-petites durées, de sorte que, pour obtenir l'enregistration d'une série d'expériences ou de durées un peu longues, on est obligé comme on l'a vu, de faire avancer longitudinalement le cylindre à mesure que s'accomplit son mouvement de rotation ; M. Gloesener a pensé que la vis et l'écrou mobile nécessités pour la réalisation de cet effet étaient un obstacle à l'uniformité du mouvement, et pour l'éviter, il adapte à son appareil un second cylindre qui, tournant huit fois moins vite que le premier, peut, au moyen d'un multiplicateur disposé comme celui dont il a été déjà question et traversé par le même courant, enregistrer les diverses époques des expériences, c'est-à-dire indiquer si le point marqué sur le premier cylindre s'est produit au deuxième, au troisième ou au huitième tour.

Cet appareil très-bien construit par M. Hardy a été l'objet d'un rapport à la Société d'encouragement en 1861 et l'on pourra en trouver dans le bulletin de cette Société, tome VIII de la 2e série, p. 705, la description complète et les dessins.

3° Chronographes à effets électriques statiques.

Nous avons vu p. 187 que les traces fournies par l'intermédiaire d'électro-aimants ne satisfaisant pas complétement l'esprit en raison de l'irrégularité d'action de ces organes, on avait cherché à les obtenir sous l'influence seule de l'action électrique, et que pour cela on avait mis à contribution les traces fournies par l'étincelle électrique. C'est M. Siemens qui paraît avoir eu la première idée de ce système de traçage, et dans un aperçu historique qu'il a publié vers 1845 sur les procédés servant à mesurer des espaces de temps fort courts, il décrit ainsi le moyen qu'il avait imaginé dans ce but.

Chronographe à étincelle de M. Siemens. — « Quand une surface polie est soumise à l'étincelle électrique, dit M. Siemens, on trouve que chaque étincelle y laisse une trace extrêmement déliée, mais très-distincte, en forme d'une petite tache dont la couleur et la nature varient suivant la nature des métaux que l'on emploie. Une plaque d'acier, par exemple, est ce qu'il y a de mieux pour constater le phénomène. Maintenant, qu'on imagine un cylindre d'acier poli, à pourtour divisé, tournant sur son axe avec une vitesse appropriée, et une pointe métallique établie à une distance fort petite vis-à-vis de ce cylindre, dont la marche sera d'ailleurs réglée à l'aide d'un pendule conique. Admettons que cette pointe et le cylindre fassent partie de circuits en rapport avec deux batteries de Leyde qui se trouveront interrompus au commencement et à la fin de l'action physique ou mécanique dont il s'agit d'apprécier la durée ; on pourra faire en sorte que la première action ait pour effet de compléter le circuit de la première batterie, et alors une étincelle jaillira entre la pointe et le cylindre d'acier en y laissant une marque. Le cylindre continuant de tourner, la seconde action, en complétant le second circuit, donnera lieu à une seconde marque dont la distance à la première, évaluée en degrés de la circonférence du cylindre, peut servir, comme dans les autres appareils de ce genre, à déterminer le temps qui s'est écoulé entre les deux étincelles. »

Chronographe à induction de M. Martin de Brettes. — La fixité relative de l'étincelle d'induction quand elle s'échange entre une pointe métallique et une surface et que la pointe est négative, propriété que j'avais découverte dès l'année 1854, donna l'idée à M. Martin de Brettes de l'utiliser pour le pointage des traces chronographiques. Il appliqua d'abord ce système au pendule balistique, et il n'eut pour cela qu'à armer d'une pointe excitatrice le pendule lui-même ; mais ayant obtenu de très-bons résultats de cette méthode, il songea à en faire la base d'un nouvel appareil chronographique qui fut construit avec beaucoup de soin et d'habileté par M. Hardy, en 1859, et qui fut l'objet d'une récompense élevée accordée à son auteur par la Société d'encouragement.

Le chronographe de M. Martin de Brettes se compose de trois appareils distincts, d'un enregistreur chronographique, d'un relais rhéotomique et d'une machine de Ruhmkorff. Nous en représentons fig. 42 et 43 les deux principales dispositions.

L'enregistreur chronographique est constitué par un cylindre vertical D
fig. 42 autour duquel se meut d'un mouvement uniforme une tige F terminée par une pointe de platine. Cette tige recourbée à angle droit est mise
en mouvement par un mécanisme d'horlogerie H que régularise un pendule
conique G qui s'y trouve relié constamment, et qui, par l'amplitude plus ou
moins grande du cercle qu'il décrit, joue en même temps le rôle d'un régulateur à force centrifuge. A cet effet ce pendule est fixé à une suspension
Cardan et réagit inférieurement sur un bras horizontal muni d'une rainure
qui a pour centre de rotation l'axe du cylindre vertical D. Quand l'appareil
entre en mouvement, le pendule s'écarte successivement de la verticale,
glisse dans la rainure du bras dont il vient d'être question, et ce n'est que
quand il est près d'atteindre son plus grand écart que le mouvement est devenu
uniforme. Alors les irrégularités qui peuvent survenir dans la marche du
mécanisme ayant pour effet un écart plus ou moins grand du pendule,
se trouvent immédiatement corrigées. Cette ingénieuse disposition qui a
permis de faire du mécanisme de l'appareil de M. Martin de Brettes une
horloge presque de précision, a été imaginée par M. Baliman.

Avec la disposition que nous venons de décrire, il est facile de comprendre comment l'appareil doit fonctionner. Supposons, en effet, que le
cylindre vertical soit recouvert d'une feuille de papier, et que la tige tournante soit mise en rapport avec le pôle négatif de l'appareil de Ruhmkorff
alors que le cylindre lui-même sera mis en communication avec le pôle
positif ; on comprendra aisément qu'une action mécanique qui aura pour
effet de couper à deux instants successifs le circuit inducteur de la machine
de Ruhmkorff, déterminera, de la part de la pointe de la tige tournante,
deux étincelles qui produiront deux trous sur le papier ; et l'écartement de
ces trous, rapporté au développement de la circonférence du cylindre et au
temps accompli par la pointe pour faire une révolution entière autour de
celui-ci, donnera la valeur exacte du temps écoulé entre les deux ruptures
du circuit inducteur. Dans l'appareil de M. Martin, le temps de révolution
de cette pointe est exactement d'une seconde, de sorte que les calculs sont
extrêmement faciles.

Maintenant, comme il importe de pouvoir enregistrer une série d'expériences les unes à la suite des autres, ou des expériences ayant une durée
plus grande qu'une seconde, M. Martin de Brettes a ajouté à son appareil
un second mouvement d'horlogerie qui est placé à l'intérieur du cylindre
vertical et qui a pour but de le laisser descendre régulièrement, suivant son
axe, d'une quantité égale à sa hauteur. Il en résulte que la pointe de la
tige tournante décrit autour de ce cylindre une courbe en spirale sur

laquelle se trouvent échelonnées les indications chronographiques, lesquelles peuvent, du reste, se calculer aisément, puisque les durées dans un appareil disposé de cette manière sont proportionnelles aux distances réciproques des trous sur la projection circulaire de l'hélice.

Pour assujettir facilement son papier sur le cylindre et le tendre parfaitement, M. Martin de Brettes a établi en un point de la surface de ce cylindre une longue fente, derrière laquelle il a adapté deux rouleaux formant laminoir et qu'on peut tourner facilement à l'aide de deux boutons placés au-dessus du cylindre. On fait passer les deux bouts de la feuille de papier enveloppant le cylindre dans cette fente, et on la tend en tournant les rouleaux du laminoir.

Afin de s'assurer de l'uniformité du mouvement de cet appareil, MM. Martin et Hardy en fait réagir sur l'appareil un pendule régulateur battant exactement la seconde; toutes les traces produites se sont trouvées placées sur une même génératrice du cylindre. Ayant ensuite retardé un peu la marche du pendule en question, ces traces se sont trouvées en retard les unes par rapport aux autres, d'une même quantité, et ils ont pu conclure d'après cela que l'uniformité du mouvement de l'appareil était bien obtenu

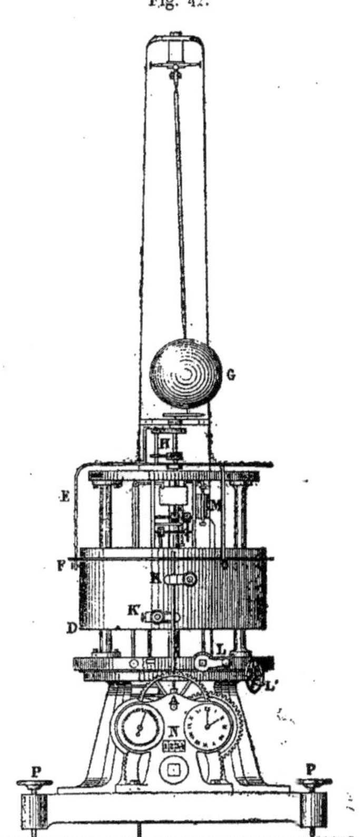

Fig. 42.

Le système de relais rhéotomique employé par M. Martin de Brettes pour constater les différentes époques de la rupture du circuit sous l'influence de la cause physique que l'on veut étudier, sera décrit plus tard, au chapitre des applications des chronographes à l'étude de la balistique.

Pour rendre plus visibles les traces laissées par l'étincelle d'induction,

Fig. 43.

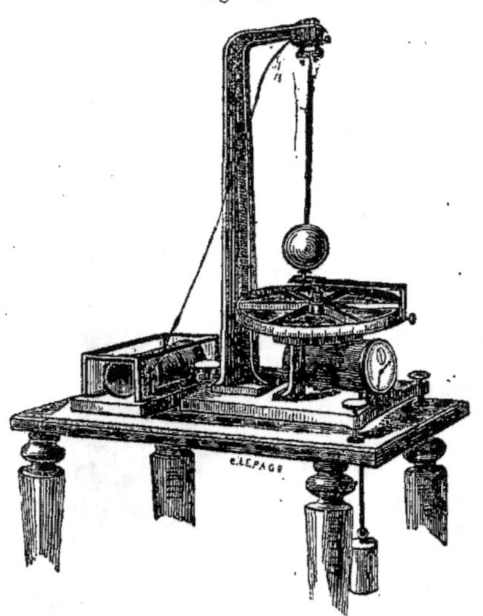

M. Martin de Brettes a essayé différents papiers préparés avec des substances susceptibles d'être impressionnées par la chaleur et l'électricité, telles que l'amidon ioduré, les encres sympathiques, etc. ; mais la préparation qui lui a le mieux réussi a été, comme on l'a vu, p. 188, la solution de cyano-ferrure de potassium, qui facilite singulièrement la carbonisation du papier produite par l'étincelle. Du papier ainsi préparé et bien séché s'enflamme, en effet, avec une rapidité semblable à celle du papier xyloïdé.

Les expériences faites avec cet appareil ont permis de déterminer, à une très-petite fraction près, la vitesse de projection d'une balle lancée avec un pistolet de salon, les deux cibles n'étant éloignées que de 5 mètres, et la première n'étant qu'à 50 centimètres du canon du pistolet. Sur 100 expériences, les espaces graphiques représentant les temps employés par la balle à parcourir les distances indiquées plus haut, n'ont varié que de 21 à 23 millimètres, ce qui donne, en moyenne, une durée de $\frac{3}{100}$ de seconde ou une vitesse de 166 mètres par seconde.

Du reste, l'appareil de M. Martin de Brettes a été acheté par le comité d'artillerie et a été à une certaine époque appliqué au tir des canons. On pourra en trouver une description complète avec dessins dans le Bulletin de la Société d'encouragement, année 1862, p. 331.

Une légende explicative de la figure 42 fera mieux comprendre qu'une description les détails de l'appareil de M. Martin de Brettes avec les perfectionnements qu'y a introduits M. Hardy.

A est le mouvement d'horlogerie qui communique au cylindre enregistreur D son mouvement de rotation horizontal, lequel est réglé par le pendule conique G. M est un mécanisme d'horlogerie qui tempère et régularise le mouvement de descente du cylindre D, quand étant abandonné à lui-même, il accomplit son mouvement longitudinal le long de son axe; H est un petit mécanisme à roues satellites qui communique à la pointe traçante F une vitesse de rotation double de celle du pendule conique et qui est de 2 tours par seconde. Cette pointe est maintenue dans une position fixe, par rapport à la surface du cylindre, à l'aide d'un guide circulaire formant comme une sorte de bague et que l'on distingue aisément sur la figure. L est une manivelle à crémaillère qui permet de remonter le cylindre à son point de départ après qu'il a été abaissé. L' est une autre manivelle qui permet de faire tourner horizontalement à la main le cylindre, afin de conduire les traces qui s'y trouvent marquées sous deux microscopes K, K' adaptés sur une tringle fixée au-devant de l'appareil; un cercle gradué adapté à cette manivelle permet d'apprécier exactement les déplacements de ce cylindre quand ils sont très-petits, et un compteur N qui enregistre le nombre de tours accomplis par le cylindre D ainsi que les millièmes de tour, facilite une première appréciation. Enfin P, P sont des vis calantes pour placer l'appareil bien verticalement.

Comme dans certaines expériences chronographiques il n'est utile d'enregistrer les observations que par périodes plus ou moins courtes, M. Martin de Brettes a adapté au mécanisme M une détente électro-magnétique, qui ne laisse tomber le cylindre que sous l'influence d'une fermeture de courant effectuée à telle distance que l'on veut; on peut donc de cette manière, commencer l'expérience et l'arrêter aux moments opportuns.

Chronographe de M. Vignotti. — Quelque temps après la publication des chronographes à induction de M. Martin de Brettes, M. Vignotti officier d'artillerie, fit construire à Metz par M. Bellicni un de ces appareils, et l'ayant fait passer sous son nom, il en résulta, en 1859, entre les deux inventeurs, une polémique assez vive dont nous ne parlerons pas, car elle n'a qu'un intérêt très-secondaire, mais de laquelle il résulte que M. Vignotti n'a fait qu'exécuter matériellement l'idée émise par M. Martin de Brettes, exécution dont n'avait pu s'occuper ce dernier par suite de certaines circonstances particulières. L'appareil commandé par M. Vignotti ne présentait d'ailleurs aucun perfectionnement nouveau.

Chronographe de MM. Schultz et Lissajous. — Ce chronographe employé par l'artillerie dans un grand nombre d'expériences faites à Meudon, en 1869, et pour lequel l'étincelle d'induction constituait comme dans les appareils précédents le mode d'enregistration, est le premier qui ait mis à contribution pour la mesure du temps l'électro-diapason. Il est vrai que l'un de ses auteurs, M. Lissajous, était le père de cet intéressant accessoire de l'appareil ; mais il n'en est pas moins vrai que l'introduction de l'électro-diapason dans les chronographes était un grand progrès réalisé, et nous verrons que ce système a été adopté dans tous les chronographes de précision qu'on a construits depuis.

Le chronographe de MM. Schultz et Lissajous se composait essentiellement d'un cylindre horizontal garni d'une surface argentée et polie et qui était mis en mouvement de rotation rapide par un mécanisme d'horlogerie disposé de manière à lui faire accomplir en même temps un mouvement longitudinal. A cet effet, le support du cylindre, mobile dans une coulisse, était mis en mouvement par une vis sans fin. L'électro-diapason était placé devant le cylindre et avait l'une de ses branches munie d'une pointe traçante, tandis qu'à côté de lui et disposée sur une colonne munie d'un isolateur convenable, se trouvait fixée la pointe ou plutôt la baguette de Wollaston appelée à fournir les indications chronographiques. Cette pointe était constituée par un fil de platine très-fin enveloppé dans un tube de verre et affleurant par son extrémité le bout du tube. Cette disposition avait été prise pour empêcher l'étincelle de se diviser. Naturellement le fil de platine était mis en rapport avec le pôle négatif d'une bobine de Ruhmkorff sans trembleur, placée au bas de l'appareil, et le cylindre argenté communiquait à l'autre pôle. C'était donc sur le circuit inducteur de la bobine de Ruhmkorff que devait s'exercer l'action physique dont il s'agissait d'apprécier la durée. Nous avons expliqué p. 188 comment, dans ces conditions, les marques de l'étincelle se distinguent sur la surface argentée, et pourquoi, à cause de cela, ce système réalisait un perfectionnement notable sur les autres; nous n'y reviendrons donc pas en ce moment; nous ajouterons seulement qu'un petit microscope à réticule adapté à un support à coulisses et se mouvant circulairement autour d'un limbe gradué, permettait non-seulement de voir distinctement les points blancs produits par l'étincelle, mais encore de mesurer leur distance respective et de la rapporter aux marques ondulées en rapport avec la mesure du temps. Ces marques étaient fournies, comme on l'a vu, par la pointe du diapason qui les traçait sur une couche de noir de fumée dont était recouverte préalablement la surface du cylindre; et cette couche étant enlevée par l'auréole de l'étincelle au moment de la décharge, mettait le cylindre à nu aux endroits où l'on avait à constater la présence du point frappé par le jet de feu. Nous allons maintenant insister un peu sur l'électro-diapason de M. Lissajous qui est certainement l'une des parties capitales de l'appareil.

A l'époque où M. Lissajous a imaginé l'électro-diapason, on était dans toute la ferveur des interrupteurs au mercure; les résultats heureux que M. Foucault avait obtenus de l'application de ces interrupteurs à la machine de Ruhmkorff avaient tellement enthousiasmé tous les physiciens, qu'on voulait en mettre partout. Pourtant ce système avait ses inconvénients, et, pour les trembleurs surtout, il empêchait d'obtenir des vibrations très-multipliées, telles, par exemple, que celles qui auraient été nécessaires pour entretenir le mouvement d'un diapason à sons aigüs. Néanmoins, persuadé que la résistance occasionnée par le contact de deux lames métalliques plus ou moins rigides devait altérer le synchronisme des vibrations du diapason, M. Lissajous adopta définitivement les rhéotomes à mercure, et celui auquel il donna la préférence fut celui de M. Foucault, que nous avons décrit tome II, p. 251. Comme pour faire fonctionner un pareil instrument il faut une disposition particulière, il isola du diapason cette partie de l'appareil, et ce fut un électro-aimant spécial mis en rapport avec les électro-aimants du diapason qui fit réagir le rhéotome à mercure. La manière dont l'action électro-magnétique s'exerçait sur le diapason n'était d'ailleurs nullement différente de ce qu'elle est aujourd'hui dans les appareils perfectionnés. Les deux branches du diapason portaient, en effet, deux armatures de fer doux isolées magnétiquement du diapason par une pièce de cuivre, et deux électro-aimants fixés devant ces armatures exerçaient sur elles leur attraction sous l'influence du rhéotome. Depuis la construction de l'appareil dont nous parlons, on put s'assurer que les appréhensions de M. Lissajous relativement à l'altération du synchronisme des vibrations d'un électro-diapason mis en action par un trembleur ordinaire, n'étaient pas fondées, et on put, dès lors, simplifier considérablement le système, en faisant réagir directement le diapason sur l'interrupteur, c'est-à-dire en faisant de l'une des branches du diapason lui-même la pièce vibrante du trembleur. La disposition des pièces de contacts et des électro-aimants dans ces sortes d'appareils a, du reste, été variée; dans le système de M. Mercadier, un seul électro-aimant est employé; il est droit et placé entre les deux branches du diapason, et le ressort de contact, fixé en dehors, réagit, au moment des attractions électro-magnétiques, en abandonnant un disque d'acier sur lequel il appuie pendant l'inertie électro-magnétique. Le métal du diapason tient d'ailleurs lieu d'armature. Ce système a été employé dans le chronographe de M. Marey. Dans le système de M. Deprez, le diapason porte deux armatures comme dans le système de M. Lissajous, et une lame de ressort adaptée à l'une de ces armatures constitue, avec deux vis de réglage entre lesquelles elle oscille, le système rhéotomique. (Voir le Mémoire de M. Mercadier dans les *Annales télégraphiques*, année 1874, p. 51.)

L'appareil chronographique de MM. Schultz et Lissajous a été admirablement construit par M. Froment.

Chronographe de MM. Hardy et Strange. — Ce chrono-

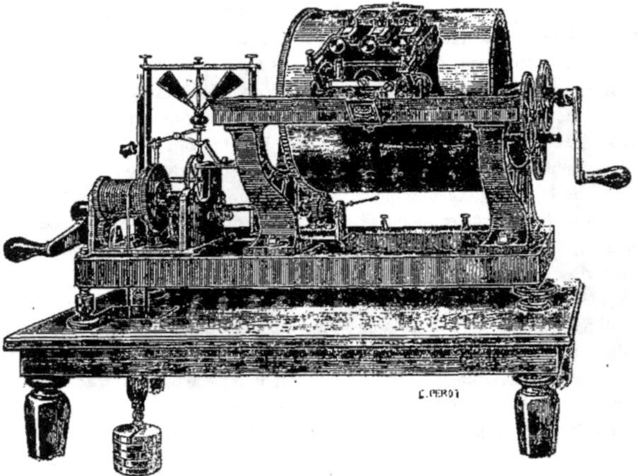

Fig. 44.

graphe construit pour le Ministère des Indes-Britanniques par M. Hardy et que nous représentons fig. 44, était destiné principalement à la détermination des différences de longitude. Il comportait, en conséquence, trois pointes traçantes dont une était affectée à la mesure du temps ; les traces étaient fournies comme dans le système de M. Martin de Brettes par l'étincelle d'induction, et le rouage moteur était uniformisé par un régulateur isochrone de Foucault. Les pointes traçantes étaient portées par un chariot que l'on faisait mouvoir selon l'axe du cylindre au moyen d'une manivelle et d'un système de rouages. Cet appareil admirablement exécuté par M. Hardy a donné de très-bons résultats, et on en a été fort satisfait. Il était accompagné de 4 cylindres de rechange, afin de ne pas interrompre les observations, et de deux bobines de Ruhmkorff, pour fournir les deux séries d'étincelles.

4° **Nouveaux chronographes électro-magnétiques.**

Chronographe de M. Marcel Deprez. — Le chronographe de M. Marcel Deprez dont la construction est due à l'initiative du ministère de la marine et à l'heureuse intervention du commandant Sebert de l'artillerie de marine, est le plus perfectionné de tous les chronographes électriques imaginés jusqu'ici. Il met à contribution pour les indications chronographiques, le petit électro-aimant dont nous avons parlé p. 186 et, pour la mesure du temps, un électro-diapason produisant 500 vibrations par seconde. Il est de plus pourvu d'un compteur à Vernier, d'un indicateur de vitesse et d'un système très-ingénieux pour régler d'un seul coup la vitesse du moteur.

Le système électro-magnétique d'enregistrement que nous représentons de grandeur naturelle, fig. 45 et 46, se compose essentiellement d'un petit électro-aimant EE dont les noyaux de fer ne dépassent pas 2 millimètres en diamètre et 12 millimètres en longueur. Ces noyaux portent à leur extrémité polaire, deux petites semelles de fer doux N, S qui se prolongent d'un pôle à l'autre de manière à ne laisser entre elles qu'un intervalle de un millimètre. De ce côté, ces semelles sont amincies en plan incliné, de manière à former entre elles un évidement en forme de V, au-dessus duquel est placée une toute petite armature A, également en forme de V, qui peut s'adapter exactement dans l'évidement précédent. Cette petite armature qui par le fait ressemble à un coin de fer, est portée par un levier adapté à un axe à pivots ab qui lui sert d'articulation, et cet axe est lui-même muni d'un côté, d'un petit bras à crochet R sur lequel est fixé un fort ressort antagoniste en caoutchouc présentant une résistance équivalente à

150 grammes, et d'un autre côté un porte-style LO qui doit fournir les traces,
le style traceur n'est d'ailleurs qu'un petit morceau de bois que l'on taille
en pointe, et les enregistrements se font sur du
papier enfumé dont on recouvre le cylindre. Il est
facile de voir qu'avec ce système électro-magnétique, comme avec celui de MM. Pellis et Henry
que nous avons décrit tome II p. 122, la course
accomplie par l'armature dans le sens nécessaire à
l'action mécanique que l'on veut déterminer, se
trouve être beaucoup plus grande que celle qui
s'effectue dans le sens de l'attraction électro-magnétique, puisque celle-ci peut-être représentée par
le côté d'un triangle rectangle dont l'hypoténuse
représenterait la course dans l'autre sens ; mais
indépendemment de cet avantage, il est une circonstance qui fait que cette disposition électro-
magnétique permet de développer une force électro-
magnétique considérable, c'est que l'armature
devient alors partie complémentaire d'un système

Fig. 45.

Fig. 46.

magnétique fermé, disposé dans ses conditions de maximum, c'est-à-
dire avec quatre éléments magnétiques (culasse, armature et noyaux)
à peu près égaux. Aussi ces petits électro-aimants peuvent-ils porter jusqu'à 1500 fois leur poids. Il résulte de cette disposition que l'on peut
donner une très-faible distance d'écartement à l'armature, et réagir dans
les conditions les plus favorables pour constater le commencement et la
fin de l'action qui a provoqué leur aimantation et leur désaimantation.

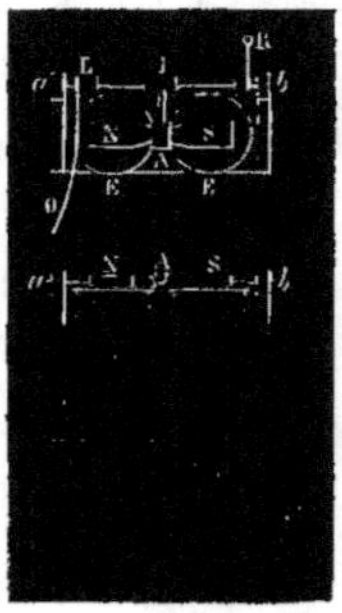

Dans le système de M. Deprez, ces petits électro-aimants qui peuvent
être plus ou moins nombreux suivant les exigences de l'expérience, sont
disposés comme on le voit, fig. 47, en T, T' T', etc., sur une traverse U au-
dessus du diapason D D' qui fournit la mesure du temps, et ils peuvent se
placer à telle place que l'on veut, car ils sont munis d'un support à rainure
et à vis de pression P V, fig. 46, qui s'adapte sur la traverse ; et, comme le
style traceur S adapté au diapason ainsi que celui du marqueur peuvent être
taillés de la longueur que l'on veut, on peut disposer ces deux styles de
manière à correspondre à une même génératrice du cylindre enregistreur.

Le diapason employé par M. Deprez est un long diapason fournissant
500 vibrations par seconde et dont les branches portent, comme nous l'avons
dit p. 196, deux armatures en face desquelles se trouvent deux électro-
aimants EE', fig. 47. Ce diapason est monté sur un chariot à plate-forme O et
que peut faire basculer, au moyen d'une excentrique, une manette adaptée

à l'appareil. Cette disposition a été prise pour les expériences qui n'ont à
enregistrer que des effets passagers excessivement prompts, expériences
qui sont très-fréquentes pour les essais des poudres et les vitesses des projectiles à l'intérieur des armes à feu. Pour un simple mouvement de la
manette, le style du diapason peut, de cette manière, effectuer son tracé et
revenir en place.

Quand l'action électro-magnétique doit se prolonger ou se répéter dans
une même expérience, et que le cylindre doit accomplir plusieurs tours sur

Fig. 47.

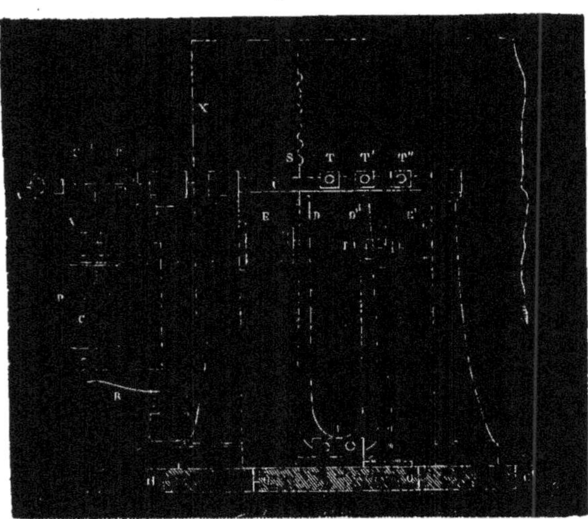

lui-même, il devient nécessaire, pour que les indications ne se superposent
pas, que le style puisse décrire une ligne en spirale, et le moyen que
M. Deprez a employé pour atteindre ce but a été de faire voyager longitudinalement, le chariot H H' portant le système traceur. Ce mouvement lui
est communiqué par une chaîne sans fin reliée au mécanisme d'horlogerie
et qui ne se trouve avoir action sur le chariot que quand on fait réagir une
seconde manette placée tout à côté de la première. Ces deux manettes peuvent être indépendantes ou solidaires l'une de l'autre dans leurs mouve-

ments, par l'adjonction d'une petite traverse à crochet qui les relie ensemble ;
de sorte qu'on peut les faire réagir isolément ou simultanément.

L'indicateur de vitesse du chronographe est excessivement ingénieux.
Il est placé sur le côté gauche de l'appareil et est mis en action par un
engrenage à frottement disposé comme dans le régulateur du télégraphe
automatique de M. Wheatstone que nous avons décrit tome III p. 155. Cet
engrenage composé d'un disque B qui roule à frottement sur la surface d'un
autre disque A mobile dans un plan perpendiculaire, fait tourner un petit
réservoir cylindrique P dans lequel se trouve une certaine quantité de mercure, et à ce mercure est superposé un liquide coloré. Sous l'influence du
mouvement de rotation qui lui est communiqué, la surface du mercure se
creuse, et, si un tube CC ouvert par les deux bouts plonge dans le récipient,
il arrivera que la colonne liquide qui s'élèvera dans le tube, se déprimera
plus ou moins suivant le creusement de la surface mercurielle, et par conséquent suivant la vitesse du moteur. Il sera par conséquent facile de
suivre cette vitesse, et, si en
déplaçant, à l'aide d'une vis
V le point du contact des
deux disques, on fait varier
la vitesse dont est animé le
mercure jusqu'à ce que la
colonne liquide ait atteint un
degré en rapport avec la
vitesse que l'on veut obtenir,
on pourra juger par l'amplitude du déplacement de ce
point de contact, de la quantité dont on doit réduire ou
augmenter l'action du volant
modérateur.

Pour obtenir ce réglage
du volant modérateur dans
d'assez grandes proportions,
M. Deprez adapte sur les tiges

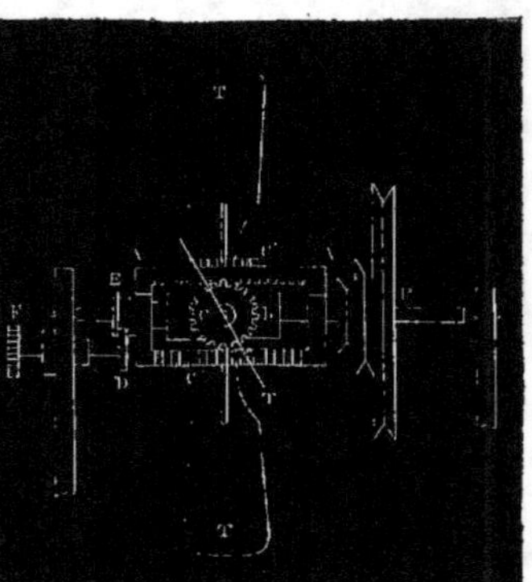
Fig. 48.

des ailettes de ce volant de petites roues C C' C', fig. 48, qui engrènent chacune avec une crémaillère, et ces crémaillères au nombre de 4 sont
reliées ensemble de manière à constituer une cage quadrangulaire A A,
traversée par l'axe de rotation B du système d'ailettes T₁T, dont les roues
se trouvent de cette manière enfermées à l'intérieur de la cage. En adap-

tant à cette pièce une poulie à rebord E, et en introduisant dans la gorge de cette poulie un petit disque D porté par une vis de réglage F, il devient facile de déplacer, suivant son axe, la cage en question, et par suite de faire tourner plus ou moins les roues des ailettes jusqu'à ce qu'elles aient l'inclinaison nécessaire pour la vitesse que l'on veut obtenir. Trois poulies de transmission de mouvement d'un diamètre différent permettent encore de régler la vitesse dans des proportions plus grandes.

Le mesureur des espacements des traces est placé, dans cet appareil, à la droite du cylindre enregistreur ; il se compose d'une roue adaptée à l'axe de ce cylindre et qui engrène avec une vis sans fin dont l'axe est muni d'un tambour divisé. En face de ce tambour est fixé le vernier qui permet de mesurer les fractions de divisions avec une grande exactitude.

Nous ne parlerons pas du dispositif des expériences que M. Deprez a entreprises avec cet appareil et dont les résultats ont été consignés dans 3 notes qui ont été présentées à l'Académie des Sciences en 1873 et 1874 ; on les devine aisément ; nous ajouterons que M. Dumoulin-Froment qui a été le constructeur de cet appareil y a apporté tous les perfectionnements de détails qui sont de tradition dans cette maison.

Chronographe de MM. Breguet et Marey. — Ce chronographe se rapproche beaucoup, quant à sa disposition générale, du chronographe de M. Deprez ; seulement, comme il a été construit pour des expériences très-variées et nécessitant des vitesses très-différentes, on a dû lui adapter quelques accessoires particuliers sur lesquels nous devons donner quelques renseignements.

Dans cet appareil, le cylindre enregistreur qui est horizontal se déplace longitudinalement tout en accomplissant son mouvement de rotation, et le mécanisme d'horlogerie qui le met en action, peut lui communiquer sont mouvement par l'intermédiaire de trois roues d'inégal diamètre qui son mises alternativement, suivant la plus ou moins grande vitesse que l'on veut obtenir, en rapport avec la roue motrice. A cet effet, les axes de ces trois roues portent en dehors des platines du mécanisme d'horlogerie, trois roues d'égal diamètre disposées circulairement autour d'une sorte de roue satellite, que l'on engrène soit avec l'une soit avec l'autre de ces trois roues, et qui en transmet le mouvement au cylindre. Comme dans ce système le régulateur de vitesse employé est celui de M. Villarceau, qui, dans sa disposition la plus simple, ne peut fournir une action efficace que pour une vitesse donnée, on a dû, pour maintenir constante cette vitesse dans la partie du mécanisme en rapport avec le régulateur, disposer un système d'engrenages susceptible de réagir en sens inverse de celui dont nous venons de parler ; de

sorte que si, par exemple, voulant doubler la vitesse du cylindre on a fait
engrener la roue satellite avec la roue de transmission qui peut réaliser cet
effet, on est obligé de faire engrener la roue commandant le jeu du régulateur avec une roue donnant une vitesse moitié moindre. Or, pour
obtenir ces effets distincts; le mécanisme moteur est divisé en deux parties;
une première partie est sur le côté droit du chronographe, une autre sur le
côté gauche, et c'est l'axe du cylindre lui-même qui relie mécaniquement
ces deux parties.

Le système enregistreur se compose d'un électro-diapason qui fournit les

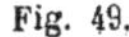

Fig. 49.

indications pour la mesure du temps et d'électro-aimants enregistreurs
analogues à ceux employés par M. Deprez, mais un peu plus massifs; seulement l'électro-diapason, au lieu de réagir directement sur le cylindre
enregistreur, n'exerce qu'une action de relais, et c'est un petit électro-aimant
spécial mobile; que l'on peut tenir à la main, qui produit la ligne ondulée
en rapport avec la mesure du temps.

Ce petit électro-aimant qui n'a pas plus de 6 centimètres de longueur sur
2 $\frac{1}{2}$ de largeur, constitue la partie la plus originale de l'invention, car les
vibrations pouvant être accordées avec celles du diapason, soit sur la même
tonalité, soit sur l'octave aiguë de ces dernières, on peut obtenir sur le

chronographe un nombre d'ondulations exactement en rapport avec les vibrations du diapason ou un nombre double, ce qui permet d'avoir facilement et à volonté, un centième ou un deux centième de seconde; L'électrodiapason lui-même a son mouvement entretenu par un seul petit électroaimant qui réagit directement sur le métal du diapason sans l'intervention d'une armature, et l'interrupteur est disposé à peu près de la même manière que celui de M. Deprez. La figure 49 donne une idée de ces différents dispositifs et en particulier de l'électro-aimant traceur. Son armature est, comme on le voit, fixée à une lame de ressort qui porte le style traceur et dont on peut modifier la longueur de la partie vibrante, en reculant ou en avançant à l'aide d'une vis de réglage les mâchoires de l'espèce d'étau qui la pince.

La disposition de ce système chronographique a permis d'exécuter certaines expériences où l'emploi direct du diapason eût été impossible. Grâce à la longueur du cable à 2 fils qui relie l'appareil à la pile et au diapason interrupteur, on peut reléguer aussi loin qu'on veut, ces pièces volumineuses, tandis que le style effilé de l'appareil traceur trouve aisément à s'insinuer au milieu des différents appareils qui doivent agir avec lui sur le même cylindre enregistreur. Enfin dans certains cas on peut se servir de l'appareil traceur lui-même pour enregistrer sur une surface fixe la vitesse dont il peut être animé, Il suffit en effet, pour constater alors cette vitesse, de rapporter à la longueur de la trace laissée sur cette surface le nombre d'ondulations qu'elle fournit. Or, ce genre d'expériences qui a été souvent mis à contributions par M. Marey, était complètement irréalisable avec l'emploi direct du diapason.

5⁰ Chronographes à mouvements lents et à marqueurs de secondes.

Chronographes de M. E. Liais. — M. Liais, en 1857, avait organisé pour l'observatoire de Paris et dans le but de l'approprier à la détermination des différences de longitude, un chronographe électro-chimique analogue à celui que j'avais fait établir moi-même pour mes recherches sur les électro-aimants. Cet appareil est représenté, fig. 19, pl. VI, et nous aurons occasion d'en décrire avec détails les dispositions accessoires, quand nous parlerons de l'application des chronographes à la détermination des différences de longitude. Nous ferons remarquer, pour le moment que cet appareil était pourvu de trois styles traceurs en cuivre rouge dont un, celui du milieu, était mis en rapport, par l'intermédiaire d'un relais I, avec une horloge régulatrice placée dans les catacombes au-dessous de l'observatoire, laquelle provoquait toutes les secondes une fermeture de courant à travers ce style. Le papier chimique était enroulé en provision sur un rouleau à l'intérieur d'une boîte fermée A A contenant une petite cuvette remplie d'eau et des linges humides, afin d'humidifier toujours le papier chimique.

Fig. 50.

Les autres dispositifs que l'on remarque sur la figure ont été introduits par suite des exigences de l'application, et n'ont rien à faire avec l'appareil lui-même qui n'est, en définitive, qu'un chronographe électro-chimique réduit à sa plus simple expression.

Depuis l'installation de cet appareil à l'observatoire de Paris, M. Liais,
appelé comme Directeur à l'observatoire de Rio-Janeiro, a modifié considérablement les dispositions précédentes et a fait construire, en 1872, par
M. Deschiens pour l'observatoire Brésilien, un nouveau système chronographique que nous représentons fig. 50 et qui a été très-apprécié à l'exposition de Vienne de 1873.

Ayant reconnu à la suite de ses expériences faites à Paris qu'il était très-
incommode, pour les déterminations que l'on pouvait déduire des traces
fournies par l'appareil, d'avoir à développer de longues bandes de papier, et
voulant d'ailleurs conserver facilement ces traces qui constituaient, en
définitive, les bases des calculs, M. Liais a voulu les obtenir sur une même
feuille de papier, et il s'est trouvé conduit à les enregistrer, comme dans le
système télégraphique de Bain que nous avons décrit tome III, p. 197, sur
une ligne en spirale se développant du centre à la circonférence d'une
feuille de papier circulaire. Dans ces conditions, le cylindre enregistreur
des appareils précédents se trouve remplacé par un plateau circulaire qui
est mis en mouvement de rotation autour de son centre par un mécanisme
d'horlogerie convenablement réglé, et les styles traceurs, au nombre de deux,
se trouvent animés avec les électro-aimants qui agissent sur eux, d'un mouvement longitudinal extrêmement lent qui leur est communiqué, suivant le
rayon de ce plateau, par un chariot mis en action par le mécanisme d'horlogerie.

La disposition des styles a été très-heureusement combinée par M. Deschiens. Ils consistent comme on l'a vu, p. 197, dans des tiges de cuivre
rouge appointies à leur extrémité et qui appuient sur du papier porcelainé.
Afin que leur pointe ne s'émousse pas, M. Deschiens les incline de côté et
leur fait accomplir un mouvement de rotation sur elles-mêmes au moyen de
disques qui engrènent à frottement et de côté avec un grand disque central,
lequel reçoit lui-même son mouvement de rotation du plateau enregistreur
par l'intermédiaire d'un galet sur lequel il appuie. Ce grand disque est fixé
à l'extrémité d'un long bras adapté au chariot, et les leviers des styles qui
continuent les armatures électro-magnétiques, se trouvent disposés parallèlement à côté de lui comme on le voit sur la figure.

Comme avec ce système d'enregistrement les traces fournies par les
styles traceurs ne présentent pas entre elles le même écartement, pour une
même durée d'action, que sur une bande de papier se développant en ligne
droite, M. Liais dispose la corde de son moteur sur une fusée calculée de
manière à ce que le chemin parcouru en une seconde sur la spirale par les
styles, diffère peu au bord et vers le centre du plateau. De plus, le méca-

nisme est combiné de façon à ce que le remontage ramène les styles à la circonférence du plateau et à ce que le modérateur ne puisse faire de résistance sensible au départ, afin que l'appareil puisse acquérir promptement sa vitesse.

La mise en marche de l'appareil s'effectue d'ailleurs électriquement, et c'est à cet effet qu'est adapté l'électro-aimant que l'on distingue sur la gauche de l'appareil.

Chronographe de M. Bond. — Le chronographe que M. Bond avait envoyé à l'exposition universelle de 1867, se rapprochait, quant à sa disposition générale, des chronographes ordinaires à cylindre enregistreur ; seulement les styles traceurs au lieu de fournir leurs marques sur des lignes en spirale, les produisaient selon une perpendiculaire à la génératrice du cylindre, et à chaque tour que celui-ci effectuait toutes les minutes ; le chariot portant ces styles avançait d'un centimètre. C'était donc sur une série de lignes parallèles, dont chacune avait une longueur correspondante à une minute, que se trouvaient produites les indications chronographiques, et ces indications, déterminées, par un petit entonnoir rempli d'encre, dessinaient des espèces de crochets qui se détachaient de la ligne continue correspondante à la position d'immobilité des styles traceurs. La mesure du temps, comme nous l'avons déjà dit p. 195, était fournie par des traces produites électriquement toutes les secondes sous l'influence d'une horloge astronomique, et chacune des lignes qui leur correspondait en fournissait 60. On pouvait juger par la correspondance de ces traces du degré d'uniformité de mouvement de l'appareil moteur. En somme, cet appareil ne présentait rien de bien particulier.

Chronographe de MM. Digney. — Le chronographe de MM. Digney a été utilisé vers 1858, à l'institut technomatique lors d'une éclipse de soleil, afin d'enregistrer les instants précis des contacts entre la lune et le soleil. Cet appareil, comme tous ceux que nous allons décrire maintenant, n'exigeait pas, par conséquent, une grande précision dans ses mécanismes. Aussi MM. Digney n'ont-ils mis à contribution pour cet appareil que le mécanisme de leur appareil télégraphique auquel ils ont ajouté, en guise du volant à ailettes, un échappement de chronomètre de marine, et pour la mesure du temps, un second électro-aimant battant la seconde. Les armatures des deux électro-aimants étaient montées sur le même axe d'oscillation ; mais cet axe était disposé de manière à permettre aux couteaux de ces armatures d'agir isolément sur les deux molettes encrées qui fournissaient les signaux. Rien n'est donc plus simple que cet appareil et on peut l'employer avantageusement dans les expériences qui n'exigent pas une très-grande précision.

Chronographes de M. Hipp. — En outre du chronoscope dont nous avons parlé, p. 207, M. Hipp a construit deux systèmes de chronographes qui ont tous les deux été mis à contribution par MM. Hirsch et Plantamour dans la détermination qu'ils ont faite, en 1861, de la différence de longitude entre Neuchâtel et Genève (Voir le *Mémoire de ces deux savants*, Genève 1864).

L'un de ces chronographes se rapprochait, comme disposition, de celui de MM. Breguet et Konstantinoff. L'autre n'était qu'un fort télégraphe Morse dont le mouvement était rendu parfaitement uniforme au moyen d'une lame vibrante, et il était, comme le chronographe de MM. Digney, pourvu de deux électro-aimants à plumes traçantes. Ce dernier appareil ayant été employé en raison de sa simplicité par plusieurs savants, et en particulier par MM. Lœwy et Wolf, nous devrons entrer dans quelques détails sur sa disposition.

Dans cet appareil, le dernier mobile du mécanisme d'horlogerie destiné à entraîner la bande de papier est constitué par une roue d'échappement sur les dents de laquelle appuie une lame vibrante et qui avance d'une dent à chaque vibration de celle-ci ; l'amplitude de ces vibrations est réglée au moyen d'une vis, et la lame elle-même est soutenue par une pièce articulée dont la position est réglée au moyen de deux vis calantes. Il paraît que ce système est excellent et assure un mouvement remarquablement régulier. Le système électro-magnétique est placé sur le côté de l'appareil, parallèlement à la bande de papier qui se déroule comme dans le système Morse à l'aide d'un laminoir. Ce système se compose de deux électro-aimants dont les armatures, placées dans le prolongement l'une de l'autre, sont articulées à charnière suivant un même axe de rotation. Elles portent chacune normalement à leur surface, une pièce coudée sur laquelle est articulée un long levier soutenant un porte-plume, et ces deux leviers dont l'un est un peu plus long que l'autre, sont placés parallèlement l'un à côté de l'autre et disposés de manière que les porte-plumes qui les terminent puissent, en se recourbant à angle droit au-dessus de la bande de papier, avoir leur point de jonction avec le levier qui les porte sur une même droite. Il en résulte que ces porte-plumes se trouvent avoir la même longueur, et peuvent accomplir des mouvements se correspondant exactement en travers de la bande de papier.

D'après cette disposition, on comprend aisément que les attractions des électro-aimants ont pour effet de communiquer aux leviers des armatures, un mouvement longitudinal dans le sens de leur axe, qui se traduit par des jambages tracés sur la bande de papier, et ces jambages réunis les uns aux

autres par une ligne droite parallèle à la bande de papier, quand les électro-
aimants sont inactifs, fournissent deux lignes plus ou moins guillochées,
éloignées l'une de l'autre d'environ 5 millimètres, et qui correspondent, l'une
aux enregistrations des secondes battues par l'horloge régulatrice, l'autre
aux indications chronographiques. Quant aux plumes, elles consistent dans
des becs capillaires mobiles à travers un encrier et adaptés aux porte-
plumes dont nous avons parlé, lesquels sont, à cet effet, recourbés en crochet. Cette disposition a été modifiée par MM. Breguet et Lœwy, et dans
l'appareil employé par ce dernier, elles consistent dans de simples plumes
en fer ordinaire, portant au-dessus de leur fente une petite dépression
dans laquelle on introduit une certaine quantité d'encre à la glycérine.
Ce système a très-bien réussi. On comprend d'ailleurs que l'articulation
des leviers des porte-plumes n'a d'autre objet que de permettre le soulèvement des plumes hors de l'encrier, quand l'appareil ne fonctionne
pas ou quand on veut introduire dans l'appareil la bande de papier.

Nous devons encore dire quelques mots de l'interrupteur de l'horloge
régulatrice. Il consiste en une tige mince en laiton portée verticalement par
une sorte de charnière à pointes qui, en se fermant ou en s'ouvrant, peut
rompre ou produire les contacts. Cette charnière est constituée par une
pièce métallique terminée d'un côté par une vis de réglage sur laquelle
appuie une lame de ressort, et de l'autre par une traverse munie de deux
pointes très-aigües qui, en appuyant sur deux fontaines d'acier peuvent
former charnière. La pièce de contact est au-dessous de la vis de réglage
qui, elle-même, fait partie du circuit de l'interrupteur. La tige verticale
portée par ce système est munie, à son extrémité supérieure, d'un crochet
dont la position est réglée, au moyen de la vis de contact, de telle façon,
qu'elle peut être entraînée et inclinée de côté par le pendule de l'horloge
au moment où, ayant dépassé la verticale, il va accomplir son oscillation de
droite. Tout le temps que dure cette oscillation et celle qui la suit avant le
retour du pendule à la verticale, le contact est rompu sur l'interrupteur ;
mais il se trouve rétabli tout le temps des oscillations de gauche ; de sorte
que la ligne correspondante à la mesure du temps sur le chronographe
constitue une ligne régulièrement ondulée.

L'autre système de chronographe de M. Hipp n'a rien de particulier en
lui-même. C'est un cylindre d'assez grand diamètre mis en mouvement par
un fort mécanisme d'horlogerie, et ce mécanisme est régularisé par un
appareil à lame vibrante disposé comme celui que nous avons étudié précédemment ; seulement comme il doit fournir des vitesses différentes, la
lame vibrante est adaptée à un levier articulé muni d'un curseur pesant,

lequel étant plus ou moins éloigné du point d'articulation du levier, peut
en rendre l'inertie plus ou moins grande. Le chariot qui porte le système
électro-magnétique est mis en mouvement sur un petit chemin de fer par
une corde et un système de poulies dépendant du mécanisme d'horlogerie.
Le système électro-magnétique se compose de deux électro-aimants dont
les plans sont légèrement inclinés l'un sur l'autre, afin que les leviers des
porte-plumes puissent avoir leur extrémité libre assez voisine pour que les
deux plumes se trouvent à très-petite distance l'une de l'autre et sur la
même génératrice du cylindre. L'un de ces électro-aimants correspond à
l'interrupteur de l'horloge régulatrice, l'autre au circuit des indications
chronographiques.

M. Hipp emploie pour marquer la seconde sur ce chronographe, un interrupteur un peu différent de celui que nous avons décrit précédemment. Il
adapte à l'axe de la roue d'échappement de l'horloge régulatrice une roue
à rochet de 60 dents, sur laquelle appuie un petit ressort terminé par une
pierre dure qui s'engage entre les dents de cette roue. La forme de la pierre
et les arrondis des dents sont combinés de telle sorte qu'en descendant le
plan incliné de la denture, la pierre rend à la roue une impulsion sensiblement égale à la force qu'elle emprunte pour remonter l'autre plan incliné.
La pierre est, en outre, taillée de manière à présenter dans sa partie supérieure un plan dirigé vers le centre de la roue et perpendiculaire à la longueur du ressort qui la porte. Lorsque la pierre se trouve en repos sur les
dents, elle retient un volant dont le fouet vient buter contre le plan de la
pierre ; lorsqu'elle descend au contraire dans les coches, elle laisse échapper
le volant mis en mouvement par un rouage spécial. L'axe du volant porte
en même temps une autre pierre traversée par un axe en platine. Sur cette
pierre appuient deux ressorts d'or munis à leur extrémité de deux plaques
de platine et isolés l'un de l'autre. Ces ressorts, en rapport avec le circuit
du chronographe, constituent l'interrupteur. Lorsque le volant est au repos,
les ressorts reposent sur la pierre, mais au moment où il tourne, ces ressorts
se trouvent réunis par la tige de platine et ferment le courant pendant un
dixième de seconde. Ces effets se renouvellent de la même manière à toutes
les secondes, sauf pourtant à celles de ces secondes qui correspondent aux
minutes, auquel cas la fermeture du courant est prolongée. C'est pour
fournir des points de repère.

Chronographe de M. Bashforth. — Ce chronographe décrit
avec figures dans le *Telegraphic journal* du 1er décembre 1874 et qui a été
expérimenté en Angleterre à l'école d'artillerie de Woolwich, n'a en principe, rien de nouveau ; c'est un cylindre enregistreur que l'on met en mou-

Fig. 54.

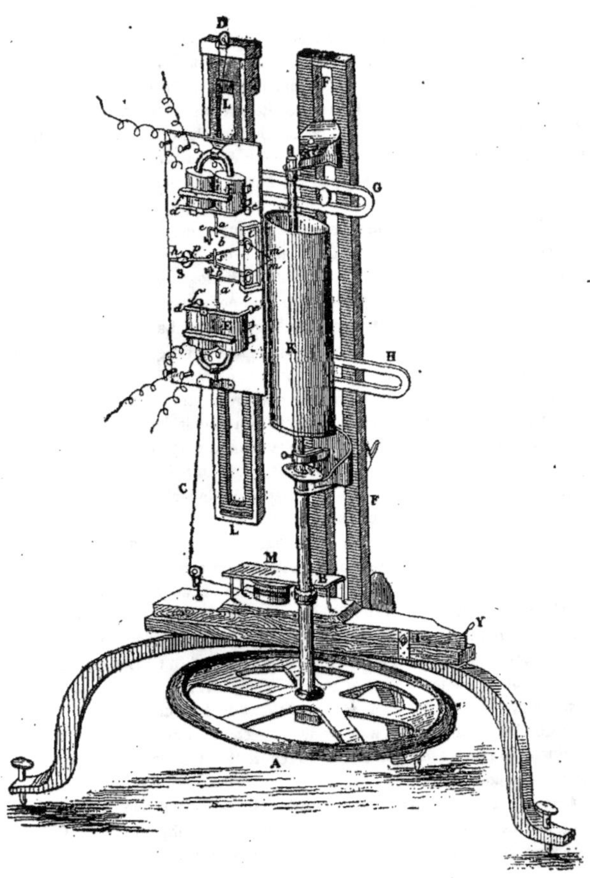

vement à la main à l'aide d'un volant et le long duquel se meut d'un mouvement longitudinal le long d'une coulisse, une sorte de chariot portant le système électro-magnétique ; seulement tout le système est disposé verticalement au lieu de l'être horizontalement comme dans les appareils décrits précédemment. Je n'ai pu saisir les avantages qui pouvaient résulter de cette disposition ; toujours est-il que le mécanisme moteur du cylindre au lieu de faire les frais du mouvement du chariot, comme cela a lieu ordinairement, n'a d'autre fonction à remplir que de modérer et de régulariser sa chute par l'intermédiaire d'un rouage, de cordes et de poulies.

Le système électro-magnétique se compose de deux électro-aimants réagissant isolément sur deux marqueurs placés très-près l'un de l'autre et appuyant sur le cylindre selon sa génératrice, sous l'influence de ressorts convenablement disposés. L'un de ces électro-aimants est en rapport avec un interrupteur adapté à un pendule battant la seconde, l'autre avec le circuit qui doit fournir les indications chronographiques ; de sorte que les espaces de temps séparant les indications chronographiques se déduisent, comme dans tous les systèmes qui précèdent, de la concordance de ces indications avec celles des secondes.

La figure 51 ci-contre représente le chronographe de M. Bashforth. K est le cylindre enregistreur ; F F le support de ce cylindre ; A le volant qui le met en mouvement de rotation ; S le chariot qui porte le système électro-magnétique ; L L le support à coulisses dans lequel se meut verticalement ce chariot ; G, H les pièces d'attache au moyen desquelles ce support L L est fixé sur F F ; M le mécanisme d'horlogerie qui permet l'abaissement du chariot S sous l'influence de la rotation du volant A ; E, E' les électro-aimants des deux styles traceurs. Les armatures d, d' de ces électro-aimants qui oscillent sous l'action des courants et des ressorts antagonistes $s s'$, portent des bras a, a' qui, en venant s'appuyer sur les leviers b, b' et en leur donnant un léger choc, mettent en action les plumes m, m' par l'intermédiaire de certaines pièces $t\ t'$. C D est la corde qui maintient suspendu le chariot S et tout le système électro-magnétique.

Chronographe de M. Fleuriais. — Ce chronographe de petites dimensions et qui est très-portatif est destiné, comme celui de M. Liais, à enregistrer des vitesses peu considérables, et peut être appliqué aux observations astronomiques et à la détermination des différences de longitude. Nous le représentons vu en plan fig. 52 ci-contre.

Dans ce système comme dans celui de M. Liais, les signaux s'inscrivent selon une ligne en spirale sur un plateau R mis en mouvement par un fort mécanisme de pendule, et l'appareil traceur est monté tout entier sur

une plaque métallique légèrement arquée du côté droit qui pivote autour
d'un axe fixe situé en B. Sur cet axe est adaptée une douille métallique
qui porte un bras D terminé par une vis de réglage v, et une longue lame
L munie d'un style P, laquelle est articulée en B de manière à pouvoir accomplir des mouvements dans deux sens rectangulaires (1).

Cette lame porte en outre de la plume P deux lames de ressort F et a
destinées, l'une F à repousser de côté la lame L, l'autre a à l'embrider contrairement à l'action du ressort F sur une fourchette verticale i adaptée à
l'armature A de l'électro-aimant E. Cette dernière lame se distingue plus

Fig. 52.

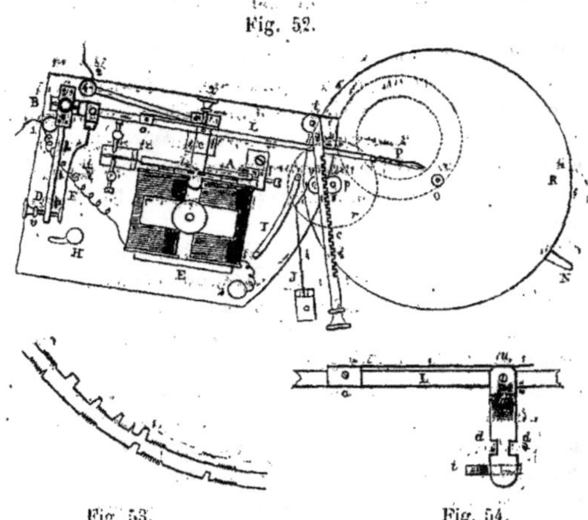

Fig. 53.   Fig. 54.

facilement sur la figure 54.—Elle porte, comme on le voit, deux encoches
d, d qui, en emboîtant les deux branches de la fourchette i, la rendent solidaire des mouvements de celle-ci, et pour que la lame L ne puisse parti-

____

(1) Le système d'articulation qui a été adopté est très-ingénieux. L'extrémité de la
lame L se termine en B par une pièce circulaire composée de trois disques juxta-
posés, deux de ces disques sont fixes sur la lame; celui du milieu (en acier) est
mobile sur son centre comme la roulette d'une poulie, et c'est dans deux trous percés
sur ce dernier disque, aux deux extrémités d'un même diamètre, que sont introduits
les deux pivots qui permettent à la lame L de se mouvoir horizontalement, alors
que le disque lui-même lui permet de se mouvoir verticalement.

ciper à ces mouvements que quand le ressort *c* est engagé sur cette fourchette *i*, ce ressort pivote en *u*, et un autre petit ressort *a u* 'appuyant sur
son extrémité *u* tend à le rappeler normalement à l'axe de la lame L. Il en
résulte que quand on débride le ressort *a*, la lame L est repoussé de côté
sous l'influence du ressort F et que la lame *a* est maintenue soulevée par
l'extrémité supérieure d'une des branches de la fourchette *i* comme on le
voit fig. 54. Avec cette disposition on comprend aisément qu'on peut
déplacer à volonté la pointe traçante, et ne la faire appuyer sur le plateau R
qu'au moment voulu.

Afin de faire décrire à la plume traçante la ligne en spirale selon laquelle
doivent s'inscrire les signaux, la plaque métallique qui porte tout le système
électro-magnétique et qui est, comme on l'a vu, articulée en B, est mise en
mouvement de rotation par une crémaillère C articulée en *t*, laquelle est
maintenue engrenée avec un pignon *p* par l'action d'un ressort J. Ce pignon
est monté sur l'axe d'une roue *r* qui reçoit directement son mouvement du
barillet du mécanisme d'horlogerie ; de sorte que le mouvement de la
plume, dans le sens normal à la circonférence du plateau, est assez lent pour
n'espacer les différentes circonvolutions de la spirale que de deux millimètres et demi.

M. Fleuriais ne voulant employer qu'un seul électro-aimant pour la
mesure du temps et les indications chronographiques afin de fournir ces
deux données sous une même influence électro-magnétique, a imaginé un
dispositif très-ingénieux qui fait que les indications de la seconde transmises
par l'horloge régulatrice s'effectuent sous l'influence d'une vibration de
l'armature, tandis que les indications chronographiques ne se produisent
que sous l'influence d'une attraction électro-magnétique nettement définie.
A cet effet l'électro-aimant est mis en rapport métallique, d'un côté avec la
masse de l'appareil, de l'autre avec un bouton d'attache 1 qui est lui-même
relié avec le pôle positif de la pile locale. L'interrupteur destiné à fournir
les signaux communique, de son côté, avec le pôle négatif de la même pile
et avec la masse de l'appareil, par un bouton d'attache adapté à la colonne
B. Enfin l'horloge régulatrice elle-même est reliée à ce même pôle négatif
et au bouton d'attache 2 qui communique, par une lame de ressort constituant *trembleur*, avec l'armature A dont la position est réglée par la vis *x*.
Quand la lame L est enclanchée sur la fourchette *i* de l'armature, le ressort
F tient lieu de ressort antagoniste. On comprend maintenant facilement le
jeu de l'appareil.

Sous l'influence des fermetures de courant opérées par l'horloge régulatrice, il se produit toutes les secondes une série de vibrations (de 6 à 8) qui

forment sur le papier une série de jambages que l'on distingue aisément
fig. 53; mais lorsqu'une action électrique est produite par l'interrupteur
chronographique, l'action électro-magnétique n'étant plus interrompue
aussi promptement que par le trembleur, les jambages deviennent plus
longs et dépassent les autres, ce qui permet d'en déterminer la position,
même à travers les jambages correspondant aux secondes. Une rainure I
dans laquelle glisse une cheville sert de guide à la plaque dans son mouvement circulaire, et un écrou H permet de fixer le système

elles-mêmes.

Pour obtenir ce résultat, M. Cornu fait réagir électriquement le pendule
de son horloge astronomique sur un appareil rhéotomique spécial placé à
côté et qui au fond n'est autre chose qu'une sorte d'horloge électrique
battant la demi-seconde. Celle-ci met en action à son tour une lame vibrante
qui effectue cinq vibrations pour chaque demi-vibration du petit pendule,
c'est-à-dire dix vibrations pour chaque oscillation du pendule de l'horloge
astronomique, et par la manière même dont ces différents appareils peuvent
être réglés, il devient très-facile de faire en sorte que les dix vibrations
exécutées par la lame vibrante et par suite par le style chronographique
correspondant, soient rigoureusement des dixièmes de seconde. On pourra
s'en rendre facilement compte par l'inspection de la figure 55 qui représente

ces deux appareils. Le premier, à gauche de la figure ; se compose, comme
on le voit, d'un petit pendule librement suspendu, portant à sa partie inférieure une tige arquée TT' mobile à l'intérieur d'une bobine B et s'y
enfonçant plus ou moins suivant le sens des oscillations. En face de cette
tige et introduite à frottement gras dans la même bobine, se trouve un petit
cylindre de fer M formant bouchon, sur lequel peut réagir la tige TT' et

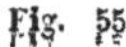

Fig. 55.

dont la position est réglée suivant les conditions de force de la pile, afin de
fournir des amplitudes d'oscillation à peu près uniformes dans les différentes expériences. A sa partie supérieure, le pendule en question est muni
d'une pièce de contact A qui appuie contre une lame de ressort R, dont la
tension peut être réglée au moyen d'une vis V, et dont la position du point
de contact i, peut être modifiée par l'inclinaison plus ou moins grande de la
pièce qui la porte, laquelle est articulée en O. Cette inclinaison plus ou
moins grande est effectuée au moyen d'une seconde vis P que l'on manœuvre du dehors de l'appareil ainsi que la vis V. Cette pièce de contact à
pour effet de fermer un courant local à travers l'appareil à lame vibrante,

et en même temps à travers un petit électro-aimant parleur E qui, en frappant un coup à chaque fermeture du courant, permet d'apprécier à l'oreille si les contacts produits sont également espacés. Cette appréciation est aussi facile que celle des battements du balancier d'une pendule; et comme à l'aide de la vis P on peut faire varier dans des proportions aussi faibles qu'on peut le désirer les moments de la production de ces contacts, il devient facile de les espacer régulièrement, et de fournir par conséquent à l'appareil à lame vibrante des réactions électro-magnétiques effectuées à des intervalles de temps *égaux*. Ces intervalles pourront d'ailleurs avoir une valeur qui dépendra de la longueur du pendule en question et de la réaction électrique exercée sur lui. Si le pendule est disposé de manière à battre la demi-seconde, comme les balanciers des pendules d'appartement, et si un courant est transmis à la bobine B toutes les secondes par l'horloge régulatrice, les fermetures de courant se produiront toutes les demi-secondes, et ces demi-secondes correspondront exactement à celles de l'horloge régulatrice; car le petit pendule marche synchroniquement avec celui de l'horloge régulatrice par suite de la réaction de la bobine B sur la tige TT, réaction qui a lieu à chaque double oscillation du petit pendule.

Un avantage très-grand de ce dispositif, c'est qu'il peut se mettre en marche de lui-même sous la seule influence de l'horloge régulatrice, et que l'action impulsive exercée sur lui peut, comme on l'a vu, être réglée facilement. En effet le courant envoyé à travers la bobine B attire la tige TT à l'intérieur de son tube en raison des effets électro-dynamiques que nous avons étudiés, tome II, p. 132, et cette action est facilitée par celle du bouchon M qui réagit ainsi que la tige TT elle-même comme électro-aimant. Il en résulte donc un mouvement du pendule vers la droite. Si le courant est fort, l'enfoncement du bouchon M devra être moins prononcé que s'il est faible, et l'amplitude de l'oscillation sera diminuée; de sorte qu'après un certain nombre d'oscillations, il pourra s'établir entre les deux noyaux magnétiques un équilibre de position qui sera en rapport avec l'intensité électrique produite, et qui permettra d'obtenir une action uniforme de réglage à chaque double oscillation du pendule.

Le rhéotome à lame vibrante qui est relié à l'appareil pendulaire est disposé à peu près de la même manière que l'appareil précédent. Il se compose, comme on le voit, d'une lame vibrante L encastrée dans un support rigide S et qui porte à sa partie supérieure une tige de fer doux arquée *t t* qui s'enfonce, comme la tige TT de l'appareil précédent, dans une bobine *b* laquelle est munie également d'un bouchon *m*. Ce bouchon n'ayant rien à régler est fixé à l'extrémité du canon de la bobine, et ne sert en conséquence que pour venir en aide à l'action attractive de la bobine. Un contact en platine adapté à l'extrémité d'une lame de ressort *r* dont la tension est réglée par une vis *v*, est disposé à portée de la lame vibrante de manière à fournir une fermeture de courant à chaque vibration de la lame, et cette vibration est entretenue toutes les demi-secondes par l'action de la bobine *b*. La lame vibrante elle-même peut avoir ses vibrations réglées, comme dans le rhéotome de M. Foucault, à l'aide des vis *p* qui forment contre-poids, et le nombre de ces vibrations a été calculé à 10 par seconde; de sorte que le réglage de ces vibrations s'effectue par périodes de cinq vibrations sous l'influence de l'appareil pendulaire décrit précédemment, et à chacune d'elles, une émission de courant est fournie à travers l'un des électro-aimants du chronographe.

M. Cornu a fait un très-grand nombre d'expériences pour s'assurer de l'exactitude rigoureuse des marques ainsi produites tous les dixièmes de seconde, et il a reconnu qu'elle était parfaite. Il n'avait d'ailleurs pas besoin d'une division plus avancée de la mesure du temps pour ses recherches.

Le chronographe employé par M Cornu et que nous représentons fig. 56, renferme lui-même des dispositifs très-intéressants sur lesquels nous devons insister. Il se compose, comme la plupart des appareils de ce genre, d'un grand cylindre enregistreur C C (de 40° sur 80°) qui est mis en mouvement par un mécanisme d'horlogerie HH, dont les mouvements sont uniformisés par un régulateur de Villarceau fixé en *a*. Ce mécanisme peut se déclancher au moyen de deux leviers *l*, *l'* afin qu'on puisse opérer d'un côté ou de l'autre de l'appareil, et le cylindre lui-même peut être enlevé facilement au moyen de deux manettes articulées et à fourchette M, M', qui le saisissent par les deux extrémités de son axe de rotation et peuvent le transporter en arrière. Cette disposition permet de tendre facilement sur le cylindre la feuille de papier sur laquelle doivent s'inscrire les observations et de l'enfumer. Quand ce cylindre est mis en place, les deux tourillons qui terminent son axe de rotation sont appuyés de chaque côté sur deux roues croisées *r*, *r'* afin de diminuer les frottements, et le mouvement lui est communiqué par un doigt *d* qui relie cette partie de l'appareil au mouvement d'horlogerie. Le système électro-magnétique est en E et se trouve fixé, comme dans le système de MM. Breguet et Konstantinoff, sur un chariot en fonte mobile sur un chemin de fer, entre les rails duquel est adaptée la vis sans fin et à large filet V V qui doit lui communiquer son mouvement de translation. Ce système électro-magnétique se compose de deux électro-aimants à 4 pôles, disposés de manière à constituer deux systèmes d'électro-aimants doubles, ayant chacun une armature spéciale et par suite un style traceur particulier. La position de ces styles est telle que, tout en se trouvant deux par deux l'un au-dessous de l'autre, leur pointe se trouve placée sur une même génératrice du cylindre et à une distance d'environ 2 millimètres les unes des autres. Des vis de rappel à écrou mobile v, v' permettent de régler exactement cette position ainsi que celle des armatures, et c'est une lame de ressort fixée à angle droit sur chaque armature, comme dans le système de M. Mildé, qui sert de ressort antagoniste. Enfin deux manettes m, m' permettent de renverser le système autour d'un axe horizontal afin d'éloigner

Fig. 56.

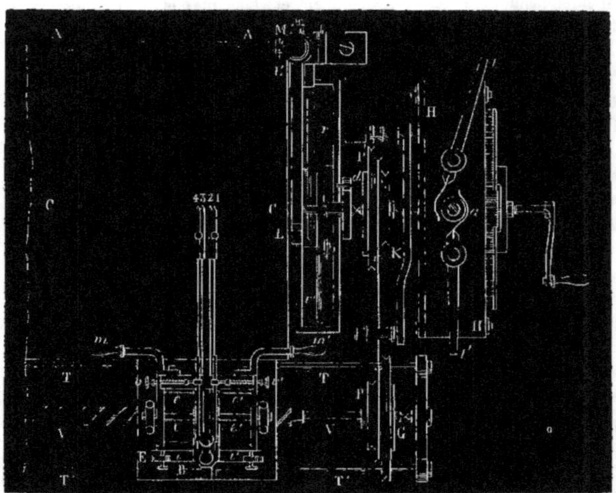

les styles traceurs du cylindre, et de dégager de la vis V V le chariot, que l'on peut placer dès lors devant telle partie du cylindre qu'il convient. Une pièce de butée B munie d'une forte vis limite l'étendue de ce renversement Le mouvement est communiqué à la vis V V par deux système de poulies, disposées de manière à fournir des vitesses très-différentes, et reliées entre elles par une courroie que peut serrer ou desserrer, sous l'influence des leviers l et l', un fort galet G adapté à l'extrémité du levier K.

L'électro-aimant e' e' qui réagit sur le style 1, est en relation avec l'interrupteur de l'horloge régulatrice; il est par conséquent interposé dans le

circuit qui met en action le petit pendule rhéotomique, et fournit toutes
les secondes un jambage sur la ligne héliçoïdale tracée par ce style. L'é-
lectro-aimant qui est au-dessous correspond à l'interrupteur du vibrateur,
et fournit, par conséquent, un jambage tous les dixièmes de seconde, jambage
qui peut avoir moyennement un millimètre de largeur. L'électro-aimant
e e enregistre la vitesse du moteur qui met en jeu l'appareil d'observation,
et fournit un jambage tous les 100 tours de cet appareil; Enfin le quatrième
électro-aimant, placé au dessous de ce dernier, enregistre les différentes
phases du phénomène observé. Nous expliquerons plus tard la manière
dont M. Cornu a adapté cet appareil à la mesure de la vitesse de la lumière;

expériences curieuses que nous avons rapportées dans notre tome II p. 444
sur les durées des transmissions télégraphiques et sur les vitesses d'aimantation et de désaimantation des électro-aimants. Pour convertir le télégraphe Hughes en chronographe, on enlève la came correctrice; de sorte
que la roue des types tourne toujours d'un mouvement uniforme sur son
axe, sans avancer ni reculer à chaque impression. Le papier peut donc
recevoir l'empreinte, soit d'une seule lettre, soit de deux lettres incomplètes
l'une et l'autre, la fin du B par exemple et le commencement du C.

On met l'appareil en marche comme à l'ordinaire, et la roue des types
est disposée de façon que, s'il n'existe aucune résistance dans le circuit

intermédiaire quand on l'abaisse l'une des touches du clavier, la lettre correspondante s'imprime sur la bande. Supposons maintenant qu'on intercalle entre le manipulateur et le récepteur un fil conducteur d'une certaine longueur ou soumis à certaines réactions entraînant un ralentissement de la vitesse des transmissions de l'électricité ; l'électro-aimant de l'appareil ne réagira plus alors instantanément, et en touchant la lettre A du clavier, ce ne sera plus la lettre A qui s'imprimera, mais une des suivantes B, C, etc. ; ou bien deux lettres consécutives apparaîtront ensemble sur la bande, si le papier touche la roue des types au milieu de l'espace qui sépare ces deux lettres. En admettant donc que la roue des types ait 28 divisions et qu'elle tourne avec une vitesse de 2 tours par seconde, la lettre B sera imprimée si le temps employé par l'électricité à parcourir le circuit et à produire son effet est de $\frac{1}{56}$ de seconde ; ce sera la lettre C si le temps est de $\frac{2}{56}$, et si les deux lettres C et B apparaissent ensemble, le temps sera $\frac{1}{56} + \frac{1}{112}$ de seconde ou $\frac{3}{112}$ et ainsi de suite ; on peut donc apprécier de cette manière le temps à $\frac{1}{112}$ de seconde près.

Si la roue des types a 56 caractères, lettres et chiffres, le temps peut être évalué à moins de $\frac{1}{224}$ de seconde près, et même davantage, en augmentant la vitesse et en observant attentivement la façon dont les lettres sont reproduites.

Admettons maintenant que le déclanchage puisse être effectué mécaniquement par l'abaissement de la touche A et que la roue des types soit réglée de manière à fournir à chacun de ces déclanchages l'impression de la lettre A. Il est bien certain que si on fait opérer ensuite ce déclanchage par l'électro-aimant, et que celui-ci mette un certain temps pour s'aimanter d'une manière suffisante, ce ne sera plus la lettre A qui sera imprimée, mais une lettre ou une portion de lettre voisine ; on pourra donc de cette manière et en variant la force antagoniste, mesurer le temps de la saturation magnétique des électro-aimants, l'influence de leur masse magnétique et de celle de leurs armatures.

On pourrait encore appliquer l'appareil Hughes dans les conditions ordinaires des chronographes, en faisant réagir la cause qui doit déterminer les indications chronographiques sur un interrupteur de courant mis en relation avec l'électro-aimant déclancheur ; les lettres imprimées successivement pourraient alors indiquer par leur espacement alphabétique les fractions de secondes écoulées entre les moments de leur impression. Il faudrait seulement que ces fractions de seconde ne fussent pas moindres qu'un dixième de seconde ; car chaque déclanchement et renclanchement du mécanisme imprimeur exige toujours un dixième de seconde pour se produire. Ce système chronographique ne pourrait donc pas être employé pour des recherches exigeant des appréciations de durée très-petites.

III. — APPLICATION DES CHRONOGRAPHES ÉLECTRIQUES A LA DÉTERMINATION DE LA VITESSE DES PROJECTILES ET A LA PROMPTITUDE D'INFLAMMATION DE LA POUDRE.

Système de M. Wheatstone. — M. Wheatstone avait imaginé son chronographe électrique principalement en vue de mesurer d'une manière plus simple et plus exacte que par les procédés ordinaires de la balistique la vitesse des projectiles, et, en conséquence, il fut encore le premier à combiner les circuits électriques pour s'appliquer à ce genre d'étude. Voici comment il avait combiné son système dans l'origine :

Le chronoscope placé à une station A, fig. 1, Pl. VI, dans le voisinage du lieu du tir, était relié d'un côté à la pile P, de l'autre au canon C et à une cible M placée successivement à des distances différentes. Un fil f placé devant la bouche du canon, faisait partie d'un premier circuit complété par le chronoscope, et un conjoncteur adapté à la cible M était disposé de manière à opérer la fermeture d'un second circuit, passant également à travers le chronoscope, lorsque la cible venait à être frappée par le boulet.

Le chronoscope se composait, comme on l'a vu p. 203, d'un mécanisme d'horlogerie établi dans une boîte C, et était mis en mouvement par un poids P. Derrière la boîte C était placé un électro-aimant dont l'armature une fois attirée devait embrayer le mouvement d'horlogerie. Au moment de la rupture du courant à travers cet électro-aimant, ce mouvement était au contraire dégagé, et alors deux aiguilles mobiles autour de deux cadrans étaient mises en marche ; l'aiguille du cadran E indiquait des dixièmes de seconde, et celle du cadran D des millièmes. Un embrayeur secondaire empêchait la marche des aiguilles en temps ordinaire.

La disposition du fil f au travers de la bouche du canon était très-simple ; il était tendu à travers un cadre de bois H fixé à l'extrémité du canon, de manière à relier deux de ses côtés. Le circuit par cette disposition se trouvait convenablement isolé.

Au moment de l'expérience, on fermait à la pile le courant électrique à

travers le premier circuit, c'est-à-dire celui correspondant au fil de la bouche
à feu, et on lâchait la détente du chronoscope. Celui-ci ne se trouvait pas
pour cela mis en mouvement puisque cette détente était remplacée par
celle de l'électro-aimant alors actif. Mais aussitôt que le feu était mis à la
pièce, le fil *f* était coupé par le boulet, et le circuit correspondant étant
interrompu, le mouvement du chronoscope se trouvait dégagé. Les aiguilles
étaient mises en marche, et leur mouvement persistait jusqu'à ce que le
boulet, en rencontrant la cible M, eût fait réagir le conjoncteur sur le
deuxième circuit qui se trouvait dès lors complété. Sous l'influence de cette
nouvelle fermeture du courant, le chronoscope se trouvait de nouveau arrêté,
et l'arc décrit par les aiguilles indiquait le temps qu'avait mis le projectile
à parcourir l'espace compris entre le canon et la cible.

Nous avons vu p. 204 que M. Wheatstone ayant reconnu dès l'origine les
défauts de son appareil l'avait successivement modifié, et que ces modifications l'avaient conduit à disposer d'une manière particulière les circuits
et les interrupteurs appelés à fournir les indications chronographiques.
Pour les expériences de balistique, l'une de ces dispositions, applicable aux
appareils à doubles hélices magnétisantes et à circuits équilibrés, consista à
mettre les deux cibles à réseaux destinées à être traversées par le projectile, en rapport avec les deux circuits équilibrés. La première cible étant
perforée, l'équilibre électro-magnétique se trouvait rompu, et par suite l'appareil chronographique était mis en marche, ne s'arrêtant que quand la
seconde cible perforée à son tour rompait le second circuit.

Avec la dernière disposition qu'il donna à son appareil, M. Wheatstone
s'est trouvé conduit à combiner les expériences d'une autre manière lors
des essais qu'il fit en 1858 à Woolwich pour mesurer la vitesse initiale
des bombes de gros diamètre.

Devant la bouche du mortier et sur deux tiges métalliques isolées mises
en rapport avec le système électro-magnétique du chronographe, était placée
une barre de cuivre de gros diamètre; cette barre par son contact avec
deux supports pouvait compléter le circuit avec le chronographe; mais
n'étant que simplement posée sur ces supports, elle pouvait être repoussée
par la bombe au moment de sa sortie du mortier, et par cela même, le
circuit pouvait être rompu. Cette bombe elle-même était d'ailleurs attachée
à une ficelle de quatre mètres enroulée sur le sol au devant de la bouche,
et cette ficelle, par sa traction, pouvait provoquer le jeu d'un conjoncteur
à clanche propre à opérer de nouveau la fermeture du circuit.

Avec une pareille disposition, on comprend facilement que le chronographe se trouvant mis en jeu au moment de la sortie de la bombe du

mortier, et se trouvant arrêté après un parcours de celle-ci de 4 mètres, les cadrans de l'appareil pouvaient fournir l'indication de la vitesse du mobile pendant cet intervalle de temps.

Système de M. Pouillet. — « Parmi les expériences que j'ai pu faire de mon chronographe, dit M. Pouillet, je citerai seulement celle qui est relative à la vitesse d'inflammation de la poudre.

« L'expérience se dispose de la manière suivante : Les deux extrémités d'un circuit dans lequel se trouvent le galvanomètre et un élément de Daniell, viennent s'adapter, l'une à la capsule mise en place sur la cheminée, et l'autre au chien du fusil ; toute la batterie étant bien isolée du canon, une portion du fil passe devant le bout du canon, à quelque distance, de manière à être coupée par la balle à l'instant où elle sort. Voilà tout l'appareil. Lorsqu'on tire, le courant passe donc pendant tout le temps qui s'écoule, depuis l'instant où le chien frappe la capsule jusqu'à l'instant où la balle coupe le fil. Les déviations produites dans diverses expériences faites avec la même charge de poudre sont parfaitement concordantes, les observations se font avec la plus grande facilité, et avec la charge dont j'ai fait usage, les valeurs extrêmes sont $\frac{1}{140}$ et $\frac{1}{150}$ de seconde pour le temps qui s'écoule entre l'instant où la capsule est frappée et l'instant où la balle sort du canon.

« En variant les charges, en prenant des poudres de diverses qualités et des armes différentes à canons ordinaires ou à canons rayés, on pourra aisément déterminer, dans tous les cas, le temps dont il s'agit.

« Pour appliquer le même principe à la recherche des vitesses d'un projectile en divers points de sa trajectoire, il suffit de disposer sur la route un système de fils de soie, et plus loin un système de fils conducteurs, de telle sorte qu'en rompant le fil de soie, le projectile établisse la communication électrique et qu'en rompant le fil conducteur, il la supprime ; la déviation observée donnera le temps du passage ; seulement il faudra tenir compte du temps nécessaire au détendement du ressort qui doit établir la communication à l'instant où le fil de soie est coupé ; ce temps se détermine lui-même très-facilement, comme on détermine du reste celui du choc des corps élastiques ; il est très court. Dans les essais que j'ai fait, il a varié de $\frac{1}{1500}$ à $\frac{1}{2000}$ de seconde. »

Système du major Navez (1). — Le système du major Navez

______

(1) Voir le mémoire du major Navez dans la revue de technologie militaire, tome IV (Noblet et Baudry).

imaginé en 1848, est le premier de tous les système électro-chronographiques qui ait fourni dans son application à la balistique des résultats véritablement utiles et sérieux. Aussi est-ce celui qui a été le plus expérimenté. C'est une combinaison du pendule balistique employé jusqu'à présent par l'artillerie avec le chronoscope électrique. Il est d'une simplicité extrême et d'une expérimentation facile. Voici comment M. Navez résume les défauts des systèmes chronographiques dont nous avons parlé, défauts dont l'examen mûri, l'a conduit à imaginer son appareil.

1° Tous les appareils dans la composition desquels entrent des électro-aimants, ont leurs indications dépendantes des variations produites dans les courants électriques.

2° Tous les appareils à mouvement d'horlogerie ont l'exactitude de leurs indications très-limitée par suite de l'emploi de roues dentées.

3° Les appareils à pendule ne permettent pas de mesurer des temps assez petits pour que l'on puisse en faire usage dans les expériences de balistique, et cela parce que le pendule, au commencement de son oscillation, n'est pas animé d'une vitesse assez grande.

4° Les appareils à cylindre tournant sont d'une construction difficile et coûteuse, et d'un emploi embarrassant. .

5° La méthode fondée sur la déviation de l'aiguille d'un galvanomètre ne répond pas aux besoins des polygones de l'artillerie.

6° Les appareils qui exigent l'emploi de l'électricité de tension sont d'un usage difficile et même souvent impossible, par suite de circonstances atmosphériques contraires.

La méthode du major Navez comporte l'emploi d'un pendule, d'un conjoncteur et d'un disjoncteur. Deux piles à courant constant, des fils de cuivre destinés à conduire les courants, et deux cadres cibles sur lesquels on tend des fils conducteurs, complètent le dispositif nécessaire pour opérer.

Un pendule EP (fig. 2, pl. VI) est disposé de manière à ce que sa lentille P, dans l'épaisseur de laquelle est encastrée une petite pièce de fer doux n, puisse être soutenue par un électro-aimant Q dans une position initiale déterminée. L'axe horizontal, au moyen duquel le pendule est suspendu, porte un manchon muni d'une rondelle de fer doux R, sur laquelle est fixée une aiguille indicatrice I.

Lorsque le pendule oscille, le manchon, la rondelle et l'aiguille sont entraînés dans son mouvement; un petit ressort bifurqué rend le mouvement du manchon solidaire de celui du pendule. Derrière la plaque sur laquelle est monté le pendule, se trouve un fort électro-aimant dont les deux pôles sont en regard, et très-rapprochés de la rondelle de fer doux. Lorsque cet électro-aimant devient actif, il attire la rondelle de fer doux, et fixe ainsi l'aiguille indicatrice sans cependant s'opposer à ce que le pendule continue son oscillation.

Le conjoncteur (fig. 3) est constitué par un électro-aimant E, qui peut se mouvoir le long d'une colonne au moyen d'une vis de rappel V. Sous cet électro-aimant, se trouve disposée une lame en acier L, dont une des extrémités est fixe, tandis que l'autre reste libre. Quand l'électro-aimant E est actif, il peut soutenir un *poids* cylindrique P ; s'il cesse d'être actif, ce poids tombe sur l'extrémité libre de la lame d'acier, fait fléchir cette dernière, et complète ainsi un circuit électrique qui rend actif le grand électro-aimant du pendule, et fixe la rondelle de fer doux de cet instrument.

Le disjoncteur (fig. 4) est composé de quatre lamelles de cuivre L, L, L' L', glissant deux à deux, l'une sur l'autre, à frottement doux. Deux des lamelles sont fixes ; les deux autres sont mobiles, et il suffit d'agir sur le bouton D d'une détente, pour que, par l'action d'un ressort, il y ait disjonction entre les lamelles fixes et les lamelles mobiles. Par cette disposition, cet instrument peut donner passage à deux courants distincts dans les circuits, et permet d'opérer des disjonctions simultanées.

Passons à l'emploi de l'appareil. Il s'agit de mesurer le temps que met un projectile à franchir un espace X (fig. 5) compris entre deux fils métalliques qu'il coupe successivement.

Le premier fil que doit couper le projectile fait partie d'un circuit électrique donnant passage au courant qui active l'électro-aimant ayant pour fonction de maintenir le pendule dans sa position initiale. Ce même courant passe aussi par deux des lamelles du disjoncteur ; de sorte que l'on peut mettre le pendule en mouvement, soit en faisant jouer le disjoncteur, soit en brisant, au moyen du projectile, le fil conducteur tendu sur le cadre le plus rapproché de la bouche à feu. Dans l'un ou l'autre cas, l'électro-aimant qui maintient le pendule cesse d'être actif.

Le second fil que doit couper le projectile, fait partie d'un circuit électrique donnant passage à un courant qui active l'électro-aimant du conjoncteur, et passe aussi par deux des lamelles du disjoncteur. Quand le circuit de ce courant est complet, l'électro-aimant du conjoncteur est actif, et l'on peut y suspendre le poids cylindrique. La chute de ce poids sera déterminée, soit lorsque le projectile coupera le fil tendu sur le cadre le plus éloigné de la bouche à feu, soit lorsque l'on fera jouer le disjoncteur.

Les lamelles du disjoncteur sont disposées de manière à ce que les circuits des deux courants dont il vient d'être question soient rompus *simultanément*, lorsque l'on fait jouer cet instrument.

La figure 5 indique la direction des circuits électriques ; ils sont au nombre de trois. Une des piles active successivement l'électro-aimant qui maintient le pendule et celui qui agit sur la rondelle de fer doux, mais ces deux électro-aimants ne doivent jamais être actifs en même temps.

Supposons maintenant que tout soit disposé pour opérer ; les lamelles mobiles du disjoncteur sont en contact avec les lamelles fixes ; le pendule ramené à sa position initiale y reste retenu par l'électro-aimant ; le poids est suspendu à l'aimant temporaire du conjoncteur ; l'aiguille du pendule est ramenée en regard de la division *o* du limbe tracée sur la plaque de laiton ; la bouche à feu est chargée.

L'opérateur agit sur la détente du disjoncteur, et rompt ainsi *simultané-ment* les deux circuits que le projectile aurait rompus *successivement*, si on avait tiré le coup de canon ; le pendule et le poids du conjoncteur se mettent en mouvement ; le poids atteint bientôt la lame d'acier du conjonc-teur, la fait fléchir et, complétant ainsi le circuit du courant qui doit activer le grand électro-aimant, placé près de la rondelle de fer doux du pendule, détermine l'arrêt de cette rondelle, ainsi que celui de l'aiguille qui y est fixée. Le pendule n'est pas arrêté *brusquement* comme la rondelle ; il peut continuer son oscillation. L'opérateur prend immédiatement note de la course angulaire de l'aiguille, remet les lamelles mobiles du disjoncteur en contact avec les lamelles fixes, suspend le poids cylindrique à l'électro-aimant du conjoncteur, et ramène le pendule dans sa position initiale ; l'aiguille correspond naturellement au *o* du limbe. Alors il commande le feu.

Le projectile, en coupant *successivement* les deux fils en rapport avec les circuits dans lesquels l'opération, faite au moyen du disjoncteur, avait produit des disjonctions *simultanées*, détermine le jeu des différentes parties de l'appareil. Si le projectile avait coupé les deux fils en même temps, l'aiguille se serait arrêtée à la même division du limbe que lors de l'opération faite au moyen du disjoncteur ; mais il n'en est pas ainsi, car l'aiguille a parcouru un espace angulaire plus grand. Si nous dé-signons par L la course angulaire de l'aiguille résultant de l'opération faite au moyen du disjoncteur, et par L′ celle déterminée par le tir, nous trouverons L′ > L, et la différence L′ — L des deux courses angulaires, correspondra exactement au temps employé par le projectile pour franchir l'espace X, compris entre les deux fils qu'il a coupés successivement. On passe des arcs aux temps, au moyen d'une table calculée d'avance, et fondée sur la considération du centre d'oscillation de la masse oscil-lante.

Il est facile de comprendre comment, en opérant d'après la méthode que nous venons d'exposer, les effets de beaucoup de causes d'inexactitude dans les résultats sont neutralisés. Ces causes d'inexactitude ont agi de la même manière sur les résultats des deux opérations successives, et le résultat définitif, qui s'obtient par *différence*, est entièrement soustrait à leur influence. Citons comme exemple, les causes d'inexactitude qui proviendraient de variations dans les courants, et, par suite, dans les effets magnétiques qu'ils produisent.

L'opérateur disposant de la hauteur de chute du poids du disjoncteur peut, en augmentant ou en diminuant cette hauteur, augmenter ou diminuer la course angulaire L, et placer ainsi, à son gré, l'arc (L' — L) dans la partie de la course totale du pendule qu'il juge convenable. Pour employer le plus avantageusement l'appareil, on doit faire varier la distance qui sépare les fils destinés à être coupés par le projectile, de manière à ce que l'arc (L' — L) comprenne une grande partie de l'oscillation.

Système de M. F. le Boulengé (1). — Dans ce système comme dans ceux de MM. Navez, Martin de Brettes, etc., l'évaluation des durées se déduit des lois de la chute des corps, et, en conséquence, le système chronographique se compose : 1° D'un chronomètre maintenu au repos par un électro-aimant ; 2° d'une détente destinée à marquer un trait sur le chronomètre en mouvement ; 3° d'un poids maintenu également par un électro-aimant et servant à faire réagir la détente ; 4° d'un disjoncteur qui a pour effet de rompre en même temps les deux courants qui activent les électro-aimants du chronomètre et du poids.

Le chronomètre est une baguette cylindrique en acier dont la chute libre et sans frottement sert à mesurer le temps, d'après la hauteur de chute. Aux deux extrémités de sa surface, se trouvent deux *cartouches récepteurs* qui ne sont autre chose que des tubes minces de papier enroulé et collé et qui peuvent s'enlever et se remplacer facilement. Ils occupent chacun sur le cylindre une position repérée. Pour alléger l'appareil et en même temps assurer la verticalité de sa chute, le cylindre est creux et terminé inférieurement par un bouchon pesant.

La détente se compose d'un long ressort vertical replié sur lui-même qui se termine à sa partie inférieure par un biseau aigu en acier trempé et qui se trouve bandé par un levier à griffe dont la queue, sollicitée de bas en haut par un petit ressort, reçoit le choc du corps pesant.

------

(1) Voir le mémoire de M. F. le Boulengé dans la revue de la technologie militaire, tome III.

Le poids déclancheur qui a une forme cylindro-conique à pointe arrondie, est creux comme la tige cylindrique du chronomètre, et se trouve également lesté à sa partie inférieure par un bouchon d'acier.

Enfin le disjoncteur est constitué par une simple lame de ressort qui ferme, en temps ordinaire, les circuits des deux électro-aimants par la pression qu'il exerce contre une vis butoir, en rapport avec ces circuits, et qu'on peut écarter avec le doigt au moyen d'un bouton adapté au bout de ce ressort.

Ces différents appareils sont adaptés sur une même colonne verticale en bois, laquelle est montée sur un socle en fonte muni de vis calantes, et c'est sur ce socle qu'est disposée la détente dont nous avons parlé. La disposition de ces pièces est telle, que si le poids et si la baguette constituant le chronomètre abandonnent simultanément les électro-aimants qui les soutiennent suspendus, le premier libère la détente au moment où le cartouche inférieur de la baguette passe devant le couteau de cette détente, et celui-ci peut dès lors y laisser une marque nette et permanente.

Les circuits du chronomètre et du poids sont chacun mis en rapport avec une cible particulière disposée sur le trajet du projectile dont on veut mesurer la vitesse, et ces cibles se trouvent éloignées l'une de l'autre d'une distance telle qu'il faille au projectile environ un dixième de seconde à la franchir.

Dans ces conditions, si le chronomètre et le poids sont suspendus à leurs électro-aimants respectifs et qu'on vienne à appuyer sur le disjoncteur, les circuits étant rompus simultanément, ces deux organes tomberont, déterminant sur le cartouche inférieur du chronomètre la marque dont nous avons parlé, et le temps de la chute sera donné par la formule $T = \sqrt{\dfrac{2\,H}{g}}$, H représentant la hauteur dont est tombé le chronomètre depuis l'origine du mouvement jusqu'au moment où il a été frappé par le couteau de la détente. Si après une série d'expériences répétées on trouve toujours la même hauteur de chute H, on pourra en conclure, puisque le courant du chronomètre aura été rompu en même temps que celui du poids, que le chronomètre aura marché pendant un temps T constant et connu.

Cela étant posé, si au lieu d'effectuer simultanément la rupture des circuits par le disjoncteur, on la fait produire successivement par le projectile traversant les différentes cibles, la chute de l'un des deux organes précédera l'autre, et si c'est le chronomètre qui tombe le premier, la marque produite par la détente, au lieu de se faire sur le cartouche inférieur, se produira sur le cartouche supérieur, et l'on aura une seconde hauteur H de laquelle on pourra déduire un temps T' qui pourra fournir la durée écoulée entre les deux ruptures des cibles. En effet, ce temps sera $T' - T$, et par conséquent la vitesse du projectile sera représentée par $\dfrac{E}{T'-T}$, E représentant l'espace entre les deux cibles.

Comme on le voit, ce système est extrêmement simple, et il est de plus, suivant les hommes du métier, très-pratique ; toutefois, il est certaines précautions auxquelles on doit avoir égard et certains arrangements auxquels on doit avoir recours, pour en obtenir de bons résultats. Ainsi, il faut, d'après ce que l'on a vu, 1° que le disjoncteur rompe exactement en même temps les deux circuits ; 2° que, dans ce cas, l'appareil marque une hauteur de chute constante.

Pour obtenir ce double résultat, M. Boulengé emploie deux piles d'égale puissance réunies par leur pôle positif et correspondant, par leur pôle négatif, chacune à un circuit particulier complété par une cible. Si ces deux circuits sont reliés au fil commun réunissant les deux pôles positifs, au sortir des électro-aimants soutenant les deux organes du chronographe, il est évident qu'un interrupteur placé sur le fil commun de jonction interrompra et fermera simultanément les deux circuits ; or, c'est précisément sur ce fil commun aux deux circuits qu'est adapté le disjoncteur dont il a été question. La première partie du problème se trouve donc ainsi résolue, du moins par rapport à l'action des courants ; mais, comme le magnétisme rémanent des électro-aimants peut intervenir pour altérer les effets de la rupture des circuits, il devient nécessaire de régler ceux-ci de manière à effacer cette cause de perturbation, et pour obtenir ce résultat, les électro-aimants sont enroulés par une seconde hélice plus résistante, qui dérive constamment une partie du courant de la pile correspondante, et tend à fournir une aimantation inverse. Tant que le circuit principal est fermé, cette action inverse ne change pas les effets que nous avons analysées, parce qu'elle est plus faible que l'autre ; mais quand ce circuit vient à être rompu, le courant passe en totalité par l'hélice résistante et détruit instantanément les polarités produites ; ce qui provoque, au moment de la permutation, le détachement des armatures magnétiques représentées par le poids et le chronomètre. Comme cette force antagoniste varie avec celle qu'elle doit combattre et avec les courants induits qui résultent de sa disparition, les effets du magnétisme rémanent sont à peu près conjurés. Afin que cette action soit plus nette dans ses effets, le poids et le chronomètre ont leur point de contact en acier trempé ; de cette manière ils possèdent une polarité permanente qui subit la répulsion déterminée par le renversement de sens du courant à travers les électro-aimants.

Dans les appareils de M. Boulengé les plus perfectionnés, la hauteur de disjonction H est d'environ $0^m,50$. A cette hauteur, 1 dixième de millimètre représente une durée de $0^s,0000319$. La hauteur H' donnée par le tir étant d'environ $0^m,88$, le dixième d'un millimètre correspond alors à $0^s,0000211$. Il arrive donc qu'une erreur de un dixième de millimètre dans la lecture des marques n'altère la vitesse constatée que de $0^m,118$, dans le premier cas et de $0^m,089$, dans le second, en supposant cette vitesse 370^m.

M. Navez, dans un très-intéressant mémoire qu'il a publié en 1865 sur les expériences de balistique, et où il passe en revue les différents procédés employés pour mesurer la vitesse des projectiles, critique un peu, il est vrai, l'appareil de M. Boulengé, en montrant que, par suite de l'impossibilité dans laquelle il est de mesurer des temps plus longs que un dixième de seconde, il ne peut avoir que des applications très-limitées. En revanche un rapport de M. Melsens, à l'Académie royale de Belgique en fait le plus grand éloge. Ce qui est certain, c'est que les deux systèmes sont employés en Belgique, et paraissent avoir satisfait ceux qui avaient intérêt à s'en servir.

Système de M. Martin de Brettes. — M. Martin de Brettes, avant même le major Navez, avait pensé dès l'année 1847 à appliquer l'électricité au pendule balistique du colonel Parizet, pour obtenir le déclanchement et l'arrêt de ce pendule sous l'influence de la rupture de deux circuits. Par une disposition très-simple, il était même parvenu à éviter l'influence de la force coercitive des électro-aimants en faisant réagir ceux-ci par attraction. Cette disposition consistait à soutenir le pendule et son levier d'arrêt par des crochets d'encliquetage adaptés aux armatures de ces électro-aimants, et à munir les bobines de ceux-ci de deux hélices traversées par des courants équilibrés. Pour rendre les mesures comparables, M. Martin de Brettes, au lieu d'employer un limbe également divisé, se servait d'un limbe gradué d'après la loi des vitesses acquises pendant l'oscillation, et en tenant compte de la hauteur de chute du levier d'arrêt.

Par une autre disposition du pendule balistique, M. Martin de Brettes était parvenu à lui faire marquer l'arc décrit depuis le commencement de son mouvement, jusqu'au moment de la réaction secondaire qui devait l'arrêter, mais qui par le fait ne l'arrêtait que très-imparfaitement. Pour obtenir ce résultat, M. Martin place dans la lentille même du pendule, le pinceau ou style qui doit fournir la trace et le mécanisme électro-magnétique qui doit le faire fonctionner. Ce mécanisme consiste dans un électro-aimant à hélices équilibrées dont l'armature, par l'intermédiaire d'une tige contournée en conséquence, porte la pointe traçante. (Voir fig. 7, pl. VI.) Cet électro-aimant est en rapport par des fils plongeant dans des godets de mercure avec les cibles, tandis que l'électro-aimant de détente du pendule peut être indépendant. Supposons, par exemple, qu'il réagisse au moment où on met le feu à la pièce de canon : il arrivera que le pendule sera mis en mouvement avant que la première cible n'ait été atteinte. Or, quand le circuit en rapport avec cette cible aura été rompu, l'électro-aimant renfermé dans le pendule aura son équilibre électrique détruit, et fera appuyer sur le limbe la pointe traçante ; celle-ci décrira donc un arc de cercle qui ne sera interrompu que quand le deuxième circuit correspondant à la deuxième cible aura été rompu à son tour. Connaissant de grandeur et de position l'arc décrit pendant un certain temps par un mobile partant d'un point connu, on pourra calculer exactement ce temps, soit au moyen des formules que donne la mécanique, soit par le procédé du général Poncelet, etc. Pour corriger dans ce système le retard d'action dû à la force coercitive, lors de l'interruption du deuxième circuit à travers l'électro-aimant du pendule, on pourrait interrompre simultanément les deux courants traversant cet électro-aimant quand le pendule est en mouvement au bas de la courbe d'oscillation ; alors, ou le style ne fera qu'un point, ce qui indiquera que les temps de chute et de relèvement du style sont égaux, et par conséquent qu'il n'y a pas lieu de s'en occuper, ou bien le style fera une marque plus ou moins longue, et la longueur de cette marque indiquera la diminution à faire subir à l'arc décrit pour qu'il représente avec exactitude le temps cherché.

Quand il songea à employer l'étincelle d'induction pour l'enregistrement des effets chronographiques, M. Martin de Brettes pensa d'abord à appliquer ce système de marques au pendule balistique, et il combina un système se rapprochant de celui du major Navez, que nous avons décrit avec détails dans notre 2ᵉ édition tome IV, p. 400. Ce ne fut qu'après qu'il songea au chronographe à induction que nous avons décrit. Voici comment il avait disposé ce premier système :

Il avait d'abord adapté au pendule balistique appelé à fournir les indications, une pointe de platine qui le terminait inférieurement et qui se mouvait devant un limbe gradué sur lequel était appliquée une bande de papier découpée circulairement. Un électro-aimant retenait ce pendule écarté de la verticale avant l'expérience. Enfin des boutons d'attache mis en rapport avec les deux pôles de l'appareil d'induction de Ruhmkorff, avec le disjoncteur et l'appareil appelé à fournir l'indication chronographique, complétaient le système. Par l'intermédiaire de ces boutons, le limbe gradué et le pendule qui en était isolé métalliquement, se trouvaient interposés dans le circuit induit, lequel, par ce fait, n'était plus inter-

rompu qu'entre le limbe et le pendule ; encore cette interruption n'était-
elle que d'un millimètre, au plus. L'électro-aimant E était d'ailleurs mis en
rapport avec le circuit extérieur, à travers lequel devait circuler le courant
d'une pile ordinaire.

Le conjoncteur se composait, comme celui du major Navez, d'une bobine
magnétique que l'on pouvait disposer à hauteur convenable, au moyen
d'un support vertical et d'une vis de pression. Cette bobine soutenait dans
son intérieur un cylindre en fer doux, pendant que le courant qui était
en rapport avec elle était en activité, et le laissait retomber quand le circuit
était interrompu ; mais en tombant, ce cylindre rencontrait une des extrémités d'un levier basculant qu'il faisait légèrement abaisser, et de cet
abaissement résultait la séparation momentanée de l'extrémité de la bascule du butoir qui la supportait en temps normal, poussée qu'elle était
par un ressort antagoniste : comme ce butoir et la bascule étaient en
rapport avec le courant qui devait réagir sur le circuit inducteur de l'appareil de Ruhmkorff, il arrivait que, pour chaque rupture du courant à
travers l'électro-aimant, le circuit inducteur de l'appareil de Ruhmkorff se
trouvait interrompu et pouvait dès lors provoquer une étincelle dans le circuit induit, si on avait eu le soin d'enlever préalablement de cet appareil
le marteau interrupteur.

Par le fait, l'appareil que nous venons de décrire n'était qu'un simple
relais disjoncteur, et non un conjoncteur de courant comme celui du major
Navez. Il est vrai que M. Martin de Brettes, dans sa brochure, l'a représenté comme un véritable conjoncteur ; mais c'est évidemment par erreur,
car M. Martin doit savoir que le courant induit qui résulte d'une fermeture
de courant est un courant inverse, qui ne produit jamais d'étincelle dans
l'appareil de Ruhmkorff.

« Le disjoncteur proprement dit se compose, dit M. Martin, d'un plateau
de bois servant de support à un parallélogramme articulé. Ce parallélogramme est formé de deux règles égales en cuivre, dont une des extrémités
est réunie par un boulon formant charnière avec une troisième règle en
ivoire ou en autre substance isolante, et dont l'autre extrémité est traversée
par un pivot fixe. Chacune des deux règles métalliques peut tourner autour de son pivot ; mais, dans ce mouvement de rotation, elles restent
constamment parallèles entre elles. Ce parallélisme est obtenu facilement
en plaçant les quatre articulations au sommet des angles du parallélogramme. Chaque règle métallique se redresse verticalement à l'extrémité
opposée au pivot, et forme ainsi un petit plateau servant de contact à
l'extrémité d'une petite vis dont l'écrou communique avec un petit bouton

d'attache. Le pivot métallique de chaque règle est aussi en communication avec un bouton d'attache.

« La grande règle d'ivoire se redresse aussi à l'une de ses extrémités comme les précédentes pour présenter une surface de contact à une développante de cercle qui, en tournant, presse cette règle, la déplace parallèlement à elle-même, et éloigne ainsi également de leurs vis respectives les extrémités relevées des règles métalliques.

« Une roue à rochet montée sur le même axe que la roue à développante permet, au moyen d'un doigt, de maintenir cette solution de continuité aussi longtemps qu'on le désire.

« La pression d'un ressort contre la règle d'ivoire ramène les règles métalliques au contact des vis placées vis-à-vis de leurs extrémités, quand la développante cesse de presser l'extrémité de la règle d'ivoire. »

J'ignore quels sont les motifs qui ont engagé M. Martin de Brettes à compliquer autant un mécanisme si simple en lui-même et qui pourrait se réduire, en fin de compte, à un double frotteur à manette, relié par une tige et agissant sur deux plaques métalliques dont on pourrait même régler avec précision la position au moyen de deux vis de rappel.

Nous ne reviendrons pas ici sur la disposition des circuits des appareils chronographiques dans leur application à la balistique ; elle a été suffisamment décrite précédemment ; nous rappellerons seulement que les projectiles ayant pour effet de rompre une ou plusieurs cibles placées à des distances connues sur leur passage, il faut obtenir que la rupture de ces cibles ait pour effet la rupture d'un nombre correspondant de circuits pouvant réagir sur le chronographe ; or, c'est par l'intermédiaire du conjoncteur ou plutôt du relais disjoncteur que nous avons décrit et qui est interposé dans chacun de ces circuits, que cette réaction sur le chronographe a lieu, en provoquant pour chaque rupture de cible une étincelle entre la pointe du pendule balistique et le limbe, laquelle étincelle traverse la bande de papier interposée.

Si donc le pendule, par l'interruption du courant traversant l'électro-aimant, s'est trouvé mis en mouvement en même temps que le projectile, il s'ensuivra que les traces laissées par chaque étincelle s'échelonneront les unes à la suite des autres à des distances qui seront en rapport avec les temps où se sont effectuées les différentes ruptures des circuits (1). Comme

---

(1) Cette déduction est basée sur l'hypothèse de la simultanéité de la production de l'étincelle d'induction, et de l'interruption du circuit inducteur, fait qui n'est pas encore parfaitement constaté. « Pour aller au-devant de cette objection, dit M. Martin de Brettes, l'appareil a été disposé de manière que le circuit induit et la pile électro-

ces temps peuvent se déduire par le calcul et les lois de la pesanteur de la position, sur le limbe, des traces dont nous avons parlé, on arrive donc à résoudre d'une manière assez simple le problème. Toutefois il est, comme nous l'avons vu, certaines vérifications qui doivent être faites préalablement pour que les inégalitées d'action des conjoncteurs et les pertes de temps provenant du jeu des appareils puissent être éliminées des résultats obtenus; et c'est à ces vérifications que sert le disjoncteur que nous avons décrit précédemment. Nous renvoyons pour ces vérifications à la brochure de M. Martin de Brettes (chez Corréard, 1858).

Pour appliquer aux expériences de balistique son chronographe à induction, M. Martin de Brettes a employé un système rhéotomique qui consiste d'abord dans un électro-aimant conjoncteur dont l'armature étant attirée ferme le circuit inducteur de l'appareil de Ruhmkorff. Cet électro-aimant étant commun à tous les circuits de cible et devant provoquer les indications, a ses branches constituées par des fils de fer fins qui, comme on l'a vu, perdent instantanément leur magnétisme après l'interruption du courant. Cet électro-aimant est relié au premier relais correspondant à la cible n° 2, et l'armature de celui-ci en tombant sous l'influence de la rupture de cette cible, établit la communication de l'électro-aimant avec le second relais, lequel correspond à la troisième cible. L'armature de ce second relais conjoncteur relie ensuite de la même manière l'électro-aimant conjoncteur au troisième relais, et cet effet se répète pour le quatrième, le cinquième relais, etc. Or, voici ce qui résulte de cette disposition : quand la première cible est coupée, l'électro-aimant conjoncteur et celui du premier relais deviennent inertes; l'armature du premier en se détachant ouvre le circuit inducteur de l'appareil de Ruhmkorff, et il en résulte une marque sur le chronographe; l'armature du second électro-aimant, au contraire, rétablit le courant à travers le second relais, la seconde cible et l'électro-aimant conjoncteur, et il en résulte immédiatement une fermeture du courant inducteur de l'appareil de Ruhmkorff qui ne produit aucune trace, mais qui le dispose à en produire une aussitôt la seconde cible coupée. Effectivement celle-ci, une fois coupée, les effets précédents se renouvellent, et les choses se passent de la même manière jusqu'à la dernière cible.

---

motrice restent toujours dans les mêmes conditions chaque fois que l'appareil d'induction est mis en jeu pour percer le papier. Les circonstances dans lesquelles on opère restant ainsi constantes, les résultats mécaniques seront aussi constants, et l'étincelle sera toujours, ou simultanée avec l'interruption du courant inducteur, ou en retard sur elle d'une durée constante. »

L'avantage de cette disposition est de faire réagir la même pile sur tous les circuits, et de les placer, par conséquent, dans les conditions les plus identiques possibles. Du reste, les variations de la force électro-magnétique dans les relais ne peuvent avoir aucune influence fâcheuse, pourvu qu'ils établissent les communications des circuits plus vite que ne se font les indications chronographiques, et, comme les circuits peuvent d'ailleurs être rendus égaux en résistance, il n'y aurait que les variations de la pile qui pourraient influer sur les indications, et, avec un électro-aimant conjoncteur disposé comme nous l'avons dit, ces variations ne pourraient jamais être bien préjudiciables.

Système de M. Schultz. — Pour appliquer aux expériences de balistique le chronographe qu'il avait combiné et que nous avons décrit, page 225, M. Schultz place devant la bouche à feu une série de cibles disjonctrices formées chacune, comme à l'ordinaire, d'un cadre de bois sur lequel est tendu en zigzags le fil de cuivre que doit couper le boulet. C'est cette rupture qui, comme dans le système de M. Martin de Brettes, doit déterminer l'étincelle appelée à fournir les indications chronographiques. Mais comme après la coupure d'une cible il faut que le courant passe à travers le fil de la cible suivante pour fournir une nouvelle indication, M. Schultz, au lieu d'employer un relais conjoncteur, établit derrière chacune des cibles une cible dite *conjonctrice* qui réalise le même effet. Cette cible est constituée par un fil de soie tendu par un poids et qui maintient soulevée, après avoir passé sur une poulie, une lame de ressort appartenant à un interrupteur de courant placé au bas de la cible.

En mettant en rapport avec le circuit de la cible disjonctrice suivante, la seconde lame de cet interrupteur, on peut faire réagir celui-ci au moment même où le boulet après avoir traversé la première cible coupe le fil de soie, et le courant inducteur destiné à fournir les indications peut alors traverser la seconde cible avant que celle-ci soit percée à son tour par le boulet. Le seul inconvénient de ce système est de nécessiter un tir assez juste pour couper un fil de soie.

Système de M. F. Bashforth. — Suivant M. Bashforth, les appareils chronographiques appliqués à la balistique doivent réunir les conditions suivantes : 1° ils doivent fournir la mesure du temps d'après une horloge bien réglée ; 2° ils doivent être capables de mesurer le temps employé par un projectile à franchir au moins neuf cibles placées à des intervalles égaux et consécutifs sur la trajectoire entière ; 3° chaque battement de la pendule régulatrice doit rompre le courant dans des conditions toujours identiques ; 4° le temps nécessaire pour que le projectile passe d'une

cible à l'autre doit être inscrit par la rupture d'un second circuit placé
exactement dans les mêmes conditions que le premier; 5° les fils des cibles
doivent ê're dans le même état de tension quelle que soit la force du vent.
M. Bashforth prétend que son système chronographique que nous avons
décrit, p. 240, réunit, en ce qui concerne l'appareil enregistreur, toutes ces
conditions et que, pour satisfaire aux autres, il faut employer des cibles
formant à la fois conjoncteur et disjoncteur. Ce résultat est obtenu en disposant sur la partie supérieure de la cible et à une distance les unes des
autres moindre que le diamètre des projectiles expérimentés, une série de
ressorts en fils de cuivre constituant des espèces d'U. Ces ressort sont fixés
horizontalement sur la traverse de la cible par leur partie repliée, et leurs
branches libres qui, en raison de leur élasticité, ont une tendance à se
relever, se trouvent maintenues abaissées par des poids suspendus à l'aide
de cordes. Au-dessous de ces branches, se trouvent une série de lamelles
métalliques disposées de manière à opérer la réunion métallique des ressorts entre eux, quand ces branches sont abaissées, et à constituer avec
les deux fils du circuit du chronographe qui correspondent aux lamelles
extrêmes, un circuit continu. Au-dessus des mêmes branches de ressort
est adaptée une traverse métallique qui correspond à la cible suivante,
laquelle est d'ailleurs mise directement, comme l'autre, en rapport avec le
circuit du chronographe, d'un côté seulement. Enfin les cordes auxquelles
sont attachés les poids des ressorts, viennent appuyer contre la traverse
inférieure de la cible et forment un réseau de fils parallèles qui constituent la cible proprement dite. Les poids eux-mêmes sont des boules
métalliques pesant environ un kilogramme chacune. Or, voici ce qui arrive
quand le boulet en passant à travers cette cible a coupé une ou deux
des cordes du réseau. La branche ou les branches des ressorts que maintenaient abaissées ces cordes se relèvent, et, en touchant la traverse métallique placée au-dessus d'eux, complètent le circuit du chronographe
à travers la cible voisine, en même temps qu'elles le rompent dans la cible
traversée par le boulet. Les deux effets contraires voulus pour l'enregistrement successif du passage du boulet aux différentes cibles, se trouve donc
de cette manière obtenu sans complication, et dans des conditions identiques, du moins si l'on a eu soin d'équilibrer convenablement les circuits, ce
qui n'est du reste pas nécessaire.

Les cibles nombreuses et également distantes que M. Bashforth emploie
pour ses expériences, sont nécessitées par un système de correction qu'il
emploie pour dégager les résultats obtenus de certaines irrégularités provenant d'erreurs instrumentales et de mauvaises conditions dans l'orga-

nisation des circuits. Ces cibles étant, en effet, également distantes, les
nombres qui donnent les vitesses ou les temps employés à parcourir ces
intervalles suivent une certaine loi, et comme ils vont en croissant ou en
diminuant, des procédés d'interpolation peuvent s'appliquer. En les ran-
geant en colonnes et formant les différences premières et secondes, on
arrive à reconnaître que certains nombres n'obéissent pas à la loi de continuité et doivent être, par conséquent, corrigés. Dans ce cas, comme on
le voit, il faut un certain nombre de cibles, dix, par exemple, et pour que
les différences secondes soient amenées à suivre la loi de continuité, i. en
résulte des corrections pour les différences premières et par suite pour les
nombres observés. Nous ne suivrons pas M. Bashforth dans les calculs, à
l'aide desquels il déduit des expériences faites avec son chronographe, la
formule qui donne la vitesse du projectile essayé aux différents points de
sa trajectoire. Les résultats calculés et les résultats observés présentent
un accord satisfaisant, et témoignent de la valeur de la méthode employée.

IV. — APPLICATION DES CHRONOGRAPHES ÉLECTRIQUES A LA DÉTERMINATION DES DIFFÉRENCES DE LONGITUDE.

Au sujet d'un projet formé par le gouvernement de relier dans un même
réseau électrique les chefs-lieux de tous les départements de France,
M. Faye faisait, en 1851, à l'Académie des sciences, les réflexions suivantes :

« Indépendamment du parti qu'il sera possible d'en tirer pour les études
météorologiques, l'exécution de ce réseau pourra être d'une immense utilité pour la détermination, non-seulement des longitudes, mais encore des
latitudes astronomiques de tous les chefs-lieux des départements. En les
comparant aux coordonnées géodésiques déjà connues, on pourra mettre
en relief les irrégularités locales dont la surface du sphéroïde terrestre peut
être affectée sur notre sol. Nos procédés actuels sont si parfaits qu'un
observateur exercé peut promettre, sans trop s'aventurer, de poursuivre les
centres ou les lignes de perturbations locales qui auront été indiqués par
cette première opération, en procédant, s'il le faut, de 3 mètres en 3 mètres.
C'est aux géologues de nous dire s'il y a quelque intérêt à rapprocher ces
observations de leurs cartes géologiques, de leurs cercles de comparaison,
et à chercher ainsi des traces perdues dans l'épaisseur de la croute terrestre. Les moyens d'observation qui manquaient autrefois existent
aujourd'hui. Par exemple, une des coordonnées de la verticale peut être
déterminée en chaque point, dans l'espace d'une seule nuit, avec la précision qu'on admire dans les mesures micrométriques d'étoiles doubles. C'est

ainsi que la longitude, si souvent douteuse, si souvent affectée d'erreurs inextricables, peut en être délivrée par une simple combinaison des procédés photographiques avec ceux de la télégraphie actuelle. Ici, l'artifice consiste à supprimer l'observateur; ailleurs, il consistera à réduire l'intervention de l'observateur au point où l'expérience nous enseigne qu'elle devient irréprochable. Ai-je besoin de dire ce qu'une telle entreprise ajouterait de valeur à nos vastes triangulations, sans ajouter notablement aux dépenses qu'elles ont déjà coûté au pays? Ceux qui ont suivi la transformation qui s'est accomplie de nos jours dans la géodésie savent tout ce que l'exécution du projet dont je parle pourrait donner de valeur aux travaux déjà faits, et à des travaux que l'on ne recommencera plus nulle part sur le globe, si ce n'est peut-être dans un intérêt purement scientifique. »

Application de la télégraphie électrique à la détermination de la longitude des différents lieux. — Depuis longtemps, en Amérique, on s'est servi des nombreux réseaux électriques qui relient entre elles les principales villes de ce pays pour la détermination exacte de leur longitude. Cet exemple a été imité en Belgique, en Angleterre, en France et en Suisse, et l'année dernière encore, grâce à l'heureuse initiative de M. Leverrier, la différence de longitude entre Paris et Vienne et entre Paris et Alger a été constatée par M. Lœwy qui a employé une méthode nouvelle d'observation qui paraît supérieure à toutes celles usitées jusqu'ici. Nous en parlerons bientôt. Le vœu de M. Faye, on le voit, commence à recevoir sa réalisation.

Il est facile de comprendre la fonction du télégraphe électrique dans ce genre d'application. La longitude d'un lieu par rapport à un autre est donnée par la différence de l'heure du passage du soleil ou d'un astre fixe au méridien de ces deux points du globe. Pour l'obtenir, on se sert ordinairement d'un chronomètre ou montre marine que l'on règle sur le temps *vrai* du lieu que l'on quitte et que l'on compare ensuite au temps vrai du lieu où l'on observe. Mais on comprend facilement que quelque parfaits que soient ces chronomètres, ils ne le sont jamais assez pour donner une indication *rigoureusement exacte*. Il n'en est plus de même si une liaison électrique réunit les deux points dont on veut estimer la longitude réciproque. En effet, la transmission du fluide électrique pouvant être considérée comme instantanée, le moment du passage du soleil ou d'une étoile déterminée au méridien de l'un de ces deux points, peut être indiqué instantanément à l'autre point, et l'observateur de ce point peut alors calculer, par le temps écoulé entre le passage signalé et celui qu'il va observer, la longitude cherchée.

Système américain. — En Amérique, les premières observations ont été faites entre les villes de Washington, New-York et Philadelphie. Voici comment on a procédé :

« Après avoir déterminé notre temps local, écrit M. Loomis à M. Sabine, par des observations astronomiques, nous n'avons plus eu besoin que d'un signal qu'on pût saisir simultanément aux trois localités. Ce signal nous a été fourni par un aimant, à la manière ordinaire des communications télégraphiques. Notre plan d'opération a été le suivant : à dix heures du soir, lorsque le service ordinaire de la compagnie a été terminé, nos trois observatoires ont été mis en communication l'un avec l'autre, et après que cette communication eut duré un temps suffisant pour avoir la certitude que tout était en bon ordre, New-York a commencé à donner les signaux. Au commencement d'une minute à mon horloge, je touchai la clef de mon registre, et on a entendu simultanément un coup à New-York, à Philadelphie et à Washington. Les trois observateurs ont noté le temps, chacun à son horloge. Au bout de dix secondes, j'ai répété un semblable signal, et on a encore noté les temps ; après dix autres secondes, j'ai renouvelé le signal, et ainsi de suite jusqu'à vingt fois. Après avoir attendu une minute, Philadelphie a répété la même série de signaux et on a de même noté les temps. Nous avons attendu encore une minute, et Washington a répété les mêmes signaux. Nous avons donc obtenu ainsi soixante comparaisons de nos horloges qui nous donnèrent la différence de nos longitudes avec une exactitude aussi grande que celle qui a été mise dans la détermination du temps local. »

Système de MM. Airy et Leverrier. — Dans les observations entre Greenwich et Bruxelles, on a employé une méthode analogue, mais on y a ajouté celle de l'observation sidérale ; « car, dit M. Airy, pour mettre parfaitement en évidence la différence de la longitude, il est non-seulement nécessaire de comparer les deux horloges des passages, au moyen des signaux électriques, mais encore d'établir le rapport du temps donné par chaque horloge au temps sidéral de la localité par le moyen des observations du passage des étoiles au méridien. Prenant en considération la perfection des comparaisons électriques des horloges, les astronomes ont admis, comme un principe fondamental, que les signaux ne peuvent être regardés comme valables pour la longitude, qu'autant que le passage des étoiles au méridien a été observé aux deux stations un instant très-court avant ou après la comparaison. »

Lors de la détermination de la différence de longitude entre les observatoires de Paris et de Greenwich, M. Leverrier s'est exprimé de la manière suivante : — « La détermination de la différence de longitude, entre deux lieux du globe repose, comme on le sait, sur celle de la différence du temps que l'on compte aux deux stations à un moment donné; celui, par exemple, où l'on observe un même signe en ces deux stations. Lorsqu'on fait ainsi usage de signaux, l'opération se divise en deux parties distinctes, celle de la détermination des pendules et celle de l'observation des signaux. Disons, tout d'abord, que, dans la circonstance présente, on a fait usage de signaux transmis par le télégraphe électrique.

« La détermination de l'heure et l'observation des signaux sont sujettes à des erreurs de plus d'un genre, et qui pourraient vicier le résultat que l'on se propose d'obtenir, si l'on ne prenait soin de les éliminer ou de les apprécier de manière à pouvoir en tenir compte. Nous allons rappeler en peu de mots en quoi consistent ces erreurs, et indiquer comment on a conduit l'opération pour se mettre à l'abri de leur influence. Le soin avec lequel ont été éliminées toutes les erreurs constantes est sans doute ce qui distingue la détermination actuelle de celles qui l'ont précédé.

« La détermination de l'heure d'un lieu par l'observation des passages des étoiles à la lunette méridienne présente une grave difficulté provenant des erreurs personnelles des observateurs, erreurs qui peuvent produire des discordances s'élevant jusqu'à une seconde de temps entre les déterminations de l'heure d'un même lieu faites par divers astronomes, Les déterminations de longitude dans lesquelles on ne s'est point mis à l'abri de cette cause d'incertitude doivent nécessairement inspirer fort peu de confiance.

« On peut échapper à cet inconvénient en calculant la longitude au moyen de deux séries d'opérations dans lesquelles on fait l'échange des observateurs.

« S'il était nécessaire que l'on connût l'instant précis auquel un signal électrique est donné par l'une des stations, on pourrait éprouver quelques difficultés à le fixer avec précision. On évite cet embarras en donnant le signal à un instant quelconque et le faisant observer de la même manière dans les deux stations. Dans le cas où il existerait une différence entre les deux observateurs relativement à la constatation de l'heure des signaux, cette différence disparaîtrait du résultat final par l'échange des observateurs.

« Un retard peut aussi être dû à la durée nécessaire pour la transmission du courant électrique, et on a plus de raison de le craindre lorsque le courant doit traverser une grande étendue d'eau. On échappe à l'incertitude qui en pourrait résulter, en faisant partir les signaux successivement de l'une et de l'autre station. Cette disposition permet en outre de mesurer le retard en question. On pourra même, pour plus de sécurité, varier convenablement le sens physique du courant.

« Enfin on eût pu craindre quelque erreur provenant tant de l'inertie des appareils que du changement d'intensité du courant. Après avoir reconnu par des expériences directes que les appareils qui vont être décrits n'étaient pas sujets à cet inconvénient, on a jugé inutile de les échanger entre les stations.

« Ces explications générales étant données, on comprendra mieux le sens de la convention intervenue entre les deux observatoires, et dont nous allons rappeler quelques-unes des principales dispositions.

« L'appareil à signaux, observé dans chaque station, était une simple aiguille recevant l'action directe d'un courant électrique. On s'attachait à observer le commencement sensible du mouvement de l'aiguille.

« Chaque observatoire disposait d'une pile électrique composée d'un grand nombre d'éléments. On pouvait à volonté renverser le sens du courant qu'on envoyait à l'autre observatoire ; ce courant, d'ailleurs, traversait toujours les appareils des deux stations.

« L'appareil dont on se servait pour donner les signaux était placé dans une autre salle que l'aiguille, afin que l'astronome qui observait celle-ci ne pût ni voir ni entendre la personne qui donnait les signaux.

« Ces signaux ont été donnés par groupes dont le nombre et l'instant approché étaient indiqués télégraphiquement quelques moments à l'avance, cette disposition ayant pour but de ménager l'attention de l'observateur et de lui épargner une fatigue préjudiciable à l'exactitude des observations. Chaque groupe comprenait dix signaux environ, donnés de 10 à 15 secondes d'intervalle.

« Les observations des signaux ont duré une heure, chaque jour. L'heure a été divisée en quatre quarts d'heure ; dans le premier et le troisième quart d'heure, les signaux étaient donnés par l'une des stations ; dans le deuxième et le quatrième, par l'autre station. On avait le soin, dans chaque station, de renverser le sens du courant dans la seconde série de signaux.

« Pour faciliter l'élimination des erreurs personnelles par l'échange des observateurs, ces observateurs ont été chargés d'observer les passages des étoiles et les signes électriques.

« L'état des pendules a été, dans les deux stations, fixé précisément à l'aide des mêmes données astronomiques ; ou bien l'on n'a fait usage que des mêmes étoiles, auquel cas leurs positions absolues n'ont aucune importance ; ou bien, si l'on a fait usage d'étoiles dont quelques-unes pouvaient n'avoir point été observées dans les deux stations, on ne l'a fait qu'à l'égard des étoiles dites *fondamentales*, et dont les positions relatives sont connues avec la dernière précision. Il a été convenu qu'on calculerait séparément les résultats fournis par les deux méthodes.

« Tout en estimant que, dans le cas où le temps se prêterait convenablement aux observations astronomiques, il suffirait peut-être de continuer les signaux pendant trois jours pour chacune des deux positions relatives des observateurs, il avait été convenu que les observations seraient continuées chaque nuit jusqu'à ce que l'un et l'autre observatoire eussent fait connaître qu'ils regardaient l'opération comme terminée.

Système chronographique de MM. Leverrier et Liais. — Quelques années plus tard, en 1856, lors d'une nouvelle détermination de longitude entre l'observatoire de Paris et Alger, M. Leverrier rendait compte de la manière suivante d'un système basé sur l'emploi du chronographe :

« Dès l'époque où furent faites les expériences pour la détermination de la longitude entre Paris et Greenwich, c'est-à-dire en 1854, je m'occupai d'un projet d'enregistrement des observations des passages au méridien au moyen d'un chronographe électrique. Or, tout en reconnaissant que la détermination de l'état des horloges par la méthode des coïncidences constituerait un progrès dans la détermination des longitudes, il me parut que la question serait encore plus simplifiée si l'on pouvait se passer complétement de toute détermination de l'état relatif des pendules ; et c'est à quoi il paraissait possible de parvenir en enregistrant sur le même chronographe les observations faites dans les deux stations. En principe, cette méthode ne peut souffrir aucune objection, puisque l'enregistrement se fait par l'intermédiaire d'un fil électrique, dont la longueur plus ou moins grande ne peut être un obstacle. Mais dans la pratique il se rencontrait de grandes difficultés qui n'ont été surmontées qu'après de nombreuses tentatives.

« L'organisation du travail, conformément au mode d'expérimentation que j'exposerai plus loin, réclamait trois appareils distincts les uns des autres, savoir : 1° un instrument des passages à la station de Paris ; 2° un second instrument des passages à la station située à l'autre extrémité de la ligne ; 3° un chronographe et une pendule sidérale à la station de Paris.

« Comme il était facile de prévoir que l'enregistrement des observations sur un même chronographe, en débarrassant l'observateur de l'estime du temps, et en supprimant en outre la comparaison des pendules, donnerait au résultat une valeur qui ne dépendrait que de l'exactitude des instruments méridiens, il importait d'attribuer à ces instruments la précision la plus rigoureuse. C'est ce qui a été fait pour la lunette de l'observatoire de Paris par de nouvelles améliorations apportées à la fixité de la ligne de collimation, par un changement dans le mode d'observation de la polaire, et surtout en donnant à l'instrument une grande stabilité par la construction de coussinets fixes.

« Le Dépôt de la Guerre, de son côté, s'est chargé de fournir la seconde lunette méridienne, et, dans ce but, il a remis en état une ancienne lunette de Gambey, de trois pouces et demi d'ouverture, à laquelle M. Brunner a apporté précisément les mêmes améliorations qui ont été introduites dans la lunette de Paris.

« Dans des travaux de cette importance, auxquels il faut donner une précision assez grande pour n'avoir pas à les recommencer un jour, il était indispensable d'obtenir une preuve solide et irrécusable de la valeur de la méthode et de l'exactitude des instruments. Le meilleur parti à prendre était d'installer d'abord la lunette méridienne du Dépôt de la Guerre en un point des terrains de l'Observatoire, de former ainsi une seconde station d'épreuve, jointe à la première uniquement par un fil métallique, comme dans les opérations définitives, et de déterminer la différence de longitude de cette lunette avec celle de l'Observatoire par le même procédé que l'on se proposait de suivre ultérieurement. Le résultat devait être conforme à celui qu'on peut déduire d'une mesure géométrique faite directement sur le terrain. C'est dans ce but que la lunette du Dépôt de la Guerre a été effectivement installée à l'Observatoire.

« Enfin l'appareil chronographique devait être fourni par l'observatoire de Paris. Sa construction a été confiée à M. Liais, qui a réussi à organiser un instrument dont nous avons tiré, bien qu'il ne soit que provisoire, des résultats très-précis.

« Sur une bande de papier, mise en mouvement par un rouage, une pointe en fer trace des divisions équidistantes, correspondant aux mouvements d'une pendule sidérale et par l'action même de cette pendule. Une ou deux autres pointes permettent aux observateurs de marquer par des points sur cette même bande de papier, et par le moyen de courants électriques, les instants où une même étoile passe aux divers fils de leurs instruments. La différence des stations en longitude s'en conclut, comme on peut le voir.

« Lorsque, dans l'origine, on a commencé par vouloir employer des pointes sèches pénétrant dans le papier, comme celles du télégraphe Morse, on a rencontré d'assez grandes difficultés qui ont fait renoncer à ce moyen et recourir à l'enregistrement électro-chimique.

« On comprend que, dans la pratique, le chronographe soit un peu moins simple que la description que nous en avons donnée. Ainsi l'observateur placé à l'autre extrémité de la ligne ne peut agir que par l'intermédiaire d'un relais dont le retard doit être éliminé; de leur côté les pointes ont nécessairement les unes par rapport aux autres de petits retards qu'il faut mesurer avec une grande précision. On doit d'ailleurs se mettre en garde contre les effets de la durée de la transmission de l'électricité. Je ne puis rendre compte ici des heureuses dispositions imaginées par M. Liais pour triompher de ces difficultés, mais je crois utile d'en donner une idée succincte dans la note placée au bas de cette page (1).

---

(1) Une horloge placée dans les catacombes de Paris, c'est-à-dire dans la couche de température invariable, fait fonctionner, par le moyen de l'électricité, un cadran et un relais. Le relais est à deux contacts simultanés, isolés l'un de l'autre, et que nous désignerons par les lettre m et n. (Voir fig. 19, pl. VI.)

Un mouvement d'horlogerie fait tourner un cylindre métallique platiné, isolé du sol et en communication avec le pôle positif d'une pile P de 20 à 30 éléments de Daniell. Sur ce cylindre et par l'effet de son mouvement se déroule une bande de papier électro-chimique. Trois tiges de fer plat, que nous désignerons par a, b, c, reposent et appuient, par leur poids et par celui de leur monture, sur le papier. Par le moyen de leur monture, ces tiges peuvent être mises en communication avec le pôle négatif de la pile P.

On voit que, par cette disposition, chacune des pointes a, b, c, tracera une ligne bleue sur la bande de papier toutes les fois que le circuit sera fermé dans le trajet du pôle négatif P à cette pointe, sans que pour cela les autres pointes fonctionnent lorsque leur communication avec P est coupée. De plus, les pointes tracent toutes les trois ensemble si elles sont simultanément en relation avec P, et l'expérience a fait voir que dans ce cas, pourvu que la pression des pointes sur le papier soit suffisante, l'une d'elles n'influe pas sur l'intensité du tracé des autres.

La communication de la pointe b, ou pointe milieu, avec le pôle négatif de P passe par le contact n du relais, de sorte que cette pointe divise le papier en secondes. Dans ce qui suit, nous adopterons comme heure de la pendule, non pas le commencement des secondes tracées par la pointe b, mais l'instant où le contact m ferme un circuit. Il résulte de là que si on appelle τ le retard du contact n sur le contact m, et s le retard du tracé sur l'instant de l'établissement du courant, le commencement du tracé n'a pas lieu à l'heure h du contact m, mais à l'heure $h + \tau + s$.

La tige c est destinée à pointer les observations faites à l'observatoire. Pour cela, elle peut, par le moyen d'un interrupteur M que l'observateur tient dans sa main, être mise en relation avec le pôle négatif de P. Si un même plan vertical perpendiculaire au sens de déroulement du papier ne renferme pas à la fois les tiges b et c, le pointé fait par la tige c dans le même temps que celui de la tige b, présentera sur la bande de papier une avance que nous appellerons r. Si donc p est la lecture faite sur la bande de papier de l'heure d'un passage pointé par la tige c, $p + r + \tau$ sera l'heure observée du passage rapporté à l'instant de l'établissement du courant par le contact m (s a disparu de cette expression comme commune aux deux pointés).

$r + \tau$ est inconnu, mais on peut le déterminer facilement. Il suffit pour cela, dans un instant où l'on n'observe pas, d'établir momentanément à l'aide d'un commutateur une communication passant par le contact m, entre c et le pôle négatif P. La tige c pointe alors la seconde sous l'influence du contact m, en

« L'instrument du Dépôt de la Guerre, établi à l'Observatoire, s'étant trouvé dans un état d'étude assez avancé, et le chronographe pouvant fonctionner, nous avons entrepris la mesure de la différence de longitude entre les deux instruments par le moyen des observations astronomiques, et nous avons trouvé un nombre exact à moins d'*un centième de seconde* de temps près. Ce résultat montre que nous disposons d'une méthode précise et avec laquelle nous pouvons maintenant entreprendre et conduire avec rapidité, nous l'espérons, la mesure des longitudes sur les divers points de la France. »

L'explication de la fig. 19, pl. VI donnera une idée complète de a disposition de ce système.

A est une boîte rectangulaire dans laquelle est renfermé le rouleau au

---

même temps que b continue de la pointer sous l'influence du contact u, de sorte que les deux pointés diffèrent alors précisément de $r + \tau$.

En ajoutant à p la valeur de $r + \tau$ ainsi obtenue, on a l'heure observée π du passage à la lunette de l'observatoire rapportée au contact m de la pendule.

La tige a est destinée à pointer les observations de la 2e station. Mais dans les chronographes électro-chimiques, comme dans les chronograhes à pointes, un courant venant d'une grande distance est trop affaibli pour pouvoir pointer directement, et il faut avoir recours à un relais; de sorte que l'appareil est disposé de la manière suivante :

A la 2e station est une forte pile P′ dont le pôle positif est à la terre. Le pôle négatif peut être mis en communication avec la ligne télégraphique venant à l'Observatoire par l'intermédiaire d'un interrupteur placé à la disposition de l'observateur de la station. Le courant fait alors battre un relais S qui établit une communication entre le pôle négatif de P′ et la tige a; de sorte que cette tige trace quand l'observateur de la station ferme son circuit.

Soient ε le temps employé par l'électricité à venir de la station au relais S, μ le retard du relais S sous l'influence du courant de la pile P′, r' l'avance de la pointe a, sur la pointe b, p' la lecture faite sur la bande de l'heure d'un passage pointé par a, $p' + r' + \tau - \mu - \varepsilon$ sera l'heure du passage à la lunette de la station rapportée toujours au même contact m pris pour heure de la pendule.

$r' + \tau - \mu$ est inconnu, mais on peut l'éliminer de la manière suivante :

Si de temps en temps, à des heures convenues d'avance, l'observateur de la station met pendant un instant le pôle négatif de sa pile P′ en communication permanente avec la ligne, et si en même temps, à l'Observatoire, au lieu d'envoyer directement, comme pendant les observations, le courant venant de la station dans le relais S, ou le fait passer au moyen d'un commutateur par le contact m de la pendule pour venir ensuite à ce relais, le relais S battra la seconde, et par suite la pointe a pointera la seconde sur la bande de papier, sans que pour cela b cesse de la pointer. Or le relais S aura toujours le même retard que pendant les observations, puisque ce sera le même courant de la station qui le fera marcher, et, par conséquent, les tracés des deux pointes différeront précisément de $r' + \tau - \mu - \varepsilon'$, ε' étant le temps employé par l'électricité pour venir de la station. Au premier abord, ε' paraît devoir être égal à ε, puisque l'électricité vient de la station, soit que l'observateur

papier chimique. Au-dessous de ce rouleau se trouve une petite cuvette carrée remplie d'eau, destinée à entretenir toujours humide l'air de la boîte.

B est une boîte renfermant le mouvement d'horlogerie qui met en mouvement le cylindre métallique C, sur lequel passe la bande de papier chimique. Ce mécanisme est commandé par un électro-aimant de détente E qui sert en même temps de relais, au moyen de l'appendice e et du ressort fixe f.

F est le volant modérateur du mécanisme précédent.

R est le treuil sur lequel est enroulée la corde du contre-poids qui fait marcher le mécanisme B.

G est un cylindre d'ivoire porté par une fourchette H qui maintient, appuyée contre le cylindre O, la bande de papier chimique.

---

ou la pendule pointe, mais il faut remarquer qu'il y a une différence essentielle entre les deux cas. En effet, dans le premier, la ligne n'est pas chargée d'électricité avant le contact comme dans le second. Il résulterait même des expériences de M. Wheatstone que ε' serait nul.

En faisant donc $r' + \tau - \mu - \varepsilon'$ (quantité connue et mesurée) $= v, . p' + v - (\varepsilon - \varepsilon')$, dans laquelle $p' + v = \pi'$ est connu, sera l'heure du passage observé à la station, rapportée au contact m, pris pour l'heure de la pendule.

On voit donc que l'on peut avoir les heures exactes des passages d'une même étoile aux lunettes des deux stations, données par une même pendule, sans introduction d'aucune erreur de la part du chronographe. Seulement, à l'heure du passage, à la 2e station, il faut joindre $(\varepsilon - \varepsilon')$, quantité qui peut être déterminée directement. Cette quantité se déduirait d'ailleurs de la longueur des lignes, ainsi que des lois de propagation et des vitesses connues des courants électriques dans les fils télégraphiques.

On peut, au reste, faire porter le retard $(\varepsilon - \varepsilon')$ sur les observations de l'Observatoire, en profitant pour cela de ce que les lignes télégraphiques ont deux fils. La grande pile P', au lieu d'être à la station, serait à l'Observatoire; et son courant se rendrait à la station par l'une des lignes, pour revenir par l'autre fil faire battre à l'Observatoire le relais S à la volonté de l'observateur de la station. Quand on ferait battre le relais S par le contact m de la pendule, le courant P' passerait d'abord par ce contact pour aller ensuite à la station et en revenir. Il est facile de voir qu'en combinant une série ainsi faite avec la première, $(\varepsilon - \varepsilon')$ disparaîtrait de l'équation finale donnant la longitude.

On pourrait craindre que dans cette seconde série, à cause des pertes par les lignes, l'électricité n'eût pas fait le trajet entier quand la pendule pointe; mais en y réfléchissant, on voit que si le relais a été réglé pour l'observateur, cela n'est pas possible. Toutefois, dans le cas de grandes pertes sur la ligne, si le temps est très-humide, on pourrait peut-être avoir quelque difficulté à régler alors le relais S; mais on leverait cette difficulté en plaçant à la station un nouveau relais et en rétablissant la pile de cette station. Alors le courant venant de Paris ferait battre ce relais, tantôt par la pendule, tantôt à la volonté de l'observateur, et ce relais renverrait le courant de la station au relais S. On aurait ainsi introduit un nouveau retard de relais; mais ce retard étant commun à l'observateur et à la pendule et se produisant sous l'influence de la même pile, disparaîtrait comme le retard du relais S, et en même temps.

I est le relais en rapport avec l'horloge régulatrice qui était placée dans les catacombes et qui battait la seconde. Ce relais est à deux contacts, l'un agissant sur le ressort m, l'autre agissant sur le ressort n. Ce dernier reçoit le courant par l'articulation de l'armature du relais, tandis que le premier, qui est isolé de cette armature, ne le reçoit que par un conducteur extensible, disposé en conséquence. La pièce g qui porte deux chevilles, est une pièce de soutien pour l'armature du relais, et les vis h et i constituent, la dernière le butoir d'arrêt, et la première le régulateur du ressort antagoniste.

a, b, c sont trois longs leviers métalliques, repliés en col de cygne, qui portent les lames d'acier destinées à réagir sur le papier chimique ; ces leviers sont articulés avec précision en k, l et o. On leur a donné cette disposition pour que les ressorts d'acier en s'usant (ce qui a lieu assez promptement) ne changent pas sensiblement de place sur le cylindre.

S est le relais interposé dans le circuit de la ligne. Il marche, par conséquent, sous l'influence de la pile de la station mise en rapport avec l'appareil chronographique.

K est le commutateur destiné à faire vérifier la position du style c par le pendule.

O est le commutateur qui opère la même fonction pour le style a.

M est un petit manipulateur portatif en ivoire appelé Tope, sur les deux côtés duquel se trouvent deux ergots à ressort p et q, en rapport avec deux fils métalliques. Une gaîne métallique, qui glisse le long de cet interrupteur, permet de réunir métalliquement ces deux ergots d'une manière fixe, et de mettre, par ce seul fait, à découvert le bouton r d'un conjoncteur, dont les deux fils, réunis à ceux des deux ergots, constituent un seul et même cordon très-flexible.

Enfin N représente une série de boutons d'attache en rapport avec les huit fils nécessaires pour le fonctionnement de l'appareil et dont les points de liaison sont répartis de la manière suivante :

N° 1. Fil de terre.

N° 2. Fil en rapport avec le pôle — de la pile traçante.

N° 3. Fil en rapport avec le pôle $+$ de la pile de détente du mécanisme d'horlogerie B.

N° 4. Fil en rapport avec le pôle $+$ de la pile traçante.

N° 5. Fil en rapport avec le pôle — de la pile de détente du mécanisme B.

N° 6. Fil en rapport avec le pôle $+$ de la pile de l'horloge électrique établie dans les catacombes.

N° 7. Fil en rapport avec cette horloge.

N° 8. Fil de la ligne.

Voici maintenant comment sont disposées les communications électriques.

Le fil n° 1 communique avec le bouton T du relais S. Le bouton L de ce même relais est en rapport avec la plaque de droite du commutateur O et avec le point de liaison x commun à plusieurs circuits.

Le fil n° 2 aboutit au contact mobile e du relais E, dont le ressort f est en rapport avec le cylindre C.

Le fil n° 3 aboutit à l'électro-aimant de détente E dont le fil est déjà en communication avec l'un des deux ergots q du manipulateur M.

Le fil n° 4 communique, d'une part, avec le contact fixe y du relais S, et de l'autre avec l'armature du relais I qui représente son contact mobile. Les autres contacts de ces deux relais sont en rapport : l'un v, celui du relais S, avec le style a, le second, celui n du relais I, avec le style b.

Le fil n° 5 aboutit à l'ergot p du tope.

Les fils n° 6 et 7 relient les extrémités du fil de l'électro-aimant relais I.

Enfin le fil n° 8 correspond à la bascule du commutateur O, et par son intermédiaire, au relais S.

D'autres communications relient la plaque de gauche du commutateur O avec la plaque correspondante du commutateur K, et celle-ci avec le ressort m du relais I, dont le contact mobile est lui-même en rapport avec le point de liaison x. Ce point de liaison communique : 1° au style c ; 2° au style b ; 3° au bouton L ; 4° au ressort S de l'interrupteur du manipulateur dont le bouton r communique avec la plaque de droite du commutateur K. Enfin la bascule du commutateur K communique avec le fil n° 4, et la bascule du commutateur O avec le fil n° 8.

Pour vérifier la position respective des styles sur le cylindre et les influences exercées par les temps de chute des relais, opération qui doit précéder l'expérience définitive, on opère de la manière suivante : 1° pour la vérification du style de la station où se trouve l'appareil récepteur, on tourne la bascule du commutateur K sur la plaque de gauche, et on fait glisser la gaîne métallique sur les deux ergots p et q. Le courant se trouve alors fermé à travers l'électro-aimant E, et l'appareil est mis en fonction. Le courant de la pile traçante va du fil n° 4 à l'armature du relais I, et, à chaque mouvement de cette armature (sous l'influence de l'horloge des catacombes), c'est-à-dire toutes les secondes, il passe par le contact n pour entrer dans le style b. De là, il traverse le papier chimique et revient au fil n° 2 par les contacts e, f du relais E. Sous l'influence de cette réaction électrique, un trait bleu est imprimé de seconde en seconde sur la bande de papier par le style b. En même temps, une seconde série de traits bleus est marquée par le style c sous l'influence du second contact m du relais I. En effet, la communication métallique qui unit le fil n° 4 à l'armature du relais I se bifurque pour rejoindre la bascule du commutateur K ; par cette bascule, le courant

est transmis à la plaque de gauche de ce commutateur, et de cette plaque
au contact m, puis au style c, par le contact mobile et le conducteur extensible $m\,c$. De ce style, il traverse le papier chimique pour se greffer au
premier circuit sur le cylindre C. Si les deux contacts m et n ne sont pas
touchés en même temps, et si les styles c et b ne correspondent exactement à la même génératrice du cylindre C, on peut apprécier la valeur de
l'erreur (qui, du reste, est une quantité constante) par la non correspondance des traits marqués par les deux styles.

  2° Pour la vérification du style de la station à laquelle l'appareil est relié,
on tournera la bascule du commutateur O sur la plaque de gauche, et on
interrompra le courant à travers le commutateur K. Le courant venant de
la station éloignée qui sera alors fermé d'une manière permanente à cette
station viendra par le fil n° 8, entrera dans la bascule du commutateur O,
en sortira par la plaque de gauche, sur laquelle cette bascule appuie,
arrivera au contact m du relais I, et à chaque seconde sera transmis par
l'intermédiaire du point de liaison x, au bouton L du relais S, dont la communication avec la terre complétera le circuit. Ce relais fonctionnera donc
synchroniquement avec le relais I, mais sous l'influence du courant de la
ligne. D'un autre côté, le circuit bifurqué partant du fil n° 4 transmettra
le courant de la pile traçante au contact y du relais S, par l'intermédiaire
du bouton P, auquel il est relié ; de sorte que par la jonction toutes les
secondes de ce contact avec le contact mobile v, le courant de la pile traçante
se trouve transmis au style a, et de là au cylindre C qui complète le circuit.
Ce style a réagira donc comme le style c, et l'on pourra juger par la correspondance des traces fournies par ce style et le style b, des retards dus : 1° à
l'action du relais S ; 2° au défaut de simultanéité dans le jeu des contacts
m et n du relais I; 3° à la différence de position sur le cylindre des styles
b et a. Ces retards étant toujours de la même valeur, pendant toute la durée
des expériences, constitueront une quantité constante qu'il sera facile d'introduire dans les calculs.

  Ces expériences une fois faites, on procédera à l'expérience. Pour cela les
deux observateurs placés aux deux stations, dont on veut mesurer la longitude, attenderont le manipulateur M en main, et l'œil fixé dans la lunette
des passages, le moment où les étoiles désignées d'avance, passeront devant
le réticule ; alors appuyant le doigt sur le bouton r du manipulateur, ils
fermeront le courant de la pile traçante à travers les styles a et c, et ceux-
ci, par la différence de position des traces qu'ils laisseront, indiqueront la
différence de longitude entre les deux stations. Voici comment circulent,
dans ce cas, les courants électriques :

Les commutateurs K et O sont, bien entendu, ramenés sur les plaques de droite. Le courant de la pile traçante part du fil n° 4 et se dirige d'un côté, par le commutateur K et la plaque de droite de ce commutateur, au bouton *r* du manipulateur, d'où il ressort pour aller à la pile par le style *c*. De l'autre côté, il se rend au contact du relais S pour aller directement au style *a* et de là à la pile. Comme le manipulateur O a établi la communication directe de la ligne avec le relais S, toutes les fermetures de courant opérées à la station éloignée, font réagir ce relais, et par suite le style *a*.

Comme on le voit dans ce système, il faut employer quatre piles différentes.

Système de M. Thalén. — « Pour faire connaître, dit M. Thalén, en quoi consiste la méthode dont il s'agit, je vais indiquer d'abord les principes sur lesquels elle repose, et les appareils dont je me suis servi.

« La méthode est basée sur la coïncidence des pendules ; les appareils consistent principalement dans les pendules des deux localités, dans deux piles galvaniques et deux électro-aimants : une pile et un électro-aimant à chaque station.

« Si l'on suppose que le fil conducteur du courant électrique soit en communication métallique avec les points de suspension des pendules susdits, dont les extrémités seront munies chacune d'une petite pointe d'acier, laquelle, le pendule étant vertical, pourra plonger dans un tube ouvert à la partie supérieure et rempli totalement de mercure ; si l'on suppose, outre cela, que chaque pile galvanique soit mise en relation métallique avec le mercure par un de ses pôles, et par l'autre avec une plaque enterrée dans le sol (1) ; on conçoit facilement que, les deux pendules étant *en repos*, le circuit sera parfaitement et perpétuellement fermé par le fil télégraphique, les deux pendules, les tubes de mercure et la terre. Au contraire, si les pendules sont mis *en mouvement*, et nous supposons, pour fixer les idées, que leurs *longueurs soient très-inégales* (2), le circuit sera ouvert jusqu'au moment où les extrémités des tiges des pendules plongeront *simultanément* dans le mercure, c'est-à-dire *au moment de la coïncidence* des pendules, moment durant lequel il sera instantanément fermé.

« En outre, supposons un électro-aimant, interposé dans le circuit et peu

---

(1). Il est naturellement superflu d'avertir que les courants excités par les deux piles doivent être dirigés dans le même sens.

(2). Nous supposons que les deux pendules soient suspendus sur la même latitude. et par conséquent, nous ne considérons pas l'inégalité qui dépend du mouvement de rotation et de l'aplatissement de la terre.

éloigné de la pendule à chaque station, il est évident que les armatures de ces aimants, au moment de ladite coïncidence, se trouveront attirées par l'influence du courant fermé. Ainsi les aimants, en donnant des signaux par leurs coups, indiqueront simultanément qu'il y a coïncidence.

« Il nous reste à indiquer comment on doit déterminer avec exactitude les états simultanés des horloges au moment de ladite coïncidence. Cela peut s'effectuer de deux manières : soit par *les observateurs mêmes*, soit par *les appareils enregistreurs.*

« Dans le *premier* cas, au signal de l'électro-aimant, chacun des observateurs des deux endroits doit enregistrer immédiatement les deux secondes entières et accomplies de l'horloge, entre lesquelles il entend le coup de l'aimant ; et il sera sûr ainsi que le moment exact de la coïncidence sera situé entre les deux secondes observées. Pour avoir exactement l'état de l'horloge audit moment, il faut déterminer avec beaucoup de soin l'intervalle du temps écoulé depuis le battement de l'électro-aimant jusqu'au moment où le pendule, écarté de sa ligne verticale, fait entendre son battement. Cette détermination pourrait être exécutée au moyen d'un chronomètre, par la méthode des coïncidences. Cependant, parce que nous désirons non-seulement que les coïncidences soient indiquées par les instruments mêmes, mais aussi que ces instruments exécutent la détermination de l'état des horloges au moment de la coïncidence, nous ne nous arrêterons plus à cette manière d'observer les coïncidences.

« Dans le *second* cas, on peut employer l'appareil d'enregistration à deux leviers et à deux électro-aimants, employé aux observations des passages d'étoiles (1) et qui s'applique parfaitement à ce but. En effet, il faut seulement, à chaque station, remplacer l'électro-aimant susdit par l'un des aimants de l'appareil, qui enregistrera sur le cylindre moteur la seconde de la coïncidence, tandis que l'autre, réglé par le même pendule, mais mis en mouvement par le courant d'une autre pile galvanique, marquera les secondes consécutives des pendules au moment de leur passage par la ligne verticale. Ainsi sur ledit cylindre on trouvera, en général, une hélice des points enregistrés qui représentera les secondes consécutives ; mais au moment de la coïncidence des pendules, on verra des points enregistrés côte à côte. De plus, le moment de la coïncidence étant enregistré sur le cylindre, on comprendra facilement qu'il n'y a pas de difficultés à l'égard de la détermination rigoureuse de l'état de l'horloge dans ce moment. Au reste, les détails de ce procédé se comprennent aisément.

---

(1) *Monthly Notices*, vol. XIV, page 203.

« Cela posé, si l'on veut appliquer cette manière d'observer les coïncidences des horloges à la détermination de la différence de longitude entre les deux endroits, il suffit pour cela de comparer, entre eux les états simultanés des horloges aux moments des coïncidences, corrigés eu égard à l'avance ou au retard des pendules. La différence de ces états corrigés sera la différence cherchée. Cependant, en employant l'appareil enregistreur, la présence de l'observateur auprès de ces instruments ne sera pas absolument nécessaire avant la fin de l'expérience, pour lire les résultats enregistrés sur le cylindre. Ainsi, il peut consacrer tout son temps aux observations astronomiques, pour en déduire les erreurs de l'état de l'horloge et contrôler sa marche. Conséquemment, la détermination des longitudes exécutées par l'intermédiaire des signaux galvaniques et par les *instruments mêmes*, ne doit rien laisser de plus à désirer.

« Voilà la méthode annoncée qui diffère ainsi des méthodes employées jusqu'aujourd'hui, en ce qu'elle est basée exclusivement sur les coïncidences. »

L'auteur entre ensuite dans quelques détails sur diverses précautions à prendre pour assurer le succès des expériences, et sur les avantages de l'emploi du chronographe pour enregistrer les observations comme les signaux. Et il termine en rapportant les résultats des expériences qu'il a faites pour vérifier les principes qu'il vient d'établir.

Système de MM Hirsch et Plantamour. — La méthode de MM. Hirsch et Plantamour, dans les expériences qu'ils ont faites, en 1861, pour la détermination des différences de longitude entre Genève et Neuchâtel, est basée sur l'emploi de deux chronographes aux deux stations observées, et sur l'enregistrement simultané des moments du passage de certaines étoiles convenues, sur les deux chronographes, par chaque observateur. Cet enregistrement double ne permet pas seulement d'obtenir, en prenant la moyenne des deux résultats, la différence de longitude indépendamment du temps de transmission des courants, mais la différence d'enregistrement entre les deux chronographes peut précisément fournir ce temps de transmission, comme on l'a vu page 202. Cette comparaison offre en même temps les moyens d'apprécier l'exactitude du procédé. La mesure du temps est d'ailleurs indiquée, comme dans les systèmes précédents, par des marques effectuées toutes les secondes sur les deux appareils, sous l'influence de deux horloges astronomiques, ramenées préalablement au synchronisme de leurs battements.

La première opération que ces savants observateurs ont dû entreprendre, a été d'abord la comparaison de la marche de leurs horloges, opération qu'ils ont faite en télégraphiant à la main les secondes de plusieurs minutes, qui s'enregistraient sur les deux chronographes. Cette comparaison leur donna déjà une première approximation pour la différence des deux heures locales qui fut trouvée égale à 3'.12",78. Ils durent ensuite entreprendre une série d'expériences pour déterminer la valeur de leur *équation personnelle,* c'est-à-dire la valeur des erreurs provenant des sens et des facultés physiologiques de chacun des observateurs; puis ils s'occupèrent de déterminer la parallaxe des plumes des chronographes, et enfin ils observèrent le passage des étoiles au méridien, en ayant soin de permuter de station, afin d'éliminer autant que possible les effets de l'équation personnelle. Il ne s'agissait plus, pour terminer, que de relever les indications chronographiques et d'en calculer la valeur, et nous avons vu, p. 198, le moyen qu'ils ont employé pour y arriver. Nous devons toutefois entrer dans des détails un peu plus circonstanciés sur ces diverses opérations.

Les lunettes employées par MM. Hirsch et Plantamour étaient des lunettes méridiennes, construites par MM. Gambây et Ertel; la première qui était à Genève avait $0^m,1004$ d'ouverture nette, avec une distance focale de $1^m,387$, et le grossissement employé était de 105 fois; le reticule portait cinq fils horaires, et c'était toujours au fil du milieu que la moyenne des passages était réduite, ainsi que l'erreur de *collimation,* c'est-à-dire l'erreur résultant du défaut de rectitude de l'axe optique des verres de la lunette. La lunette de Neuchâtel avait $0^m,11505$ d'ouverture nette et $1^m,949$ de distance focale; le grossissement était de 210 fois, et le reticule se composait de 21 fils horaires distribués à partir du fil du milieu par groupes de 5 fils. Un fil mobile conduit par une vis micrométrique, permettait d'apprécier les intervalles entre les fils, et ces fils étaient éclairés par réflexion, au moyen d'un bec de gaz placé près de l'axe de rotation de la lunette lequel, à cet effet, était creux. L'interrupteur ou tope destiné à fournir sur les chronographes les moments du passage, était placé sur la lunette elle-même près de l'oculaire. Inutile de dire que ces deux lunettes, comme toutes les lunettes méridiennes des observatoires, étaient installées solidement sur des piliers monolytes en pierre dans la direction exacte du méridien local.

La pendule sidérale ou astronomique de Neuchâtel était une pendule de Winnerl, marchant 40 jours, et qui réagissait par l'intermédiaire d'une roue à dents pointues, montée sur l'axe de la roue d'échappement, sur un interrupteur qui fournissait la seconde sur le chronographe de la station. Cet interrupteur était mis en action par un mécanisme spécial, dont le volant modérateur servait en même temps de détente. A cet effet, les ailes de ce volant se trouvaient placées à portée d'un butoir d'arrêt, adapté à l'extrémité d'une lame de ressort qui appuyait sur la roue à dents pointues dont nous avons parlé plus haut. Ce ressort, à chaque seconde, se trouvait par conséquent soulevé, puis abaissé, et, par suite, le butoir pouvait dégager et embrayer successivement le moteur de l'interrupteur. Ce butoir lui-même était constitué par une agate circulaire, échancrée par le haut de manière à constituer un cran d'arrêt, et sa disposition par rapport à la roue à dents pointues était telle, qu'en descendant le plan incliné de la denture, elle pouvait rendre à la roue une impulsion sensiblement égale à la force qu'elle lui avait empruntée pour remonter l'autre plan incliné. L'interrupteur lui-même était constitué par deux ressorts d'or isolés, munis de plaques de platine et séparés par une agate cylindrique, traversée de part en part par une cheville d'or. Cette agate étant montée sur l'axe du volant de détente dont nous avons parlé, pouvait accomplir à chaque détente de celui-ci un demi-tour sur elle-même, et présenter ainsi aux ressorts tantôt une partie isolante, tantôt une partie conductrice qui, en réunissant métalliquement les deux ressorts, fermait le courant à travers le chronographe pendant environ un dixième de seconde. Toutefois, comme la roue à dents pointues présentait à la détente de l'interrupteur, au moment de la soixantième seconde, une double dent sans séparation, aucune fermeture du courant n'était produite, et le plus grand espacement des traces de secondes qui en résultait sur le chronographe, fournissait un repère facile pour reconnaître les moments horaires des secondes enregistrées. Nous ajouterons encore que le mécanisme de l'interrupteur pouvait être arrêté au moyen d'un enclanchement agissant sur le volant de détente. D'après MM. Hirsch et Plantamour, il était important pour ne pas troubler la marche de l'horloge, d'arrêter ce mécanisme après les observations, c'est-à-dire après un espace de temps ne dépassant pas plusieurs heures. Quand on le laissait fonctionner plusieurs jours de suite, il se produisait un retard sensible. Cette remarque prouve que les régulateurs destinés à l'horlogerie électrique, doivent être combinés pour fournir une légère avance. L'horloge de Genève n'était malheureusement pas d'une construction identique à celle dont nous venons de parler, car elle n'était pas pourvue d'un interrupteur électrique; mais MM. Hirsch et Plantamour ont employé une horloge intermédiaire munie de cet accessoire, et qu'on a disposée de manière à marcher synchroniquement avec la pendule sidérale.

Nous ne parlerons pas des chronographes que nous avons décrits p. 238 et dont les fonctions sont du reste faciles à comprendre; nous croyons plus utile de nous occuper de l'organisation des expériences. Les étoiles choisies par MM. Hirsch et Plantamour, appartenaient à des groupes qui culminaient à des intervalles de cinq à six minutes environ, afin que le passage au dernier fil de la lunette de la station occidentale fut passé avant que l'étoile suivante arrivât au premier fil de cette même station, qui était celle de Neuchâtel. Dans l'intervalle entre les deux passages d'une même étoile, on avait le temps de caler la lunette, et, à Genève, de comparer les deux pendules. Dans le choix des étoiles, on avait pris pour limite une zone de 10 degrés de déclinaison de part et d'autre de l'équateur, et on pouvait aller jusqu'à la 7° et à la 8° grandeur. Le nombre des étoiles observées par soirée, a pu être moyennement de 15 ; ce qui constituait une somme de 390 indications échangées, dont 315 dans la direction de Neuchâtel à Genève, et de 75 dans la direction inverse.

Comme, par l'emploi de deux chronographes aux deux stations on peut, ainsi que nous l'avons dit, apprécier l'exactitude du procédé chronographique (1), on a pu calculer les écarts moyens d'enregistrement et les erreurs moyennes d'observation dans les expériences, et on a trouvé :

1° Que l'écart moyen d'enregistrement pour la valeur moyenne de la différence de longitude était $\pm$ 0″,0013.

2° Que l'erreur moyenne d'observation pour la valeur moyenne de la différence de longitude, était $\pm$ 0″,0046.

Suivant MM. Hirsch et Plantamour, l'erreur moyenne d'une observation chronographique d'un fil était $\pm$ 0″,097, et elle était même au-dessous de 0″,09, toutes les fois que l'état atmosphérique n'était pas trop défavorable. Or avec l'ancienne méthode, d'après l'ouïe, l'observation d'un fil n'est notée qu'au dixième de seconde près.

Nous ne parlerons pas ici des calculs qui durent être faits pour déterminer l'erreur instrumentale des lunettes et des pendules : ce sont des détails techniques qui sont du ressort de l'astronomie ; nous dirons seulement que MM. Hirsch et Plantamour, basant leurs déductions sur l'ascension droite des étoiles, se sont trouvés conduits à calculer les variations horaires des deux pendules au moment des observations et par rapport au temps des deux méridiens, ce qui leur a permis de déterminer pour chaque étoile les différentes valeurs de son ascension droite, qui résultent du passage aux

---

(1) On peut en effet obtenir ce résultat ; car en comparant pour chaque fil d'une étoile sa différence avec la moyenne des fils, comme elle est fournie par un des chronographes, avec la même différence donnée par l'autre, on obtient une mesure de l'exactitude de l'enregistrement électrique, abstraction faite de la question du temps de transmission des courants, pourvu qu'on suppose ce temps constant pendant toute la durée du passage d'une étoile devant les fils d'une lunette.

deux méridiens, en prenant pour observation indépendante d'une étoile par rapport à un observateur, la moyenne des relevés faits sur les deux chronographes. A l'aide de ces calculs, ces savants ont pu déterminer la limite de l'erreur, en plus ou moins, dont pouvait être entachée la valeur trouvée, pour représenter la différence de longitude entre les deux stations, et ils ont pu reconnaître qu'elle ne pouvait pas dépasser un centième de seconde. Le chiffre représentant cette différence de longitude était en effet : 3'.12",849 ± 0", 0104.

Système de M. Lœvy. — Dans le système de M. Lœwy qui a servi dernièrement à la détermination des différences de longitude entre Paris et Vienne et entre Paris et Alger, l'appareil chronographique en lui-même n'est autre que celui de M. Hipp, que nous avons décrit, p. 238, et auquel on a apporté quelques perfectionnements de détails dont nous parlerons, mais des dispositions extrêmement ingénieuses ont été prises pour permettre l'enregistration, dans des conditions identiques, des quatre systèmes d'observations nécessaires pour la solution rigoureuse du problème. Ces enregistrations se rapportent : 1° à la mesure du temps qui se trouve indiquée par des marques transmises au chronographe toutes les secondes par un chronomètre; 2° à la vérification de la *parallaxe* des indications chronographiques; 3° à la vérification de la marche de la pendule astronomique, par rapport au mouvement des astres; 4° aux observations du passage des étoiles au méridien, étoiles dont les positions relatives se trouvent enregistrées non-seulement au poste de départ, mais encore au poste de réception; ce qui entraîne naturellement, comme dans les appareils télégraphiques, deux dispositions de l'appareil, l'une pour la transmission, l'autre pour la réception.

La figure 57 représente le dispositif des appareils et des communications électriques appliqués à ce système chronographique, lequel met, comme on le voit, à contribution : 1° une pendule astronomique munie d'un interrupteur A; 2° un relais polarisé de Siémens R, dont l'armature, munie de deux contacts, est disposée de manière à rompre le circuit local du chronomètre au moment de son attraction, et à fermer le circuit local de l'enregistreur proprement dit, au moment où cette attraction est accomplie. C'est en un mot un relais à la fois *disjoncteur et conjoncteur*; 3° deux interrupteurs à bouchon I et I' qui permettent de faire agir le courant local du chronomètre sous deux influences différentes, celle du chronomètre et celle du manipulateur ou tope par l'intermédiaire du disjoncteur; 4° le chronographe à deux plumes de Hipp, qui est en C; 5° une boussole ordinaire G; 6° un interrupteur à main *t*, dit *tope*, qui n'est autre qu'un bouton de sonnerie électrique en poire; 7° un Rhéostat T composé d'une série de bobines de résistances;

8° un commutateur K, à trois systèmes de contacts, dont nous allons donner
une description complète, parce qu'il joue le principal rôle dans ce système.
Quant aux communications électriques indiquées par des lignes de différente nature, on peut à première vue distinguer sur la figure les circuits
auxquels elles appartiennent. Ainsi, les grosses lignes pleines se rapportent
au circuit de ligne ; les lignes pleines fines, au circuit commun aux différents courants agissant sur l'appareil ; les lignes composées de points
alternés de traits, au circuit local de l'enregistreur ; et les lignes pointillées,

Fig. 57.

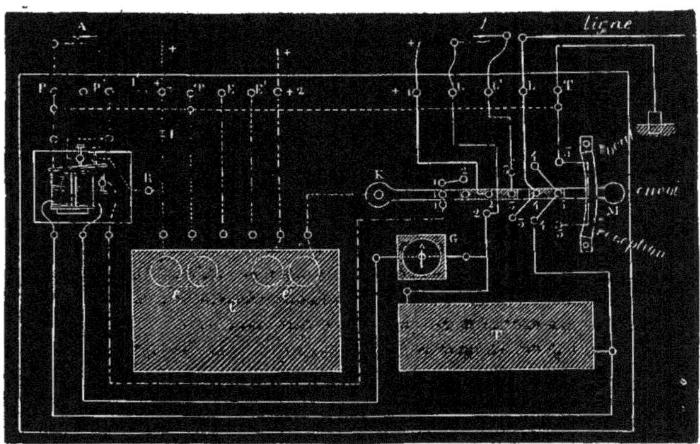

au second circuit local correspondant à l'enregistreur des battements de la
pendule. Il y a naturellement pour faire fonctionner ces divers appareils,
trois piles distinctes et trois communications à la terre.

Le commutateur K dont nous venons de parler, se compose d'un long
levier articulé, terminé par une poignée M qui se meut circulairement au-
dessus de trois séries de contacts, constitués par de petites pièces métalliques bombées dites *gouttes de suif*, lesquelles se trouvent disposées circulairement autour du pivot de ce levier. Celui-ci auquel on donne en télégraphie le nom de *manette*, est muni en dessous de cinq frotteurs verticaux
à piston, disposés à hauteur des contacts, et qui sont isolés et reliés métalliquement comme l'indiquent les parties hachées de la figure. Les contacts eux-
mêmes sont disposés suivant trois rayons émanés du point d'articulation de
la manette, et sont au nombre de 5 qui ne se correspondent que pour la

rangée de gauche et celle du milieu. Quand la manette est au-dessus des contacts de droite, elle est dite en *position locale*; quand elle correspond aux contacts du milieu, elle est en *position d'envoi*; enfin quand elle est sur les contacts de gauche, elle est en *position de réception*. Afin que ces trois positions de la manette soient bien assurées, elle se meut au-dessous d'un guide circulaire fixé près de sa poignée M, et qui est muni de trois coches correspondantes aux trois rangées de contacts ; une languette à ressort placée sur la manette elle-même, suivant son axe, vient, selon la position de celle-ci, s'enfoncer dans l'une ou l'autre de ces coches et la maintient ainsi en position.

Pour peu qu'on suive la marche des courants à travers les différents circuits indiqués sur la figure, on reconnaît d'abord que les interruptions du courant du chronomètre ne se font que par suite de dérivations en court circuit, ce qui empêche les perturbations qui affectent ordinairement les interrupteurs. Ainsi l'on voit que quand l'interrupteur A du chronomètre est sur contact, contact qui s'effectue au moment du passage du pendule chronométrique à la verticale, le courant de la pile n° 3 qui lui correspond peut s'écouler directement en terre par les deux dérivations sans résistance dans lesquelles sont interposés les interrupteurs à bouchon I et I' ; mais il faut toutefois, pour que cela arrive, que l'un ou l'autre de ces interrupteurs soit muni de son bouchon, et encore est-il nécessaire, quand c'est l'interrupteur I qui ouvre la voie, que le circuit soit fermé par le disjoncteur du relais R. Quand l'interrupteur chronométrique A n'est pas sur contact, ou que le relais R, en l'absence du bouchon à l'interrupteur I', est rendu actif, ce qui interrompt la communication à la terre, le courant passe à travers l'électro-aimant *e* du chronographe, et détermine sur l'enregistreur des traces qui peuvent se produire toutes les secondes sous l'influence du chronomètre, quand la communication est faite par l'interrupteur I', ou aux instants précis du fonctionnement du relais, si cet interrupteur est dépourvu de son bouchon, et si l'interrupteur I est muni du sien. Nous verrons à l'instant que c'est par ce dernier moyen qu'on vérifie de temps en temps la parallaxe des indications chronographiques; mais nous devons dire dès maintenant que l'interrupteur I' doit être muni de son bouchon au moment des expériences astronomiques, et que pour les expériences de vérification, c'est l'interrupteur I qui doit être actif. Examinons maintenant ce qui devra arriver suivant les différentes positions du commutateur

Si nous le supposons en position locale, c'est-à-dire avec la manette portée sur les contacts de droite, le circuit local correspondant à l'électro-aimant *e'* et au tope pourra laisser passer le courant local qui lui correspond chaque fois qu'on appuiera sur le tope, et ce courant suivra la direction suivante : pile n° 2 +, électro-aimant *e*, 1er contact de droite du commutateur, 2e contact du même commutateur, tope, Rhéostat. Là il rencontre deux voies pour le conduire, l'une qui lui est ouverte à travers le Rhéostat et les deux derniers contacts de droite du commutateur, alors en rapport avec la plaque de terre ; l'autre qui correspond au relais R et à la boussole G, et qui rejoint la première voie après le Rhéostat. Or il résulte de cette disposition, qu'*en réglant convenablement le Rhéostat, on pourra toujours obtenir sur le galvanomètre G une déviation donnée d.* Nous remarquerons que par suite du passage du courant local à travers le relais R, celui-ci deviendra actif et mettra en jeu le disjoncteur et le conjoncteur, commandés par son armature. Il ne résultera, il est vrai, aucun effet du conjoncteur, puisque la partie du circuit local qui le relie directement à la plaque de terre se trouve alors interrompue au commutateur K, mais si l'interrupteur I' est dépourvu de son bouchon, le disjoncteur produira son effet, car il fera alors partie du circuit court +, I, R, P', P, et, en admettant que le chronomètre soit au repos, l'électro-aimant *e* se trouvera animé presqu'en même temps que l'électro-aimant *e*. Je dis *presqu'en même temps*, parce que les actions produites sur les électro-aimants ne sont pas exactement de même nature dans les deux cas ; mais ce sont justement les petites différences qui peuvent en résulter, jointes à celles qui correspondent aux conditions différentes d'action des deux organes enregistreurs. qui constituent la parallaxe des indications chronographiques qu'il s'agit de relever, afin d'en tenir compte dans les observations définitives. Ce relèvement n'a du reste rien de difficile, puisque les traces fournies sur le chronographe par les deux électro-aimants *e, e'* sont placées l'une au-dessous de l'autre. Cette vérification de la parallaxe doit se faire fréquemment et toujours au commencement de chaque série d'expériences d'observations. M. Lœwy la faisait toutes les vingt minutes.

Quand la manette du commutateur est dans la position d'envoi, c'est-à-dire sur les contacts du milieu, la grande pile de ligne n° 1, sous l'influence d'une pression exercée sur le tope, trouve une issue pour aller regagner le poste en correspondance ; car le courant de cette pile, après avoir regagné le 3e contact de la rangée du milieu du commutateur, va au tope, pour suivre ensuite la double route que nous avons étudiée précédemment, et regagner le fil de ligne par les contacts 5 et 4. Mais, cette fois, le circuit local correspondant au conjoncteur du relais étant fermé par la réunion des contacts 1 et 1 (du dessous), qui communiquent ensemble, le courant de la pile locale passe à travers l'électro-aimant *e'* du poste de départ, en même temps que le courant de la pile de ligne passe à travers le même électro-aimant sur l'appareil du poste de réception, dont le commutateur est disposé en conséquence. Il se produira donc aux deux stations, deux indications chronographiques qui correspondront à une fermeture de courant opérée par le tope, et ces deux indications pourront s'effectuer sous l'influence électrique qui a fourni précédemment la déviation d sur la boussole, si on a réglé convenablement les Rhéostats. On remarquera toutefois que l'enregistration par l'électro-aimant e', s'effectuant dans le cas qui nous occupe sous l'influence du conjoncteur du relais R, alors qu'elle se produit directement dans le cas précédent, il importe de calculer de nouveau la parallaxe des indications fournies par les électro-aimants e et e', ce qui permettra en même temps de calculer le temps de chute de l'armature de R. Il suffit pour cela de faire réagir le disjoncteur comme précédemment; mais cette opération n'a pas besoin d'être répétée souvent, car, comme on fait réagir le relais R sous une influence électrique toujours la même, la correction correspondante au temps de chute de l'armature, est une constante qui s'ajoute aux différences déterminées à chaque vérification des parallaxes.

Enfin, quand la manette du commutateur est en position de réception, c'est-à-dire sur les contacts de gauche, le courant venant de la ligne, arrive au commutateur par le troisième contact du commutateur, et de là il regagne le circuit du relais R par une communication directe, qui relie le point de bifurcation de ce circuit avec le Rhéostat au deuxième contact du même commutateur. On peut par conséquent régler encore le Rhéostat de manière à avoir toujours la déviation donnée d sur la boussole, et les signaux se trouvent enregistrés dans les mêmes conditions que dans le cas de la transmission et de la détermination de l'heure. Il est vrai que, théoriquement, il y aurait lieu de tenir compte des différences qui existent entre la vitesse de la propagation électrique sur un circuit simple, et celle qui résulte de la circulation d'un courant sur un circuit soumis à des dérivations, mais ces différences sont tellement petites, relativement à celles qui peuvent résulter des erreurs personnelles d'observation, qu'il n'y a pas lieu de s'en préoccuper. Voici maintenant comment on fait usage de ce système d'appareils.

Après avoir déterminé, ainsi qu'on l'a vu précédemment, la correction qui doit être apportée aux indications fournies par la plume des signaux, on vérifie la marche de la pendule astronomique qui doit donner les indications en rapport avec la mesure du temps, d'après le temps sidéral, c'est-à-dire d'après les moments du passage des étoiles au méridien; puis à la suite d'un grand nombre d'observations dont on prend la moyenne, on détermine le coefficient de la variation horaire de la pendule, coefficient dont on devra tenir compte dans les observations ultérieures desquelles on déduira les différences de longitude. Cette vérification doit se faire naturellement aux deux stations, et c'est avec le circuit local et la manette du commutateur, posée sur les contacts de droite, qu'elle s'effectue. Après ces expériences préliminaires, on procède à l'échange des observations entre les deux stations. On commence d'abord par régler les résistances des Rhéostats de manière à faire toujours réagir les relais R avec une même intensité électrique; puis on arrive à la détermination des moments du passage au méridien des étoiles qui ont été convenues d'avance entre les observateurs. Cette détermination, comme celle des variations horaires des pendules s'effectue au moyen d'une pression exercée sur le tope, aussitôt que l'étoile indiquée a passé au réticule de la lunette. Cette pression détermine des traces sur les deux appareils chronographiques, et, par la correspondance de ces traces avec celles laissées chaque seconde par les battements des pendules chronométriques aux deux stations, on peut reconnaître la différence des heures du passage de ces étoiles à ces stations, et par conséquent les différences de longitude. Une seule série d'expériences, dans un sens, pourrait suffire à la rigueur; mais à cause des erreurs personnelles, il est important que les contre-épreuves soient faites; et c'est pour cela que chacun des commutateurs possède une série de contacts pour l'émission. et la réception.

Comme perfectionnements de détails apportés à l'appareil chronographique, nous devons signaler celui que M. Breguet a apporté aux style traçants. Ce sont des espèces de plumes métalliques munies au haut de leur fente d'une petite cavité pour retenir une certaine quantité d'encre et armées, au-dessous du bec, d'une petite garniture pour éviter les bavures. M. Lœwy assure que ces plumes donnent de très bons résultats. Ce qui est certain, c'est que les signaux qui ont été produits dans les expériences faites entre Paris et Vienne sont parfaitement nets.

V. — APPLICATION DES CHRONOGRAPHES AUX ÉTUDES SCIENTIFIQUES.

Application des chronographes aux observations astronomiques. — L'enregistration des moments du passage des étoiles au méridien pouvant se faire dans d'excellentes conditions par les procédés que nous avons décrits au sujet de la détermination des différences de longitude entre deux stations, on comprend aisément qu'il devient facile de déterminer de cette manière l'heure du passage des astres au méridien, et même de calculer leur ascension droite qui est une des données principales pour la fixation de leur position. Aussi les chronographes enregistreurs sont-ils employés dans beaucoup d'observatoires pour les opérations méridiennes. Mais il faut, pour que leur application soit réellement utile, que leur mouvement soit parfaitement uniforme et réglé de manière à constituer lui-même une pendule astronomique. Un appareil de ce genre existe à l'observatoire de Greenwich; et nous indiquons, fig. 18, pl. VI, le principe de son dispositif. L'appareil régulateur est, comme on le voit, un pendule conique adapté à une suspension Cardan, et les oscillations de cette suspension sont rendues tributaires d'un échappement conduit par un pendule que l'on peut régler de manière à battre la seconde. Le mouvement du cylindre enregistreur T se trouve donc effectué dans des conditions chronométriques déterminées qui peuvent fournir l'heure sur ses différentes génératrices. Nous représentons, fig. 17, la disposition de la suspension Cardan afin qu'on puisse se rendre compte du mouvement oscillatoire qui résulte du mouvement circulaire du pendule conique.

Pour obtenir plus d'exactitude dans les indications, un marqueur à secondes est adapté au chronographe. Voici maintenant comment on fait usage de cet instrument :

Au moment de l'observation, on engrène la roue R qui commande la vis sans fin avec la roue S, et par le mouvement même produit par cet engrenage, le circuit se trouve complété à travers l'interrupteur de l'horloge. La série des secondes commence donc à être enregistrée sur le cylindre T. Alors l'observateur regarde dans la lunette méridienne, et à chaque passage d'une étoile devant le réticule de la lunette, il appuie sur son interrupteur. Les points qui se trouvent marqués sur le cylindre représentent donc la position respective des étoiles qui ont passé, et, par la place que ces points occupent sur le papier par rapport aux secondes qui sont pointées, on peut apprécier exactement cette position.

Par une combinaison particulière de ces points, on peut même indiquer quelles sont les étoiles qui ont passé. Il suffit d'attribuer à chaque groupe ou constellation un nombre déterminé de points. Alors, au moment du passage de chaque étoile de cette constellation, on appuie 2, 3, 4, 5, 6, etc., fois sur l'interrupteur; mais c'est seulement le premier point qui donne la position de l'étoile.

Méthode pour faire un catalogue d'étoiles rapidement au moyen des chronographes et micrométrographes électriques. — Pour former rapidement un catalogue d'étoiles, M. Liais propose l'emploi d'une lunette fixe, située à peu près dans le méridien et que l'on relève chaque jour d'un champ. Un réticule à fils obliques ou un réticule à fils parallèles, avec un micromètre pour les déclinaisons, suffit à déterminer les différences d'ascension droite et de déclinaison de tous les astres qui passent dans le champ. La situation absolue de l'instrument est alors déterminée par des observations, faites aux instruments méridiens, de cinq ou six des étoiles qui ont passé dans le champ de la lunette fixe dans chacune de ses positions. De là, on peut déduire les positions absolues de toutes les étoiles qui ont passé dans le champ de cette lunette. Si l'on emploie un réticule à fils obliques, un simple chronographe électrique suffit pour avoir les différences d'ascension droite et de déclinaison de presque tout ce qui se passe dans le champ, ce qu'on ne pourrait faire sans chronographe, faute de temps. Si l'on veut se servir d'un micromètre, il doit être muni de plusieurs fils pour qu'on ne soit pas obligé de faire mouvoir un fil dans toute l'étendue du champ, ce qui ferait perdre du temps. De plus, un instrument spécial imaginé par l'auteur fait, qu'en pressant d'avance avec le pied une pédale quand l'astre passe au méridien, la situation du micromètre est enregistrée électriquement avec l'heure du passage sous l'influence du même courant. Si l'on ne presse pas la pédale, l'heure du passage seule est enregistrée. Chaque soir, la lunette étant fixe, son objectif peut sortir de la pièce où est l'observateur. Cette pièce peut être alors fermée et chauffée sans inconvénient pour les observations. L'observateur doit être muni d'un aide pour enregistrer les grandeurs, le n° du fil du micromètre et les autres notes. Toutefois, par un changement de pédale, le n° du fil du micromètre pourrait être enregistré électriquement.

Application des chronographes électriques à la détermination de l'équation personnelle des observateurs dans les opérations astronomiques ou autres. — L'équation personnelle, comme on l'a vu précédemment au chapitre de la détermination des différences de longitude, représente l'erreur que commet un observateur dans l'appréciation de l'époque des passages d'un astre aux fils d'un instrument méridien. Cette erreur tient à un effet physiologique qui varie d'individu à individu et qui fait que le moment exact où le phénomène doit être constaté, c'est-à-dire le moment où l'astre est coupé en deux parties égales par le fil de la lunette, ne correspond jamais aux indications qui sont données. Beaucoup de causes influent sur la grandeur de cette erreur personnelle : la vitesse du mouvement des astres, le sens de ce mouvement, leur grandeur apparente dans la lunette et l'éducation plus ou moins grande de l'œil à ces sortes d'observations, sont les principales; mais quelles qu'elles soient, il est nécessaire que cette erreur soit déterminée pour les différents observateurs au moment de leurs recherches, et M. Wolf a imaginé dans ce but un appareil très-ingénieux dans lequel le chronographe électrique a une application très-directe.

Cet appareil est fondé sur le principe suivant: produire un astre artificiel passant derrière les fils d'une lunette à des époques connues d'une manière absolue, et comparer à ces époques celles que donne l'estime de l'observateur ou l'enregistrement électrique qu'il en fait. Afin que l'observation de l'astre artificiel s'y fasse dans des conditions absolument identiques à celles dans lesquelles a lieu l'observation réelle, M. Wolf a disposé son astre mobile, qui est un point lumineux porté par un support mobile, de manière à pouvoir émettre une lumière plus ou moins intense et à être lui-même d'un aspect plus ou moins grand. Enfin il a disposé le chariot portant le point lumineux de manière à pouvoir accomplir deux mouvements en sens contraire. La lunette étant placée dans une direction perpendiculaire et parfaitement déterminée par rapport au chemin parcouru par ce chariot, et le mouvement de celui-ci étant lui-même commandé par un mécanisme d'horlogerie d'une vitesse parfaitement uniforme quoique susceptible d'être graduée, le moment du passage du point lumineux devant les réticules de la lunette peut être calculé d'une manière très-précise, et si un chronographe électrique placé dans le voisinage enregistre les indications du temps et le moment des passages d'après les impressions de l'observateur, il sera facile, par la comparaison des deux résultats, de déterminer la valeur de l'erreur personnelle dans les différentes conditions où l'observateur pourra être placé, c'est-à-dire avec une intensité lumineuse forte ou faible, avec un grossissement plus ou moins grand et suivant un mouvement de droite à gauche ou de gauche à droite. C'est ainsi que M. Wolf a constaté:

1° Qu'à la suite d'observations nombreuses, l'erreur personnelle, par suite de l'éducation de l'œil, est réduite à un minimum au-dessous duquel elle ne peut tomber, et par suite devient beaucoup plus constante.

2° Que le sens du mouvement d'une étoile dans son intervention sur l'erreur personnelle, produit un effet analogue à celui qu'on retrouve dans les pointés d'une étoile ou d'un trait entre deux fils, ce qui tient à une sorte d'astigmatisme de l'œil.

3° Que la rapidité du mouvement des étoiles, augmente sensiblement la valeur de l'erreur personnelle.

4° Que cette valeur est d'autant plus grande que le grossissement est plus faible.

5° Que la principale cause de l'erreur personnelle doit être rapportée à la persistance des impressions lumineuses sur la rétine.

Application des chronographes électriques à la détermination de la vitesse de la lumière. — L'une des plus intéressantes applications des chronographes est celle qu'en a faite M. A. Cornu à la détermination de la vitesse de la lumière. Pour comprendre la manière dont ce genre d'appareils a pu être appliqué à cette détermination, il faut savoir que dans le procédé de M. A. Cornu, qui est fondé, du reste, sur le même principe que celui de M. Fizeau, le rayon de lumière expérimenté étant projeté à une distance considérable sur un miroir et réfléchi vers son point de départ, peut se trouver éteint par un obturateur. Si cet obturateur, muni de parties alternativement vides et pleines, se meut assez vite pour que le rayon projeté par un vide se trouve rencontrer un plein après sa réflexion, le temps écoulé entre le moment de la projection du rayon et celui de son extinction peut donner la mesure du temps employé par la lumière à franchir le double de la distance de l'appareil lumineux au miroir. Nous verrons à l'instant les moyens qui ont dû être employés pour réaliser pratiquement cette expérience et la placer dans des conditions d'exactitude convenables; mais l'on peut comprendre déjà, par ce simple aperçu, que pour apprécier un retard aussi petit que peut l'être celui d'un rayon lumineux réfléchi à une distance aussi réduite que celle sur laquelle on se trouve forcé d'expérimenter, il faut nécessairement un appareil susceptible de mesurer de très-petits intervalles de temps, et il faut de plus, comme la vitesse de l'obturateur devient alors un élément de calcul, que cette vitesse s'enregistre aux différents moments de l'expérience. C'est ce qui explique l'emploi du chronographe électrique dans ces expériences et l'utilité des quatre styles dont nous avons parlé dans la description que nous avons faite du chronographe de M. Cornu.

Les expériences de M. Cornu ont été faites entre l'observatoire de Paris et la tour de Montlhéry dont la distance est d'environ 23 kilomètres. Cette distance, du reste, a été mesurée plusieurs fois avec la plus grande exactitude pour les travaux géodésiques très-importants qui ont été entrepris par l'Etat, et on avait de cette manière une base d'opérations parfaitement connue. Le miroir réflecteur était placé au sommet de la tour de Monthléry, et les appareils chronographiques ou autres étaient installés dans une baraque en planches établie sur la terrasse de l'Observatoire de Paris. Ces appareils consistaient 1° dans le système chronographique que nous avons décrit p. 245, 2° dans un appareil à projection lumineuse de Duboscq avec lampe à gaz oxyydrogène et 3° dans l'obturateur à mouvement rapide dont nous avons parlé. Cet obturateur était constitué par une roue dentée avec la plus grande précision qui était mise en marche par un mécanisme d'horlogerie puissant, et c'était l'épaisseur des dents de cette roue et leur intervalle qui fournissaient les vides et les pleins dont nous avons parlé. A la partie supérieure de cet obturateur, précisément en face de la partie dentée de la

roue dont nous venons de parler, était adapté le tube d'une grande lunette
astronomique de 9 mètres dont l'objectif pouvait avoir 37 centimètres de
diamètre ; et un appareil réflecteur composé d'une petite glace sans tein
disposée sous l'angle de la réflexion totale, permettait au rayon lumineux
émanent de la lanterne, placée de côté, de se diriger à travers la lunette
sur le miroir de Montlhéry après avoir été soumis à l'action de l'obturateur.
La lunette avait pour effet de, rassembler, au moyen de son objectif, les
rayons ainsi réfléchis et d'en former un large faisceau de rayons parallèles
qui devait être reçu par l'objectif d'une autre lunette placée à Montlhéry et
au foyer de laquelle était fixé le miroir dont nous avons parlé. Les rayons
émanés de Paris se trouvaient de cette manière concentrés sur le miroir, et
celui-ci, en les réfléchissant, fournissait à travers la même lunette un second
faisceau de rayons parallèles superposé au premier qui était reçu. après
concentration par l'objectif de Paris, sur un oculaire adapté derrière la
glace réfléchissante de l'obturateur. On pouvait, de cette manière, observer
facilement l'image du point lumineux réfléchi de Montlhéry sur Paris,
quand toutefois la vitesse de rotation de l'obturateur permettait aux rayons
lumineux ainsi envoyés et réfléchis de passer par les mêmes vides de la
roue dentée. Cette lumière était, il est vrai, un peu atténuée par le passage
des dents; mais elle pouvait être parfaitement perçue en raison de la persistance des impressions lumineuses sur l'œil, et ce n'était que quand la
vitesse de rotation de la roue dentée était assez considérable pour que les
rayons réfléchis vinssent se heurter contre les parties pleines de cette roue,
que l'image lumineuse pouvait disparaître complétement. Cette disparition,
pour une même vitesse de l'appareil, devait être constante, par la même
raison que pour une vitesse moindre l'apparition lumineuse était continue;
mais en augmentant encore la vitesse et en la doublant, on pouvait faire
en sorte que le rayon lumineux envoyé par un intervalle de dent, au lieu de
rencontrer à son retour la partie pleine suivante, rencontrât l'intervalle vide
au-delà, et alors une réapparition de l'image lumineuse devait se produire.
mais. cette fois, avec un retard représenté par la largeur d'une dent entière,
tandis que l'éclipse ne s'était produite que pour un retard d'une demi-dent.
On comprend aisément qu'en triplant, quadruplant, quintuplant la vitesse
de rotation de l'obturateur, on pouvait obtenir de cette manière une série
d'occultations et de réapparitions successives, correspondantes à des retards
du rayon réfléchi (par rapport à la roue dentée) de une dent et demie, de
deux dents, de deux dents et demie, etc., et ces retards considérés par rapport à la vitesse du moteur pouvaient fournir la valeur de la vitesse de la
lumière dans l'espace expérimenté. En effet, connaissant exactement la

vitesse du moteur en chacun des instants où se produisent ces occultations et ces réapparitions, on peut savoir le temps employé par la roue dentée à tourner d'une demi-dent, d'une dent, etc., et c'est ce temps, *qui doit être égal dans chaque cas*, qui représente celui employé par la lumière pour aller et venir de Paris à Montlhéry, c'est-à-dire pour franchir un espace d'environ 46 kilomètres. Comme M. Cornu est parvenu à obtenir avec son obturateur jusqu'à vingt de ces extinctions et de ces réapparitions successives, il a pu avoir facilement de nombreuses bases de calculs.

Pour obtenir la vitesse du moteur au moment de ces variations de l'appârence lumineuse, M. Cornu fait tracer un trait à l'un des styles de son chronographe tous les 50 tours de la roue dentée, et, au moyen d'une clef Morse ou d'un tope, il fait réagir un second style au moment précis où se produisent les extinctions et les réapparitions. Or, comme en même temps que se produisent ces indications, l'enregistration des secondes et des dixièmes de seconde s'effectue tout à côté, il devient facile par la correspondance des traces, de déterminer tous les éléments nécessaires pour le calcul de la vitesse cherchée.

Grâce à ce système, l'observateur n'a pas à se déranger pour compter les secondes, régler la vitesse de rotation, écrire les nombres, guetter le phénomène et enregistrer les données ; c'est l'appareil chronographique lui-même qui donne automatiquement tout cela. On comprend, toutefois, que pour obtenir un résultat définitif il a fallu répéter bien des fois les expériences et combiner les appareils de manière à éliminer les erreurs instrumentales et personnelles ; aussi n'est-ce qu'après plusieurs mois d'observations qui, du reste, ont été assez concordantes, que M. Cornu s'est décidé à présenter à l'Académie les chiffres obtenus par lui et qui fixent à 300 400 kilomètres par seconde la vitesse de la lumière, soit en nombre rond, 75 mille lieues par seconde.

Ces expériences ont permis, en outre, de déterminer directement la parallaxe du soleil, et la distance du soleil à la terre.

Application des chronoscopes à la vérification des lois de la chute des corps. (Machine d'Atwood électro-magnétique). —M. Wheatstone est le premier qui ait songé à appliquer l'electromagnétisme à la vérification des lois de la chute des corps. Son appareil consistait dans une longue colonne sur laquelle pouvait glisser, au moyen d'un anneau, un support horizontal F G, fig. 9, planche VI, à l'extrémité duquel se trouvait placé le mobile K. Ce support pouvait être fixé en tel ou tel point de la colonne au moyen d'une vis de pression, et la position exacte de ce point était indiquée par une échelle gravée sur cette colonne. Le mobile K était suspendu à un ressort f qui, en unissant métalliquement les deux points e et i, fermait le courant à travers le chronoscope ; mais, aussitôt qu'on poussait ce ressort, le mobile tombait, et le courant se trouvait rompu ; alors les aiguilles du chronoscope étaient mises en mouvement et ne s'arrêtaient que lorsque le mobile K, en tombant sur un conjoncteur B, rétablissait le courant à travers l'appareil ; la fonction de ce conjoncteur était d'ailleurs assurée au moyen d'un petit encliquetage $m\,n$.

En plaçant le support F G à différentes hauteurs, on pouvait étudier les lois d'accélération de la pesanteur suivant les hauteurs.

Depuis l'établissement de cet appareil par M. Hipp, plusieurs constructeurs se sont occupés d'en appliquer le principe aux machines d'Atwood qu'ils avaient à construire ; les uns en laissant subsister tous les rouages de la machine et n'employant l'électricité que pour mettre en action le chronomètre, ce qui était parfaitement inutile ; les autres, avec beaucoup plus d'intelligence, en supprimant tous les rouages, et en changeant le support d'arrêt du mobile en un support conjoncteur. L'appareil de MM. Breton frères, que nous avons représenté, fig. 10, pl. VI, est un des plus perfectionnés dans ce genre.

VI. — APPLICATION DES CHRONOGRAPHES A LA MÉCANIQUE.

Chronographes compteurs. — Dès l'année 1840, M. Wheatstone avait appliqué son chronoscope à la mesure de la vitesse de rotation des axes des moteurs. M. Breguet lui-même en avait fait autant de son chronographe, et, dans la note que ce dernier envoya à l'Académie, en 1845, il signale cette application de l'électricité comme pouvant être très-utile. Voici ce qu'il dit à cet égard :

« Cet instrument pourra, ce nous semble, être employé avec avantage dans les usines, car, au moyen de conducteurs partant du cabinet du directeur et communiquant, soit au volant, soit au cylindre d'une machine à vapeur, on pourra, à chaque instant de la journée et sans se déranger, connaître la vitesse de l'un ou de l'autre. Cet instrument pourrait encore servir utilement dans les observations que l'on peut faire sur la vitesse des roues hydrauliques, suivant la nature des opérations que l'on fait exécuter aux outils qu'elles conduisent. »

Dans ces derniers temps, les compteurs électriques de M. Wheatstone ont été très-appliqués en Angleterre et sont actuellement l'objet d'une fabrication montée sur une grande échelle. On en construit qui comptent depuis 1000 jusqu'à 10000000, et qui ont naturellement autant de cadrans qu'il y a de chiffres dans le nombre maximum qu'ils désignent. Afin de les rendre plus pratiques, M. Wheatstone emploie pour les faire fonctionner les courants induits résultant d'une machine magnéto-électrique que met en action le moteur, et qui, à chaque tour accompli, détache de l'aimant inducteur le système électro-magnétique qui fournit l'induction. Ce courant réagit sur un électro-aimant qui, au moyen d'encliquetages convenables et très-ingénieux, font sauter successivement les différentes aiguilles des cadrans.

On a employé cet appareil à l'imprimerie du *Times* pour compter le nombre d'exemplaires tirés par les presses; aux grands établissements de M. Hooper et de la compagnie de la gutta-percha pour mesurer au sortir des machines les longueurs de câble électrique fabriquées; pour constater le nombre des révolutions accomplies par les roues des bâteaux à vapeur; enfin pour constater le nombre de visiteurs dans les établissements publics. Au moyen de ces appareils, la vitesse et la quantité de travail peuvent être constatés à chaque instant du cabinet même du directeur des usines, et sans qu'il ait à les visiter.

On comprend aisément qu'en appliquant dans le même but un des chronographes dont il a été question au commencement de ce chapitre, on pourrait arriver au même résultat, et on aurait l'avantage de pouvoir conserver les indications de la quantité de travail produit aux différentes heures du jour. Un système de ce genre a été appliqué à l'usine hydraulique de Caen, et voici la description qu'en faisait, en 1859, M. Crevel :

« Cet appareil a pour mission de compter et d'enregistrer la quantité d'eau fournie par la pompe dans un certain espace de temps et, en outre de constater toute irrégularité survenue dans la marche de la machine.

« Une lame métallique faisant saillie est disposée sur l'arbre de couche de la pompe, de telle sorte qu'elle ferme un circuit voltaïque à chaque révolution de l'arbre de couche, et par conséquent après une élévation et un abaissement successifs du piston dans le corps de pompe; d'où il résulte déjà que, d'un côté, le volume du corps de pompe étant connu, de l'autre le nombre des fermetures successives du circuit étant enregistré, on obtiendra facilement et d'une manière exacte la quantité d'eau fournie en tel espace de temps par la machine hydraulique.

« Voici maintenant comment on constate le nombre des coups de piston :

« Un système d'engrenage, composé de trois roues, agit, par l'intermédiaire d'un crochet d'encliquetage, sous l'influence d'un électro-aimant; cet électro-aimant, placé dans le circuit, est lui-même commandé, dans les abaissements successifs de son armature, par le contact qui est disposé sur l'arbre de couche. La révolution de la première roue, qui porte 100 dents, correspond à 100 tours de l'arbre; cette roue engrène au moyen d'un pignon de 10 dents avec la seconde qui a le même nombre de dents que la première, et marque 1000 après un tour complet; enfin, la troisième, disposée en étoile et munie de 36 pointes, annonce, lorsque sa révolution est accomplie, que le corps de pompe a été rempli 36000 fois, c'est-à-dire a fourni la quantité d'eau que peut donner la machine dans une marche constante de douze heures. L'axe de chacune de ces roues porte une aiguille qui tourne devant un cadran dont les divisions sont en rapport avec la disposition de la roue qui lui correspond. Voilà pour le compteur.

« Quant à l'enregistreur, il se compose de trois cylindres sur l'un desquels est enroulée en provision une longue bande de papier : cette bande se déroule d'une manière uniforme et en rapport avec le diamètre de l'un des cylindres, sous l'action d'un mécanisme d'horlogerie. Un électro-aimant, dont l'armature porte un levier au bout duquel est fixé un crayon à ressort, est disposé près du premier cylindre. Enfin, un segment de cercle placé sur la seconde roue du compteur vient à chaque révolution complète de cette roue, c'est-à-dire toutes les fois que l'arbre de couche a fait 1000 tours, fermer un circuit, qui en abaissant l'armature et par suite le crayon, force ce dernier à laisser sur le papier une trace de 3 millimètres. La longueur des intervalles blancs, qui existent entre chaque trait, peut servir à apprécier la régularité de la marche de la machine.

« Ce système de chronographe a, comme on le voit, d'après ces détails, le triple avantage, 1° de marquer minute par minute le travail de la machine, 2° de l'enregistrer environ trois fois par heure, et 3° de prévenir l'ingénieur auquel est confiée la direction de l'établissement, de tout dérangement survenu dans la marche de la machine, soit par la négligence d'un employé, soit par un accident imprévu.

« Ajoutons enfin que le mécanisme d'horlogerie, outre ses attributions premières, a été utilisé pour donner l'heure dans l'établissement. Il a été habilement exécuté par M. Royer. »

Nous ajouterons, pour compléter cette description, qu'un marqueur à chiffres a été adapté au mécanisme imprimeur, pour qu'on puisse distinguer facilement à quelle série de tours du moteur appartiennent les marques laissées sur la bande de papier. Ce marqueur se compose de deux étoiles flexibles comme celles que M. Wheatstone a employées pour son enregistreur des observations météorologiques; ces étoiles tournent tangentiellement l'une à l'autre, et horizontalement, de manière à présenter leur point de tangence au-dessus de la bande de papier. L'une de ces étoiles est munie de 10 rayons, l'autre de 20, et chacun de ces rayons porte suivant sa position un chiffre gravé en relief. Comme le mouvement de l'étoile composée de 20 rayons est commandé par celui de l'autre étoile qui réagit sur elle, au moyen d'un encliquetage à sautoir, un rayon de la première étoile saute pour chaque tour complet accompli par la dernière; de telle sorte que tous les nombres depuis 1 jusqu'à 200 peuvent se trouver successivement imprimés sur la bande, si un mécanisme imprimeur exerce son action au point de tangence des deux roues. Voici comment s'effectue cette impression.

L'étoile de 10 rayons porte sur son axe une roue d'échappement mise en mouvement par un petit mécanisme d'horlogerie indépendant, laquelle roue d'échappement est commandée par un encliquetage électro-magnétique. L'électro-aimant qui met en action cet encliquetage fonctionne sous l'influence d'un interrupteur mis en jeu par une roue intermédiaire reliée au compteur. Cette roue ne fait qu'un tour quand la roue qui provoque les marques simples sur la bande en a fait 10. Il en résulte que de 10 en 10 traits, l'électro-aimant précédent reçoit un courant qui fait avancer d'un rayon la première roue des types, et détermine secondairement la chute d'un petit piston qui, en tombant au point de tangence des deux roues à rayons, produit l'impression des chiffres qui s'y trouvent alors placés. Après cette impression, ce piston est remonté par le mécanisme de l'horloge au moyen d'une excentrique.

Quant à l'impression, elle se fait au moyen de papier imprégné d'une couche grasse colorée comme les papiers dont on se sert pour le pantographe. Ce papier est coupé par petites bandes de différentes couleurs collées les unes à la suite des autres, sur une bande disposée de manière à former une espèce de chaîne sans fin enroulée sur deux petits cylindres. Une roue à rochet commande le mouvement de ces cylindres qui accomplissen une révolution sur eux-mêmes, pendant que la roue aux 20 rayons accomplit un tour entier, Si les feuilles de papier coloré ont précisément en longueur le développement du cylindre moteur, il arrivera forcément que pour chaque série de 200 impressions, la couleur des chiffres changera, et si l'on connaît dans quel ordre se suivent les couleurs, on pourra immédiatement constater, par la simple inspection des chiffres imprimés sur le chronographe, le numéro d'ordre des traits observés, sans qu'il soit besoin de dérouler la bande de papier. De cette manière on pourra enregistrer et marquer jusqu'à 12 millions de coups de piston, en employant seulement 6 couleurs, et les traces fournies se présenteront comme ci-dessous.

200	201	202

CHAPITRE II

ENREGISTREURS MÉTÉOROLOGIQUES.

S'il est une science qui puisse recevoir de l'application des moyens physiques et mécaniques, un secours précieux et de tous les instants, c'est bien certainement la météorologie. Depuis longtemps, en effet, l'annotation des observations météorologiques exerce la patience et le zèle des savants; et pourtant, bien que leurs travaux aient fourni de précieux renseignements, d'importantes révélations sur certains phénomènes atmosphériques, ces travaux ne pourront être concluants qu'autant que les observations seront multipliées et faites simultanément sur les différents points du globe. Or, le zèle nécessaire pour ces sortes de travaux est bien rare à rencontrer, et l'on peut comprendre dès lors combien serait utile l'emploi d'instruments qui pourraient annoter eux-mêmes, d'une manière continue, les différentes influences atmosphériques, instruments que l'on pourrait placer en tels ou tels points du globe que l'on croirait importants pour ces sortes d'observations, sans qu'il soit besoin de la présence d'un homme dont le zèle pourrait répondre de l'exactitude.

Pour ces sortes d'instruments, l'électricité a pu fournir un secours merveilleux, et, dès 1843, M. Wheatstone avait déjà conçu son *thermomètre télégraphe* qui, exécuté sur une plus grande échelle, fut appelé *enregistreur météorologique*, et établi à Kiew quelques années plus tard. Au moyen de cet instrument, toutes les indications relatives au baromètre, au thermomètre et au psychronomètre se trouvaient inscrites de cinq en cinq minutes, et cela, à quelque distance que l'on fût de ces instruments, qu'ils eussent été emportés dans l'espace par un ballon captif ou qu'on les eût enfouis en terre. Depuis cet appareil, bien des enregistreurs météorologiques ont été imaginés et la plupart fonctionnent d'une manière satisfaisante; mais certains défauts inhérents à l'action des interrupteurs constitués par le mercure, défauts dont nous avons parlé avec développement, p. 8, au sujet des horloges électriques, ont jeté un certain discrédit sur les enregistreurs électriques, et aujourd'hui beaucoup de savants, malgré les avantages considérables que présentent ces appareils, donnent la préférence aux enregistreurs

mécaniques. Pourtant ces défauts peuvent être conjurés en faisant pour
ces appareils ce que l'on a fait en horlogerie pour les inverseurs, et on peut
même, par un dispositif très-simple, faire en sorte que les interruptions ou
fermetures de courant, au lieu de se faire directement sur le mercure, se produisent en dehors, et sur des interrupteurs métalliques solidement disposés.
Les conjonctions et disjonctions du circuit produites sur le mercure, s'effectuant à des moments où le courant ne passe pas, on n'a pas à craindre les
effets de l'oxydation de l'étincelle. M. Van Rysselberghe a disposé, du
reste, dans cet ordre d'idées son enregistreur météorologique, qui ne laisse
rien à désirer sous ce rapport comme à tous les autres points de vue.
Nous en parlerons avec détails au chapitre des météorographes.

Les enregistreurs météorologiques ont été combinés de plusieurs manières :
soit pour enregistrer uniquement les indications se rapportant aux vents, et
ils ont pris alors le nom d'anémographes; soit pour indiquer séparément
les variations du baromètre et du thermomètre sec ou humide ; soit pour
fournir sur le même instrument toutes les indications se rapportant à la
météorologie. C'est pourquoi nous diviserons ce chapitre en trois sections
qui se rapporteront, la première aux anémographes électriques, la seconde
aux barométrographes, thermométrographes, psychrométrographes, etc.,
la troisième aux météorographes.

On pourra s'assurer, à la suite de ces descriptions, que ce ne sont pas les
moyens qui manquent pour obtenir de bonnes observations météorologiques, mais bien le bon vouloir et les fonds suffisants. Sous ce rapport, la pro-
vince est plus avancée que Paris, car plusieurs stations météorologiques de
petites villes de France sont pourvues d'enregistreurs, et ces appareils bril-
lent par leur absence à l'observatoire de Paris !

I. — ANÉMOGRAPHES ÉLECTRIQUES.

Les indications concernant la direction, la durée et la force du vent sont
une des données les plus importantes pour l'étude de la météorologie,
car des vents dépendent la plupart des variations atmosphériques.
Or, on sait combien ces indications sont difficiles à obtenir de la part des
observateurs, non-seulement à cause de la mobilité de cet élément insaisis-
sable, mais encore des circonstances locales et des remous qui agissent
souvent sur les girouettes et les empêchent de donner la véritable direction
des courants d'air. Pour éviter ces difficultés, on a donc dû chercher à
placer les organes indicateurs de la force et de la direction des vents sur
des points assez élevés pour être à l'abri des effets locaux; et, comme on ne

pouvait exiger d'un observateur des déplacements continuels et une attention assez soutenue pour saisir aux différentes heures du jour et de la nuit les différents azimuts suivant lesquels soufflent les vents, on avait imaginé des systèmes d'enregistreurs mécaniques qui pendant 24 heures fournissaient sur une feuille de papier toutes les indications relatives au vent. Ce sont ces appareils auxquels on avait donné le nom *d'anémométrographes*, et les types les plus perfectionnés, jusqu'en 1852, étaient ceux de MM. d'Ons en Bray et Chazallon. Avec ces appareils, l'observateur n'avait qu'à aller une fois par jour relever la feuille d'observations de dessus l'instrument, et la remplacer. Toutefois, en raison des positions exceptionnelles que devaient avoir ces appareils, il était à désirer que l'on put faire en sorte que l'observateur n'eût pas à se déranger, et que les indications anémométriques s'enregistrassent dans le cabinet même de l'observateur, quelle que fut d'ailleurs la distance séparant l'appareil enregistreur de l'appareil indicateur. Or c'est ce problème que j'ai résolu pour la première fois dans l'anémographe électrique que j'ai fait construire en 1852, et qui a même été installé pendant quelque temps à l'observatoire de Paris d'après le désir qu'en avait témoigné M. Arago. Depuis cet appareil, plusieurs systèmes d'anémographes électriques ont été combinés par divers savants et constructeurs, et bien qu'ils se rapprochent tous plus ou moins du mien, ils présentent certaines particularités qui peuvent les rendre utiles dans des cas donnés. Nous décrirons avec soin tous ces appareils, et nous commencerons naturellement par le premier en date.

Anémographes électriques de M. Th. du Moncel. — Pour qu'on puisse comprendre le principe de cet appareil, supposons qu'un anémomètre à ailettes, dont nous allons indiquer à l'instant la disposition, soit fixé derrière une girouette adaptée à un axe de fer vertical mobile dans une douille; admettons que ce système soit placé au sommet d'un toit, d'une tour ou d'une montagne même, et que des fils métalliques combinés en conséquence, unissent cet instrument à un autre appareil que nous appellerons *récepteur* ou *enregistreur* qui sera placé dans le cabinet de l'observateur; on pourra comprendre déjà qu'un courant électrique passant à propos par ces fils et les deux appareils, pourra, à l'aide de certains mécanismes adaptés à l'anémomètre, se trouver interrompu ou rétabli suivant la vitesse et la direction du vent. Or, ces interruptions pouvant faire agir des organes sensibles électro-magnétiques placés sur l'appareil récepteur, il suffit d'adapter à celui-ci un mécanisme marquant le temps, pour obtenir des indications continues inscrites sous l'influence du vent, et par le seul intermédiaire de l'électricité. Tel est le principe de mon anémographe électrique qui, en raison des renseignements qu'il doit fournir, se compose de trois systèmes ayant des fonctions différentes à remplir : 1° *l'anémomètre* proprement dit, 2° *l'appareil récepteur*, 3° *les calculateurs.*

Anémomètre. — Un anémomètre se compose, comme tout le monde le sait, d'une girouette accompagnée d'un moulinet à ailettes, le tout monté sur un axe mobile; mais comme, dans le cas qui nous occupe, cet appareil doit fournir la durée des différents vents, la vitesse moyenne de chacun d'eux pendant la journée et la vitesse moyenne du vent aux différentes heures du jour, cette girouette doit agir : 1° sur un commutateur *azimutal*; 2° sur un système rhéotomique disposé de telle manière que, suivant la direction du vent et pendant le temps qu'il reste dans cette direction, le moulinet puisse laisser un indice des tours qu'il accomplit; 3° enfin sur un compteur intermédiaire entre le moulinet et le compteur de l'appareil récepteur. Cet appareil est représenté fig. 1, Pl. VII.

Le commutateur azimutal se compose d'une circonférence métallique appliquée sur le plancher A B, du bâti de l'appareil et divisée en huit secteurs isolés métalliquement les uns des autres. Sur cette circonférence appuie sans cesse un frotteur à piston C D, porté par l'axe de la girouette, qui établit sans cesse, entre cet axe et les secteurs, un rapport métallique très-intime. Si donc chacun de ces secteurs est relié par un fil spécial avec l'appareil récepteur de manière à être en rapport avec un même pôle de la pile et, si d'un autre côté la crapaudine sur laquelle pivote l'axe de la girouette est en communication directe avec l'autre pôle de cette même pile; il arrive forcément qu'un courant se trouve *toujours fermé* à travers l'un ou l'autre des secteurs, suivant la direction du frotteur C D, c'est-à-dire suivant la direction du vent. La fig. 2, Pl. VII, peut donner une idée de ce commutateur : I, I, I, I sont les secteurs auxquels aboutissent les fils qui relient l'anémomètre à l'appareil récepteur; P est le frotteur à piston qui est sollicité toujours à appuyer sur la circonférence métallique par un ressort à boudin.

Le système rhéotomique pour l'indication des tours que le moulinet accomplit suivant chaque direction du vent, est exactement semblable au commutateur précédent. C'est également un frotteur C' D', fig. 1, qui, en se portant tour à tour sur l'un ou l'autre des secteurs d'une circonférence métallique divisée fixée sur le second plancher EF de l'anémomètre, permet à un courant spécial, dirigé sur le moulinet, de faire enregistrer les différents tours qu'il accomplit, sur tel ou tel compteur de l'appareil récepteur. Seulement, pour éviter le mélange des courants, le frotteur C' D' est isolé de l'axe de la girouette par un manchon de bois, et c'est un ressort R qui lui amène le courant.

Le moulinet anémométrique se compose de quatre ailes de moulin à vent montées sur un axe horizontal G H disposé dans le même plan que la palette de la girouette ; par conséquent, il suit tous les mouvements de celle-ci et se trouve toujours orienté de manière à faire face au vent. L'axe de ce moulinet porte une roue K qui engrène avec une autre L de même diamètre, au moyen d'une chaîne ; de sorte que le moulinet est dégagé de tout obstacle à l'action du vent, et son mouvement se trouve transporté sur l'axe LQ qui commande le compteur intermédiaire à l'intérieur de l'appareil. Celui-ci peut d'ailleurs être mis parfaitement à l'abri, au moyen d'un toit mobile *ab c* fixé en *b* sur l'axe de la girouette.

L'axe Q L porte une vis sans fin qui engrène avec une roue I de soixante dents, armée sur l'une de ses faces de quatre chevilles, et sur l'autre d'un butoir de platine. A portée de ces chevilles et de ce butoir, se trouvent deux lames de ressort isolées *r, r'*, l'une qui est en rapport avec une bague J également isolée et fixée sur l'axe de la girouette, l'autre qui communique avec le frotteur C' D'.

Avec cette disposition, il arrive que le courant transmis à l'axe de la girouette peut se trouver complété par la rencontre des chevilles et du butoir avec les ressorts qui leur correspondent, si les secteurs de la circonférence E F et la bague J sont mis en rapport avec la pile. Or, ce courant ainsi fermé peut réagir sur des compteurs interposés dans les circuits allant aux secteurs et à la bague J.

Le circuit en rapport avec la bague J correspondra à l'appareil destiné à enregistrer la vitesse diurne du vent ; par conséquent, il ne sera traversé par le courant que tous les soixante tours du moulinet. Les huit autres circuits correspondant au système rhéotomique et aux appareils qui doivent enregistrer la vitesse du vent dans chacune de ses directions, ne seront affectés qu'isolément, suivant la direction de la girouette, et le courant les traversera tous les quinze tours du moulinet.

Pour éviter les erreurs qui pourraient résulter des variations brusques et insignifiantes du vent, un système de palettes M M, plongeant dans une bassine circulaire remplie d'eau, a été fixé en P sur l'axe de la girouette. De cette manière, celle-ci n'est sensible qu'aux déplacements importants des courants d'air. Cette condition de l'instrument est indispensable, car, sans elle, il arriverait que tel nombre de tours de moulinet accompli dans telle direction du vent pourrait être enregistré sur un compteur n'appartenant pas à ce vent. Aussi faut-il que la dimension des plaques M M soit calculée de manière à retarder le mouvement de la girouette d'une quantité en rapport avec le temps moyen employé par le moulinet à accomplir quinze tours sur lui-même.

Appareil récepteur. — Cet appareil se compose de quatre systèmes parfaitement distincts les uns des autres : 1° d'un système pour l'enregistrement des vents dans l'ordre de leur succession, et avec leur durée partielle; 2° d'un système au moyen duquel on peut voir immédiatement la somme totale des instants pendant lesquels chaque vent a soufflé; 3° d'un système de compteurs pour l'enregistrement des tours accomplis par le moulinet suivant chaque direction de vent; 4° d'un compteur pour l'indication des tours accomplis par le moulinet aux différentes heures du jour.

Nous avons vu que l'anémomètre, par son commutateur azimutal, pouvait, suivant l'influence du vent, distribuer successivement le courant électrique dans huit circuits différents ayant un fil commun pour le retour à la pile. Il ne s'agit, par conséquent, pour obtenir des indications en rapport avec les fermetures temporaires de ces différents circuits, que d'interposer, dans les huit fils qui unissent l'anémomètre à l'appareil récepteur, un organe sensible à l'action électrique. Cet organe sensible aurait pu être une aiguille de fer agissant sur du papier recouvert de cyanure de potassium; mais, pour plusieurs motifs qu'il est facile de deviner, j'ai dû choisir de préférence les électro-aimants.

J'ai donc disposé parallèlement les uns à côté des autres huit électro-aimants, en ayant soin d'interposer leur fil conducteur dans le circuit auquel ils devaient correspondre, et, pour relier au temps les indications fournies par ces organes sensibles, je les ai échelonnés devant un cylindre mû d'une vitesse uniforme par un mouvement d'horlogerie. De cette manière leur armature, en s'abaissant sous l'influence du courant électrique, pouvait entraîner un crayon et faire laisser à celui-ci, sur le cylindre, une tracé d'autant plus longue que la fermeture du courant avait duré plus longtemps.

Le cylindre, qui devient alors l'appareil récepteur proprement dit, est relié au mouvement d'horlogerie (qui n'est autre qu'une horloge ordinaire), de telle manière qu'il exécute une révolution sur lui-même en 12 heures. Mais, en même temps que s'accomplit ce mouvement, une vis sans fin, dont l'axe de ce cylindre est muni, le fait avancer d'une quantité constante, deux millimètres environ par révolution.

On comprend aisément qu'avec cette disposition, chacun des crayons des électro-aimants appuyant constamment sur le papier dont le cylindre doit être revêtu, y décrira une hélice dont les spires seront distantes de deux millimètres les unes des autres, et en nombre égal à celui des tours du cylindre, c'est-à-dire à celui des demi journées pendant lesquelles aura duré le mouvement. De plus, comme on peut tracer à l'avance, à la surface du cylindre et parallèlement à son axe, douze droites équidistantes, on connaîtra à quelle heure de la journée correspond une impression donnée des crayons, par la seule inspection de l'espace où elle se trouve marquée. Des divisions intermédiaires donneraient encore plus d'exactitude à l'observation. Ainsi, suivant que le courant circule plus ou moins longtemps dans tel ou tel électro-aimant, un trait est laissé sur le cylindre, et la longueur de ce trait, ainsi que sa position, indique non-seulement la durée et la nature du vent qui a agi sur le commutateur, mais encore le moment de la journée où il a soufflé.

Dans la figure 3, Pl. VII, les armatures des huit électro-aimants sont figurées en o, o, o ; elles sont à bascule et disposées au-dessus du cylindre récepteur T, de manière à ce que les crayons le touchent selon sa génératrice dans le plan vertical, comme on peut le voir dans la figure 4 qui représente l'un de ces électro-aimants vu de profil.

Le cylindre récepteur est figuré en T, fig. 3 ; il est traversé par un axe de fer terminé par une roue B, qui le relie au mouvement de l'horloge M. Cet axe pivote d'un côté sur un coussinet, de l'autre sur un trou taraudé dans lequel est engagée la vis sans fin V, qui sert au mouvement de translation.

Calculateurs. — Au moyen du système précédent, on peut suivre en quelque sorte la marche du vent, heure par heure, minute par minute ; mais pour les récapitulations mensuelles, si nécessaires pour le calcul des moyennes météorologiques, un tel mode de notation entraîne tant de travail, à cause des variations du vent, qu'on serait bien vite découragé, si, à l'aide de compteurs spéciaux, cette récapitulation n'était faite elle-même par l'instrument. Aussi, le mécanisme que nous allons décrire peut-il être regardé comme un complément du premier, bien qu'on puisse, néanmoins, en faire un appareil tout à fait indépendant. Cette partie de l'appareil récepteur n'a pas d'autre mécanisme transmetteur que celui qui agit sur les électro-aimants portant les crayons. Il est complétement lié aux mouvements de ceux-ci, bien qu'il forme sur l'appareil récepteur un mécanisme indépendant N P Q R.

Ce mécanisme consiste dans un arbre horizontal X sur lequel sont montées huit roues d'angle dont l'écartement représente exactement l'intervalle qui sépare les électro-aimants les uns des autres. Cet arbre est placé à l'opposite du cylindre récepteur et parallèlement à lui, c'est-à-dire derrière les électro-aimants. Il reçoit son mouvement de rotation de l'horloge, par l'intermédiaire d'une chaîne de Vaucanson, dont les roués sont tellement disposées et combinées, qu'il accomplit un tour sur lui-même toutes les deux heures. Au-dessus de ces roues d'angle et s'engrenant avec elles à angle droit, se trouvent huit autres roues d'angle horizontales a, fig. 4, d'un diamètre deux fois plus petit, et dont l'axe creux pivote sur une platine fixée au bâti du mécanisme. Ces roues, qui font un tour en une heure, sont toutes constamment engrenées et marchent avec l'horloge.

A une certaine hauteur, au-dessus de chacune de ces roues que nous appellerons *roues motrices*, est disposée une minuterie de pendule dont le pivot de la roue des minutes (la chaussée) traverse l'axe creux de la roue motrice, ainsi que la platine qui la supporte, et vient s'appuyer au-dessous de cette platine sur une lame de ressort très-flexible.

Cette roue des minutes (la chaussée) porte au-dessous d'elle un ressort arqué, dont les extrémités sont distantes à peine d'un demi-millimètre de la surface horizontale de la roue motrice, en temps ordinaire, mais qui viennent appuyer sur elle quand le pivot de la roue des minutes se trouve abaissé sur le ressort qui lui sert de support. Alors la minuterie participe au mouvement de la roue motrice, et se trouve engrenée jusqu'à ce que la pression qui a fait abaisser le pivot de la roue des minutes ait cessé.

Un cadran de montre et des aiguilles étant adaptés à chaque minuterie, on comprend que la durée de la pression, qui a pour effet son engrènement, peut être facilement constatée, et que, si ces pressions sont alternatives, leur durée totale ou la somme de leurs durées partielles sera exprimée par le nombre d'heures et de minutes marqué sur le cadran.

Pour obtenir la somme totale des persistances du vent dans une même direction, il ne s'agira donc que de faire réagir l'électro-aimant correspondant à cette direction sur celle de ces minuteries qui sera à sa portée.

Pour cela j'ai fait l'armature de ces électro-aimants à bascule, et en l'un des points b du bras de la bascule opposé à celui qui porte le crayon, j'ai articulé une tige métallique à vis de rallonge, descendant verticalement. Cette tige est ensuite articulée à l'extrémité d'un levier basculant $c\,d$ dont le bras libre va appuyer sur le pivot de l'aiguille des minutes du compteur correspondant. Ainsi disposée, l'armature de l'électro-aimant, en s'abaissant, soulève la tige articulée, et celle-ci, en soulevant à son tour le levier-bascule, lui fait engrener la minuterie. Tant que le courant circule dans l'électro-aimant, l'engrènement subsiste, mais aussitôt qu'il est rompu, la minuterie devient libre.

Dans la figure 4, l'électro-aimant est indiqué en A, son armature en E B, la tige à vis de rallonge en D, le levier à bascule en $c\,d$, la minuterie en L, les aiguilles en K, et les roues motrices en g et en a.

Compteurs des vitesses. — Le troisième système de l'appareil récepteur comprend les compteurs en rapport avec les vitesses des différents vents (voir les fig. 5 et 3). Ils consistent dans huit électro-aimants spéciaux à une seule bobine, qui portent sur leur branche sans bobine une platine en cuivre sur laquelle sont disposées une roue à rochet de cent dents avec ses crochets d'encliquetage, et une autre roue à dents droites, également de cent dents, engrenant avec un pignon que porte la roue à rochet. L'armature de ces électro-aimants porte les cliquets d'impulsion et d'arrêt, de telle manière, que chaque fois qu'elle s'abaisse elle fait sauter une dent du rochet. Deux flèches de repère sont fixées sur la platine, et les divisions sont gravées et numérotées de dix en dix sur les roues elles-mêmes. Ainsi disposés, les compteurs sont placés verticalement les uns vis-à-vis des autres au nombre de quatre de chaque côté, et rangés de manière que les ressorts antagonistes des armatures et les vis de rappel pour le règlement de leur écart soient placés sur un bâti de cuivre commun.

Le quatrième système, celui en rapport avec les indications de la vitesse du vent aux différentes heures de la journée, est le plus simple de tous; il consiste uniquement dans un électro-aimant faisant agir un crayon sur une partie du cylindre récepteur à lui réservée. Cet électro-aimant est placé horizontalement et transversalement à l'extrémité du cylindre; conséquemment, les traits fournis par le crayon que porte son armature sont dans le sens de la génératrice de ce cylindre. Autant de fois que le moulinet de l'anémomètre aura fermé le courant en rapport avec cet électro-aimant, autant de traits seront tracés sur le cylindre, et ces traits seront distincts, puisque dans l'intervalle des fermetures du courant, le cylindre aura tourné sur lui-même. Plus le vent sera fort, plus les traits seront rapprochés, et si l'on connaît la relation qui existe entre un kilomètre et le nombre de tours du moulinet que comporte chaque fermeture du courant, il suffira de compter les traits marqués dans chaque intervalle d'une heure, pour suivre les variations diurnes de la vitesse du vent.

Cependant comme, dans les vents un peu forts, les traits ainsi marqués sur le cylindre pourraient être tellement rapprochés qu'ils se confondraient, j'ai été obligé d'établir un compteur spécial pour les grands vents; ce compteur, d'ailleurs, permet un compte plus facile et plus prompt de tous les traits correspondant à une vitesse moindre. Cette partie de l'appareil, placée entre les branches de l'électro-aimant des vitesses, consiste dans une roue à rochet de cinquante dents R, (fig. 58), sur laquelle agit un cliquet H, fixé à l'armature de l'électro-aimant, et qui porte en l'un des points de sa circonférence un doigt E, disposé de telle façon, qu'à chaque révolution de

la roue, un petit levier coudé B P C, portant un crayon, se trouve mis en
jeu. Comme ce dernier crayon correspond au crayon A des petites vitesses,

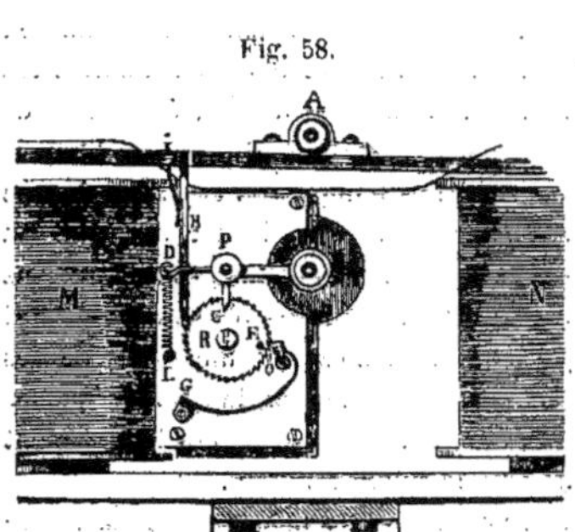

Fig. 58.

on comprend que les traits laissés par lui correspondent à
tous les cinquante traits laissés
par l'autre crayon, et que,
pour un même intervalle de
traits, on peut avoir l'indication d'une vitesse cinquante
fois plus grande.

Malgré sa complication, l'appareil, tel qu'il vient d'être
décrit, forme un très-joli meuble, qui peut servir en même
temps d'horloge et même de
régulateur pour des compteurs
électro-chronométriques. De
plus, un réveil a été ajouté à l'horloge pour prévenir, en cas d'oubli, du
moment où l'on doit relever les observations. Il suffit alors de retirer la
feuille de papier de dessus le cylindre, d'en remettre une autre, de noter
les indications des compteurs et de remonter les mécanismes, pour remettre l'appareil en état de fournir une nouvelle série d'observations. Une
pile de Daniell de dix éléments suffit pour faire marcher ce quadruple
appareil, et la dépense de son entretien ne s'élève pas à plus de 12 francs
par an.

Dans l'anémographe qui avait été établi à l'Observatoire, les mécanismes
étaient combinés de manière à ce que l'enregistrement des crayons s'effectuât pendant huit jours consécutifs, et que le relevé des indications des
compteurs se fît toutes les douze heures, par exemple à 9 heures du soir et
à 9 heures du matin. Mais l'on comprend facilement qu'en compliquant les
mécanismes et en augmentant les dimensions de l'appareil, on pourrait
reculer aussi longtemps qu'on le voudrait les époques du relevé des observations. Cependant il vaut mieux, en général, que ce relevé se fasse à des
périodes de temps assez rapprochées pour empêcher les erreurs de s'accu-
muler.

Bien que les données anémométriques fournies par l'appareil, tel que
nous l'avons décrit, soient les plus nécessaires à connaître, il en est encore
une dont on ne s'est jamais préoccupé, et qu'il serait pourtant bien important d'étudier : c'est l'inclinaison du vent aux différentes heures de la

journée, et suivant sa direction. Voici un appareil que j'avais proposé dans ce but, et qui pourrait parfaitement s'adapter aux précédents. C'est une palette métallique, qui serait placée perpendiculairement au plan de la girouette, et qui serait mobile autour d'un axe horizontal sur lequel elle serait maintenue en équilibre. Cet axe, toutefois, devrait être isolé métalliquement de la girouette, et la palette elle-même ne devrait la toucher que par un appendice qui servirait de commutateur. Le vent, en soufflant, dirigerait la palette suivant son inclinaison, et l'appendice, en décrivant un arc de cercle, pourrait réagir sur trois plaques conductrices isolées, correspondant aux trois principaux azimuts de l'inclinaison du vent; il pourrait alors établir un courant électrique à travers l'une ou l'autre d'entre elles, ou plutôt dans l'un ou l'autre des circuits auxquels appartiendraient ces plaques. Il suffirait donc de trois électro-aimants armés de crayons, pour marquer sur le cylindre récepteur les différentes inclinaisons du vent.

Comme complément à l'anémographe que nous avons décrit, je lui ai adapté un pluviomètre anémométrique, qui donne la quantité de pluie tombée sous l'influence de chaque vent. Il consiste dans une bassine circulaire de zinc, divisée, suivant le rayon, en 8 compartiments. Un entonnoir, soudé sur l'axe de la girouette et dont le tube de déversement est situé sur le côté, reçoit la pluie par l'intermédiaire d'un pluviomètre ordinaire placé à côté de l'anémomètre, et la distribue dans l'une ou l'autre des huit cases, suivant la direction de la girouette. Connaissant le rapport de la capacité de ces compartiments avec la surface du pluviomètre, on peut facilement déterminer, par une échelle graduée que l'on plonge dans chaque case, la hauteur d'eau en millimètres, tombée sous l'influence de chaque vent en particulier.

Anémographe électro-mécanique à indications combinées de M. Th. Du Moncel. — Lorsqu'on a à sa disposition une tour ou un belvédère où l'on peut installer une cabane appropriée exclusivement aux besoins d'un observatoire météorologique, l'anémographe le plus commode, le plus simple et en même temps le plus solide, est celui que nous représentons ci-contre, (fig. 59), et qui peut être combiné avantageusement avec l'anémographe électrique, décrit précédemment (1).

Cet appareil consiste dans une girouette ou tout autre système capable de fournir la direction du vent, dont l'axe réagit sur un système mécanique,

---

(1) Cet anémographe a fonctionné pendant quatre ans à l'observatoire que j'avais installé chez moi, à Lébisey, et il n'avait pas exigé de réparations sérieuses pendant ce temps.

enregistreur et sur un pluviomètre distributeur. Cet axe est creux (en tube Gandillot), et, au lieu de pivoter sur pointe, comme dans les autres anémographes, il tourne sur une espèce de plate-forme à galets CC analogue à celles sur lesquelles on tourne les wagons sur les chemins de fer; seule-

Fig. 59.

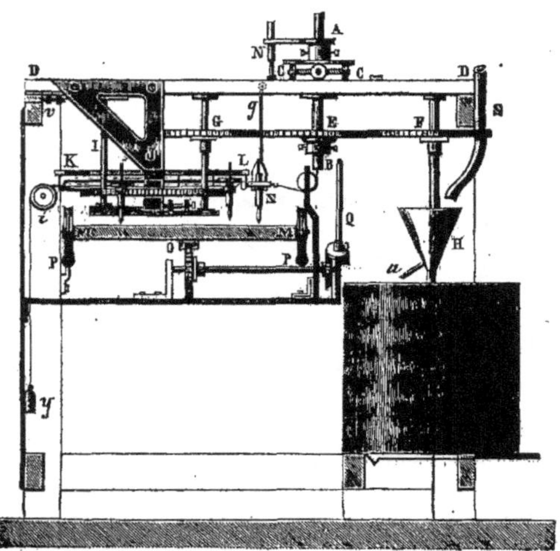

ment, pour éviter autant que possible la dureté des frottements, le trou pratiqué à l'intérieur de la planche DD, et à travers lequel passe cet axe, est muni de trois petites roulettes contre lesquelles celui-ci appuie toujours. De cette manière, la partie inférieure B de l'axe de la girouette est complétement dégagée, et peut laisser passer à travers le tube qui le compose une chaîne dont nous verrons à l'instant la fonction.

A la partie inférieure de ce même axe AC, se trouve adaptée une roue E engrenant avec deux autres roues G et F, exactement de même diamètre, et montées sur des axes parallèles. L'axe de la roue F porte un entonnoir H, dont le tuyau de déversement peut distribuer l'eau du pluviomètre dans les différentes cases pratiquées dans le récipient cylindrique R. L'axe de la roue G porte, de son côté, une roue de petit diamètre qui a sa répétition sur l'axe I, et sur laquelle vient s'enrouler une chaîne articulée à la Vaucanson. Le support inférieur de ces deux axes est porté par deux montants en fonte JJ' fixés à la planche DD, et se trouve tellement disposé qu'en tournant une petite vis que l'on distingue aisément sur la figure, on peut éloigner ou rapprocher l'axe I de l'axe G. Afin de maintenir le parallélisme des axes, une seconde vis v est adaptée à un système de coussinet qui maintient supérieurement l'axe I.

Le système des deux roues sur lesquelles s'engrène la chaîne de

Fig. 60.

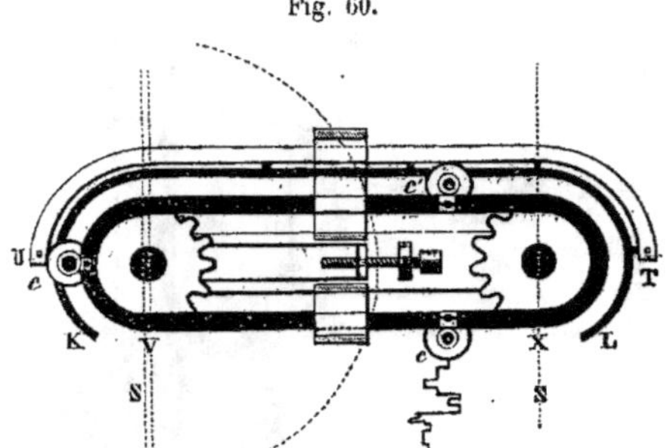

Vaucanson est représenté vu en plan dans la figure 60.

La distance de l'axe I à l'axe G n'est pas indifférente ; elle doit être telle que la partie droite de la chaîne de Vaucanson de X en V, c'est-à-dire depuis les deux points de tangence de la ligne extérieure de cette chaîne avec les deux roues, soit égale au développement de la circonférence de l'une de ces roues. Il en résulte que la longueur totale de la chaîne est égale à trois fois le développement de cette circonférence ; par conséquent, en fixant sur la chaîne aux trois tiers de sa longueur des porte-crayons c, c', c'', leur distance réciproque représentera le champ complet de la rose des vents. En effet, la roue G, fig. 59, étant de même diamètre que la roue E, et un tour de celle-ci correspondant à un tour complet de la girouette, il en résulte qu'un tour des petites roues sur lesquelles est engrenée la chaîne de Vaucanson correspond également à un tour complet de la girouette. Si donc, par un mécanisme que nous expliquerons à l'instant, on fait en sorte qu'un seul des crayons marque à la fois de X en V, fig. 60, on pourra voir, par la hauteur de la trace dans l'intervalle XV, la véritable direction du vent.

Pour obtenir qu'un seul des crayons trace à la fois, il suffit de disposer circulairement autour de la chaîne de Vaucanson une rampe KL, sur laquelle les têtes circulaires c, c', c'' des porte-crayons venant à s'engager, se trouvent par ce seul fait soulevées; c'est précisément le cas des porte-crayons *c'*, *c*', (fig. 60). Dans nos figures, la rampe paraît double, parce que, devant être dégagée à sa partie supérieure, elle doit être forcément soutenue par le dessous, et c'est le support circulaire où sont fixés les points d'appui de cette rampe que nous avons représenté en TU. Le support est lui-même fixé sur les montants en fonte J J', (fig. 59). Avec cette disposition, on comprend donc facilement qu'aussitôt après que les porte-crayons ont quitté les points X et V, (fig. 60), ils se trouvent soulevés, et dès lors ne fournis plus de traces du côté opposé à XV.

On pourrait croire qu'avec une simple crémaillère portant un crayon et engrenant avec la roue G, (fig. 59), le problème pourrait être résolu plus simplement; mais si on réfléchit que souvent la girouette accomplit plusieurs tours sur elle-même dans un même sens, et que, dans ce cas, la crémaillère, une fois sortie de son champ, ne peut plus y rentrer que par l'effet d'un mouvement rétrograde, on comprendra la nécessité de la chaine de Vaucanson et des trois crayons. Avec cette disposition, en effet, si la girouette accomplit plusieurs tours sur elle-même, un crayon succède toujours à l'autre dans le champ des indications.

La partie de l'instrument que nous venons d'étudier est celle qui est en rapport direct avec la girouette, mais avec cette seule disposition les indications se superposeraient de X en V, (fig. 60), et ne seraient d'ailleurs pas reliées au temps. Pour résoudre ce problème, il m'a suffi de disposer au-dessous du système précédent une longue planche MM, (fig. 59), qu'on voit en coupe transversale sur notre dessin, et qui est mobile, au moyen de quatre roulettes à gorge, sur un chemin de fer dont les rails cylindriques se voient en coupe transversale en PP. Sous cette planche est fixée une longue crémaillère U, également vue en coupe, et avec laquelle s'engrène une roue qui reçoit son mouvement d'une horloge placée en un des coins supérieurs du bâti de l'appareil, par l'intermédiaire de deux roues d'angle, dont l'une, montée sur l'axe incliné Q, peut être repoussée, afin qu'on puisse désengrener le système. Le bouton dont est munie son assiette sert à cette manœuvre. Les dimensions des roues sont calculées de manière à faire avancer la planche MM d'une longueur déterminée en vingt-quatre heures. Dans mon instrument, cette longueur est de $1^m,20$. Maintenant, le jeu de cet appareil se comprend aisément : sous l'influence du vent, l'un des portecrayons *c*, *c'*, *c*' prend des positions différentes sur la feuille de papier placée sur la planche MM; mais, tandis qu'il effectue ses évolutions, cette planche MM avance sous l'influence de l'horloge, de telle sorte que les traces laissées sur la feuille de papier se rapprochent des courbes que nous

avons indiquées en *c*, fig. 60, et dans lesquelles la longueur des traits représente la durée du vent, tandis que la position dans le sens transversal
indique la nature du vent.

La partie du mécanisme de l'instrument qui doit enregistrer les différentes phases de la vitesse du vent consiste dans un porte-crayon Z, (fig. 59),
adapté à l'extrémité d'une longue tige articulée à l'un des points opposés du
bâti de l'appareil, et sur lequel réagissent, d'abord la chaîne qui sort par le
tube de l'axe de la girouette, et en second lieu le contre-poids *y*, qui exerce
son effet par l'intermédiaire d'une poulie *i*, en sens contraire de la chaîne.
Une tige-support *g* maintient horizontale la tige du porte-crayon Z, et la
chaîne elle-même est fixée à une plaque, articulée transversalement au-
dessus de la girouette. Cette plaque, de petite dimension relativement à
celle-ci, constitue l'anémomètre proprement dit. Plus le vent est fort, plus
elle s'incline; et, comme sa surface décroît comme les cosinus des angles
d'écartement, il est facile de préciser le degré de force en rapport avec les
différentes longueurs de traits marqués sur le papier. Ces traits sont, il est
vrai, des arcs de cercle; mais, comme la tige qui supporte le crayon est très-
longue, on peut les considérer comme droits en raison de leur peu de
longueur.

La partie de l'instrument qui réagit sur le pluviomètre n'est autre chose,
comme nous l'avons vu, qu'un entonnoir H, qui, suivant la direction du
vent, verse dans l'une ou l'autre des huit cases orientées de la bassine
cylindrique R, la quantité de pluie fournie par le pluviomètre. Le tuyau de
ce pluviomètre se voit en S. Chacun des compartiments de la bassine correspondant à un robinet spécial, il est facile, en laissant écouler l'eau
tombée dans une éprouvette graduée, de connaître la hauteur d'eau correspondant à tel ou tel vent.

Pour le relevé des observations qui se font toutes les vingt-quatre heures
voici comment je m'y prends :

D'abord, par économie, j'emploie du papier gris de tenture, dont chaque
rouleau, de 12 mètres, coûte environ 20 centimes. Je fixe un bout de ce
rouleau sur le plancher MM avec des punaises, et je laisse le reste du papier
traîner par terre. Je taille les crayons, et je laisse l'appareil fonctionner. Au
bout de 24 heures, je repousse le papier de 1m,20 en écrivant dessus la date
de l'observation, et je le fixe de nouveau au moyen des punaises. Quand
tout le rouleau est tracé, je le retourne à l'envers, de sorte qu'un rouleau
de 20 centimes me dure à peu près 15 jours.

La discussion des traces laissées par l'appareil est facile : il suffit d'appliquer sur la feuille tracée une feuille de papier à calquer de la longueur de la,

planche, et divisée de cinq en cinq minutes et en seize directions de vent. Cette double division donne une série de petits carreaux qui ont tous une position connue et déterminée, et suivant que la courbe correspond à tel ou tel de ces carreaux, ou occupe telle ou telle longueur au milieu d'eux, on peut connaître immédiatement la durée des différents vents qui se sont succédé dans les 24 heures.

Quant aux traces correspondantes à la force du vent, le papier à calquer est rayé dans la partie correspondante à ces traces en quatre divisions espacées inégalement d'après les angles d'écartement de l'anémomètre, correspondant à des forces de vent double, triple, quadruple du ven' initial, que j'ai choisi léger. Cette graduation peut se faire au moyen d'un anémomètre à moulinet, celui de M. Robinson, par exemple. Ces expériences étant une fois faites servent pour toutes les observations ultérieures, et permettent de ramener les indications fournies aux quatre appellations suivantes : vent léger, vent fort, vent très-fort, tempête.

Sans doute, ce système n'est pas bien rigoureux ; mais, en raison de sa simplicité, il fournit peut être en somme des indications plus certaines que les anémomètres à moulinet. Néanmoins, j'ai combiné un système de ce dernier genre pour être approprié à mon instrument, et ce système est susceptible de fournir des courbes. Pour obtenir ce résultat, je décompose d'abord et retarde suffisamment la vitesse du moulinet pour ramener son mouvement à l'intérieur de la cabane où est placé l'anémographe. Là, je le décompose de nouveau, de manière à entraîner perpendiculairement au chariot enregistreur MM, (fig. 59), une crémaillère portant un crayon. Sous l'influence du moulinet, le crayon s'avance sur le chariot ; mais comme celui-ci est entraîné lui-même, ainsi que nous l'avons vu, la ligne décrite, au lieu d'être transversale sur la feuille de papier, est plus ou moins inclinée diagonalement, suivant la vitesse dont est animé le moulinet.

Si la crémaillère était assez longue et la feuille de papier suffisamment large, cette ligne diagonale n'aurait pas de fin, et représenterait des inflexions différentes qui seraient bien en rapport avec l'intensité du vent ; mais cette manière d'opérer serait impraticable, et, pour la faciliter, j'adapte devant l'axe du pignon moteur de la crémaillère, un mouvement du pendule dont la roue de compte de la sonnerie est remplacée par une roue à cames, et dont le déclanchement, au lieu de s'opérer à toutes les heures et à toutes les demi-heures, s'effectue toutes les cinq minutes. Cette roue à cames, en rencontrant le pignon de la crémaillère, peut le repousser, et par suite désengrener celle-ci : alors un contre-poids ramène la crémaillère à son point de départ initial.

On conçoit alors que les traits que l'on obtient sont des jambages plus ou moins allongés, dont les inflexions représentent les variations du vent pendant les cinq minutes, et dont les sommités anguleuses représentent les différents points de la courbe cherchée.

En météorologie, ce ne sont pas toujours les indications précises de l'azimut de la rose des vents, selon lequel chaque vent a soufflé, qui sont les plus importantes pour déduire des lois; c'est le plus souvent, comme nous l'avons dit plusieurs fois, un ensemble d'observations se rapportant aux huit vents principaux. Or, les courbes fournies par l'instrument précédent sont tellement capricieuses, tellement variées, qu'il serait difficile d'en déduire des chiffres exacts. Dans ce cas, mon anémographe électrique à compteurs peut être employé avec avantage, et pour l'adapter à l'appareil précédent, il suffit de fixer à l'axe AB de la girouette, (fig. 59), un frotteur à piston N appuyant sur une circonférence de cuivre divisée en huit secteurs. Je ne reviendrai pas ici sur la description de mon anémographe électrique, il me suffira de rappeler qu'au moyen de ses calculateurs, tous les instants pendant lesquels chaque vent a soufflé dans une même direction se trouvent totalisés, et que le nombre de kilomètres parcourus par chaque vent, dans une même direction et dans un temps donné, se trouvent également inscrits.

Pour terminer avec mes appareils, je devrai dire quelques mots d'un accessoire important que j'avais imaginé pour faciliter les calculs que l'on peut déduire des courbes tracées par ces sortes d'instruments, accessoire auquel j'ai donné le nom de *traducteur électrique des courbes anémométriques*.

Traducteur électrique des courbes anémométriques de M. Th. du Moncel. — Quand on veut traduire en chiffres les courbes fournies par les anémomètres ordinaires auxquels n'a pas été adjoint l'anémomètre électrique, ainsi que nous l'avons vu précédemment, on peut employer un système de traducteur électrique qui opère infiniment plus rapidement qu'on ne le ferait en employant le système à repère calqué, que nous avons décrit plus haut.

Ce système consiste dans un appareil identiquement semblable au mécanisme compteur de mon anémographe électrique, (fig. 61), sur lequel réagit un système de commutateur que je vais décrire, et qui peut être mis en mouvement, soit à la main, soit par un mécanisme d'horlogerie.

Ce commutateur consiste d'abord dans huit ressorts recourbés en col de cygne, appuyant sur l'un des cylindres d'une espèce de laminoir adapté à l'appareil comme le mécanisme entraîneur de la bande de papier dans les télégraphes Morse. Ce cylindre doit avoir une longueur correspondante à la largeur de la feuille tracée et se terminer par deux repères pour guider

celle-ci dans son défilement. L'une des extrémités de l'axe de ce cylindre
porte une manivelle, l'autre un pignon qui engrène avec une roue reliée au
mécanisme calculateur, dont nous avons parlé, par une chaîne d'engrenage

Fig. 61

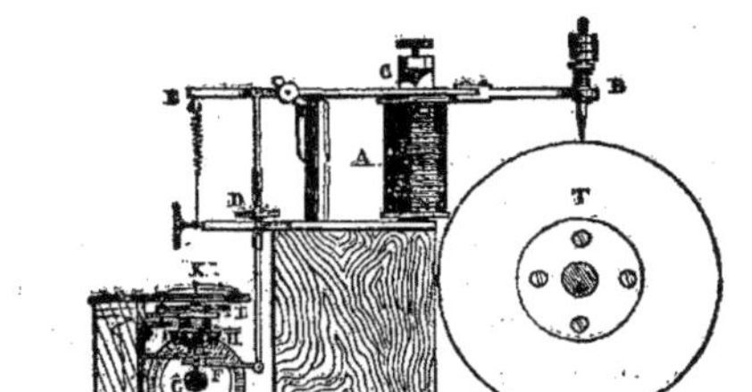

et une poulie à gorge découpée. Le diamètre de cette poulie est calculé de
manière que l'arbre horizontal du calculateur fasse six tours pour un défilement de la feuille tracée correspondant à douze heures d'indications.

Quant aux ressorts frotteurs eux-mêmes, ils se terminent chacun par une
palette de cuivre dont la largeur est égale à une division de l'aire des vents,
correspondante sur le papier à un angle de 45°, et toutes ces palettes sont
rangées les unes à la suite des autres sur une ligne droite, sans être, pourtant en contact métallique. Enfin, en avant de cette espèce de râteau se
trouve une sorte de balai métallique qui appuie également sur le papier, et
qui se trouve directement en rapport avec l'un des pôles d'une pile dont
l'autre pôle correspond aux différents ressorts dont nous venons de parler,
par l'intermédiaire des huit électro-aimants du calculateur.

Pour faire fonctionner cet appareil, il suffit de passer, avec une plume,
de l'encre métallique sur les différentes traces au crayon fournies par l'anémomètre, et de placer la feuille de papier sur le laminoir de l'instrument,
de manière que le commencement de chaque relevé d'indications corresponde à un point de repère tracé sur le cylindre et à la ligne formée par les
frotteurs. Sous l'influence du double contact établi entre la trace métallique
du papier et le balai frotteur, d'une part, et entre cette même trace et l'un
des frotteurs du râteau, de l'autre, le courant se trouve fermé à travers
l'un ou l'autre des électro-aimants du calculateur, et la minuterie corres-

pondante se trouve engrenée. On tourne alors le laminoir; la feuille se
trouve entraînée, et le calculateur, mis en même temps en mouvement, fait
marcher successivement celles des minuteries qui se trouvent engrenées
par suite du passage de la trace métallique sous l'un ou l'autre des frotteurs en correspondance électrique avec elles. Comme la rotation des aiguilles
est en rapport avec la longueur de papier défilée, laquelle longueur a été
reliée à la marche du temps d'une manière immuable, il arrive que tous
les instants pendant lesquels le vent a soufflé dans une même direction se
trouvent additionnés, comme dans mon anémographe électrique, et cette
addition peut être faite en quelques instants pour un mois entier.

Quant aux indications relatives à la force du vent, leur calcul dépend du
genre d'annotation qui a été produit. Si ce sont des courbes fournies par
un moulinet, comme je l'ai indiqué dans l'anémographe précédent, ou des
traces fournies par l'anémomètre à plaque, on circonscrit ces traces avec
de l'encre métallique, et on place dans le champ de ces traces quatre ou
cinq frotteurs analogues aux précédents, qui se trouvent reliés avec des
minuteries spéciales. Alors on obtient la somme des instants pendant
lesquels ont soufflé les vents dont la force correspond aux désignations :
vent modéré, vent fort, vent très-fort, tempête, calme. Si les traces produites
sont des traits correspondant à un certain nombre de tours du moulinet
anémométrique, ces traits sont reproduits à l'encre métallique, et des
frotteurs en forme de fourche dont les branches sont isolées, inscrivent sur
un compteur le nombre de ces traits. Dans ce cas, cependant, il est plus
simple de les compter.

J'ai combiné beaucoup d'autres systèmes d'anémographes électriques que
j'ai décrits dans la 2ᵉ édition de cet ouvrage, tome II, p. 387 et 390. Je
n'en parlerai pas de nouveau, croyant ceux que je viens de décrire les plus
pratiques de tous : je ferai seulement observer que dès l'origine j'avais
cherché à réduire le nombre des fils conducteurs reliant entre elles les deux
parties de l'appareil, problème qu'a réalisé dernièrement, dans des conditions plus pratiques, M. Hardy.

Anémographes de M. Jules Salleron. — Le premier anémographe de M. Jules Salleron, construit en 1856, n'est qu'un diminutif de mon
grand anémographe. Toutefois, la disposition de l'anémomètre proprement
dit présente quelques heureux perfectionnements sur lesquels nous croyons
devoir insister. Ces perfectionnements sont, d'une part, la substitution de
moulinets à la girouette, et, d'autre part, la substitution du tourniquet à
tasses du Dᵣ Robinson au moulinet de Woltmann pour l'enregistrement de
la vitesse du vent. Au moyen de l'un de ces systèmes, les petites variations

insignifiantes et brusques qui sont si fréquentes dans la direction du vent, et que j'ai corrigées dans mon système par l'appareil hydraulique décrit page 307, se trouvent complétement neutralisées, et ne contribuent qu'à infléchir plus ou moins la résultante qui représente la direction du vent. D'un autre côté, au moyen du tourniquet du Dr Robinson, les vitesses

Fig. 62.

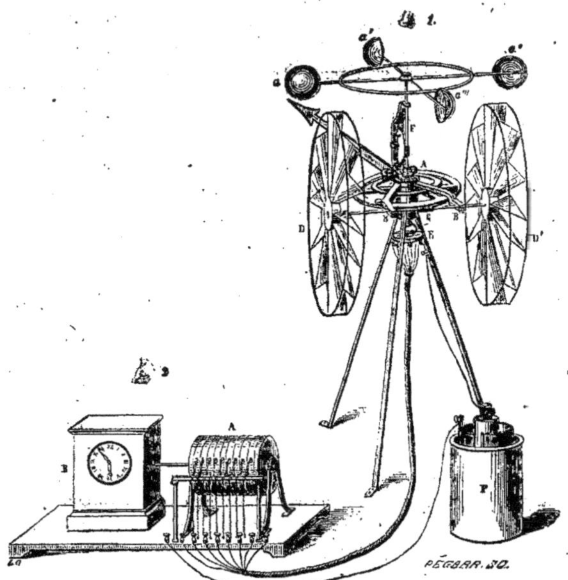

constatées sont réellement comparables, ce qui n'a pas toujours lieu dans les indications du moulinet de Woltmann. Voici du reste, comment M. Salleron décrit son instrument :

« J'ai adopté, dit-il, dans la construction de cet instrument, quelques dispositions peu connues encore en France et qui, employées déjà en Angleterre, y ont rendu de grands services. Cet appareil est représenté, fig. 62 ci-dessus, et se compose de deux parties bien distinctes :

« I°. L'anémomètre proprement dit (n° 1), qui doit être posé sur le toit ou sur une terrasse à découvert. (Dans la figure, on a supprimé, pour faci-liter la démonstration, la cloche en zinc qui recouvre tout le mécanisme et le garantit de la pluie et des intempéries de l'air.)

« II°. L'appareil enregistreur (n° 2), qui doit inscrire sur une feuille de papier les indications de l'anémomètre. Un câble composé de dix fils de cuivre isolés dans de la gutta-percha relie ensemble les deux appareils, qui peuvent être distants l'un de l'autre autant qu'il le faudra.

« I. *Anémomètre proprement dit.* — Pour obtenir d'une manière précise la direction du vent, j'ai mis à profit une nouvelle disposition qui m'a été communiquée par M. Piazzi Smyth, le savant directeur de l'Observatoire d'Édimbourg. Voici en quoi elle consiste :

« Au centre du cercle A tourne un axe vertical. Cet axe entraîne avec lui deux supports horizontaux aux extrémités desquels sont deux collets B, B', dans lesquels tourne librement une vis tangente C qui engrène avec le cercle A denté sur toute sa circonférence. Aux extrémités de la vis tangente, sont calées deux grandes roues à ailes D, D' dont les palettes, suivant la direction des rayons, sont inclinées de 45 degrés sur le plan de la roue. Qu'on s'imagine ces deux roues, parallèles entre elles, placées dans un courant d'air ; le vent, en soufflant sur les palettes, fera tourner les roues ; les roues entraîneront la vis tangente C ; la vis tangente engrenant avec le cercle A qui est immobile, fera tourner tout le système jusqu'à ce que les roues se soient placées dans une direction parallèle à celle du vent, direction qui, en effet, est la seule où le vent n'ait plus d'action sur les ailes, puisqu'alors il frappe sur le champ des palettes. Faisons changer la direction du vent : les roues se mettront à tourner de nouveau et viendront d'elles-mêmes se replacer parallèlement au courant d'air.

« Comme on le voit, ce système offre de grands avantages, puisqu'il peut, si les dimensions des roues sont suffisantes, enregistrer les moindres courants d'air, de même que les vents les plus violents, sans aucune oscillation ni mouvement contraire.

« La direction des roues se trouve enregistrée par le moyen de l'électricité, de la même manière à peu près que dans le premier anémomètre électrique de M. du Moncel. L'axe vertical, qui tourne avec les ailes, entraîne une roulette frottant sur un cercle partagé en huit segments. Ces huit segments correspondent aux huit aires principales des vents, et huit fils de cuivre isolés conduisent l'électricité dans l'enregistreur.

« Il importe de remarquer que bien que le cercle ne soit partagé qu'en huit parties, l'appareil n'en enregistre pas moins la direction dans les huit autres aires intermédiaires, parce que, quand la roulette se trouve toucher deux segments à la fois, l'électricité en passant dans deux fils imprime une trace particulière qui permet de reconnaître les points intermédiaires.

« Pour mesurer la vitesse du vent, j'ai adopté le nouveau moulinet à ailes hémisphériques du Dr Robinson. Cet appareil se compose d'un axe vertical F qui porte quatre rayons horizontaux à l'extrémité desquels sont soudées quatre demi-sphères creuses $a, a', a'' a'''$. Chaque portion convexe d'une des sphères regarde la partie concave d'une autre. Quand ce moulinet se trouve exposé dans un courant d'air, le vent rencontre toujours deux demi-sphères convexes et deux autres concaves; comme il a plus d'action sur les surfaces concaves que sur les surfaces convexes, il imprime à tout le système un mouvement de rotation.

« M. Robinson a démontré que le nombre des tours de ce moulinet est toujours proportionnel à la vitesse du vent; en d'autres termes, que le chemin parcouru par l'axe des sphères est toujours une fraction constante du chemin parcouru par le vent, quelle que soit sa vitesse. De plus, quand dans cet anémomètre les sphères ont un diamètre suffisant et sont fixées à l'extrémité de rayons assez longs pour que les frottements de l'axe soient une fraction très-petite de l'action du vent sur les sphères, le nombre 3 représente assez exactement le rapport qui existe entre le chemin parcouru par les ailes et celui parcouru par le vent.

« Ainsi, en multipliant par 3 la longueur de la circonférence du cercle parcouru par l'axe des demi-sphères, on trouve le chemin parcouru par le vent pour chaque tour du moulinet. Dans l'instrument que je décris, cette circonférence est de 1^m,333, nombre qui multiplié par 3, donne 4 mètres pour chaque tour des ailes.

« L'axe F du moulinet porte une vis tangente qui engrène sur une roue dentée de 250 dents; de sorte que chaque tour complet de la roue équivaut à 1 kilomètre. Un contact électrique fixé sur la roue et un petit ressort isolé qui vient le toucher à chaque révolution, envoient dans l'enregistreur le courant de la pile.

« II. *Appareil enregistreur* (1), (n° 2). — Il se compose essentiellement d'un cylindre de cuivre A, tournant sur son axe; une pendule B lui imprime un mouvement de rotation d'un tour complet en vingt-quatre

---

(1) Dans la notice que j'ai publiée dans les Comptes-rendus de l'Académie des Sciences en mai 1852, j'indique le système d'enregistrement au moyen du papier préparé au cyano-ferrure de potassium.   T. D. M.

heures. Sur ce cylindre est enroulée une feuille de papier préparée au cyano-ferrure de potassium, suivant le procédé que M. Pouget-Maisonneuve avait imaginé pour les télégraphes électro-chimiques. Cette feuille est en outre divisée en vingt quatre parties, qui représentent des heures, et en lignes perpendiculaires correspondant aux huit vents principaux de la rose. Neuf ressorts frotteurs en acier appuient sur la surface du papier. Chacun de ces ressorts est en communication avec un des fils du câble qui descend de l'anémomètre ; huit de ces fils communiquent aux huit segments de la direction du vent, le neuvième au moulinet des vitesses.

« Le cylindre de cuivre étant en communication avec un des pôles de la pile P, tandis que le second pôle est relié avec l'anémomètre, il arrive que le cyano-ferrure de potassium se trouve décomposé sous le style dans lequel passe le courant, et imprime sur le papier une ligne de bleu de Prusse.

« Il arrive de même que le style des vitesses imprime des points bleus qui correspondent chacun à 1 kilomètre de chemin parcouru par le vent.

« Disons encore que quand la roulette de la direction se trouve toucher deux segments à la fois, les deux styles correspondants tracent chacun une ligne bleue qui représente évidemment les directions intermédiaires aux huit vents principaux.

« Comme ces lignes et ces points se trouvent tracés sur les lignes horaires, on en peut conclure les moments de la journée et le temps pendant lequel le vent a persévéré dans la même direction, ainsi que la vitesse avec laquelle il s'est mû. »

Nouveau système de M. Salleron. — Les inconvénients inhérents aux appareils électro-chimiques ont engagé M. Salleron à revenir, pour un anémographe qui lui avait été commandé pour l'école de Grignon, au système d'enregistration électro-magnétique auquel j'avais donné la préférence dès l'origine. Cet appareil très vanté par M. Pouriau, sous-directeur de cette école, ne diffère guère du mien, en ce qui touche le système récepteur, que par le système du pointage électro-magnétique qui s'effectue par vibrations et d'une manière discontinue. Est-ce un progrès ? Cela me paraît douteux, bien que MM. Hervé-Mangon et Hardy aient eu recours au même moyen ; car du moment où l'on a à sa disposition un appareil enregistreur, ce n'est pas à une usure plus ou moins grande de la pile qu'on doit regarder pour avoir des indications complètes. Si on tient à connaître la direction du vent à des heures déterminées, rien n'est plus facile que de le voir dans mon système, puisque cette indication peut être fournie par l'intersection des traces laissées sur la feuille avec les lignes correspondantes aux différentes heures de la journée. Ce système, d'ailleurs, ne pourrait s'adapter aux totaliseurs de la durée des vents dont j'ai démontré plus haut l'importance. Quoiqu'il en soit, voici en quoi consiste le nouvel appareil de M. Salleron :

Anémomètre transmetteur. — L'anémomètre proprement dit, constituant le transmetteur, est toujours le système de Robinson et de Piazzi-Smith que M. Salleron avait adopté dès l'origine. Il l'a placé seulement dans de meilleures conditions, et nous en représentons, fig. 63 et 64, le dispositif et les détails d'exécution.

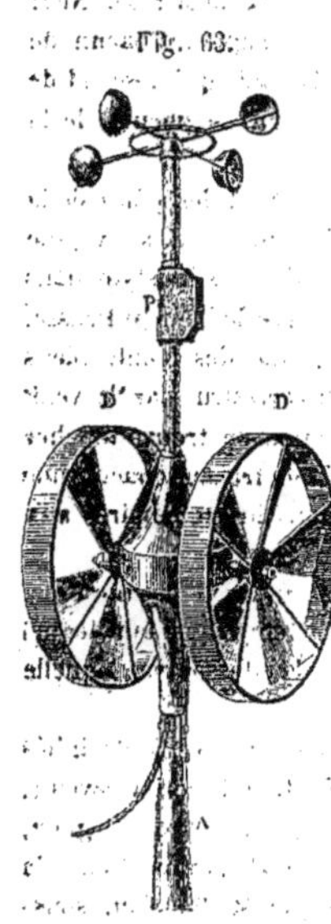

Dans la fig. 63, le moulinet de Robinson s'aperçoit au haut du mât qui porte l'appareil, et le compteur de ce moulinet est en P. Les ailettes pour la direction du vent sont en D, D', et l'on aperçoit au-dessous, sortant d'une ouverture pratiquée dans le mât qui est creux, le câble renfermant les fils de communication. La figure 64 représente la coupe de ce système, et la fig. 65, le plan du commutateur azimutal. Dans ce système, l'arbre horizontal des deux roues à ailettes porte un pignon p qui engrène avec une couronne dentée tt adaptée d'une manière fixe au mât. Il résulte de cette disposition que lorsque les roues se mettent à tourner, le pignon p tourne aussi; mais en vertu de la réaction qu'il reçoit de la couronne tt, il se déplace, et les roues prennent alors un mouvement de translation autour de l'axe vertical a, jusqu'à ce que le plan de leurs ailes soit devenu parallèle à la direction du vent. C'est, du reste, un dispositif analogue au papillon des moulins à vent perfectionnés, qui fait tourner le toit et les ailes de manière à maintenir toujours celles-ci dans un plan perpendiculaire à la direction du vent.

A l'axe a qui tourne également dans la crapaudine c sont fixés deux ressorts l, l disposés en forme de fourchette, (fig. 65), et qui, entraînés dans le mouvement de rotation de l'axe a, frottent successivement sur les quatre secteurs isolés N, O, S, E, qui sont convenablement orientés et mis en rapport avec l'appareil enregistreur par quatre fils conducteurs.

En examinant la figure, on remarque que les deux ressorts ll peuvent
être en contact avec un même secteur O, par exemple, ou avec deux secteurs différents E et S. Dans le premier cas, l'électro-aimant de l'enregistreur qui correspond au secteur O fonctionnera seul, et marquera le Rhumb de
vent *Ouest* ; dans le second cas, deux électro-
aimants seront mis en jeu simultanément, et indiqueront en même temps, l'un le Rhumb *Sud*, l'autre
le Rhumb *Est*, ce qui correspondra à la direction
intermédiaire S E. Ainsi les 8 Rhumbs principaux
seront enregistrés au moyen de quatre fils seulement et de quatre électro-aimants. Sous ce rapport,
la disposition de M. Salleron réalise sur la mienne
une économie de fils; mais ces sortes d'indications
doubles ne pourraient s'approprier au système
que j'ai toujours préconisé.

Fig. 64.

Enregistreur. — L'enregistreur, dans le nouvel
appareil de M. Salleron, est commun à l'anémomètre, à l'udomètre et au baromètre, mais nous ne
parlerons ici que de ce qui a rapport à l'anémomètre. Nous le représentons, du reste, fig. 66 ci-
dessous.

Les pièces principales de l'enregistreur sont,
comme dans le mien, une horloge, un cylindre et
une série d'électro-aimants. L'arbre de l'horloge

Fig. 65.

sur lequel s'enroule la corde du poids moteur, est relié au moyen d'un
manchon avec ce cylindre, qui accomplit une révolution complète en
24 heures. Une vis de pression permet de rendre le cylindre indépendant
de l'horloge quand cela est nécessaire. Chaque jour à la même heure, on
fixe sur ce cylindre une feuille de papier, recouverte d'une couche de blanc
de zinc laquelle est préparée de telle sorte que toute pointe de cuivre
mise en contact avec ce papier y laisse une trace noire parfaitement visible.
Nous avons vu qu'un moyen analogue avait été employé par M. Deschiens
pour le chronographe de M. Liais. En considérant la date des publications,
M. Salleron aurait l'antériorité sur M. Deschiens pour ce mode de traçage.

Au-devant du cylindre se trouve une tablette supportant six électro-
aimants qui sont mis en communication, d'une part avec la pile, d'autre
part avec les diverses parties de l'appareil. Cinq sont solidaires de l'anémographe, le sixième correspond à l'udomètre. La figure 67 représente la

disposition de chacun de ces électro-aimants qui est, du reste, la même que
celle que j'ai adoptée, sauf le ressort R qui réagit comme le trembleur d'une

Fig. 66.

sonnerie, afin de faire exécuter à l'armature C les vibrations dont nous
avons parlé. Ces vibrations n'ont d'ailleurs d'autre résultat que d'accentuer
davantage la marque laissée sur le papier du cylindre enregistreur par le
marteau en cuivre M, qui joue alors le rôle de style traceur.

Dans ce système, l'enregistration se fait toutes les 10 minutes, et on

Fig. 67.

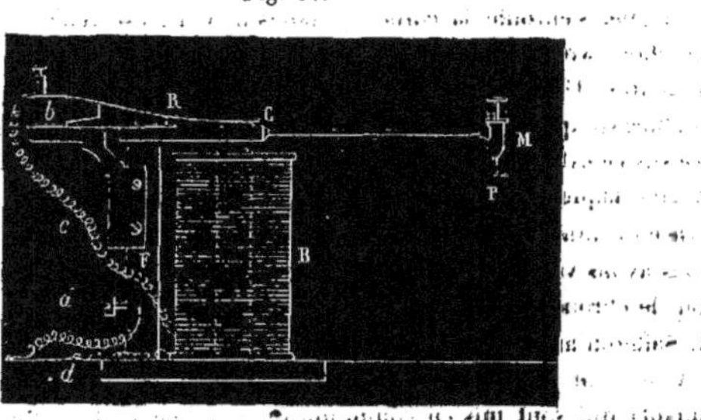

obtient cette intermittence au moyen d'un système d'engrenages faisant
mouvoir une roue fendue en étoile (fig. 66) avec une vitesse telle, que cha-

cune de ses dents vienne toutes les 40 minutes se trouver en contact avec
un ressort interrupteur, lequel ferme le courant et fait fonctionner les
électro-aimants.

Les feuilles destinées à l'enregistrement dans l'appareil de M. Salleron
sont, comme nous l'avons déjà dit, recouvertes avant l'impression lithographique d'une couche de blanc de zinc. Cette préparation s'effectue, comme
dans la fabrication des papiers peints, en étendant à la brosse une couche
de peinture à la colle dont l'oxyde de zinc forme la base. Elles portent, dans
le sens de la largeur, des lignes horizontales qui correspondent aux 24 heures
du jour, et l'espace compris entre deux lignes consécutives est lui-même
divisé en quatre parties; de telle sorte que chaque petite bande représente
un temps dont la durée est égale à 15 minutes. Des lignes perpendiculaires
aux premières établissent sur cette même feuille trois grandes divisions
destinées à l'enregistrement des phénomènes relatifs au baromètre, au vent
et à la pluie.

Anémographe de M. Hervé-Mangon. — L'anémographe de
M. Hervé Mangon n'est qu'une modification simplifiée de l'appareil de
M. Salleron que nous venons de décrire. L'appareil transmetteur est exactement le même; et l'enregistreur ne diffère de celui de l'appareil précédent,
que par la substitution au cylindre récepteur d'un système à bande de
papier mobile, disposé exactement comme pour un télégraphe Morse. Cette
substitution, toutefois, présente des avantages réels au point de vue pratique; car elle évite à l'observateur le soin de changer chaque jour, à une
heure déterminée, la feuille d'observations, et permet d'emmagasiner une
longue suite d'indications. De plus, comme les traces fournies se trouvent
alors très-rapprochées, on peut en les réunissant obtenir la courbe des
variations du vent, courbe dont les inflexions parlent plus aux yeux que tous
les chiffres possibles; surtout quand on veut suivre la marche successive
du phénomène aux différentes heures du jour.

Comme cet appareil a une grande analogie de forme et de disposition
avec celui de M. Hardy que nous décrirons plus loin et qui est plus perfectionné, nous n'avons pas cru devoir en donner ici les dessins ; nous nous
contenterons de dire qu'il se compose essentiellement d'une horloge comtoise, dont un des mobiles fait fonctionner un laminoir, analogue à celui
qui entraîne la bande de papier dans l'appareil Morse, mais beaucoup plus
développé en largeur, que la bande de papier qui se trouve tirée par ce
laminoir et qui est assez grande pour contenir dans sa largeur toutes les
indications, se déroule de dessus une poulie où elle est en provision pour
s'enrouler sur une autre poulie sollicitée par un poids, et que dans son

trajet entre ces deux poulies elle se trouve tendue sur une espèce de table
métallique au-dessus de laquelle sont rangées, suivant une ligne oblique,
les pointes traçantes destinées à fournir les indications. Ces pointes, comme
dans le système précédent, sont adaptées à l'extrémité de leviers qui terminent les armatures de cinq électro-aimants, et ces électro-aimants sont
rangés circulairement au-devant de l'appareil afin que les pointes puissent
se trouver placées très-près l'une de l'autre. Le système à vibrations que
nous avons décrit précédemment pour l'enregistration des traces, a été
également adapté aux armatures de ces électro-aimants, et ces traces elles-
mêmes ne sont autre chose que de petits trous perforés à travers la bande
de papier par les pointes traçantes. Toutes les 10 minutes, un courant
transmis par l'horloge motrice à travers le commutateur de l'anémomètre
met l'un ou l'autre de ces électro-aimants en action suivant la direction du
vent, et on peut reconnaître sur la bande de papier la direction de celui-ci
par la position qu'occupe le pointage dans le sens transversal. M. Hervé-
Mangon ayant destiné cet appareil au service des ponts et chaussées, l'a
simplifié autant que possible, et n'a voulu avoir à enregistrer que les 4 principales directions du vent; c'est pourquoi son appareil ne met à contribution
que quatre électro-aimants. Toutefois, ces quatre électro-aimants pourraient
fournir huit indications, comme on l'a vu précédemment, par une disposition convenable du commutateur azimutal. Le cinquième électro-aimant
enregistre la vitesse du vent, et les pointages se font dans la partie de la
bande de papier la plus voisine du bord antérieur. Il est mis en action par
un courant spécial qui lui fait pointer une marque après un certain nombre
de révolutions du moulinet de Robinson (100 dans l'appareil ordinaire), et
ces marques, comme dans mon système, sont plus ou moins rapprochées,
suivant la vitesse plus ou moins grande du vent. Dans les appareils de
M. Hervé-Mangon, chaque espacement de points représente 500 mètres.
Si on désigne, par conséquen', par n le nombre de points compris dans
une demi-heure, la vitesse moyenne du vent par seconde déduite de cette
demi-heure d'observations sera :

$$v = \frac{500n}{30' \times 60''} = \frac{500n}{1800''} = \frac{5}{18}\, n.$$

Si on veut obtenir la vitesse moyenne par seconde, déduite du temps
nécessaire à parcourir 500 mètres, on mesure l'écartement des deux points
consécutifs, et on déduit le temps t' écoulé en comparant cette longueur à
celle qui représente une demi-heure sur la bande, et la vitesse cherchée
est $\dfrac{500}{t'}$.

Anémographes à un seul fil. — Quand la distance séparan
l'anémomètre proprement dit de l'enregistreur est peu considérable, on n'a
pas à se préoccuper du nombre des fils conducteurs ; mais pour une
distance un peu grande, cette question doit être prise en considération,
non-seulement pour motif d'économie, mais encore à cause de la réaction

des fils les uns sur les autres,
quand ils sont cordés en câble,
et de la complication qu'ils en
traînent dans leur installation,
quand ils doivent être isolés sur
des poteaux. J'avais dès l'origine
prévu ce cas, et, pour simplifier
le système à ce point de vue,
j'avais imaginé un anémographe
à deux fils, que j'ai décrit dans
ma deuxième édition, et dont je
donne dans la fig. 68, ci-contre,
la représentation du dispositif
enregistreur. Ce dispositif n'était
d'ailleurs que la reproduction
électrique du système décrit
p. 313. Mais ce système présentant plusieurs causes de dérangement, je ne m'y suis pas

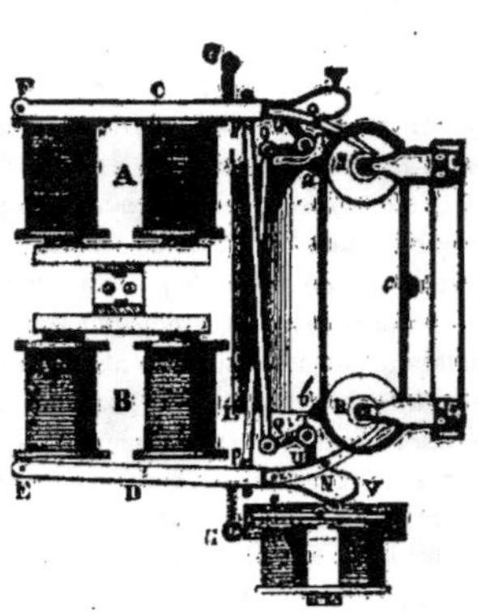

Fig. 68.

arrêté, et tous les anémographes construits par MM. Le Rebours et Secretan,
Gaiffe et autres sur mes indications, ont toujours été disposés, comme dans
mon premier système, c'est-à-dire pour 10 fils. Je dois même dire que ceux
qui se sont préoccupés après moi de cette question, tels que MM. Salleron,
le R. P. Secchi, M. Hervé-Mangon, etc., n'ont pas cherché à la simplifier sous
ce rapport, les distances entre l'anémomètre et l'enregistreur n'étant pas
suffisantes pour justifier une complication des mécanismes. En 1869 cependant, M. Hough ayant trouvé que cette simplification des fils de transmission valait la peine d'être prise en considération dans l'installation qu'il
voulait faire d'un anémographe électrique à l'observatoire de Dudley en
Amérique, combina un appareil qui n'exigeait qu'un seul fil, et cet appareil
a fourni, à ce qu'il paraît, de bons résultats. Comme sa disposition s'écarte
un peu de celle qui est généralement adoptée pour ces sortes d'appareils,
nous ne la décrirons qu'à la fin de ce chapitre.

Le même problème a été résolu cette année par M. Hardy dans l'anémographe qu'il a construit pour la ville du Puy. Comme la distance qui devait séparer l'anémomètre de l'enregistreur était de 1200 mètres, les dépenses d'installation du circuit devaient naturellement préoccuper la commission scientifique chargée par la ville de cette installation, et l'obligation d'une transmission avec un seul fil avait été imposée à M. Hardy. Le système adopté par cet habile constructeur a parfaitement réussi, et quoiqu'il ne soit pas le premier en date, nous devrons un peu insister sur les détails de sa construction, car ils sont très ingénieux et d'une admirable exécution.

Anémographe de M. Hardy. — L'anémographe de M. Hardy n'est, à proprement parler, comme dispositif enregistreur, qu'un perfectionnement de celui de M. Hervé-Mangon que nous avons décrit page 329, et il comporte, comme tous les appareils du même genre, un appareil transmetteur et un appareil récepteur ou enregistreur. Il réunit toutefois, en plus, plusieurs accessoires qui avaient été désirés par la commission scientifique du Puy et qui n'ont rien à faire avec l'enregistreur proprement dit.

L'appareil transmetteur, comme celui de M. Salleron et autres, est disposé au sommet d'un mât en bois de 15 mètres de hauteur soutenu par des haubans, et se compose d'un moulinet à tasses de Robinson, qui est affecté aux indications de la force du vent, et d'un système à doubles ailettes de Piazzi-Smith qui tient lieu de girouette et oriente l'appareil. Ce système, comme ceux du même genre, réagit sur un commutateur de courant constitué par 4 longs ressorts, contre lesquels vient frotter un doigt métallique porté par la douille qui maintient le système d'ailettes et qui tourne avec lui. Ces ressorts sont disposés de manière que le doigt, en tournant, appuie sur chacun d'eux pendant un quart de sa révolution, et il résulte de cette disposition que, pour une orientation convenable des ressorts, le doigt commutateur peut provoquer l'envoi de courants susceptibles d'actionner différents mécanismes affectés aux indications des quatre vents principaux. Le moulinet de Robinson lui-même réagit, par son axe et une vis sans fin qui le termine, sur un compteur qui, après un certain nombre de tours accomplis, ferme un courant à travers un électro-aimant spécial du récepteur. Cette partie du système n'est, du reste, sauf quelques différences de détails, que la reproduction de celle de M. Salleron. Jusqu'à présent, rien donc de nouveau dans le système ; mais c'est au pied du mât que commencent les dispositifs nouveaux combinés par M. Hardy pour réduire le nombre des fils conducteurs employés. A cet endroit, en effet, est placé un appareil théotonique adapté à une horloge (voir fig. 69 ci-contre), et qui a pour effet de mettre successivement en rapport avec quatre ressorts frotteurs r, r', r'', r''' un butoir métallique D communiquant métalliquement

avec le fil de ligne. Chacun de ces ressorts est d'ailleurs relié par un fil à
un des ressorts du commutateur azimutal placé au haut du mât, et son
contact avec le butoir D est maintenu pendant un temps déterminé qui est
réglé par l'horloge et qui est toujours le même. Il en résulte qu'à un

Fig. 69.

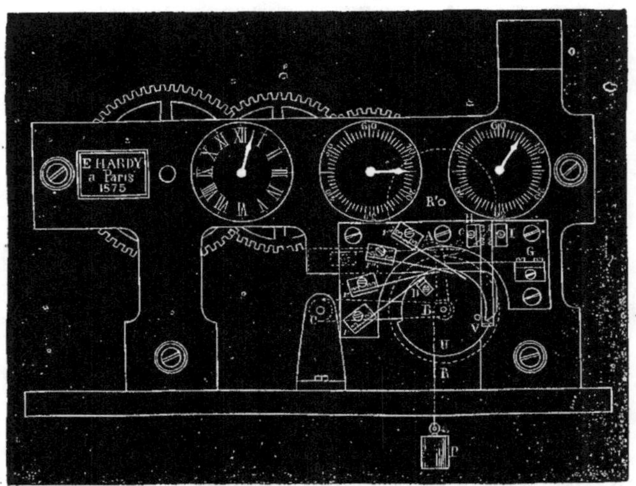

moment donné l'un ou l'autre, des ressorts du commutateur azimutal est
toujours mis en rapport avec le fil qui aboutit au récepteur, et, si le frotteur
de ce commutateur communique au sol, celui-ci, au moment du passage
du butoir rhéotomique D devant le ressort correspondant à celui qui est
touché au haut du mât, pourra transmettre un courant.

Arrivons maintenant au récepteur représenté, fig. 70, p. 335. Celui-ci
est mis en mouvement par une horloge exactement réglée sur celle du
rhéotome dont nous venons de parler et qui porte également le système
rhéotomique que nous avons décrit précédemment; seulement les ressorts
frotteurs r, r', r'', r''', au lieu de correspondre à un commutateur, communiquent avec quatre électro-aimants E, E', E'', E''' qui doivent fournir les
indications. Si on admet que les mouvements des deux rhéotomes soient

parfaitement synchroniques, on comprendra que la partie mobile D de ces deux organes passera au même moment devant les ressorts homologues, et reliera successivement les ressorts du commutateur azimutal avec les électro-aimants, et cela dans un même ordre. Par conséquent, ce commutateur azimutal pourra provoquer l'envoi d'un courant électrique à travers ces électro-aimants, absolument comme si plusieurs fils étaient employés ; seulement l'envoi de ce courant ne pourra se faire que quand le frotteur D des deux rhéotomes rencontrera celui des ressorts qui est relié au ressort touché du commutateur azimutal. Si ce dernier ressort correspond au vent du nord, l'électro-aimant qui deviendra actif sera, par conséquent, l'électro-aimant fournissant les indications du vent du nord. Le problème de la mise en action du récepteur par un seul fil se trouve donc ainsi résolu. Je dois dire toutefois que j'avais, dès 1856, employé un moyen analogue pour atteindre le même but, dans mon enregistreur à distance des niveaux d'eau.

Dans l'enregistreur de M. Hardy, les indications fournies par les électro-aimants sont faites sur une bande de papier, comme dans le télégraphe Morse, et cette bande de papier M M est entraînée par le mécanisme même de l'horloge. Les électro-aimants sont disposés circulairement au-devant, et leurs armatures, terminées par les styles traceurs, sont dirigées de manière que les pointes des styles se trouvent placées sur une même droite perpendiculaire à la bande de papier. Les impressions se font sous l'influence d'un mouvement de trépidation communiqué aux armatures par un dispositif rhéotomique analogue à celui des sonneries trembleuses, et ce sont des pointes qui fournissent les marques. Cette disposition est, du reste à peu près, celle que M. Hervé-Mangon avait adoptée, et elle a l'avantage, en fournissant les marques dans un petit espace, non-seulement d'éviter le relèvement fréquent des feuilles d'observations, mais encore de permettre un tracé de courbes qui parlent plus aux yeux que tous les calculs.

Dans le système de M. Hardy, comme, du reste, dans celui de M. Hervé-Mangon, les indications se font toutes les 10 minutes, et c'est le rhéotome qui réagit sur les frotteurs distributeurs qui provoque lui-même l'effet électrique. A cet effet, le butoir D dont nous avons parlé est fixé en un point d'un disque métallique U qui fait son tour en 10 minutes, et les ressorts r, r' etc. qui produisent la commutation, sont échelonnés de manière à ce que leurs extrémités n'occupent que les $\frac{4}{10}$ environ du cercle décrit par le butoir. Il en résulte que pendant les $\frac{6}{10}$ d'un tour accompli par le butoir, c'est-à-dire pendant 6 minutes, le courant reste inactif, du moins pour les électro-aimants se rapportant à la direction du vent. Or, c'est précisément

pendant ces 6 minutes que s'effectuent les indications relatives à la force
du vent, et que fonctionne un appareil *synchronisateur* des mouvements
des horloges dont nous parlerons à l'instant. A cet effet, le disque U
dont nous avons parlé, est muni d'une partie excentrique qui occupe les $\frac{4}{10}$
de sa circonférence, et à portée de cette excentrique se trouve un ressort G,
fig. 69, mis en communication avec l'électro-aimant destiné à fournir les
indications relatives à la force du vent. La rencontre de ce ressort avec
l'excentrique ne se fait que quelques instants après que le butoir D du

Fig. 70.

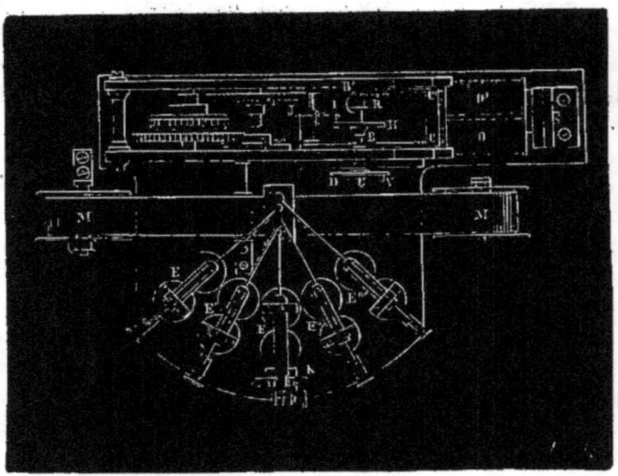

rhéotome commutateur a abandonné le dernier des ressorts r, r', r'' etc.,
qu'il a rencontrés successivement; mais le contact ainsi produit avec l'excentrique dure pendant 4 minutes, et alors le nombre des tours du moulinet
de Robinson, pendant cette période de temps, se trouve enregistré sur la
bande de papier à côté des autres indications. L'électro-aimant F, fig. 70,
qui fournit ces marques, est placé au milieu du cercle formé par les quatre
autres, et fonctionne directement sous l'influence du courant, sans l'intermédiaire d'un trembleur. Son armature est d'ailleurs disposée de manière
à ne frapper la bande de papier que près de son bord antérieur, et à effectuer un petit mouvement longitudinal sous l'influence d'une traction produite par une excentrique H et une tige J K. Ce mouvement a pour but
d'allonger, quand le vent est fort, le champ des indications de la pointe

traçante, en transformant la ligne décrite par cette pointe en ligne diagonale. Les dimensions du moulinet sont calculées pour un minimum de
vitesse de 2 kilomètres à l'heure entre deux contacts consécutifs effectués
sur le compteur; ce qui suppose alors une vitesse de 8 mètres en 14″, 4, par
tour du moulinet, ou un défilement de $\frac{1}{6}$ de tour de la roue du compteur
pendant le temps réservé aux observations de la vitesse du vent, temps qui
est comme on l'a vu de 4 minutes. Avec cette vitesse, il peut toujours se
produire une marque sur l'enregistreur, et s'il y en a plusieurs, la vitesse
du vent sera représentée par autant de fois 2 kilomètres à l'heure qu'il y
aura de marques sur l'enregistreur. Pour fournir ces contacts, il a suffi
d'adapter 6 goupilles à la roue du compteur, laquelle fait un tour quand le
moulinet en a accompli [illegible], et de disposer à la portée de ces goupilles un
ressort relié à celui du disque rhéotomique de l'appareil transmetteur.

Pour obtenir que les effets dont nous venons de parler puissent se produire régulièrement, il faut nécessairement un synchronisme parfait entre
les mouvements des deux horloges. Or ce synchronisme parfait est impossible à obtenir en dehors d'une action électrique régulatrice. Il a donc fallu
compliquer les mécanismes d'un système rhéotomique particulier, ayant
pour effet d'amener à la coïncidence parfaite des mouvements la partie des
deux horloges appelée à fournir les contacts successifs, et cela, après
chacune des périodes d'indications, c'est-à-dire toutes les dix minutes. A
cet effet, la roue R (fig. ...) de l'horloge de l'appareil transmetteur qui fait
son tour en 10 minutes, ne réagit pas directement sur le disque U appelé à
effectuer la compilation des circuits. Son action ne lui est transmise que
par l'intermédiaire d'une roue mobile R de même diamètre qui engrène
avec elle à l'état normal, mais dont le support B C de l'axe peut être
abaissé, après chaque révolution du disque, par une goupille à galet c que
porte la roue des 10 minutes R'. De plus, en même temps que cette action
mécanique se produit, la goupille à galet c établit une liaison métallique
entre une pile spéciale placée au poste transmetteur et le massif de l'appareil qui est en rapport avec la ligne télégraphique, liaison qui cesse naturellement aussitôt que la goupille c, ayant effectué son action excentrique,
a permis à la roue mobile R de reprendre sa position normale. Toutefois,
pour que celle-ci puisse fournir l'effet régulateur dont nous avons parlé, il
faut que le disque U du commutateur revienne toujours à un point de
départ fixe, et, pour obtenir cet effet, la roue mobile R qui commande son
mouvement, porte sur son axe une poulie sur laquelle s'enroule une corde
munie d'un contre-poids P, et se trouve elle-même pourvue d'une cheville

placée à portée d'un arrêt. Quand cette roue mobile R est à son point de
départ, elle engrène avec la roue des 10 minutes R' et fait tourner le disque
U, tout en enroulant sur sa poulie la corde du contre-poids; mais aussitôt
que l'action excentrique est produite sur son support BC, elle se trouve
désengrenée, et le disque U lui-même se trouvant par suite de ce même
effet éloigné des ressorts commutateurs r, r', r', r'', retourne en arrière
avec la roue mobile R, sous l'influence du contre-poids P qui la sollicite,
jusqu'à ce que la cheville de la roue mobile soit venue buter contre son
arrêt. Or comme cet arrêt correspond au point de départ du disque, c'est-
à-dire au commencement de la période des indications, on arrive, de cette
ma[illegible] à ramener toutes les 10 minutes le disque rhéotomique à une
pos[illegible] tout en produisant une fermeture de courant qui cesse au
mo[illegible] où le disque a atteint cette position.

D[illegible] de l'appareil enregistreur, cette disposition rhéotomique
exis[illegible] la roue mobile R n'est pas écartée de sa position normale
par [illegible] de la roue des dix minutes R', et c'est à un électro-aimant
spé[illegible] U, que nous appellerons déclancheur, qu'est confié ce soin.
En [illegible], le cadre mobile BCC'B' qui supporte l'axe de cette roue R,
est muni[illegible] une armature en fer doux, placée en regard de cet électro-aimant
CC' [illegible] le courant fermé par le mécanisme rhéotomique de l'appareil
transm[illegible] en excitant l'électro-aimant en question, détermine le dé-
seng[illegible] de la roue mobile R et le rappel au point de départ du disque
comm[illegible] U. Toutefois, la pièce de butée de cette roue mobile R, au lieu
d'être [illegible] qu'un ressort destiné à réagir comme conjoncteur du
circu[illegible] pour relier l'électro-aimant déclancheur à la ligne télégraphique
par le [illegible] de l'appareil. D'après cette disposition, il est facile de com-
pren[illegible] que toutes les dix minutes le disque commutateur U, dans les
deux [illegible], se trouve ramené au point de départ de la période d'indications, [illegible] des différences qui pourraient exister entre les
mo[illegible] des deux horloges. S'il y a retard ou avance de l'une d'elles
par rapport à l'autre, il est corrigé toutes les 10 minutes, et c'est l'horloge
placée près de l'anémomètre qui règle tout.

Par les dispositifs mécaniques que nous venons de décrire, M. Hardy a
pu parvenir à obtenir, par l'intermédiaire d'un seul fil télégraphique, les
indications en rapport avec la direction et la force du vent; mais la commission scientifique du Puy n'a pas borné là ses prétentions; elle a voulu
que ces indications fussent marquées sur de grands cadrans placés au-
dessus de la porte du musée où étaient installés les appareils, et en même
temps qu'un troisième cadran put enregistrer les maxima et minima

de la pression barométrique pendant les 12 heures séparant midi de minuit.

Pour résoudre la première partie du problème, M. Hardy a employé comme cadran indicateur des directions du vent, un grand disque de verre dépoli dans lequel ont été ménagés quatre parties carrées transparentes, et, derrière ces parties transparentes, il a adapté 4 plaques mobiles portant les indications des quatre vents principaux. Ces plaques, dont nous représen-

Fig. 71.

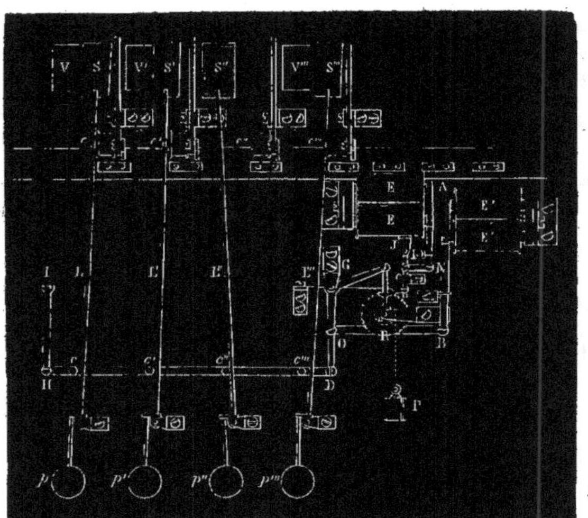

tons, fig. 71, le dispositif, sont gouvernées par des électro-aimants Hughes e, e', e", e'", reliés aux circuits des électro-aimants enregistreurs de l'anémo·graphe, et, suivant que tel ou tel d'entre eux se trouve animé, la plaque correspondante S, S', etc., vient se placer derrière son guichet V, V', etc et désigne le vent régnant, absolument comme cela a lieu dans les cadres à numéros des sonneries d'hôtel. Quand au bout de 10 minutes la période des indications est terminée, un système électro-magnétique particulier E' E' réagit sur les tiges L, L', L', L" portant les quatre plaques indicatrices, et les ramène à leur position initiale jusqu'à ce qu'une nouvelle indication soit fournie à la période suivante. Toutefois, comme il est nécessaire que l'indication du vent accompagne l'indication de sa force pendant la période réservée à cette dernière indication, le système électro-magnétique dont nous venons de parler a exigé certains dispositifs particuliers dont nous parlerons à l'instant.

Le cadran destiné à l'indication de la force du vent est disposé à peu près comme un cadran électrique à secondes. Il y a seulement un petit poids P dont la corde s'enroule autour de l'axe de l'aiguille pendant sa marche, et ce poids sollicite cette dernière à retourner en arrière quand, sous une influence électro-magnétique qui s'effectue après la période, l'appareil moteur de cette aiguille se trouve déclanché. Cet appareil moteur n'a, d'ailleurs en lui-même, rien que de très-simple, puisqu'il consiste dans une roue à rochet R qui fait avancer d'une dent, à chaque marque de vitesse sur l'enregistreur, un électro-aimant particulier E E. Mais, comme la disparition de l'indication de la vitesse du vent doit se faire en même temps que celle de sa direction, il a fallu que les deux mécanismes appelés à déterminer cet effet fussent reliés l'un à l'autre, et voici comment M. Hardy a résolu le problème.

L'électro-aimant E' E' auquel est confiée cette double fonction, est disposé à côté de celui qui réagit sur l'aiguille de la vitesse du vent, les deux armatures étant placées en regard à une distance très-rapprochée. L'armature A de cet électro-aimant est reliée, par un long levier A B qui le termine d'un côté et par une bielle BO, avec la branche inférieure d'un compas c G D, dont l'autre branche G c est munie d'une fourchette qui peut, en se soulevant, désencliqueter la roue à rochet R commandant le mouvement de l'aiguille indicatrice. La branche inférieure G D de ce compas est elle-même reliée à une tringle H D qui, au moyen de quatre goupilles c, c', c', c'', peut réagir sur les tiges L, L', L', L'' des quatre plaques correspondant aux indications de la direction du vent. Tant qu'aucun courant ne circule dans l'électro-aimant en question E'E', ce mécanisme déclancheur ne gêne en aucune façon les fonctions des organes destinés aux indications ; mais aussitôt que cet électro-aimant devient actif, par suite d'un contact effectué par le disque de l'horloge de l'enregistreur, les systèmes indicateurs reviennent à zéro, l'un sous l'influence du débrayage du rochet R et du petit poids P qui tend à le faire tourner en arrière, l'autre sous l'influence de la tringle H D qui ramène toutes les plaques indicatrices S, S', S', S'' en dehors des guichets V, V', V', V''. Le problème se trouve donc résolu de cette manière dans des conditions assez simples.

Les indications barométriques sont fournies par un baromètre du système

Rédier. L'aiguille de ce baromètre pousse devant elle des aiguilles à maxima et à minima qui sont retenues par des cliquets agissant sur des rochets très-fins. Les axes de ces aiguilles possèdent aussi des petits contre-poids dont les cordes, en s'enroulant autour des axes pendant la marche de ces aiguilles, peuvent les ramener à zéro lorsqu'à midi et à minuit un électro-aimant animé par une petite pile spéciale soulève les cliquets de retenue.

Anémographe de M. Hough — M. Hough directeur de l'observatoire de Dudley en Amérique, a imaginé en 1869, pour l'enregistration de la force du vent et de sa direction, un anémographe qui présente sur la plupart des autres appareils du même genre cette particularité, que la direction des vents se trouve imprimée en caractères romains à l'aide d'un dispositif analogue à celui des télégraphes imprimeurs. Le transmetteur de cet appareil n'est autre chose qu'une forte girouette surmontée d'un moulinet à tasses de Robinson, et qui n'est reliée électriquement au récepteur que par un seul fil, mis successivement en rapport avec le compteur du moulinet et le commutateur azimutal correspondant à la direction du vent. C'est, comme on le voit, un appareil du même genre, en principe, que celui que nous venons d'étudier; mais les moyens employés sont différents, et ils ne présentent d'ailleurs par eux-mêmes rien de bien nouveau, comme on le verra.

Le récepteur se compose de deux mécanismes d'horlogerie commandés chacun par un électro-aimant, et agissant, l'un sur le style en rapport avec les indications de la vitesse du vent, l'autre sur l'organe destiné à imprimer sa direction. Ces mécanismes sont mis en action toutes les heures sous l'influence d'une horloge régulatrice, et leur effet ne se produit que successivement, pour n'avoir à employer qu'un seul fil conducteur. Le premier système a pour effet de déclancher le mécanisme destiné à entraîner d'un mouvement lent la feuille de papier destinée à recevoir les indications, laquelle est disposée verticalement sur un cadre porté par un chariot. Il détermine en même temps l'ascension du style traceur qui se meut verticalement de bas en haut devant la feuille, sous l'influence d'échappements successifs déterminés par l'électro aimant des vitesses du vent. Ces échappements résultent de fermetures de courant effectuées par l'interrupteur du moulinet, qui est disposé de manière à ce que chacune de ces fermetures corresponde à une vitesse d'un mille parcouru par le vent. L'action électro-magnétique est transmise au style traceur par l'intermédiaire d'une roue d'échappement et de poulies qui le font monter plus ou moins haut sur la bande de papier, suivant que, pendant le temps réservé à ces indications, le courant a été fermé un plus ou moins grand nombre de fois, c'est-à-dire suivant que le vent a été plus ou moins fort. Au bout de chaque période, un contre-poids ramène le style traceur à son point de départ; de sorte que l'on se trouve avoir sur la bande de papier une série de jambages plus ou moins élevés, dont la hauteur représente l'intensité du vent. Je dois faire observer que ce mode d'enregistration n'est que la reproduction de celui que j'avais imaginé dès l'année 1856 pour l'enregistration à distance des niveaux d'eau. Il n'y a donc, sous ce rapport, rien de nouveau dans l'appareil de M. Hough, et nous allons voir que la seconde partie de l'appareil ne présente pas plus de nouveauté, car elle n'est qu'une reproduction du dispositif adopté par M. Wheatstone dans son enregistreur météorologique.

Cette seconde partie se compose, en effet, d'un système électro-mécanique analogue à celui d'un télégraphe imprimeur, qui est commandé par une roue d'échappement et qui a pour effet de faire tourner d'un huitième de sa circonférence, par chaque échappement double, une roue des types portant les huit annotations correspondantes aux huit vents principaux, savoir : N, NE, E, SE, S, SO, O, NO. L'axe de cette roue est placé exactement au-dessus du style traceur des vitesses du vent, et à une distance suffisante pour que les plus grandes vitesses de vent laissent un certain espace entre les deux champs d'indications. Quand la roue des types a pris une position en rapport avec la direction du vent, un système rhéotomique est mis en jeu, et fait réagir un mécanisme imprimeur qui, en approchant la feuille de papier de la roue des types, fournit l'impression de la lettre désignant le vent régnant. Après cette impression, un mécanisme déclancheur ramène au repère la roue des types.

L'appareil transmetteur appelé à faire fonctionner ce mécanisme imprimeur n'est autre chose qu'un tambour en bois adapté à l'axe de la girouette et sur lequel sont incrustées, perpendiculairement à sa génératrice, huit bandes métalliques de différentes longueurs échelonnées régulièrement les unes au-dessous des autres. Un ressort de platine mis en mouvement à la fin de chaque heure par un mécanisme d'horlogerie, descend rectilignement le long de ce tambour, et suivant la manière dont celui-ci se trouve placé par rapport au ressort, ce dernier peut rencontrer dans sa course un plus ou moins grand nombre des bandes métalliques; or, si ces bandes et le ressort sont en connexion avec le circuit, il peut résulter de ces rencontres successives des fermetures de circuit qui pourront faire avancer la roue des types du récepteur, d'une quantité exactement en rapport avec le nombre des bandes métalliques touchées, et, par suite, avec la direction du vent, si ces bandes sont convenablement orientées par rapport à la girouette et au ressort frotteur. Dans l'appareil de M. Hough, le courant se trouve de cette manière interrompu et fermé, quatre fois pour le vent du nord, huit fois pour le vent du sud, une fois pour le nord-est, etc., etc.

Pour obtenir tous les effets que nous avons analysés sous l'influence d'un seul circuit, M. Hough fait réagir le mécanisme d'horlogerie destiné à faire avancer la bande de papier, sur un rhéotome qui, à l'état normal, maintient fermé à travers le circuit de l'enregistreur de la vitesse du vent, le courant destiné à animer les deux électro-aimants du récepteur ; mais au moment où le frotteur de platine du commutateur de la girouette doit accomplir sa course à travers les bandes métalliques dont celui-ci est pourvu, ce circuit est interrompu, et le courant passe à travers le second circuit qui peut, dès lors, sous l'influence du commutateur, réagir sur l'échappement commandant le mouvement de la roue des types, absolument comme dans un télégraphe ordinaire. Cette disposition du circuit est maintenue jusqu'à ce que l'impression ait été effectuée ; mais à ce moment, le premier circuit est de nouveau complété, et un courant local se trouve établi pendant 15 minutes après chaque impression, pour permettre au mouvement d'horlogerie de réagir de nouveau sur la roue des types et la ramener au repère dans le cas où elle n'y serait pas revenue à la suite de l'impression.

Anémographe électrique de M. Wheatstone. —Lors de son voyage à Paris, en 1855, mon illustre ami M. Wheatstone m'a exposé le principe d'un système d'anémographe électrique d'un genre tout à fait nouveau et très-ingénieux. Cet appareil n'ayant jamais été exécuté, je ne pourrais affirmer s'il est susceptible d'application ; mais en le combinant, comme je vais l'indiquer, à mon système d'enregistrement anémographique, il aurait l'avantage d'être d'une grande simplicité et d'une exécution facile.

Qu'on suppose suspendue sous un toit de forme parabolique C B D, fig. 14, Pl. VI, et à l'extrémité d'un fil métallique, une sphère creuse A ; cette sphère pourra être poussée d'un côté ou de l'autre, suivant la direction du vent, et son écart de la verticale sera d'autant plus grand que l'intensité du vent sera plus considérable. Si le toit C B D présente une courbure convenable, le fil A B du pendule pourra, à chaque écart de la sphère A, se coller sur les parois internes de ce toit, et y adhérer sur une étendue d'autant plus grande que l'écart de ce pendule aura été plus grand ou que le vent aura été plus fort.

Supposons donc que sous cette espèce de toit C B D soient appliqués cinq ou six cercles métalliques horizontaux *ab*, *cd*, *ef*, *gh*, etc., dont l'un *gh*, le plus rapproché du sommet du cône, sera divisé en huit ou seize parties égales orientées suivant les huit ou seize principaux azimuts de la rose des

vents, il arrivera que, si une liaison électrique réunit ces cinq ou six cercles
et ces huit ou seize parties de cercle à des organes électriques enregistreurs,
un courant électrique pourra être fermé par le fil A B à travers l'un ou
l'autre de ces organes, et même à travers plusieurs d'entre eux, et cette
fermeture de courant sera faite sous l'influence du vent, puisque c'est lui qui
aura poussé le fil contre ces cercles. Celui des organes électriques qui sera
en rapport avec la partie du cercle *gh* touchée par le fil A B, enregistrera
donc la direction du vent, et ceux de ces mêmes organes en rapport avec
les autres cercles *ab*, *cd*, *ef* CD, etc.) qui posséderont le courant électrique
correspondant, indiqueront par leur nombre et leur position le degré d'intensité du vent.

On a imaginé encore beaucoup d'autres systèmes d'anémographes électriques, mais comme ils ont été combinés avec d'autres appareils enregistreurs météorologiques, nous ne les décrirons qu'au chapitre des météorographes. Ce qui précède suffit pour qu'on puisse en comprendre le dispositif.

Anémoscopes électriques. — Un anémoscope électrique est un
appareil qui ne fait qu'indiquer d'une manière fugitive la direction et la
force du vent par une transmission électrique; il représente en un mot ces
cadrans anémométriques qu'on voit souvent en Angleterre établis sur les
façades ou à l'intérieur de certains édifices, et qui sont mis en action mécaniquement, par l'axe prolongé d'une girouette et par un anémomètre à
plaque. Comme pour l'installation de ces derniers appareils il faut percer
des planchers et organiser des transmissions de mouvement qui entraîneraient de grands frais, j'avais, dès l'année 1856, imaginé de petits anémoscopes électriques qui étaient d'un prix peu élevé et d'une installation aussi
facile que celle d'une sonnerie électrique; mais je n'y avais attaché aucune
importance, et, quoique mes appareils aient figuré sur le catalogue de
plusieurs constructeurs de Paris, je croyais qu'ils n'avaient aucun avenir.
Aussi n'est-ce pas sans une certaine surprise que j'ai vu dernièrement ces
appareils remis en honneur et établis sur des modèles différents par plusieurs constructeurs. Le cadran indicateur de la direction et de la force du
vent placé au-dessus de la porte du musée du Puy par M. Hardy et que
nous avons décrit précédemment, est un appareil de ce genre; mais les plus
perfectionnés jusqu'à présent sont ceux de M. Yeates de Dublin que
M. Breguet construit pour la France.

Mes anémoscopes mettaient à contribution deux appareils; un transmetteur mis en action par une girouette disposée à peu près de la même
manière que dans mon système anémographique, et un récepteur composé
de deux petits cadrans disposés sur une même boîte, et que l'on pouvait

suspendre comme un cadre dans un appartement. L'un de ces cadrans
fournissait l'indication de la direction du vent, l'autre sa force, et ce dernier
était mis en action par un anémomètre à plaque disposé comme dans le
système que j'ai décrit, p. 317. Le dispositif qui fournissait la direction du
vent n'était autre chose que 4 galvanomètres croisés les uns sur les autres
à 45°, qui agissaient sur une aiguille aimantée disposée verticalement sur pivots, et dont l'action se trouvait aidée par celle de petits électro-aimants
droits placés aux huit rhumbs des vents principaux. Le commutateur de la
girouette était tellement disposé, qu'après avoir décrit un arc de 180° dans
le même sens, le courant se trouvait renversé à travers les galvanomètres,
ce qui permettait à l'aiguille d'effectuer un tour entier sur elle-même ; les
petits électro-aimants accessoires, en amortissant ses oscillations, la maintenaient dans les positions successives que lui avait fait prendre le commutateur. Un interrupteur à clanche permettait, d'ailleurs, d'interrompre le
courant en temps ordinaire afin de ne pas user la pile inutilement.

Le système indicateur en rapport avec la force du vent, était mis en
action par un moyen analogue ; suivant l'inclinaison plus ou moins prononcée de la plaque anémométrique, un circuit particulier était fermé, et
ces circuits, au nombre de 4, faisaient dévier l'aiguille dans 4 positions différentes correspondant *au vent faible, vent modéré, vent fort et tempête*.
C'était la plaque elle-même qui agissait sur ce commutateur, lequel consistait dans un arc d'ivoire (de 90°) muni de quatre lames métalliques en rapport avec les fils du circuit.

Anémoscope de M. Yeates de Dublin. — L'anémoscope de
M. Yeates ne fournit que la direction du vent, mais les dispositions électriques et mécaniques en sont tellement simples et tellement sûres qu'on
peut le regarder comme un instrument très-pratique.

L'appareil transmetteur est constitué par un moulinet de Piazzi-Smith
analogue à ceux dont nous avons déjà parlé, mais il pourrait consister
dans une simple girouette. Dans tous les cas, l'axe vertical qui supporte
le système mobile doit se mouvoir avec lui, afin de pouvoir faire réagir,
suivant la direction du vent, un commutateur particulier placé au bas de
l'appareil. Or, celui-ci est disposé de telle façon, que les mouvements de la
girouette dans un sens ou dans l'autre peuvent être répétés électriquement
sur le récepteur, par une aiguille mobile autour d'un cadran indicateur.

Ce commutateur se compose essentiellement d'une godille oscillante
disposée horizontalement et qui porte au-dessus d'elle un ressort de contact;
ce ressort étant placé entre deux vis de contact en rapport avec deux circuits différents, peut rencontrer l'une ou l'autre suivant que la godille est

inclinée dans un sens ou dans l'autre. Or, ce mouvement lui est communiqué par une étoile à 5 rayons qui réagit sur un butoir dont est munie son extrémité libre. Afin que les mouvements produits ne soient pas trop brusques, un petit pignon muni d'un volant à ailettes engrène avec une crémaillère circulaire adaptée à l'extrémité de la godille. L'étoile est maintenue par un sautoir, mais ses rayons peuvent être rencontrés par des chevilles disposées circulairement autour d'un disque fixé sur l'axe de l'anémomètre, et suivant que ce disque tourne dans un sens ou dans l'autre, l'un ou l'autre des rayons de l'étoile peut échapper, si toutefois le mouvement est suffisant pour que le sautoir puisse produire son effet. Or, comme il est nécessaire pendant ces alternatives que la godille soit maintenue dans une position fixe entre les deux vis de contact, un second sautoir concave saisit par le dessous le butoir qui termine cette godille et sur lequel doit réagir l'étoile.

L'appareil récepteur, ou indicateur n'est autre chose qu'un télégraphe à cadran de démonstration à fourchette d'encliquetage, dans lequel la roue d'échappement est munie de 16 dents pointues. La tige de cette fourchette se termine inférieurement par une large armature qui oscille sur deux pointes entre deux électro-aimants, et se trouve maintenue dans la position verticale par deux lames de ressort. La roue d'échappement elle-même est retenue par un sautoir qui appuie horizontalement entre deux dents. Enfin l'axe de cette roue porte une aiguille indicatrice qui se meut autour d'un cadran muni de 16 divisions, dont 8 portent les désignations N, NE, E, SE, S, SW, W, NW.

Comme les deux électro-aimants sont en rapport électrique avec les deux vis de contact du commutateur, il arrive que chaque fois que le disque à chevilles de l'anémomètre a fait sauter d'une dent le sautoir, la godille s'est trouvée inclinée dans un certain sens, et a déterminé de la part du ressort qu'elle porte, un contact qui a provoqué l'échappement d'une dent du rochet récepteur dans le sens correspondant au contact touché. Ce contact, toutefois, ne peut durer, car le sautoir de l'étoile en la faisant tourner dégage la godille qui revient en place sous l'influence de son propre sautoir. Si une seconde dent de l'étoile échappe dans le même sens que la première fois, l'effet précédent se renouvelle, et l'aiguille du récepteur avance d'une nouvelle division dans le même sens; mais si l'échappement de cette dent se fait en sens contraire, la godille est inclinée en sens opposé, et détermine un contact qui provoque la mise en action du second électro-aimant; dès lors l'aiguille rétrograde d'une division, après quoi la godille est remise en place par le sautoir concave qui la sollicite.

Comme on le voit, toutes ces fonctions sont simples et nettement produites. C'est ce qui fait le principal mérite de cet appareil.

II. — THERMOMÉTROGRAPHES ; BAROMÉTROGRAPHES ; PSYCHROMÉTROGRA-PHES ; UDOMÉTROGRAPHES ; SISMOGRAPHES.

Les appareils qui se rapportent à ce chapitre peuvent être répartis en deux catégories : ceux qui ont pour organe indicateur le mercure, et ceux qui sont mis en action mécaniquement sans intermédiaire liquide. Ces derniers sont il est vrai moins sensibles que les premiers, mais les enregistrations qu'ils fournissent s'effectuent d'une manière beaucoup plus nette et beaucoup plus régulière, et ils sont en même temps plus simples. Toutefois, en prenant certaines précautions, on peut comme je l'ai déjà dit arriver à conjurer les inconvénients inhérents au mercure. Dans les premiers appareils qui ont été combinés, ces précautions n'ont pas été prises, il est vrai, mais il est facile de comprendre que, sans compliquer beaucoup les appareils que nous allons décrire, on pourrait les rendre beaucoup plus parfaits à ce point de vue. Ainsi, par exemple, dans les systèmes thermométriques ou barométriques dans lesquels les indications résultent d'une fermeture du circuit sur la colonne mercurielle, fermeture effectuée à la suite de l'immersion d'une aiguille de platine dans le liquide, on peut faire en sorte que le mécanisme qui provoque cette immersion réagisse sur un rhéotome qui n'effectue la fermeture ou l'ouverture du courant que par la transformation du circuit en circuit court ou en circuit résistant. On peut même s'arranger de manière à n'effectuer la permutation, que quand la jonction ou la disjonction du circuit à travers le mercure s'est effectuée en dehors de la présence du courant. On pourrait même, par excès de précaution, employer les moyens que nous avons décrits p. 8, au sujet des interrupteurs d'horloges électriques, en recouvrant les surfaces mercurielles d'un gaz ou d'un liquide réducteur, ou *en rendant ces surfaces négatives.* Quoiqu'il en soit, nous décrirons ces appareils tels qu'ils ont été conçus par leurs auteurs.

Thermomètre télégraphe de M. Wheatstone. — Comme nous l'avons dit, la première idée de fournir électriquement les indications thermométriques et barométriques appartient à M. Wheatstone, et date de l'année 1843. C'est en effet à cette époque qu'il imagina son thermomètre télégraphe qui était destiné à mesurer les variations de la température à de grandes hauteurs, et qui était à cet effet disposé de manière à être enlevé par un ballon. Cet appareil pesait, avec la boîte qui le contenait, un peu plus de quatre livres. Son mécanisme se composait principalement d'une petite horloge qui faisait descendre et monter, régulièrement en cinq minutes, un engrenage vertical ; cet engrenage portait un fil fin de platine qui se mouvait dans le tube du thermomètre, de manière à comprendre dans sa course toute l'échelle thermométrique. Deux fils fins de cuivre, recouverts de soie et d'une longueur suffisante pour unir le ballon à la terre, dans sa plus grande élévation, étaient fixés à l'instrument de telle manière, que l'extrémité de l'un des fils plongeât dans le mercure du thermomètre, et que l'extrémité de l'autre fut en contact avec les rouages de l'horloge, lesquels communiquaient métalliquement avec le fil de platine. L'extrémité inférieure de chacun de ces deux fils était attachée à un pôle de la pile, et un galvanomètre sensible se trouvait interposé dans le circuit. Si le galvanomètre était disposé de manière que l'aiguille marquât le zéro quand le courant était interrompu, il devait conserver cette même disposition tant que le fil de platine n'était pas en contact avec le mercure du tube ; mais l'aiguille devait dévier aussitôt que le contact avait lieu, et devait rester déviée jusqu'à ce que ce contact fut de nouveau rompu par l'ascension de l'engrenage qui portait le fil.

« L'instrument étant ainsi disposé, dit M. Wheatstone et le mouvement d'horlogerie réglé d'après un chronomètre-type qui restera à terre, supposez qu'après avoir observé la déviation de l'aiguille du galvanomètre, vous ayez constaté sur le chronomètre le moment où le courant se trouve rompu, vous saurez qu'alors commence la course ascensionnelle du fil de platine ; par conséquent, si la température reste la même, le courant sera de nouveau rétabli dans cinq minutes ; mais, si, au contraire, la température change, cette fermeture du courant aura lieu avant ou après les cinq minutes. Connaissant la relation qui existe entre une seconde ou une demi seconde et l'étendue de chaque degré du thermomètre, on peut facilement calculer, d'après le temps écoulé entre les fermetures consécutives du courant, les différents degrés de température indiqués par le thermomètre.

« On conçoit que le même mécanisme peut être appliqué au baromètre et au psychromètre, pourvu qu'ils soient suspendus en équilibre dans le ballon. »

L'appareil tel qu'il vient d'être décrit n'enregistrait pas, comme on le voit, les observations, et pourtant, en théorie, la chose aurait été facile, car il aurait suffi de remplacer le galvanomètre par un électro-aimant muni d'un crayon, qui aurait tracé, sur un cylindre tournant régulièrement, un trait à chaque fermeture du courant. Mais, pour qu'un électro-aimant puisse agir lorsqu'il est interposé dans un circuit considérable, il faut des fils conducteurs un peu gros, une pile énergique, et il importait, pour ne pas charger le ballon, d'agir avec des fils très-fins. De plus, il fallait employer une pile très-faible pour ne pas provoquer une étincelle qui aurait pu causer quelques trépidations de la part de la surface du mercure du thermomètre; force a donc été d'employer dans ce cas le galvanomètre, et c'est sans doute ce qui fait qu'à cette époque M. Wheatstone n'avait pas combiné les thermomètres enregistreurs, qui ont été si employés depuis.

Nouveau système de thermomètre - télégraphe de M. Wheatstone. — « Le thermomètre télégraphique que j'ai construit en 1843, dit M. Wheatstone dans *les Mondes* du 3 octobre 1867, supposait l'action simultanée de deux chronomètres, où mouvements d'horlogerie, parfaitement isochrones. L'un, placé à la station d'exposition plus ou moins éloignée, était destiné à régler le mouvement d'un flotteur dans le tube du thermomètre, et l'autre, situé à la station d'observation, marquait, au moyen d'une aiguille de galvanomètre, l'instant où le contact du flotteur avec le mercure du thermomètre interrompait ou rétablissait le circuit. Les mouvements d'horlogerie devaient être remontés périodiquement, et l'instrument ne pouvait, en conséquence, être abandonné indéfiniment à lui-même. Il y a cependant, beaucoup de cas où l'on voudrait obtenir des observations météorologiques avec des instruments placés dans des positions inaccessibles, pendant de longs espaces de temps. Dans ce but, j'ai conçu un nouveau genre de météoromètre télégraphique indépendant des mouvements d'horlogerie, et capable de fonctionner dans des stations inaccessibles pendant un temps qui n'a de limites que celles de leur propre durée. Leur principe est applicable à tous les instruments qui donnent leurs indications par le moyen de l'aiguille d'un cadran, et je l'ai déjà appliqué à un thermomètre métallique de Breguet, à un baromètre anéroïde, et à un hygromètre fondé sur l'absorption de l'humidité par une membrane. L'application peut s'étendre aux barreaux aimantés, et à divers autres appareils. Pour le thermomètre télégraphique, je fais usage de deux instruments distincts, en relation mutuelle par des fils télégraphiques. Je nommerai le premier l'interrogateur A, et le second le répondeur B. L'interrogateur A est une boîte rectangulaire, dont une face offre un cadran divisé, sur sa circonférence, en degrés Fahrenheit et en degrés centigrades, la première échelle ayant pour limites — 20° et + 220° degrés, la seconde 0 degré et 110 degrés. On y remarque aussi trois vis qui servent à relier les fils télégraphiques, et une tige déterminant la rotation (dans l'intérieur), de l'armature d'une machine magnéto-électrique. Cette machine ressemble dans sa construction à celle que nous avons décrite, tome III, p. 49 ; une machine de ce genre produit, comme on l'a vu, des courants alternatifs d'égale intensité. La boîte contient encore un petit électro-aimant qui agit par un mécanisme semblable à celui qu'on applique à l'indicateur d'un télégraphe à alphabet, et détermine la révolution de l'aiguille du cadran.

« Le répondeur B est une boîte cylindrique en laiton, présentant sur sa face supérieure un cadran semblable au précédent, avec ses échelles thermométriques et une aiguille. A sa base, trois vis relient pareillement les fils télégraphiques. Elle a un couvercle qui peut être scellé hermétiquement, lorsqu'elle est plongée dans la mer, ou enterrée dans le sol. L'intérieur contient trois pièces essentiellement distinctes : 1° Le thermomètre métallique, formé d'un ruban en spirale composé de deux métaux différents, avec un indicateur parcourant la circonférence d'une échelle circulaire ; 2° un petit électro-aimant agissant sur un disque, et lui faisant parcourir autant d'étapes dans une révolution complète qu'il y a de demi-degrés dans l'étendue de l'échelle thermométrique ; 3° un axe auquel est fixé un petit ressort à boudin très-délicat, dont la pression maintient une épingle en contact permanent avec l'aiguille du thermomètre. Les appareils des deux stations communiquent par des fils télégraphiques. Le premier de ces fils part d'une plaque de terre de la station d'observation, forme l'enroulement de l'électro-moteur en A, s'unit au fil de l'électro-aimant en B, et aboutit à une nouvelle plaque de terre. Le second fil est en communication constante avec le premier, entre la plaque de terre et l'électro-aimant de l'appareil d'induction ; il aboutit ensuite à l'électro-aimant de B, et il se termine près de l'extrémité du premier. Les dispositions du mécanisme sont telles, que, lorsque le premier fil est interrompu avant sa terminaison terrestre, il rentre dans le circuit du second. En conséquence, si l'aiguille du cadran est mise en mouvement à partir de 0 degré, au premier instant le circuit est complet dans le premier fil, parce qu'il correspond au fil de l'électro-aimant en B et se trouve relié à la terre. Par suite, un disque tourne dans un sens opposé à la graduation de l'échelle, jusqu'à ce qu'une épingle, partant de 0 degré, vienne toucher l'épingle qui est en contact permanent avec l'aiguille du thermomètre ; mais alors le circuit devient complet dans le second fil, et la communication avec la plaque terrestre est interrompue. Primitivement, il n'y a d'action que dans l'électro-aimant en B ; mais lorsque les courants parcourent le nouveau circuit, les deux électro-aimants agissent simultanément. Sous l'action de l'électro-aimant en A, l'aiguille de son cadran franchit l'intervalle compris entre 0 degré et le nombre de degrés que marque le thermomètre. Lorsque l'aiguille du cadran de A s'arrête, le disque en B arrive à 0 degré, un cliquet permet au ressort de se déployer, et l'épingle qu'il presse va encore toucher l'aiguille du thermomètre.

« Il convient d'observer que les instruments de ce système ne peuvent donner que des indications discontinues, par exemple de demi degré en demi degré ; on peut seulement rendre les divisions de l'échelle assez petites pour que les erreurs soient négligeables ; c'est une question d'exécution. Une autre cause d'inexactitude résulte de ce que la pression de l'épingle contre l'aiguille thermométrique la déplace nécessairement ; mais comme cette pression est à peu près constante, il est possible d'en tenir compte pour en corriger les valeurs observées. Disons enfin que les appareils ne donnent pas spontanément les indications désirées, et qu'on est obligé de les interroger chaque fois qu'il est besoin d'en faire usage. Parmi les applications dont ils sont susceptibles, j'indiquerai les suivantes : Le répondeur peut être placé sur le sommet d'une haute montagne et y être abandonné indéfiniment ; on lirait ses indications au pied de la montagne, ou en un lieu quelconque, relié avec le sommet de la montagne par deux fils télégraphiques. On peut supposer, par exemple, pour les deux stations, le Mont-Blanc et Chamounix. De telles observations, faites d'heure en heure pendant toute l'année, auraient certainement un grand intérêt. On pourrait également se proposer d'obtenir les températures des couches terrestres à différentes profondeurs. Pour cet objet, il ne serait pas nécessaire d'avoir autant d'interrogateurs que de répondeurs ; on conçoit que le même interrogateur pourrait s'appliquer successivement aux différents couples de fils. Le répondeur, avec une enveloppe parfaitement étanche, dont l'exécution ne présenterait aucune difficulté, pourrait être descendu dans la mer, et donner les températures correspondantes aux diverses profondeurs. »

Enregistreurs météorologiques de M. Régnard. — On sait que la grande difficulté que présente l'enregistration mécanique des observations météorologiques, sans le secours de l'électricité, est d'obtenir que le simple mouvement d'une colonne mercurielle puisse produire un effet mécanique assez développé, non-seulement pour conduire un style traceur, mais encore pour lui faire laisser des traces. M. Wheatstone, comme nous l'avons vu, avait détourné cette difficulté en mettant en fonction, à des instants donnés, un mécanisme d'horlogerie qui se chargeait de déterminer des traces lorsqu'une action électro-magnétique venait à réagir sur lui, et cette action électro-magnétique était provoquée par un contact électrique entre la colonne mercurielle et un fil de platine abaissé successivement dans les tubes des appareils, sous l'influence du mécanisme d'horlogerie lui-même ; de telle sorte que c'était par suite de l'avance ou du retard de cette réaction électro magnétique que les différentes hauteurs de la colonne mercurielle se trouveraient enregistrées, M. Régnard a pensé

avec raison que si on employait l'électricité à gouverner la marche d'un
style indicateur de manière à lui faire suivre tous les mouvements de la
colonne mercurielle dans les différents instruments de la météorologie, le
problème serait plus simplement résolu, et dans ce but il a combiné plusieurs systèmes d'appareils dont nous allons indiquer le principe.

D'abord, pour obtenir qu'un style pût suivre, sous une influence électrique, la marche d'une colonne mercurielle susceptible de monter et de
descendre, il fallait résoudre les deux problèmes suivants : 1° faire en sorte
qu'une fermeture de courant opérée par le contact avec le mercure du
levier porte-style ou d'un fil adapté à ce levier, pût faire avancer ce style
dans un sens; 2° que l'interruption de ce courant pût réagir en sens
contraire de l'effet produit primitivement, et faire reculer ce même style.
M. Régnard a résolu ces deux problèmes de diverses manières, mais en
employant toujours *un relais distributeur* réagissant sur un *mécanisme
moteur* tellement disposé, que toutes les fermetures de courant opérées à
travers le relais eussent pour effet une action mécanique tendant à élever
le levier porte-style, et que toutes les interruptions de ce même courant
eussent pour effet la descente de ce levier. Nous avons décrit dans le
tome IV de notre seconde édition, p. 414, les divers moyens proposés par
M. Régnard pour résoudre la question ; ces moyens sont du reste assez
simples; mais comme les appareils n'ont pas été exécutés, nous n'en parlerons pas davantage; nous dirons seulement que vers la même époque (1857)
des sytèmes analogues avaient été proposés par M. Montigny d'Anvers.

Enregistreurs météorologiques de M. A. Guiot. — M. A.
Guiot, à propos de la description du dernier thermométrographe de
M. Wheatstone, a envoyé à M. l'abbé Moigno la description théorique
d'un enregistreur météorologique, qu'on pourra trouver dans le tome 16
des Mondes, p. 32, mais qui est tellement primitif que nous n'en dirons que
quelques mots.

Dans ce système, les indications thermométriques sont fournies par un
grand thermomètre à mercure dont la colonne supporte un flotteur, réagissant directement sur un interrupteur commutateur. Ce commutateur est
constitué par une série de petits fils métalliques disposés en échelle les uns
au-dessus des autres, et écartés d'une distance équivalente à un degré du
thermomètre. Ces petits fils sont unis alternativement, de 3 en 3 degrés, à
trois fils qui les relient à l'enregistreur, qui est électro-chimique, et, suivant
qu'un frotteur porté par le flotteur appuie sur tel ou tel des fils de l'interrupteur, le courant est fermé à travers l'un ou l'autre des trois styles de
l'enregistreur ; la désignation du degré se déduit alors de la position relative

des traces fournies sur l'enregistreur. Comme les contacts sont reliés entre eux de manière que ceux numérotés 4, 5 et 6, par exemple, communiquent isolément avec les contacts 1, 2, 3, on pourra voir, par le sens ascendant ou descendant des marques dans chaque série, si la dernière marque fournie par chaque style indique une continuation dans le même sens du mouvement qui avait été enregistré dans la série précédente, ou si ce mouvement s'est effectué en sens contraire; et, pour qu'on ne perde pas la clef de la série à laquelle appartient ce mouvement, M. Guiot adapte à l'appareil un quatrième marqueur qui correspond à celle des températures qui se répète le plus souvent. Ce marqueur fournit une trace indépendante des autres, chaque fois que le frotteur touche le contact du commutateur en rapport avec cette température, et il en résulte que celle-ci se trouve inscrite en double. Or, ces dernières marques sont autant de repères qui peuvent aider à distinguer les séries, si l'on tient compte des heures auxquelles elles se sont produites ; car, dans ce système, l'entraînement du papier chimique de l'enregistreur déterminé par une horloge.

M. Guiot adapte le même système au baromètre pour enregistrer les variations de la pression atmosphérique ; seulement le commutateur a ses contacts éloignés d'un demi-millimètre. Naturellement, le baromètre employé est un baromètre à siphon.

Pour les indications hygrométriques, il emploie l'hygromètre de Saussure, et les contacts du commutateur correspondent à tous les degrés du cadran indicateur. C'est alors l'aiguille de l'hygromètre qui conduit le frotteur. Nous ne parlerons pas des moyens que M. Guiot propose pour les indications du vent; ils ne sont qu'une complication de ceux qui ont été employés dans les appareils que nous avons déjà décrits. Si M. Guiot était un peu familiarisé avec les appareils électriques, il aurait pu s'assurer que son système est irréalisable pratiquement, et nous n'en aurions pas parlé, s'il n'avait présenté une idée un peu nouvelle dans le mode d'enregistration par séries de trois fils.

Thermométrographe du général Morin. — Ce thermométrographe habilement construit par M. Hardy, met à contribution une pile thermo-électrique de Becquerel (fer et maillechort) de 15 éléments, et un galvanomètre à pointeur, que met en action tous les quarts d'heure un mouvement d'horlogerie.

En maintenant l'une des extrémités de la pile à la température de la glace fondante, l'autre extrémité fournit sur le galvanomètre des déviations qui varient exactement avec la température de l'air ambiant, et si l'aiguille de ce galvanomètre est munie, en dessous, d'une pointe traçante et qu'un dis-

que de papier placé sous cette aiguille puisse se soulever et heurter la pointe
tous les quarts d’heure, on pourra, en animant ce disque d’un mouvement
de rotation sur lui-même, obtenir une suite de points qui traceront une
courbe en rapport avec les variations de la température pendant le temps
qu’aura duré ce mouvement de rotation. Il faudra seulement avoir soin
de placer au-dessus de l’aiguille un anneau résistant qui l’arrête au moment des impressions. Cet appareil est, à ce qu’il paraît, très-sensible, et
le général Morin l’avait appliqué pour le contrôle des effets produits par
les appareils de ventilation dans les hôpitaux. Grâce à sa disposition
thermo-électrique, l’appareil thermométrique pouvait être placé dans la
cheminée de ventilation, et accuser à chaque instant du jour et de la nuit,
dans le cabinet du directeur de l’établissement, l’excès de la température
intérieure sur la température extérieure, excès qui, comme on le sait, doit
être constant pour que le mouvement de l’air le soit aussi.

Barométrographe de M. Hardy. — Le barométrographe de
M. Hardy, que nous représentons, fig. 15, pl. V, n’est autre chose qu’un
baromètre à cadran ordinaire, auquel a été adapté un système d’enregistration électrique. Cet appareil très-bien construit, fonctionne d’une manière
très satisfaisante à l’observatoire météorologique de la Havane, où il a été
installé par M. Poëy.

Dans la fig. 15, le tube du baromètre se distingue en ABC; il est plus
gros que celui des baromètres ordinaires afin de supporter un plus large
flotteur et d’éviter les causes d’irrégularités que l’on remarque souvent
dans ces sortes d’instruments. En D s’aperçoit le cylindre enregistreur qui
tourne derrière la planche support de l’appareil, et devant une ouverture
allongée ab, le long de laquelle se meut le style enregistreur i. Ce cylindre
est mis en mouvement par l’horloge H, qui réagit toutes les minutes sur
un double interrupteur de courant. Le style enregistreur i est porté par
une règle en aluminium a′b′, mobile entre 4 galets (qui lui servent de guides),
et qui est suspendue à l’extrémité d’un fil qui s’enroule sur une grande
poulie E. Un autre fil adapté à une poulie plus petite placée sur le même
axe et qui correspond au flotteur du baromètre, transmet à la règle d’aluminium les différents mouvements accomplis par ce flotteur; seulement
ces mouvements se trouvent amplifiés par suite de l’intervention de la
poulie E. A portée de la règle d’aluminium, se trouve fixé un électro-
aimant M, dont l’armature se termine par un levier à marteau L, qui peut
atteindre la règle AB et provoquer en la frappant une marque de la part
du style. A côté de cet électro-aimant, s’en trouve un autre N, dont
l’armature est disposée en rhéotome vibrant. Une tige garnie d’une enve-

loppe élastique termine cette dernière armature, et, par son intermédiaire, réagit sur le tube du baromètre en lui imprimant une série de petites secousses qui amènent le flotteur à sa véritable ligne de flottaison. Ces petites secousses représentent celles qu'on applique avec le doigt sur les baromètres à cadran ordinaires, quand on veut s'assurer de leur tendance à la hausse ou à la baisse. C'est pour mettre en action les deux électro-aimants dont il vient d'être question, qu'un double interrupteur chronométrique a dû être adapté à l'horloge H ; mais ce double interrupteur est disposé de manière que l'électro-aimant N soit animé par le courant avant l'électro-aimant M, afin que le flotteur soit bien amené à sa position avant chaque pointage du style.

Les fonctions de cet appareil sont du reste très-simples; toutes les minutes l'horloge H ferme un courant à travers les deux électro-aimants M et N, et un coup est frappé sur la règle d'aluminium; ce coup est transmis par la règle au style qui, à quelque hauteur qu'il soit, laisse son empreinte sur le papier dont est revêtu le cylindre D; celui-ci étant animé d'une très-petite vitesse, les points fournis par le style i viennent se placer les uns à côté des autres, et il en résulte sur le papier une courbe parfaitement continue et nette dont les abscisses représentent les différents instants du jour, et les ordonnées les différentes hauteurs barométriques. Pour l'étude plus facile de ces courbes, chaque feuille porte gravées en traits fins deux séries de lignes croisées à angle droit, dont les unes sont espacées de millimètre en millimètre, et dont les autres sont suffisamment éloignées pour que leur intervalle représente une durée de cinq minutes. Ces différentes séries de lignes sont séparées de 10 en 10 dans un sens et de 12 en 12 dans l'autre, avec indications correspondantes, pour qu'on puisse voir immédiatement et sans chercher, la hauteur barométrique à tel instant du jour qu'il convient. Des points de repère permettent d'ailleurs de placer la feuille sur le cylindre avec une exactitude suffisamment rigoureuse pour ce genre d'observations. Nous ajouterons encore que l'expérience a démontré que les courbes fournies par ce genre d'instrument sont plus facilement visibles avec un style muni d'un crayon rouge qu'avec un style armé d'un crayon noir.

Barométrographe de M. Hough. — Cet appareil auquel M. Hough fixe la date de 1862, n'est à proprement parler que la reproduction sous une autre forme de l'appareil de M. Régnard dont nous avons parlé plus haut et qui a été imaginé en 1857. On comprend difficilement que le nom de cet ingénieux inventeur ait été omis dans la description très-longue qui est faite de cet instrument dans les *Annales de l'observatoire* de Dudley.

Comme dans le baromètrographe de M. Régnard, en effet, l'appareil dont
nous parlons enregistre les oscillations de la colonne barométrique par
l'intermédiaire d'un écrou mobile, qui suit tous les mouvements du mercure
sous l'influence d'une action électrique, et qui est placé en dehors du baromètre. La seule particularité qui le distingue de l'appareil de M. Régnard est la manière dont s'effectuent les contacts électriques. Au lieu de produire directement ces contacts sur le mercure, ce qui a comme on l'a vu de grands inconvénients, M. Hough les fait effectuer par l'intermédiaire d'un flotteur b, fig. 72, qui, à l'aide d'une tige qu'il porte et qui est convenablement guidée, fait osciller un léger disque de platine d entre deux pointes d'or p, p', isolées et en rapport avec deux électro-aimants m, m'. Ces pointes sont portées par une traverse T adaptée à l'écrou mobile S, et les électro-aimants, en réagissant sur les détentes de deux mécanismes d'horlogerie tournant en sens contraire, peuvent faire tourner dans un sens ou dans l'autre, par l'intermédiaire d'une roue W, l'écrou mobile S, suivant que c'est l'un ou l'autre d'entre eux qui est animé par le courant. On pouvait craindre, avec ce système, que l'action mécanique exercée par le mercure sur le flotteur n'entraînât une certaine insensibilité de la part de l'appareil; mais les expé-

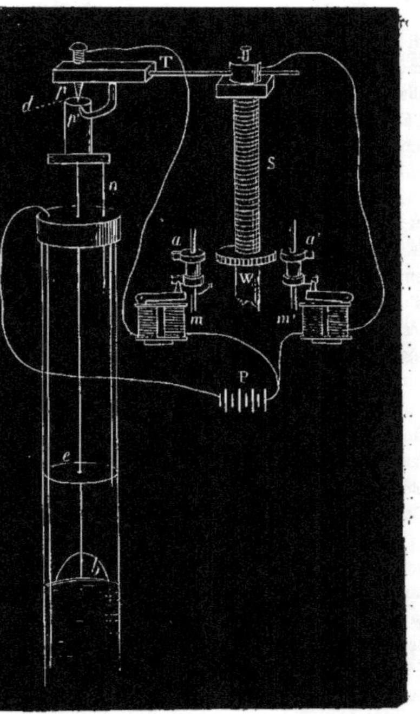

Fig. 72.

riences faites par M. Hough ont démontré que des mouvements de la colonne mercurielle de 0,0005 de pouce étaient perceptibles avec ce dispositif; or, des mouvements aussi petits échappent à la lecture, même avec des baromètres étalons très-bien conditionnés. D'un autre côté, la distance d'écartement du disque d et des pointes p, p' étant inférieure à un deux millièmes de pouce, on pouvait admettre que les oscillations de la colonne barométrique étaient reproduites sur l'enregistreur à un deux millièmes de pouce près.

Le baromètre employé par M. Hough est un baromètre à siphon dont les deux bouts extrêmes sont d'un diamètre égal et beaucoup plus grand que la partie intermédiaire. Le flotteur b est en ivoire, et sa forme est celle d'un paraboloïde de révolution dont la base est légèrement concave. Son diamètre est de un neuvième de pouce moindre que celui de la partie intérieure du tube, afin qu'il ne puisse y avoir de frottement entre lui et les parois de ce tube; un disque a fixé à frottement dans celui-ci et qui est traversé par la tige qui soutient le disque d, empêche d'ailleurs tout déplacement latéral de ce flotteur. Le disque d lui-même est maintenu dans une position parfaitement horizontale à l'aide de deux fils et d'un guide r qui passe ainsi que la tige $c\,b$ à travers un couvercle adapté au baromètre. Le mercure du baromètre est mis en relation avec la pile par un fil qui plonge dedans, et le circuit est complété, comme on le voit sur la figure, par les deux pointes p, p' et les deux électro-aimants m, m'. Le mécanisme qui fait régir l'écrou mobile n'a rien de particulier; les doigts a, a' qui réagissent sur la roue W sont portés isolément sur un axe dépendant du mouvement d'horlogerie qui les sollicite, et sur cet axe est adapté un autre doigt qui vient buter contre une dent dont est munie l'armature de chacun des deux électro-aimants; de sorte qu'à chaque fermeture de courant effectuée par l'un ou l'autre de ces électro-aimants, la roue W recule ou avance d'une dent, ce qui abaisse ou élève l'écrou mobile, et par suite le support T de l'interrupteur, d'une hauteur un peu moindre que la distance séparant le disque d des pointes p, p'. Afin d'empêcher l'action exercée sur la roue W de se produire en temps inopportun, un Rhéotome a été adapté à chaque mouvement d'horlogerie, et ce Rhéotome a pour effet de ne permettre la circulation du courant que quand leur détente sont dans la position de repos.

Le système enregistreur se compose d'un cylindre vertical placé au-dessous des systèmes d'horlogerie appelés à faire fonctionner la roue W, et qui reçoit son mouvement de rotation de la part d'un second mécanisme d'horlogerie qui lui fait accomplir une révolution en 24 heures. Une tige adaptée

à une seconde vis sans fin et munie d'un style traceur peut se mouvoir
devant ce cylindre parallèlement à sa génératrice, et son mouvement est
déterminé par une roue (analogue à la roue W) qui est adaptée à la vis sans
fin, et qui est reliée à cette roue W par un système de rouages qui amplifie
considérablement son mouvement; de sorte que les traces laissées sur le
cylindre, représentent les variations très-agrandies de la hauteur de la
colonne barométrique.

Comme complément de ce système, M. Hough a voulu que l'appareil
imprimât lui-même les hauteurs barométriques à des moments déterminés,
et pour cela il a adapté à l'instrument un système imprimeur à numérateur
mécanique, qui fournit les indications imprimées sur une bande de papier,
et exprimées en chiffres ordinaires ayant le millième de pouce comme
unité.

Ce système qui se compose d'un mécanisme compteur et d'un mécanisme
imprimeur analogue à celui des télégraphes à types, est mis en action,
d'un côté par la roue W dont il a été question précédemment, laquelle effectue
les combinaisons numériques représentant les hauteurs barométriques, et
d'un autre côté par l'horloge qui fait fonctionner le cylindre enregistreur et
qui détermine les impressions.

Le mécanisme compteur se compose essentiellement de deux systèmes de
rouages placés verticalement l'un à côté de l'autre sur deux axes, et dont les
roues, qui sont de même diamètre, peuvent engrener les unes avec les
autres. L'un de ces systèmes de rouages, que nous appel'erons A, est composé
de 4 roues, le second système B de trois seulement; mais ces dernières roues
ne sont à proprement parler que des roues de renvoi. Celles du système A
sont munies, sauf une seule qui engrène avec la roue W, d'une circonférence
armée de 10 types représentant les 10 chiffres de la numération. Pour qu'on
puisse comprendre le jeu de ce système, nous désignerons la 1re roue du
système A par r; c'est celle qui engrène avec W, et elle est munie de
40 dents; par u la seconde roue qui porte les chiffres des unités, c'est-à-dire
des millièmes de pouce; par d la 3e roue qui porte les chiffres des dizaines, et
par c la quatrième roue qui porte les chiffres des centaines. La roue u n'est
armée que d'une seule dent; la roue d en a 50, et la roue c en a 10. La
première roue du second système B, que nous appellerons a et qui est
munie de 40 dents, engrène avec la roue u; la seconde b armée de 50 dents
engrène avec la roue d qui a le même nombre de dents, et la troisième
roue x, qui n'a qu'une seule dent, engrène avec la roue c.

La première roue r du système A est montée sur le même axe que la
roue u, et cet axe enveloppe celui sur lequel sont montées les deux autres

roues. Or, en admettant que, dans l'origine, on ait disposé le système des roues des types de manière à représenter 'la hauteur exacte du baromètre au moment de l'engrènement de la roue r avec W, il devra se produire les effets suivants, quand cette roue W sera mise en mouvement par suite des oscillations de la colonne barométrique :

A chaque échappement de dent de la roue W, la roue r qui a un nombre de dents moitié de celui de la roue W, fera arriver devant le mécanisme imprimeur l'un ou l'autre des chiffres de la roue u qui précèdera ou suivra celui qui est alors en face, selon que le mouvement de la roue W s'effectuera dans un sens ou dans l'autre. Tant que ces mouvements ne feront pas arriver le chiffre o devant le repère, les roues d et c ne bougeront pas, et les impressions déterminées par l'horloge n'indiqueront que des variations d'unités dans le nombre représentant la hauteur barométrique; mais après le zéro, la dent que porte la roue u sera en prise avec la roue a du système de renvoi B, et fera tourner les deux autres roues b et x, lesquelles à leur tour feront sauter d'une dent, soit la roue d, soit la roue c ou même toutes les deux en même temps. On aura donc ainsi devant le mécanisme imprimeur une série de chiffres qui varieront suivant les hauteurs barométriques, et quelle que soit l'étendue des oscillations. Nous n'entrerons pas dans les détails mécaniques de ce dispositif; ils sont faciles à comprendre; nous ajouterons seulement que l'impression s'effectue au moyen d'une bielle à excentrique, conduite par le mécanisme de l'horloge, et qui approche, toutes les heures des roues des types encrées par les procédés ordinaires, une bande de papier qui est entraînée après l'impression d'une quantité suffisante pour que les indications ne se superposent pas. On peut voir dans les *Annales de l'observatoire de Dudley*, tome II, p. 16, le dessin perspectif de cet instrument qui paraît plus compliqué à première vue qu'il ne l'est réellement.

Pour simplifier les mécanismes et obtenir sur la bande de papier une longue suite d'observations imprimées, cette bande est elle-même divisée en jours, et l'indication des jours y est imprimée d'avance sur le côté. Les impressions des hauteurs barométriques aux différentes heures remplissent les intervalles, et il est facile de trouver à première vue les indications qu'on peut avoir à rechercher.

Barométrographe et thermométrographe de M. Hipp. — Le barométrographe de M. Hipp, qui a figuré à l'exposition universelle de Paris de 1867, et qui a été l'objet d'un rapport très-favorable de M. Hirsch, lu à la Société des sciences naturelles de Neuchâtel le 8 janvier 1868, n'est, comme celui de M. Salleron, autre chose qu'un baromètre anéroïde dont les mouvements sont transmis à une aiguille indicatrice à l'extrémité de laquelle est fixée une pointe de cuivre destinée à servir de style traceur. Cette pointe se meut horizontalement entre un cadre articulé et une bande de papier entraînée d'un mouvement uniforme par une horloge et un laminoir. Un coup de marteau appliqué à intervalles de temps égaux sur le cadre, détermine de la part du style sur la bande de papier, un trou dont la position indique la hauteur barométrique. Un second trou pratiqué en même temps par une pointe portée par le cadre, représente la pression barométrique moyenne du lieu d'observation.

Le thermométrographe est fondé sur le même principe. C'est un thermomètre métallique de Breguet (acier et laiton) dont les variations sont transmises à une aiguille indicatrice, et enregistrées sur une bande de papier par l'intermédiaire d'un mécanisme en tout semblable à celui adopté pour l'appareil précédent.

M. Hirsch a calculé les constantes dont il fallait se servir pour transformer en millimètres et en degrés centigrades les indications fournies par ces instruments, et il a pu constater que ces indications ne différaient de celles des instruments étalons que d'une quantité insignifiante $+0^{m/m},11$ qui représente la limite d'exactitude qu'on demande aux observations ordinaires.

M. Léopolder, de Vienne, avait exposé en 1867 un thermométrographe du même genre que celui de M. Hipp, mais dans lequel les variations de longueur de la spire métallique, qui était composée d'argent et de laiton, étaient transmises à distance au style traceur par un système électromagnétique double. Nous regrettons de ne pas avoir des renseignements plus précis sur cet appareil.

Barométrographe de M. Vincenzo Riatti de Forli. — Ce système imaginé en 1864 et décrit dans *les Mondes* du 1er décembre 1864, est fondé sur le même principe que celui de M. Régnard ; seulement au lieu d'employer un baromètre à siphon, l'inventeur Italien emploie un baromètre à cuvette mobile, et c'est cette cuvette qui, étant élevée ou abaissée sous l'influence d'un écrou à vis auquel elle est adaptée, lequel écrou est mis en action alternativement par deux roues marchant en sens contraire l'une de l'autre, fait arriver sans cesse la colonne mercurielle en contact avec une pointe fixe en platine disposée au haut de la chambre vide du baromètre (1).

---

(1) J'avais dès l'année 1856 imaginé une disposition analogue que j'avais appliquée principalement à la lecture des indications barométriques. Voici comment je décrivais cette disposition dans la deuxième édition de mon exposé tome II, p. 405 :

« On sait que dans les baromètres à cuvette, le niveau du mercure étant sans cesse

Cette action est dirigée par un électro-aimant qui opère le recul de la colonne mercurielle aussitôt que le mercure, en touchant la pointe de platine, a provoqué une fermeture de courant à travers cet électro-aimant; et quand ce contact ne s'effectue pas, le mouvement d'horlogerie qui commande le système tend à le produire. Il en résulte une série de petits mouvements alternatifs de sens contraire qui peuvent être marqués sur un enregistreur électro-magnétique au moyen d'un style conduit par la cuvette du baromètre. Dans l'appareil de M. Riatti, la cuvette du baromètre est constituée par un bout de canon de fusil bien calibré à l'intérieur et maintenu dans ses mouvements oscillatoires par un guide convenablement disposé. L'écrou qui la porte est engrené à l'état normal avec celle des deux roues qui doit

---

variable dans la cuvette, par suite de l'ascension ou de l'abaissement de la colonne barométrique, le point de repère de la graduation de la tige se trouve sans cesse déplacé, et par conséquent les hauteurs indiquées par l'échelle se trouvent inexactes. Dans le baromètre Fortin, on a suppléé à ce défaut par une vis adaptée sous la cuvette, que l'on serre ou que l'on desserre de manière à ramener, toujours avant l'observation, le niveau du mercure dans cette cuvette à une hauteur fixe. Cette hauteur fixe correspond à l'extrémité d'une pointe qui est le repère de la graduation.

« Pour ramener le niveau du mercure précisément à la hauteur du repère, on manœuvre comme je l'ai déjà dit la vis de la cuvette, jusqu'à ce que la pointe d'ivoire touche son image réfléchie dans le mercure ; mais, outre que cette opération est difficile à bien faire, il arrive qu'au bout d'un certain temps, la surface du mercure du baromètre se couvre de poussière, et il est alors mathématiquement impossible de s'assurer du moment précis où le mercure est arrivé à la ligne de niveau. Depuis que je fais des observations météorologiques, cette opération a toujours été pour moi la plus longue et la plus ennuyeuse. J'ai donc cherché à éviter cet inconvénient, en faisant venir à mon aide l'action électro-magnétique, et ce moyen m'a parfaitement réussi comme on va pouvoir en juger.

« Au lieu de faire en ivoire la pointe servant de repère, je la fais en platine, et au lieu de la fixer sur la monture même du baromètre, je lui fais traverser une rondelle d'ivoire incrustée dans cette garniture. Un bouton d'attache met en rapport cette pointe avec le pôle positif d'une pile de Daniell, tandis que le pôle négatif communique avec le mercure par un fil de platine plongeant toujours dans le mercure de la cuvette. Sur l'un des deux fils qui relient ainsi le baromètre à la pile, j'interpose un interrupteur de courant et un appareil électrique susceptible d'indiquer la présence des courants, un gavalnomètre, par exemple, ou mieux, une sonnerie électrique. Au moment de l'expérience, je tourne l'interrupteur ; alors de deux chose l'une, ou le mercure sera au-dessus du repère par suite de l'abaissement de la colonne barométrique, ou il sera au-dessous par l'effet contraire. Dans le premier cas, la sonnerie

élever la colonne mercurielle; mais aussitôt que l'électro-aimant devient actif, c'est l'autre roue qui engrène avec cet-écrou et qui provoque l'abaissement de la colonne. L'amplitude de l'oscillation résultant de ce double mouvement ne dépasse pas un centième de millimètre.

Dans ce système, comme on le voit, la colonne mercurielle est toujours maintenue à hauteur constante, et les variations de la pression barométrique ne se font sentir que sur le niveau inférieur; elles peuvent, en conséquence, être accusées par le changement de position du fond de la cuvette et, par suite, par le déplacement du style sur la bande de papier du cylindre enregistreur. Les décharges électriques se faisant dans le vide barométrique ne peuvent entraîner l'oxydation du mercure, et si la partie

---

se mettra à tinter, et je serai prévenu par là que je devrai desserrer la vis de la cuvette, ce que je ferai jusqu'à ce que la sonnerie ait cessé son mouvement. Dans le second cas, je devrai, au contraire, serrer la vis jusqu'à ce que la sonnerie ait commencé à tinter. On voit que par ce système, il n'est même pas besoin de regarder ce que l'on fait et que l'opération se conduit mécaniquement.

« Dans les instruments à l'aide desquels les observations sont inscrites d'une manière continue par l'impression photographique de la lumière, le système précédent, combiné mécaniquement pour remplir une fonction automatique, devient de la plus haute importance, car c'est par ce moyen seulement, que ce genre d'observations peut être rigoureux et comparable aux observations ordinaires. Voici donc par quel mécanisme on pourra obtenir que le niveau du mercure soit toujours ramené au point d'affleurement du repère.

« Qu'on suppose la tête de la cuvette munie d'une roue d'un grand diamètre et commandée par deux engrenages distincts auxquels seront appliqués deux de mes mécanismes à remontoir; on comprendra facilement que le courant circulant à travers l'un ou l'autre de ces mécanismes, pourra faire tourner la vis dans l'un ou l'autre sens, et par conséquent, la serrer ou la desserrer. Par conséquent, si le baromètre porte une pointe de platine comme nous l'avons vu précédemment en guise de pointe de repère, on pourra obtenir, par l'intermédiaire d'un relais, que l'absence de continuité dans le courant fermé par le mercure du baromètre ait action sur le mécanisme à remontoir commandant le serrage de vis. et que la fermeture du courant mette en activité le mécanisme du desserrage. Le niveau du mercure, ne pouvant donc ni monter au-dessus de la pointe ni s'abaisser, devra nécessairement rester toujours le même.

« M. Masson a appliqué le principe électrique du baromètre précédent, à la mesure exacte (à un centième de millimètre près), de la hauteur de la colonne barométrique. Pour cela il soude à l'extrémité du tube barométrique un fil de platine qui occupe une partie de la chambre vide du baromètre, et se trouve au-dessus des plus

du tube qui plonge dans le mercure est calibrée avec soin, aussi bien'que la cuvette, ce que l'on peut obtenir aisément, l'appareil peut servir de baromètre de précision. M. Riatti a fait construire ce barométrographe pour un observatoire météorologique créé par la ville de Forli sur le palais de la Mission.

Udométrographe de M. Salleron. — M. Salleron a ajouté à l'enregistreur anémographique dont nous avons parlé p. 325, un électro-aimant spécial destiné à enregistrer non-seulement les heures où la pluie a commencé et fini, mais encore sous l'influence de quel vent elle s'est produite. Nous représentons, fig. 73, cet intéressant accessoire de son appareil.

L'udomètre ou le pluviomètre destiné à recevoir la pluie se compose, comme à l'ordinaire, d'un entonnoir E dont l'orifice supérieur représente

---

grandes hauteurs barométriques que l'on ait à observer. La pointe de ce fil de platine qui doit être rigide, est destinée à servir de point de repère. Une autre pointe du même métal est adaptée au-dessus de la cuvette du baromètre comme nous l'avons indiqué précédemment ; mais elle se trouve soudée à la partie inférieure d'une vis micrométrique de 1 millimètre de hauteur de pas, et dont la partie supérieure est terminée par un disque divisé en 100 parties. Ce disque, comme celui des sphéro-mètres, se meut devant une échelle graduée gravée sur le tube de verre du baromètre, de sorte qu'on peut apprécier facilement à un centième de millimètre près la hauteur dont on élève ou dont on abaisse la vis micrométrique. Un circuit électrique établi à travers cette vis, le mercure du baromètre, la pointe de platine du haut du tube et une sonnerie électrique, permet d'apprécier l'instant précis où il est complété. Voici maintenant comment on se sert de cet instrument, représenté fig. 16, Pl. VI.

« Au moment de l'observation, on commence par faire plonger le fil de platine de la vis micrométrique dans le mercure de la cuvette, puis on serre la vis de cette cuvette, de manière à élever le mercure dans le tube barométrique jusqu'à ce qu'il ait atteint la pointe de platine servant de repère, ce dont on est prévenu par le tintement de la sonnerie ; quand cette opération est faite, on détourne la vis micrométrique et on l'élève le long de l'échelle graduée jusqu'à ce que la sonnerie électrique qui a été mise en marche s'arrête. On sait alors que la pointe de platine qui termine cette vis vient de quitter la surface du mercure de la cuvette, et l'on possède ainsi un point de repère qui peut indiquer exactement la hauteur de la colonne barométrique. En effet, la graduation de ce baromètre, au lieu d'être faite à partir du niveau du mercure de la cuvette comme dans les baromètres Fortin, peut commencer à partir de la pointe de platine servant de repère, ou même d'un point plus éloigné, pourvu qu'il soit fixe. Si donc on place ce point de départ de la graduation à une distance de la pointe de platine égale à la hauteur de la vis micrométrique, il arrivera forcément que la position du micromètre sur l'échelle graduée, indiquera exactement la hauteur de la colonne barométrique. »

une surface de 4 décimètres carrés; cet entonnoir est fixé à une certaine hauteur au-dessus du sol ou à la partie supérieure d'un bâtiment quelconque. Un tube T, interrompu dans la figure, prolonge cet entonnoir et conduit directement ou par l'intermédiaire d'un tube en caoutchouc, l'eau tombée, dans un appareil spécial placé à couvert dans le voisinage de l'enregistreur.

Cet appareil se compose de deux petits réservoirs A, A' séparés par une cloison angulaire et qui constituent une sorte de bascule. Cette bascule est suspendue sur un axe horizontal placé de telle sorte qu'il ne peut y avoir d'équilibre stable que lorsque l'un des réservoirs étant relevé, l'autre se trouve abaissé et appuyé sur l'un des entonnoirs B, B' placés sur les côtés de l'appareil.

Le récipient le plus élevé reçoit l'eau amenée par le tube T, et à mesure que la charge augmente, elle tend à faire tourner le système autour de l'axe de suspension ; quand cette charge est suffisante, le renversement de la bascule a lieu, et l'eau s'échappe par l'entonnoir B ou B'; mais dans ce mouvement, une aiguille *a* placée sous le récipient, peut, en décrivant un arc de cercle, traverser une petite nappe de mercure occupant la partie inférieure de l'instrument, et provoquer une fermeture de courant momentanée

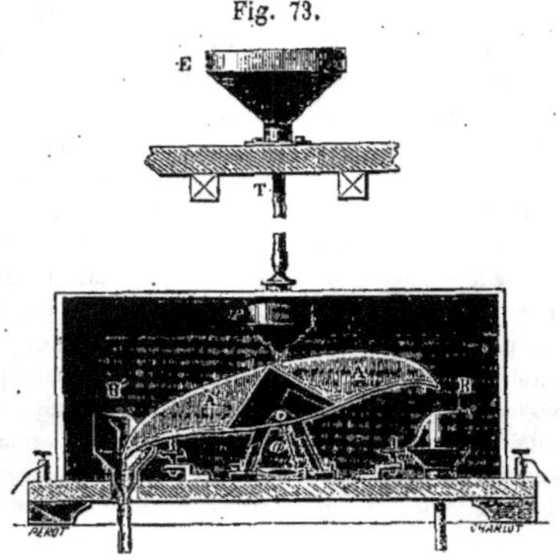

à travers l'électro-aimant enregistreur correspondant à cet appareil. Il en résulte une série de points, dont la position sur la feuille peut faire reconnaître, non-seulement l'heure à laquelle la pluie a commencé, mais encore le vent qui régnait alors. De plus, comme chaque mouvement de la bascule est suivi, tant que dure la pluie, d'un nouveau remplissage du compartiment le plus élevé, il se produit une série de chutes du récipient dans les deux sens opposés, qui se traduit par une série de pointages, dont le nombre et le rapprochement indiquent la durée de la pluie et son abondance. Il est clair, en effet, que plus la pluie sera abondante plus les inversions de la bascule se feront rapidement, et ces inversions ne cesseront que quand la pluie cessera. Il ne s'agira donc que de lire sur la feuille le temps écoulé entre le premier et le dernier pointage pour apprécier la durée de la pluie ; et, connaissant par une expérience préalable quelle est la quantité d'eau qui est nécessaire pour faire basculer le récipient, on pourra déduire du nombre de ces chutes la quantité d'eau qui sera tombée.

Dans l'appareil de M. Salleron construit pour la ferme de Grignon, le poids de l'eau nécessaire pour faire ainsi basculer le récipient, est de 40 gr. et, comme la surface du pluviomètre est de 400 centimètres carrés, la quantité d'eau nécessaire pour faire basculer le récipient correspond à un millimètre de hauteur d'eau tombée à la surface du sol. Il y aura donc autant de millimètres de hauteur d'eau tombée en 24 heures, qu'il y aura de points inscrits sur la ligne des observations udométriques dans cet intervalle de temps.

Pour prévenir les effets qui pourraient résulter de la force vive de l'eau tombant directement du pluviomètre dans les réservoirs A, A', effets qui troubleraient les déductions que l'on pourrait tirer des pointages d'après le raisonnement que nous venons de faire, M. Salleron ne fait arriver l'eau dans ces réservoirs que par un tube capillaire et l'emmagasine dans un récipient *r*. Avec cette disposition, les pointages se trouvent alors plus également espacés, et l'on ne peut juger de l'abondance de la pluie que par la hauteur d'eau tombée. Cette donnée est, du reste, parfaitement suffisante.

Enregistreurs à maxima et à minima de M. Liais. — Depuis longtemps les instruments météorologiques donnant des maxima et des minima ont été regardés comme fort importants et d'un emploi indispensable par les observateurs ; aussi a-t-on cherché à en construire de différents systèmes. Tout le monde connaît les thermométrographes à branches recourbées et les thermomètres à déversement de M. Walferdin ; mais ce qu'il importe le plus de connaître, quand on veut avoir des observations bien faites, c'est l'heure de ces maxima et minima ; car cette indication facilite l'interpolation dans le cas où les observations horaires manquent, et comble la lacune que laisse l'absence d'observations pendant la nuit. « On a bien imaginé, dit M. Liais, des instruments à indications continues tels que ceux que nous avons décrits précédemment et d'autres fondés sur les effets de la photographie ; mais ces appareils sont très-chers, très-compliqués, et nécessitent, dans le cas où l'on emploie les moyens photographiques, l'entretien d'une vive lumière. En ramenant le problème à la construction d'instruments à maxima et à minima, on fait disparaître la complication. »

Le barométrographe proposé par M. Liais consiste dans un baromètre à siphon sur lequel réagit un double mouvement d'horlogerie dont nous allons voir à l'instant les fonctions. Le mercure qui remplit ce baromètre est, par l'intermédiaire d'un fil de platine f, fig. 15, Pl. VI, en communication avec l'un des pôles d'une pile de Daniell faible, et l'autre pôle de cette même pile est en rapport avec deux fils de platine $abcd$, ef, qui plongent dans le mercure, mais qui se trouvent sollicités, l'un ef, à s'élever, l'autre $abcd$, à s'abaisser, par les mouvements d'horlogerie M, M' dont nous avons parlé. Ces fils sont d'ailleurs maintenus dans une direction fixe par des guides.

Deux électro-aimants A, A' interposés dans chaque circuit encombrent à l'état normal les mouvements M et M' : l'un A, par l'effet de l'interruption du courant, l'autre A' par l'effet de la fermeture de ce même courant. Pour obtenir ce double résultat, il suffit, dans le premier cas, que l'armature de l'électro-aimant A étant abaissée, bute contre l'une des ailettes du mouvement M, et, dans le second, que l'armature de l'électro-aimant A' réagisse sur les ailettes du mouvement M' par l'intermédiaire d'une queue g. Des ressorts placés devant ces armatures provoquent la fermeture d'un courant à travers un appareil chronométrique, à chaque mouvement opéré par elles.

L'appareil chronométrique en rapport avec le barométrographe, consiste dans un mouvement d'horlogerie qui fait accomplir un tour sur eux-mêmes en 12 heures, à deux cadrans de pendule placés des deux côtés de l'horloge régulatrice. Sur l'axe de chacun de ces cadrans mobiles est placé un axe *creux*, muni à l'une de ses extrémités, d'une aiguille indicatrice et d'une poulie à contre-poids, et à l'autre extrémité, d'une boîte d'engrenage qui peut le faire participer ou non au mouvement de l'horloge. Un électro-aimant pourvu d'un rhéotome disjoncteur et interposé dans chacun des circuits des deux mécanismes barométriques, commande le jeu de cette boîte, et suivant qu'il est inerte ou actif, il permet à l'aiguille de suivre le cadran dans sa marche ou de revenir à une position déterminée qui correspond à l'heure de midi. Voici maintenant comment fonctionne cet appareil.

Quand le mercure du baromètre monte dans la branche B C, un courant électrique est fermé à travers l'électro-aimant A, et le mécanisme M est dégagé jusqu'à ce que la pointe de platine ef ait abandonné la surface du mercure ; mais cette fermeture de courant à travers l'électro-aimant M entraîne la fermeture d'un autre courant à travers l'électro-aimant correspondant du chronomètre. Celui-ci ouvre la boîte d'engrenage, et le contre-poids de l'aiguille indicatrice entraîne celle-ci jusqu'au repère. Alors le courant se trouvant interrompu par le rhéotome à travers l'électro-aimant qui a provoqué cette action, la boîte d'engrenage se trouve immédiatement fermée, et l'aiguille recommence à suivre de nouveau le cadran mobile, mais la position de cette aiguille sur ce cadran indique précisément l'heure à laquelle s'est fait le déclanchage et, par conséquent, celle de l'ascension du mercure dans la branche B du baromètre.

Pour une nouvelle ascension du mercure, il y aura donc un nouveau déclanchage, par suite un changement de l'heure indiquée par l'aiguille indicatrice, et ces fonctions électro-mécaniques se renouvelleront jusqu'à ce que le mercure ait atteint son maximum de hauteur. Or, comme l'aiguille indicatrice reste toujours à l'heure correspondante à la dernière réaction électrique, elle accuse par là l'heure du maximum barométrique dans la branche B C du baromètre, et, par conséquent, l'heure du minimum diurne de la pression barométrique. La position de la pointe de platine ainsi soulevée donne la hauteur exacte de ce minimum.

Le mécanisme indiquant les maxima de la pression barométrique fonctionnant exactement de la même manière que celui que nous venons de décrire, je n'en parlerai pas davantage. Je dirai seulement que, tel que je viens d'en indiquer la construction, cet appareil n'est pas exactement celui de M. Liais; j'ai dû le modifier considérablement pour le rendre plus simple et d'une exécution facile. On peut voir dans la première édition de cet ouvrage la description du système primitif.

Pour que les maxima et minima barométriques absolus répondent toujours aux positions extrêmes de la colonne mercurielle, il faut que la température reste sensiblement constante dans l'intervalle de deux observations. On obtient ce résultat, dit M. Liais, en renfermant l'instrument dans une série d'enveloppes peu conductrices.

En appliquant une disposition analogue au thermomètre, on obtient un thermomètre à maxima, donnant l'heure du maximum de la température. Pour le thermomètre à minima, il y a une disposition à prendre pour que le courant ne passe pas d'une manière continue dans la colonne, ce qui fausserait les indications par l'élévation de la température à laquelle il donnerait lieu; ce n'est pas alors dans le tube thermométrique que plonge la pointe de platine : elle est supportée par un flotteur adapté au thermomètre. Cette pointe se recourbe pour plonger dans un tube plein de mercure, dont l'un des mouvements d'horlogerie M M', règle la descente, comme nous l'avons indiqué, et qui est en communication avec la pile. Les autres dispositions sont semblables à celles du thermomètre à maxima. On a donc ainsi un thermomètre à minima à mercure, ce qu'on avait.

cherché en vain depuis longtemps à obtenir, et de plus, l'heure de l'observation est marquée.

Quant au psychrométrographe, comme les vrais maxima et minima, ne dépendent ni du minimum, ni du maximum de différence des indications des deux thermomètres, M. Liais emploie un hygromètre à cheveu auxiliaire pour indiquer l'instant des maxima et minima que ce dernier instrument, inexact d'ailleurs, quant à la valeur absolue de l'humidité, indique cependant avec exactitude, par le minimum et le maximum de l'allongement du cheveu. Le cheveu supporte alors une pointe métallique plongeant dans une capsule pleine de mercure, et une disposition analogue aux précédentes, indique les instants du maximum et du minimum. De plus, chaque fois qu'un courant s'établit, des index marquent la hauteur des deux thermomètres composant le psychromètre, et leur dernière position qui est celle que l'on observe, marque le maximum et le minimum d'humidité.

Sismographes électriques. — Ces sortes d'appareils se rapportent aux tremblements de terre, et bien que ces phénomènes physiques soient d'un autre ordre que ceux qui se rapportent à la météorologie, nous avons cru devoir en parler dans ce chapitre, parce que souvent ils accompagnent les météorographes.

La première idée d'un enregistrement des secousses produites par les tremblements de terre n'est pas nouvelle; elle a pris naturellement naissance dans les pays les plus exposés aux effets désastreux de cette terrible convulsion du globe, et par conséquent les plus voisins des volcans. D'après MM. Palmieri et Marmocchi, ce serait un horloger de Naples qui aurait établi le premier appareil de ce genre. Postérieurement MM. Cacciatore, Coulier, Cavalleri, etc. imaginèrent divers systèmes plus ou moins ingénieux qui pouvaient avoir leur mérite, mais qui généralement ne précisaient ni l'heure à laquelle se produisait le phénomène, ni sa durée; et le plus souvent, ils étaient impuissants à révéler les petites secousses qui se produisent fréquemment en dehors des fortes commotions et qui se succèdent souvent à des intervalles très-rapprochés. M. Palmieri paraît être le premier qui ait résolu le problème à ces différents points de vue, dans son sismomètre enregistreur, auquel il donna le nom de sismographe électromagnétique et qui fut installé en 1856 à l'observatoire du Vésuve. Il avait été conduit à l'établissement de cet appareil par la fréquence des petits tremblements de terre qui se font sentir dans les environs du Vésuve, et qui ont la particularité de diminuer rapidement d'intensité avec la distance du volcan où ils prennent naissance.

Sismographes de M. Palmieri. — M. Palmieri a combiné deux sortes de sismographes ; l'un, composé d'organes très-délicats, est disposé pour être fixe ; l'autre est portatif et peut par conséquent être aisément transporté là où un tremblement de terre s'annonce.

Le premier de ces systèmes se compose de deux appareils indicateurs distincts, l'un qui est affecté à l'enregistration des mouvements verticaux ; l'autre qui se rapporte aux mouvements horizontaux ou ondulatoires.

Pour se faire une idée du premier appareil, il faut se représenter suspendue à l'extrémité d'un ressort, une hélice de fil de laiton, munie d'un système à compensation pour la chaleur, et terminée à son extrémité inférieure par un petit cône de cuivre ou de platine, situé à une très-petite distance d'une surface de mercure, lequel mercure est placé dans une petite cuvette en fer. Il est évident que s'il survient un tremblement de terre vertical, l'extrémité du cône métallique arrivera en contact avec le mercure par l'effet de l'élasticité du ressort et de l'hélice ; et si le ressort et le mercure sont en rapport avec un circuit électrique dans lequel seront interposés deux électro-aimants adaptés, l'un à une horloge, l'autre à un mécanisme enregistreur, on pourra faire en sorte, au moment du contact, que l'horloge soit arrêtée, et que le style traceur marque sur une bande de papier un trait dont la longueur pourra correspondre à la durée du contact, c'est-à-dire à la durée de l'oscillation verticale. On pourra même obtenir, par une disposition très-simple, que l'arrêt de l'horloge ait pour résultat de faire fonctionner un timbre d'alarme qui préviendra du mouvement terrestre qui se produit. Quand l'oscillation sera terminée, la marque laissée par le style traceur s'arrêtera, mais le papier, par un dispositif du mécanisme d'horlogerie facile à comprendre, pourra continuer encore son mouvement pendant quelques instants ; de sorte que si une seconde, une troisième ou une quatrième secousse se produisent, on pourra obtenir plusieurs marques successives dont l'espacement représentera les intervalles de temps qui ont séparé les secousses.

A côté de cet appareil, M. Palmieri a adapté, comme accessoire, un second système à deux hélices qui soutiennent chacune un petit barreau aimanté, au-dessous duquel se trouve un plateau saupoudré de limaille de fer. Quand un mouvement vertical se produit, ces aimants en s'abaissant se recouvrent de limaille et indiquent ainsi que l'oscillation a eu lieu. En même temps, une aiguille indicatrice mobile devant un cadre divisé et sur laquelle réagit l'un des petits barreaux au moment de sa chute, indique l'amplitude de l'oscillation.

Le second appareil, celui destiné à enregistrer les mouvements horizontaux et ondulatoires ou en d'autres termes les composantes horizontales du mouvement produit, se compose de quatre tubes de verre recourbés en U, et contenant du mercure. Une des branches de ces tubes a un diamètre double de celui de l'autre, et ces tubes eux-mêmes sont orientés suivant les quatre points cardinaux. Dans leur branche la plus grande, plonge un fil de fer ou de platine, et dans la branche la plus petite se trouve un pareil fil qu'on a soin de maintenir à une très-petite distance du niveau du mercure. Or, ces deux fils faisant partie d'un circuit correspondant à une horloge et à un appareil enregistreur électro-magnétique, il arrive que la moindre inclinaison donnée aux tubes par le tremblement de terre, peut déterminer une action électro-magnétique capable d'arrêter l'horloge, comme dans le système précédent, et de provoquer une marque sur l'enregistreur tout en faisant fonctionner une sonnerie. On aura donc ainsi l'indication du moment auquel a commencé le mouvement de trépidation du sol et de sa durée, et si un flotteur de fer suspendu à un fil de cocon autour d'une poulie d'ivoire peut réagir sur une aiguille mobile autour d'un cadran divisé, on pourra reconnaître facilement dans quelle direction s'est produite l'action terrestre, et quelle a été son importance; car des quatre tubes exposés à l'action du tremblement de terre, il n'y aura que celui qui se trouve dans la direction du mouvement dont le niveau aura changé, et si un contre-poids convenablement calculé retient le flotteur dans sa position la plus élevée, l'aiguille indicatrice qui y correspond montrera l'amplitude de l'oscillation.

Pour les fortes secousses, M. Palmieri a ajouté à son appareil un dispositif accessoire qui n'est d'ailleurs qu'une modification de celui de M. Cacciatore. Ce dispositif consiste dans une boule pesante suspendue par un fil, comme un pendule, et qui occupe le centre d'une boîte munie d'une série de rayons mobiles en verre. Ces rayons au nombre de huit et convenablement orientés sont soutenus à frottement doux dans des trous pratiqués sur deux circonférences concentriques, et approchent assez près de la boule pendulaire pour être repoussés par elle lorsqu'elle se dirige vers l'un ou l'autre d'entre eux. Or, comme dans un tremblement de terre le pendule reste fixe par rapport à la boîte, il résulte du mouvement oscillatoire de celle-ci, que le rayon mobile placé dans la direction de l'oscillation se trouve repoussé par la boule, et indique par conséquent la direction de la secousse souterraine.

Le second système de M. Palmieri comprend, comme le premier, deux appareils indicateurs et un appareil enregistreur. Mais l'appareil destiné à l'indication des mouvements horizontaux diffère assez notablement de celui que nous avons décrit précédemment, et il se rapproche un peu de celui du R. P. Bertelli, quoique, en principe, il ne soit autre chose que celui de M. Cacciatore.

Cet appareil n'est autre chose qu'un pendule à boule pesante dont la tige est constituée par un fil de platine et dont l'extrémité inférieure, garnie d'une pointe de platine, est placée au-dessus d'un disque métallique dans lequel a été évidée une petite rainure circulaire qui est remplie de mercure. En raison de la forme de son ménisque, ce liquide forme au-dessus du disque une sorte d'anneau métallique non résistant que peut rencontrer la pointe de platine du pendule au moment des oscillations, et qui peut provoquer l'envoi d'un courant électrique à travers l'électro-aimant de l'enregistreur. Un système de rayons mobiles enveloppe d'ailleurs la boule du pendule, comme dans le système de Cacciatore que nous avons décrit précédemment, et permet de reconnaître la direction de la composante horizontale du mouvement.

L'appareil destiné à indiquer la composante verticale est à peu près le même que celui du premier système, sauf l'appareil accessoire qui est alors constitué par une simple lame de ressort recourbée à angle droit à son extrémité libre, et qui se trouve placée au-dessus d'une goutte de mercure, contenue dans un petit godet à capuchon porté par une colonne; les fonctions en sont d'ailleurs les mêmes. M. Palmieri a toutefois ajouté en plus à cette partie du système, un révélateur des tremblements de terre qui est constitué par une longue tige métallique disposée verticalement et munie supérieurement d'une masse pesante. Une seconde masse que l'on peut fixer à telle hauteur que l'on veut sur cette tige, permet de régler la sensibilité de l'appareil.

L'enregistreur se compose d'une sorte de chronographe électrique à trois cylindres placés dans le prolongement les uns des autres et sur lesquels appuient, sous l'influence de deux électro-aimants, trois crayons qui se trouvent abaissés à la fois. L'un des cylindres, plus large du double que les autres, fait un tour en 24 heures; le second accomplit sa rotation en une heure, et le troisième effectue la sienne en 5 minutes; de sorte que l'on peut enregistrer pendant longtemps et avec une grande précision les différentes circonstances du phénomène. L'un des deux électro-aimants dont nous venons de parler est en rapport avec l'appareil indicateur des composantes verticales; l'autre avec l'indicateur des composantes horizontales, et comme la tige horizontale qui porte les crayons peut être abaissée sous l'influence de l'un ou l'autre électro-aimant, le même système traceur est affecté aux deux sortes d'indications; mais afin qu'elles puissent s'effectuer distinctement et indépendamment les unes des autres, l'un des électro-aimants

fait effectuer au support des trois crayons un petit mouvement parallèle
à la génératrice du cylindre, et les pointages effectués sous l'influence de
l'électro-aimant, que nous appellerons A, se produisent à côté de ceux
déterminés par le second électro-aimant B. Toutefois, comme il pourrait
arriver, qu'en cas de simultanéité d'action exercée par les deux appareils,
les marques produites seraient les mêmes que celles qui correspondraient à
une seule action, un crayon supplémentaire qui appuie sur le tambour le
plus large est adapté à l'électro-aimant qui ne provoque pas le recul du
système, et alors les indications en rapport avec cet électro-aimant sont
doubles sur le cylindre le plus large. Cet arrangement du reste ne présente
rien de difficile ni de délicat.

L'horloge qui met en action les cylindres dont il vient d'être question est
munie d'un cadran qui porte 24 divisions correspondant aux 24 heures de
la journée, et une horloge ordinaire à sonnerie, placée à côté de la première,
est reliée au système électro-magnétique par un appareil de détente qui
l'arrête aussitôt que les électro-aimants fonctionnent. En même temps, sa
sonnerie est mise en activité pendant une demi minute.

Les appareils qui composent ce nouveau système de sismographe sont
combinés de manière à s'emboîter les uns dans les autres et à ce que les
deux planches qui les supportent forment le fond et le couvercle d'une
boîte dont les dimensions ont 40 centimètres de côté. Les vis calantes sont
utilisées à la fermer.

III. — MÉTÉOROGRAPHES.

Les météorographes depuis une dizaine d'années ont été combinés de
différentes manières par plusieurs savants; mais quoique renfermant les
différents systèmes d'enregistration nécessaires pour l'étude de la météorologie, les divers appareils qui les composent s'éloignent peu des types
isolés que nous avons décrits dans les deux chapitres qui précèdent. Les
plus importants sont ceux du R. P. Secchi, de M. Hough, de M. Van Rysselberghe et du R. P. Bertelli. Toutefois le premier appareil de ce genre qui
a été construit est, comme nous l'avons déjà dit, le météorographe de
M. Wheatstone qui a été installé pendant quelque temps à l'observatoire
de Kiew.

Météorographe de M. Wheatstone. — Nous représentons,
fig. 12 pl. VI, la disposition théorique de cet appareil, qui fournit l'annotation imprimée des indications thermométriques, barométriques et
psychrométriques.

Bien que fondé sur le même principe que le thermomètre télégraphe du même auteur qui a été décrit p. 346, le météorographe de M. Wheatstone en diffère pourtant, en ce que l'enregistrement des observations se produit au moment où le fil sort du mercure, et où, par conséquent, le courant se trouve rompu. En cet instant, en effet, l'électro-aimant M, dont nous avons admis la présence quand) il s'agissait de produire une annotation écrite de la part du thermomètre télégraphe, se trouve inactif et laisse tomber son armature. A contre un levier de détente B C D, qui laisse libre un mouvement d'horlogerie. A ce mouvement d'horlogerie indépendant de celui P qui provoque, au moyen des poulies a, b, c, l'ascension et la descente des fils dans les instruments, correspond un levier à marteau E F, qui se trouve disposé comme celui d'une sonnerie, de manière à frapper les extrémités de deux étoiles flexibles G H, G' H', dont les rayons portent des caractères en relief (1). Ces caractères ainsi frappés, peuvent laisser leur empreinte sur un cylindre O revêtu d'une feuille de papier, lequel est mis en rapport de mouvement avec le mécanisme d'horlogerie du marteau, à la manière des télégraphes imprimeurs.

Les étoiles flexibles (voir fig. 13), appelées roues des types, dont le mouvement (provenant de l'horloge P) s'accorde parfaitement avec l'ascension et la descente des fils qui plongent dans le mercure des instruments sont tellement disposées que quand l'une, G H, munie de quinze rayons portant chacun une lettre, a fait un tour sur elle-même en trente secondes, l'autre roue qui n'a que douze rayons correspondant aux dix chiffres et au point de repère, n'a accompli qu'un douzième de sa révolution. Il en résulte que cette dernière fait sa révolution entière en six minutes, précisément l'intervalle compris entre une ascension et une descente du fil ; car une minute a été calculée pour la descente du fil ou son replacement à son point de départ.

On comprend, d'après cela, que plus la colonne de mercure sera élevée dans les tubes des instruments, plus la détente du mécanisme imprimeur mettra de temps avant d'agir, et plus, par conséquent, il y aura de rayons des roues des types qui auront échappé au coup de marteau. Connaissant donc la valeur, en fractions de millimètre, représentée par chacun des caractères des deux roues, on peut connaître, par l'inspection de leurs traces, les diverses oscillations des colonnes mercurielles.

Comme chaque rayon de la roue des types qui fait son tour en trente

---

(1) Ces étoiles sont vues de champ sur la figure ; et comme elles sont toutes les deux placées dans le même plan, on n'en voit qu'une.

secondes, met deux secondes pour arriver à la place qu'elle doit occuper, pour être susceptible de recevoir le choc du marteau imprimeur, et que, pendant cet intervalle très-court, il pourrait arriver que le fil quitterait le mercure, M. Wheatstone a adapté à son instrument un rhéotome au moyen duquel, l'action du courant est prolongée, après que le fil a quitté le mercure, mais toutes les fois seulement que cet effet a lieu pendant un changement de rayon de la roue des types.

Pour donner à l'armature de l'électro-aimant du mécanisme imprimeur une chute considérable, sans perdre les bénéfices de l'attraction à petite distance, M. Wheatstone a imaginé un petit mécanisme complémentaire, fort ingénieux et qui pourrait être employé dans beaucoup d'autres cas. C'est une petite roue K placée sous l'armature elle-même, et qui est mise en rotation par le mouvement d'horlogerie correspondant. A cet effet, elle est munie d'une petite cheville J qui, en rencontrant cette armature, la relève graduellement et la rapproche de l'aimant pendant la minute inactive. Après l'avoir élevée à son maximum et l'avoir abandonnée à l'attraction de l'aimant, elle passe outre, pour laisser place à une nouvelle chute de l'armature lorsque celle-ci devra tomber au moment de l'observation.

On pourrait croire, d'après la description précédente, que chaque instrument météorologique exigerait des roues à types et un appareil à percussion séparés; mais un commutateur bien simple a permis à M. Wheatstone de faire enregistrer les indications de tous les instruments par le même appareil. C'est un cercle R de dix secteurs en cuivre, isolés les uns des autres par dix séparations en ivoire; trois de ces secteurs métalliques sont, isolément en communication métallique avec un des instruments, et un index à deux branches peut réunir successivement ces secteurs avec leurs opposés qui sont en communication directe avec l'autre branche du courant, c'est-à-dire celle qui passe par l'électro-aimant de détente. L'index étant relié au mouvement d'horlogerie et accomplissant une révolution autour de son centre en une heure, chaque secteur se trouve donc posséder le courant pendant six minutes, et c'est précisément le temps d'une ascension et d'une descente du fil métallique dans les tubes des instruments. Or, comme les trois secteurs se suivent, chacun des trois instruments a alternativement ses indications transcrites de vingt-quatre en vingt-quatre minutes.

Météorographe du P. T. Bertelli. — Cet appareil est un des premiers météorographes complets qui ont été construits; et il renferme en lui la plupart des dispositions mécaniques qui ont été successivement adoptées dans ceux que nous admirons aujourd'hui. La date de la publi-

cation de cet instrument est, en effet de 1859, et il a été construit par
M. A. Franchini de Bologne, en novembre 1858. Naturellement, on s'est
bien gardé de citer son nom dans les descriptions qui ont été faites, même
en Italie, des météorographes nouveaux.

Le météorographe du P. Bertelli, fournit les indications du baromètre,
du thermomètre, du psychromètre, de l'udomètre de l'anémomètre et du
sismomètre. Elles sont enregistrées sur une large bande de papier qui se
déroule comme dans un télégraphe Morse, et ne nécessitent que 13 pointes
traçantes, l'une de ces pointes étant commune au thermomètre sec et au
thermomètre mouillé qui constitue le psychromètre.

Dans ce système, les instruments à mercure qui sont représentés par le
baromètre, les deux thermomètres et le siphon udométrique, sont placés
les uns à côté des autres, de manière que le point moyen de leurs indications se trouve sur une même ligne droite horizontale. En face de ces
instruments ainsi rangés, se trouve un grand châssis portant quatre séries
de doubles fils de platine disposés à l'extrémité de potences, de manière à
pouvoir plonger dans les tubes les instruments en question, et à compléter
au moment où ils rencontrent le mercure, des circuits spéciaux correspondant à l'enregistreur, lesquels circuits peuvent même être fermés simultanément, car une pile spéciale, de deux éléments Daniell seulement, correspond à chaque instrument. D'après cette disposition, on comprend aisément que si un mouvement lent de va-et-vient est communiqué au châssis
portant tous ces systèmes d'interrupteurs par une horloge bien réglée, et à
des moments déterminés, les fermetures des circuits s'effectueront plus ou
moins vite, suivant la hauteur du mercure dans les instruments indicateurs, et le rapport du temps avec l'espace correspondant à un degré
thermométrique ou à un millimètre de hauteur barométrique ou udométrique, pourra indiquer facilement la température, la pression barométrique
et la hauteur d'eau tombée au moment de la descente du châssis. Or, ce
moment peut-être indiqué facilement sur la bande de papier de l'enregistreur, car l'entraînement de cette bande est effectué par le mécanisme
d'horlogerie même qui réagit sur le châssis.

Le système enregistreur se compose de deux cylindres formant laminoir
entre lesquels passe la bande de papier où doivent être inscrites les observations, laquelle se déroule de dessus un rouleau où elle est en provision
pour s'enrouler sur un autre. Les styles traceurs qui consistent dans des
aiguilles munies d'une forte pointe d'acier, sont placées verticalement
au-dessous du cylindre supérieur qui est à demi enveloppé par la bande
de papier, et peuvent être élevées verticalement par des leviers coudés

munis de fourchette qui sont adaptés à des armatures d'électro-aimants.
Ces électro-aimants correspondent aux instruments indicateurs, et fonctionnent naturellement chaque fois que les circuits qui les relient sont
fermés; toutefois, comme les fermetures ainsi produites peuvent durer
longtemps et qu'il importe de ne faire accomplir aux styles traceurs qu'un
mouvement brusque afin de ne pas arrêter l'horloge, des rhéotomes disjoncteurs ont dû être adaptés à l'appareil, et ces rhéotomes sont mis en action
par l'électro-aimant en rapport avec les divers instruments indicateurs. A
cet effet, l'armature de ces électro-aimants porte un butoir d'arrêt contre
lequel vient buter une dent d'ivoire portée par une roue faisant partie de
chacun des rhéotomes en question. Ces rhéotomes se composent chacun
d'un système de rouages sollicité par un poids, et dont la dernière roue
porte aux extrémités de deux de ses diamètres perpendiculaires quatre
dents. Deux de ces dents situées sur un même diamètre sont en ivoire; les
deux autres font corps avec le métal de la roue, et peuvent avec l'adjonction
d'un ressort fixé tangentiellement devant la partie inférieure de cette roue,
établir la continuité métallique de deux circuits différents, suivant qu'elles
touchent ce dernier ressort ou l'armature servant de butoir d'arrêt. En
temps de repos, l'une de ces dents appuie sur ce ressort, parce que la dent
d'ivoire qui suit est butée sur le doigt de l'armature électro-magnétique
dont nous avons parlé; le courant peut alors passer à travers l'électro-
aimant correspondant, au moment du contact produit sur le mercure de
l'instrument indicateur auquel il est relié; mais aussitôt que cet électro-
aimant, en devenant actif, a provoqué l'ascension du style traceur et
déterminé une marque sur la bande de papier, le rhéotome est déclanché,
et par l'effet de sa rotation, le courant se trouve transféré du circuit correspondant aux instruments indicateurs, dans un autre circuit fermé par le
contact de l'armature de l'électro-aimant avec la dent métallique du rhéotome; mais ce circuit n'est complété que quand le châssis portant les fils
de platine, étant arrivé au bas de la course, a fait réagir un conjoncteur de
courant relié à l'électro-aimant en question. Il en résulte une nouvelle action
de celui-ci qui détermine une nouvelle ascension du style traceur, laquelle
est suivie immédiatement d'un mouvement de recul, car le rhéotome en
tournant a coupé le circuit pour le rétablir dans celui qui avait déterminé
le premier effet. On comprend aisément qu'il résulte de cette disposition,
que pour chaque mouvement d'abaissement du châssis déterminé par
l'horloge de l'appareil, mouvement qui peut être produit aussi fréquemment qu'on peut le désirer, et à l'exécution duquel ont été affectés une
excentrique à limaçon et une bascule à contre-poids, on peut déterminer

simultanément autant de doubles impressions qu'il y a d'instruments indicateurs à mercure. L'une de ces impressions s'effectue quand les fils de platine conduits par le châssis rencontrent le mercure des appareils; la seconde correspond à la limite extrême de la course du châssis; et fournit des points de repère pour la comparaison des variations de hauteurs des colonnes mercurielles.

Afin de simplifier les mécanismes, le R. P. Bertelli n'emploie qu'un style traceur et un seul rhéotome pour le thermomètre sec et pour le thermomètre humide. Comme celui-ci est toujours abaissé au-dessous de l'autre d'une quantité suffisante pour que les impressions puissent se faire l'une après l'autre, le rhéotome du thermomètre sec, au lieu de renvoyer le courant à travers l'interrupteur du châssis, le renvoie à travers le circuit du thermomètre humide, et c'est alors le rhéotome du baromètre qui fournit seul le point de repère correspondant au bas de la course du châssis; ce qui du reste est parfaitement suffisant.

L'appareil indicateur de l'udomètre est, comme je l'ai déjà dit, dans le système du P. Bertelli, constitué par un tube à siphon dans la partie recourbée duquel a été versée une certaine quantité de mercure. La branche courte de ce tube est placée de manière a être rencontrée par un des couples de fils de platine portés par le châssis mobile, et la branche la plus longue est mise en rapport avec l'udomètre. Naturellement le poids de l'eau qui tombe sur le mercure dans cette branche, dérange le niveau de ce liquide dans l'autre branche, et ce niveau est d'autant plus élevé que la quantité d'eau tombée est plus considérable. Si on connaît le rapport qui existe entre cette élévation de niveau et la hauteur d'eau tombée sur le sol, on pourra aisément déduire des marques laissées sur l'enregistreur par le style traceur correspondant à cette espèce de manomètre, les hauteurs d'eau tombées. Afin qu'il n'y ait pas d'accident causé par une trop grande quantité d'eau tombée, un déversoir est adapté au haut du tube. Un robinet permet d'ailleurs de vider le tube tous les jours de pluie.

La partie du météorographe du P. Bertelli, qui se rapporte aux indications du vent, met à contribution, comme appareil de transmission, un système anémométrique exactement semblable à celui de M. Salleron, et comme appareil d'enregistration, un système analogue à celui de mon anémographe à trois fils, dont il a été question, p. 331. C'est en conséquence un moulinet à tasses de Robinson qui fournit, au moyen d'un compteur à interrupteur, les indications de la vitesse du vent, et un système à ailettes tournantes de Piazzi-Smith, qui transmet les indications en rapport avec la direction du vent. Seulement cette partie de l'appareil, au lieu de faire réagir un commutateur en rapport avec les huit principaux azimuts de la rose des vents, fait fonctionner un système mécanique commandé par deux roues à rochet dentées en sens inverse, lesquelles font fonctionner isolément et alternativement, suivant le sens du vent, deux cliquets réagissant sur deux ressorts interrupteurs. Ces ressorts sont en relation avec deux circuits différents correspondant sur l'enregistreur à deux électro-aimants spéciaux, et ceux ci, en réagissant sur deux roues à rochet dentées également en sens inverse, et placés sur un même axe horizontal, font tourner cet axe dans un sens ou dans l'autre, suivant l'action exercée sur les ressorts interrupteurs, et par suite, suivant la direction du vent. Si l'axe dont nous venons de parler est placé au-dessous de la bande destinée aux observations, et se trouve muni d'un cylindre sur lequel sont fixées, selon une ligne en spirale, huit pointes traçantes, on peut comprendre aisément que, pour une direction donnée du vent, une de ces pointes pourra se présenter devant cette bande de papier, et si tout le système est monté sur le châssis oscillant qui effectue les observations barométriques, thermométriques, à des heures déterminées, cette pointe pourra laisser son empreinte sur la bande de papier, et la position qu'elle y occupera pourra désigner le vent régnant au moment de l'enregistrement des observations. Dans l'appareil du P. Bertelli, ces indications anémométriques sont imprimées au milieu de la bande de papier, entre celles des instruments à mercure.

Pour obtenir les effets électro-mécaniques que je viens de résumer en quelques mots, il suffit d'adapter à frottement dur sur l'axe de l'anémomètre les deux roues à rochet dont il a été question, et de fixer sur la traverse soutenant l'axe du moulinet d'orientation, deux colonnes munies de cliquets appuyant sur les deux roues. Si ces cliquets sont à bascule et portent chacun à l'extrémité opposée à leur bec un ressort frotteur appuyé contre un anneau métallique particulier adapté à l'axe de l'anémomètre, et isolé, chacun de ces ressorts pourra abandonner l'anneau qui lui correspond quand le bec du cliquet sera soulevé, et, si ces anneaux et les ressorts sont en rapport avec les circuits des deux électro-aimants de l'enregistreur, ils pourront réagir sur l'un ou l'autre de ces derniers, suivant que le moulinet d'orientation du vent aura fait soulever l'un ou l'autre des deux cliquets. Si le déplacement de l'axe du moulinet a été assez considérable pour provoquer trois ou quatre soulèvements du ressort de droite, par exemple, trois ou quatre fermetures de courant auront lieu à travers l'électro-aimant correspondant, si toutefois le sens du mouvement permet à ce cliquet de glisser sur les dents du rochet entre lesquelles il est engagé ; mais si le sens du mouvement est contraire, c'est le second cliquet qui produit l'effet, et c'est par conséquent le second électro-aimant qui devient actif.

L'action de ces deux électro-aimants s'effectue sur l'axe du cylindre pointeur d'une manière analogue. Leur armature réagit par l'intermédiaire de deux leviers coudés armés de cliquets sur deux roues à rochet placées à ses deux extrémités; et ces deux roues, dentés en sens inverse l'une de l'autre, font tourner le cylindre dans un sens ou dans l'autre, sous l'influence de l'électro-aimant qui est actif, en lui faisant décrire un arc de cercle proportionnel au nombre des fermetures qui l'ont animé. Il en résulte, par conséquent, que ce cylindre suit exactement tous les mouvements de l'axe de l'anémomètre, et l'on peut juger par la position des empreintes laissées par les pointes dont le cylindre est garni, non-seulement du rhumb de la rose des vents suivant lequel le vent a soufflé, mais encore des positions intermédiaires; car, si au lieu d'un seul point laissé sur la bande de papier au moment de l'observation, il y en a deux, le vent est intermédiaire. S'il n'y en a qu'un, mais qu'il soit placé au-dessus ou au-dessous de la ligne de repère, le vent régnant se trouve prédominer vers l'un ou vers l'autre des rhumbs contigüs.

L'annotation de la vitesse du vent s'effectue d'ailleurs par un électro-aimant spécial qui, comme dans tous les systèmes anémométriques que nous avons décrits, fait réagir un style traceur particulier qui marque un point sur le papier, à chaque tour de la roue du compteur du moulinet de Robinson. Ces indications se trouvent précisément occuper le milieu de la bande de papier, et partagent en deux les indications de la direction du vent. A cet effet, les deux pointes du cylindre pointeur voisines de cette ligne médiane sont un peu plus distantes que les autres, afin de laisser le champ libre à ces observations.

La dernière partie de l'appareil du R. P. Bertelli, se rapporte aux indications sismométriques. Un style traceur disposé de la même manière que ceux du baromètre, du thermomètre, etc., y est spécialement affecté, et ce style est mis en action par un électro-aimant spécial dont l'armature fait fonctionner un rhéotome conjoncteur particulier dont nous parlerons à l'instant. Le transmetteur qui représente le sismomètre proprement dit, est constitué par un long pendule ayant pour tige un fil métallique de 4 mètres de long, et pour lentille pesante une grande boule de plomb. L'extrémité de cette tige est munie d'un tube d'acier aimanté dans lequel est introduite une petite aiguille de fer terminée par un fil de platine, et qui est maintenue dans une position déterminée par l'action magnétique. Au-dessous de ce système, est établi sur un support attenant au sol un

plateau circulaire en fer doux dont le centre, placé précisément dans l'axe
de la tige du pendule, est percé d'un petit trou, et qui porte en dessous
l'armature d'un fort électro-aimant. Un fort ressort à boudin et un guide
solidement établi maintiennent ce plateau dans une position fixe et déterminée, et des communications électriques établissent la liaison de l'appareil avec l'électro-aimant de l'enregistreur affecté à ces sortes d'indications.

Le plateau dont il vient d'être question est saupoudré de plombagine,
et un petit tas de cette matière qui entoure circulairement le petit trou
dont il est muni, peut, étant rencontré par la pointe de platine terminant
le pendule, fermer un courant électrique à travers l'électro-aimant de l'enregistreur, lequel provoque une marque dont la position par rapport aux
traces de repère, peut indiquer le moment précis de l'action. Or, cette action
peut être précisément déterminée par la composante horizontale résultant
d'un mouvement de tremblement de terre, et la direction de cette composante ainsi que la durée du mouvement, peut être représentée par la direction et la longueur de la trace laissée par le pendule sur la plombagine.
C'est afin d'assurer le contact de la pointe du pendule et du plateau, que
l'aiguille de fer qui porte la pointe de platine est aimantée et susceptible de
glisser dans le tube de la tige du pendule. Toutefois, comme des effets
multiples anormaux pourraient altérer les indications, il était nécessaire
qu'après la constatation du phénomène le plateau fut soustrait à l'action
ultérieure du pendule, et c'est pour cela qu'on lui a adapté une armature
électro-magnétique. Il résulte, en effet, de cette disposition et de celle du
rhéotome mis en action par l'électro-aimant enregistreur, que l'électro-
aimant du sismomètre, quoique interposé dans le même circuit que le premier, ne devient actif qu'au moment même où le courant est interrompu
sur le sismomètre, c'est-à-dire au moment du retour de la partie centrale
du plateau devant la tige du pendule. Alors l'armature dont ce plateau est
muni est attirée, et par cela même, celui-ci est éloigné de la pointe de
platine qui pourrait fournir de nouveaux contacts sans cette précaution.
Pour que les traces fournies sur l'enregistreur puissent indiquer la durée
de l'oscillation, le style traceur dans cette partie de l'appareil est constitué
par un crayon, et la trace qu'il fournit dure autant que persiste l'action
électro-magnétique; de sorte que la longueur de cette trace sur la bande
de papier peut indiquer la durée en question. Pour qu'on puisse remettre
en position le rhéotome et par suite le plateau interrupteur du sismomètre, après chaque secousse de tremblement de terre, le R. P. Bertelli
fait réagir l'armature de l'électro-aimant de l'enregistreur sur un interrup-

teur de sonnerie qui prévient de l'effet produit ; mais cette remise en position peut être effectuée automatiquement par le mécanisme d'horlogerie
qui commande la marche de tout l'appareil, et cela de manière à ce que

Fig. 74.

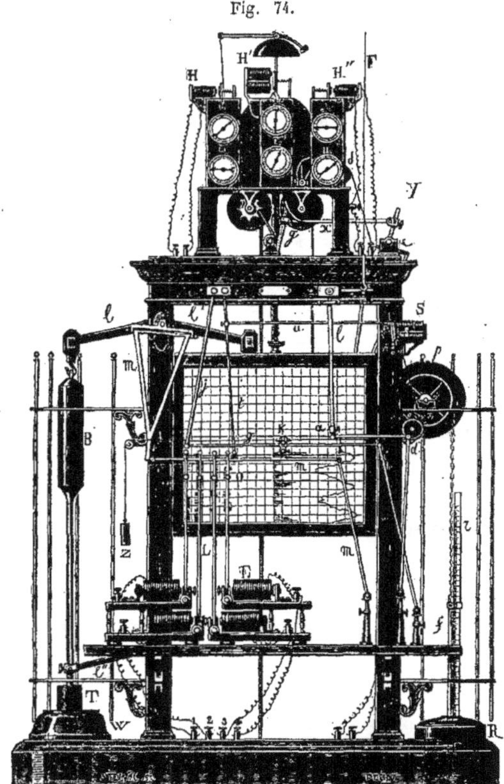

cette action soit produite pendant le temps nécessaire à l'extinction de la
vitesse acquise de l'appareil.

Pour l'étude de la composante verticale, le R. P. Bertelli emploie le système à hélice oscillante du P. Cavalleri. Cette partie de l'appareil n'ayant rien d'électrique nous la passons sous silence.

L'appareil de P. Bertelli occupe un très-petit volume relativement aux fonctions complexes qu'il remplit, et il fonctionne avec 12 éléments de Daniell.

Météorographe du R. P. Secchi. — Cet appareil qui a figuré à l'exposition universelle de Paris de 1867, et qui a été fort admiré par les hommes compétents, n'est pas entièrement électrique, mais l'électricité y joue néanmoins un rôle assez grand pour que nous ayons cru devoir en faire ici une description complète (1).

Dans cet appareil que nous représentons, fig. 74 et 75, l'enregistrement s'effectue au moyen de crayons qui tracent des traits, non plus sur un cylindre comme dans la plupart des anémographes électriques que nous avons décrits, mais sur des tableaux verticaux auxquels un mécanisme convenable communique un mouvement lent et uniforme.

La fig. 74 représente la face de l'appareil dont le tableau contient l'enregistration des phénomènes suivants : 1° La température des corps exposés à l'action directe du soleil; 2° la vitesse et la direction du vent; 3° les oscillations barométriques; 4° les heures auxquelles ont lieu les précipitations aqueuses.

La fig. 75 représente la face opposée de l'instrument sur le tableau de laquelle sont enregistrés, 1° les variations de température dans l'air et à l'ombre, de deux thermomètres, l'un sec, l'autre humide; 2° les heures des précipitations aqueuses; 3° les oscillations barométriques. Ces deux dernières indications sont les mêmes que celles enregistrées dans l'autre tableau; seulement les courbes relatives à ces phénomènes sont tracées sur le tableau de cette seconde face à une échelle différente, comme on le verra plus loin. Pour mettre de l'ordre dans notre description, nous étudierons à tour de rôle, les appareils se rapportant à un même système d'enregistrement.

1° *Tableaux d'enregistrement.* — Ces tableaux visibles dans les fig. 74 et 75, et que nous représentons, fig. 76 et 77, sont des cadres verticaux sur lesquels sont tendues des feuilles de papier quadrillé; ils sont tous deux

---

(1) Nous nous sommes servi de l'intéressante notice qu'a faite M. Pouriau de cet instrument, dans les *Études sur l'exposition de* 1867 de M. Lacroix, pour rédiger la description suivante.

animés d'un mouvement uniforme, mais cette vitesse est différente pour
chacun d'eux. Le premier, celui de la face A, met dix jours pour effectuer
sa course ; tandis que le second n'en met que deux. Le mouvement de ces

Fig. 75.

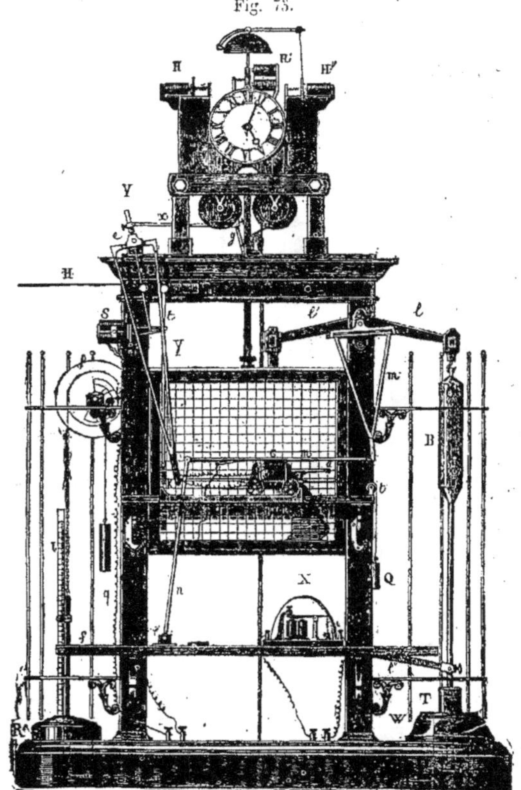

tableaux étant réglé par une horloge, on comprend qu'il suffit de connaître
le chemin parcouru par chaque tableau dans l'espace d'une minute, par

exemple, pour qu'il soit facile de rapporter chaque phénomène météorologique à l'heure exacte à laquelle il s'est produit.

Fig. 76.

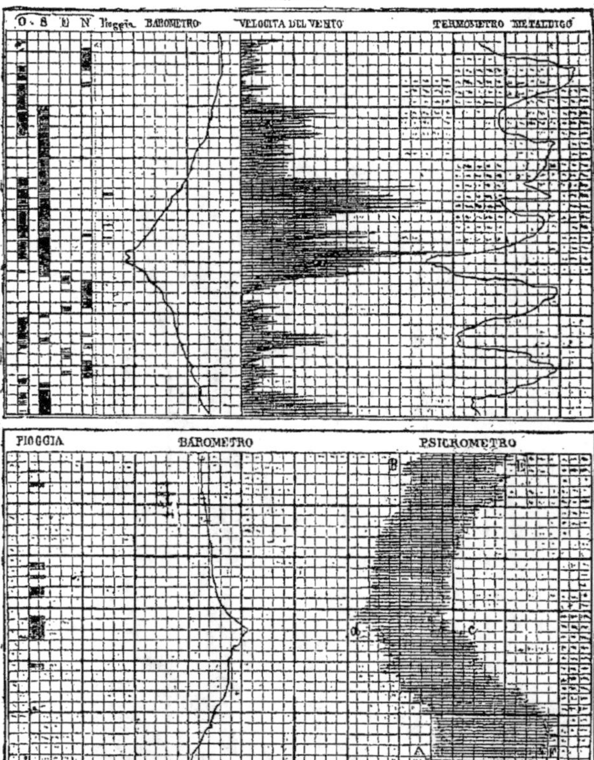

Fig. 77.

Le tableau de la fig. 76 descend de 1 millimètre et demi par heure, tandis que celui de la fig. 77 parcourt 5 millimètres dans le même temps.

Les courbes tracées sur le premier tableau sont, en conséquence, plus serrées que celles tracées sur le second.

2° *Enregistration de la direction et de la vitesse du vent.* — L'indication de la direction et de la vitesse du vent est faite, dans cet appareil, par des moyens analogues à ceux que j'ai employés dans mon anémographe, seulement au lieu d'enregistrer huit directions de vents, le R. P. Secchi n'en considère que quatre, et il déduit de la correspondance des traces sur le tableau, les vents intermédiaires, comme nous allons l'indiquer à l'instant. L'appareil transmetteur que nous représentons, fig. 78, n'est qu'une

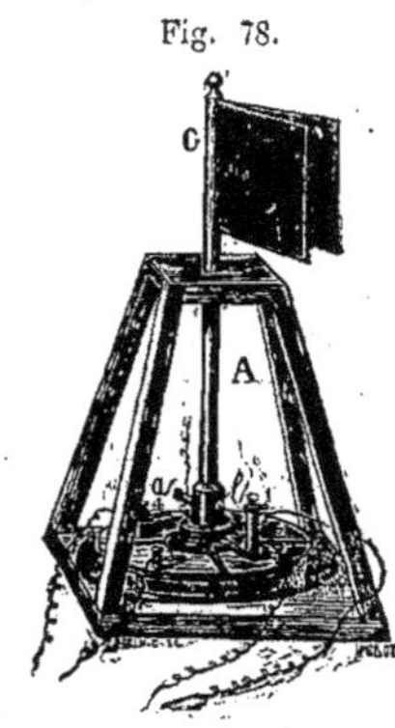

Fig. 78.

simple girouette G dont l'axe A est maintenu verticalement par une petite charpente, et c'est un frotteur à piston *l* porté par cet axe qui, en frottant alternativement sur 4 secteurs 1, 2, 3, 4, ferme le courant à travers l'un ou l'autre des 4 électro-aimants de l'enregistreur, préposés à l'enregistrement de la direction des vents. Ces quatre électro-aimants se voient en E, E, fig. 74, et leurs leviers marqueurs en L. Comme par suite d'un simple rapprochement de ces marqueurs du tableau les traces pourraient ne pas être toujours très-visibles, ces électro-aimants sont placés de côté, afin que le mouvement du crayon soit indiqué par un trait au lieu de l'être par un point. Il en résulte que ces indications constituent, en raison de la mobilité extrême de la girouette, des séries de bandes ombrées qui sont rarement isolées, et dont les parties les moins ombrées correspondent à d'autres bandes plus ou moins larges, qui montrent entre quels rhombs de la rose des vents a soufflé le vent régnant. On peut même, par la teinte, la longueur et la position réciproque de ces bandes, reconnaître quel est le vent intermédiaire qui a prédominé aux différentes heures du jour, la fréquence de ses changements de direction et ses écarts extrêmes. On peut se faire une idée nette de ce mode d'enregistration par la figure 76 qui représente la fac-simile d'une feuille d'observations faites à l'observatoire Romain.

La vitesse du vent est fournie, comme dans la plupart des anémographes, par un moulinet à tasses de Robinson auquel on a ajouté un mécanisme que nous représentons, fig. 79. Dans cette figure, la tige verticale A représente l'extrémité inférieure de l'axe du moulinet; elle est munie d'une bague excentrique E, qui, en tournant, vient rencontrer une lame métallique l, appuyée contre une cheville horizontale O qui est isolée au moyen d'un support en verre. Quand la lame l est en contact avec la cheville O, un courant électrique est fermé à travers le mécanisme enregistreur de la vitesse du vent; mais quand il en est écarté par l'excentrique, le circuit est rompu, et l'on peut comprendre que le courant mis en action par cet interrupteur, peut réagir non-seulement sur l'enregistreur, mais encore sur un système de compteurs qui est représenté en i, i', i'', fig. 74, à la partie supérieure de l'appareil. Cette réaction s'effectue par l'intermédiaire des électro-aimants H, H', H'', et voici comment :

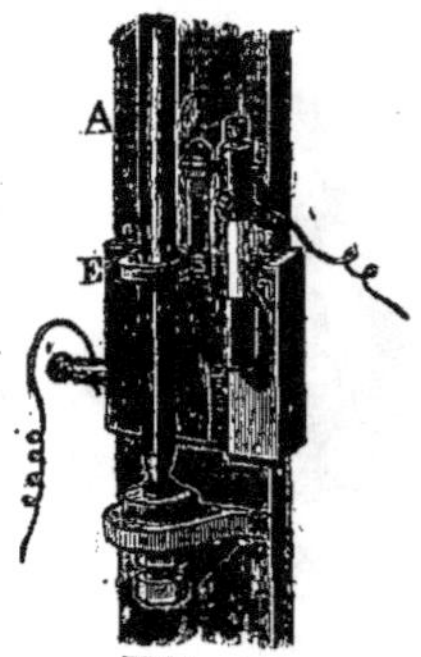

Le compteur central i' indique le nombre des tours faits par le moulinet dans un temps donné et quel que soit la direction du vent. A chaque fermeture de courant effectuée par l'excentrique E, fig. 79, la roue d'échappement de ce compteur qui a 100 dents avance d'une dent, et comme le moulinet est calculé de manière à correspondre à une vitesse de vent de 10 mètres par tour accompli, 100 échappements de la roue du compteur ou un tour de cette roue représentera une vitesse de 1 kilomètre. Le second compteur totalise le nombre de tours de cette dernière roue jusqu'à 300, et les autres compteurs i, i''', sont affectés à l'étude spéciale des deux vents régnant le plus fréquemment.

Fig. 79.

L'enregistration de la vitesse du vent sur le tableau mobile de la fig. 74 s'obtient à l'aide d'un mécanisme particulier que nous représentons, fig. 80, afin de rendre la description plus intelligible.

Sur l'arbre qui porte une des roues du compteur central i, se trouve une poulie p, reliée par une dent o à une roue à rochet fixée également sur le même arbre. A cette poulie est attachée une chaîne qui agit au moyen de poulies de renvoi a, d, sur un crayon K solidaire d'un parallélogramme formé par les tiges articulées y, y. A ce même crayon K est attaché un contrepoids Z. Quand par suite du mouvement de l'air et de la fermeture du courant l'arbre qui porte la roue du compteur central tourne, il entraîne dans son mouvement la poulie p sur laquelle s'enroule alors une longueur de chaîne proportionnelle à la vitesse de rotation du système. Par suite de cet enroulement, le crayon K trace sur le tableau quadrillé une ligne horizontale dont la longueur est en rapport avec celle de la chaîne enroulée, et ce tracé continue ainsi pendant une heure. Ce temps écoulé, au moment où l'heure sonne, un déclanchement interrompt la solidarité de la roue à rochet et de la poulie qui devient folle, et alors le contrepoids Z, n'étant plus retenu, descend en entraînant avec lui le crayon qu'il ramène à son point de départ, c'est-à-dire sur une ligne qui sert de base à toutes les ordonnées indicatrices

Fig. 80.

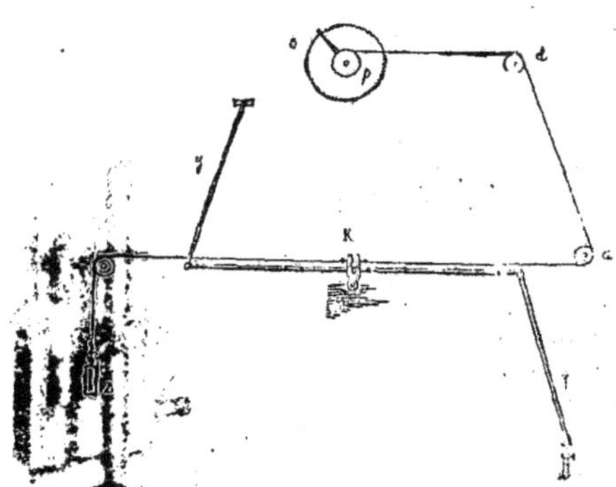

de la vitesse du vent pendant une heure. Au moment où le crayon est revenu à son point de départ, la poulie cesse d'être folle, le crayon recommence sa course dans le même sens, et ainsi de suite; de telle sorte que l'on obtient ainsi 24 traits par jour, dont la longueur est proportionnelle à la vitesse du vent, et dont les extrémités peuvent dessiner une courbe très nette de ses variations. C'est, du reste, le même système d'enregistration que j'avais adapté à mon mesureur électrique à distance, en 1856.

Indication des heures de pluie. — Les heures auxquelles commence et finit la pluie sont indiquées sur le tableau, fig. 77, sous l'influence d'un mécanisme analogue à celui que nous avons représenté p. 263. Sur un point quelconque du bâtiment, se trouve installé un pluviomètre ordinaire dont le tube inférieur vient aboutir à un appareil composé d'une sorte d'auge basculante A A', fig. 73, qui peut, suivant le sens de son inclinaison, fermer un courant électrique; et cette inclinaison n'est déterminée que quand il est tombé dans l'un ou l'autre des deux compartiments une quantité d'eau suffisante pour faire basculer le système. Or, chaque fois que le courant est ainsi fermé, il met en action un électro-aimant S, fig. 74, qui attire la tige u et communique alors un mouvement rectiligne au crayon porté par la tige t. Aussitôt que la pluie cesse et que le réservoir à bascule est revenu en équilibre après avoir écoulé son eau, le courant électrique cesse de réagir, et les indications ne se produisant plus, désignent le moment où a cessé la pluie. La transmission électrique à travers cette sorte d'interrupteur udométrique, s'effectue par l'intermédiaire d'une aiguille a, fig. 73, qui plonge dans une cuvette remplie de mercure et de deux vis de butée. Dans la fig. 75 l'électro-aimant S remplit le même rôle que celui dont nous venons de parler.

Indication des hauteurs d'eau tombée. — Dans l'appareil du R. P. Secchi, les hauteurs d'eau tombée sont enregistrées à part et sur un instrument placé en dehors de l'enregistreur. La pluie est d'abord amenée à l'aide d'un tube dans un réservoir R, fig. 74 et 75, placé dans le soubassement de la machine. Le niveau liquide, en s'élevant, soulève un flotteur f muni d'un index qui se meut le long d'une règle graduée r. La tige f du flotteur porte une chaîne qui s'enroule sur une poulie circulaire p, garnie d'un disque en papier sur l'une de ses faces. Quand le flotteur s'élève, un poids (invisible dans la figure), fixé à l'extrémité de la chaîne, s'abaisse et communique à la poulie un mouvement de rotation tel, que l'angle dont cette poulie tourne, est proportionnel à l'élévation du niveau du liquide dans le réservoir. D'autre part, un crayon i, fig. 75, est disposé perpendiculairement à la surface du disque en papier qui recouvre une des faces de la poulie, et il est maintenu vertical à l'aide d'une petite chaîne dont une des extrémités est attachée au tableau vertical qui descend, et l'autre à un poids q. Enfin les choses sont combinées de façon que le crayon, entraîné par le tableau, puisse s'avancer sur le disque de papier dans le sens d'un rayon de la roue, et avec une vitesse de 5 millimètres par heure qui est celle du tableau lui même. De l'ensemble de ce mécanisme il résulte que tant qu'il ne pleut pas, le crayon avance simplement sur le disque en traçant une ligne droite, tandis que lorsqu'il pleut, ce même crayon, par suite de la rotation du disque, trace un arc de cercle égal au déplacement angulaire du système, et proportionnel à la quantité d'eau qui a pénétré dans le réservoir. Pour déterminer cette hauteur d'eau tombée, il suffit donc de connaître le rapport des diamètres du réservoir et de l'entonnoir du pluviomètre. Dans l'appareil du R. P. Secchi, la surface du réservoir étant quatre fois plus petite que celle de l'entonnoir, les mouvements du flotteur sont rendus plus sensibles. Nous ne comprenons pas, toutefois, les raisons qui ont pu pousser ce savant à compliquer ainsi cette partie de son appareil, lorsque, par des moyens plus simples, il aurait pu obtenir toutes enregistrées sur son tableau indicateur, les hauteurs véritables d'eau tombée.

Indications de la température. — La détermination de la température des corps exposés à l'action directe des rayons solaires s'effectue, dans l'appa-

Fig. 81.

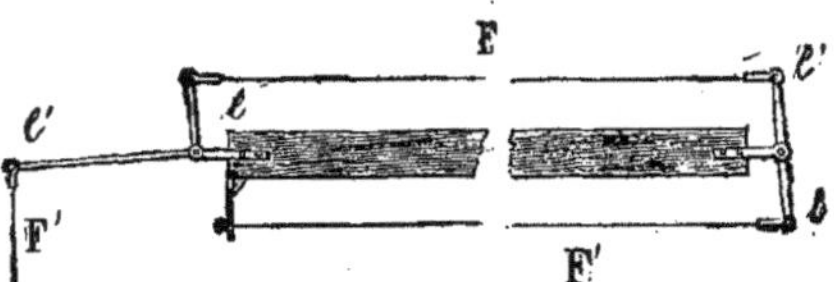

réil du P. Secchi, à l'aide d'un thermomètre métallique composé d'un gros et long fil de cuivre tendu à l'air libre, et qui est partagé en deux parties F, F', comme on le voit fig. 81. Les dilatations et les contractions de ce fil sont transmises à l'enregistreur par l'intermédiaire d'un levier multiplicateur $l\,l'$ et d'un autre fil métallique F″, qui va aboutir à un levier coudé l, destiné à imprimer à la tige $l\,a$, fig. 74, et à son crayon a, un mou-

Fig. 82.

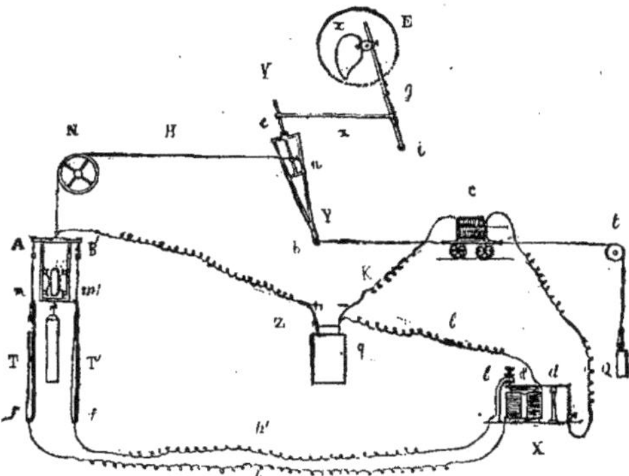

vement horizontal, pendant que le tableau quadrillé exécute sa descente. A Rome où est installé l'appareil du P. Secchi, ce fil a 17 mètres de longueur et un diamètre de 5 millimètres.

L'enregistration des variations de la température aux différentes heures du jour, se compose de différentes pièces visibles dans les fig. 74 et 75, mais que nous réunissons dans la fig. 82, afin de rendre leur solidarité plus facile à saisir.

Ce système se compose d'abord d'un levier triangulaire Y Y', dont l'axe de rotation est en *e*, et dont la petite branche *e* Y' est reliée à une pièce articulée *g* par une tige horizontale *x*. Sur la grande branche de ce même levier triangulaire, se trouve fixée en *n* l'extrémité d'un fil d'acier qui, après s'être enroulé sur la gorge d'une poulie N, va s'attacher à un châssis rectangulaire, représenté à une plus grande échelle, fig. 83, et qui correspond aux thermomètres sec et humide.

L'extrémité inférieure *h* de ce même levier triangulaire est, d'ailleurs, mise en communication par une tige horizontale *h t* avec un petit chariot, mobile sur un chemin de fer et qui est sollicité à se mouvoir vers la droite par un petit contre-poids Q. Quant à la pièce *g*, dont nous avons parlé plus haut, elle peut tourner autour de son extrémité inférieure *i* comme centre, et c'est une excentrique *x* placée sur l'arbre d'une roue E de l'horloge, qui détermine le déplacement angulaire dudit levier. Quand ce levier *g* est ainsi repoussé par l'excentrique, la petite branche du grand levier triangulaire participe à ce mouvement dans le même sens, tandis que la grande branche s'avance en sens opposé, et il en résulte d'une part que le fil métallique H tend à laisser descendre tout le système suspendu à son extrémité inférieure, et d'autre part que le chariot *c* est tiré vers la gauche. Comme ce petit chariot se meut devant le tableau enregistreur et se trouve muni d'un électro-aimant dont l'armature porte un style marqueur, il peut, à un moment donné de sa course horizontale, fournir des marques sur le tableau, et en raison du mouvement alternatif et régulier qui lui est communiqué par l'horloge, ainsi qu'au système A, ces marques peuvent être déterminées sous l'influence du thermomètre sec et du thermomètre humide, à des moments donnés, tous les quarts d'heure par exemple, et être par conséquent, plus ou moins longues suivant la hauteur du mercure dans les tubes de ces derniers instruments. Voici, en effet, comment ce résultat peut être obtenu :

Le thermomètre sec et le thermomètre humide constituant le psychromètre sont placés parallèlement l'un à côté de l'autre en T, T', fig. 83, de manière à ce que leur tube ouvert par la partie supérieure puisse être traversé par deux fils de platine *m, m'* adaptés au châssis mobile A. Le mercure de ces instruments est mis en rapport avec le circuit d'une pile qui correspond à un relais disjoncteur X, fig. 82, et les fils de platine eux-mêmes sont mis directement en rapport avec une pile q. D'un autre côté, l'électro-aimant du chariot c est relié au relais X et à la pile q comme on le voit sur la figure.

Le châssis A B suspendu à l'extrémité du fil métallique H, peut se mouvoir, ainsi que nous l'avons déjà dit, verticalement de haut en bas et de bas en haut, sous l'influence de l'horloge régulatrice. C'est une pièce C, fig. 83, munie de quatre galets qui lui sert de guide dans ses mouvements. De plus, un contre-poids P maintient la tension du fil H, et la rectitude du mouvement des fils de platine m, m'. Or, voici les effets qui se produisent, lorsque tous les quarts d'heure l'excentrique x a fait accomplir au système basculant que nous venons de décrire son mouvement de descente :

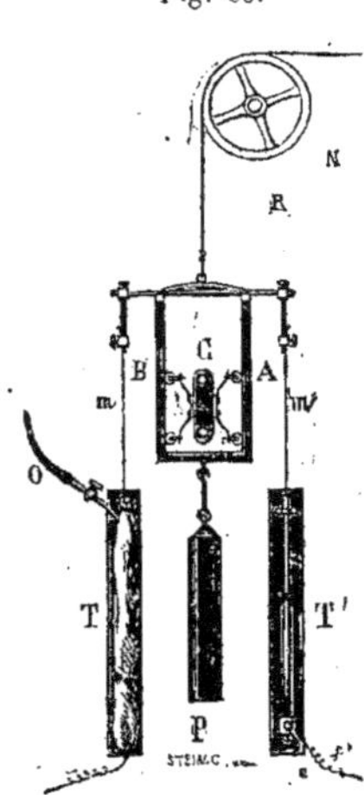

Fig. 83.

Au moment où l'un des fils m, m' rencontre le mercure de l'un des thermomètres, et c'est celui du thermomètre sec qui est le premier rencontré, le courant de la pile q est fermé à travers l'électro-aimant du chariot par le circuit $+\, m'\, T'\, h'\, b\, d\, c\, -$, et le style marqueur vient immédiatement s'appuyer contre le tableau en y laissant une marque qui ne peut être très-longue, car lorsque le second fil de platine a rencontré le mercure du thermomètre humide, le courant trouve une nouvelle voie pour s'écouler à travers le relais X, en suivant le circuit $+\, m\, T\, h\, X\, d'\, l\, -$, et le premier circuit se trouve alors coupé par suite de la disjonction de l'armature d de ce relais avec la pièce de butée b. L'électro-aimant du chariot devient donc inerte, et son marqueur s'éloigne du tableau, après avoir laissé sur celui-ci une marque, dont la longueur peut représenter la différence de hauteur entre les deux colonnes mercurielles et dont la position sur la feuille de papier indique leur hauteur véritable : car elle est fonction, 1° du temps écoulé entre le moment de la descente du châssis jusqu'au moment de la fermeture du circuit sur le mercure, et 2° de la vitesse de translation du chariot par rapport à cette durée.

Tant que le courant passe par le relais disjoncteur, aucune marque n'est produite ; de sorte que les fils de platine peuvent s'enfoncer plus ou moins dans les deux thermomètres sans modifier les résultats obtenus ; mais quand le châssis mobile se relève et que le fil *m* abandonne le mercure du thermomètre humide, le marqueur du chariot pique un nouveau point et trace une nouvelle ligne, qui ne s'interrompt que quand le second fil de platine *m'* a quitté le mercure du thermomètre sec. Il en résulte donc, sur la feuille de l'enregistreur, une bande ombrée que l'on distingue aisément dans la figure 77, et qui permet de se rendre compte de la marche des deux thermomètres.

On comprend qu'à l'aide de ces indications il soit facile d'en déduire le degré hygrométrique de l'air en se servant de la formule de Regnault :

$$x = f' - \frac{0{,}429\,(t - t')}{610 - t'}\,h.$$

dans laquelle on a :

t température de l'air ambiant donnée par le thermomètre sec ;

t' température indiquée par le thermomètre mouillé ;

f' force élastique de la vapeur d'eau à saturation pour la température t' ;

h la hauteur du baromètre ;

x la tension de la vapeur d'eau contenue dans l'air au moment de l'expérience.

L'humidité relative y se déduit ensuite de la formule

$$y = \frac{x}{F}$$

F représentant la pression de la vapeur d'eau à saturation à la température t donnée par le thermomètre sec.

Indications des pressions barométriques. — Le baromètre employé par le R. P. Secchi dans son appareil, est le baromètre à balance dont la première idée, due à Morland, remonte à la fin du dix-septième siècle. Ce baromètre se compose d'un tube barométrique B, fig. 74 et 75, en fer forgé et travaillé comme un canon de fusil, qui porte à sa partie supérieure une chambre cylindrique et à sa partie inférieure un manchon en bois T, lequel plonge d'une certaine quantité dans la cuvette W remplie de mercure. Le tube a deux centimètres de diamètre, la chambre supérieure 6 centimètres, et le manchon inférieur un peu moins de 8 centimètres. Ce tube est suspendu à l'une des extrémités *l* du fléau d'une balance, et un poids (invisible sur la figure), fixé à l'autre extrémité du fléau, fait équilibre à une partie du poids du baromètre, tandis que la poussée du mercure déplacé dans la cuvette équilibre l'autre partie. Dans ces conditions, si la pression atmosphérique vient à augmenter, le mercure s'élève dans le tube barométrique, et celui-ci, en augmentant de poids, détruit l'équilibre. Dès lors, le baromètre s'enfonce dans la cuvette en entraînant avec lui le bras du fléau auquel il est suspendu, jusqu'à ce que, par suite du relèvement de l'autre bras *l*, l'équilibre soit rétabli. Si la pression diminue, le contraire a lieu. Pour maintenir le tube dans la direction verticale pendant qu'il effectue ses oscillations, une tige *l″* parallèle au bras du levier *l* de la balance, saisit le tube un peu au-dessous du manchon, et le guide ainsi dans sa course.

Quant à l'enregistration des variations barométriques, elle s'effectue par l'intermédiaire d'un parallélogramme de Watt, fixé à chaque extrémité prolongée de l'axe de rotation du balancier. Près du point commun d'articulation des tiges *m, n*, de ce parallélogramme, se trouve attaché un ressort qui supporte un crayon destiné à tracer la courbe correspondante aux divers mouvements du tube barométrique.

Le baromètre à balance ainsi construit, et grâce à l'addition du manchon T, à la partie inférieure du tube, jouit de certaines propriétés que nous croyons devoir énumérer ici, quoiqu'il n'y ait rien d'électrique dans cette partie de l'appareil, parce que ce système est peu connu.

1° Le niveau du mercure dans la cuvette est invariable quel que soit d'ailleurs la pression barométrique et l'immersion du tube.

2° Il permet la multiplication des variations barométriques autant qu'on le désire; car pour cela il suffit de faire varier la différence des diamètres du manchon et de la chambre barométrique; plus cette différence est petite, plus la multiplication est grande.

Météorographes de M. Hough. — M. Hough a fait construire pour l'observatoire de Dudley et le bureau météorologique de cette ville, plusieurs modèles de météorographes qui n'enregistrent que les indications barométriques, thermométriques et psychrométriques. Celles qui se rapportent aux vents sont spécialement fournies par l'anémographe que nous avons décrit p. 340.

Le plus nouveau de ces météorographes dont nous représentons fig. 84, la disposition générale, est mis en action par une forte horloge H dont un des mobiles fait accomplir à une longue bascule L L' un mouvement oscillant dans l'espace d'une heure, et qui réagit en même temps sur un commutateur S, ayant pour mission de faire succéder les unes aux autres les trois enregistrations qui doivent être effectuées. La longue bascule LL' réagit par son extrémité L sur un style traceur, qui peut se mouvoir avec elle le long d'un cylindre enregistreur C, de manière à accomplir toujours un mouvement rectiligne dans le sens vertical et parallèle à la génératrice du cylindre. D'un autre côté, aux points *t, t', b*, cette même bascule réagit, par l'intermédiaire de dispositifs convenables, sur trois fils de platine

placés dans les tubes des trois instruments dont les indications doivent être
enregistrées, et cela de manière à leur faire accomplir alternativement un
mouvement de descente suffisant pour atteindre toujours l'extrème limite
de la hauteur du mercure dans ces instruments. Enfin, deux systèmes de
frappeurs articulés F, F', placés devant le cylindre enregistreur et constitués
par une sorte de tringle repliée rectangulairement, sont disposés de manière
à pouvoir rencontrer le style traceur à quelque hauteur qu'il se trouve devant le cylindre, lorsqu'ils sont mis en action par les deux électro-aimants

Fig. 84.

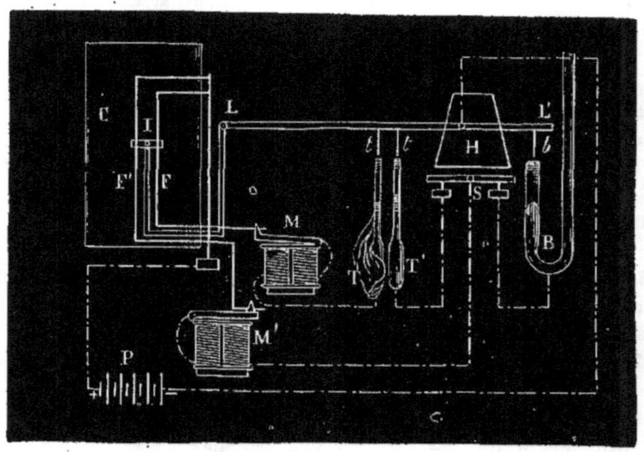

M, M', qui les tiennent enclanchés à l'état normal, et dont les armatures
constituent avec eux des rhéotomes disjoncteurs.

Si on étudie la disposition des communications électriques sur la figure 84,
et qu'on admette que la pile est en P, il est facile de se rendre compte du
jeu de l'appareil. En effet, quand la bascule L L' est horizontale, aucune
action ne peut être produite sur l'appareil; les frappeurs F, F', sont enclanchés, et les fils de platine ne sont nulle part en contact avec le mercure des
instruments météorologiques; mais quand la bascule L L', en s'abaissant
vers la gauche sous l'influence de l'horloge, a mis en contact le fil de platine
t avec le mercure du thermomètre T', et que le commutateur S s'est trouvé
incliné également vers la gauche peu de temps avant cette immersion, le
courant de la pile P réagit sur le frappeur F', en passant par le circuit P F'
a' M' S T' *t'* H P, et le style traceur laisse sur le cylindre C, une marque dont

la position peut représenter la hauteur du mercure dans le thermomètre; car le mouvement du style traceur étant régulier et relié à celui de l'horloge, on peut le rapporter à la course accomplie par les fils de platine dans les instruments d'observation. Aussitôt après cette première impression, le courant est rompu à travers l'électro-aimant M', puisque l'armature de cet électro-aimant n'est plus en contact avec le frappeur; mais la pointe de platine t rencontre bientôt le mercure du thermomètre humide qui est toujours au-dessous de celui du thermomètre sec, et le courant se trouve alors fermé à travers l'électro-aimant M en suivant le chemin PFMTtHP, et le frappeur F, frappant à son tour le style traceur, lui fait imprimer une nouvelle marque, dont la distance à la première représente la différence de hauteur entre les deux thermomètres.

Enfin, quand la bascule LL', après avoir accompli sous l'influence du mouvement d'horlogerie H, sa course descendante se relève, le commutateur S est mis en action et incliné en sens opposé; les frappeurs F et F' se relèvent sous l'influence du mécanisme d'horlogerie, et s'enclanchent de nouveau sur les armatures des électro-aimants qui se trouvent alors inertes, et quand le levier LL', après avoir dépassé la position horizontale a fait plonger le fil de platine b dans le tube barométrique, le courant se trouve de nouveau fermé à travers l'électro-aimant M' en suivant la voie PFM SBbHP. Une nouvelle impression est donc déterminée sur le cylindre enregistreur, mais cette fois dans la partie élevée de ce cylindre, et à une hauteur plus ou moins grande, suivant que le fil b a rencontré plus ou moins tôt le mercure du baromètre. Après que le levier LL' a accompli entièrement son mouvement, le commutateur S est de nouveau remis en action, le levier recommence son oscillation rétrograde, et les choses se passent de nouveau comme nous l'avons indiqué précédemment. Toutefois, au moment de cette permutation, le cylindre enregistreur accomplit un petit mouvement de rotation autour de son axe, afin que les nouvelles indications se produisent sur une nouvelle génératrice.

Dans l'appareil de M. Hough, le cylindre enregistreur, qui a 7 pouces de hauteur sur 6 de diamètre, n'avance que de 1 pouce par jour, et comme les indications s'impriment toutes les heures, les génératrices ne sont distantes les unes des autres que de une demi-ligne. Le levier moteur LL' a 24 pouces, et les fils de platine t, t', b sont à 3 pouces de chaque côté de l'axe d'oscillation de celui-ci. Le soulèvement des frappeurs s'effectue au moyen d'un double limaçon adapté à un axe dépendant de la roue des heures de l'horloge; mais ce limaçon présente une échancrure qui le rend inactif pendant le temps réservé aux impressions, temps qui a été fixé à 15 minutes, parce qu'il correspond à celui employé par le style traceur pour parcourir la moitié de la hauteur du cylindre enregistreur. Comme l'oscillation entière du levier moteur s'effectue en une heure, et que la moitié de cette oscillation correspond aux indications thermométriques alors que l'autre moitié correspond aux indications barométriques, l'action mécanique exercée sur les frappeurs s'effectue deux fois par heure, et naturellement après que les 5 minutes réservées aux impressions ont été passées. Il en résulte que les indications du baromètre sont distantes d'une demi-heure des indications thermométriques.

On remarquera que, dans ce système, les inconvénients de l'oxydation du mercure par l'étincelle électrique sont en partie évités par l'action du commutateur S. En effet, c'est toujours pendant que les fils de platine sont immergés dans le mercure des instruments indicateurs, que le circuit se trouve ouvert par ce commutateur; de sorte que c'est sur le commutateur et non sur le mercure que s'exerce l'action oxydante et destructive de l'étincelle de l'extra-courant des électro-aimants. C'est au moyen d'une excentrique adaptée à l'axe de la roue des heures de l'horloge que le jeu de ce commutateur s'effectue.

Les feuilles d'enregistration sont imprimées d'avance de manière à ce qu'on puisse apprécier facilement un centième de pouce. Une dépression barométrique de un dixième de pouce correspond sur la feuille à un quart de pouce, amplification qui résulte de l'inégalité du bras de levier de la bascule L L', entre la pointe du style traceur et le fil interrupteur du baromètre.

Avec les dimensions du cylindre enregistreur adoptées par M. Hough, les feuilles d'observation ne doivent être relevées que deux fois par mois, mais il est nécessaire de monter l'horloge tous les deux jours. L'appareil fonctionne avec 3 éléments Leclanché, mais un seul suffit pour mettre en action les frappeurs, et avec une construction délicate du mécanisme déclancheur, on pourrait même, ainsi que l'assure M. Hough, obtenir leur fonctionnement avec un seul élément Daniell.

L'appareil qui a été décrit précédemment avait été construit pour être employé dans un appartement construit spécialement à cet effet et dans lequel on pouvait obtenir la véritable température extérieure; mais, le plus souvent, des appartements de cette nature ne sont pas à la disposition des météorologistes, et il serait difficile alors d'employer des mécanismes aussi délicats que ceux qui ont dû être mis en usage dans l'appareil précédent, si on n'avait trouvé une combinaison particulière capable de les abriter contre les intempéries de l'air. M. C. Rathbone y est parvenu en isolant du mécanisme enregistreur la partie de l'appareil en rapport direct avec les instruments indicateurs. Les thermomètres ont donc été placés en dehors de la chambre des observations, et la bascule. L L' destinée à réagir sur les fils de platine, a été composée de deux pièces distinctes, montées sur le même axe de rotation et disposées parallèlement; l'une de ces pièces, placée en dehors de la chambre, comme les thermomètres, réagissait directement sur ceux-ci, et l'autre partie, maintenue à l'intérieur de l'appartement, conservait la disposition que nous avons décrite. L'axe qui leur était commun traversait donc le mur, et celui-ci pouvait avoir une épaisseur aussi grande qu'on pouvait le désirer. Un petit toit abritait d'ailleurs les thermomètres, et les fils de platine, réunis l'un à l'autre, étaient conduits par un fil enroulé sur une poulie et sur lequel réagissait le levier-bascule dont nous avons parlé. M. Hough prétend que cette disposition a admirablement réussi.

Météorographe de M. Wild. — Cet appareil construit par MM. Hasler et Escher pour l'observatoire de Berne, vers 1864, a fonctionné à ce qu'il paraît, d'une manière fort régulière ; et ce n'est que quand ce résultat a été obtenu, que M. Wild s'est décidé à le faire connaître. Il figurait à l'exposition universelle de 1867. M. Pouriau, dans un article intéressant publié dans les *Etudes sur l'exposition de 1867* de M. Lacroix, en a donné une description très-complète, et nous ne pouvons mieux faire que d'en faire un résumé.

Cet appareil fournit l'enregistration des variations barométriques, thermométriques et anémométriques. Le principe sur lequel il est fondé peut se résumer comme il suit :

« Fermer à l'aide d'une horloge, pendant un temps très-court et à des intervalles égaux, le courant d'une pile dans le circuit de laquelle on intercale un ou plusieurs électro-aimants qui, par suite de l'attraction de leur armature, déterminent sur une bande de papier sans fin la pénétration d'aiguilles dont les index, propres à chaque instrument, sont munis.

« Une fois la piqûre effectuée, déterminer l'avancement de la bande de papier d'une quantité donnée, par le mouvement de recul du levier de l'armature, lorsque le courant est interrompu. »

D'après M. Wild, ce système a l'avantage de n'exiger qu'une horloge pour la marche de toute une série d'appareils, et de permettre d'abandonner ceux-ci à eux-mêmes pendant des semaines entières.

Le système d'enregistration en lui-même est des plus simples. La bande de papier sur laquelle doivent se produire les indications se déroule verticalement de dessus une poulie où elle est en provision, et se trouve fortement tendue par l'intervention d'un laminoir et d'un guide à ressort à travers lesquels elle passe. Les pointes traçantes correspondant aux divers instruments indicateurs, sont placées devant la partie de cette bande qui se trouve ainsi tendue, et une traverse horizontale fixée à l'extrémité d'un levier coudé articulé, est placée en arrière des tiges qui portent ces pointes de manière à pouvoir, à un instant donné, les rapprocher toutes brusquement de la bande de papier, et déterminer dans celle-ci une série de trous qui fournissent précisément les indications. Cette action est effectuée électro-magnétiquement au moyen d'un électro-aimant dont l'armature est placée sur l'une des branches du levier coudé dont nous avons parlé, et que nous appellerons *levier imprimeur*.

Comme l'un des rouleaux du laminoir est pourvu d'une roue à rochet sur laquelle peuvent réagir deux cliquets d'impulsion portés par le levier imprimeur, la bande de papier peut avancer d'une quantité suffisante sous l'influence seule de l'action électro-magnétique, d'autant plus que l'effet mécanique exercé sur elle résulte d'un encliquetage à double impulsion, analogue à ceux dont nous avons parlé p. 46. L'action électro-magnétique s'effectue toutes les 10 minutes, sous l'influence d'une horloge qui est munie à cet effet d'un interrupteur de courant.

Le principe de l'enregistration une fois exposé, nous allons passer à la description des divers instruments enregistreurs qui composent ce météorographe.

Thermographe. — Le thermomètre adopté par M. Wild est un thermomètre métallique constitué par une spirale double de laiton et d'acier, et qui peut être placé en dehors de l'enregistreur. Cette spirale étant fixée par son bout intérieur sur une colonne rigide, son bout extérieur peut réagir sur un levier articulé et l'incliner plus ou moins suivant le degré plus ou moins élevé de la température; ce levier peut à son tour, étant fixé sur un long axe à pivots, faire incliner plus ou moins une longue aiguille munie d'une pointe traçante, qui se trouvera placée devant la bande de papier de l'enregistreur, et lorsque l'horloge aura mis en fonction le mécanisme d'enregistration, le levier imprimeur en frappant cette aiguille fera enfoncer dans le papier la pointe qui la termine. Comme la position de cette pointe sur la bande de papier dépend de l'inclinaison plus ou moins grande de l'aiguille, laquelle est en rapport avec le degré de la température, la position du trou laissé sur la bande de papier pourra faire connaître le degré de la température au moment de l'impression. On comprend aisément qu'après l'action électro-magnétique, l'aiguille et sa pointe se dégageront de la bande de papier, et comme en ce moment le mécanisme électro-magnétique aura fait avancer le laminoir, la bande de papier se trouvera en position de fournir une nouvelle indication 10 minutes plus tard. On aura donc ainsi une série de piqûres qui, réunies entre elles, fourniront la courbe des variations de la température.

Pour déduire de la position des piqûres les températures correspondantes, M. Wild fait tracer sur le papier, par une petite molette à bords très-minces, une rainure longitudinale qui sert de base de repère, et la position de cette rainure est combinée pour représenter la température moyenne du lieu où est installé l'appareil. Nous n'entrerons pas dans le détail des calculs et des expériences qu'il faut faire pour la déduction de la température d'après ces données; on les devine aisément, et on pourra d'ailleurs s'en faire une idée très-complète dans l'article de M. Pouriau (tome III, p. 6, des *Etudes sur l'exposition de* 1867). Nous ajouterons encore pour ce qui concerne cette partie du météorographe, que M. Wild a imaginé, pour empêcher la spirale de s'oxyder à l'air ou dans les opérations de comparaison, de l'enduire d'une couche mince de *vernis d'ambre*; ce système préservateur est, selon lui, préférable à la dorure la plus parfaite. La partie du thermomètre exposée à l'air doit, du reste, être enveloppée dans une boîte en bois à double paroi et ouverte seulement du côté du nord.

Barométrographe. — Le baromètre adopté par M. Wild est le baromètre à balance dont nous avons déjà parlé. Il est en verre, et se compose d'un tube surmonté d'une partie renflée et qui plonge inférieurement dans une cuvette remplie de mercure; c'est en quelque sorte un baromètre à cuvette dont la chambre vide, qui est renflée, est saisie par un étrier qui maintient l'appareil à l'une des extrémités d'une sorte de peson. Or, c'est sur l'axe d'oscillation de ce peson qu'est placée la longue aiguille à pointe destinée aux enregistrations, et qui se trouve disposée à côté de l'aiguille du thermomètre. Nous avons exposé p. 391 la théorie du baromètre à balance et, en conséquence, nous n'y reviendrons pas ici; on comprendra seulement que quand le baromètre monte, la quantité de mercure dans la chambre vide devenant plus grande, la branche du peson qui supporte l'appareil doit s'abaisser jusqu'à ce que l'équilibre se fasse, et l'inverse se produit par la même raison quand le baromètre baisse. Il se produira donc sur la bande de papier, au moment des impressions, des piqûres dont la position dépendra de la hauteur barométrique, et dont on pourra déduire la valeur en millimètres par un moyen analogue à celui déjà employé pour le thermographe. M. Wild fait tracer, en effet, par une seconde molette une seconde ligne médiane correspondante aux pressions barométriques moyennes, et par des calculs analogues à ceux dont nous avons précédemment parlé et dont on pourra trouver le détail dans l'article de M. Pouriau, il détermine le rapport existant entre un millimètre de dépression de la colonne mercurielle et l'espace parcouru par la pointe traçante de l'enregistreur, pour correspondre à cette dépression. Ce rapport était dans son appareil 2,296

Afin de rendre les lectures barométriques plus faciles, M. Wild a fait exécuter pour ces sortes d'indications, comme, du reste, pour celles du thermographe, une échelle transparente en corne dont les divisions distantes de $2^{mm},296$ représentaient un millimètre de variation dans la hauteur barométrique, et où la hauteur moyenne ($712^{mm},43$) était marquée par une ligne rouge destinée à être appliquée sur la ligne médiane.

Anémométrographe. — La partie de cet appareil correspondant à la direction du vent est une simple girouette, semblable à celle du P. Secchi, qui est formée de deux plaques en tôle formant entre elles un angle de 20° et dont le poids est équilibré par une sphère en plomb fixée à l'extrémité d'une tringle en fer. L'axe de cette girouette traverse verticalement le toit de l'observatoire et se trouve muni, près de la crapaudine où il pivote, d'une roue d'angle qui transforme son mouvement vertical en mouvement horizontal, lequel mouvement est communiqué à un axe muni de huit cames disposées en hélice autour de lui et de telle façon, que l'action exercée par chacune d'elles, se produit pendant un huitième de la révolution complète de cet axe ou de la girouette. A ces huit cames correspondent huit ressorts verticaux qui se trouvent tour à tour abaissés par elles suivant la direction du vent, et qui peuvent, par conséquent, enregistrer la direction des huit vents principaux.

Dans l'origine, cette enregistration s'effectuait à l'aide de pointes que portaient à leur extrémité libre ces huit ressorts, et chaque fois que, par suite du mouvement de rotation communiqué à l'axe portant ces cames l'une de celles-ci appuyait sur l'un des ressorts, la pointe correspondante s'enfonçait dans le papier, et y faisait une piqûre dont la position indiquait la direction du vent à un instant donné. Un mécanisme particulier dépendant du système électro-magnétique enregistreur, dégageait toutes les 10 minutes la bande de papier des pointes qui pouvaient la traverser, et cette bande avançait ensuite comme on l'a vu plus haut. Mais M. Wild, en 1867, a changé cette disposition, et les ressorts correspondant aux huit vents, au lieu de porter des pointes traçantes, sont munis de molettes qui, en s'enfonçant dans des rainures placées à portée, derrière la bande de papier, pouvaient gaufrer celui-ci et fournir des indications continues. Dans ces nouvelles conditions, l'anémographe possède un enregistreur à part, et l'électricité n'y joue plus aucun rôle. Nous n'avons donc plus à nous en occuper.

La partie de l'anémographe qui se rapporte à la vitesse du vent, a pour

organe indicateur un moulinet de Robinson dont l'axe se prolonge assez
bas dans le cabinet d'observations pour être à portée de l'appareil enregistreur; il pivote sur une pointe convenablement réglée, et communique son
mouvement, considérablement ralenti par l'intermédiaire de 3 roues et d'une
vis tangente dont il est muni, à un axe horizontal qui peut être engrené ou
désengrené à un moment donné au moyen d'une boîte d'engrenage. Cet
axe horizontal porte, d'un côté un levier de butée, et de l'autre côté une
double poulie sur laquelle sont enroulées une corde à contre-poids et une
chaîne adaptée à une tige à ressort mobile verticalement. Quand le moulinet
tourne, cette tige mobile s'abaisse en même temps que le contre-poids
s'élève, et le chemin qu'ils parcourent est en rapport avec le nombre plus
ou moins grand des tours du moulinet; or, comme la tige mobile est munie
d'une pointe et se trouve placée à portée de la traverse du levier imprimeur,
il arrive que, quand au bout de 10 minutes l'horloge fait fonctionner ce
levier, une nouvelle piqûre est produite sur le papier, et le levier imprimeur
dans son mouvement de recul désengrène l'axe horizontal qui conduit la
pointe traçante. Le contre-poids qui le sollicite l'entraîne alors en sens contraire du mouvement du moulinet, et la pointe traçante se relève jusqu'à
ce que le levier de butée de l'axe en question se trouve arrêté, position qui
correspond au point de départ de la pointe traçante. Un ressort de poussée
rétablit alors l'engrenage de l'axe horizontal avec les rouages du moulinet,
et une nouvelle course de la pointe traçante commence.

La transmission du mouvement de rotation du moulinet est calculée de
façon que trente tours de l'arbre horizontal correspondent à un déplacement vertical de la pointe de 1 millimètre, et comme trente tours de cet
axe correspondent à $70^m,65$, la vitesse moyenne du vent pendant les
10 minutes sera égal à autant de fois $70^m,65$ qu'il y a de millimètre entre
la ligne de repère et la piqûre produite par la pointe traçante. Pour faciliter
la lecture de ces indications, M. Wild, a fait encore exécuter une échelle
transparente en corne dont les lignes sont espacées de 1 millimètre; de
telle sorte qu'on peut aisément évaluer avec cette échelle la vitesse du vent
en mètres à l'heure.

Udographe. — Le pluviomètre ou udomètre est placé, à l'observatoire de
Berne, entre la girouette et le moulinet de Robinson. Il se compose d'un
vase cylindro-conique en zinc, aboutissant à un autre vase conique qui est
relié par un tube à une sorte de petite roue hydraulique à aubes. Quand
deux de ces aubes sont remplies, la roue tourne, en accomplissant à peu
près une demi-révolution, après quoi les augets se vident, et les choses se
répètent ainsi tant que la pluie fournit une quantité d'eau suffisante. Or, le

mouvement de rotation communiqué à cette roue est transmis, comme dans l'anémomètre, à un axe horizontal qui fait mouvoir une tige à pointe traçante, laquelle laisse une marque toutes les 10 minutes quand le levier imprimeur entre en fonction. La surface du pluviomètre de Berne est de 2665 cent. carrés, et les appareils sont disposés de manière que 100 centimètres cubes d'eau fournissent un écart de l'index de $7^{mm},53$. Or, comme un écart de 2 millimètres de cet index correspond à une hauteur d'eau tombée de 1 millimètre, il devient facile avec une échelle en corne dont les traits sont distants de 2 millimètres, de reconnaître du premier coup la hauteur d'eau tombée dans l'espace des 10 minutes séparant les observations.

Hygrométrographe. — L'hygromètre choisi par M. Wild, a été l'hygromètre à cheveu de Saussure, dont il a comparé préalablement les indications avec un excellent psychromètre. Sa disposition pour l'enregistration est à peu de chose près la même que celle du thermographe, et elle ne présente d'ailleurs aucune difficulté.

La pile employée pour le fonctionnement de tous ces appareils est une pile à un seul liquide de 12 éléments de grande dimension, disposés d'une façon particulière, et dans laquelle le liquide excitateur est une solution concentrée d'alun et de sel de cuisine en proportions égales. L'élément électro-négatif est un grand cylindre creux de charbon, au centre duquel se trouve maintenu l'élément électro-positif qui est un petit cylindre de zinc. M. Wild prétend que ces éléments ont une grande durée.

Pour peu qu'on considère le système de M. Wild dans son ensemble, on reconnaît promptement que l'électricité n'y intervient que d'une manière accessoire. Elle ne remplit, en effet, que le simple rôle de force motrice pour produire les impressions, et le rôle délicat qui lui est réservé dans les autres météorographes, celui en un mot d'agent transmetteur, y a été écarté. Un fort mécanisme d'horlogerie, déclanché sous l'influence d'une horloge, aurait pu tout aussi bien que l'électricité; remplir une fonction si peu importante. Il est naturellement résulté de cette disposition, que les appareils indicateurs et enregistreurs, au lieu de pouvoir être éloignés les uns des autres, sont forcés d'être contigus, et doivent être placés dans une position peu commode pour les observateurs, c'est-à-dire sur une terrasse ou dans un jardin découvert. D'un autre côté, il a fallu renfermer dans une cage à double enveloppe les parties délicates de ces appareils, afin de les mettre à l'abri des intempéries de l'air; de sorte qu'il n'y a d'exposés à l'air que le thermomètre, l'hygromètre, la girouette, l'anémomètre et le pluviomètre. Tous ces appareils surmontent naturellement la cage de l'appareil dont les dimensions sont en hauteur 1^m,35, en largeur 0^m,95 et en profondeur 0^m,40.

Météorographe de M. A. G. Théorell d'Upsal. — Ce système de météorographe qui fonctionne aujourd'hui aux observatoires météorologiques de Vienne et d'Upsal, a été combiné dès l'année 1871, et il avai même figuré à l'exposition de Londres qui a eu lieu à cette époque. Il a été habilement construit par M. Sorensen, mécanicien de l'académie des sciences de Suède. Comme disposition générale, il se rapporte au système de M. Wheatstone, car il imprime les indications en caractères typographiques, et ces caractères sont distribués sur des roues à types mises en rapport avec chacun des instruments mesureurs; mais cet appareil est plus complet et fournit à la fois les indications du thermomètre, du psychromètre, du baromètre, de l'anémomètre et de la girouette. Comme ces instruments sont disposés de manière à agir isolément, on peut les placer aux endroits les plus convenables sans avoir à considérer leur distance de l'appareil enregistreur, et sous ce rapport, ce système présente de réels avantages sur ceux que nous avons étudiés précédemment.

Les instruments mesureurs adoptés par M. Théorell sont, en ce qui concerne le vent, l'anémomètre de Robinson et le système giratoire à ailettes de M. Piazzi-Smith; c'est, sauf la disposition du commutateur, qui est placé dans une boite à part, celle de M. Salleron dont nous avons déjà parlé plus d'une fois. Les thermomètres sont de grande dimension, à tube ouvert et enchâssés par leur partie supérieure dans une boîte en zinc à fermeture hermétique, dans laquelle est déposé du chlorure de calcium ou de la potasse caustique pour empêcher l'action de l'air humide. Les mécanismes destinés à réagir sur ces appareils sont renfermés dans cette boîte. Le baromètre est un baromètre à siphon, construit comme à l'ordinaire et muni, comme les thermomètres, d'un fil de platine soudé dans le verre pour la transmission du courant.

Comme dans ce système les mécanismes appelés à fournir les indications sont solidaires de celui qui fournit les impressions et fonctionnent sous la même influence, il est nécessaire, avant que nous en donnions la description, que nous exposions le principe sur lequel est basé le système imprimeur.

Supposons que dans un circuit correspondant à un électro-aimant placé à portée d'un des instruments indicateurs, du thermomètre par exemple, soit interposé l'électro-aimant d'un moteur électro-magnétique disposé près du mécanisme enregistreur; les interruptions et fermetures de courant qui détermineront le mouvement de rotation de cet électro-moteur auront pour effet de faire vibrer l'armature de l'électro-aimant du thermomètre et si l'électro-moteur est à simple effet avec bielle, c'est-à-dire avec une seule armature et une seule fermeture de courant pour chaque demi-révolution du volant, les deux armatures électro-magnétiques vibreront synchroni-quement. De plus, ces armatures pourront, dans leur mouvement d'oscillation, réagir chacune sur une traverse articulée munie de deux longs crochets d'encliquetage, et déterminer, par l'intermédiaire de ceux-ci, la mise en mouvement d'une roue à rochet. Si les deux roues à rochet sur lesquelles réagissent ces armatures ont un même nombre de dents, elles accompliront leur révolution entière en même temps, du moins si les crochets d'enclique-tage sont convenablement disposés, et on pourra, en faisant réagir l'une de ces roues sur un mécanisme conduisant un fil interrupteur dans le tube du thermomètre et l'autre roue sur une roue à types placée à portée du méca-nisme imprimeur, obtenir que cette dernière amène devant ce mécanisme un type, dont la position par rapport au zéro représentera la distance par-courue par le fil interrupteur, jusqu'à sa rencontre avec le mercure. Il suffira pour cela 1° que cette rencontre ait pour effet de fermer un second courant à travers un système de rhéotome électro-magnétique, disposé de manière à renvoyer le courant de l'électro-moteur dans le circuit d'un autre instrument indicateur ; 2° que le mouvement des traverses articulées portant les crochets d'encliquetage, au lieu de faire avancer les deux roues à rochet, ne produisent aucun effet sur ces roues. Ce double effet est obtenu au moyen d'un dispositif mécanique extrêmement simple, auquel M. Théorell a donné le nom de *Gouverneur*. Ce dispositif consiste dans un axe commu-tateur muni d'un disque dont la circonférence est aplatie sur un arc de 72°, et qui, dans chaque système électro-magnétique, est introduit entre les deux crochets d'encliquetage dont nous avons parlé. Cet axe peut accomplir sur lui-même un petit mouvement de rotation, quand un électro-aimant spécial qui le commande est rendu actif, et le courant qui agit sur lui est précisé-ment celui qui est fermé par le mercure de l'appareil indicateur. Or, il résulte de cette disposition trois effets différents : 1° quand la partie méplate du disque se trouve en face du crochet supérieur, celui-ci appuie sur la roue à rochet qui est à sa portée et la fait tourner ainsi qu'on l'a vu précédem-ment, car le second crochet ne peut fonctionner puisqu'il est maintenu en dehors de cette roue; 2° quand la partie méplate est de côté, les deux cro-chets ne peuvent faire fonctionner la roue à rochet, puisqu'ils en sont alors éloignés l'un et l'autre; 3° quand la partie méplate se trouve en face du cro-chet inférieur, celui-ci devient seul actif, et la roue à rochet peut tourner, mais en sens inverse de son premier mouvement. Quand les indications sont sur le point de s'enregistrer, la partie méplate du disque se trouve **en** face du crochet supérieur, et les effets produits sur la roue des types et sur le fil interrupteur, s'accomplissent comme il a été dit précédemment; mais aussitôt que le mercure a fermé le courant à travers le fil interrupteur, le mécanisme gouverneur des deux systèmes est mis en action, la partie méplate des disques s'incline, et les crochets d'encliquetages sont sans action sur les roues à rochet. La roue des types reste donc dans la dernière position qu'elle a occupée, et le fil interrupteur reste plongé dans le mercure jusqu'à ce que les mécanismes gouverneurs aient reporté la partie méplate des disques en face des crochets inférieurs, auquel cas les rochets tournant en sens inverse, font rétrograder au point de départ la roue des types et le fil interrupteur. Mais comme on va le voir, cette action ne s'effectue que quand tous les appareils indicateurs ont fourni leur indication. En même temps que le gouverneur arrête en temps convenable le mouvement de la roue des types et du fil interrupteur, il opère par le commutateur que porte l'axe des disques la commutation des circuits; de sorte qu'après l'action exercée sur le thermomètre, le moteur électro-magnétique réagit sur le psychromètre, sur le baromètre, et enfin sur les deux parties de l'anémomètre.

Quand tous ces effets sont produits et que chacune des roues des types correspondant aux divers instruments indicateurs présente devant le mécanisme imprimeur les types en rapport avec leurs indications, celui-ci entre en fonction, et son action est déterminée par une roue mise en mouvement par l'électro-moteur, lequel réagit sur elle de la même manière que sur les roues des types. Cette roue a pour fonction de faire basculer un châssis assez complexe sur lequel est disposé tout le système entraîneur de la bande de papier appelée à recevoir les indications météorologiques, et de presser cette bande contre les cinq roues des types, qui laissent alors l'empreinte des types placés en ce moment là devant elle. Cette fonction s'effectue pendant l'une des demi-révolutions de la roue, et l'encrage des types se produit pendant la seconde demi-révolution.

Ce n'est qu'après cette impression multiple que les gouverneurs réagissent, pour rappeler au point de départ tous les fils interrupteurs des instruments indicateurs ainsi que les roues des types qui leur correspondent, et ce résultat s'obtient par les mêmes moyens que leur déplacement. L'électro-moteur en continuant toujours sa marche, a bientôt ramené la partie méplate des disques en face des crochets inférieurs, et les roues à rochet des fils interrupteurs ainsi que celles des roues des types rétrogradent successivement, jusqu'à ce qu'un conjoncteur de circuit, placé au point de départ des fils interrupteurs, ait fait réagir successivement les différents systèmes électro-magnétiques correspondant aux instruments indicateurs, et les ait mis en position de fournir de nouvelles indications. Alors l'électro-moteur s'arrête, jusqu'à ce qu'une fermeture du courant qui l'anime et qui est déterminée par une horloge, l'ait remis de nouveau en marche pour fournir une nouvelle série d'observations. Ordinairement ces séries d'observations sont distantes d'une heure les unes des autres.

Il nous reste maintenant à donner quelques détails sur les mécanismes qui ont été employés.

La fig. 2 pl. VIII représente le système moteur des roues des types, qui sont en R et mobiles à frottement doux sur un même axe T; elles sont doubles pour chaque instrument afin de fournir non-seulement les unités de mesure adoptées pour chaque instrument indicateur, mais les vingtièmes de ces unités. Naturellement ces doubles roues sont réunies l'une à l'autre à la manière des roues d'un compteur, et ce sont les roues des vingtièmes qui reçoivent l'action directe des crochets d'encliquetage. Au lieu de roues à rochet, M. Théorell a préféré employer des chevilles, mais l'effet est le même, et ce sont ces chevilles que l'on voit autour du centre T. Les crochets d'encliquetage sont en c, c et articulés au bras B mobile autour du point p. C'est à l'extrémité supérieure de ce bras qu'est articulée la bielle du moteur électro-magnétique qui le met en mouvement continu d'oscillation. Ce bras ou plutôt la pièce C qui en fait partie, porte un crochet qui peut faire participer à son mouvement, quand une bascule e e est en prise avec lui, les leviers articulés f f f qui correspondent à une bascule d'encliquetage o o' montée sur l'axe a du gouverneur. C'est ce système qui détermine le mouvement des disques d quand le courant animant l'électro-aimant du gouverneur est fermé par les appareils indicateurs. Cet électro-aimant est en M M, et son armature A, en déclanchant la bascule e e, opère la liaison des tiges f f avec B. Des galets fixés sur les crochets d'encliquetage facilitent leur glissement sur la circonférence des disques, et une roue à rochet fixée sur l'axe a et sur laquelle réagit un cliquet i porté par la bascule o o', est l'organe intermédiaire pour transformer le mouvement de va-et-vient de f f f en mouvement circulaire.

Le mécanisme électro-magnétique adapté à chacun des instruments indicateurs est un diminutif du précédent. Avec les instruments à mercure, la roue sur laquelle réagissent les crochets d'encliquetage est fixée horizontalement à l'extrémité d'une longue vis verticale sur laquelle se meut un écrou muni d'une longue potence, et cette potence en réagissant à l'extrémité d'une bascule, gouverne la marche de l'aiguille d'acier qui doit s'enfoncer dans les tubes des instruments et déterminer les contacts. Les crochets d'encliquetage, toutefois, au lieu d'être mis en mouvement par l'action d'un électro-moteur, fonctionnent sous l'influence seule de l'armature de l'électro-aimant qui commande la marche du fil interrupteur, électro-aimant qui, comme nous l'avons vu, est interposé dans le circuit de l'électro-moteur lui-même. Enfin le mouvement accompli par le disque pour en faire échapper la partie méplate, est déterminé par un électro-aimant particulier, interposé dans le circuit de l'électro-aimant homologue de l'appareil moteur. Seulement comme la position de ce disque n'a pas besoin d'être maintenue après la commutation du courant d'un circuit dans l'autre, le désengrènement du rochet a pour effet le retour du fil interrupteur à son point de départ, retour qui s'effectue sous l'influence du poids de la bascule portant le fil et qui fait tourner la vis directrice en sens contraire du mouvement que lui avait donné le rochet. Dans ces conditions, l'un des crochets d'encliquetage sert de cliquet de retient.

La disposition précédente se répète pour le thermomètre, le psychromètre et le baromètre, mais pour les deux parties de l'anémomètre, elle est un peu différente. Pour la direction du vent, l'axe qui supporte la partie mobile du moulinet de Piazzi-Smith est muni d'un frotteur qui appuie successivement, suivant la direction du vent, sur 32 petits secteurs isolés, qui correspondent à 32 petites tiges également isolées, placées au-dessous dans une boîte, et sur lesquelles réagit un ressort frotteur conduit par le mécanisme électro-magnétique décrit précédemment. On comprend aisément que la roue à rochet de ce mécanisme peut aussi bien conduire un ressort se mouvant circulairement, qu'une aiguille mobile dans le sens vertical. Si le frotteur de l'anémomètre et celui du mécanisme électro-magnétique sont en rapport avec les deux parties du circuit déclancheur correspondant aux gouverneurs, il arrivera que ce circuit ne sera fermé que quand les deux ressorts toucheront simultanément le même secteur, et la roue des types qui correspondra à cette partie de l'appareil, pourra dès lors s'arrêter sur le numéro correspondant à celui de ce secteur, et désigner le vent régnant à ce moment.

La roue des types correspondant à la vitesse du vent est numérotée de 0 à 71, chaque unité représentant un kilomètre par heure. Un mécanisme analogue au précédent, fait tourner un ressort autour de la dernière roue de compte du compteur du moulinet de Robinson, et suivant la position d'une cheville de contact portée par cette roue, le courant déclancheur se trouve fermé plus ou moins tôt. Par suite, la roue de compte correspondante indique un nombre plus ou moins grand de kilomètres parcourus, en moyenne par le vent, pendant l'intervalle des observations.

Il ne nous reste plus à décrire que l'appareil imprimeur qui est combiné d'une manière réellement ingénieuse. Nous le représentons fig. 1, Pl. VIII. Les roues des types sont en R, les disques du gouverneur en *d*, les crochets d'encliquetage en *c, c'*. L'extrémité de ces derniers ne se voit pas sur la figure parce qu'ils ne se rapportent pas directement au mécanisme imprimeur et sont placés derrière le système représenté. L'électro-moteur n'y est pas figuré; il est placé à droite ainsi que le système déclancheur du gouverneur et la bascule oscillante agissant sur les cliquets *c, c'*.

La partie essentielle de ce mécanisme est une bascule C *k* D qui est reliée par une bielle *b* à une roue à rochet E qui se meut sous l'influence du moteur à l'aide du crochet *v*; ce crochet est appliqué ainsi que tous les crochets *c c'* etc., sur le bras oscillant du moteur. Comme pour les roues des types, son mouvement ne se produit que quand le disque *d* du gouverneur qui lui correspond présente au crochet *v* une partie méplate, et cette partie ne lui est présentée que quand toutes les roues des types ont fonctionné. Le châssis C *k* D porte à son extrémité C trois cylindres C, F, H sur lesquels s'enroule la bande de papier destinée aux impressions et qui se replie comme on le voit en *i i' i''*, à partir d'un rouleau W, où elle est en provision. Le rouleau C est le rouleau imprimeur, c'est-à-dire celui qui, en s'abaissant sur les roues des types, vient appuyer la bande de papier contre les types, et il est, en conséquence, garni d'un coussin élastique. De ce même côté, le châssis C *k* D est relié par une bielle *s* à un bras G T muni d'un tampon encreur G, et de l'autre côté il réagit, par l'intermédiaire d'une tige *g*, sur un laminoir X, X' destiné à faire avancer toutes les heures la bande de papier d'un intervalle suffisant, pour que les impressions ne se superposent pas. Afin de distinguer facilement les moments des impressions, une seconde tige *h* sépare toutes les douze heures les observations par un intervalle beaucoup plus grand. C'est à cet effet, qu'ont été disposés les ressorts antagonistes que l'on remarque au haut de la figure, ainsi que les leviers coudés *y z t* et les crochets qui se montrent en D. Nous n'insisterons pas, toutefois, sur ces détails qui sont très-accessoires et que l'on peut deviner facilement.

Avec cette disposition, on comprend aisément que quand, toutes les heures, la roue E est mise en action par le moteur, la bielle qui la relie au châssis basculant C *k* D, fait pendant la moitié de la révolution de la roue E relever le cylindre C, et fait en même temps rouler sur les roues des types le tampon encreur G. Ces roues qui présentent en ce moment les types en rapport avec les indications des instruments mesureurs, se trouvent donc disposées pour fournir des impressions, et, quand après la seconde demi-révolution de la roue E le châssis C *k* D s'est trouvé abaissé, toujours sous l'influence de la bielle *b*, l'impression est produite sur la bande de papier, et il suffit que la roue fasse encore quelques pas en avant pour dégager les roues des types ; c'est pourquoi l'action du mécanisme ne commence et ne finit que quand la bielle a dépassé la verticale. Pendant que se produit l'éloignement du cylindre C, la tige *g* réagit sur le cliquet *jk* et fait avancer d'un cran la roue X du laminoir qui entraîne la bande de papier de la distance convenable. Ce n'est qu'après que toutes ces fonctions se sont accomplies, qu'un interrupteur est mis en action, et arrête le mouvement moteur jusqu'à ce que l'horloge ait provoqué une nouvelle série d'observations.

Météorographe de M. Van Rysselberghe. — Le météorographe de M. Van Rysselberghe est le plus simple et en même temps le plus pratique de tous les météorographes dont nous avons jusqu'à présent parlé, surtout depuis la nouvelle disposition que lui a donnée M. Schubart, l'habile mécanicien de l'Université de Gand. Pour qu'on puisse voir par quelle série de perfectionnements a passé cette ingénieuse invention, nous décrirons d'abord rapidement l'appareil primitif de M. Van Rysselberghe, et nous entreprendrons ensuite l'examen minutieux du nouvel appareil que nous représentons fig. 3, 4, 5 et 6, Pl. VIII.

L'idée capitale, dans ces deux appareils, est l'enregistration gravée des indications sur une feuille de cuivre, dont est recouvert le cylindre enregistreur, et qui est effectuée par le style traceur à l'aide d'une pointe de diamant agissant sur une couche de vernis de graveur, déposée à la surface de la feuille de cuivre. De cette manière, les indications sortent toutes gravées de l'appareil, et il suffit pour en obtenir autant d'exemplaires que l'on veut, de faire mordre la planche avec de l'eau forte et de la faire passer entre les rouleaux d'une petite presse d'imprimerie disposée à cet effet. On comprend aisément l'avantage énorme qu'il y aurait pour les météorologistes à pouvoir ainsi échanger facilement entre eux leurs observations, et combien la science pourrait y gagner (1). C'est, en effet, à cause de l'isolement des observations faites par les instruments enregistreurs, que leur emploi n'est pas plus répandu, et si, à ce moyen facile de publication, on voulait bien s'astreindre à un type unique d'enregistreur, la science météorologique ne tarderait pas à faire de grands progrès.

Qu'on imagine, adapté au centre d'une table circulaire, un cylindre enre-

---

(1) Pour être juste nous devons dire que la première idée de graver électro-magnétiquement des planches de cuivre appartient à M. E. Gaiffe.

gistreur maintenu dans une position verticale et mis en mouvement par un
mécanisme d'horlogerie renfermé dans la table. Supposons que ce cylindre
soit élevé de quelques centimètres au-dessus de la table, et que son axe
porte une crémaillère arquée, terminée du côté opposé à la denture par un
levier armé de deux frotteurs traînant autour d'une circonférence métallique divisée en quatre parties égales; on comprendra aisément que si ce
cylindre fait un tour sur lui-même en douze heures, et qu'à portée de
la crémaillère arquée dont il est muni, se trouvent quatre roues correspondant à quatre instruments indicateurs, ces roues pourront participer au
mouvement du cylindre, l'une après l'autre, et après chaque quart d'heure
écoulé. De plus, le levier portant les frotteurs pourra compléter pendant ce
quart d'heure un circuit électrique à travers chacun de ces instruments, et
si les roues dont il a été question commandent un mécanisme convenable,
un courant pourra être transmis en temps utile par ces instruments, de
manière à pouvoir fournir toutes les heures et les unes après les autres, les
indications qui les concernent. Il suffira pour cela qu'un style traceur disposé sur l'écrou d'une vis sans fin soit commandé par un électro-aimant,
et que la vis sans fin elle-même puisse tourner d'une certaine quantité
à la fin de chaque heure, pour que les marques ne se superposent pas. Or,
la mise en action de cette roue peut être déterminée par la crémaillère arquée qui met en mouvement les quatre roues dont nous avons parlé.

Dans le système de M. Van Rysselberghe, le style traceur est une pointe
de diamant portée par un levier coudé sur lequel réagit, par l'intermédiaire
d'une corde et de poulies de renvoi, l'armature d'un électro-aimant Hughes
fixé sur la table. Un guide maintient toujours l'écrou dans une direction
fixe, et la corde enroulée sur les poulies est toujours en position de réagir
sur le style, quelle que soit sa hauteur au-dessus de la table.

La disposition des roues correspondantes aux divers instruments indicateurs est différente suivant la nature de ces instruments. S'ils sont à mercure, elles portent une poulie sur laquelle s'enroule un fil qui correspond par
l'intermédiaire de petites poulies de renvoi, à une tige de platine voyageant
dans les tubes; mais ce système est disposé de manière à être ramené
devant un repère fixe quand la roue cesse d'être engrenée. Les fils de
platine eux-mêmes sont placés à une hauteur suffisante au-dessus du
mercure des thermomètres pour pouvoir embrasser, dans toute la course
correspondant au temps d'engrènement de la roue, les variations extrêmes
de la colonne mercurielle. Quand la rencontre de ce fil avec la colonne de
mercure se produit, l'électro-aimant Hughes devient actif, la pointe de
diamant approche du cylindre, y grave un trait qui est plus ou moins haut

par rapport à la ligne de repère que la hauteur de la colonne mercurielle est elle-même plus ou moins élevée, et ce trait se continue jusqu'au désengrènement de la roue ; mais le levier commutateur des circuits est tellement disposé, que le circuit de l'appareil qui vient de fonctionner est coupé avant le désengrènement de la roue qui lui correspond ; de sorte que l'étincelle qui résulte de la rupture du courant se produit sur le commutateur et non à la surface du mercure. Par excès de précaution, M. Van Rysselberghe s'arrange de manière à ce que le mercure soit toujours *négatif*. De cette manière, en effet, il ne peut se produire d'oxydations, et s'il s'en produisait, elles se trouveraient réduites par l'hydrogène. L'auteur ajoute une grande importance à ce détail d'installation et c'est grâce à ce moyen que le mercure de ses appareils a pu conserver depuis 3 ans sa surface aussi brillante que le premier jour.

Du reste, M. Van Rysselberghe n'emploie les systèmes à mercure que pour le baromètre et l'hygromètre, encore, dans ce dernier instrument, ce métal n'intervient-il que d'une manière très-accessoire et comme moyen de mesure. En effet, l'hygromètre adopté est celui basé sur les variations de longueur du cheveu sous l'influence de l'humidité ; mais comme l'effort mécanique exercé sur l'aiguille indicatrice dans l'hygromètre de Saussure est toujours une cause d'inexactitude, M. Van Rysselberghe emploie un simple cheveu tendu verticalement par le poids d'une aiguille de platine. Cette aiguille passe à travers un trou pratiqué dans un godet plein de mercure qui lui communique la polarité positive, et c'est là surface d'une nappe de mercure placée au-dessous dans une cuvette cylindrique qui, en rencontrant plus ou moins tôt la pointe de platine terminant le cheveu, détermine la fermeture de courant appelée à fournir les indications. Or, cette élévation de la nappe mercurielle est produite par un cylindre de fer pesant, qui se trouve abaissé par la roue de l'enregistreur correspondant à l'hygromètre, et dont les évolutions sont graduées de manière à faire varier dans des limites convenables, les hauteurs de la nappe mercurielle, pour atteindre toujours l'aiguille de platine du cheveu.

Le baromètre de M. Van Rysselberghe est le baromètre à siphon qui ne présente d'ailleurs rien de particulier.

Quand les appareils indicateurs sont à aiguilles, M. Van Rysselberghe emploie une aiguille supplémentaire concentrique à l'aiguille indicatrice, mais isolée électriquement de celle-ci. Cette aiguille supplémentaire sollicitée par un léger ressort à boudin, tend à appuyer contre l'autre aiguille ; mais un butoir porté par une poulie en relation avec la roue motrice s'y oppose, et le contact ne peut se produire que quand la poulie, en tournant sous l'influence de la roue motrice et par conséquent de l'horloge, a fait passer le butoir derrière l'aiguille indicatrice. Dès lors, le contact des deux aiguilles se produisant, un courant peut animer l'électro-aimant de l'enregistreur et fournir des indications, qui commenceront plus ou moins tôt suivant la position de l'aiguille indicatrice sur le cadran. Après que le temps réservé à ces observations sera écoulé, la roue motrice correspondante retournera en arrière, et entraînera la poulie dont le butoir viendra disjoindre les deux aiguilles pour reporter l'aiguille supplémentaire au repère.

Ce système est précisément celui que M. Van Rysselberghe a adapté au thermomètre, qui est métallique dans son appareil, et à l'anémomètre qui traverse le toit de la cabane où est installé l'instrument, pour faire marcher un compteur disposé à portée de la roue motrice correspondante. La dernière roue de ce compteur porte une aiguille qui joue le rôle de l'aiguille indicatrice dans le thermomètre métallique, et dont la position se trouvant enregistrée, peut indiquer le nombre des tours du moulinet anémométrique qui ont été effectués entre deux observations consécutives. L'anémomètre adopté a été, comme dans les autres météorographes, le moulinet de Robinson; seulement, toutes les heures, le compteur est ramené mécaniquement à zéro. Quant aux indications de la direction du vent, elles s'effectuent dans la dernière période de la révolution du cylindre enregistreur, et sont transmises directement par le levier frotteur du commutateur circulaire. Celui-ci, à l'origine de la quatrième période des indications, a son secteur divisé en 8 parties assez exiguës, reliées à une circonférence métallique divisée également en 8 secteurs isolés les uns des autres, et au centre de cette circonférence tourne un frotteur à piston, conduit par l'axe de la girouette ou un axe dépendant, lequel accomplit un tour entier en même temps qu'elle. Si ces secteurs sont convenablement isolés, le levier frotteur conduit par le cylindre enregistreur, devra, en passant par-dessus les 8 contacts du commutateur qui lui correspond, rencontrer plus ou moins tôt, suivant la direction du vent, le contact en rapport avec le secteur touché de l'axe de la girouette, et le style marqueur fournira sur la partie du cylindre désignera le vent aux indications des vents, une marque dont la position réservée régnant.

Dans le système de M. Van Rysselberghe, les instruments indicateurs sont, comme on a pu le comprendre, groupés autour du cylindre enregistreur. Cette disposition a peu d'inconvénients pour le baromètre et l'anémomètre, mais pour l'hygromètre et le thermomètre, il serait impossible de leur faire indiquer la température et l'humidité du dehors, si on ne prenait pas pour cela des moyens particuliers; or ces moyens consistent à placer ces instruments à l'intérieur de larges tuyaux garnis de feutre et constamment parcourus par un courant d'air venant du dehors. Suivant M. Van Rysselberghe, le thermomètre se trouve de cette manière, soustrait à toutes les influences du rayonnement, et donne la température de l'air plus exactement que les thermomètres placés en dehors des bâtiments. Dans l'appareil installé à Ostende, l'air qui frappe le thermomètre est puisé à $15^m,51$ au-dessus du sol et à $18^m,25$ au-dessus du niveau de la mer.

Un avantage très-grand du système dont nous parlons, c'est qu'il peut fournir des indications plus ou moins amplifiées de celles qui sont fournies par les instruments indicateurs. On conçoit, en effet, qu'en faisant les roues motrices d'un diamètre plus ou moins grand par rapport à la crémaillère arquée de l'axe du cylindre, on pourra rendre les mouvements exécutés par celui-ci plus ou moins grands pour un même mouvement des aiguilles interruptrices. C'est un avantage qui est d'autant plus à apprécier que les indications étant gravées, on peut s'arranger de manière à les rendre comparables pour des appareils mettant à contribution des instruments indicateurs d'une disposition tout à fait différente. M. Schubart a été le constructeur de cet intéressant appareil, qui a figuré en 1875 à l'exposition de géographie des Tuileries, et qui a été pour son auteur l'objet de la plus haute récompense (Voir la description complète de l'appareil de M. Van Rysselberghe dans le *Bulletin de l'académie royale de Belgique*, 2ᵉ série, t. XXXVI, nᵒˢ 9 et 10, 1873).

Météorographe de MM. Van Rysselberghe et Schubart. — Dans ce nouvel appareil, l'enregistreur proprement dit n'est plus placé au centre des mécanismes en rapport avec les instruments indicateurs. Il constitue un appareil distinct qui est relié aux mécanismes mesureurs groupés sur un même bâti en bois, au moyen d'une tringle de transmission de mouvement. Nous représentons fig. 3, 4, 5 et 6, Pl. VIII, les plans et élévations de ces deux parties de l'appareil qui, comme on le voit, composent deux instruments séparés.

Comme les enregistrations dans ce nouveau système se font toutes les 10 minutes au lieu de se faire toutes les heures, ce n'est plus l'axe du cylindre enregistreur qui transmet directement le mouvement aux mécanismes mesureurs, mais bien un moteur spécial mis en action, toutes les 10 minutes, sous l'influence d'un déclanchage électro-magnétique déterminé par une horloge. L'un des axes de ce moteur, terminé par deux roues 1 et 3 (fig. 3 et 5) en transmet le mouvement, d'une part, au cylindre R par la roue 2, et d'autre part, aux mécanismes mesureurs, par les roues 3 et 4.

Le mécanisme enregistreur n'a, d'ailleurs, rien de particulier en principe, et se rapproche comme disposition du système autographique de M. Lenoir; mais il présente cependant quelques dispositifs mécaniques ingénieux sur lesquels je dois appeler l'attention.

Système enregistreur. — Ce système, comme on le voit, fig. 3 et 5, se compose d'abord d'un cylindre enregistreur vertical sur lequel est tendue la feuille de cuivre destinée à être gravée, et en face de ce cylindre se trouve le système électro-magnétique dirigeant l'action du style traceur que nous appellerons cette fois *burin*. Ce système électro-magnétique composé d'un électro-aimant dont l'armature porte le burin, est porté par un écrou mobile sur une vis sans fin, et cette vis, terminée à sa partie inférieure par une roue à rochet r'' sur laquelle réagit une crémaillère c'' à chaque tour du cylindre, abaisse le système toutes les 10 minutes (au commencement de chaque période d'observations), d'une quantité suffisante pour que les marques gravées ne se superposent pas. Il se produit donc sur le cylindre une série de lignes parallèles discontinues, perpendiculaires à sa génératrice, qui fournissent toutes les indications; et quand le système électro-magnétique est arrivé au bas de sa course, il suffit de dégager l'écrou de la vis ou de désengrener la crémaillère, pour que tout le système soit remonté à son point de départ sous l'influence d'un contrepoids.

L'inspection des figures 3 et 5 suffit, du reste, pour comprendre comment s'effectue le jeu du style traceur. Quant à la manière dont le moteur réagit sur la roue à rochet de la vis sans fin, quelques mots d'explication sont nécessaires. La roue 2 qui commande le mouvement du cylindre est munie en dessous, comme on le voit sur la fig. 3, d'un galet g'', et l'on remarque au-dessus de la planche qui porte l'appareil deux plaques métalliques J, L vues en coupe, dont l'une L, celle de droite sur laquelle est montée la vis sans fin du système électro-magnétique, est fixe, et l'autre mobile. Cette dernière porte une pièce saillante p'' que l'on distingue à gauche sous la roue et qui est taillée en forme d'excentrique creuse, par rapport à cette roue, comme on le voit, fig. 7; cette pièce est disposée de manière que le galet g'', en la rencontrant, puisse l'écarter de sa position normale et fasse accomplir à la plaque métallique J qui la porte un mouvement vers la gauche; mais ce mouvement ne peut être de longue durée, car une fois que le galet g'' a dépassé cette partie saillante, il rencontre bientôt un levier courbe articulé l'' dont on aperçoit le bout à droite, fig. 3, et qui, en s'appuyant contre le support t'' de la crémaillère c'', forme butée. La courbe de ce levier dessinant, comme la pièce correspondante, une sorte d'excentrique, le galet g'' le repousse à droite et avec lui, la plaque mobile J qui revient à sa première position. Or il résulte de cette réaction, un mouvement de va-et-vient qui s'accomplit toutes les 10 minutes et qui, en se communiquant à la crémaillère c'' dont nous avons parlé, peut faire tourner par son intermédiaire la roue à rochet r'' de la vis sans fin d'une quantité suffisante pour éviter la superposition des lignes. De plus, par un dispositif accessoire, M. Schubart a pu faire en sorte que toutes les heures, c'est-à-dire après cinq observations, les lignes d'indications fussent séparées par un intervalle plus grand, afin d'en faciliter la lecture. Ce résultat a été obtenu au moyen d'une seconde roue à rochet n'' fixée sur la plaque mobile J, et dont l'axe, muni d'une came u'', pouvait en présentant cette came devant le levier courbe articulé l'' après un tour accompli par elle, rapprocher du centre de la roue 2 la partie excentrique de ce levier. Le mouvement de celui-ci, lors de sa rencontre avec le galet g'', acquerrait de cette manière une plus grande amplitude, et faisait tourner davantage la roue à rochet de la vis sans fin. C'est cette action secondaire qui a fait substituer une crémaillère au simple cliquet d'impulsion, qui aurait suffi pour faire tourner cette vis sans fin. Toutes ces fonctions s'exécutent au moment de chaque révolution du cylindre, et quand la partie non utilisée de la feuille fixée sur ce cylindre passe devant le burin; c'est le moment où le moteur ne rencontre sur les deux appareils aucune résistance à vaincre.

Le dispositif employé pour tendre la feuille de cuivre sur le cylindre est extrêmement simple. Le cylindre, comme on le voit, fig. 5, porte une échancrure assez large dans laquelle se trouvent quatre forts ressorts terminés par des crochets plats, et les feuilles sont percées, tout près de leurs bords, de trous correspondant à ces crochets. Pour fixer une feuille, on commence par enfoncer un coin de bois entre les bouts de chaque ressort pour l'ouvrir, et après avoir introduit les crochets dans les trous correspondants de la feuille de cuivre, on retire les coins qui laissent agir les ressorts sur cette dernière, qui se trouve, de cette manière, tirée énergiquement par les deux bouts. Cette feuille, du reste, peut être vernie à l'avance.

Nous devrons faire remarquer que l'horloge que nous avons représentée en H et le déclancheur électro-magnétique du mécanisme moteur que nous avons représenté en D, sont logés dans le socle de l'appareil enregistreur, et nous ne les avons représentés séparément, que pour rendre plus facile l'intelligence du jeu des appareils et de la marche des courants.

Appareils indicateurs et mesureurs. — Les mécanismes mesureurs sont au nombre de six et correspondent : 1° à un baromètre à siphon que l'on aperçoit en b, à droite dans la fig. 4; 2° à un thermomètre sec t et à un thermomètre humide t', dont les boules sont enveloppées dans des tuyaux

y, y', et qui, à cet effet, se recourbent comme on le voit sur la figure 4 ; 3° à un anémomètre de Robinson dont on voit la tige en v ; 4° à une girouette dont l'axe correspond à la tige g' ; 5° à un udomètre dont on aperçoit en U le mécanisme mesureur. Quant aux mécanismes mesureurs eux-mêmes, on les distingue aisément dans la fig. 6, en G pour la girouette, en A pour l'anémomètre, en U pour l'udomètre, en T pour le thermomètre sec, en T' pour le thermomètre humide et en B pour le baromètre. Tous ces mécanismes fonctionnent sous l'influence de deux piles P, P' et d'une seule roue V, mise en mouvement par le mécanisme moteur au moyen des roues de renvoi 5 et 6, et qui ne fait qu'un nombre donné de révolutions pour chaque déclanchement effectué toutes les 10 minutes par la détente électromagnétique.

Pour obtenir ce résultat, cette roue V est interposée entre deux crémaillères E, E' qui constituent les côtés d'un long châssis ou chariot mobile, qui roule sur un système de rails en fonte W W. Ce châssis porte à son extrémité gauche une plate-forme en ébonite sur laquelle est adapté un cadre métallique oscillant Z Z, qui est muni d'un côté de deux ressorts g, a, assez longs pour rencontrer les mécanismes G et A, et de l'autre côté d'un ressort u disposé pour pouvoir rencontrer à un instant donné le mécanisme U. Un système de leviers adapté au-dessous du châssis et que l'on ne peut voir sur la figure, est disposé de manière à faire incliner ce cadre du côté de U quand le chariot se dirige de gauche à droite, et à le faire pencher vers A et G au moment du retour du chariot de droite à gauche. Enfin trois contacts métalliques i, l, k adaptés au châssis mobile complètent le dispositif.

La roue V a son axe maintenu à sa partie supérieure par un long levier articulé Q qui peut osciller sous l'influence de deux actions contraires ; d'abord sous l'influence d'un ressort antagoniste qui tend à le pousser de manière à ce que la roue V engrène avec la crémaillère E ; en second lieu sous l'influence d'un électro-aimant M qui, par l'intermédiaire d'une armature de fer dont est muni le levier, tend à faire engrener la roue V avec la crémaillère E', quand il devient actif. Or, le fonctionnement de cet électro-aimant est commandé par un rhéotome qui est mis en jeu par un appendice porté par le châssis mobile. Nous verrons à l'instant comment s'effectue cette action. Il nous suffira de dire, pour le moment, qu'au commencement de chaque période de 10 minutes, la roue V étant engrenée avec la crémaillère E, le châssis avance vers la droite, et une crémaillère verticale o o qu'il porte, rencontre, après le passage du ressort u sur le mécanisme U, la roue S, dont l'axe muni des trois roues B, T, T', fait fonctionner de haut en bas et de bas en haut, trois crémaillères qui portent les fils de platine ou *sondes* destinés à fournir les contacts sur les colonnes mercurielles des instruments indicateurs t, t', b. Toutefois, pour que les indications du thermomètre humide, qui sont toujours au-dessous de celles du thermomètre sec, se trouvent inscrites à la suite de ces dernières sur le cylindre enregistreur, un dispositif rhéotomique a dû être adapté au thermomètre humide, et il a été combiné de manière que le trait provoqué sur l'enregistreur par le thermomètre sec, put, par son interruption même, fournir la trace de l'indication du thermomètre humide. De cette manière, les courbes fournies par les deux instruments dessinent une zone plus ou moins accidentée, plus ou moins large, qui montre la marche parallèle de la température et de l'humidité.

Disons de suite, pour ne pas embrouiller dans l'esprit les diverses fonctions du châssis mobile, que les contacts électriques correspondant à la direction du vent sont déterminés par la rencontre du ressort g avec la lèvre d'une hélice métallique qui entoure le cylindre G, lequel étant solidaire des mouvements de la girouette par l'action d'un engrenage conique que l'on distingue sur la figure 4, en g', peut présenter pour un tour complet accompli par lui et sur une étendue correspondante à sa longueur, les différents points de l'hélice. Par conséquent, chacun de ces points représentera un vent différent, et par la longueur de la course effectuée par le châssis depuis son point de départ jusqu'au moment où s'effectue le contact du ressort g avec l'hélice, on pourra juger du vent régnant, du moins si l'origine de l'hélice, au point de départ du châssis, correspond à un vent déterminé, au vent du nord par exemple.

Les contacts électriques en rapport avec le moulinet de Robinson s'effectuent d'une manière analogue. Le cylindre A qui est relié à ce moulinet par un engrenage à vis tangente, est également muni d'une lèvre saillante, et cette lèvre dessinant une fraction de tour d'hélice sur sa longueur, ses différents points, par rapport aux génératrices du cylindre, pourront représenter différentes fractions d'un tour du cylindre. De plus, comme le mouvement de celui-ci par rapport à la vitesse du moulinet est ralenti par le fait de l'engrènement avec une vis tangente, et cela dans un rapport déterminé, chacune de ces fractions de tour du cylindre peut représenter un certain nombre de tours du moulinet ; or, ce nombre sera plus ou moins grand suivant que la partie de la lèvre qui se présentera devant le ressort a, sera plus ou moins éloignée de son origine. Toutefois, comme il importe à chaque observation que le cylindre A soit ramené à son point de départ, il a dû être monté à frottement doux sur son axe de rotation, et c'est un appendice métallique porté par le châssis mobile, qui est chargé de ce soin lorsqu'il revient à son point de départ.

La même disposition a encore été adaptée à l'udomètre. Dans ce système, la hauteur d'eau est indiquée par un flotteur, et c'est la tige de ce flotteur qui, en faisant tourner le cylindre U, expose à l'action du ressort u la lèvre saillante dont il est muni et qui constitue une fraction de tour d'hélice. Suivant donc que le contact du ressort u avec cette lèvre s'effectuera en l'un ou l'autre des points de cette dernière, on aura une trace qui pourra déterminer la hauteur du flotteur dans le pluviomètre, et par conséquent, la hauteur d'eau tombée. C'est ainsi que s'effectuent les réactions provoquées par le châssis mobile dans la partie gauche de l'appareil; mais il ne faut pas perdre de vue qu'elles ne s'effectuent pas toutes dans le même sens. Une seulement se produit quand le châssis est entraîné de gauche à droite : c'est celle qui est déterminée par le ressort u à sa rencontre avec le cylindre U de l'udomètre, et nous avons vu qu'à cet effet le ressort u se trouve abaissé par le fait même du mouvement du châssis dans ce sens. Les deux autres réactions ne se produisent qu'au retour du châssis vers la gauche, et alors que les ressorts g et a se trouvant à leur tour abaissés, peuvent rencontrer les cylindres G et A. Après la réaction sur le cylindre U, le châssis continuant sa course rencontre bientôt la roue S, et c'est alors, comme nous l'avons dit, que commencent les réactions qui doivent fournir les indications des deux thermomètres et aussi celles du baromètre; mais ces dernières ne se produisent qu'au commencement du mouvement rétrograde du châssis. C'est ici le moment d'examiner les différents effets déterminés par le chariot mobile : 1° pour faire arrêter les crémaillères des thermomètres au moment où le fil interrupteur du thermomètre humide rencontre le mercure de celui-ci; 2° pour provoquer l'engrènement de la roue V avec la crémaillère E', et déterminer par suite le mouvement en sens inverse du chariot; 3° pour couper les circuits avant que les aiguilles interruptrices sortent du mercure des instruments indicateurs; 4° pour le renvoi successif du courant de ces instruments à l'enregistreur. Mais pour qu'on puisse comprendre facilement tous ces effets, il est indispensable que nous fassions connaître comment sont disposées les communications électriques, et quelle est la marche des courants.

Comme on l'a vu deux piles P, P', fig. 5 et 6, doivent être employées pour la mise en action de ce système ; la plus importante P est celle qui doit agir sur l'enregistreur R, et son action étant commandée par les instruments indicateurs, elle doit être interposée dans les différents circuits qui leur correspondent. En conséquence, le pôle négatif de cette pile communique à

tous les instruments indicateurs, soit par leur axe de rotation, soit par un fil
soudé dans leur tube et immergé dans le mercure. Le pôle positif de cette
même pile aboutit directement à l'électro-aimant enregistreur D′, et le
circuit ne se complète avec les instruments indicateurs, qu'après avoir passé
par plusieurs rhéotomes et commutateurs représentés en p, en s, en N, en
m, en n, et en j. Si nous suivons sur la figure 6, la marche du courant dans
tous ces détours, nous voyons qu'après avoir quitté l'électro-aimant enregistreur D′, il se rend à un ressort s qui le transmet à la lame divisée p; celle-ci
à son tour le transmet à un frotteur r qui le dirige sur la lame m à laquelle
il est relié par un fil. Comme la lame m communique avec le frotteur l, et
que celui-ci touche le cadre qui porte les ressorts interrupteurs g, a, u, les
fermetures du courant peuvent se produire de cette manière successivement et suivant l'inclinaison du cadre Z Z sur les cylindres G, A et U, en
rapport avec la girouette, l'anémomètre et le pluviomètre. D'un autre côté,
la lame k pouvant appuyer sur la lame n quand le châssis est à un certain
point de son parcours, et le courant pouvant lui être transmis par un contact, quand le cadre Z Z est incliné de manière à rencontrer le cylindre U,
ce courant peut aller au moment de la course du châssis vers la droite,
regagner la crémaillère du thermomètre sec, à laquelle la lame n est reliée ;
toutefois, cette liaison n'est pas directe ; elle est effectuée par l'intermédiaire d'un rhéotome constitué par un levier dépendant de l'armature de
l'électro-aimant N, et les fermetures du courant ne peuvent se produire que
quand ce levier est dans la situation du repos. Ce levier, en effet, que l'on
ne peut voir sur la figure 6 parce qu'il est vertical, est disposé en q, et oscille entre deux vis de contact dont l'une, celle de gauche, est toujours en
contact avec lui par l'intermédiaire d'un ressort qui le suit dans ses mouvements. Cette vis est, comme on le voit, en rapport avec la crémaillère du
thermomètre sec t. L'autre vis à droite communique directement avec u.
En temps ordinaire cet interrupteur établit la communication de n avec t,
puisque le ressort du levier interrupteur le pousse contre le contact de
droite ; mais quand l'électro-aimant N du rhéotome est animé, le circuit
est coupé. Or, cet effet se produit quand la sonde interruptrice du thermomètre humide $t′$ a rencontré sa colonne mercurielle. Mais en même temps,
que cette rupture du circuit se manifeste, un bras $q′$ porté par l'axe d'articulation du levier de l'armature de N, réagit sur les tiges portant les sondes
des thermomètres et les arrête ; de telle sorte que l'enregistration des indications du thermomètre humide peut se faire librement par l'interruption
de la trace du thermomètre sec. Le courant qui détermine cette dernière
réaction est naturellement produit par la seconde pile P′ que nous allons

maintenant voir agir dans plusieurs circonstances, et notamment pour provoquer le mouvement de retour du châssis mobile. Nous devrons, toutefois,
avant d'étudier les autres fonctions de cette seconde pile, faire observer
d'abord que la position de la lame n par rapport au ressort k est calculée
de manière que la réaction effectuée sur le rhéotome N, ne puisse se produire qu'après le contact du ressort u avec le cylindre U; en second lieu
que la liaison du circuit avec la crémaillère du baromètre est effectuée par
l'intermédiaire d'une seconde lame j semblable à n, fixée sur le côté opposé du châssis mobile, et sur laquelle appuie en temps utile, c'est-à-dire
au commencement du mouvement de retour de ce châssis, le ressort de
contact i; celui-ci, comme on l'a vu, est alors mis en communication avec
m par suite de l'abaissement du cadre Z Z sur le côté correspondant à G
et à A. Naturellement cette lame n'a pu être représentée sur la figure.

Le courant de la seconde pile P' a pour fonction : 1° de déclancher toutes
les 10 minutes sous l'influence de l'horloge H, le moteur des appareils, et
de le renclancher après chaque voyage (aller et retour) du châssis; 2° de
réagir par l'intermédiaire du commutateur C sur l'électro-aimant MM, pour
changer le sens du mouvement du châssis; 3° d'animer l'électro-aimant N
pour arrêter les sondes des thermomètres, et déterminer, par la rupture du
courant de l'enregistreur, les indications du thermomètre humide. Pour
obtenir ces différents résultats, le courant de cette pile est susceptible
d'être dirigé par trois circuits : l'un correspond directement à l'électro-
aimant déclancheur D' et à l'interrupteur de l'horloge; le second est relié
au commutateur C et se trouve complété soit par l'électro-aimant MM quand
le levier C de ce commutateur est sur le contact e, soit par l'électro-aimant
N et le thermomètre humide, quand ce levier appuie sur le contact d. Or, il
résulte de cette disposition électrique, que quand le châssis mobile après
avoir atteint la fin de sa course et avoir abaissé d'une part, les crémaillères
des thermomètres, et relevé d'autre part, celle du baromètre, doit accomplir son mouvement rétrograde, un butoir qu'il porte sur le côté réagit sur
le levier C qui tourne à frottement gras sur son axe, et vient l'appuyer sur
le contact e; l'électro-aimant MM devient alors actif, et fait engrener la roue
V avec la crémaillère E'. Le mouvement rétrograde commence alors, et les
enregistrations du baromètre, de l'anémomètre et de la girouette, s'effectuent comme il a été dit plus haut. Quand le châssis est revenu à son point
de départ, un second butoir qu'il porte réagit de nouveau sur le levier C et
le reporte sur le contact d, qui, en rétablissant la communication du courant avec l'électro-aimant N et le thermomètre humide, permet au châssis,
lors de son prochain voyage, de mettre en action le rhéotome N comme

nous l'avons déjà expliqué. Mais pendant cette allée et venue du châssis mobile, l'interrupteur de l'horloge a cessé d'agir sur l'électro-aimant déclancheur, et le mouvement de l'appareil s'arrête, jusqu'à ce qu'une nouvelle fermeture de courant effectuée au bout de 10 minutes, ait provoqué une nouvelle pérégrination du châssis mobile.

On remarquera que la sonde interruptrice du baromètre restant abaissée dans le mercure jusqu'à ce que le châssis soit venu le relever au moment de son mouvement de droite, l'interruption du courant se fait au retour du châssis et sur la lame j en contact avec le ressort i, par conséquent en dehors du mercure. Il en est de même pour les interruptions faites dans les circuits correspondants aux thermomètres, qui s'effectuent sur le rhéotome N d'un côté, et sur le commutateur C d'un autre côté, ce qui permet par conséquent aux roues T et T', lors du mouvement rétrograde du châssis, de relever les sondes sans produire d'étincelles.

Il me reste à indiquer l'usage de la lame divisée p et du ressort frotteur r. Ce ressort, comme on le voit fig. 8. Pl. VIII, se termine par un bec pointu qui peut, en rencontrant les divisions de la lame remplies par une substance isolante, fournir des interruptions du courant enregistreur aux différents points de la course du châssis. Il en résulte, par conséquent, dans les traits tracés sur le cylindre enregistreur, une série de solutions de continuité qui peuvent servir de repère et montrer si la marche du moteur est parfaitement uniforme. Il est certain que si cette uniformité existe, toutes ces solutions de continuité doivent se correspondre d'une ligne à l'autre et former une série de lignes blanches parallèles à la génératrice. On peut aussi, par ce moyen, disposer les cylindres G, A, U ainsi que les roues S, B, T, T' dans les conditions convenables pour que les unités des diverses échelles soient représentées par des traits de même longueur. Une seule échelle suffit, en effet, avec la disposition qui a été donnée, pour la graduation de tous les diagrammes.

Météorographe de M. Van Baumhauer. — Cet appareil dont l'auteur a publié la description en 1874, n'est qu'une conception théorique dont le principe paraît avoir été emprunté au système de M. Van Rysselberghe et qui ne semble pas avoir encore été mise à exécution. Aussi ne nous y arrêterons-nous que quelques instants.

M. Van Baumhauer, secrétaire perpétuel de la Société des sciences de Harlem, croit que dans les météorographes on doit avant tout éviter que les organes appelés à fournir les indications soient employés à produire les contacts électriques destinés à les enregistrer; c'est pourquoi il trouve défectueuse la disposition donnée au météorographe de M. Van Rysselberghe, et n'approuve dans cet appareil que le système d'enregistration qui permet de fournir toutes gravées les indications. Nous ne sommes pas, nous devons l'avouer dès maintenant, aussi alarmés que M. Van Baumhauer sur les inconvénients qu'il signale; mais en revanche, nous croyons que les dispositifs qu'il indique ne laisseraient pas que d'être non-seulement très-difficiles dans leur exécution, mais encore très-incertains dans leurs fonctions.

En principe, le système en question est fondé sur la mise en action, par les instruments indicateurs, de plusieurs aiguilles indicatrices ayant un centre commun et mobiles, autour d'un cadran métallique divisé. Ces aiguilles seraient terminées par des pointes en matière isolante, et se recourberaient de manière à être à une distance très-faible du cadran, afin que le frottement ne puisse opposer un obstacle à leur marche. Les appareils indicateurs appelés à conduire ces aiguilles, seraient calculés de manière que chacune d'elles dans ses évolutions extrêmes ne put dépasser un quart du cadran. Une aiguille interruptrice ayant pour centre le centre même des autres aiguilles, parcourrait en une heure, sous l'influence d'une horloge, le cadran entier, et une petite lame d'or qu'elle porterait, pourrait en frottant d'une manière continue sur ce cadran, fermer un courant électrique qui ne serait interrompu qu'au moment de son passage sur le bout isolant des aiguilles indicatrices qu'elle rencontrerait successivement. Celles-ci, pour ne pas être dérangées par le frottement qui résulterait de cette rencontre, auraient leur extrémité abaissée, 2 minutes avant le passage de la lame d'or, par une espèce de petite presse à ressort qui précèderait l'aiguille interruptrice et qui serait mise en action par l'horloge motrice. Ce courant réagirait alors sur l'enregistreur, dont le cylindre marcherait synchroniquement avec l'aiguille interruptrice; de sorte que les indications fournies sur chacun des arcs de 90° correspondant aux quatre divisions du cadran transmetteur, appartiendraient à un instrument différent. On pourrait d'ailleurs employer comme style traceur, tel système qu'on voudrait, le système électro-chimique par exemple, avec la disposition de circuits du télégraphe Caselli. On aurait alors à chaque interruption du courant, une marque colorée qui, en raison d'un mouvement longitudinal communiqué au cylindre, serait différente à chaque tour de celui-ci si les instruments avaient varié, et ces marques dessineraient au bout d'un certain temps quatre courbes se rapportant aux quatre instruments indicateurs.

Les instruments indicateurs mis en usage par M. Van Baumhauer seraient le thermomètre métallique, le baromètre anéroïde, l'hygromètre de

Saussure et un système anémométrique disposé comme celui de mon
anémographe électro-mécanique décrit p. 313. Chacun des trois premiers
instruments serait relié avec l'aiguille indicatrice qui lui correspondrait par
un levier à arc denté qui engrènerait avec une roue montée sur son axe,
et par conséquent, les trois aiguilles indicatrices auraient des axes creux
emboîtés l'un dans l'autre comme les aiguilles d'une pendule. L'anémomètre serait placé dans d'autres conditions, la chaîne, appelée dans mon
système à fournir les indications de la direction des vents au moyen de
trois crayons placés aux trois tiers de sa longueur, serait placée devant le
rebord du cadran métallique, et les trois crayons seraient remplacés par de
petites aiguilles d'ébonite qui viendraient se placer alternativement en tel
ou tel point du limbe qui correspondrait à tel ou tel vent; or, ces aiguilles
joueraient par rapport à l'aiguille interruptrice le même rôle que les autres.
Comme la place réservée à ces indications serait plus grande qu'il ne conviendrait pour les seules indications du vent, M. Van Baumhauer établirait
à la suite les uns des autres trois dispositifs semblables à celui dont nous
venons de parler, et qui seraient disposés tangentiellement à l'axe du limbe.
L'un de ces dispositifs correspondrait à la direction du vent, le second à sa
vitesse qui serait donnée par un moulinet de Robinson, et le troisième à
l'udomètre. De cette manière, le nombre des tours du moulinet se trouverait
déterminé par les aiguilles du second système, qui avanceraient plus ou
moins sur la circonférence du limbe, suivant que le vent aurait été plus ou
moins fort, et les rouages du moulinet seraient calculés de manière que le
vent le plus fort ne pût faire avancer, en une heure, les aiguilles d'une
distance plus grande que l'intervalle qui les séparerait sur la chaîne. Il en
serait de même de l'udomètre qui, étant disposé comme celui de M. Salleron,
décrit p. 362, pourrait donner lieu à un mouvement circulaire et entraîner
le système à aiguilles dont il a été question, lequel pousserait les aiguilles
sur le limbe d'une distance d'autant plus grande que la quantité d'eau
tombée aurait été plus considérable.

Dans ce système, le transmetteur est la partie la plus délicate, et c'est
elle pourtant qui doit être la plus exposée aux intempéries, car elle est
inséparable des instruments mesureurs qui doivent être exposés à l'air. De
plus, le lieu où cette partie de l'appareil doit être installée est forcément
d'un accès peu facile en raison de l'anémomètre et de l'udomètre qui y sont
reliés. Nous croyons donc que quelque ingénieux qu'il puisse être, ce
système ne peut guère être pratique.

CHAPITRE III

ENREGISTREURS ÉLECTRIQUES DIVERS.

Cette classe d'enregistreurs se rapporte à des appareils bien différents les uns des autres dans leurs usages et leurs fonctions ; mais comme ils ont pour résultat de fournir des enregistrations, ils doivent nécessairement figurer dans la section des applications électriques que nous étudions en ce moment. Nous répartirons toutefois ces appareils en trois classes : la première comprendra tous les systèmes de mesureurs électriques à distance, y compris les maréographes, etc., la seconde se rapportera aux enregistreurs des effets physiologiques, physiques et chimiques ; la troisième aux enregistreurs artistiques, tels que les enregistreurs des improvisations musicales et autres du même genre.

I. — MESUREURS ÉLECTRIQUES A DISTANCE.

Il arrive souvent qu'on a à mesurer d'une manière continue et à distance des hauteurs variables ; soit par exemple celles des niveaux d'eau dans des réservoirs d'alimentation d'une grande ville, soit les hauteurs du gaz dans les gazomètres, etc. Ces mesures continues, outre les indications qu'elles peuvent donner sur l'état d'approvisionnement de ces réservoirs, permettent même d'en suivre le débit et d'en contrôler la dépense. Elles peuvent donc être d'une grande utilité, surtout si leur enregistration est faite dans le cabinet même du directeur des eaux ou des usines à gaz de manière à ce que la marche des appareils soit à portée de la vue. Or, comme, le plus souvent, les réservoirs dont nous parlons sont assez éloignés du cabinet des directeurs ou fonctionnaires qui sont chargés de leur surveillance, il était à désirer que l'électricité pût intervenir pour annuler les distances et pour télégraphier en quelque sorte ces mesures. C'est ce problème que j'ai le premier résolu en 1856, en l'appliquant aux réservoirs d'eau d'une ville. Depuis moi, plusieurs inventeurs ont imaginé d'autres dispositifs pour résoudre le même problème, mais ils n'ont fait que marcher plus ou moins sur mes brisées. Quoiqu'il en soit, le système que j'ai employé non-seulement a résolu le problème de la manière la plus simple, mais a servi de point de départ à une foule d'autres applications, et on en retrouve une réminiscence, comme nous l'avons déjà dit, p. 334 et p. 341, dans les anémographes de M. Hough et Hardy, etc.

Mesureur électrique de M. Th. du Moncel (1). — Ce système, pour être pratique, exigeait que les transmissions se fissent par un seul fil, car les distances ne sont plus dans ce cas de quelques mètres, comme dans les observatoires météorologiques, mais souvent de plusieurs kilomètres; j'ai donc dû pour résoudre ce problème employer certains dispositifs rhéotomiques particuliers, qui constituaient alors une nouveauté.

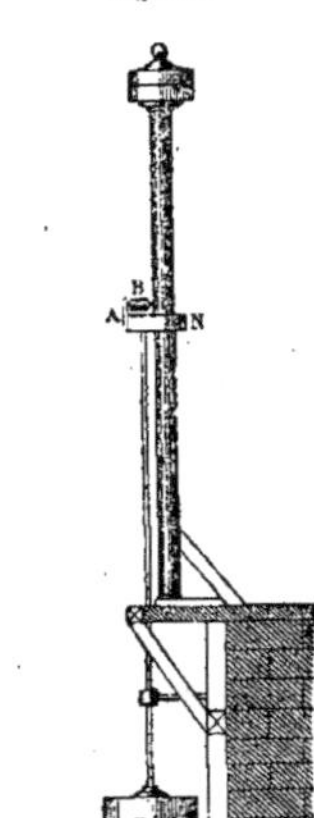

Fig. 85.

Comme tous les systèmes télégraphiques, mon mesureur électrique comporte deux genres d'appareils : un transmetteur et un récepteur. Ce dernier peut être traçant ou simplement à aiguilles ; mais ces appareils sont plus ou moins nombreux, suivant le nombre de réservoirs avec lesquels ils doivent être reliés électriquement.

Le transmetteur se compose d'une colonne de bois placée sur le bord du bassin ou du réservoir sur lequel on doit opérer. Cette colonne a une longueur suffisante pour correspondre grandement à la hauteur maximum que peut atteindre le niveau de l'eau. Sur cette colonne glisse à frottement doux un anneau de fer N (fig. 85), muni de galets, auquel est adapté un socle de bois A. Sur l'un des côtés de ce socle est fixé un frotteur à piston B, qui appuie sur une bande de cuivre appliquée sur la colonne et qui est coupée transversalement de deux en deux centimètres ou de cinq en cinq, suivant le degré d'approximation que l'on désire obtenir, de manière à constituer un interrupteur.

Toutes ces petites plaques sont en relation par des fils avec de petites tiges métalliques a, a, a, fig. 86, disposées circulairement sur une planchette d'acajou ou de caoutchouc durci placée au-dessus du chapiteau de la

---

(1) La description qui suit est celle que j'ai donnée dans le tome IV de ma seconde édition p. 440, qui a été publié en 1859. (Voir aussi celle que j'ai donnée de cet instrument dans le tome II, p. 481.

colonne, et l'extrémité de ces petites tiges affleure la surface de la planche.
Par cette disposition, les plaques échelonnées le long de la colonne se trouvent toutes représentées au sommet de cette colonne, et se trouvent groupées
dans un assez petit espace, pour qu'un frotteur A, animé d'un mouvement
de rotation quelconque, puisse être mis successivement en rapport avec
elles.

Ce mouvement de rotation peut être transmis directement par l'électricité
au moyen d'une roue à rochet, comme le représente la figure 86 ; mais j'ai
reconnu, par l'expérience, qu'il valait mieux avoir recours à un mouvement
d'horlogerie à quatre mobiles
et à régulateur à pendule,
comme les mécanismes des
télégraphes à mouvements
synchroniques de M. Theiler.
La détente de ce mouvement
est portée par l'armature d'un
électro-aimant et bute contre
un levier fixé sur le dernier
mobile ; mais comme ce dernier mobile tournerait trop
vite et n'aurait pas une force
suffisante pour entraîner le
frotteur à piston dont nous
avons parlé, l'armature de
l'électro-aimant, armée de la
détente, porte un petit levier
qui s'engage dans une coche
pratiquée sur la roue du

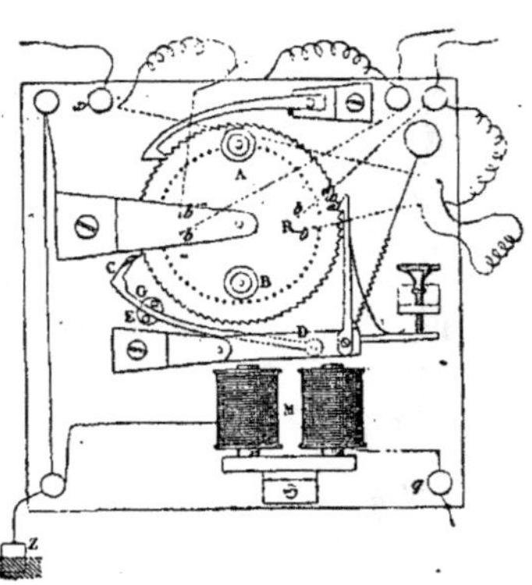

Fig. 86.

deuxième mobile, à laquelle est adapté le frotteur. Cette disposition est du
reste mécaniquement la même que celle de la détente des sonneries de
pendules.

Le frotteur qui doit agir sur les plaques de la colonne est porté par une
tringle adaptée à un large flotteur qui donne la hauteur de l'eau, et se
trouve mis en relation avec l'appareil récepteur par un fil spécial. Un autre
fil communiquant à l'électro-aimant dont nous avons parlé précédemment
complète avec la terre la relation électrique.

Le récepteur qui se trouve dans le cabinet du directeur ou du contrôleur
des eaux consiste :

1° Dans un mouvement d'horlogerie marchant synchroniquement avec celui du transmetteur, et dont le second mobile met en marche une crémaillère avec laquelle il engrène ;

2° Dans un système électro-magnétique de déclanchement qui permet, à un instant donné, le désengrènement de la crémaillère ;

3° D'un système d'interrupteur électro-chronométrique qui a pour objet de fermer le courant à travers l'électro-aimant du transmetteur à des périodes de temps réglées d'avance, et qui peuvent varier depuis cinq minutes jusqu'à une heure ;

4° D'un système enregistreur mis en mouvement par l'horloge chargée de réagir sur le transmetteur. Ce dernier système n'est autre chose qu'un petit chemin de fer sur lequel se meut un chariot mis en mouvement par l'horloge. Ce chariot porte une planche sur laquelle est fixée la feuille de papier destinée à recevoir les indications, et avance de vingt centimètres en douze heures. Voici maintenant comment fonctionnent ces appareils ; en supposant qu'on ne veuille avoir des indications que toutes les demi-heures.

Au moment où la demi-heure sonne, un courant électrique est fermé par la sonnerie à travers les électro-aimants commandant les deux mouvements synchroniques sur l'appareil transmetteur ou mesureur, et sur l'appareil récepteur. Le frotteur du premier passe successivement au-dessus des différentes tiges correspondantes aux plaques interruptrices de la colonne, et la crémaillère de l'appareil récepteur, qui porte le crayon traçant, suit cette marche en s'avançant sur le papier du chariot enregistreur.

Tant que le frotteur de l'appareil mesureur n'a pas rencontré la tige en rapport avec la plaque touchée par le frotteur du flotteur, cette marche synchronique se continue ; mais, au moment où cette rencontre a lieu, un courant se trouve fermé à travers l'électro-aimant de déclanchement du récepteur, et désengrène la crémaillère, qui se trouve alors entraînée par un contre-poids. Afin que ce désengrènement subsiste jusqu'à l'entière révolution du mesureur, un rhéotome conjoncteur est placé devant l'armature de l'électro-aimant de déclanchement, et ce rhéotome est relié avec un second rhéotome disjoncteur placé sur l'axe de la roue du mesureur, lequel coupe le courant, une fois que cette roue a accompli un tour entier sur elle-même. Comme la crémaillère s'est avancée sur le papier dans le même rapport que le frotteur du mesureur, la longueur du trait laissé sur le papier indique le nombre de plaques qui ont passé sous ce frotteur avant le déclanchement de la crémaillère, c'est-à-dire la hauteur du niveau de l'eau dans le réservoir. Une demi-heure après, une nouvelle indication est fournie, et ainsi de suite.

Si on voulait avoir des indications plus fréquentes et se rapportant à

plusieurs mesureurs, on prendrait l'interrupteur chronométrique sur la
minuterie de l'horloge; mais alors il faudrait que les électro-aimants des
mesureurs fussent munis d'un rhéotome commutateur. De cette manière,
les mesures des niveaux, dans les différents réservoirs, s'alterneraient sur
le chariot enregistreur.

La figure 87 ci-dessous qui représente le récepteur de mon premier
système pour deux réservoirs, permet de comprendre le jeu de l'appareil

Fig. 87.

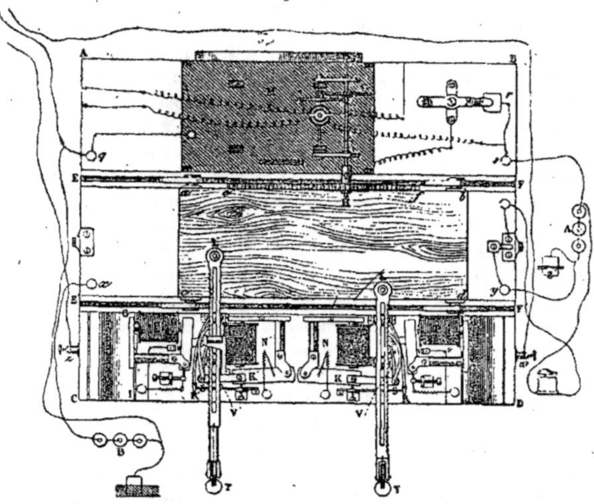

précédent, dont il ne diffère d'ailleurs qu'en ce que la crémaillère à dents
de rochet est remplacée par une crémaillère à dents rondes, et qu'en ce que
l'électro-aimant N, N', employé comme système moteur de la crémaillère,
est remplacé par un mécanisme d'horlogerie marchant synchroniquement
avec celui du transmetteur.

Quand le récepteur ne doit être seulement qu'indicateur, il peut se passer
de crémaillère et de chariot enregistreur. Une aiguille mobile autour d'un
cadran, divisé par rapport aux plaques du mesureur, fournit les indications à la manière des télégraphes à cadran, et le rôle de l'électro-aimant
de déclanchement, dans ce cas, est simplement de faire rétrograder l'aiguille

en la dégageant du mécanisme d'horlogerie qui la commande. Ce système de récepteur, ne fournissant que des indications fugitives, peut être mis, à un instant ou à un autre, en rapport avec les différents mesureurs sans dépendre d'une horloge. Du reste, le jeu des appareils, dans ce cas, est exactement le même que celui que nous avons expliqué précédemment.

Le mesureur électrique est, comme je le disais, susceptible de nombreuses applications.

Pour la mesure des crues d'eau, il fournirait aux ingénieurs des ponts et chaussées chargés de ce soin beaucoup de renseignements utiles, sans qu'ils aient besoin pour cela de sortir de leur cabinet. D'ailleurs, ces appareils pouvant fonctionner à telle distance qu'on veut, on pourrait, en aval d'un canal sujet aux inondations, être prévenu, par leur intermédiaire, assez à l'avance, pour qu'on eût le temps d'ouvrir les écluses. Enfin, pour les sondages des côtes susceptibles d'ensablements variables, il pourrait fournir des indications qui montreraient leur marche progressive.

Nouveau système de mesureur électrique à distance. — Au moyen de l'appareil précédent, les mesures des différentes hauteurs d'eau sont traduites électriquemment sur le lieu même où se trouvent les réservoirs d'eau, et le résultat de ces mesures est ensuite transmis aux appareils traceurs. J'ai cherché, dans un nouveau système, à renverser les données du problème et à faire indiquer directement les mesures sur le récepteur lui-même. De cette manière, j'économise un fil à la ligne, et l'appareil transmetteur, réduit à un simple commutateur, exige dans son entretien un soin beaucoup moins minutieux. Voici en quoi consiste mon nouveau système :

D'abord le transmetteur consiste uniquement dans un simple poteau en bois sur lequel se trouvent fixées, non plus une bande métallique coupée de place en place par un trait de scie, mais bien deux bandes dentelées de cinq en cinq centimètres, ou même de deux en deux.

Sur chacune de ces bandes glisse un frotteur rigide à galet; mais, par la manière dont ces frotteurs sont reliés au socle de bois qui les met en mouvement, ils ne frottent sur les dents des bandes que quand ils se meuvent dans un sens déterminé, comme le style du télégraphe de M. Caselli. En conséquence, l'un de ces frotteurs n'agit sur la bande dentelée à laquelle il correspond que lors des mouvements ascensionnels du flotteur, tandis que l'autre ne produit son effet que pour les mouvements descendants. Pour obtenir cet effet, chacun des frotteurs est adapté à l'extrémité d'une petite bascule AB, CD (fig. 88), pivotant sur les côtés d'un socle de bois semi-circulaire qui leur est commun, et ces bascules,

reliées l'une à l'autre par une traverse HO, reçoivent leur mouvement
de l'anneau GN sur lequel réagit la tige du flotteur par l'intermédiaire
d'une bielle BG ; une tige IJ, munie de deux portées, J, J', et fixée en I sur
un cercle de fer unissant les deux extrémités du socle de bois, permet à la
tige L de pousser ou de ramener ce socle en conservant un certain jeu dans
ce double mouvement. Enfin, deux petits ressorts arqués T, T', introduits
entre la circonférence intérieure du socle et la
colonne, permettent à celui-ci de se maintenir
en tel point de la colonne où on le place.
Avec cette disposition, on comprend facilement que, quand le flotteur s'élève, le frotteur A appuie sur la bande dentelée qui lui
correspond, tandis que le frotteur C s'en
trouve écarté. Au contraire, quand le flotteur
s'abaisse, c'est le frotteur C qui appuie sur la
colonne, et le frotteur A qui s'en éloigne.

La pile est placée dans une maison voisine
de l'appareil, et se trouve tellement reliée avec
les leviers AB, CD, que ceux-ci forment commutateur à renversement de pôles. Pour cela,
ces leviers sont moitié cuivre et moitié ivoire.
L'un AB est en cuivre de B en c, l'autre CD
en cuivre de D en c', et en face de ces parties
de cuivre se trouvent fixés deux ressorts i, i'
en rapport, l'un i avec le pôle négatif de la
pile, l'autre i' avec le pôle positif. Les bandes
dentelées elles-mêmes communiquent à la
pile d'une manière inverse, c'est-à-dire R avec
le pôle positif, R' avec le pôle négatif. Enfin
les frotteurs sont en rapport par des fils extensibles avec le fil de ligne x.

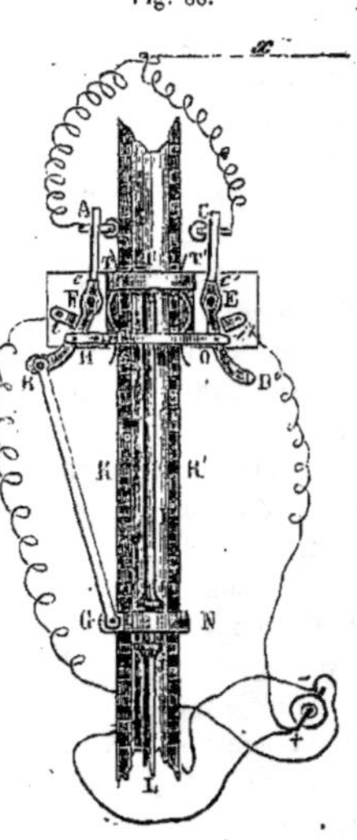

Fig. 88.

Quant au récepteur, il se compose d'un mécanisme semblable à celui du
télégraphe autographique de M. Lacoine, dont j'ai parlé, tome III, p. 364
et dont le style, au lieu d'être porté par une équerre mobile, est simplement fixé à l'extrémité de l'une des crémaillères qui gouvernent cette
équerre. Comme l'application qui nous occupe en ce moment n'exige qu'un
mouvement du crayon dans un seul sens, un seul des mécanismes représentés fig. 9, pl. II, tome III, est nécessaire ; seulement la tablette portant
le papier est disposée comme celle de mon premier appareil pour être mise
en mouvement par une horloge. Voici maintenant le jeu de ce système qui

fournit non plus une série de hachures parallèles placées les unes à côté des autres, mais une courbe dentelée continue.

Pour plus de clarté, nous supposerons le réservoir, dont il s'agit de mesurer la hauteur d'eau, à sec, et le crayon du récepteur à la ligne de repère. Au moment où l'eau arrivera dans le réservoir, le flotteur sera soulevé, et le style A appuyant sur la bande dentelée fermera le courant à travers le récepteur. A mesure que l'eau montera, plusieurs fermetures et ouvertures de courant seront produites, et feront échapper successivement celle des deux roues commandant le mouvement du style qui correspond au sens du courant envoyé. Le crayon avancera donc sur le papier du récepteur, et prendra une position qui, à l'égard de la ligne de repère, représentera la hauteur de l'eau dans le réservoir. Tant que le niveau de l'eau ne changera pas, le crayon en question restera à la même place, et, par suite du mouvement du papier, décrira une ligne parallèle à la ligne de repère. Mais aussitôt que le niveau de l'eau changera, un nouvel échappement ou une nouvelle série d'échappements de l'une ou l'autre des deux roues commandant le mouvement du crayon aura lieu, et, suivant le sens du courant envoyé, le crayon baissera ou s'élèvera de manière à décrire une courbe de ce genre :

Or, le sens du courant envoyé dépend précisément du mouvement d'ascension ou de descente du flotteur des réservoirs. En effet, quand ce flotteur s'élève, le frotteur A appuie sur la bande R; alors le courant va de + en R, de R en A, de A en x (fil de ligne), et de x dans le récepteur; de celui-ci en terre, puis il revient par le flotteur, la tige L, la bielle GB, le bras B, le ressort i' et le pôle négatif de la pile : il va donc du récepteur à la terre. Or, quand le flotteur s'abaisse, le frotteur C appuie à son tour sur le bande R', et le courant suit le circuit +, i', DE, HO, FB, BG, L, flotteur, terre, récepteur, fil de ligne x, C, R' et — : dans ce cas, il va donc de la terre au récepteur.

L'inconvénient de ce système est l'impossibilité dans laquelle on est de ramener sans complication au repère le récepteur et le transmetteur, à des moments déterminés.

Maréographe de M. Th. du Moncel. — Dès l'année 1856, j'avais songé à appliquer mon système de mesureur électrique à distance, non-seulement au maréographe ordinaire employé dans les ports pour fournir le tracé continu des hauteurs de marées, mais encore à un maréographe placé en pleine mer et disposé de manière à pouvoir mesurer les fluctuations du niveau de la mer résultant du mouvement des vagues. Cet appareil longuement décrit, tome II, p. 408, de notre seconde édition, était, je dois l'avouer, beaucoup trop compliqué pour être appliqué utilement ; mais on comprend aisément que le système de mesureur décrit précédemment et appliqué à l'enregistreur du premier système, pourrait résoudre très-bien le problème, car les mouvements ascensionnels du flotteur au moment du passage de la vague, pourraient réagir sur l'un des styles enregistreurs, et ses mouvements d'abaissement pendant les moments où il se trouve entre deux vagues, pourraient actionner le second style. Il est certain que l'installation d'un pareil système serait assez délicate, mais si on avait un grand intérêt à ce genre d'observations, on pourrait facilement organiser un système assez solide pour résister aux mouvements brusques produits par de fortes mers.

Quant au maréographe ordinaire, on n'a guère d'intérêt à le rendre électrique ; car installés comme ils le sont généralement dans les ports, ils répondent à tous les besoins, et les marques qu'ils fournissent sont parfaitement nettes. Ils sont généralement placés dans une petite cabane construite exprès sur le bord du bassin, et le flotteur qui met l'appareil en action, plonge dans l'eau au-dessous de la cabane. M. Collin Wagner construit ces appareils avec une grande habileté, et plusieurs modèles étaient exposés par lui, en 1875, à l'exposition fluviale des Champs-Elysées.

Mesureur électrique de M. Deschiens. — M. Deschiens a appliqué le principe des mesureurs électriques à distance, à l'indication des hauteurs d'eau dans les grands réservoirs de l'administration des lignes télégraphiques, destinés au service des transmissions par les tubes atmosphériques. Le dispositif qu'il a adopté peut, du reste, être appliqué dans une foule d'autres cas qu'il est facile de deviner.

Dans le système de M. Deschiens, le flotteur est placé à l'extrémité d'un long levier articulé, dont l'axe de rotation correspond à la partie centrale du réservoir. Comme ce réservoir est cylindrique, cet axe se trouve correspondre à celui du réservoir lui-même, et il est disposé à l'un de ses bouts de manière à traverser, comme le robinet d'une fontaine, la paroi de l'appareil. Extérieurement cet axe est muni d'un frotteur à ressort qui appuie sur un cercle en ébonite, dans lequel sont incrustées une série de petites plaques métalliques qui sont mises isolément en rapport électrique avec des indicateurs, et dont la largeur correspond aux hauteurs d'eau les plus importantes à constater. Comme le frotteur en question correspond en position au levier du flotteur, tous les mouvements de celui-ci sont reproduits par le frotteur, et suivant la hauteur de l'eau dans le réservoir, le courant est transmis par l'un ou l'autre des contacts aux indicateurs, qui montrent ainsi l'état d'approvisionnement du réservoir. Dans le système adopté à l'administration des lignes télégraphiques, ces contacts sont au nombre de cinq et correspondent, le premier au vide du réservoir, le second au quart de son remplissage, le troisième à moitié de ce remplissage, le quatrième aux trois quarts, le cinquième au remplissage entier. Les deux derniers déterminent, en outre des indications, le mouvement d'une sonnerie d'alarme qui prévient de l'état anormal de l'appareil. L'indicateur lui-même n'est autre chose qu'une boîte rectangulaire dans laquelle on a ouvert quatre guichets, et qui porte intérieurement quatre systèmes électro-magnétiques qui font mouvoir, à l'aide d'un dispositif semblable à ceux des cadres à numéros d'appartement, des plaques portant les indications de la hauteur d'eau : c'est-à-dire les signaux : vide, 1/4, 1/2, 3/4, plein. Naturellement il n'y a qu'un de ces signaux de visible à la fois, et c'est lui qui indique l'état d'approvisionnement du réservoir.

Il y a environ une quinzaine d'années, un mesureur électrique à distance plus complet que celui qui précède, avait été imaginé par MM. Jousselin et Gaussin; il a été installé au chemin de fer de Lyon et nous en parlerons plus tard. Il y avait aussi des appareils de ce genre à l'exposition de 1867, qui avaient été exposés par M. Gurlt, de Berlin.

Lochs électriques à enregistreurs. — Pour déterminer la vitesse des navires en mer, vitesse de laquelle on peut déduire approximativement l'espace parcouru, on jette ce que l'on appelle le loch à la mer. C'est une espèce de flotteur auquel est attachée une longue corde qu'on laisse défiler à mesure que le navire marche.; on note le temps que la corde met ainsi à se dérouler, et on obtient par cela même la vitesse du navire. Pour avoir une approximation suffisante dans l'estimation du chemin parcouru, il faut jeter souvent le loch à la mer, et encore cette manière d'opérer n'est pas d'une justesse irréprochable, puisqu'elle ne fournit que des repères plus ou moins éloignés les uns des autres. On a donc dû chercher à obtenir, par l'intermédiaire d'instruments particuliers, des indications continues, et pour cela encore, l'électricité a été d'un secours très-utile. Au moyen des lochs électriques, en effet, non-seulement les différentes phases de la vitesse du navire peuvent être appréciées à chaque instant du jour, mais les distances parcourues se trouvent inscrites d'une manière continue, soit sur un cadran compteur placé dans la cabine du capitaine, soit sur des enregistreurs qui, en conservant les traces de ces indications, peuvent montrer les vitesses différentes dont a été animé le navire aux divers points de son parcours. Il n'est donc plus besoin avec ces appareils de jeter le loch à la mer ni de faire aucuns calculs.

Le loch électrique a été imaginé en 1845 par M. Bain, et il suffit pour en comprendre le principe de jeter un coup d'œil sur la figure 89 qui en représente le dispositif théorique.

Qu'on imagine plongé dans une eau parfaitement calme un petit moulinet à deux ailettes engrenant avec un compteur : ce petit moulinet ne bougera pas tant qu'on le maintiendra immobile ; mais si on l'entraîne avec une vitesse plus ou moins grande, il se mettra à tourner, et le nombre de tours enregistré par le compteur, sera en rapport avec la vitesse qui lui aura été imprimée. Le même effet serait produit si l'appareil, au lieu d'être entraîné, fut demeuré immobile et que l'eau eut acquis un mouvement. Supposons donc que différentes expériences préalables faites, soit au moyen de cours d'eau dont la vitesse est connue, soit en faisant mouvoir l'appareil dans une eau très-calme avec des vitesses également connues, aient permis de dresser une table indiquant les différentes vitesses avec tel ou tel nombre de tours du moulinet accompli dans une minute, on pourra apprécier immédiatement par là les espaces parcourus, soit par le cours d'eau, soit par l'instrument. C'est, du reste, de la même manière qu'on a pu calculer les vitesses du vent par les nombres de tours accomplis par les anémomètres.

Cela posé, admettons qu'un instrument de ce genre A B C L, fig. 89, soit adapté à l'extrémité d'une longue tige de fer T, soutenue derrière le navire par un flotteur F, et que par l'intermédiaire de fils recouverts de gutta-percha *a*, *b*, un courant électrique soit établi à travers le compteur C ; chaque cinquantaine de tours accomplis par le moulinet pourra être accusée sur un appareil enregistreur placé sur le navire, comme avec les systèmes anémométriques que nous avons décrits précédemment, et par le rapprochement plus ou moins grand des traces ainsi laissées sur l'enregistreur, on pourra déterminer les différentes vitesses du navire. Il faudra, toutefois, que le moulinet soit toujours placé perpendiculairement au sillage du navire, et une plaque E disposée derrière le moulinet pourra accomplir cette fonction, comme la girouette de l'appareil transmetteur de mon anémographe électrique. La difficulté sera de bien isoler l'interrupteur, mais à l'aide du système d'interrupteur représenté, fig. 90, et renfermé dans une boîte à clôture hermétique, le problème pourra être résolu ; car le levier interrupteur L, au sortir de la boîte, peut être lié à une couverture en caoutchouc qui enveloppera cette boîte, ce qui lui permet d'accomplir un mouvement suffisant pour atteindre le ressort R, à chaque passage d'une cheville adaptée à la roue C du compteur. Le système enregistreur placé dans la cabine du capitaine pourra, d'ailleurs, consister dans un simple mécanisme de télégraphe Morse faisant défiler une bande de papier devant un style traceur, et dont l'action pourra être réglée par le mouvement d'un chronomètre. Ce défilement pourra être continu ou par périodes, et même se combiner avec les mouvements d'une aiguille indicatrice.

Tel que nous venons de l'exposer, ce système ne serait guère pratique, et serait sujet à de nombreux inconvénients. Aussi a-t-on cherché à le simplifier, et on y est parvenu sans peine en employant, au lieu d'un moulinet, une sorte d'hélice dont l'axe mobile dans une enveloppe de cuivre cylindro-conique peut réagir sur un interrupteur disposé à peu près dans les conditions de celui dont nous venons de parler. Avec cette disposition, l'enveloppe cylindro-conique sert elle-même de flotteur, et les dimensions du système peuvent être très-réduites. Il n'y a plus alors besoin de tiges de fer pour maintenir le moulinet à une distance suffisante de la surface liquide. Une corde d'attache et les deux fils recouverts de gutta-percha qui relient l'interrupteur à l'enregistreur, tels sont les accessoires de l'appareil qui devient ainsi de la plus grande simplicité. Plusieurs modèles de ces sortes d'instruments ont figuré aux diverses expositions. On en remarquait un dans de très-bonnes conditions à l'exposition de 1867, qui figurait parmi les appareils électriques des constructeurs français; il était de M. Anfonso. Le problème d'ailleurs ne présente aucune difficulté. On pourrait peut-être objecter qu'avec ce système, les mouvements déterminés par les vagues de la mer, en augmentant la vitesse de l'hélice au moment des ascensions de l'appareil et en la ralentissant au moment des descentes, pourraient altérer considérablement les indications fournies; mais ces effets accidentels se trouvent à peu près compensés l'un par l'autre. Ils ne peuvent d'ailleurs pas fournir des différences plus grandes que celles qui sont produites avec les lochs ordinaires.

Fig. 89.

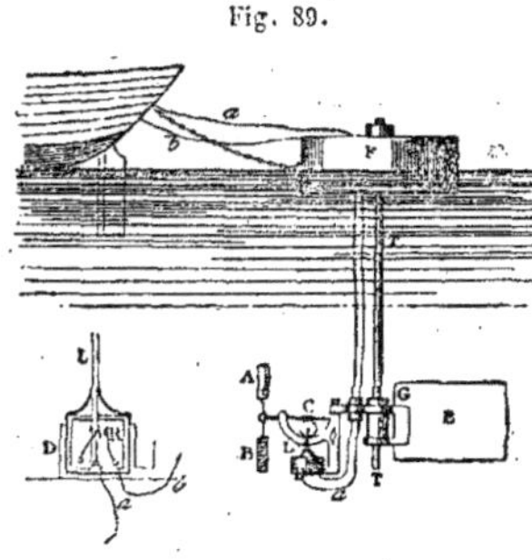

Fig. 90.

En 1859, un appareil de ce genre a été construit par M. Salleron pour le gouvernement Ottoman afin d'enregistrer la marche normale des courants dans le Bosphore. Cet appareil devait être immergé au fond du Bosphore à 80 ou 100 mètres de sa surface, et était relié à un enregistreur placé sur le rivage ; c'était, comme on le voit, le problème inverse à celui des lochs électriques qui s'est trouvé ainsi résolu ; mais la solution a pu être la même.

II. — ENREGISTREURS D'EFFETS PHYSIQUES MÉCANIQUES ET PHYSIOLOGIQUES.

Oscillographe de M. Bertin. — L'un des éléments les plus importants à connaître pour pouvoir établir d'une manière précise les conditions de stabilité des navires, est l'action de la houle et du roulis. Malheureusement, les observations faites jusqu'ici, sont loin d'être assez rigoureuses pour qu'on puisse introduire dans les calculs des constantes convenables. « Les données qui manquent, dit M. Bertin, se trouveraient toutes obtenues si l'on mesurait à la fois les roulis absolus et les roulis relatifs, leur différence donnant un angle qui serait la donnée la plus importante du problème. Rien ne serait plus précieux au point où en sont les connaissances, que des tableaux faisant connaître, pour chaque bâtiment, la valeur des paramètres dont le roulis dépend, et des tableaux indiquant les qualités nautiques qui résultent des diverses valeurs de ces paramètres d'après des observations précises faites à la mer. L'expérience de décroissance des roulis devrait donc accompagner désormais la mesure de la durée des oscillations en eau calme, usitée dans la marine depuis une dizaine d'années. Les mesures de la houle devraient être multipliées de manière à permettre de dresser une carte donnant, pour toutes les mers la durée probable des vagues. Quelques navires des principaux types à essayer devraient être enfin munis d'instruments enregistreurs donnant la mesure simultanée de la houle et du roulis. J'ai indiqué, en 1869, les moyens d'obtenir à la fois ces deux données, et quelques essais ont été faits en 1870 à cet égard, par M. A. Paris, mais les esprits étaient alors ailleurs, et les expériences n'ont pu être poursuivies. En 1872, M. Froude, conduit par ses propres calculs aux conclusions que j'avais obtenues, a construit un appareil actuellement en service, dans lequel les roulis relatifs sont mesurés à l'aide d'un pendule, et les roulis absolus à l'aide d'un viseur dirigé sans cesse vers l'horizon. »

Le système de M. Froude étant loin d'être parfait, M. Bertin chercha à le combiner dans de meilleures conditions, et dès l'année 1873 il a imaginé le système auquel il donna le nom *d'oscillographe* et qui, exécuté en 1875 avec un grand soin par M. Breguet, est aujourd'hui en essai au port de Cherbourg.

Cet appareil se compose d'un grand volant formant pendule, dont l'axe est porté par une suspension à galets et se trouve muni d'une tige recourbée à angle droit à l'extrémité de laquelle est fixé un style traceur. Un second pendule beaucoup plus court et moins pesant, oscille sur l'axe même du volant précédent et se termine par un style traceur dont la pointe est précisément placée en regard de celle du premier traceur. Enfin une longue et large bande de papier qui se trouve entraînée par un mouvement d'horlogerie bien régularisé et qui se trouve tendue entre deux tambours, passe précisément entre les deux styles traceurs; de sorte qu'elle se trouve marquée sur les deux côtés par ces deux styles, qui, naturellement, ne fournissent pas les mêmes courbes, le mouvement de l'un des pendules étant beaucoup plus lent que celui de l'autre. Or, les dimensions de ces pendules sont calculées de manière que le plus long qui fait son oscillation en 32″, fournisse les indications en rapport avec le roulis absolu et le second celles en rapport avec le roulis relatif.

Pour que ces indications pussent être parfaitement utiles et discutables, il fallait nécessairement qu'elles fussent reliées au temps, et c'est dans cette fonction que l'électricité est intervenue fort à propos. On a donc adapté au support de l'appareil et à portée des styles traceurs, un troisième style traceur électro-magnétique qui, toutes les secondes, détermine un trait sur la bande de papier, et cela sous l'influence d'un interrupteur adapté à un chronomètre de marine. Le dispositif de cet interrupteur combiné par M. Breguet est très-remarquable, et permet d'enregistrer soit la seconde simple, soit la double seconde, tout en donnant les moyens d'un nettoyage facile des contacts de l'interrupteur. MM. Gondolo et Cahier ont également combiné un interrupteur de ce genre qui fait fonctionner leurs compteurs électro-chronométriques; mais il ne fournit pas la double seconde.

Enregistreur des variations dans la verticalité du fil à plomb. — Il y a déjà quelques années, M. D'Abbadie avait reconnu, à la suite d'observations d'une grande précision, que le fil à plomb subissait, en dehors de la verticale, des petits mouvements qui n'étaient pas toujours dirigés dans un même sens, et qu'il importait d'observer d'une manière continue pour qu'on put en déduire les relations avec l'état physique du globe terrestre. Sur ses indications, plusieurs physiciens, en Italie, ont répété ces observations, et ils ont également constaté l'existence des déviations signalées; on a pensé alors à construire un enregistreur électrique capable de conserver les traces de ces déviations aux différentes heures du

jour, et c'est cet appareil, construit par M. Breguet sur les indications de
M. Bouquet de la Grye, que l'on a pu remarquer à l'exposition de géographie de 1875, placé dans l'un des coins de la salle réservée aux appareils
astronomiques ayant servi à l'étude du passage de Vénus sur le disque
du soleil.

Cet appareil était, du reste, d'une grande simplicité. La verticale était
fournie par un long fil de cuivre terminé par une boule pesante, et ce fil
soutenu par une suspension métallique à vis de rappel, fortement fixée
dans un mur, était placé au-dessus d'une bande de papier se déroulant
d'une manière régulière sous l'influence du mouvement d'une horloge,
absolument comme la bande de papier d'un télégraphe Morse. Une bobine
d'induction dont le fil induit se trouvait relié au fil de cuivre et à un plateau métallique sur lequel frottait la bande de papier, était reliée par son fil
inducteur à un interrupteur adapté à l'horloge, et toutes les 10 minutes, une
étincelle était échangée entre le bout du fil et le plateau, à travers le papier.
L'appareil était construit de manière que les réactions mécaniques exercées par l'étincelle sur la pointe excitatrice fussent à leur minimum, et le
courant induit traversait le système de manière à ce que l'étincelle put
suivre la voie la plus directe et la plus stable. Enfin grâce à la vis de rappel,
on pouvait régler la distance de la pointe du fil au papier, de manière à
être la moins grande possible. Naturellement, l'appareil devait être placé
dans un endroit où les variations de la température fussent insignifiantes,
afin que les variations de la longueur du fil ne pussent intervenir d'une
manière fâcheuse. Les caves de l'observatoire seraient dans d'excellentes
conditions pour obtenir ce résultat ; mais à défaut de ces caves, l'appareil
pourrait être disposé dans certaines excavations de carrières éloignées du
voisinage d'une ville.

D'après la disposition que nous avons indiquée, il est facile de comprendre que si le fil reste dans une immobilité complète, les traces fournies
sur la bande de papier devront dessiner une ligne droite aussi correcte que
peut le comporter le moyen d'enregistration employé; mais s'il se produit
un déplacement dans la verticalité de ce fil, les traces dessineront des
courbes dont on pourra déduire l'amplitude du déplacement, et qui seront
d'autant plus prononcées que le pendule sera plus long. C'est, du reste,
comme on le voit, un dispositif analogue à celui des sismographes. Cet
appareil étant de construction récente, nous ignorons s'il a fourni les
résultats que pouvaient en attendre ses auteurs.

Enregistreur électro-physiologique de M. Boeck. — Nous
empruntons au Traité de Physique de M. Pouillet la dercription suivante

de ces appareils qui sont remarquables autant par leur originalité que par
les résultats qu'ils ont fournis.

« Depuis quelques années, dit M. Pouillet, les physiologistes ont fait des
recherches d'un grand intérêt sur plusieurs phénomènes de la vie organi-
que dont on peut aujourd'hui commencer l'étude, grâce aux découvertes
récentes de l'électro-magnétisme. M. Helmholtz, de Berlin, est entré des
premiers dans cette nouvelle carrière, et dans les beaux mémoires qu'il a
publiés depuis 1850, on peut voir qu'il est devenu possible de résoudre, par
son exemple, des questions telles que celle-ci :

« Déterminer le temps qui s'écoule entre l'excitation d'un nerf et le
commencement de la contraction musculaire qui en est la suite;

« Mesurer la durée de la contraction elle-même, et tracer la courbe des
phases suivant lesquelles elle se développe et s'affaiblit;

« Apprécier le temps qu'une excitation donnée met à se propager
jusqu'au muscle, suivant les points plus ou moins éloignés du nerf où elle
a été produite;

« Trouver le temps qui s'écoule entre l'instant où un corps nous touche,
où la lumière frappe l'œil, où le son frappe l'oreille et l'instant où, par la
pression du doigt sur une touche, nous pouvons marquer à l'extérieur que
la sensation est perçue.

« Dans la plupart de ses recherches, M. Helmholtz a mesuré le temps,
qui se compte ici par millièmes de seconde, en appliquant le principe que
j'ai fait connaître en 1844 (*Comptes rendus de l'Académie des sciences*), et
qui est décrit p. 208.

« Les appareils de M. Helmholtz ne me sont connus que par les descriptions qui se trouvent dans les traductions de ses mémoires; mais M. Boeck,
professeur de physiologie à la faculté de médecine de Christiania, a imaginé
récemment un appareil qui a précisément pour objet des recherches analogues; il l'a présenté à l'Académie des sciences (*Comptes-rendus de l'Acad.*,
août 1851), sous le nom de *Kymographion* perfectionné; j'essaierai d'en
donner ici une esquisse, parce que j'ai eu l'avantage de voir avec mes
illustres confrères de l'Académie, MM. Rayer et Bernard, les expériences
très-intéressantes de M. Boeck. Un mouvement d'horlogerie très-précis fait
tourner autour d'un axe vertical un tambour de métal, parfaitement cylindrique, de 15 à 20 centimètres de hauteur sur 12 centimètres de diamètre.
Une petite portion seulement de ce tambour est représentée en *a* (fig. 91);
la vitesse de rotation est toujours uniforme, mais elle peut être à volonté
grande ou petite, suivant la nature des expériences; il est destiné à recevoir
la trace des phénomènes que l'on étudie; pour cela il est revêtu d'une feuille

de papier mince, ferme, bien glacé, dont la surface a été couverte d'une couche de noir de fumée au-dessus d'une lampe où brûle un mélange de parties égales d'alcool et d'essence de térébenthine. Les plumes qui écrivent, ou plutôt les burins qui gravent sur le papier enfumé, sont des pointes fines de verre, *b* et *c*, rigides et cependant élastiques par la forme qu'on leur donne ; en général il y en a deux, chargées de marquer des choses ou des époques différentes.

« La fig. 91 représente seulement les expériences que l'on peut faire sur le muscle *d* d'une grenouille, soit en faisant passer le courant d'induction par le muscle lui-même (disposition *e*), soit en faisant passer par les longueurs *f'* ou *f''* du nerf (dispositions *e'* ou *e''*). Voici à cet effet l'arrangement des courants : on emploie deux batteries distinctes, *f* et *g* ; le circuit de la batterie *g* vient passer dans une bobine *h*, qui ne contient pas de fer doux ; c'est là que le courant devient courant inducteur, parce qu'il agit, à chaque fermeture et à chaque rupture, sur la bobine *l*, qui enveloppe la première ; la fermeture se fait en *i*, à l'instant où l'armature *j* de l'électro-aimant *k* se met en repos ; la rupture se fait au même point *i*, à l'instant où l'armature *j* se met en prise. Le circuit de la batterie *f* va former la bobine de l'électro-aimant *k* ; en même temps il aboutit aux deux petites capsules

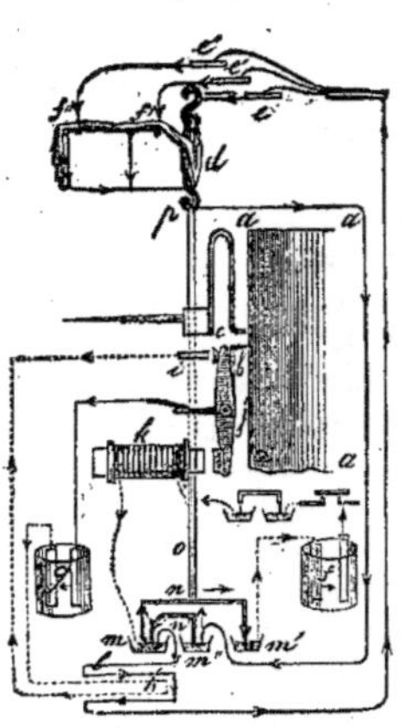

Fig. 91.

pleines de mercure *m*, *m'* ; par conséquent il y a fermeture ou rupture, suivant que le fil mobile *n* plonge ou ne plonge pas dans *m*, et *m'*. La troisième capsule *m''* est pareille à *m*, *m'* ; elle reçoit l'une des extrémités du fil de la bobine d'induction *l*, après qu'il a été porter le courant dans le muscle ou dans les nerfs. La capsule *m* reçoit l'autre extrémité du fil de la bobine ; ainsi le circuit induit est fermé ou rompu, suivant que le fil mobile *n* plonge ou ne plonge pas dans les capsules *m*, *m'*. Les deux fils mobiles *n*, *n'* n'en font qu'un, qui est replié comme l'indique la figure ; leur ensemble est attaché à la tige de verre mobile et verticale *op*, qui est suspendue à la partie inférieure du muscle *d* ; cette tige porte la plume *c*, et c'est par cet arrangement que celle-ci écrit sur le tambour toutes les varia-

tions que le muscle éprouve dans sa longueur. Quand une expérience est
terminée, on ôte le papier, on applique sur sa face blanche un vernis qui
fixe le noir de fumée, et, ce qui est un avantage considérable du kymographion de M. Boeck, on a aussi la gravure immédiate de l'impression des
lignes que trace la plume sous les impulsions du muscle.

« Il nous reste à dire comment s'établit la circulation des courants. L'expérience étant préparée pour l'une des trois dispositions que représente la
figure, on ferme le circuit de la batterie g, on laisse ouvert le circuit de la
batterie f; seulement il y a, sous la main de l'observateur, une touche sur
laquelle il n'y a plus qu'à poser le doigt pour fermer le circuit. La tige op et les
poids qui la chargent (ils peuvent aller en somme jusqu'à 300 grammes)
ayant pris leur équilibre sous l'allongement naturel du muscle M, on élève,
par un mécanisme disposé à cet effet, la tablette qui porte les trois capsules
m, m', m'', de manière que les fils n, n' touchent la surface de mercure ;
pendant ce temps-là, le tambour a pris sa vitesse uniforme, la plume c est
mise en place, et décrirait une circonférence entière, ou même plusieurs
fois la même circonférence, si l'électricité ne venait pas produire ses effets.
Ces préparatifs achevés, on ferme le circuit de la batterie f; bientôt l'électro-
aimant k attire son armature j ; cet instant est marqué par la plume b ; au
même moment, il y a rupture du circuit de g, et simultanément dans la
bobine l production du courant induit qui vient agir sur le muscle ; la
contraction commence, la tige po est soulevée et avec elle la plume e, qui
marque ainsi cette première origine de la contraction en quittant sa circonférence pour marquer un peu plus haut le passage du point correspondant
du tambour. A une certaine période de cette rapide rétraction, les fils n, n',
sortent des capsules m, m', m'' et le circuit induit est rompu ; il en est de
même du circuit de f : l'armature j ne tarde pas à se mettre en repos ; à
cet instant, la plume b cesse de marquer, et le circuit de g se ferme de
nouveau ; le courant inverse qu'il produit dans la bobine l s'y éteint,
parce que les capsules m, m', ne communiquent plus.

« Rien ne marque ici la durée du courant induit qui a déterminé la
contraction du muscle d ; on sait par les expériences de M. Helmholtz
qu'un courant induit qui dure moins de $\frac{1}{600}$ de seconde produit des contractions qui durent jusqu'à $\frac{1}{3}$ de seconde ; il est donc possible que le courant
induit ait cessé d'exister avant le moment où la contraction a soulevé les
fils n, n', et rompu à la fois le circuit d'induction de celui de la batterie f.
Cependant les courbes de M. Boeck démontrent que la contraction passe

en quelque sorte instantanément à son maximum, car le trait marqué par la plume *c* paraît vertical ; alors la rupture du courant d'induction pourrait se faire ici avant qu'il eût produit son effet total. A partir du maximum, la contraction, ou plutôt la réaction du muscle, diminue avec une lenteur relative ; l'abaissement graduel et un peu ondulé de la plume *c* marque la période du retour à l'état primitif. Quand le rallongement est devenu tel que les fils *n*, *n'*, touchent le mercure des capsules, le circuit de *f* est de nouveau fermé, l'armature *j* attirée, le circuit de *g* rompu, et un deuxième courant d'induction développé. C'est ainsi que l'appareil, avec la disposition dont nous parlons, peut tracer toutes les phases des contractions successives produites par la même cause. Or, il arrive qu'après un petit nombre de secousses (8 ou 10), le muscle commence à se paralyser, l'intervalle des contractions augmente de plus en plus, et enfin elles cessent complétement, bien que le même courant continue à l'exciter, car nous nous sommes assuré qu'il n'y a aucune différence sensible de conductibilité.

« Cet exemple suffit pour faire comprendre tout ce qu'il y a d'ingénieux et de précis dans le kymographion de M. Boeck, et la grande variété des expériences délicates qu'il permet de faire sur les divers sujets que nous avons indiqués et sur d'autres analogues. »

Enregistreur des mouvements de flexion des ponts en tôle de M. Marqfoy. — Depuis quelques années, l'art de franchir les grandes portées à l'aide de ponts en tôle commence à s'introduire en France dans les travaux publics et particulièrement dans les chemins de fer. Mais, bien que les résultats qu'ils ont fournis jusqu'ici aient été avantageux, ces ponts sont de date trop récente pour qu'on puisse être fixé sur leur degré de solidité avec le temps et avec le service. Il se produit en effet dans les métaux, par suite de chocs et de vibrations souvent répétés, divers changements moléculaires qui, en augmentant leur état cristallin aux dépens de leur état filamenteux, les rend durs et cassants, et diminuent leur ténacité. Les ponts en tôle, qui sont très-souvent dans un état de vibration plus ou moins complet, soit par suite du passage des trains, soit par l'action même des vents, subissent évidemment les effets de ces vibrations et tendent à acquérir cet état cristallin dont nous venons de parler. Mais dans quel rapport cette tendance se manifeste-t-elle avec l'amplitude et la fréquence des vibrations, avec les intervalles de temps qui séparent les ébranlements ? Telles sont-les questions qui devraient être résolues pour qu'on puisse avoir quelques données certaines sur la solidité future de ces ponts, et auxquelles il est impossible de répondre aujourd'hui dans l'état actuel de nos connaissances. « Dans notre pensée, dit M. Marqfoy (1), de même qu'on essaie aujourd'hui les ponts en tôle dès leur achèvement pour constater leur solidité, de même il nous semble indispensable qu'après un certain nombre d'années de nouveaux essais soient opérés pour apprécier les altérations que les ponts ont pu subir sous l'influence des diverses causes que nous avons énoncées. La comparaison des résultats ainsi obtenus avec les résultats primitifs pourra seule éclairer les ingénieurs sur le degré de confiance qu'ils doivent attribuer dans l'avenir à ce genre de construction. A ce double point de vue, il nous a paru utile d'indiquer les moyens exacts que l'on pourrait employer pour résoudre le problème, et qui ponrraient à *fortiori* s'appliquer aux essais que l'on fait actuellement »

Ces essais, dont parle M. Marqfoy, sont de deux espèces, l'essai statique et l'essai dynamique. Le premier consiste à répartir uniformément sur toute l'étendue du pont une certaine charge qui doit être plus grande que la résistance calculée, et à enregistrer la flèche de l'arc de flexion du pont sous cette charge. Le second consiste à faire circuler à grande vitesse sur chaque voie séparément, puis sur deux voies simultanément, deux trains composés d'un certain nombre de véhicules chargés, et à enregistrer également les flèches des arcs décrits par le pont en différents points de sa longueur.

Comme ce sont les flexions produites dans ce dernier cas qui peuvent exercer une influence fâcheuse sur la solidité future de ce genre de ponts, les indications qui s'y rapportent pourraient avoir quelque valeur au point de vue de l'étude de cette solidité, si elles étaient faites de manière a fournir pour le calcul des éléments d'observation plus précis et plus nombreux. Or, c'est pour obtenir ce résultat que M. Marqfoy a combiné l'appareil que nous représentons fig. 92 et qui peut donner :

1° De demi-seconde en demi-seconde la courbe du pont dans l'espace pendant le passage du train ;

2° La position des trains correspondante à chacune de ces courbes;

3° La courbe décrite dans l'espace par un point quelconque du pont pendant le passage du train ;

4° La position des trains correspondant à chaque position de ce point.

Les courbes dans l'espace sont, bien entendu, représentées par leurs projections sur deux plans verticaux rectangulaires.

Il va sans dire que plusieurs appareils semblables à celui que nous allons

---

(1) *Annales télégraphiques*, livraison de juillet et août 1858.

décrire doivent être employés et être placés en différents points déterminés du pont, la courbe de celui-ci dans l'espace devant être définie par les positions connues d'un certain nombre de ces points.

L'enregistreur de M. Marqfoy se compose d'une partie fixe et d'une partie mobile. La première est fixée sur le pont de service en bois placé parallèlement au pont en tôle, lequel pont en bois est toujours conservé jusqu'à l'entier achèvement de celui en tôle. La seconde est montée sur une pièce en bois fixée sur l'une des poutres du pont de tôle, précisément en face de la partie fixe.

Le mécanisme placé sur le pont de service se compose essentiellement de deux enregistreurs électro-chimiques A, A' disposés perpendiculairement l'un par rapport à l'autre et qui sont rendus solidaires par l'intermédiaire de deux roues d'angle r, r' d'égale diamètre et engrenant ensemble. Chacun de ces enregistreurs se compose de deux cylindres C et A, dont l'un C, sert de support à une bande de papier électro-chimique enroulée en provision sur lui, et dont l'autre, A, placé au-dessus de celui-ci, effectue le tirage de la feuille de papier qui passe

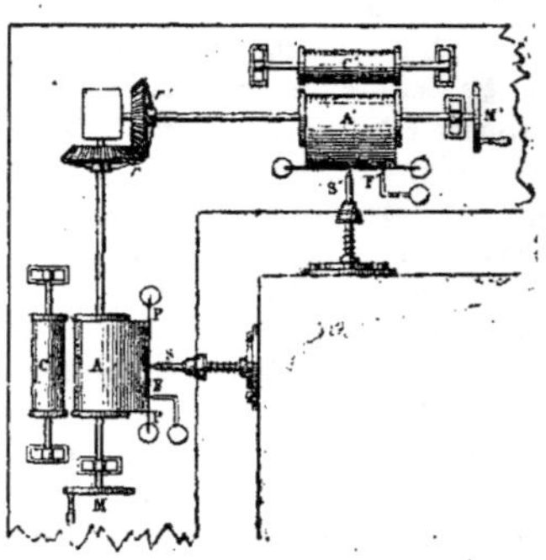

Fig. 92.

devant une large plaque de cuivre PP disposée verticalement en avant de A, et dont les extrémités supérieure et inférieure sont recourbées de manière à ne pas opposer de parties anguleuses au papier au moment du déroulement. Un style fixe F, dont la pointe est en F, et qui peut être placé à la hauteur que l'on veut au moyen d'une vis de pression, complète le système fixe.

Quant au système mobile, il consiste uniquement dans deux styles de fer S, S' solidement assujettis sur la pièce de bois adaptée au pont de fer et qui peuvent avancer ou reculer sous l'influence de ressorts à boudin, à peu près comme les frotteurs à piston que nous avons eu si souvent occasion de décrire.

Inutile de dire que le mouvement est communiqué aux enregistreurs par l'une ou l'autre des manivelles M, M'; que les plaques verticales PP des différents appareils employés sont mises en rapport avec le pôle négatif d'une pile, et que tous les styles sont mis en relation avec l'autre pôlé de cette pile, soit directement, soit indirectement, par l'intermédiaire d'un double interrupteur chronométrique: cet interrupteur est mis en fonction par un chronomètre battant la seconde et est commun à tous les appareils disposés sur la longueur du pont. Un commutateur permet d'ailleurs d'interposer la pile dans le circuit à un moment donné.

Voici maintenant comment on fait usage de ce système d'appareils :

A chaque enregistreur est posté un agent qui reçoit l'ordre de tourner les cylindres à un signal convenu, et un agent spécial est chargé du commutateur et du chronomètre.

Lorsque tout est prêt et que le train d'essai (parti d'une distance assez grande pour que sa vitesse sur le pont puisse être considérée comme uniforme) est arrivé à une petite distance du pont déterminée à l'avance, on tire un coup de pistolet pour annoncer le début de l'essai. Les agents, avertis par ce signal, commencent aussitôt à faire tourner leurs cylindres, et celui qui est chargé du commutateur met la pile en action.

Dès que la première locomotive se présente à l'entrée du pont, l'observateur chargé du chronomètre pointe ce passage sur l'instrument, et un second pointage est effectué de la même manière sur un second chronomètre au moment où le dernier véhicule quitte le pont. Entre ces deux pointages, tous les styles ont à chaque battement du chronomètre marqué des traces sur le papier chimique.

Dès que le train a franchi le pont, un second coup de pistolet annonce la fin de l'essai; aussitôt le circuit est interrompu à l'aide du commutateur, et les agents préposés au service des enregistreurs cessent de les faire tourner.

Par cette expérience on obtient, de demi-seconde en demi-seconde, tracées sur le papier chimique, les positions de chaque point du pont par rapport à un point fixe servant de repère, et avec ces données le relevé des courbes cherchées s'effectue immédiatement. Les irrégularités dans la vitesse des différents enregistreurs, sont sans effet sur ces déterminations, puisque c'est la longueur de l'intervalle entre les traits fournis par le style fixe, qui sert d'unité de comparaison, et que, pour la détermination des courbes, tous ces intervalles, sur les différents appareils, doivent être rapportés à une même longueur.

« Il est certain maintenant, dit M. Marqfoy, que si le pont présente quelque défectuosité, s'il a des parties faibles, s'il a une tendance à l'écartement, plus grande d'un côté que de l'autre, si son élasticité et sa flexibilité ne sont pas régulières, si enfin le pont n'offre pas de chaque côté des deux rives la symétrie que la théorie lui avait assignée, ces effets doivent se manifester dans les courbes obtenues par les expériences précédentes, et leur inspection doit être l'enseignement le plus utile, le guide le plus sûr pour les ingénieurs chargés de l'entretien de ces ponts.

« Il est encore une connaissance qui doit résulter de l'étude de ces courbes, au point de vue de l'art de la construction des ponts, et qui nous semble présenter de l'intérêt.

« Un pont en tôle peut être considéré comme une pièce métallique encastrée aux piles et aux culées. Lorsque sous l'influence du passage d'un train, le pont vibre, il s'établit dans toute sa masse, pendant sa vibrations *des surfaces nodales* dont la forme dépend du mode d'encastrement. Les vibrations, nulles en tous les points *nœuds*, ont des amplitudes variables, suivant leur éloignement de ces nœuds. Si les surfaces nodales passent aux piles et aux culées, les vibrations du pont, quelque fortes qu'elles soient, y sont insensibles. Si elles s'en éloignent, les vibrations s'y communiquent dans toute leur énergie.

« On comprend dès lors qu'il importe, au point de vue de la conservation de ces ouvrages, de les placer précisément sur une partie de surface nodale. Il est donc utile d'étudier la disposition de ces surfaces, leur *lieu géométrique dans l'espace* pendant la circulation des trains, soit pour le modifier, s'il est temps encore, par un changement de répartition dans les diverses masses du pont, soit pour en tirer un enseignement pour les constructions de même nature à exécuter ultérieurement.

« Sur les courbes d'essai que nous avons donné le moyen d'obtenir, les surfaces nodales seront nettement accusées par un certain nombre de leurs points où les amplitudes des vibrations seront *minima*.

« Disons, en passant, que la remarque que nous faisons ici est générale et principalement applicable à l'installation des grandes machines dans les ateliers de construction. »

Nous n'avons parlé que de l'essai dynamique; mais les appareils que nous venons de décrire peuvent servir, dans des conditions analogues, à constater les effets de l'essai statique. Seulement, dans ce genre d'essai, le chronomètre n'est plus nécessaire. Il suffit de faire passer un courant électrique, par exemple d'heure en heure, pour obtenir les transformations successives du pont pendant la durée de l'expérience.

Galvanométrographe de M. Régnard. — M. Régnard a eu l'idée d'appliquer le principe de ses appareils enregistreurs, dont nous avons parlé p. 350, à l'enregistration des indications fournies par les boussoles des sinus, indications qui peuvent être très-utiles dans beaucoup de recherches, principalement pour reconnaître les influences qui agissent sur les courants des lignes télégraphiques, et pour étudier les différentes variations qui surviennent dans l'énergie des piles, avec le temps, suivant les circonstances atmosphériques, etc., etc.

Ce nouvel appareil ne diffère des boussoles de sinus ordinaires employées dans les postes télégraphiques qu'en ce que le cercle divisé de la boussole est remplacé par une roue motrice qui joue le même rôle que la roue W du barométrographe de M. Hough, que nous avons décrit p. 354, et qu'en ce que les deux butoirs destinés à limiter les oscillations de l'aiguille aimantée par l'intermédiaire d'une aiguille de platine soudée en croix sur celle-ci, sont remplacés par deux appendices isolés disposés de manière à former des contacts. Le courant d'une pile arrive à l'aiguille de platine précédente par le pivot sur lequel elle oscille avec l'aiguille aimantée, et les appendices isolés le transmettent à des électro-aimants, qui font embrayer des cliquets sur la roue motrice pour la faire tourner dans un sens ou dans l'autre, suivant la direction de l'aiguille, ainsi que nous l'avons vu p. 356. Il en résulte donc que cette roue motrice suit tous les mouvements de l'aiguille, et ne s'arrête qu'au moment où l'aiguille de platine se trouve entre les deux appendices isolés, c'est-à-dire quand la boussole se trouve amenée au repère. Or, comme l'arc décrit par cette roue motrice, qui remplace le cercle divisé, marque l'intensité du courant électrique, et que l'amplitude de cet arc est représentée par le déplacement de l'écrou mobile qui conduit le style, il en résulte que l'intensité électrique peut se trouver notée par la position du style, comme dans l'hygrométrographe du même auteur.

M. Régnard n'a pas osé étendre son système à l'enregistration des indications fournies par les galvanomètres proprement dits, à cause des réactions que pourraient exercer sur des appareils aussi sensibles les fermetures du courant auxiliaire nécessitées pour l'enregistration.

III. — Enregistreurs artistiques.

Enregistreur des improvisations musicales de M. Th. du Moncel. — On a construit, il y a quelques années, des pianos au moyen desquels un improvisateur pouvait enregistrer un morceau en même temps qu'il le jouait ; mais le mécanisme en était assez compliqué et susceptible de dérangement. En ayant recours à l'électro-magnétisme on peut résoudre le problème d'une manière beaucoup plus simple, et sans rien changer au mécanisme des pianos ordinaires ; car l'appareil enregistreur peut être tout à fait indépendant et placé en tel endroit qu'il convient. J'ai été le premier à résoudre le problème de cette manière, et mon système a été exécuté en 1856. Depuis, plusieurs inventeurs ont repris cette idée, et en donnant aux appareils de nouveaux noms, ils ont cru en faire des inventions nouvelles; mais tous ces systèmes ne sont en définitive que des complications plus ou moins grandes du mien.

Le principe de mon système consiste à faire réagir électriquement les touches d'un piano sur un petit clavier composé d'aiguilles d'acier mises à portée d'un mécanisme enregistreur électro-chimique, qui pourrait être électro-magnétique si on ne craignait pas de le compliquer et d'en augmenter le prix.

L'appareil que j'ai fait construire, en 1856, dans ce but, se compose de trois parties : 1° d'un mécanisme moteur dont la marche est régularisée; 2° d'un système électro-magnétique de détente et d'arrêt; 3° d'un appareil enregistreur. Les fig. 93 et 94, représentent l'élévation et le plan de cet appareil.

Le mécanisme moteur n'est autre chose qu'un mouvement de tourne-broche, dont la vis sans fin A B, fig. 93, porte un disque d'embrayage C C, et se termine par un système de quatre ailettes adapté à un tourniquet à encliquetage D, afin d'éviter l'arrêt brusque du mécanisme au moment du renclanchement de la détente. L'axe E F, fig. 94, du second mobile se prolonge en dehors des tringles de support pour correspondre, au moyen d'une boîte d'engrenage, avec l'axe du cylindre enregistreur X. De cette manière, ce cylindre participe au mouvement du mécanisme moteur.

Le système de détente et d'arrêt se compose de deux électro-aimants M M, M′ M′, disposés de manière à constituer avec leurs armatures un déclancheur et un *rhéotome* à enclanchement électro-magnétique. Sous l'in-

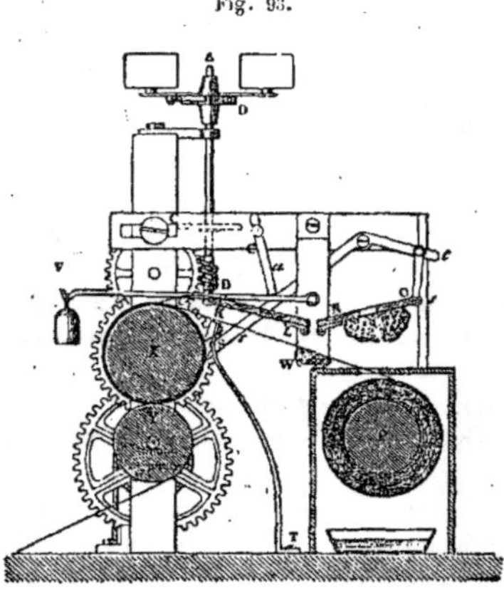

Fig. 93.

fluence du ressort antagoniste de l'armature de l'électro-aimant M M, la dent *a* du disque d'embrayage se trouve butée contre la dent *b* de l'armature, et le mécanisme est arrêté; mais, quand le courant est fermé à travers l'électro-aimant M M, le disque se trouve dégagé, et son armature vient s'embrider dans la boucle G de l'armature de l'électro-aimant M' M', qui la maintient écartée du disque D. Tant qu'un courant ne vient pas à passer à travers cet électro-aimant M' M', le mécanisme moteur reste donc dégagé; mais sitôt que le courant est fermé à travers cet électro-aimant, la première armature se trouve dégagée à son tour, et arrête le mécanisme d'horlogerie. Il ne s'agit donc, pour mettre l'appareil en marche et l'arrêter, que de toucher alternativement deux boutons interrupteurs analogues à ceux des sonneries électriques, et ces boutons se trouvent placés soit sur les côtés du piano, soit au-dessous de la tablette du clavier de ce piano.

Le mécanisme enregistreur se compose : 1° de deux cylindres X et Y formant laminoir; 2° d'un rateau K L armé des aiguilles de platine destinées à agir sur le papier chimique; 3° d'une planche N O portant une éponge imprégnée d'eau et de chlorure de calcium; 4° d'un rouleau P sur lequel le papier chimique est en provision. Ce rouleau est, comme dans les télégraphes électro chimiques, placé dans une boîte au fond de laquelle se trouve un vase rempli d'eau, afin de maintenir toujours humide l'air de la boîte. Le papier chimique passe à travers cette boîte par une étroite ouverture, et, après s'être enroulé sur le cylindre X, se trouve pris entre les deux cylindres, qui le font avancer sous les aiguilles du laminoir d'une manière uniforme. Le cylindre X est revêtu d'une chemise de cuivre étamée, et sur sa surface appuie une espèce de racloir S T destiné non-seulement à conduire le courant dans cette garniture de cuivre, mais encore à décoller le papier de dessus le cylindre, quand il s'y trouve maintenu par suite de la pression exercée par le cylindre Y sur le cylindre X, pression nécessaire pour le détirement régulier du papier, et que l'on obtient en adaptant, sous les tourillons de l'axe du cylindre Y, des lames de ressort.

Les aiguilles du rateau K L sont constituées par des fragments de ressorts de montre maintenus sur le plancher K L au moyen de vis à bois, et qui se terminent par une petite pince en cuivre dans laquelle est introduit un fil de platine. Les trous à travers lesquels passent ces fils sont disposés de manière à permettre de les bien aligner. Chaque ressort communique par un fil isolé à une tête de clou ou à un bouton d'attache fixé sur la tablette qui sert de support à l'appareil, et pour que ces fils ne communiquent pas entre eux, ils sont repliés au-dessus d'un tube de verre *x y* adapté à la partie supérieure d'un des montants de l'appareil. Un levier articulé V, chargé d'un contre-poids, fait appuyer convenablement le rateau sur le cylindre X de manière que tous les fils de platine touchent le papier chimique, et c'est pour cela que la planche K L est articulée en $g\,h$.

La nchplae à éponge N O est également articulée en $m\,n$, et se trouve supportée par un système de leviers $r\,t\,s$, qui est commandé par l'électroaimant M′ M′. Cette planche porte, fixée au-dessous d'elle, une longue éponge que l'on humecte d'eau par la rainure $o\,p$. En temps ordinaire,

Fig. 94.

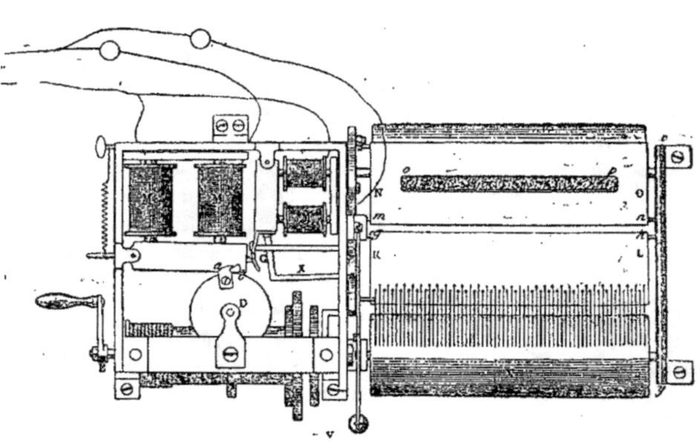

c ette planche est maintenue soulevée au-dessus de la feuille de papier par un contre-poids adapté à l'extrémité r du levier bascule $r\,t$; mais quand l'appareil est mis en action, une cheville fixée sur l'une des roues du mécanisme moteur, soulève ce levier $r\,t$, et vient l'accrocher sur un petit crochet flexible u, sur lequel réagit le levier X ; alors l'éponge appuie sur la bande de papier, qui se trouve ainsi fortement humectée avant l'impression chimique. Une deuxième éponge W, placée au-desous de la planche N O, est chargée de mouiller la surface inférieure de cette même bande de papier, quand celle-ci est déprimée par suite de l'abaissement de la première éponge.

Lorsque le mécanisme moteur est arrêté, un levier coudé X, porté par l'armature de l'électro-aimant M′ M′, appuie contre le crochet u et dégage le levier $r\,t$, qui entraîne alors la planche O N ; alors la feuille de papier n'est plus en contact avec les éponges.

T. IV

Ce système mécanique pour mouiller le papier avait été combiné avant l'invention du papier chimique hygrométrique, et il était alors indispensable. Mais avec ce dernier papier, il devient à peu près inutile, surtout si l'on renferme le rouleau au papier dans une boîte, comme nous l'avons expliqué plus haut.

L'appareil transmetteur, que nous représentons vu en coupe dans la fig. 95 ci-dessous, consiste dans une série de ressorts d'acier R recourbés en col de cygne et fixés sur la planche C D, de manière que chacun d'eux se trouve sous une touche EF du piano. Il y a donc autant de ressorts que de touches sur le piano, c'est-à-dire 82. Au-dessous de chaque ressort, se trouve une lame de cuivre communiquant, à l'aide d'un bouton, avec un fil particulier allant à l'une des aiguilles du récepteur; et tous ces fils réunis

Fig. 95.

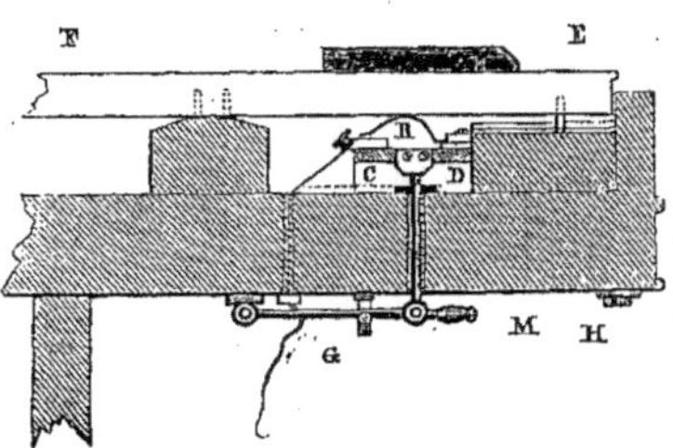

en câble passent à l'intérieur du piano pour en ressortir par la partie inférieure, et regagner de là l'enregistreur. Afin de ne pas encombrer inutilement le mouvement des touches, quand on n'a pas de morceau à enregistrer, la planche C D est soutenue sur une forte traverse de fer vissée à l'extrémité de deux leviers verticaux articulés sur des bascules M. Ces leviers se meuvent dans deux trous pratiqués à travers la table du piano, et les bascules M étant soulevées peuvent être maintenues dans cette position par des crochets à ressort G; alors la planche C D se trouve à la hauteur nécessaire pour recevoir la réaction des touches du piano; mais quand les ressorts G sont écartés, la planche C D s'abaisse, et le clavier devient complétement libre. Enfin au-dessous de la table du clavier sont placés deux boutons transmetteurs H, H' qui correspondent l'un à l'électro-aimant de détente, l'autre à l'électro-aimant d'arrêt M'M'. De cette manière, le musicien peut à son gré, et sans se déranger, enregistrer les morceaux qu'il improvise.

Le jeu de cet appareil se devine aisément. Au moment où l'on touche le bouton H, l'enregistreur est mis en mouvement, et dès lors chaque note que l'on touche a pour effet secondaire la fermeture d'un courant à travers l'un des ressorts d'acier de l'enregistreur. Plus on appuie de temps sur cette note, plus est long le trait laissé sur le papier chimique par le ressort correspondant; de même, plus l'intervalle de temps entre deux notes touchées est considérable, plus l'espace blanc qui sépare les traits correspondants à ces notes est large, et la hauteur de ces traits sur la feuille peut désigner la nature de la note. On a donc ainsi les éléments nécessaires pour connaître non-seulement l'ordre de succession des différentes notes qui composent le morceau, mais encore leur valeur, les poses qui existent entre elles et la mesure dans laquelle le morceau a été joué.

Pour traduire en langage musical ordinaire un morceau ainsi inscrit, il suffit d'appliquer sur la feuille de papier chimique, à partir d'une ligne de repère fournie par le dernier des 82 ressorts d'acier, une feuille de papier à calquer sur laquelle ont été tracées 82 lignes correspondant exactement aux ressorts traçants. Comme ces 82 lignes sont divisées en huit zones diversement coloriées et correspondantes aux différents octaves du piano, il devient facile de distinguer quelles sont les différentes notes enregistrées, et la longueur du trait représentant une blanche, rapportée à une échelle tracée d'avance et réglée d'après le métronome, permet d'apprécier le mouvement dans lequel le morceau a été joué.

Comme le courant électrique peut se bifurquer indéfiniment dans les réactions électro-chimiques, plusieurs notes touchées à la fois peuvent être aussi bien inscrites qu'une seule, et ce résultat, qui ne pourrait pas s'obtenir facilement avec des électro-aimants, rend ce système d'enregistrement électrique précieux dans cette application.

La description qui précède est exactement celle qui a été publiée dans la seconde édition de mon exposé, tome III, p. 117 et dans le journal la *Science* du 5 mars 1857. Or, quelques années plus tard, on faisait grand bruit d'un appareil du même genre qui ne différait du mien qu'en ce que les aiguilles de l'enregistreur, au lieu d'être toutes en platine, étaient constituées avec des métaux différents afin de permettre de distinguer facilement les octaves. Ainsi un octave avait des aiguilles en fer, un autre des aiguilles en cuivre, un autre des aiguilles en cobalt, et en les alternant on pouvait limiter facilement les zones de tous les octaves. J'avais bien pensé dès l'origine, à cette disposition, mais je l'avais évitée pour deux raisons; d'abord parce que le

papier de l'enregistreur pouvait être divisé en huit zones colorées préalablement à la presse lithographique, et que les traits inscrits dans l'une ou
l'autre de ces zones pouvaient aussi bien être distingués par rapport aux
octaves auxquels ils correspondaient, que si les traits eux-mêmes eussent
été colorés ; en second lieu parce que l'expérience m'avait appris que les
aiguilles de fer en s'usant inégalement mettaient bientôt l'appareil hors
d'état de fonctionner. J'avais dû alors avoir recours à des fils de platine, et
j'avais employé, à partir de ce moment, du papier préparé à l'iodure de
potassium, en ayant soin de le colorer, avant la préparation, avec des couleurs non susceptibles d'être décomposées par l'iodure. Ce moyen avait
parfaitement réussi. Mais malgré tous ces perfectionnements, les musiciens
ne se sont pas pressés de mettre le système en pratique, et mon appareil
aussi bien que celui de l'inventeur qui m'avait succédé, appareil qui avait
cependant été patroné par M. Lissajous sont restés sans application. Il est
vrai que les improvisateurs sont rares, et que le soin qu'il faut prendre de
ces appareils peut effrayer ceux qui ne sont pas familiarisés avec les effets
électriques ; néanmoins le problème est toujours à l'ordre du jour, et nous
voyons de temps en temps dans les journaux l'annonce d'une invention de
ce genre, que l'on dit toujours être *nouvelle et merveilleuse*. C'est ainsi que
l'on a proné en 1873, un enregistreur de ce genre qui figurait à l'exposition
universelle de Vienne, et auquel on avait donné le nom de *Mélographe*.
Voici la description qu'en faisait alors le *Télegraphic journal*. « Cet appareil est basé sur le principe du télégraphe autographique de M. Caselli.
Chaque note du piano correspondant étant abaissée, ferme un circuit qui
fournit une marque sur un papier chimique, entraîné d'un mouvement
uniforme par un mécanisme d'horlogerie. Ces marques sont ensuite traduites dans la notation ordinaire. Les pointes qui fournissent ces marques
sont tantôt en cuivre, tantôt en acier, tantôt en cobalt, et par les réactions
chimiques différentes auxquelles elles donnent lieu, elles fournissent des
marques de différentes couleurs, qui ne se répètent que de trois en trois
octaves. Un métronome marque la mesure et l'inscrit sur la feuille à côté
des notes afin de guider l'exécutant ou le traducteur. »

APPLICATION DE L'ÉLECTRICITÉ A LA SÉCURITÉ ET AUX SERVICES DES CHEMINS DE FER.

L'idée d'appliquer la télégraphie électrique à la sécurité des chemins de fer a été la conséquence naturelle de l'installation des premières lignes télégraphiques le long des voies ferrées. Ayant été témoins des merveilleux résultats produits par ces moyens de relation, et trouvant une installation toute faite, les administrateurs des lignes sur lesquelles on avait expérimenté devaient naturellement chercher à établir pour leur propre compte une ligne télégraphique traversant toutes leurs stations, afin qu'elles pussent correspondre entre elles. Dire quel fut le premier chemin de fer qui eût l'initiative de cette application serait chose presque impossible; toujours est-il qu'on ne se proposait alors, dans cette installation, que de contrôler et d'accélérer le service de la voie, et de signaler, d'une station à l'autre, le départ ou le passage des trains. Plus tard, on put mieux apprécier les avantages de ce système de communication, et en reconnaître toute l'importance, au point de vue de la sécurité de la marche des convois eux-mêmes. Avec ces moyens de correspondance, en effet, si les trains sont en retard, la cause en est connue. S'ils sont en détresse, ils peuvent avoir bientôt du secours; s'ils sont pressés et qu'ils ne puissent avancer suffisamment, ils demandent du renfort, qu'on leur envoie ou qu'on leur prépare; s'il y a quelque chose d'extraordinaire sur la ligne, ils en sont prévenus à leur passage devant chaque station; s'ils sont arrêtés pour une cause ou pour une autre, on n'a plus besoin d'envoyer une machine à la découverte : quelques signaux échangés entre les appareils télégraphiques des stations donnent tous les renseignements nécessaires. Les trains spéciaux ne peuvent être réellement spéciaux que sur un chemin de fer ayant une ligne télégraphique, car c'est par ce seul moyen qu'ils peuvent obtenir la voie libre devant eux. Un chemin de fer à simple voie ne peut exister avec des convois à grande vitesse, qu'autant qu'un télégraphe les préviendra qu'ils ne rencontreront pas, chemin faisant, d'autres convois venant à leur rencontre. Dans le cas où une machine se trouve mise en marche sans guide, ce qui est arrivé quelquefois, des avis peuvent être immédiatement transmis aux différentes stations, pour éviter un choc ou pour qu'on puisse envoyer une autre machine à la chasse de la machine vagabonde.

Aujourd'hui tous les chemins de fer ont leur ligne télégraphique; mais, malgré cet auxiliaire important tous les accidents n'ont pu être évités, et nous voyons souvent, par les journaux, qu'il arrive encore bien des catastrophes. On était donc en droit de demander à la science, qui avait déjà tant fait dès l'origine, quelque chose de plus, afin de compléter le système de sécurité des chemins de fer, et la science a répondu amplement à cet appel.

Il y a une vingtaine d'années, en effet, une foule de systèmes avaient été imaginés pour prévenir directement les accidents, soit par une liaison télégraphique continue établie entre les stations et les trains en mouvement, soit par des signaux automatiques déterminés sur les trains eux-mêmes quand ils se trouvaient trop rapprochés les uns des autres; mais les compagnies n'ont pas voulu entrer dans cet ordre d'idées, et elles ont préféré perfectionner les moyens de surveillance en les aidant dedispositions télé graphiques plus ou moins compliquées.

Les objections faites par les ingénieurs des compagnies aux systèmes électro-automatiques, pouvaient se résumer de la manière suivante :

1° Les moyens électriques ne sont pas assez sûrs pour qu'on puisse leur confier exclusivement la sécurité des chemins de fer.

2° Ces moyens employés concurremment avec la surveillance intelligente apportée dès l'origine à la sécurité des chemins de fer, rendraient les surveillants moins attentifs, endormiraient leur responsabilité, et l'on se trouverait dès lors exclusivement exposé aux caprices de l'électricité.

Cette dernière objection a dû être, en partie, considérée comme non avenue par ceux même qui l'avaient faite, car nous verrons bientôt que l'on s'est enfin décider à appliquer certains moyens automatiques qui ont été employés concurremment avec la surveillance intelligente dont il a été question; mais, pour satisfaire tout le monde, on a, dans ces derniers temps, établi le long de la voie des systèmes électro-sémaphoriques qui peuvent jusqu'à un certain point suppléer aux communications télégraphiques continues qu'on voulait établir entre les stations et les convois en mouvement, et dont le fonctionnement, moitié électrique, moitié mécanique, étant confié à des agents spéciaux, entraîne leur responsabilité comme les autres services des chemins de fer. Il est vrai que ces systèmes sont infiniment plus dispendieux que ceux qui avaient été proposés dès l'origine, puisqu'ils nécessitent un assez grand nombre de postes spéciaux et un personnel plus considérable; mais on les croit plus sûrs, et, d'ailleurs, il satisfont l'amour-propre de ceux qui ont critiqué et rejeté les premiers systèmes. Quoique, dans l'origine, nous nous soyons élevés un peu contre ces prétentions des ingénieurs des chemins de fer, nous sommes obligé de convenir que leur première objection avait une véritable valeur, et cette objection était d'autant plus sérieuse, que le mode de liaison électrique des wagons entre eux entraînait alors de grandes difficultés; mais toutes les inventions se perfectionnent, et aujourd'hui qu'on a pu voir fonctionner avec une parfaite régularité le sifflet automoteur de M. Lartigue et les sonneries des trains, on ne peut pas dire que la communication d'un train en mouvement avec une station soit impossible dans des conditions données. Or, telle était la |base de la plupart des systèmes qui ont été présentés vers 1855 pour la sécurité des chemins de fer, et dont nous parlerons plus tard.

Les différents systèmes électriques pour la sécurité des chemins de fer appartenant à des ordres d'idées très-différents, nous diviserons cette partie de notre ouvrage en deux chapitres. Le premier se rapportera aux systèmes actuellement en usage sur les chemins de fer, et que la pratique a sanctionnés, le second aux systèmes automatiques non appliqués et qui deviendront peut-être un jour une nouveauté dont on sera émerveillé.

CHAPITRE PREMIER

SYSTÈMES ÉLECTRIQUES APPLIQUÉS SUR LES LIGNES DE CHEMINS DE FER.

Les systèmes électriques appliqués aujourd'hui sur les lignes de chemins de fer peuvent se répartir en quatre catégories : 1° les systèmes télégraphiques pour l'échange des ordres et des dépêches ; 2° les appareils pour couvrir les stations ; 3° les appareils pour couvrir les trains ; 4° les appareils électriques pour le service de la voie et des convois. Nous allons passer successivement en revue ces différentes catégories d'appareils, en nous arrêtant particulièrement sur ceux qui sont les plus importants.

I. — APPAREILS TÉLÉGRAPHIQUES EMPLOYÉS.

Les administrations télégraphiques ont généralement à leur disposition trois sortes de lignes : les lignes directes reliant les grands centres entre eux, des lignes omnibus reliant les gares intermédiaires entre elles et avec les gares principales, enfin des fils spéciaux pour relier les gares principales entre elles. Il y a en plus les fils correspondant aux sémaphores, aux sonneries de disques, etc., etc. Les postes télégraphiques des chemins de fer peuvent avoir des attributions différentes et se divisent, en conséquence, en quatre classes : les postes permanents, les postes facultatifs, les postes permanents de jour seulement, et les postes de secours. Les premiers font le service à toute heure du jour et de la nuit et sont desservis par des employés spéciaux ; les seconds sont habituellement sur la communication directe et ne rentrent dans le circuit qu'autant que les besoins du service l'exigent. Ils peuvent appeler les autres postes mais ne peuvent être appelés par eux. Les postes permanents de jour sont comme les premiers, mais ils deviennent facultatifs pendant la nuit. Enfin les postes de secours sont établis dans un certain nombre de maisons ou guérites de gardes-ligne, et sont destinés principalement à transmettre les demandes de secours en cas d'accident ou d'arrêt des trains en dehors des stationnements réglementaires.

La manœuvre des appareils télégraphiques est confiée dans certaines gares importantes désignées par le ministre de l'intérieur à des employés de l'Etat, dans d'autres gares principales à des employés spéciaux de la compagnie, et dans les gares moins importantes à des agents employés en même temps à d'autres services. Dans les postes où il n'y a pas d'employés spéciaux, le chef de gare est chargé d'assurer sous sa responsabilité le service télégraphique ou de l'effectuer lui-même.

L'usage du télégraphe dans les chemins de fer doit se rapporter uniquement au service de la voie, et aux dépêches concernant la sécurité des trains, le mouvement du matériel et des marchandises et les réclamations des voyageurs; encore ces dernières sont-elles dans certains cas susceptibles d'une taxe.

Les appareils télégraphiques les plus employés sur les chemins de fer sont les appareils Morse et les appareils à cadran qui sont desservis le plus souvent par des piles de Daniell ou des éléments Leclanché. Comme accessoires, on met à contribution les sonneries des diverses formes que nous avons décrites dans notre tome III, p. 496, des commutateurs à manettes, des commutateurs Suisses, des commutateurs inverseurs, des relais de diverses espèces et surtout des relais de sonnerie à indicateurs multiples, des boussoles des sinus et des parafoudres.

L'une des sonneries des postes, que l'on appelle *sonnerie d'urgence*, ne doit fonctionner qu'en cas de demande de secours, et pour être mise en marche, elle exige une inversion du courant de ligne; mais comme le manipulateur de l'appareil télégraphique doit être employé pour la faire marcher, le récepteur télégraphique fonctionne en même temps, et on sait par là d'où vient l'appel. Ces sonneries d'urgence sont généralement des trembleuses à mouvement continu et à armature polarisée. Dans le modèle adopté au chemin de fer du nord et qui a été combiné par M. Lartigue, l'appareil déclancheur est séparé de la trembleuse. Celle-ci est fixée sur l'une des faces de la planche verticale qui sert de support, et l'électro-aimant déclancheur est placé de l'autre côté. Cet électro-aimant est dans le système de Hughes et, en conséquence, l'enclanchement est produit à l'état normal par une armature adaptée au levier interrupteur, lequel ne peut être mis sur contact et par conséquent envoyer le courant local à travers la trembleuse, que quand un courant négatif traverse le circuit, l'enclanchement se fait d'ailleurs avec le doigt au moyen d'une pédale, comme dans les sonneries à mouvement continu dont nous avons parlé dans notre tome III. Pour qu'on n'abuse pas de ce moyen d'appel, M. Lartigue lie le levier de l'inverseur du courant à une borne fixe au moyen d'un fil dont il faut justifier de la disparition quand il n'existe plus sur l'appareil.

Des appareils télégraphiques, dits *postes de secours* sont installés dans un certain nombre de maisons de gardes-ligne. Ils sont destinés à servir

Fig. 96.

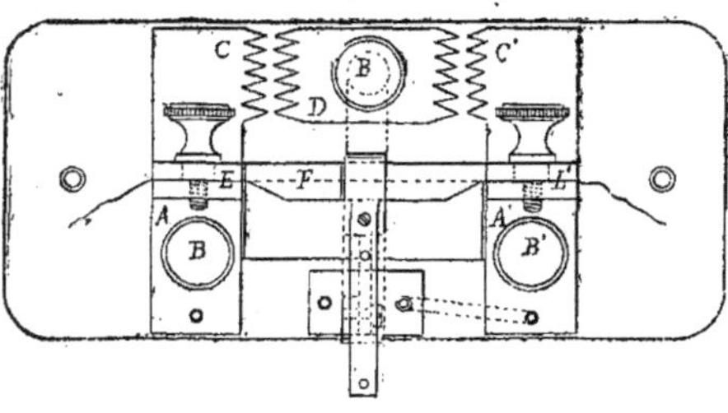

principalement pour les demandes de machines de réserve, et sont répartis de façon que, dans le cas où un train resterait en détresse, le conducteur n'aurait, en général, à faire au plus que deux kilomètres pour trouver un télégraphe. Ils peuvent aussi être employés pour les autres demandes urgentes. En cas de détresse, le conducteur du train après avoir pris les mesures de sécurité pour couvrir son train, n'a qu'à se rendre au poste télégraphique le plus voisin, et le sens dans lequel il doit marcher est indiqué par des flèches sur les poteaux télégraphiques.

Les appareils de secours se composent d'une boîte renfermant un manipulateur et un récepteur à cadran d'un modèle analogue à celui que nous avons décrit tome III, p. 37. Cet appareil est accompagné d'une boussole et de deux manettes devant lesquelles sont inscrits les noms des stations avec lesquelles elles correspondent.

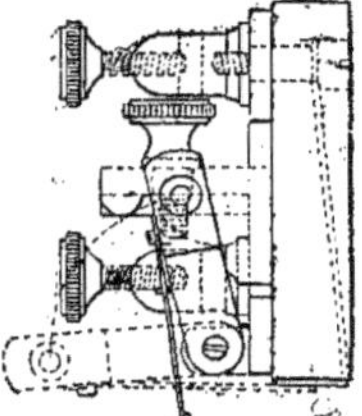

Fig. 97.

Les parafoudres employés sur les lignes de chemins de fer sont généralement d'une très-grande simplicité. Deux lames dentelées placées l'une devant l'autre et communiquant l'une à la terre, l'autre au fil de ligne en constituent la partie protectrice, et un fil de fer fin tendu entre deux mâchoires métalliques en rapport

avec la ligne et les appareils télégraphiques, en constituent la partie pré-
servatrice. Dans le modèle adopté au chemin de fer du nord et que nous
représentons fig. 96 et 97, ce fil de fer F soutient un petit compas articulé
qui est en rapport avec le fil de ligne et qui, en tombant sous l'effort de son
propre poids, vient s'appuyer sur le contact de terre, en établissant par là
automatiquement la communication directe entre la ligne et la terre. Ce
modèle est très-simple et très-efficace, à ce qu'il paraît, car on a peu
d'exemples d'appareils mis hors de service par la foudre sur les lignes du
Nord, et pourtant il arrive souvent que les pointes des parafoudres sont
fondues à leur extrémité.

En outre des appareils télégraphiques ordinaires dont nous avons parlé,
certaines lignes de chemins de fer, notamment celles de Belgique et du
Nord, emploient un appareil de rappel des postes combiné par M. Daussin
et qui fonctionne à ce qu'il paraît de la manière la plus satisfaisante. Si
nous avions eu à temps les renseignements nécessaires, nous aurions parlé
avec détails de cet intéressant appareil dans notre tome III, au sujet des
appareils pour le rappel des postes; mais n'ayant reçu ces renseignements
qu'après la publication de ce volume, nous sommes obligés de n'en faire
ici qu'une description rapide.

En principe cet appareil se rapproche beaucoup de plusieurs de ceux
que nous avons décrits dans notre tome III, mais les combinaisons en ont
été si bien étudiées et si bien réalisées pratiquement, que c'est le seul qui
ait pu jusqu'ici résoudre le problème à la satisfaction de tous les chefs de
service.

Le but des appareils de rappel est, comme on le sait, de permettre à un
poste quelconque interposé sur un fil omnibus, de pouvoir entrer en correspondance avec l'un ou l'autre des postes échelonnés sur la ligne, sans
nécessiter la coopération des postes intermédiaires.

A cet effet les différents postes de la ligne doivent être sur la communication directe, au moment de l'attente, et ce sont des appareils spéciaux qui
fonctionnent simultanément et d'une manière synchrone à toutes les
stations au moment de l'appel, qui, au moyen d'un dispositif particulier
variable suivant les systèmes, mettent en action une sonnerie à la station
appelée, sans pour cela que les sonneries des autres postes participent à
cet appel. Dans le système de M. Daussin, cet appareil spécial, comme ceux
des systèmes Lamothe, Callaud, etc., est muni d'un cadran portant autant
de divisions qu'il y a de stations échelonnées sur la ligne. Une aiguille indicatrice tourne autour de ce cadran sous l'action d'une double roue d'échappement dont l'axe porte, en outre de cette aiguille, un doigt de contact, et ce

doigt dont la position est différente pour les diverses stations, se trouve disposé de telle manière que quand l'aiguille indicatrice arrive à la division représentant la station où est installé l'appareil, il puisse rencontrer un ressort de contact en rapport avec la sonnerie d'appel et la faire tinter. Le mouvement de la roue d'échappement qui provoque cette action est commandé par une armature polarisée qui se meut verticalement entre les pôles d'un électro-aimant, et qui, oscillant sous l'influence de courants alternativement renversés, fait passer d'une roue à l'autre la palette d'échappement, comme dans le système Breguet. Les roues de ce système d'échappement sont isolées l'une de l'autre, et, de plus, la dent qui fournit l'arrêt à la croix, est isolée du reste de la roue à laquelle elle appartient, et se trouve munie d'un rebord ou butoir d'arrêt qui empiète dans l'intervalle séparant les deux roues. Un ressort frotteur en communication avec le circuit de l'électro-aimant transmet d'ailleurs le courant à la partie métallique de cette dernière roue, et l'autre roue communique de son côté avec le même circuit par le massif de l'appareil. Cette disposition a été adoptée pour le fonctionnement régulier de l'armature qui, sans cette précaution, pourrait rester inerte avec des courants dépassant une certaine intensité. Pour qu'on puisse comprendre les fonctions du rhéotome ainsi constitué, il faut savoir que, par suite du dispositif adopté par M. Daussin, l'armature doit occuper trois positions différentes, dont deux correspondent aux deux sens du courant, et la troisième à son annulation. La polarisation de cette armature ne se fait pas en effet dans ce système comme dans ceux de MM. Siemens, d'Arlincourt et autres : l'aimant fixe qui est en fer à cheval, est placé verticalement suivant la ligne équatoriale de l'électro-aimant, et tend par conséquent, indépendamment de la polarisation qu'il donne à l'armature, à la rappeler dans une position intermédiaire qui est celle en rapport avec l'inertie de l'électro-aimant. Ce n'est donc que quand un courant traverse celui-ci dans un sens ou dans l'autre que l'action de l'aimant persistant combinée à celle de l'électro-aimant, fait incliner cette armature dans le sens correspondant aux polarités électro-magnétiques développées. Dans la position intermédiaire, la palette d'échappement se trouve placée entre les deux roues et les laisserait parfaitement défiler, si la dent d'arrêt, par son rebord, n'y venait faire obstacle. L'on comprend déjà que, par cette disposition, il devient facile de ramener l'appareil au repère en cas de dérangement, puisqu'il suffit pour cela d'interrompre le courant.

Si les courants transmis avaient toujours une intensité capable de rendre l'électro-aimant d'une force égale ou inférieure à celle de l'aimant fixe, les effets que nous avons exposés précédemment seraient immanquables;

l'action serait plus ou moins prompte, voilà tout; mais avec des courants plus intenses il n'en serait pas de même, et il pourrait arriver que la magnétisation de l'électro-aimant qui aurait pour effet de repousser l'armature polarisée, agirait assez énergiquement sur celle-ci pour y développer une polarisation inverse qui annulerait celle développée par l'aimant fixe. Il en résulterait alors une attraction au lieu d'une répulsion, et c'est pour éviter cette réaction contraire, qu'on a dû adapter au système électro-magnétique le rhéotome dont il a été question précédemment. Pour en comprendre le jeu et les fonctions, nous devrons dire que le fil de chaque bobine de l'électro-aimant est relié isolément à l'un des deux fils du circuit, et que leur bout libre correspond à la palette d'échappement. D'un autre côté, les deux bouts des fils en rapport avec le circuit sont reliés directement, l'un avec la roue d'échappement isolée, l'autre avec la roue d'échappement non isolée; ce qui constitue deux dérivations à court circuit qui peuvent empêcher, suivant que la palette d'échappement bute l'une ou l'autre de ces deux roues, le courant de passer dans l'une ou l'autre des deux bobines, du moins dans les premiers instants. Or, il résulte de cette disposition, qu'au moment où l'armature pourrait être dépolarisée par l'excédant de force de l'électro-aimant, le pôle qui pourrait provoquer cette réaction se trouve à peu près annulé et l'autre renforcé; par conséquent la palette est franchement attirée, et cette action se trouve augmentée encore au moment de l'échappement, c'est-à-dire au moment où le contact de la palette avec la roue d'échappement n'existe plus, jusqu'à ce que la seconde roue se trouve butée à son tour après une oscillation entière de l'armature. En ce moment, il est vrai, le courant ne passe plus dans la bobine de l'électro-aimant sur le pôle de laquelle elle est attirée, mais l'effet est maintenu par la polarisation qui lui est communiquée et l'action de l'autre pôle. Quand une inversion de courant succède, le pôle inactif reste encore dans cet état au premier moment, ce qui empêche la dépolarisation de l'armature, mais le second pôle en bénéficie, et le renforcement de l'action s'effectue après que l'armature a accompli une partie de sa course, et par conséquent lorsqu'elle ne court plus risque de se dépolariser par l'action trop énergique du courant. Ce dispositif comme on le voit est très-ingénieux.

Quand l'armature a été écartée dans un sens ou dans l'autre par un courant de sens déterminé, il suffit d'un courant assez faible de sens inverse, pour l'amener de l'autre côté, parce qu'elle est sollicitée par trois forces conspirantes, celles des deux pôles de l'électro-aimant et celle de l'aimant polarisateur lui-même; mais quand l'armature est en équilibre en face des pôles de cet aimant, les conditions de fonctionnement ne sont plus les mêmes ; l'effet que produisent l'attraction et la répulsion de l'électro-aimant est diminué de l'effort que l'aimant exerce sur l'armature pour la maintenir au repos. Il en résulte qu'un courant n'ayant que juste assez de force pour faire osciller l'armature d'un pôle à l'autre, serait insuffisant pour produire l'échappement de la dent d'arrêt ; c'est pourquoi on est obligé d'employer des courants plutôt trop forts que trop faibles, et l'on conçoit, dès lors, l'importance du système qui a été adopté.

Le manipulateur destiné à mettre en action cet appareil, se compose d'une manette qui réagit sur un commutateur hemi-cylindrique à cinq frotteurs et à sept groupes de contacts quintuples ; elle se meut devant un arc métallique portant cinq échancrures, dont l'une, celle du milieu, correspond à la communication directe ; les deux suivantes, qui sont très-larges, limitent le champ dans lequel doivent se faire les inversions de courants qui font fonctionner les appareils, soit sur le fil de gauche, soit sur le fil de droite ; enfin les deux dernières mettent les appareils télégraphiques du poste en rapport avec la ligne pour l'échange de la correspondance :

Pour appeler une station, on retire la manivelle de l'entaille du milieu, et on l'amène à l'extrémité de l'une ou de l'autre des larges entailles, suivant le côté de la ligne où se trouve le poste appelé ; ce mouvement donne déjà lieu à une émission de courant qui reste sans effet pour le côté droit, parce que la palette d'échappement qui bute la roue d'échappement, étant dans la position verticale, ne fait que glisser sur le butoir d'arrêt pour s'incliner contre la dent correspondante à ce butoir ; mais si on ramène la manivelle de l'autre côté de l'entaille, le courant se trouve inversé par le commutateur, et la palette déclanche la roue motrice qui échappe d'une dent et fait avancer l'aiguille sur la première division après la croix. Cette division, toutefois, ne désigne aucun poste, car, comme en inclinant la manivelle à gauche pour appeler les postes de gauche, l'échappement peut se faire librement de ce côté, il a fallu, pour rendre le fonctionnement de l'appareil uniforme et symétrique, perdre d'un côté un mouvement de la palette. C'est pourquoi la division qui, sur le cadran, suit la croix à droite, est désignée par U. La manœuvre effective commence donc quand la manivelle est à l'extrémité la plus éloignée des entailles, et pour faire avancer les aiguilles à tous les postes, il suffit de promener la manivelle dans l'entaille, de gauche à droite et de droite à gauche. A chaque mouvement, toutes ces aiguilles avancent d'une division. Si le nombre de ces mouvements a été suffisant pour faire arriver l'aiguille du poste appelant sur le numéro du poste appelé, les aiguilles de tous les appareils sont arrêtées sur ce même numéro, mais il n'y a que la sonnerie du poste appelé qui fonctionne, car c'est la seule dont le doigt de contact, porté par l'axe de la roue d'échappement, est mis en contact permanent avec le ressort correspondant à la sonnerie d'appel.

Quand l'appel a été entendu, l'employé du poste appelé doit en donner avis au poste appelant, et pour cela il n'a qu'à presser un interrupteur qui, par le fait seul de la rupture du courant de ligne, rappelle à la croix tous les appareils du circuit. Nous avons vu précédemment comment cette action se produit. Une fois informé par cette remise au repère, de la présence de l'agent du poste appelé, l'appelant remet en marche tous les appareils du groupe, et amène les aiguilles sur son numéro à lui ; de sorte que l'agent du poste appelé sait avec quel poste il va avoir à correspondre. Les deux agents placent alors leur manette dans les entailles les plus éloignées, et les appareils télégraphiques des deux stations étant dès lors reliés entre eux, la correspondance peut être établie sans aucune difficulté.

Dans une brochure intéressante qu'il a publiée sur cet appareil, M. Daussin entre dans de nombreux détails sur la mise à la terre des appareils du côté opposé à l'appel, sur la transmission et la réception, sur l'attente du côté opposé à la transmission, sur le réglage définitif, sur les piles employées et leur montage, sur le montage des lignes où sont installés ces appareils, sur leur manipulation, leur entretien et les dérangements qu'ils peuvent présenter ; mais ces questions sont trop spéciales pour que nous puissions nous en occuper. Nous renvoyons le lecteur que cette question intéresse à la brochure de l'auteur, publiée en Belgique, en 1875 (1).

II. SYSTÈMES POUR COUVRIR LES GARES.

L'appareil essentiel pour couvrir les gares est ce disque à signaux que chacun a pu remarquer au haut d'un mât à l'approche des stations, et qui, étant manœuvré de ces stations mêmes, indiquent aux convois si la voie est libre ou fermée à la gare.

Jusqu'à présent ces disques sont manœuvrés mécaniquement au moyen d'un levier à excentrique qui agit sur deux fils de traction, et qui fait accomplir à ces disques un demi-tour sur eux-mêmes pour chaque mouvement de ce levier ; mais comme, par suite de la traction exercée sur eux, ces fils peuvent se rompre ou tout au moins s'allonger, et que d'ailleurs la manœuvre en est difficile surtout lorsque le chemin présente dans le voisinage des gares des courbures prononcées, on pouvait désirer que ces disques pussent être mis en action sous une influence électrique, et plusieurs systèmes

---

(1) A Paris, 54 rue des Saints-Pères, E. Lacroix. Prix : 1 fr. 50.

plus ou moins ingénieux ont été proposés dans ce but; toutefois le problème était plus difficile à résoudre qu'on ne le pensait, car pour faire fonctionner des pièces aussi lourdes, il fallait employer une force intermédiaire résultant d'un mouvement d'horlogerie et qui nécessitait, par conséquent, un remontage à des époques plus ou moins rapprochées. Or, dans ces conditions, la manœuvre des disques était entièrement livrée à la vigilance et à la mémoire d'employés qui pouvaient en manquer, et qui pouvaient par cela même causer des accidents d'autant plus dangereux qu'on aurait été en droit de compter sur les signaux envoyés. On a donc dû renoncer à ces moyens et se borner à perfectionner ceux déjà employés, et nous allons voir que l'électricité a pu encore, même dans ces conditions restreintes, être d'un secours des plus précieux.

Le point important pour que les disques signaux soient d'une parfaite efficacité, est d'abord que celui qui les manœuvre soit assuré qu'ils ont bien fonctionné ; en second lieu que le mécanicien qui conduit les trains soit forcément averti, même en cas de distraction ou de brouillard, du signal qui indique que la voie est fermée ; enfin que l'on soit prévenu à la station si la lanterne qui éclaire les disques pendant la nuit est bien allumée.

Le premier problème a été résolu facilement au moyen d'une sonnerie trembleuse fixée dans le voisinage du levier de manœuvre et dont le tintement se fait entendre tout le temps que le disque est tourné à l'arrêt. Dans certains systèmes, comme on le verra à l'instant, un appareil indicateur répète même à la station le mouvement du disque ; mais on préfère généralement l'emploi de la sonnerie simple qui, dans ces conditions, s'appelle *sonnerie de contrôle*.

Contrôleurs de la manœuvre des disques. — Les sonneries de contrôle sont actionnées par une pile spéciale, placée, soit dans le poste à côté de la pile des transmissions, soit dans un abri spécial. Le circuit est fermé ou interrompu par un commutateur mis en action par l'axe du disque lui-même qui, à cet effet, porte à sa partie inférieure un bras terminé par un contact de platine ou par une came agissant sur un levier commandant le jeu de l'interrupteur. Le pied en fer qui supporte le disque établit un contact suffisant à la terre pour qu'on puisse se passer d'un fil de retour ; mais le circuit n'est établi que quand le disque s'est déplacé d'un angle de 90°. La sonnerie trembleuse n'a d'ailleurs rien de particulier ; seulement sur certaines lignes de chemins de fer on a adapté dans le circuit un interrupteur spécial qui permet de couper le courant pour interrompre le tintement de la sonnerie quand celui-ci doit se prolonger longtemps. Cet interrupteur qui est à clanche est tellement disposé qu'il rétablit automatiquement la communication, aussitôt qu'on manœuvre le disque de nouveau. La disposition d'un pareil interrupteur n'a d'ailleurs rien de difficile.

Il arrive parfois dans certaines gares qu'on a à manœuvrer un disque de deux ou trois points éloignés les uns des autres. Dans ce cas, le levier de traction agit sur une entretoise qui commande le mouvement du disque, de manière qu'il suffit que l'un des leviers de traction soit soulevé pour que, par son action sur l'entretoise, le disque soit placé et maintenu perpendiculaire à la voie. Dans ces conditions, il importe moins de savoir, au moment où l'on abaisse le levier de traction, si le disque est à l'arrêt, ce qui pourrait résulter d'une manœuvre faite en un autre point, que de reconnaître si le levier en question a réagi sur l'entretoise. Alors les lames de contact du commutateur, au lieu d'être placées dans le soubassement du mât de signal, doivent être fixées sur

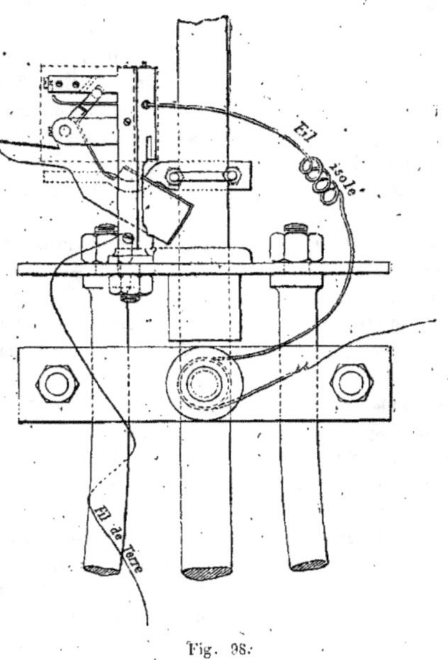

Fig. 98.

l'entretoise elle-même et sur le levier de traction, de manière que le tintement de la sonnerie puisse indiquer que ce levier est dans la position qui place et qui maintient le disque perpendiculaire à la voie. Il faut d'ailleurs dans ces cas, des dispositifs électriques particuliers pour chaque levier de manœuvre.

Pour assurer un bon fonctionnement au commutateur pendant les temps de glace et de givre qui entraînent souvent la formation d'enveloppes glacées sur les contacts, on a, au chemin de fer du Nord, renfermé le commutateur dans une sorte de boîte recouverte d'un petit toit, et le disque ne réagit sur lui que par l'intermédiaire d'un levier basculant; alors l'appareil est placé à la partie supérieure du mât. La figure 98 représente cet interrupteur dont le jeu est facile à comprendre, quand on sait que le contact se fait sur la petite traverse du haut, à gauche, et que la bascule appelée à le produire se trouve inclinée par le doigt fixé sur l'axe du disque, au moment du passage de celui-ci sous le-plan incliné de la partie inférieure de la bascule.

La solution que nous venons d'indiquer, malgré sa simplicité et les résultats satisfaisants qui en ont été la conséquence, n'a pas paru complète à tous les ingénieurs, et on a demandé plus encore ; on a voulu que non-seulement la position d'arrêt du disque fut signalée à la station, mais encore qu'une position intermédiaire de ce disque, résultant d'une manœuvre faite incomplétement, fut l'objet d'un avertissement particulier. M. Lartigue a résolu le problème au moyen d'un petit commutateur à mercure qu'il applique sur une bascule dépendante du mouvement du disque à signaux, et d'un rhéotome galvanométrique. Ce commutateur à mercure se compose d'une petite boîte en ébonite divisée en deux compartiments dans lesquels se trouve une certaine quantité de mercure; trois contacts sont disposés dans chacun de ces compartiments, deux au fond et un en haut, du coté gauche. Les contacts du fond à gauche, dans chaque compartiment, correspondent aux deux pôles de la pile du contrôleur, les contacts du fond à droite, à la ligne et à la terre; de sorte que le compartiment de droite possède le contact du pôle positif de la pile et celui du fil de ligne, et l'autre compartiment le contact du pôle négatif de la pile et celui du fil de terre; les deux autres contacts situés au côté gauche de chaque compartiment sont reliés l'un, celui du compartiment de droite, au fil de terre, l'autre au fil de ligne.

Sur le fil de ligne, est disposé un galvanomètre vertical à deux butoirs d'arrêt sur l'aiguille duquel est fixé un fil de platine terminé à gauche et à droite par deux crochets, et au-dessous de ces crochets sont placées deux capsules remplies de mercure qui sont mises en rapport avec deux sonneries de timbre très-différent. L'aiguille galvanométrique elle-même est réliée à la ligne par le fil du galvanomètre, et le commutateur du disque est disposé de manière que, dans la position verticale, les deux crochets du fil de platine plongent simultanément dans les deux capsules à mercure correspondantes.

Quand le signal du disque est à l'arrêt, le commutateur à mercure dont nous avons parlé est incliné de droite à gauche; quand il est au repos, il est incliné de gauche à droite, et enfin quand il est dans une position intermédiaire, il est plus ou moins horizontal. Dans le premier cas, le mercure de chaque compartiment touche les deux contacts de gauche, et un courant négatif est transmis à travers le rhéotome galvanométrique. L'aiguille du galvanomètre, en déviant, fait sortir du mercure dans lequel il était enfoncé l'un des crochets de platine qu'elle porte, et fait enfoncer davantage l'autre crochet dans la capsule correspondante qui est en rapport avec la sonnerie d'arrêt ; celle-ci se met dès lors à tinter et donne ainsi le contrôle de l'arrêt.

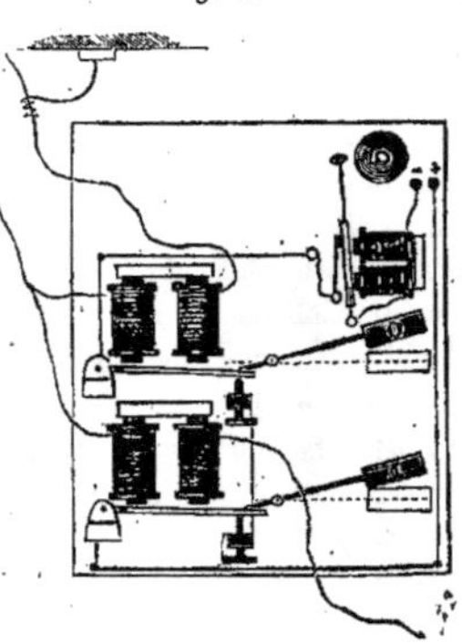

Fig. 99.

Dans le second cas, aucun courant n'est fermé. Enfin dans le troisième cas le mercure touche dans les deux compartiments les contacts du fond, et un courant positif est envoyé à travers le rhéotome galvanométrique dont la seconde capsule, mise en connexion avec l'aiguille de platine du galvanomètre, envoie un courant dans la sonnerie affectée au contrôle des positions intermédiaires du disque. Nous verrons plus tard que cette disposition du commutateur à mercure de M. Lartigue, a pu rendre de grands services dans plusieurs applications électriques que nous aurons à étudier.

Dès l'année 1858, M. Dufau attaché au chemin de fer d'Orléans, avait imaginé des systèmes contrôleurs de la manœuvre des disques, et il avait même adapté à la sonnerie de contrôle un système d'indicateur que nous représentons, fig. 99, et qui n'exigeait pour fonctionner aucun fil supplémentaire. Voici comment je décrivais ce système dans le 4e volume de mon exposé, p. 349 (2e édition) :

« La disposition de ce système est excessivement simple : qu'on imagine, placés des deux côtés du mât qui supporte chaque disque, deux ressorts métalliques mis chacun en rapport télégraphique avec un électro-aimant spécial placé à la station. Admettons que ce mât porte une goupille métallique isolée, placée à la hauteur des ressorts et mise elle-même en rapport avec le fil de la station, soit par un fil, soit par le sol ; on comprendra facilement que le mât étant tourné dans un sens ou dans l'autre pourra fermer le courant à travers l'un des deux électro-aimants de l'appareil de la station ;

chacun de ces électro-aimants pourra amener devant un guichet une plaque de papier sur laquelle seront écrits ces mots : *Voie libre, voie fermée*, et l'apparition de l'une ou de l'autre de ces plaques indiquera à l'employé que le disque a bien accompli le mouvement nécessaire pour exprimer le signal envoyé.

« Comme les disques-signaux doivent toujours représenter un signal, l'un ou l'autre des deux électro-aimants dont nous avons parlé aura toujours son armature attirée, et celle-ci ne pourra être repoussée que dans le cas où le circuit sera interrompu, ou dans le cas d'une manœuvre incomplète du disque-signal. Mais, par une addition bien simple faite au système dont nous venons de parler, une sonnerie avertit alors l'employé de la solution de continuité du circuit qui est survenue. Pour obtenir ce résultat, il suffit de faire passer le courant qui doit animer la sonnerie par les armatures des électro-aimants indicateurs et leur butoir d'arrêt ; il arrive alors que c'est seulement dans les cas où les armatures se trouvent repoussées simultanément, comme dans la fig. 99, que la sonnerie fonctionne. »

Sifflet automoteur. — Les sonneries de contrôle attestent bien à la gare que le signal fourni par les disques est produit, ce qui est le point le plus important à obtenir, mais elles ne peuvent pas donner l'assurance que les mécaniciens verront ce signal. Or, la sûreté de l'envoi du signal devient illusoire du moment où cette seconde condition n'est pas réalisée, et il ne faut pas croire que ce cas ne puisse se présenter, car indépendamment d'une distraction momentanée qui peut lui faire perdre la vue d'un disque, le mécanicien ne peut l'apercevoir : 1° s'il fait un brouillard intense, 2° quand la neige est chassée contre le disque, 3° quand le fanal s'éteint. Pour suppléer à la visibilité du disque dans ces diverses circonstances, on a essayé plusieurs systèmes acoustiques et mécaniques, cloches mues par des pédales ou des contre-rails mobiles, pétards ou sifflets que le passage du train faisait réagir lorsque le disque était au rouge ; mais ces engins demandent à être entretenus avec un soin extrême et à être fréquemment renouvelés si l'on veut qu'ils produisent de bons résultats, et ce n'est que quand MM. Lartigue, Digney et Forest ont imaginé leur sifflet automoteur, qu'on a pu regarder le problème comme complétement résolu.

Le sifflet automoteur, en effet, faisant partie de la machine locomotive, et étant mis en action électriquement au moment du passage du train devant les disques à signaux lorsque ceux-ci sont au rouge, il faut bien que le mécanicien l'entende et tienne compte du signal. Or, voici comment on a résolu ce problème.

A une centaine de mètres au delà des disques, est disposé un appareil placé longitudinalement sur la voie entre les rails et qui n'est autre qu'un conjoncteur de courant auquel on a donné le nom de *Crocodile*. Cet appareil, sauf quelques modifications de détails, ressemble à tous ceux que j'ai décrits, en 1856, dans la seconde édition de cet ouvrage et que les ingénieurs *des chemins de fer ont déclaré à cette époque d'un usage impossible dans la pratique*. Aujourd'hui nous leur demanderons, entre parenthèse, ce que ce système appliqué dans d'autres conditions a d'impossible, lorsqu'une expérience de plus de deux années en a démontré la parfaite efficacité pour le sifflet automoteur; mais n'anticipons pas sur ce sujet dont nous aurons occasion de parler plus d'une fois.

Le crocodile du sifflet-automoteur se compose d'une pièce de bois de deux mètres de longueur portée sur des pieds en fer, fixés par des tire-fonds aux traverses de la voie et à une hauteur telle qu'elle ne puisse être atteinte par les pièces les plus basses des locomotives. Elle est recouverte d'une plaque métallique, à laquelle est relié par un câble souterrain le fil de la sonnerie du disque. Sous la locomotive est disposée une brosse métallique qui, à son passage, frotte énergiquement contre le contact fixe ou crocodile, et peut par l'intermédiaire d'un fil isolé établir une communication métallique entre ce contact et le système électro-magnétique du sifflet automoteur. On voit déjà qu'il résulte de cette disposition, qu'avant d'arriver à une station, chaque train peut se trouver mis en rapport électrique avec cette station, et cela au moment où il passe devant le disque à signaux, et si celui-ci est au rouge, position qui a provoqué le tintement de la sonnerie à la station, le circuit sera fermé à travers le sifflet automoteur; le train sera donc aussi bien averti du signal que la station elle-même. Si au contraire le disque n'est pas au rouge, le circuit est interrompu sur son commutateur, et ce courant ne peut par conséquent pas arriver au sifflet. Dès lors le train peut continuer son mouvement sans crainte.

Le problème de la mise en action d'un sifflet à vapeur par un effet électrique ne laissait pas que de présenter certaines difficultés, en raison de la force considérable qui est nécessitée pour le jeu de la clef de détente, et les moyens qui ont été employés pour vaincre cette difficulté sont très-ingénieux. Nous représentons, fig. 100, ci-contre, la coupe de l'appareil.

Le sifflet occupe la partie gauche de l'appareil, et le levier qui en commande le jeu se trouve, comme on le voit, relié par une tige munie d'un fort ressort à boudin avec un levier articulé portant l'armature électro-magnétique. L'électro-aimant correspondant à cette armature est un électro-aimant Hughes du modèle que nous avons décrit tome II. p 88, et on l'aperçoit vu sur champ dans la partie droite de la figure. Le fil de cet électro-aimant est relié d'une part au massif de l'appareil et par suite à la terre, par la masse métallique de la locomotive et les rails, d'autre part au fil isolé communiquant à la brosse métallique. Quand le courant n'est pas fermé à travers cet électro-aimant, son armature est fortement attirée sur ses pôles et presse le levier de détente contre l'orifice du jet de vapeur qui ne peut par conséquent pas s'échapper; cette [force étant développée au

Fig. 100.

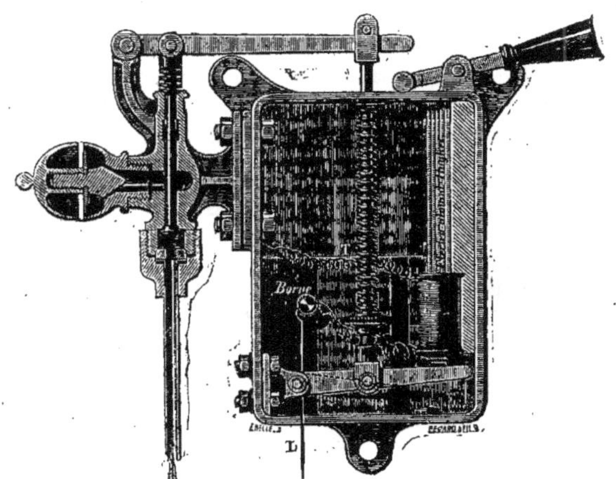

contact des pôles, est plus que suffisante pour maintenir] cette] fermeture et même s'opposer à l'action du ressort à boudin qui réagit en sens contraire; mais quand le courant traverse l'électro-aimant de manière à développer une force inverse à celle de l'aimant fixe, l'armature en question se détache, et dégage le jet de vapeur qui trouve dès lors une issue pour s'échapper à travers le sifflet, et provoquer le signal d'arrêt. Une poignée adaptée à l'appareil et que l'on distingue en haut de la figure, à droite, permet de renclancher le système électro-magnétique aussitôt que le signal a été produit.

Dans les essais qui ont été faits, ni les sousbressauts ni les chocs qu'a pu recevoir la machine n'ont jamais détaché l'armature de son électro-aimant, et l'action du courant s'est invariablement produite par des vitesses qui ont atteint 110 kilomètres à l'heure et alors même que le contact fixe était recouvert à dessein d'une couche de balast. Aussi a-t-on admis d'une manière définitive au chemin de fer du Nord l'emploi de ce système d'avertis-sement, et il est probable que son application se généralisera de plus en plus.

Contrôleurs des feux de nuit.—Pendant la nuit, les signaux des disques ne pouvant être perçus, on a eu recours à des fanaux qui, placés derrière une espèce de fenêtre pratiquée dans ses disques, les éclaire suffi-samment pour qu'ils puissent être vus de loin, soit directement quand la voie n'est pas fermée, soit à travers un verre rouge dans le cas contraire. Mais pour qu'on soit certain que le signal transmis a été bien exécuté, il faut non-seulement qu'on soit assuré de la bonne manœuvre du disque, mais encore que le fanal qui l'éclaire est bien allumé. Or, en dehors du sifflet automoteur dont il vient d'être question, on ne peut avoir des ren-seignements à cet égard qu'au moyen d'appareils contrôleurs particuliers fondés sur les actions calorifiques de la lumière.

Système de MM. Dufau et Hardy. — C'est en 1858 que M. Dufau attaché au chemin de fer d'Orléans a construit, conjointement avec M. Hardy, le premier appareil de ce genre, et il est étonnant qu'après les descriptions que j'en ai données dans la seconde édition de cet ouvrage, après les bre-vets pris, on ait, dans un article publié dans les *Annales télégraphiques* d'avril 1875, attribué à M. Boucher de la compagnie de Lyon cette inven-tion. Il est vrai que les brevets sont aujourd'hui sans valeur, mais il est du devoir des publicistes de rendre à chacun ce qui lui est dû.

Le système de MM. Dufau et Hardy a été combiné de deux manières différentes, et pour qu'on voie qu'il ne diffère pas sensiblement de ceux qu'on est disposé aujourd'hui à adopter, je vais rapporter textuellement la description que j'en faisais dans le 4ᵉ volume de la 2ᵒ édition de mon exposé, p. 351.

« Ce dispositif consiste dans un thermomètre métallique, placé au-dessus de la flamme de la lampe, et qui se compose de deux tiges de fer carrées AB, BC, fig. 2 et 3, pl. V, réunies parallèlement ensemble par l'une de leurs extrémités B. L'une de ces tiges est formée d'une lame de laiton BD et d'une lame de fer soudées ensemble, et se termine par une lame de ressort CE placée à portée de deux pointes de vis a, b, formant interrupteur de courant. L'autre tige est traversée perpendiculairement à sa longueur par un axe I sur lequel pivote tout l'ensemble thermométrique ; elle porte de plus un manchon d'ivoire G sur lequel se trouvent fixées deux plaques de cuivre *c*, *d*, mises en rapport avec deux circuits électriques, et qui correspondent aux deux vis dont nous avons déjà parlé. Enfin un électro-aimant tubulaire M est disposé de manière que son armature prolongée et coudée HKL appuie sur l'un des bras IB de la bascule formée par l'ensemble thermométrique, et puisse lui imprimer un mouvement d'oscillation dans le sens horizontal. Cet électro-aimant est en rapport avec le circuit correspondant à la vis *b* de l'interrupteur, la plus rapprochée de l'axe d'oscillation du système.

« Tout ce mécanisme, sauf l'extrémité libre B du thermomètre qui est placée à l'état normal au-dessus de la flamme de la lampe, est renfermée dans une boîte de fer-blanc adaptée sur le côté de la cheminée de la lanterne; il se trouve, par conséquent, garanti contre les intempéries et les accidents atmosphériques. De plus, pour le mettre complétement à l'abri du défaut de soin des employés chargés du transport et du nettoyage des lanternes, deux treillages métalliques ont été placés dans la cheminée de la lanterne, au-dessus et au-dessous de la partie du thermomètre qui avance sur la flamme.

« Examinons maintenant comment cet appareil fonctionne; mais, pour qu'on puisse saisir plus facilement l'effet produit, supposons que tout le dispositif décrit précédemment soit réduit au simple thermomètre métallique composé des deux branches AB, CB, en face de l'une desquelles sera placée l'une des vis de l'interrupteur. A l'état normal, ces deux branches sont en adhérence complète l'une avec l'autre; mais quand la lampe est allumée, celle de ces lames qui est composée de cuivre et de fer se recourbe sous l'influence de la chaleur et de l'inégale dilatation des deux métaux; et, pour un certain degré de chaleur qui correspondra au minimum d'action calorifique produite par la lampe (c'est-à-dire quand elle éclaire le moins possible), le ressort qui la termine appuiera contre la vis de l'interrupteur précédemment désignée. Un courant électrique pourra donc être fermé, et si ce courant est le même que celui qui doit fournir les indications à la station lors de la manœuvre des disques, il pourra faire intervenir l'influence exercée par la flamme de la lanterne dans la production des signaux à la station. En effet, supposons qu'à la nuit tombante le circuit direct qui relie le conjoncteur du disque à l'appareil aux signaux soit rompu, et que l'on introduise, pour le compléter, le circuit fermé par le thermomètre, il arrivera forcément que tant que la lampe sera allumée, les indications fournies par la manœuvre du disque-signal seront les mêmes que quand le circuit était complété directement. Mais si la lampe vient à s'éteindre, le circuit complémentaire se trouvant interrompu, par suite du rapprochement des deux tiges du thermomètre, le signal de la voie libre ou fermée disparaîtra à la station, et la sonnerie de l'appareil aux signaux entrera en mouvement. On sera donc prévenu par là de l'extinction de la lampe. Nous ferons d'ailleurs observer que l'introduction de la lanterne dans le circuit qui relie le disque-signal aux appareils de la station ne présente aucune difficulté, pas plus que la fermeture de ce circuit après qu'elle a été enlevée, car cette double fonction peut être obtenue mécaniquement par le simple accrochement ou décrochement de la lanterne.

« Il nous reste à expliquer l'utilité des accessoires de l'appareil que nous avons décrits, et dont l'usage n'est pas indiqué par les fonctions que nous venons d'analyser. Ces accessoires ont été introduits pour donner plus de sensibilité et plus de régularité à la marche de l'appareil. On comprend, en effet, que si le thermomètre métallique existait seul dans les conditions que nous venons d'analyser, il arriverait que, pour une flamme ardente, la divergence des lames serait telle qu'il faudrait plusieurs minutes pour que le contact électrique cessât, et, par suite, pour qu'on fût prévenu à la station de l'extinction accidentelle de la lumière. Or, il pourrait résulter de ce fait plusieurs conséquences fâcheuses. Aussi les inventeurs ont-ils cherché à détourner cette difficulté, en faisant en sorte que le thermomètre ne pût s'échauffer que jusqu'à un certain degré très-voisin du minimum sur lequel il avait été réglé, et c'est à cet effet qu'ont été ajoutés la seconde vis b de l'interrupteur thermométrique et l'électro-aimant tubulaire M appelé à réagir sur le thermomètre lui-même en le faisant osciller. Supposons, en effet, que la chaleur de la lampe soit assez énergique pour continuer à écarter les lames du thermomètre, alors que la première vis a de l'interrupteur aura été touchée, la lame de ressort EC qui a produit ce contact va se plier et rencontrera prochainement la seconde vis b de l'interrupteur; un courant va donc être immédiatement transmis à travers l'électro-aimant tubulaire M, et celui-ci, en réagissant sur le thermomètre, l'écartera de sa position première en le reportant à côté de la flamme. Se trouvant moins échauffées dans cette nouvelle position, les deux lames de ce thermomètre vont tendre à se rapprocher, le contact avec la seconde vis b de l'interrupteur va être supprimé, et le courant, ne circulant plus à travers l'électro-aimant tubulaire, laissera le thermomètre revenir à sa position initiale, sous l'effort d'un ressort antagoniste V. Il résulte donc de cette action que, pendant tout le temps que la flamme sera ardente, le thermomètre exécutera des oscillations plus ou moins promptes. Avec cette disposition de l'appareil habilement combinée par M. Hardy, qui s'est adjoint à M. Dufau, l'extinction de la lampe peut être signalée en douze secondes seulement, dans les conditions les plus défavorables.

« Je ne décrirai pas ici avec détails l'appareil qui fournit les signaux à la station ; il est représenté p. 467, et peut d'ailleurs être considérablement perfectionné, comme l'ont reconnu les inventeurs eux-mêmes ; mais cette partie du système n'est que très-accéssoire. »

Depuis l'époque où j'ai publié cette description, M. Dufau a simplifié son système et l'a réduit au simple thermomètre métallique dont il avait été question à l'origine. Dans ces conditions, il ne différait pas de celui que M. Amiot décrit dans son article de cette manière :

Système de M. Boucher. — « Ce système imaginé par M. Boucher, agent de la compagnie de Lyon, est fondé sur l'inégale dilatation de deux métaux et consiste en une tige d'acier encastrée à la partie supérieure d'un cadre en cuivre. L'extrémité inférieure de cette tige d'acier agit sur la petite branche d'une bascule horizontale munie d'une vis placée en regard d'une lame métallique isolée, à laquelle aboutit un fil de sonnerie, tandis que le cadre en cuivre et la vis communiquent à la terre.

« Si on place la partie supérieure de ce cadre près de la flamme du fanal, les deux métaux s'échauffent, mais la tige d'acier se dilatant moins que le cadre de cuivre relève le petit bras de la bascule et éloigne la vis de contact du ressort en rapport avec la sonnerie.

« Si la lampe s'éteint, les tiges métalliques reprennent leur longueur primitive, le petit bras de la bascule s'abaisse, et la vis en touchant le contact en regard duquel elle est placée, ferme le circuit de la sonnerie qui tinte d'une manière continue.

« Dans les expériences faites avec ce système, on cherchait à régler la position de la vis de manière que la sonnerie se mît en marche 15 à 20 secondes environ après l'extinction du fanal ; mais il a toujours été difficile d'obtenir un résultat uniforme. »

Système de MM. Coupan et Hardy. — Pour réunir à la sensibilité de l'appareil de MM. Dufau et Hardy la simplicité des appareils fondés sur l'emploi unique de thermomètres métalliques, MM. Coupan et Hardy ont eu l'idée d'employer un double thermomètre métallique, l'un court et composé de lames assez massives, l'autre beaucoup plus long et composé de lames minces. Ces deux thermomètres fixés parallèlement sur une plaque d'ébonite étaient mis en rapport avec les deux fils du circuit électrique correspondant à l'avertisseur, et le plus petit étant terminé par une vis de contact, qui à la température normale touchait le plus grand, pouvait donner ou non un signal d'avertissement suivant sa position par rapport au thermomètre le plus long. A la température normale, c'est-à-dire en l'absence de la lumière du fanal, ce signal se produisait nécessairement ;

mais il suffisait que ces thermomètres fussent échauffés en même temps pour que la disjonction du circuit fut opérée, l'un des deux thermomètres déviant plus que l'autre. Par conséquent, tant que le fanal restait allumé, la disjonction du circuit avait lieu et aucun signal n'était produit; mais quand par suite de l'extinction de la lampe les deux thermomètres tendaient à reprendre leur position normale, le plus long thermomètre en raison de sa plus grande sensibilité ne tardait pas à rencontrer la vis de contact du second, et l'avertissement était donné avant même que les deux appareils fussent refroidis, ce qui n'aurait pas eu lieu si le plus court thermomètre en s'échauffant lui-même n'eut pas amoindri la distance séparant les deux contacts du circuit. Il est facile de comprendre que, par ce système, on peut rendre l'appareil aussi sensible qu'on peut le désirer.

Système de M. Preece. — M. Preece a résolu le même problème, en mettant simplement en usage un fil de platine. Ce fil, à la température normale, était disposé de manière à maintenir en contact deux ressorts mis en rapport avec le circuit de l'avertisseur, et ce n'était que quand ce fil avait acquis une plus grande longueur sous l'influence calorifique de la flamme, que ce contact pouvait être supprimé. On pouvait donc, de cette manière, obtenir que tant que le fanal restait allumé, l'avertisseur ne fonctionnât pas, mais que celui-ci se mît en action aussitôt après l'extinction de la lumière. On pourrait se demander si un fil de platine ainsi soumis à un effort de traction pendant son échauffement, conserverait assez longtemps ses propriétés rétractives pour faire fonctionner d'une manière certaine, au moment du refroidissement, un interrupteur de la nature de celui dont nous venons de parler. Nous parlerons, du reste, plus tard de ce système.

Système de M. Morot. — Dans ce système imaginé en 1864, l'organe sensible est une sorte de thermomètre à air constitué par un tube en U, terminé par deux boules et dans la partie recourbée duquel se trouve une certaine quantité d'eau. Ce tube est porté par une bascule métallique sur laquelle il est en équilibre instable, et la bascule elle-même, munie d'une aiguille métallique comme celle d'un fléau de balance, a sa course limitée par deux butoirs, dont l'un complète avec l'aiguille métallique le circuit de l'avertisseur. La flamme du fanal est placée à côté de l'une des boules du thermomètre, et sous l'influence de la chaleur qu'elle développe, l'air contenu dans la boule repousse la colonne liquide qui va occuper une partie de l'autre boule en déplaçant le centre de gravité du système; celui-ci se trouve alors incliné de manière à ne pas donner lieu à une fermeture du courant, et cette position se maintient tant que le fanal est allumé. Quand il s'éteint, l'air chaud en se refroidissant se contracte, et le liquide afflue dans la boule chauffée en déterminant un mouvement de bascule du système qui, cette fois, entraîne la fermeture du circuit de l'avertisseur et par suite sa mise en action.

Il est facile de comprendre qu'un pareil système est trop délicat pour être pratique, aussi ne le donnons-nous que comme une solution théorique et élégante du problème.

On pourra se demander pourquoi tous les dispositifs dont nous venons de parler et dont l'un, celui de MM. Coupan et Hardy, est éminemment pratique, n'ont pas eu plus de succès et n'ont pas encore été adoptés sur les lignes de chemins de fer. Il est certain que si ces systèmes avaient dû réaliser de grands avantages, on les aurait mieux accueillis; mais il est une autre considération qui a arrêté certains chemins de fer et notamment le chemin de fer du Nord : c'est que l'adoption du sifflet automoteur dont nous avons parlé les rend tout à fait inutiles. En effet, du moment où le signal d'arrêt parvient sur le train, il ne devient plus important que le disque à signaux soit visible.

Disques lumineux de M. Breguet. — Quand les chemins de fer présentent, dans les abords des stations, des courbes de petit rayon se développant en contre-bas des terres, il devient impossible aux trains, la nuit, d'apercevoir d'assez loin les disques-signaux que l'on manœuvre des stations pour exécuter à temps les ordres transmis. M. Breguet a donc cherché à remplacer ces disques-signaux par de petits appareils électriques lumineux, répétés en plusieurs points de la courbe et susceptibles d'être manœuvrés à une distance beaucoup plus grande que les appareils ordinaires. La fig. 101 ci-contre indique la disposition de ces appareils.

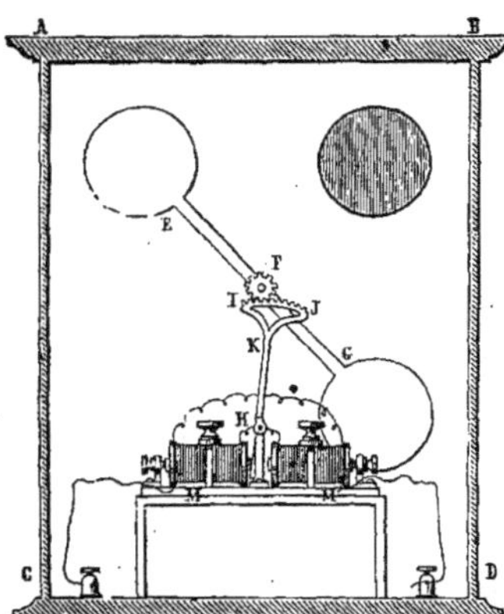

Fig. 101.

La cage de l'instrument est une boîte de chêne hermétiquement fermée et ne présentant extérieurement qu'une ouverture d'un décimètre environ de diamètre. A l'intérieur de cette boîte est placée une petite lampe à réflecteur dont la lumière se trouve projetée, au moment où la voie est fermée, par l'ouverture circulaire de la boîte; quand le mécanisme électro-magnétique n'est pas mis en action, cette lumière est voilée par un écran qui est placé à cet effet devant cette ouverture. Cet écran est porté par un levier E G qui fait bascule autour d'un axe horizontal portant un petit pignon F. Ce pignon engrène avec un arc de cercle I J denté très-finement et porté par un second levier-bascule K H, auquel est adaptée une armature aimantée, laquelle peut osciller entre deux électro-aimants M et M'. De cette manière, la petite course de cette armature se trouve amplifiée suffisamment pour déplacer l'écran de la quantité nécessaire pour découvrir l'ouverture circulaire.

Le manipulateur de cet appareil est un simple commutateur à renversement de pôles. Quand on veut indiquer que la voie est libre, on envoie le courant de manière à faire incliner l'écran sur l'ouverture circulaire de la boîte; quand, au contraire, la voie n'est pas libre, on dirige le courant en sens inverse, et cette ouverture est débouchée.

III. — SYSTÈMES POUR COUVRIR LES TRAINS.

Dans les premiers temps de l'exploitation des chemins de fer et même jusqu'à une époque très-récente, les moyens employés pour éviter les collisions des trains entre eux étaient basés sur un intervalle de temps réglementaire qui devait séparer entre eux les différents trains dans leur succession sur la voie et qui ne pouvait être dépassé. Cet intervalle de temps avait été fixé généralement à 10 minutes; de sorte que pendant les 10 minutes qui suivaient le passage ou le départ d'un train à une station, on ne pouvait expédier ni un autre convoi ni même une machine.

Il est facile de comprendre que ce système avait de graves inconvénients, car indépendamment des pertes de temps qu'il occasionnait sur les lignes très-encombrées, une foule de causes accidentelles pouvaient rendre cette précaution illusoire. Un accident survenu à un train, un manque d'eau, un ralentissement de vitesse dans le train qui précède, ou une accélération dans le train qui suit, pouvait changer perpétuellement cet intervalle de temps réglementaire et entraîner des collisions. Il est vrai que des cantonniers échelonnés de distance en distance sur la voie pouvaient prévenir les trains d'un trop grand rapprochement; mais l'expérience a démontré qu'il ne fallait pas trop se fier à ces indications auxquelles on apportait le plus souvent une grande négligence. On a donc dû chercher un moyen plus sûr, et on a pensé alors à substituer à l'intervalle de temps réglementaire, la distance kilométrique minima devant exister entre deux convois consécutifs. C'est, sur ce principe, qu'a été combiné le *Block-System* qui est aujourd'hui adopté sous une forme ou sous une autre, sur la plupart des chemins de fer du monde entier. Voici ce que dit à ce sujet M. E. Rau, qui exploite pour la France, la Belgique et la Hollande, le système électro-sémaphorique (block-system) de MM. Siemens et Halske.

« Par ce système, dit-il, on divise la voie en sections et on établit comme principe que deux trains qui se suivent ne peuvent être engagés, en même temps, sur une même section. Une station ne peut donc expédier un train, avant d'avoir reçu l'avis que le train précédent est arrivé au poste suivant.

« Les longueurs des sections étant au moins de deux à trois kilomètres, en moyenne, ces avis doivent être transmis par l'électricité. Quant aux appareils utilisés à cette fin, ils peuvent être d'un système quelconque, par exemple du système *Morse*.

« Il est, toutefois, évident que les garanties sont d'autant [plus grandes que l'appareil est moins sujet à erreur. Un appareil télégraphique doit nécessairement être placé à l'extrémité de chaque section. Quant aux longueurs de celles-ci, elles dépendent du nombre de trains qui doivent passer en un temps donné. Supposons que les nécessités de l'exploitation soient telles que des trains doivent être expédiés d'une station à deux minutes d'intervalle ; le premier appareil limitant la première section, sera installé à une distance telle qu'en deux minutes, le premier train y soit arrivé. Au lieu d'être une cause de diminution du trafic, le *Block-System* permet donc de l'augmenter, tout en conservant une sécurité à peu près complète. Si les stations sont très-rapprochées et le mouvement peu important, chaque section peut se composer de tout l'intervalle compris entre deux stations.

« La première application du *Block-System* remonte à une date assez reculée. L'exploitation des premières voies ferrées a commencé en Angleterre, en 1829, par la ligne Liverpool-Manchester. Dans le principe, aucun signal n'était utilisé. Le premier signal à distance fut employé en Angleterre, d'où il fut introduit en France.

« En 1843, W. F. Cooke, ingénieur anglais, établit les principes suivants pour l'exploitation des chemins de fer :

« Chaque point de la voie est un point dangereux que l'on doit couvrir » par des signaux à distance.

» Toute la voie doit, par conséquent, être divisée en sections, et à la fin, » ainsi qu'au commencement de chacune d'elles, doit se trouver un signal.

» à distance, au moyen duquel on ouvre, à chaque train, l'entrée de la
» section, lorsque l'on est sûr que celle-ci est libre et peut être parcourue,
» exactement comme si chacune des sections était une station ou une
» bifurcation. Comme ces sections sont trop longues pour qu'un signal
» puisse être manœuvré au moyen d'un fil de traction, la manœuvre doit
» se faire par l'électricité.

» A la fin de chaque section de 2 à 2,5 milles anglais de longueur, on
» place dans une loge un garde ayant à sa disposition un disque tournant
» ou un sémaphore.

» Dans chaque loge, doivent se trouver deux télégraphes à aiguilles,
» celui de droite étant en communication avec celui de gauche de la loge
» voisine.

» Le télégraphe à aiguille ne peut donner que deux signaux : *voie libre*
» (line clear) et *voie occupée* (line blocked).

» Tous les sémaphores de la section doivent se trouver sur arrêt. »

« Ces principes sont ceux du *Block-System*.

» Les appareils de Cooke furent mis en service en premier lieu sur
l'*Eastern-Counties-Railway*, entre Yarmouth et Norwich.

« Malheureusement, la disposition qui fut adoptée en pratique était compliquée. Plusieurs compagnies de chemins de fer modifièrent l'idée de Cooke en n'utilisant que le simple télégraphe à aiguille.

« Ces installations plus ou moins complètes n'ayant pas empêché des accidents de se produire, une discussion s'éleva entre les ingénieurs anglais, les uns prétendant que l'emploi de l'électricité devait être proscrit de l'exploitation des chemins de fer, parce qu'il était dangereux, les autres étant de l'avis contraire. Mark Huish, qui publia plusieurs ouvrages contre l'usage de l'électricité, imagina, en 1863, le *Staff-System*, système du bâton, qui consiste à diviser la voie en sections, comme dans le *Block-System*, et à attribuer à chacune d'elles un seul bâton, de couleur spéciale, dont le machiniste doit être muni avant de s'engager sur la section. Le bâton tient donc lieu de pilote. Ce système était, paraît-il, employé en Amérique, en 1867, sur la majeure partie des lignes à simple voie.

« Malgré la résistance qui se produisait contre l'extension des signaux électriques, 250 milles de lignes en furent munis en 1845 et 500 milles en 1846. Peu après, le Conseil de commerce (*Board of Trade*) décida que chaque ligne de chemin de fer, sur laquelle plus d'une locomotive était en service, devait être munie de signaux électriques.

« La première amélioration de l'idée de Cooke fut faite par M. E. Clarke, successeur de Stephenson. Cet ingénieur posa comme principes de l'application du *Block-System* :

·« Que l'appareil doit ·être de la forme la plus simple et peu sujet à dé-
» rangement.

» Que les signaux doivent être simples, peu nombreux et assez clairs
» pour qu'une erreur ne puisse se produire.

» Que la mémoire des agents ne doit pas être en jeu et que les signaux
» doivent, par conséquent, être permanents et non temporaires ; enfin,
» qu'aucun accident ne doit pouvoir être causé par le dérangement de
» l'appareil ou l'absence du garde, mais que ces irrégularités ne doivent
» pouvoir occasionner qu'un retard aux trains. »

« Clarke construisit un appareil réunissant, autant que possible, ces conditions. D'autres dispositions furent imaginées peu après, par MM. Walker,
Tyer, Bartholomew, Preece, Spagnoletti, et furent appliquées sur différentes lignes.

» Avec tous ces appareils, la marche à suivre est la suivante : la station
qui veut expédier un train, prévient le poste vers lequel il doit être dirigé,
au moyen d'une sonnette électrique, seule ou combinée avec le mouvement
d'une aiguille aimantée ou de petits leviers représentant les bras d'un
sémaphore. Si ce poste est certain qu'aucun train n'est engagé sur la section, il donne l'ordre du départ par un signal analogue au précédent. Le
système Walker, qui ne se compose, cependant, que des sons fugitifs de
cloches, a fonctionné pendant onze ans sur le *South-Eastern-Railway*, sur
une longueur de 5 milles, à la sortie de Londres, sans qu'une seule colli-
sion se soit produite, malgré un trafic de 196 trains, en moyenne par
jour (1).

« Actuellement, le *Block-System* est en service sur le quart' environ des
lignes du royaume-uni d'Angleterre et d'Irlande. Ainsi que l'ont rapporté
les journaux, une Commission spéciale de la Chambre des communes, qui
a été chargée récemment d'étudier les moyens de diminuer les accidents de
chemin de fer, a été d'avis que le *Block-System* était le mieux à même de
les prévenir. Néanmoins, cette Commission a émis l'opinion qu'il n'y avait
pas lieu de l'imposer aux Compagnies, parce que celles-ci finiront par
l'adopter d'elles-mêmes, eu égard aux avantages pécuniaires qu'elles reti-
reront de son emploi. Le *Block-System* est en vigueur sur quelques lignes

---

(1) La plupart des renseignements historiques qui précèdent sont tirés de l'ouvrage de *Weber*, intitulé : « *Das Telegraphen und Signalwesen der Eisenbahnen.* »

en France ; les appareils Tyer ont été adoptés par les Compagnies de Paris-Lyon et de Paris-Strasbourg. Le Nord-Français vient de décider d'appliquer sur ses lignes les appareils de MM. Lartigue et Tesse, qui ont été imaginés récemment. »

« En Allemagne une loi a décrété la mise en vigueur du block-system sur toutes les lignes à partir du 1er janvier 1872. Enfin l'administration des chemins de fer de l'état Belge en a fait l'application sur la section de Melle à Ostende. Les appareils qui ont été admis sont ceux de MM. Siemens et Halske. Ils sont établis depuis peu. »

Comme on l'a vu d'après cette notice historique, c'est M. Cooke qui a eu la première idée du block-system, et nous avons décrit avec détails dans le tome II, p. 148, de notre seconde édition, la manière dont il avait été combiné. Toutefois on s'est bien gardé de dire, tant dans la notice de M. Rau que dans celle de M. Weber, que les premiers appareils pratiques de ce genre ont été imaginés en France, en 1847, par M. Regnault alors chef de traction au chemin de fer de Saint-Germain. Ces appareils désignés sous le nom *d'indicateurs de la marche des trains* étaient dans l'origine placés aux stations et aux points principaux de la voie, et ils ont été essayés avec un succès si complet, que les chemins de fer de l'Ouest ont fini par les adopter comme remplissant parfaitement le même but que les appareils électriques du block-system employés sur les autres lignes. Nous commencerons en conséquence la description des systèmes appelés à couvrir les trains *par celle des appareils indicateurs de la marche des trains*, appareils qui ont du reste été combinés de différentes manières par plusieurs inventeurs dont on n'a pas plus parlé que de M. Regnault.

1° Indicateurs de la marche des trains.

Système de M. Regnault. — Ces appareils imaginés en 1847, ainsi que nous l'avons dit, ont été combinés de plusieurs manières par leur auteur, qui leur avait même adjoint d'autres appareils auquel il donna le nom *d'appareils de secours*. Ils furent en 1851 l'objet d'un rapport très-élogieux de M. Combes à la Société d'encouragement pour l'industrie nationale, et nous les avons décrits dans la seconde édition de cet ouvrage (tome II p. 455); mais ils ne tardèrent pas à être perfectionnés, et en 1858, M. Regnault les réduisit à leur plus simple disposition qui est celle que nous représentons fig. 102, 103, 104 et 105. Cette disposition du reste ne semble laisser rien à désirer, car ces appareils fonctionnent de la manière

la plus satisfaisante sur différentes parties du réseau des chemins de fer
de l'Ouest.

Les appareils indicateurs de la marche des trains, comme le dit la circulaire administrative qui prescrit leur emploi, *ont pour but d'empêcher deux
trains ou deux machines de s'engager sur la même voie entre deux postes
indicateurs consécutifs, et par conséquent de substituer à l'intervalle de
temps réglementaire à maintenir entre les trains qui se suivent, la distance
kilométrique qui existe entre chaque poste.* Ils réalisent, comme on le voit,
le même problème que les appareils du block-system, mais dans des conditions beaucoup plus simples, comme on le verra par la suite.

Pour obtenir les résultats de protection que ces appareils doivent
donner, la ligne est divisée en un certain nombre de sections séparées
entre elles par un poste muni d'appareils indicateurs; chaque poste correspond avec les postes voisins de manière à annoncer le départ et l'arrivée
des trains ou des machines. A chacun des postes indicateurs, des agents
spéciaux ou stationnaires sont spécialement chargés de la manœuvre des
appareils, et le fonctionnement de ces appareils est réglé conformément aux
dispositions suivantes :

1° Deux trains ou machines ne doivent pas se trouver en même temps
sur la même voie, dans l'intervalle compris entre deux postes indicateurs
consécutifs;

2° Lorsqu'un train ou une machine part d'un poste indicateur, le stationnaire doit le signaler immédiatement à son correspondant du poste suivant
dans le sens de la marche du train, et aussitôt que le train ou la machine
a atteint le poste du stationnaire auquel il a été signalé, ce dernier doit
répondre par un signal indiquant que ce train ou cette machine est arrivée.
On peut alors considérer comme certain que la voie est libre entre les
deux postes;

3° Chaque poste indicateur doit être muni d'appareils à signaux fixes
avancés et manœuvrés dans les conditions ordinaires par les soins du
stationnaire. Chacun de ces signaux doit être tourné à l'arrêt aussitôt que
le stationnaire a l'assurance qu'il a été dépassé par la machine ou le train
survenant, et il doit être maintenu dans cette position jusqu'à ce que cet
agent ait reçu du poste suivant, le signal indiquant que le train ou la
machine vient d'atteindre ce poste (voir pour les autres mesures à prendre
l'ordre du service général n° 194 des chemins de fer de l'Ouest). Chaque
poste tête-de-ligne est muni des appareils suivants : d'une pile, d'une
sonnerie, d'un parafoudre et d'un appareil indicateur muni de deux
aiguilles, l'une indicatrice, l'autre de répétition, et de deux poussoirs ou

boutons transmetteurs pour le départ et l'arrivée. Les aiguilles de l'indicateur sont verticales quand la voie est libre, et elles s'inclinent vers la droite ou vers la gauche, suivant la direction du train, quand celui-ci est engagé sur la voie. Comme un poste intermédiaire peut être considéré comme la réunion de deux postes tête-de-ligne, les appareils s'y trouvent en double. Les sonneries ne servent que pour avertir le stationnaire de l'envoi d'un signal, et c'est l'aiguille de l'appareil indicateur lui-même qui la met en action au moment où elle s'incline.

Nous représentons fig. 102 ci-dessous l'appareil indicateur de M. Regnault pour voie unique. Les deux aiguilles se distinguent aisément à la partie supérieure de l'appareil, et les deux poussoirs ou manipulateurs occupent la partie inférieure en portant les mots *arrivée* et *départ*. Cet appareil est placé contre les vitres de la fenêtre du poste, de manière à être visible aussi bien du bureau du stationnaire que du quai.

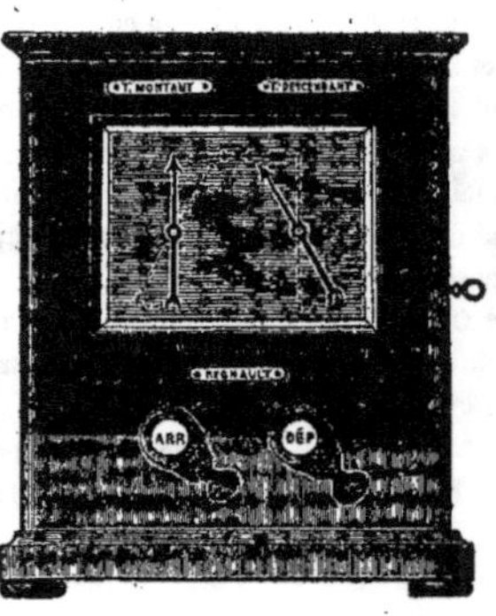

Fig. 102.

L'usage des indicateurs est basé sur les effets produits par la marche des courants, effets sur lesquels repose la sûreté de l'emploi de ces appareils dans lesquels il n'entre aucun rouage mécanique. Voici les principaux résultats qui sont la conséquence de ces effets :

1° Toutes les fois qu'un stationnaire presse le poussoir de départ pour signaler un train à la station suivante ; *l'aiguille répétiteur de son appareil ne s'incline que par l'action du courant électrique produit par l'appareil qui a reçu le signal.* Cette inclinaison de l'aiguille indique donc que le signal a été bien réellement transmis, et le stationnaire du point de départ a la certitude que son train est protégé ;

2° Le signal étant indépendant des effets électriques produits à la station, ne peut être supprimé par la station qui l'a produit ;

3° Le signal se maintient au point d'arrivée malgré la rupture du fil de ligne, et la présence dans ce même fil d'un courant électrique étranger à l'appareil ne pourrait pas le détruire ;

4° S'il arrivait qu'un stationnaire d'un chemin à voie unique vînt à presser le poussoir de départ pour signaler un train prêt à partir, pendant que l'aiguille indique qu'un autre train se dirige vers son poste, *l'aiguille répétiteur* n'obéirait pas à cette fausse manœuvre, et l'aiguille indicatrice resterait inclinée dans sa première position, montrant au stationnaire l'erreur qu'il aurait commise et excluant ainsi toute chance d'accident.

Fig. 103.

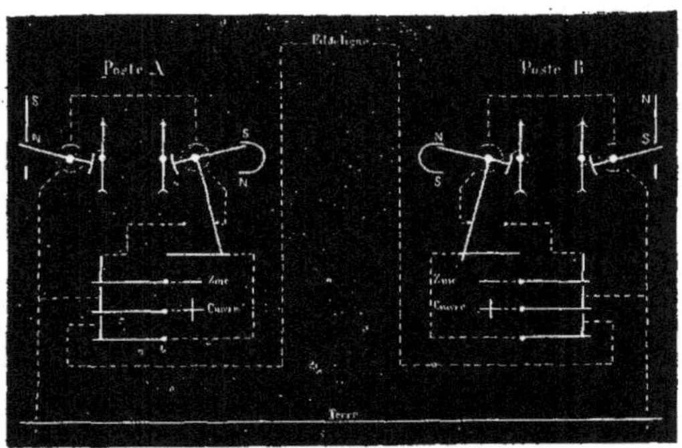

Tous ces effets sont obtenus de la manière la plus simple au moyen des dispositifs que l'on voit indiqués en principe dans les fig. 103 et 104.

Les aiguilles indicatrices, dans ce système, sont montées chacune sur un axe horizontal, muni d'une petite roue dentée assez finement. Une crémaillère arquée fixée à l'extrémité d'un levier articulé en fer doux engrène avec chacune de ces roues, et l'autre extrémité du levier, terminée par une armature, peut osciller entre deux pièces magnétiques dont la disposition est différente pour les deux aiguilles, mais qui est telle que celles-ci peuvent se mouvoir sur un arc assez étendu pour passer de la position verticale à une position inclinée suffisamment visible; ces deux positions extrêmes peuvent, comme dans le relais de Siemens, être maintenues après qu'elles ont été prises, par l'action des pièces magnétiques sur les leviers. Enfin l'axe de rotation de ces leviers oscillants est constitué par une tige de fer doux qui forme le noyau magnétique d'un électro-aimant droit. Dans le système appartenant à l'aiguille des trains descendants dite *aiguille indicatrice*, ce levier oscillant se meut entre les pôles de deux aimants persistants en fer à cheval, comme l'armature du système électro-magnétique du P. Cecchi que nous

avons décrit, tome II, p. 84, et se trouve muni inférieurement sur son axe
d'oscillation, presque à angle droit, d'une tige métallique qui constitue la
godille d'un commutateur. Dans le second système, ce levier oscille entre
les pôles d'un aimant permanent et une pièce de butée en fer doux, qui
permet de retenir dans sa position inclinée l'aiguille correspondante, tant
que le courant réagit ; mais quand celui-ci vient à être interrompu, les pôles
de l'aimant sont disposés de manière à avoir une force suffisante pour
rappeler le levier à sa position normale et par suite l'aiguille à la verticale (1). La disposition des pôles magnétiques de ces différentes pièces est
d'ailleurs opposée d'une station à l'autre, comme on le voit dans la fig. 103,
qui représente le dispositif théorique du système réduit à sa plus simple
expression.

Le transmetteur n'est autre chose qu'un commutateur à la fois disjoncteur et conjoncteur qui est mis en action par le poussoir de départ. Il est
composé de trois lames de ressort placées horizontalement les unes au-
dessous des autres et disposées de manière qu'en temps ordinaire elles
touchent, par leur partie supérieure, trois contacts en rapport : le 1er celui
du haut, avec le commutateur du système électro-magnétique de l'aiguille
indicatrice, le 2e le fil de terre, le 3e le fil de ligne. Comme ces contacts sont
disposés les uns à la suite des autres et que deux des lames de ressort
peuvent se mouvoir dans l'espace qui les sépare, il arrive que si les trois
lames sont abaissées simultanément, les deux premières qui touchaient à
l'état normal le fil du commutateur électro-magnétique et le fil de terre,
toucheront alors le fil de terre et le fil de ligne, et la troisième isolera du
circuit le second fil du même commutateur avec lequel elle communique,
et qui à l'état normal relie le fil de ligne aux bobines des deux électro-
nimants. Conséquemment, si les deux premières lames sont chacune en
rapport avec un pôle de la pile, comme on le voit sur la figure, on pourra
faire en sorte qu'au moment où le poussoir de départ déplace les trois lames,
un courant positif soit envoyé sur la ligne sans passer par les appareils du
poste, tandis, qu'à l'état normal, un courant venant de la ligne pourra passer
à travers les électro-aimants des deux aiguilles. Cette action du poussoir
sur ce système de transmetteur n'a d'ailleurs rien de difficile ; elle s'effectue
au moyen d'un peigne en ivoire dont les dents placées en avant des lames,
forcent celles-ci à s'incliner quand on pousse le peigne en avant.

---

(1) La disposition de ces deux systèmes électro-magnétiques est indiquée dans la
figure 105 et celle de l'engrenage à crémaillère est la même que celle de la fig. 101.

Les figures 103 et 104 sur lesquelles sont indiquées les communications électriques, peuvent donner une idée de la manière dont les effets se produisent. Tels qu'ils sont représentés sur la figure 103, les divers organes sont supposés, correspondre aux signaux de la voie libre ; les aiguilles sont en conséquence toutes les deux verticales aux deux stations. Dans la fig. 104, les organes sont dans la position correspondante aux signaux de la voie fermée. Or, voici ce qui a lieu, quand au moment où un train va partir, le stationnaire de la station A pousse le poussoir de départ.

Sous l'influence de cette poussée, les trois lames du transmetteur correspondant se trouvent abaissées ; l'une isole momentanément l'appareil indicateur du fil de ligne, et les deux autres, en établissant la communication

Fig. 104.

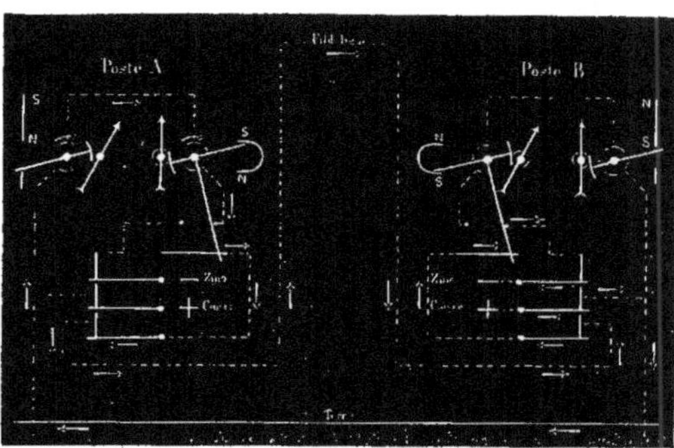

du fil de ligne et du fil de terre avec les deux pôles de la (pile, envoient un courant positif à travers l'indicateur de l'appareil correspondant de la station B, lequel courant traverse les deux électro-aimants de cet appareil après avoir passé par le ressort dit *de contact*, le commutateur de l'indicateur, l'électro-aimant de celui-ci, l'électro-aimant du répétiteur et la terre. Sous l'influence électro-magnétique qui en résulte, le levier oscillant est entraîné, l'aiguille indicatrice s'incline dans le sens de la marche du train signalé, le commutateur de ce levier en coupant le circuit des électro-aimants établit une liaison entre la pile du poste B et la ligne, et de cette liaison résulte le fonctionnement du répétiteur de la station A, ainsi qu'on va le voir à l'instant et ainsi que le montre la fig. 104. On remarquera que sous la première influence électrique, l'aiguille du répétiteur de B n'a pas bougé, car les dispositions magnétiques sont telles que le courant quoique passant à travers l'électro-aimant de cette partie de l'appareil, maintient l'effet produit à l'état normal.

Voyons maintenant ce que devient le courant de la station B qui se trouve mis en rapport avec la ligne par le commutateur de l'indicateur. Ce courant après avoir quitté le pôle positif de la pile va en terre, traverse les électro-aimants de l'appareil de la station et rentre dans la ligne par le commutateur de l'indicateur qui se trouve alors en position convenable pour cette action. De là il regagne le levier de contact de l'appareil de B, traverse le commutateur de l'indicateur et se rend de là au pôle négatif. Sous l'influence de ce courant, l'aiguille du répétiteur de l'appareil de A fonctionne, et fonctionne seule, car ce second courant marchant dans le même sens que le premier, et les dispositions magnétiques étant inverses aux deux stations, l'électro-aimant du répétiteur peut seul exercer une action efficace; alors l'aiguille de cette partie de l'appareil s'incline seule et dans le même sens que celle de l'indicateur de la station B. Le stationnaire de A se trouve donc avoir, de cette manière, avis immédiat que le signal qu'il a envoyé est bien parvenu à destination, et il ne peut rien changer à l'effet qu'il a ainsi provoqué, car il faut pour faire agir son répétiteur que la pile de la station opposée soit mise en action. Voyons maintenant ce que fait le stationnaire du poste d'arrivée B.

Etant prévenu par le signal et par la sonnerie qui a été mise en action, ce stationnaire guette le train, et quand il est arrivé, il presse le poussoir d'arrivée pour redresser les aiguilles des deux postes. Ce poussoir n'exerce qu'un effet mécanique sur la godille du commutateur de l'indicateur, mais cet effet a pour résultat de remettre l'aiguille de cet indicateur dans sa position verticale et le commutateur en situation de pouvoir réagir de nouveau sous l'influence du courant venant de la station A; d'un autre côté, il coupe le courant de la pile de B et l'empêche d'animer les électro-aimants de l'appareil de la station A, ce qui entraîne le rappel de l'aiguille du répétiteur à sa position verticale; car le pôle de l'aimant permanent qui agit à distance sur son armature peut dès lors exercer une action efficace. Comme l'aiguille de l'indicateur du même appareil n'a pas subi de déviation par le passage du courant, elle n'a pas besoin d'être ramenée.

Par suite de cette manœuvre effectuée à B, le stationnaire de A est averti que le train est arrivé à la station B. Des effets symétriques auraient eu lieu dans les appareils, si le train était parti de B pour se diriger vers A.

Comme complément, M. Regnault a ajouté à son appareil un troisième poussoir qui permet dans certains cas particuliers de signaler au poste précédent que la voie est occupée.

Pour les chemins de fer à double voie, les appareils sont disposés un peu différemment; le cadran est double et se présente de l'un et de l'autre côté de l'appareil. Il y a alors deux fils à la ligne, l'un affecté aux trains montants, l'autre aux trains descendants, et le commutateur se compose d'une seule lame dont l'extrémité libre peut osciller entre deux contacts. Les communications électriques sont alors établies comme on le voit fig. 105.

Dans ces conditions, si l'on presse le poussoir de départ p à la station S, par exemple, le courant de la pile P dont le pôle négatif est à la terre est

Fig. 105.

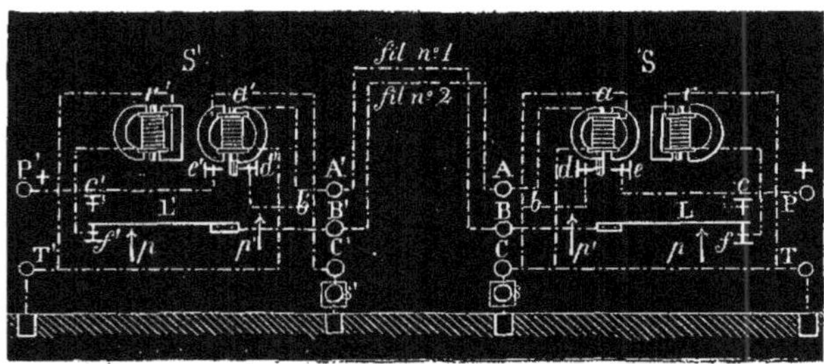

transmis à la ligne n° 1 par le contact c, et la lame L, pénètre dans l'appareil de la station S′ par le bouton A′, arrive au massif de l'appareil, et va de là à l'électro-aimant de l'aiguille indicatrice a' par la godille que porte son armature et le contact d'. Après l'avoir traversé, il regagne la terre tout en se dérivant en b', pour passer par la sonnerie d'appel s'. L'aiguille indicatrice se trouve donc inclinée, et la godille de l'armature reportée sur le contact e'. Alors le courant de la pile P′ de la station S′, se rend à la ligne n° 1 par cette godille, le massif de l'appareil et le bouton A′, et pénètre dans l'appareil de la station S par le bouton B, qui le conduit dans l'électro-aimant du répétiteur r par la lame L et le contact S; de là il retourne à la terre. Le signal de réponse est donc produit, et comme la fermeture du second courant résulte du contact de la godille de a' sur le contact e', le courant est maintenu fermé tout le temps que l'appareil indicateur a' reste sur le signal de la voie fermée ; ce n'est que quand le train signalé est passé à la station S', que l'agent, en remettant son indicateur au signal de la voie libre et en éloignant mécaniquement la goûlille de cet indicateur, coupe le circuit et permet à la station S d'envoyer un autre signal. Pour les trains montants vers S, le stationnaire de S' répète la manœuvre que nous avons indiquée précédemment, en pressant le poussoir p de son appareil ; alors le courant de la pile P' regagne le fil n° 2 par la lame L' et le bouton B', puis réagit sur l'électro-aimant de l'indicateur a, et retourne en terre ; d'où résulte l'inclinaison de l'aiguille de cet indicateur et une réponse produite automatiquement sur le répétiteur r', sous l'influence de la pile P. Le problème se trouve donc ainsi complétement résolu.

Le rappel des aiguilles à la verticale, c'est-à-dire au signal de voie libre, s'effectue d'ailleurs, comme dans les autres appareils que nous avons décrits, au moyen de seconds poussoirs placés en p' et qui ont pour effet de détacher mécaniquement des aimants persistants contre lesquels elles sont appuyées, les armatures portant les aiguilles, et de les reporter sur les aimants opposés. Cette réaction s'effectue par l'intermédiaire d'un compas articulé sur lequel réagit le poussoir.

Avant les perfectionnements que nous venons de décrire, M. Regnault, comme je l'ai déjà dit, avait donné à ses appareils une disposition beaucoup moins simple qui avait suggéré à MM. Mouilleron et Gaussin l'idée de construire un appareil plus perfectionné. Mais cet appareil dont nous avons les dessins étant, en définitive, très-inférieur à celui que nous venons de décrire et ne présentant aucun avantage en compensation, nous n'en parlerons ici que pour mémoire.

Système de M. Marqfoy. — Ce système que M. Marqfoy, présentait, en 1859, comme réalisant un perfectionnement notable, parce qu'un répétiteur mis en action sous l'influence même du signal transmis indiquait automatiquement à l'expéditeur qu'il avait été bien réellement exécuté, n'est, en fait, qu'une dérivation très-compliquée du système de M. Regnault. Néanmoins, comme les indications fournies par l'appareil se produisaient sous une autre forme, nous croyons devoir en donner une description rapide, d'autant plus que ces sortes de signaux sont assez recherchés dans certains pays et notamment en Angleterre. Nous ajouterons cependant encore, que même à ce point de vue, M. Marqfoy avait été devancé par M. Tyer comme on le verra par la suite.

Les appareils que M. Marqfoy décrit dans sa notice sont de quatre sortes et se composent : 1° d'un indicateur de la marche des trains, 2° d'un appareil pour prévenir leur rencontre, 3° de disques-signaux mus par l'électricité pour indiquer la manœuvre des aiguilles, 4° de grands disques-signaux électriques pour couvrir les stations. Nous ne parlerons en ce moment que du premier appareil que nous représentons fig. 1, Pl. V.

Cet appareil se compose, comme on le voit, de trois mécanismes différents. Le premier de ces mécanismes, qui occupe la partie supérieure de l'appareil, a pour objet la rotation d'un disque rouge et blanc qui, à chaque demi-révolution, présente le signal rouge ou le signal blanc (c'est-à-dire le signal de la voie fermée et de la voie ouverte). Le second mécanisme, qui est placé au-dessous du premier et qui se trouve relié électriquement avec le mécanisme précédent appartenant à une station opposée, a pour effet de réagir mécaniquement sur une aiguille, de manière à la faire incliner seulement dans le cas où le disque de cette station opposée est au rouge. Enfin, le troisième mécanisme, renfermé dans le socle de l'appareil, se compose d'un commutateur à cinq contacts, dont nous allons étudier à l'instant les fonctions.

Les détails de ces mécanismes sont faciles à saisir. P est la palette de l'électro-aimant qui commande le mouvement du premier mécanisme; d est la détente qui est disposée comme celle des sonneries Breguet. Le bras de cette détente porte en dehors de la platine une noix angulaire g qui, en se déplaçant au moment de la chute de la détente, écarte la lame de ressort L, et par suite l'échancrure n qui retient la roue R. Celle-ci, devenant libre, fait tourner le disque, mais en même temps une roue à chevilles placée derrière la platine, et qui se trouve également mise en mouvement, relève le bras de la détente, qui rappelle la lame L à sa position primitive, et par suite l'échancrure n vient de nouveau buter la roue R. Si donc cette roue R porte deux dents, chaque fermeture de courant a pour effet un demi-tour du disque, et par suite l'apparition alternative des signaux blanc et rouge.

Sur l'axe vertical qui porte le disque se trouve une excentrique X, à portée de laquelle est adapté un levier articulé L', muni d'une mâchoire et faisant bascule en K. La partie inférieure de ce levier est munie d'un ressort qui oscille entre deux pointes de vis m, m', dont l'une est en rapport avec le second mécanisme de l'appareil correspondant.

Ce second mécanisme est à peu près semblable à celui des télégraphes à cadran; l'échappement seul en diffère par le nombre des dents. Cet échappement est composé de deux roues juxtaposées, et chaque roue a deux dents distantes l'une de l'autre de 180°. Les dents de l'une sont en avance de 45° sur les dents de l'autre. De cette façon, lorsqu'elles viennent buter tour à tour sur leur arrêt, elles donnent à l'aiguille l'une ou l'autre des deux positions 0° et 45° que celle-ci doit occuper.

La fig. 1, pl. V, représente l'appareil muni de trois commutateurs; mais un seul est réellement utile dans la pratique. Les boutons semblables de ces commutateurs communiquent entre eux par des lames métalliques clouées dans la boîte, sauf les boutons placés sur la verticale qui doivent rester libres dans les deuxième et troisième commutateurs.

La manœuvre de ces commutateurs s'opère avec une clef que le chef de la station peut enlever à volonté. Comme le mouvement du commutateur doit toujours être opéré dans le même sens, une roue à rochet placée sur l'axe de ce commutateur n'en permet le mouvement que dans ce sens unique. Pour faire tourner mécaniquement le disque, un poussoir se trouve ajouté à l'appareil.

Supposons maintenant deux appareils indicateurs placés à deux stations A et B, et reliés électriquement de telle manière que le disque de A réagisse sur l'aiguille de B, et réciproquement : cette liaison télégraphique, grâce à la disposition des instruments, peut être obtenue avec un seul fil, car le courant qui met en mouvement le disque de B peut être coupé par suite de la rotation de ce disque et être renvoyé par le même fil dans le mécanisme à aiguille de A, où il produit l'indication voulue.

Au moment du passage d'un train devant la station A, le chef de gare manœuvre le commutateur du bouton 1 au bouton 3; ce commutateur passe ainsi en tournant dans le sens 1, 2 et 3 sur le bouton 2 qui communique avec la pile; le courant est alors fermé à travers l'appareil de la station B; le disque de cette station, qui était au blanc, passe au rouge, et le chef de B est prévenu qu'un train se dirige vers la station. La manœuvre opérée, le levier L′, qui touchait primitivement la vis correspondante à la position du disque blanc, va toucher la vis correspondante au disque rouge et va envoyer un courant à travers l'électro-aimant du mécanisme à aiguille de A, dont l'aiguille s'inclinera de 45°, ce qui préviendra le chef de station de A que son signal est bien parvenu à B.

Aussitôt que le train sera arrivé à la station B, le chef de cette station pressera le poussoir de son appareil, et aussitôt son disque se mettra au blanc; mais en même temps le levier L′ ayant quitté sa position, viendra frapper la vis en rapport avec cette nouvelle position du disque, et l'aiguille de A, qui était inclinée à 45°, se trouvera redressée, ce qui préviendra le chef de la station A que le train a dépassé B. Alors ce dernier ramènera son commutateur à sa position initiale; un timbre adapté à l'appareil prévient d'ailleurs quand le disque est mis au rouge.

M. Marqfoy, dans sa notice, démontre que, par suite du mode de construction de ses appareils, il est impossible 1° d'annoncer un train quand le disque est au rouge; 2° d'incliner spontanément les aiguilles des deux appareils en correspondance; 3° d'obtenir les moindres confusions présentées par les dépèches ordinaires; 4° d'obtenir des indications susceptibles d'induire en erreur par suite de la réaction des courants accidentels; 5° de ne pas être averti si le fil de ligne s'est rompu par inadvertance. Tous ces avantages, selon lui, sont autant de garanties précieuses pour la sécurité des chemins de fer, surtout en introduisant dans les règlements qu'aucun train ne pourra circuler entre deux stations qu'autant que la présence d'un autre train ne sera pas signalée.

Lorsque plusieurs autres trains doivent être lancés à quelques instants d'intervalle entre deux stations, le système précédent ne pourrait suffire à lui seul, et c'est pour le rendre efficace, dans ce cas, que M. Marqfoy a ajouté les trois commutateurs dont nous avons parlé. Ces commutateurs, en réagissant sur des planchettes particulières, empêchent forcément les erreurs de se produire. Voici, en effet, comment on opère avec ces appareils.

Au moment du passage du premier train, le chef de la station A manœuvre son premier commutateur, qui produit les effets que nous connaissons. Lors du passage du second convoi, le chef fait marcher le second commutateur, qui fait monter une planchette devant le premier, tout en dégageant le second de la planchette qui l'obstruait d'abord. Or, cette planchette a précisément pour but de constituer un obstacle matériel au chef de la station qui, par oubli, ou par la force de l'habitude acquise dans l'expédition d'un seul train, voudrait remettre son commutateur au repos dès le redressement de l'aiguille opéré. La vue de la planchette qui a découvert le deuxième commutateur lui indique ce qu'il a à faire, c'est-à-dire de renvoyer le signal rouge pour la seconde fois, pour montrer au chef de la station B que, malgré l'arrivée du premier train, la voie est encore engagée. Les mêmes effets se reproduisent pour le troisième commutateur lors du passage d'un troisième train.

J'ajouterai, pour terminer cette description des appareils indicateurs, qu'ils sont placés à l'intérieur des gares, de manière à être vus par les chefs de station, par les employés de service et les mécaniciens des convois qui passent. Le disque rouge et blanc est d'ailleurs de dimension assez grande pour être vu aisément à quelque distance. Avec un contrôle aussi multiplié, les signaux doivent, suivant M. Marqfoy, être forcément perçus.

Système de M. Tyer, de Dalton. — M. Tyer, de Dalton, est comme on l'a vu, un des premiers inventeurs du Block-System, et nous verrons au chapitre II qu'il est aussi le premier qui a imaginé les systèmes pour mettre les stations momentanément en rapport avec les trains en mouvement. Son système, quoique employé dans plusieurs pays, n'est pas cependant le plus perfectionné, et nous verrons à l'instant qu'il est beaucoup moins complet que ceux de MM. Siemens, Lartigue, Daussin, etc. Nous allons néanmoins le décrire avec détails comme étant le système le plus connu.

En somme, l'appareil Tyer n'est qu'un indicateur de la marche des trains, d'un dispositif analogue à celui de M. Regnault mais moins perfectionné. Comme celui-ci il porte deux aiguilles indicatrices, l'une peinte en noir, l'autre peinte en rouge, qui s'appliquent aux trains descendants et aux trains montants, mais dont les indications n'ont pas la même acception au poste de départ et au poste d'arrivée. Ainsi au poste de départ, l'aiguille noire correspond aux trains descendants et au poste d'arrivée, elle correspond aux trains montants. Ces deux aiguilles sont, du reste, placées l'une au-dessous de l'autre et sont mises en action par une armature de fer doux fixée par l'une de ses extrémités sur l'axe de rotation de l'aiguille. Cette armature ainsi suspendue oscille entre les pôles d'un aimant en fer à cheval, et étant polarisée elle-même par un électro-aimant droit dont elle forme en quelque sorte un épanouissement polaire, elle s'incline à gauche ou à droite suivant le sens du courant traversant ce dernier; c'est assez dire que ces appareils fonctionnent sous l'influence d'un manipulateur inverseur.

Au-dessous du système électro-magnétique dont nous venons de parler, se trouvent les manipulateurs qui consistent, comme dans l'appareil Regnault, dans deux poussoirs dont l'action est complexe par suite du mode de fonctionnement du système, mais qui ont pour effet d'envoyer des courants positifs ou négatifs à travers les récepteurs des deux stations en rapport. L'un de ces poussoirs est dit poussoir de *voie libre*, l'autre poussoir de *voie occupée*.

Quand un train abandonne une station pour se diriger sur une autre, le surveillant de la station de départ appuie d'abord sur un commutateur de sonnerie qui prévient son correspondant qu'un train vient de partir. Celui-ci après cet avertissement presse le poussoir de *voie occupée*, ce qui ramène sur le mot *voie occupée* l'aiguille noire du premier poste et l'aiguille rouge du second; la voie se trouve alors fermée. Aussitôt que le train a atteint le poste du stationnaire auquel il a été annoncé, cet agent presse le poussoir de la *voie libre*, ce qui ramène sur le mot *voie libre* l'aiguille rouge de son récepteur et l'aiguille noire de son correspondant. On peut alors considérer comme certain que la voie est libre entre les deux postes. Les mêmes opérations sont successivement répétées de poste en poste au fur et à mesure de la marche du train.

A chacun des postes où sont installés les appareils Tyer, des signaux avancés sont mis à la disposition des stationnaires pour empêcher les trains de s'engager entre deux postes dans l'intervalle desquels se trouve déjà un premier train ; chacun de ces signaux doit être tourné à l'arrêt, aussitôt qu'un train est engagé sur la voie qu'il est destiné à protéger, et il est maintenu dans cette situation jusqu'à ce que le récepteur ait indiqué que le train vient d'atteindre le poste suivant. A ce moment le stationnaire commence par tourner le signal avancé à l'arrêt, de manière à protéger ce train, et avant même de donner la voie libre au poste précédent.

Dans les gares, les chefs de gares ne doivent laisser partir les trains ou les machines qu'après s'être assurés auprès du stationnaire que la voie est libre jusqu'au poste suivant, et ces indications sont fournies au moyen de petits signaux indicateurs qui sont placés en tête de chaque quai et qui sont manœuvrés par le stationnaire.

D'après les règlements établis par les compagnies pour l'application du système Tyer, il est enjoint aux mécaniciens et chefs de train, lorsqu'ils auront fait stationner un train devant un poste à l'arrêt pendant cinq minutes sans que ce poste ait reçu le signal de la voie libre, de ne faire marcher le train que très-lentement et avec prudence, se réservant la possibilité d'arrêter le train dans la limite de l'étendue de la voie qui paraît libre, et cette marche lente doit être continuée jusqu'à ce que l'on ait rencontré le train précédent qui est resté probablement en détresse, ou le poste suivant, s'il y a dérangement d'appareils.

Dans ce système, comme on a pu le comprendre d'après son mode de fonctionnement, les signaux persistants ne sont produits que par le destinataire ; l'expéditeur n'a jamais à fournir qu'un simple signal d'avertissement qui est le jeu d'une sonnerie. Il en résulte que si le stationnaire destinataire n'est pas à son poste, l'expéditeur ne peut être certain que son signal soit parvenu, et il est obligé de le renouveler jusqu'à ce que l'aiguille noire de son appareil lui ait enfin répondu. Cette disposition est évidemment moins favorable que celle adoptée par M. Regnault qui, non-seulement permet à l'expéditeur d'être assuré immédiatement que son signal est parvenu, mais encore laisse à son correspondant un signal persistant qui le prévient, sans répétition du signal, en cas d'absence momentanée. D'un autre côté, comme les appareils Tyer fonctionnent sous l'influence de courants renversés, il faut, quand on manœuvre le commutateur de la sonnerie d'appel, que le courant se trouve toujours dans le sens voulu pour ne pas déranger les signaux, ce qui a forcé de compliquer l'inverseur de l'appareil comme on va le voir.

L'appareil récepteur étant très-simple, nous ne donnerons aucuns autres détails sur sa construction que ceux que nous avons déjà donnés, mais pour les inverseurs correspondant aux poussoirs, il serait difficile d'en comprendre le jeu sans le dessin des communications électriques et une description complète du système ; aussi donnons-nous ce dessin, fig. 6, Pl. IX.

Les poussoirs, comme ceux de l'appareil Regnault, sont des espèces de touches à piston placées l'une à côté de l'autre sur la partie antérieure de l'appareil et au-dessous des aiguilles. Ces touches sont munies à l'intérieur de la boîte, de deux pièces allongées en ébonite sur chacune desquelles sont incrustées deux lames de contact en cuivre, l'une à gauche, l'autre à droite. Celles de ces lames qui sont voisines dans les deux poussoirs, sont pourvues de deux saillies angulaires très-rapprochées l'une de l'autre et qui se trouvent disposées, quand l'instrument est en place et fermé, devant un fort ressort de cuivre qui est vertical et muni supérieurement d'un ressort de contact appuyé en temps ordinaire contre une vis en communication avec le récepteur du poste et la terre. C'est ce ressort qui met, par conséquent, la ligne en rapport avec le récepteur et lui permet de recevoir les signaux envoyés du poste correspondant. Les deux pièces de ces poussoirs sont indiquées en lignes pointillées sur la figure 6, Pl. IX, et le ressort en communication avec la ligne est en L L. Les plaques de communication des poussoirs sont représentées en a, a' et en b, b', et les parties saillantes agissant sur le ressort L L sont en c, c'. En outre de ces lames, les poussoirs portent deux crochets i, i' qui peuvent réagir, quand on presse l'un ou l'autre poussoir, sur une bascule B B' montée sur l'axe A et qui a pour effet de faire tourner dans un sens ou dans l'autre un commutateur circulaire C sur lequel appuient deux forts ressorts R, R' recourbés en col de cygne. Ce commutateur a été établi précisément pour que les courants transmis à la sonnerie d'appel du poste correspondant, se trouvent toujours dans la direction voulue pour ne pas troubler les signaux des appareils, quoi qu'en passant par le même fil de ligne. Nous ajouterons, pour l'intelligence des fonctions de ce commutateur, que le disque C est composé de deux parties métalliques demi-circulaires isolées l'une de l'autre, et que l'axe A lui-même, composé également de deux parties métalliques réunies par un manchon isolant, est en communication par sa partie supérieure et sa partie inférieure avec les deux parties isolées du commutateur ; c'est d'ailleurs par les supports des douilles sur lesquelles tourne l'axe A, que le commutateur est mis en rapport avec le manipulateur de la sonnerie par les boutons d'attache 2 et 5. Nous étudierons à l'instant la marche des courants à travers ces différentes pièces.

L'inverseur proprement dit qui doit réagir sur les organes indicateurs, se compose essentiellement de 6 lames de ressort P, P', p, p', l, l', recourbées de manière à pouvoir être rencontrées par les plaques des poussoirs au moment où ils sont pressés. Ces ressorts sont montés par couples sur des lames métalliques qui sont reliées au circuit et à la pile de manière que P, P' communiquent avec le pôle positif de la pile par le bouton d'attache n° 6, que p, p' communiquent avec le pôle négatif de cette même pile par le bouton n° 3 ; enfin que l, l' communiquent à l'une des extrémités du fil de l'électro-aimant inférieur (correspondant à l'aiguille rouge), lequel est en rapport avec la terre par le bouton n° 7. Le second électro-aimant qui communique également à la terre par le bouton n° 1, est en communication avec la lame L par le contact de celle-ci avec la pièce de butée H. Enfin la lame L elle-même est mise en rapport avec la ligne par le bouton n° 5. ·

Quant au manipulateur agissant sur la sonnerie d'appel du poste correspondant, elle se compose essentiellement d'une forte lame de ressort fixée sur un support métallique en rapport avec la ligne et qui se termine par une barette transversale isolée, susceptible d'appuyer sur deux lames de ressorts mises en communication avec le bouton 2 et la terre. Cette lame de ressort, à l'état normal, appuie contre un contact en rapport avec le bouton 5 placé au-dessus de son extrémité libre, et peut rencontrer, quand elle est abaissée, un troisième ressort en rapport avec le bouton 4, et c'est un poussoir analogue à ceux de l'appareil indicateur qui, en réagissant sur la lame en question, établit les contacts nécessaires pour le jeu de la sonnerie d'appel. Or, voici comment fonctionnent ces différents organes.

Ne considérons d'abord que le fonctionnement des appareils indicateurs, et supposons que le stationnaire presse le poussoir de gauche de l'apparei indicateur, poussoir qui correspond au signal de la voie occupée ; les ressorts l' et P' seront mis en contact par la plaque b', les ressorts p' et L communiqueront ensemble, et ce dernier L aura sa communication avec l'indicateur supérieur rompue. Le courant ira donc du bouton 6 au ressort P', puis regagnera la terre après avoir passé par le ressort l' et l'indicateur inférieur. Il regagnera ensuite l'indicateur supérieur de l'appareil en correspondance par le bouton 1 ; de celui-ci il passera à travers la ligne en suivant le ressort L, regagnera le ressort L de l'appareil expéditeur, et reviendra à la pile par la plaque a' et le ressort p'. Un courant négatif sera donc envoyé, et fera incliner du côté gauche l'aiguille noire de la station correspondante et l'aiguille rouge de la station d'envoi, ce qui représente le signal de la voie occupée. En pressant le poussoir de droite, les mêmes effets se seraient reproduits, mais le courant envoyé étant alors positif, les aiguilles se seraient inclinées aux deux stations dans le sens opposé.

Nous n'avons toutefois parlé dans ce qui précède que des effets en rapport avec l'envoi des signaux ; mais les poussoirs, comme on l'a vu, peuvent en exercer d'autres qu'il est urgent d'analyser. Le crochet i' suivant le poussoir dans sa marche en avant, appuie sur l'extrémité de la bascule B′ B, et l'ayant fait tourner, fait appuyer le ressort R′ sur la partie du commutateur circulaire C qui fait face, et le ressort R sur la partie opposée. Comme ces ressorts serrent fortement ce commutateur, celui-ci reste dans la position que lui a fait prendre le poussoir pressé en dernier lieu. Nous ajouterons qu'à chaque poste, la sonnerie d'appel est interposée sur le fil réunissant à la terre l'indicateur supérieur. Or, voyons ce qui arrive quand un signal d'appel est transmis.

En ce moment les aiguilles des indicateurs sont dans la position que leur a fait prendre les derniers courants transmis et envoyés, et nous avons vu qu'il fallait que le courant transmis à travers la ligne pour faire tinter la sonnerie, fût dans le sens du dernier courant transmis à l'indicateur inférieur. Or, il s'agit de voir comment le dispositif précédent réalise ce problème, en supposant que le poussoir pressé en dernier lieu ait été le poussoir de gauche.

Quand on appuiera sur le poussoir du manipulateur de la sonnerie, la communication de l'appareil indicateur avec la ligne sera rompue, la communication du ressort de contact placé sous le ressort commutateur sera établie avec le bouton n° 4, et le bouton n° 2 sera mis en rapport avec la terre; le courant ira donc du bouton 6 à la partie supérieure de l'axe A du commutateur par le ressort R, et de là en terre par le bouton n° 2 et le commutateur; il ira ensuite rejoindre le fil de terre de la sonnerie du poste correspondant, traversera cette sonnerie, passera à travers l'indicateur supérieur de ce poste, et reviendra à la pile par le fil de ligne, le ressort du commutateur abaissé du poste expéditeur, le bouton 4, la partie inférieure de l'axe A et le ressort R′. Ce sera donc un courant négatif qui agira sur la sonnerie, et nous avons vu que c'était un courant de cette nature qui avait fait dévier en dernier lieu l'aiguille du poste destinataire. Celle-ci ne changera donc pas de position malgré le nouveau courant transmis. Il en aurait été de même, mais en sens inverse, si c'eût été le poussoir de droite de l'appareil qui eût été pressé en dernier lieu.

Avant cette disposition de l'inverseur des appareils, il fallait pour faire fonctionner la sonnerie appuyer tantôt sur l'un, tantôt sur l'autre des poussoirs, suivant que l'aiguille rouge était inclinée dans un sens ou dans l'autre. Or, pour peu qu'on eût une distraction, on pouvait changer inopportunément les signaux du poste correspondant, ce qui pouvait entraîner des accidents. Ce perfectionnement de l'inverseur date de 1857, et il existe dans les appareils installés au chemin de fer de l'ouest; mais les appareils du chemin de fer de Lyon ne le possèdent pas, et on est obligé de manœuvrer comme je viens de le dire.

M. Noblet, ingénieur des chemins de fer de l'Ouest a aussi perfectionné la sonnerie d'appel appliquée aux appareils Tyer. Voulant obtenir de la part de ces sonneries les effets que l'on obtient avec des sonneries à mouvement d'horlogerie, sans avoir à les remonter, ce qui est toujours un inconvénient, M. Noblet emploie une sonnerie électrique trembleuse à mouvement continu du type que nous avons décrit, tome III, p. 504, mais en faisant réagir l'armature de la trembleuse sur un système électro-magnétique ayant pour effet d'interrompre le tintement de la sonnerie après une certaine période de temps. A cet effet, il fait effectuer les contacts déterminés par le levier de déclanchement, sur un disque d'argent dont la circonférence forme une double excentrique à limaçon, et ce disque est monté sur l'axe d'un dispositif à roue à rochet qui n'est autre que le compteur électro-chronométrique de M. Breguet représenté fig. 4, Pl. V. Ce dispositif est mis en action par un électro-aimant particulier interposé dans le circuit de la trembleuse et dont l'armature vibre en même temps que le marteau de cette dernière; de sorte qu'en même temps que la sonnerie tinte, la roue à rochet qui commande le mouvement du disque d'argent, accomplit un mouvement de rotation qui fait passer successivement les cames du double limaçon devant la dent de contact du levier de déclanchement, et le renclanche sur le butoir d'arrêt de l'armature de détente, laquelle n'est plus alors attirée par l'électro-aimant correspondant. Quand ce renclanchement est fait, la dent de contact échappe la partie excentrique du limaçon qui a produit le renclanchement, et le courant se trouve coupé à travers la sonnerie trembleuse et partant à travers l'électro-aimant du rhéotome à roue à rochet; tout s'arrête donc jusqu'à un nouveau déclanchement opéré par le courant de ligne.

Dans ce système, on emploie, comme on le voit, trois électro-aimants : deux auraient pu suffire à la rigueur, mais comme le mode d'agencement de l'armature des sonneries trembleuses ne se prête pas à des échappements de roue à rochet, on a préféré appliquer à ce dernier usage un électro-aimant spécial dont l'armature a été disposée en conséquence. Le seul inconvénient de ce système est d'être un peu dispendieux; mais il réalise parfaitement le but que s'était proposé son auteur, et il est réellement d'une disposition très-ingénieuse.

Comme les trains descendants pour la station de départ sont montants

pour la station en aval, les appareils indicateurs, en correspondance d'une
station à l'autre, ont leur cadran disposé en sens inverse. Ainsi, à la station
de départ, l'aiguille noire correspond à la partie de la voie dite descendante et l'aiguille rouge à la partie de la voie dite montante, tandis qu'à la
station d'aval, l'aiguille noire se rapporte à la voie montante et l'aiguille
rouge à la voie descendante.

Système de M. Preece. — Le système de M. Preece n'est qu'une
extension du système de M. Tyer et a reçu son application en Angleterre
sur le chemin de fer métropolitain et souterrain de Londres. Dans ce
système, comme du reste, dans tous ceux dont nous parlons en ce moment,
la voie ferrée est divisée en sections, et en tête de chacune de ces sections,

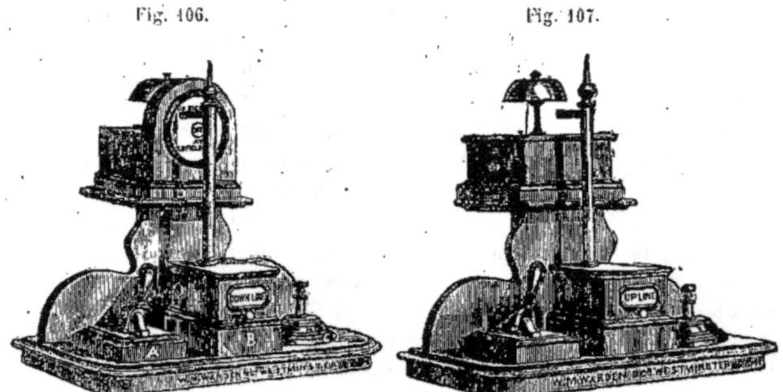

Fig. 106.   Fig. 107.

se trouvent des appareils à signaux optiques ou sémaphores; mais à côté
de ces appareils, sont placés, dans un petit poste voisin, des instruments
électriques que nous représentons, fig. 106 et 107, et qui ne sont que la
reproduction en miniature des sémaphores eux-mêmes et des mécanismes
au moyen desquels on les met en action. Ne pouvant réagir électriquement
sur les disques ou branches de ces sémaphores, M. Preece a voulu que les
stationnaires ne pussent se méprendre sur les signaux envoyés, en leur faisant indiquer par l'appareil électrique les signaux qu'ils devaient reproduire
sur le mât sémaphorique lui-même. De plus, ces appareils étant munis de
sonneries d'appel, pouvaient attirer leur attention au moment de l'envoi des
signaux. Grâce à ce système, on a pu abréger considérablement l'intervale
de temps réglementaire qui devait séparer l'envoi des trains, et ceux-ci ont
pu se succéder sur la ligne dont nous parlons toutes les deux minutes.

Les appareils indicateurs représentés fig. 106 et 107 sont de deux sortes,
mais la pièce principale est un petit mât portant un bras qui se dresse
horizontalement toutes les fois que la voie est fermée, et le carillon d'alarme
est placé derrière l'appareil. A gauche, se trouve le manipulateur auquel

Fig. 108.

on a donné la forme des leviers à excentrique qui réagissent sur les grands
sémaphores, afin que les préposés ne puissent pas se tromper sur les manœuvres à faire. A droite se trouve un interrupteur pour faire fonctionner
l'appareil du poste en cas de dérangement fortuit. Dans le modèle de la

Fig. 109.

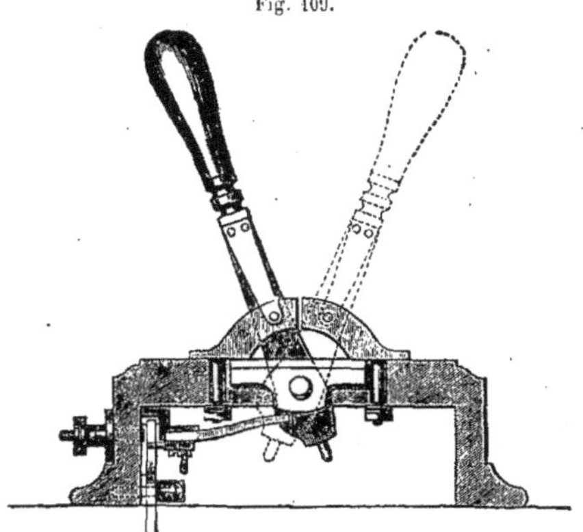

figure 106, il y a en plus, devant le carillon, un cadran au milieu duquel un
guichet est ouvert et où l'on peut lire en toutes lettres les mots *voie libre*

voie fermée. C'est au moyen d'un électro-aimant polarisé, que s'effectuent les effets mécaniques qui redressent ou abaissent le bras du petit sémaphore, et, en conséquence, les manipulateurs qui réagissent sur ces appareils ne sont que des inverseurs de courants. Quand le levier qui en commande le fonctionnement est dans une certaine position, le courant est envoyé dans le sens convenable pour abaisser la branche du petit sémaphore. Quand, au contraire, il est dans une position symétriquement inverse, le courant est envoyé dans un sens opposé, et la branche se redresse.

Fig. 110.

Les figures 108 et 109 représentent la disposition de ces sortes de manipulateurs qui, comme on le voit, sont quelquefois multiples, lorsqu'ils sont placés à des bifurcations et qu'il s'agit d'indiquer celles des voies qui sont libres. La figure 109 qui donne la coupe d'un de ces manipulateurs en montre les détails de construction.

Comme complément à son système, M. Preece a adapté à ses sémaphores un contrôleur d'allumage des feux qui est adapté au-dessus du fanal destiné à éclairer les signaux de nuit. C'est un fil de platine qui réagit sur un interrupteur de courant et, par suite, sur un petit mât à signaux que nous représentons, fig. 110. Tant que la flamme du fanal subsiste, le fil de platine étant rougi, laisse en contact les deux pièces métalliques de l'interrupteur, et le disque placé à sa partie supérieure reproduit les mouvements du disque placé sur la voie; mais si le fanal vient à s'éteindre, le fil de platine, en se rétractant, établit un contact qui fait apparaître dans le guichet circulaire, ouvert dans le socle de l'appareil, le mot *out* qui veut dire que la lumière est éteinte.

Tous ces appareils ont été très-bien construits par M. Warden, de Londres.

2° Electro-sémaphores à signaux optiques et électriques.

Dans l'origine, les appareils indicateurs de la marche des trains ne supposaient pas la présence d'appareils à signaux optiques, c'étaient de simples indicateurs, et si des disques à signaux se trouvaient à portée, comme cela avait lieu aux stations, on pouvait manœuvrer ceux-ci d'après les indica-

tions fournies. Plus tard, quand on dut diviser les lignes en sections et
établir des sémaphores en tête de ces sections, on voulut que les employés
préposés à la manœuvre de ces sémaphores pussent, ce que l'on appelle,
bloquer les sections de ligne successivement occupées par les trains, et
on dut joindre aux signaux électriques les signaux optiques en les rendant
solidaires les uns des autres. Ainsi au moment où un train devait passer à
une station intermédiaire, l'agent devait non-seulement hisser le signal
rouge de la voie fermée, mais il devait encore transmettre au poste suivant
avis de l'arrivée du train sur sa section, et au poste précédent avis de sa
sortie de la section correspondante. Ces avis, dans l'origine, pouvaient être
transmis par une simple sonnerie; mais on ne tarda pas, pour plus de
sûreté dans les manœuvres, à demander aux appareils électriques eux-
mêmes les moyens de contrôle automatique que M. Regnault avait obtenus
dans ses indicateurs, et on chercha de plus à rendre les signaux électriques
solidaires de la manœuvre exercée pour l'apparition des signaux optiques.
On voulut même mettre les employés dans l'impossibilité complète de
changer les signaux qu'ils avaient envoyés, afin d'éviter de fausses manœuvres ou des manœuvres faites en temps inopportun. C'est la solution de ces
divers problèmes qui a été donnée dans les électro-sémaphores du Block-
System dont nous allons maintenant parler. Mais examinons d'abord en
quoi consiste le sémaphore lui-même.

Cet appareil a une forme qui varie suivant les pays et même suivant les
chemins de fer. Généralement il se compose d'un mât au sommet duquel
sont articulées deux ailes peintes en rouge qui, à l'état ordinaire, sont placées verticalement au haut du mât et qui, en s'inclinant l'une à gauche,
l'autre à droite, sous l'influence de tirants et de fortes manivelles, peuvent
prendre la position horizontale dans le sens de la marche du train et indiquer par cela même le bloquage de la voie. On en voit un modèle, fig. 1,
Pl. IX (à gauche de la figure).

Sur les lignes du Nord, les sémaphores tête de ligne, que nous représentons sur une assez grande échelle, fig. 4, Pl. IX, se composent de cinq
parties : 1° d'un mât de 8 mètres de hauteur; 2° d'une aile mobile peinte
en rouge et équilibrée qui est placée à la partie supérieure du mât, et qui
se développe horizontalement à gauche de ce mât (cette indication étant
prise dans le sens de la marche du train); 3° d'un voyant peint en gris se
développant horizontalement à droite et à mi-hauteur du mât; 4° d'un
carillon annonçant l'envoi d'un signal par le poste correspondant; 5° de
deux appareils manipulateurs destinés chacun à faire manœuvrer par un
demi-tour de manivelle l'aile du voyant; 6° d'une lanterne à feux blancs
pour les signaux de nuit.

L'aile peinte en rouge est destinée à donner des indications aux mécaniciens, et elle porte en même temps un écran à verre rouge pour les signaux à donner pendant la nuit. Le voyant gris n'a aucune signification et ne sert qu'à laisser trace, à l'agent du sémaphore, de l'avis donné par le poste voisin du passage où du départ d'un train ou d'une machine.

Tout signal produit au poste correspondant est confirmé à l'agent qui l'a envoyé par un signal automatique en retour, indiquant que le signal est réellement exécuté.

Les postes intermédiaires ont leur mât pourvu en double des différentes pièces dont il a été question précédemment. En conséquence, ils portent 2 ailes, 2 voyants, 2 carillons, 4 appareils de manœuvre. Une seule lanterne suffit toutefois pour les signaux de nuit. Chacun des appareils de manœuvre porte son numéro et l'indication de la voie à laquelle il est affecté.

Naturellement un agent spécial est attaché à chaque sémaphore. Le jour la position horizontale de l'aile rouge à la gauche du mât indique l'arrêt du train qui doit passer. La nuit l'arrêt est commandé par le verre rouge de l'aile qui forme écran devant la lanterne placée au haut du mât.

Electro-sémaphores de MM. Siemens et Halske. — « Dans le système de MM. Siemens et Halske, dit M. Rau, chacun des postes dispose d'un sémaphore à deux bras avec lanterne et d'un appareil comprenant une caisse en fonte, percée de deux fenêtres, devant chacune desquelles se montre un disque. Un des disques et un des bras du sémaphore correspondent à la marche des trains dans un sens et les deux autres à la marche en sens inverse. La fig. 2, pl. IX, représente la perspective de cet appareil.

« La caisse en fonte étant généralement placée dans les loges des gardes, les machinistes n'ont à s'occuper que de la position des bras du sémaphore. Chaque disque apparaît en rouge ou en blanc, selon que la voie est occupée ou libre.

« Peu avant le passage d'un train, les bras des sémaphores sont placés dans la position de voie libre. Lorsque le train a dépassé le poste A, celui-ci met son sémaphore à l'arrêt et son disque au rouge : le train est donc couvert ; le train étant arrivé en B et ayant dépassé le sémaphore de ce poste, ce dernier agit de même que A et, par la manœuvre qu'il exécute pour ramener son propre disque au rouge, il envoie des courants qui transforment en blanc le disque rouge de A. Un second train peut dès lors partir de A vers B. Le premier train étant arrivé en C, ce dernier, comme il vient d'être dit, amène au blanc le disque rouge de B, et ainsi de suite Les garanties de sécurité que présentent ces appareils résultent des dispositions suivantes :

« 1° Les mouvements des disques se produisant par l'effet de courants d'induction alternativement positifs et négatifs, un contact entre le fil aérien qui dessert ces appareils et un fil télégraphique ordinaire n'a pas d'influence sur ce mouvement. Il en est de même des décharges d'électricité atmosphérique (orage, etc.).

« 2° Un poste quelconque ne peut envoyer les courants qui amènent au blanc le disque du poste précédent, avant d'avoir mis son sémaphore à l'arrêt.

« 3° Un poste A, par exemple, ne peut faire passer son sémaphore de la position d'arrêt à la position libre, avant que le poste suivant, E, n'ait annoncé l'arrivée du train, en transformant en blanc, comme il a été dit, le disque rouge de A. Un poste peut faire passer son disque du blanc au rouge, mais il lui est impossible de transformer son disque rouge en disque blanc, et il ne peut changer la position d'arrêt des bras de son sémaphore, tant que son propre disque est rouge. Il résulte des deux points ci-dessus que c'est le poste où est arrivé le train qui, seul, peut rendre libre la voie au poste précédent, et qu'il ne peut exécuter cette manœuvre qu'après avoir couvert lui-même le train. La conclusion de ceci est que *chaque train est nécessairement toujours couvert par le sémaphore d'un poste*. Cet avantage constitue la supériorité des appareils de Siemens sur ceux employés en Angleterre. Dans ceux-ci, il n'y a pas de solidarité entre les sémaphores qui commandent la voie et les appareils qui reçoivent les signaux électriques, ni entre les appareils des différents postes. Il en résulte qu'une négligence de la part des agents chargés de la manœuvre de ces appareils, peut encore avoir des conséquences fâcheuses.

« Dans les appareils qu'il construit actuellement, M. Siemens dispose un commutateur qui permet, lorsque le train est en vue, de l'annoncer au poste suivant, au moyen du même fil de ligne et d'une sonnerie spéciale. Cette annonce est tout à fait indépendante du *Block-System*. En outre une seconde sonnerie, placée à l'intérieur de la caisse en fonte, fonctionne chaque fois que les disques sont mis en mouvement par les courants électriques. Les appareils de MM. Siemens et Halke sont bien construits. D'après les ingénieurs des lignes allemandes qui en font usage, leur marche est très-régulière, les dérangements sont rares et l'entretien facile. Lorsqu'un appareil cesse de fonctionner, par suite de rupture de fil ou d'autres causes, le service se fait sur la section défectueuse, si l'on ne dispose pas d'autres moyens de correspondance, d'une manière analogue à ce qui se passe maintenant sur nos lignes. »

Pour obtenir les résultats que nous venons d'annoncer MM. Siemens et Halske, sont obligés d'employer deux sortes de courants : des courants alternativement renversés pour faire fonctionner les appareils indicateurs qui sont, à cet effet, commandés par des électro-aimants à armature polarisée, et des courants dans le même sens, pour le jeu des sonneries qui n'ont que des électro-aimants ordinaires. Ces deux sortes de courants sont d'ailleurs faciles à obtenir dans le système en question, puisque le générateur électrique étant une machine magnéto-électrique, les courants qu'elle fournit par suite de sa mise en action sont précisément alternativement renversés, et quand on veut avoir des courants dans le même sens, il suffit de n'employer que les courants directs. A cet effet, la machine est munie de deux ressorts dont l'un transmet les courants renversés à l'un des appareils transmetteurs et l'autre au second appareil de transmission.

Dans le système de MM. Siemens et Halske, les indicateurs électriques et même les appareils manipulateurs appelés à faire fonctionner les ailes des sémaphores, sont disposés dans une même boîte que nous représentons, fig. 2, Pl. IX, et sont placés à demeure dans une guérite à côté du mât sémaphorique. Celui-ci, comme on l'a vu, ne possède que deux ailes seulement, lesquelles sont placées au haut du mât ainsi qu'on le voit, fig. 1, Pl. IX. Le jeu de ces ailes V, V' est commandé par des chaînes qui, après avoir passé sur des poulies de [renvoi, viennent regagner les manipulateurs M, M' sur lesquels elles s'enroulent. Ces manipulateurs sont placés à la partie inférieure de l'appareil aux signaux électriques, et chacun d'eux consiste dans une forte manivelle m, m' sur l'axe de laquelle sont fixés : 1° la poulie où s'enroulent les chaînes du sémaphore ; 2° un disque M, M' portant une large entaille e, e' dans laquelle vient appuyer, pour une position de la manette correspondante au signal d'arrêt, un fort cliquet articulé c, c'. Ce cliquet que tend à soulever un ressort antagoniste, se trouve en temps ordinaire maintenu abaissé par une tige de détente t, t' dont le déclanchement dépend du système électro-magnétique E, E'. Quand l'aile du sémaphore est dans la position du passage, ce cliquet est sorti de l'entaille e, e', et s'appuie sur la circonférence du disque ; mais il faut pour cela que la tige de détente t, t' soit dégagée, et cela n'a lieu que lorsque l'appareil indicateur est au blanc, c'est-à-dire quand il a été débloqué.

Le système électro-magnétique E, E' se compose de deux électro-aimants de Siemens fixés l'un à côté de l'autre, et dont l'armature polarisée, terminée par un marteau de sonnerie, porte en même temps une ancre d'échappement b, b' qui réagit sur un secteur denté C, C' placé à portée. C'est l'axe de ce secteur qui provoque le déclanchement ou l'enclanchement de la tige de détente t, t' dont nous venons de parler, par l'intermédiaire d'un levier déclancheur d, d' ; et les marteaux des deux armatures disposés entre des timbres T, T', T" de sons différents, peuvent fournir, au moment du fonctionnement des disques, des signaux d'avertissement faciles à distinguer de ceux des sonneries d'appel S, S', qui sont disposées plus loin. Cette action des marteaux est d'ailleurs déterminée par les courants renversés dont nous avons parlé, et elle provoque en même temps le jeu des signaux électriques ainsi qu'on va le voir à l'instant.

Les appareils à signaux consistent dans des espèces d'écrans moitié rouges, moitié blancs, qui sont portés par les axes des deux secteurs dentés C, C' dont il a été question. Ils se meuvent devant les deux guichets circulaires percés dans la partie antérieure de la boîte qui renferme l'appareil, et sont disposés de manière à pouvoir s'abaisser sous l'influence de leur propre poids ; mais pour pouvoir opérer cette descente qui conduit devant le guichet le signal blanc, il faut qu'une série de courants renversés ait permis aux secteurs qui les portent de tourner sur eux-mêmes, et ce n'est par conséquent, que successivement, que cette action s'accomplit. Cette disposition a été prise pour éviter les effets des mélanges des lignes et des courants accidentels atmosphériques qui pourraient faire marcher les appareils en temps inopportun. Quand un signal blanc apparaît au guichet, la tige de détente t qui maintenait embridée la manivelle m du manipulateur sémaphorique correspondant, la dégage, et dès lors celui-ci peut fournir, quand le moment est venu, le signal de la voie fermée.

Sous quelle influence le système électro-magnétique fonctionne-t-il? C'est ce que nous allons maintenant examiner.

La boîte qui renferme l'appareil que nous venons de décrire, contient, outre les manipulateurs M, M' des sémaphores et le système électro-magnétique des signaux E, E', l'appareil d'induction magnéto-électrique qui est en J et quatre poussoirs P, P', p, p' dont deux, P, P', sont affectés à la production des signaux électriques et les deux autres p, p', au fonctionnement des sonneries d'appel qui jouent alors le rôle d'appareils télégraphiques. Ces poussoirs, qui ressortent de la boîte à sa partie supérieure, ne sont du reste que des espèces de tiges à poignée. Les deux premiers P, P', munis d'un renflement au milieu de leur tige, appuient sur des leviers articulés l, l' qui tendent à les maintenir élevés sous l'influence de forts ressorts à boudin auxquels ils sont attachés; mais ces leviers peuvent en même temps servir de commutateur, car ils oscillent entre des vis de contact a, s, a', s', et, suivant que l'un ou l'autre des poussoirs est élevé ou abaissé, il ferme le circuit de ligne à travers l'une ou l'autre des sonneries d'appel du poste S, S' ou à travers l'un ou l'autre des électro-aimants E, E' de l'appareil indicateur.

En conséquence, en temps ordinaire, les sonneries du poste S, S' peuvent recevoir le courant qui leur sera envoyé des stations voisines, et ce courant sera transmis par les deux autres poussoirs p, p', dont il a été question, et que nous appellerons *poussoirs des sonneries* pour les distinguer de ceux dont nous nous occupons en ce moment. Mais quand, pour faire apparaître le signal électrique d'arrêt qui doit bloquer le poste et débloquer en même temps le poste précédent, on aura abaissé l'un ou l'autre des deux *poussoirs de signaux* P, P', ce qui suppose les appareils du poste préalablement au blanc, c'est-à-dire avec les secteurs dentés abaissés, le courant envoyé de la station à la suite de la mise en mouvement de la machine d'induction, traversera l'électro-aimant de l'appareil indicateur correspondant, fera tinter les timbres avertisseurs T, T' ou T', T'', et se rendant par la ligne et à travers la sonnerie d'appel du poste précédent (qu'il ne fera pas fonctionner étant alternativement renversé), à l'appareil indicateur de ce poste, il fera tomber le signal rouge ainsi que le secteur denté qui le soutenait. Ce poste d'amont se trouvera alors débloqué pendant que le poste de transmission se trouvera bloqué, car le poussoir abaissé en refoulant par sa partie renflée un levier i, i' dont est muni le secteur denté correspondant, tend à le faire remonter; toutefois cette action ne peut se faire que successivement à cause de l'échappement du système électro-magnétique, qui concourre dans cette circonstance au relèvement du secteur. Le signal rouge apparaît donc dans le guichet; mais en même temps que cette action s'accomplit, la tige de détente t, t' qui avait été primitivement déclanchée au moment de l'abaissement du secteur correspondant, et cela par l'éloignement du déclancheur d, d', doit se trouver renclanchée sous l'influence de l'abaissement du poussoir, puisque tout a été remis en place. On remarquera toutefois que pour que cette manœuvre ait pu se faire, il a fallu nécessairement que le manipulateur du sémaphore ait été avant tout placé dans la position donnant le signal d'arrêt, car ce n'est que dans cette position que l'entaille e, e' des disques M, M', en se présentant devant les tiges t, t', a pu leur permettre de descendre assez bas pour s'enclancher sur les leviers d, d'.

Si ce renclanchement ne peut se faire, ce dont on sera prévenu par l'immobilité du poussoir, c'est que le signal du sémaphore n'aura pas précédé l'envoi du signal électrique, et le stationnaire se trouvera par cela même forcé de manœuvrer l'appareil sémaphorique. D'un autre côté, si en abaissant le poussoir la sonnerie d'avertissement ne fonctionne pas, le stationnaire saura qu'il y a quelque dérangement survenu à l'appareil, et il fera onctionner le poussoir de la sonnerie d'appel pour faire savoir ce qui est arrivé et ce qui a empêché le signal d'arrêt de se produire à la station correspondante. La mise en action de cette sonnerie d'appel ayant d'ailleurs été provoquée pour prévenir de la présence du train, on pourra facilement deviner, par ce second avertissement la nature du dérangement survenu.

MM. Siemens et Halske ont complété leur système en l'appliquant aux leviers à excentrique qui gouvernent la marche des disques-signaux des stations, et en disposant aux grandes gares : 1° des appareils à signaux bloqueurs avec arrêt alternatif des roulettes de mouvement des palettes sémaphoriques avec enclanchement; 2° un appareil central gouvernant la marche des leviers excentriques et des signaux sémaphoriques. Ils se sont occupés également et d'une manière spéciale de la concordance des signaux fournis par le block-system sur les voies bifurquées, et les dispositifs qu'ils ont imaginés pour cela ont pour résultat : 1° de rendre mécaniquement dépendants les uns des autres ceux d'entre les signaux dont la coopération momentanée est indispensable pour la sécurité du service; 2° de rendre l'opération qui consiste à transformer la position d'un signal indiquant l'arrêt en celle d'un signal indiquant le passage, dépendante de la manœuvre préalable des aiguilles et de leur calage dans cette position ; 3° de combiner la manœuvre des signaux avec le block-system de telle sorte, que les trains circulant sur la voie principale aussi bien que ceux sur la voie bifurquée, ne puissent se succéder qu'à des distances de section. Nous ne pouvons entrer dans aucuns détails sur ces dispositifs accessoires, car ils nous entraîneraient trop loin ; mais on pourra les trouver dans une notice autographiée de M. Edouard Rau, qui traite des *Dispositions pour établir la dépendance automatique entre les excentriques, les signaux optiques commandant les accès des bifurcations et des gares, et le cantonnement des trains par sections.*

Electro-sémaphores de MM. Lartigue, Tesse et Prud-homme. — Dans les systèmes précédents, le signal à vue est toujours séparé du signal électrique; or, cette séparation est un inconvénient réel et le désideratum serait que l'un des signaux se fît sous l'influence de l'autre. En 1865, M. Preece s'exprimait en effet ainsi : « S'il était possible de faire fonctionner un signal extérieur par l'électricité, le block-system serait parfait; mais comme la puissance de l'électricité est très-limitée, nous n'avons pas encore réussi à produire une force suffisante pour faire fonctionner nos signaux extérieurs avec quelque certitude. Nous sommes donc obligés d'adopter ce qui s'en rapproche le plus, et de compter sur de petits instruments électriques qui indiquent à l'agent les signaux à faire, en lui montrant ceux qu'il doit exécuter lui-même. »

Or, ce désideratum a été précisément réalisé dans le système de MM. Lar-

tigue, Tesse et Prudhomme, aujourd'hui adopté sur les chemins de fer du
Nord, et c'est l'électro-aimant Hughes qui a encore permis de résoudre le
problème. En le faisant réagir au contact de son armature et en ne lui
demandant qu'une action déclanchante, on a pu obtenir en effet, par son
intermédiaire, une force électrique suffisante pour réagir sur les bras sémaphoriques eux-mêmes. Ce moyen, du reste, n'est pas nouveau, et il avait
même été employé avant M. Hughes, par MM. Wheatstone et Achard ;
mais la disposition électro-magnétique de M. Hughes se prête mieux à
cette action que les électro-aimants ordinaires, et les inventeurs du nouveau block-system ont bien fait d'y avoir recours.

Grâce à ce moyen d'action, MM. Lartigue, Tesse et Prudhomme ont pu
faire en sorte que la manœuvre même du sémaphore ait pour résultat
l'envoi d'un signal-optique et électrique à la station voisine d'aval, envoi dont
l'arrivée à destination peut être certifiée par la répétition du signal sur un
voyant disposé au-dessus de l'appareil transmetteur ; d'où il résulte que tous
les signaux tant optiques qu'électriques sont mis en jeu sous l'influence d'une
même manœuvre. De plus, les appareils se trouvent enclanchés par le fait
même de la manœuvre et de telle manière, qu'ils ne peuvent être libres
d'être manœuvrés de nouveau que sous l'influence d'un déclanchement
effectué électriquement par la station en aval, dont le courant déplace en
ce moment le voyant d'arrêt pour le remplacer par le voyant de passage.
Or, cette action déterminée par la station d'aval, suit celle que celle-ci doit
produire pour couvrir la section de la voie qu'elle commande ; de sorte que
la manœuvre du signal d'arrêt à une station intermédiaire détermine six
effets différents : 1° l'apparition du signal optique d'arrêt à son sémaphore ;
2° l'apparition d'un signal optique et d'un signal électrique d'avertissement
à la station d'aval ; 3° l'enclanchement du manipulateur sémaphorique, à
cette station, sous l'influence de la manœuvre qui doit y être faite quand le
train a passé ; 4° le déclanchement du manipulateur sémaphorique de la
station d'amont qui a envoyé le premier signal ; 5° la disparition du signal
d'arrêt au sémaphore de cette station ; 6° l'apparition du signal électrique
de la voie libre à cette même station. Nous représentons, fig. 3 et 4, Pl. IX,
la disposition de cet ingénieux système dont la construction a été confiée à
M. Mors, successeur de M. Prudhomme. Par l'inspection de cette figure,
on pourra voir que les différentes pièces qui le composent sont assez solidement établies pour le rendre parfaitement pratique. L'appareil électrique
lui-même n'est plus un instrument de cabinet à organes délicats : c'est un
véritable appareil de grosse mécanique dans lequel les ressorts de rappel
ont été remplacés par l'action constante de contrepoids, et ou rien n'est
abandonné aux caprices de l'électricité.

Les éléments actifs de ce système se composent pour chaque section :
1° d'un mât sémaphorique pour les signaux à vue ; 2° d'appareils en même
nombre que les bras du sémaphore au moyen desquels on manœuvre, à la
fois, sur place et mécaniquement, le bras auquel chaque appareil est relié,
et à distance électriquement le bras symétrique du sémaphore correspondant ; 3° d'une pile. La figure 4, Pl. IX, indique la manière dont ces différentes pièces sont agencées entre elles.

Sur les lignes à double voie, le sémaphore est composé d'un mât muni de
quatre bras mobiles autour d'un axe et dûment équilibrés ; les bras supérieurs peints en rouge sont destinés à couvrir les trains expédiés du poste ;
les bras inférieurs ou voyants peints en gris servent à indiquer l'expédition
des trains des postes voisins. Les premiers sont, d'ailleurs, percés d'une
ouverture garnie d'un verre rouge pour les signaux de nuit. Ces bras sont
tous à claire-voie pour donner moins de prise à l'action du vent et pour
être plus facilement distingués de loin sur le ciel.

Les appareils manipulateurs destinés à réagir sur ces différents bras sont
disposés dans des boîtes de tôle placées à hauteur d'appui sur le mât du
sémaphore, et sont au nombre de deux pour les chemins à simple voie et de
quatre pour les chemins à double voie. La boîte renfermant la pile est au-
dessous de l'une d'elles comme on le voit du reste, fig. 4, Pl. IX.

Ces appareils dont le jeu est commandé par une sorte de manivelle qui
sort de chaque boîte sont disposés de manière que chacun puisse faire réagir
à la fois trois systèmes de mobiles : 1° une tringle de traction destinée à
faire basculer mécaniquement chacun des bras sémaphoriques, tringle dont
le jeu peut être déterminé soit par le bras de l'homme et l'intermédiaire de
la manivelle, quand il s'agit de donner le signal d'arrêt, soit par des contre-
poids qui, réagissant en sens inverse de la manivelle pour ramener le
signal donné dans sa position normale ; 2° un système enclancheur agissant
sur un embrayeur électro-mécanique qui arrête en temps opportun l'axe
moteur pour fournir le signal voulu, et qui le maintient dans sa position
indépendamment de la volonté du stationnaire, jusqu'à ce que survienne
un déclanchement électro-magnétique venu de la station voisine ; 3° un
système de commutateur de circuits qui renvoie le courant d'un appareil
dans l'autre, suivant la position de la manivelle, et qui réalise les effets électriques nécessaires aux fonctions multiples que les appareils doivent
remplir.

Dans l'appareil que nous représentons, fig. 3, Pl. IX, la tringle de traction
n'est pas figurée, pas plus que la manivelle qui en commande le jeu, parce
que l'une est en arrière et l'autre en avant de la boîte, mais on en com-

prendra facilement la position quand nous aurons dit que cette manivelle et la bielle qui agit sur la tringle pour donner le mouvement de bascule au bras sémaphorique, sont fixées sur l'axe X, et de telle manière que quand la bielle est verticale, la manivelle est dans la position horizontale. La liaison de la tringle avec le bras sémaphorique est d'ailleurs calculée de manière que, pour un mouvement de la manivelle de 210°, le bras sémaphorique puisse prendre la position horizontale. Ce mouvement correspond à un peu plus d'un demi-tour accompli par la manivelle ; mais cela était nécessaire pour échapper le point mort qui se serait présenté à l'action des tirants quand les bras ou ailes du sémaphore se seraient trouvées dans leur situation normale suivant la verticale.

A l'intérieur de la boîte et toujours sur l'axe X, se trouvent les pièces qui réagissent sur les différents systèmes dont nous avons parlé précédemment; on y trouve d'abord un doigt D formant avec la bielle du tirant un angle de 150° et qui constitue comme une espèce de clanche. C'est lui qui, venant buter sur un arrêt après que la manivelle a accompli son mouvement de 210° de droite à gauche, arrête le système et fixe la position des signaux. On y trouve en second lieu, une excentrique à limaçon C, destinée à réagir sur le levier J qui gouverne l'enclanchement électro-magnétique, lequel comme on le verra à l'instant, est double. Enfin l'axe X porte encore un disque en ébonite O, pourvu sur sa circonférence de 7 contacts métalliques sur lesquels peuvent appuyer successivement quatre frotteurs A, L, +, —, destinés à fermer et à ouvrir plusieurs systèmes de circuits reliant les appareils entre-eux et avec la pile, d'un poste à l'autre. Un fort cliquet traîneur W, appuyé sur un disque muni de deux dents de rochet et porté également par l'axe X, empêche cet axe d'être tourné en sens contraire du mouvement qu'il doit accomplir pour faire apparaître convenablement les signaux, et pour fixer la manivelle et la bielle dans les deux positions qu'elles doivent avoir pour fournir les signaux de la voie libre et de la voie fermée. Comme d'un autre côté, et en sens contraire de l'action de ce cliquet, la manivelle est butée par le doigt D, il est impossible à l'agent de la déranger de cette position prise, sans qu'une action électro-magnétique, en déclanchant le doigt D, ne fasse disparaître l'un de ces obstacles. Or, cette action ne peut être déterminée qu'à la station correspondante.

Le mécanisme enclancheur se compose essentiellement d'un long levier horizontal articulé J, muni d'un contrepoids courant $l\,x$, qui appuie sur l'excentrique à limaçon C, et dont l'axe de rotation F porte un levier vertical r, muni à sa partie inférieure d'une armature en fer doux p. Cette armature, à l'état normal, est collée contre les pôles d'un électro-aimant

Hughes A, qui maintient le système à son plus haut point d'élévation, c'est-à-dire au point le plus haut que peut lui faire atteindre la partie la plus saillante du limaçon. D'un autre côté, le levier vertical r est relié par une bride U avec une pièce articulée P munie d'un butoir d'arrêt contre lequel vient buter le doigt D, quand la manivelle a décrit son angle de 210°. Le levier enclancheur J, d'autre part, est relié par une tige à vis de rallonge et à coulisse S à l'un des bras d'une équerre articulée Y I f dont l'autre bras f, muni d'une armature, se trouve maintenu dans une position fixe par l'action d'un second électro-aimant Hughes R. Cet électro-aimant n'est actionné par le courant que quand celui-ci circule dans un sens inverse à celui qu'il doit avoir pour faire réagir l'autre électro-aimant. Conséquemment ces deux électro-aimants quoique interposés dans un même circuit, ne peuvent réagir simultanément. L'axe I de l'équerre qui correspond à ce second système électro-magnétique, est muni de son côté, d'une tige à contrepoids f' servant de force antagoniste, d'un marteau de sonnerie t, d'une tige armée d'un voyant V (mi-partie rouge et blanc), qui apparait extérieurement dans un guichet pratiqué à la partie supérieure de la boite. Le bras Y de ce système porte de son côté, une armature de fer doux y destinée, en se collant contre l'aimant R quand son armature f est éloignée, à conserver son magnétisme. Enfin un timbre et un commutateur inverseur K, fixé sur le côté droit de la boite, complètent l'appareil. Ce commutateur K est destiné, en inversant le sens du courant à travers le fil de ligne reliant les appareils entre eux, à permettre des échanges de signaux au moyen de sonneries électriques sans préjudicier en rien à la marche des appareils sémaphoriques.

Les appareils que nous venons de décrire sont, comme nous l'avons dit, en nombre égal à celui des bras ; on désigne ordinairement par appareils nº 1 ceux qui font manœuvrer les ailes supérieures, et par appareils nº 2 ceux qui font manœuvrer les ailes inférieures. Des sonneries mécaniques adaptées au-dessus de ces appareils et fonctionnant par l'effet même du mouvement des tringles de traction, indiquent aux agents le moment où les signaux sémaphoriques sont produits ou effacés. On distingue aisément ces sonneries dans la figure 4, Pl. IX.

Pour qu'on puisse comprendre le jeu des divers organes de ces appareils, il faut que nous indiquions en quelques mots la manière dont sont établies les communications électriques. Le disque commutateur O monté sur l'axe de rotation de la manivelle est, comme on l'a vu, muni de 7 contacts métalliques. L'un de ces contacts est relié métalliquement avec l'axe X de la manivelle, c'est-à-dire avec le massif de l'appareil et la terre. Nous l'appellerons en conséquence, *contact de terre;* les six autres sont reliés deux à deux, mais les quatre ressorts qui appuient sur eux communiquent, l'un avec l'électro-aimant déclancheur A, le second qui le suit avec le pôle positif de la pile, le troisième placé du côté diamétralement opposé, avec le pôle négatif, le quatrième avec le fil de ligne. Un petit parafoudre Z sert d'intermédiaire.

Cet ensemble constitue par le fait, un commutateur à inverseur qui, selon la position du disque, isole les électro-aimants de la ligne, les réunit à celle-ci, ou envoie successivement sur cette ligne le courant positif ou négatif.

Il ne nous reste plus, pour compléter notre description, que d'indiquer la manière dont les différents appareils sont reliés entre eux d'un poste à l'autre. Chaque appareil n° 1 est relié par un fil de ligne à l'appareil n° 2, du poste voisin correspondant soit à droite, soit à gauche; deux fils sont donc employés pour le service des électro-sémaphores, l'un pour les appareils afférents aux trains montants, l'autre pour les appareils afférents aux trains descendants. Ces fils descendent directement des poteaux télégraphiques sur le mât sémaphorique où ils sont arrêtés sur des cloches en porcelaine, et sont ensuite prolongés jusqu'aux appareils par des fils recouverts de gutta-percha ou mieux de caoutchouc, le tout protégé par un guipage ou une tresse de chanvre goudronné.

Maintenant nous allons examiner le fonctionnement de tous ces appareils, et pour fixer les idées, nous considérerons une section entre deux postes A et B en supposant la voie libre de tout train. Dans ces conditions, le grand bras du sémaphore de A destiné à couvrir la section est déclanché et pend verticalement, le petit bras ou voyant de B qui doit annoncer les trains venant de A est enclanché, et dressé verticalement le long du mât. Ni l'un ni l'autre n'est donc apparent, et s'il n'en était pas ainsi, il faudrait provoquer mécaniquement le déclanchement du premier système électro-magnétique, et, à cet effet, une poignée reliée par un fil au grand levier horizontal J, permet de réaliser cette action. En ce moment, l'appareil n° 1 de A est dans la position indiquée sur la figure 3, et il n'existe aucune communication électrique entre l'appareil et la ligne au poste A; mais au poste B les bobines des électro-aimants sont reliées à la ligne, la manivelle est à 210° de la verticale, le doigt d'arrêt D est appuyé contre le butoir du levier P, et le voyant de l'appareil laisse apercevoir la couleur blanche dans le guichet correspondant. Au poste A, la manivelle est verticale; le voyant est au blanc; mais l'armature qui commande ce dernier est en contact avec l'électro-aimant correspondant, tandis que l'inverse a lieu à la station B.

Supposons maintenant qu'un train vienne à passer devant A, l'agent manœuvrera l'appareil n° 1 de son sémaphore et fera tourner la manivelle jusqu'à ce que le doigt D ayant buté contre l'arrêt P, le mouvement se trouve arrêté; mais ce mouvement de plus d'un demi-tour (210°) aura amené le bras sémaphorique d'arrêt dans la position horizontale, et aura fait tourner le commutateur O de la quantité nécessaire pour mettre le fil de ligne en rapport avec le pôle négatif de la pile, et le pôle positif avec le fil de terre. Il en résultera donc une émission de courant négatif à travers les électro-aimants de l'appareil n° 2 de B qui aura pour résultat de rendre inerte l'électro-aimant A, d'éloigner les leviers d'embrayage r et P, et de dégager le doigt D qui était buté en P. Celui-ci étant sollicité à se mouvoir sous l'influence du contrepoids adapté au petit bras du sémaphore correspondant (celui peint en gris), ce petit bras et la bielle qui gouverne sa marche prendront la position d'équilibre qui leur est propre, c'est-à-dire la position horizontale pour le premier, et la position verticale pour le second, et le levier enclancheur J se trouvant soulevé par le limaçon C, enclanchera le levier r sur l'électro-aimant A. En même temps que le déclanchement du levier r avait été produit par le courant, l'armature f de l'électro-aimant R avait été rapprochée de lui sous l'influence de la traction exercée par le levier J, et avait fait passer au rouge le voyant intérieur V. Mais en même temps aussi, l'inverseur O mettait en relation le pôle — de la pile avec la terre et envoyait à travers la ligne un courant positif qui était reçu par l'appareil n° 1 de la station A où il provoquait, non pas le déclanchement du levier J qui aurait exigé pour cela un courant négatif, mais le simple détachement de l'armature f de l'électro-aimant R. Or, cette armature en s'éloignant sous l'influence du contrepoids l', faisait apparaître au guichet le voyant rouge, en même temps que le marteau t frappait un coup sur le timbre. Cette manœuvre automatique constituait, par conséquent, au poste A l'accusé de réception du signal effectué au poste B.

Suivons maintenant la marche du convoi qui, ayant été signalé à la station B par la station A, va dépasser la station B. En ce moment le petit bras gris du sémaphore de B est dans la position horizontale, le bras rouge pend le long du mât, et le voyant est resté au rouge malgré l'élévation du levier J, car celui-ci ne tire sur le levier Y du voyant que par l'intermédiaire d'une tige à coulisse a qui lui laisse une certaine latitude d'action. D'un autre côté, à la station A, le bras rouge du sémaphore est placé à l'arrêt et le voyant est toujours au rouge.

Au moment où le train va avoir dépassé B, l'agent va hisser le signal d'arrêt en manœuvrant son appareil n° 1, comme avait fait celui de la station A, et il va ainsi transmettre à la station C le signal d'annonce du train ; il recevra automatiquement avis que son signal est parvenu ; puis il manœuvrera la manivelle de l'appareil nº 2 qui avait déjà donné le premier avis, et du jeu de cette manivelle résultera sur le voyant de l'appareil nº 1 de A et sur le bras rouge du sémaphore de la station, un effet analogue à celui que nous avons analysé précédemment. Le levier J d'enclanchement sera dégagé, le voyant sera remis au blanc par l'action de J, et le bras sémaphorique d'arrêt, dégagé de l'embrayeur qui retenait le doigt D, reprendra sa position verticale en reportant la manivelle dans sa position primitive, c'est-à-dire dans sa position verticale. La voie se trouvera donc débloquée entre A et B et bloquée entre B et C. L'agent du poste B recevra d'ailleurs avis que son signal est arrivé à A, par un nouveau courant qui sera envoyé par le commutateur de l'appareil nº 1 de A, et qui sera dirigé dans le sens convenable pour rappeler au blanc le voyant de l'appareil nº 2 de B, c'est-à-dire pour éloigner le levier porteur de l'armature f, par suite de l'annulation de l'électro-aimant R.

Ainsi la position de l'aile sémaphorique d'un poste est, par ce système, solidaire de celle du voyant du poste correspondant, tous deux étant apparents ou effacés en même temps. L'enclanchement est fait mécaniquement, mais le déclanchement est effectué électriquement, et tout signal électrique, après avoir été annoncé par le jeu d'un carillon, est immédiatement contrôlé par un accusé de réception qui se fait automatiquement, et qui donne au poste expéditeur la certitude que le signal a été effectué.

Les communications supplémentaires de poste à poste s'échangent au moyen de sonneries supplémentaires qui se manœuvrent à l'aide d'un interrupteur annexé aux appareils.

En appliquant à ce système les dispositifs à poulies de renvoi dont nous avons parlé au sujet du système de M. Siemens, on pourrait faire réagir à distance les sémaphores et même des disques à signaux. Ce n'est qu'une question purement mécanique.

MM. Lartigue, Tesse et Prudhomme, dans la notice intéressante qu'ils ont publiée sur leur système, entrent dans de grands détails sur la manière dont on peut appliquer leurs appareils aux chemins de fer à voies uniques et à doubles voies à sections couvertes, sur la manière de les rendre solidaires d'autres appareils tels que porte-pétards, verrous d'aiguilles, sifflets automoteurs, etc., etc., enfin sur la manière d'en faire des appareils intermédiaires capables de signaler le mouvement des trains en certains points de la ligne ou passages à niveau très-fréquentés, où l'on n'a pas un intérêt assez grand pour placer des électro-sémaphores complets. Mais nous ne parlerons pas de toutes ces applications, car ce sujet est trop spécial pour un ouvrage aussi général que le nôtre. Nous devrons cependant indiquer comment ces appareils peuvent être employés dans le cas des voies uniques, car ce cas se présente fréquemment.

Comme sur les voies uniques les trains doivent être couverts des deux côtés, puisqu'ils peuvent être rencontrés par des trains venant en arrière ou en avant, les diverses sections de la voie où un train s'engage doivent être bloquées à leurs deux extrémités. En conséquence, la position d'arrêt constitue, dans ce cas, l'état normal des électro-sémaphores, et ce n'est qu'au moment du passage des trains devant ces sémaphores, que le signal d'arrêt, dans le cas où aucun empêchement n'est survenu, disparaît momentanément pour indiquer au train que la voie est libre. Mais pour obtenir que la section où le train va s'engager soit bloquée à ses deux extrémités, il faut : 1° que la disparition du signal d'arrêt au poste d'amont soit solidaire de l'apparition du signal d'arrêt à la station d'aval ; 2° qu'aussitôt le train passé, le signal d'arrêt reparaisse à la station d'amont. Or, on peut réaliser ces différents effets au moyen du système que nous avons décrit précédemment ; mais il faut pour cela inverser le sens des communications électriques et établir une liaison directe entre le commutateur K des appareils n° 1 et l'appareil n° 2 qui leur correspond. Dans ces nouvelles conditions, l'agent, au moment où il aperçoit un train, réagit sur l'appareil n° 2 du poste suivant, non plus en manœuvrant mécaniquement le bras de son sémaphore, mais en envoyant, au moyen du commutateur K de son appareil n° 1, un courant négatif qui fait arriver le petit bras du sémaphore correspondant dans la position horizontale ; mais cette fois ce petit bras est peint en rouge, et le signal qu'il fournit doit avoir la même interprétation que celui des grands bras. Par ce moyen la section est bloquée en aval, et le courant qui a provoqué l'abaissement du bras en question, fait arriver au guichet de l'appareil n° 2 le voyant blanc. D'un autre côté, le mouvement effectué par le petit bras pour prendre la position d'arrêt, détermine, par l'action du commutateur de l'appareil n° 2, l'envoi du courant de la station à travers l'appareil n° 1 du poste qui a envoyé le signal, et fait abaisser le signal d'arrêt qui s'efface en même temps que le voyant intérieur passe au rouge ; de sorte qu'au moment du passage du train devant cette station, le signal d'arrêt a disparu, ce qui permet au train de continuer sa route. Quand celui-ci a dépassé le poste, l'agent ramène de nouveau le bras sémaphorique à la position d'arrêt, et le train se trouve ainsi couvert des deux côtés. En même temps le voyant de l'appareil n° 2 du poste d'aval passe au rouge. Quand le train a dépassé la station d'aval, l'agent de cette station ramène à la position normale le petit bras du sémaphore, et par ce seul fait, remet au blanc le voyant de l'appareil n° 1 du poste d'amont, qui se trouve ainsi prévenu de l'éloignement du train de la section; mais avant d'effectuer cette manœuvre, l'agent de la station d'aval a dû bloquer, de la même manière que précédemment, la station qui suit et rebloquer ensuite la nouvelle section de la voie où s'est engagée le train, par le relèvement du disque d'arrêt qui était momentanément tombé au moment du passage du train.

Pour les trains qui circulent en sens opposé, on manœuvre les appareils placés de l'autre côté du mât et qui sont disposés entre eux comme ceux dont nous venons de parler. Le jeu des bras sémaphoriques d'arrêt, s'effectue alors successivement à mesure que le train s'avance, et d'une manière exactement semblable à celle que nous avons indiquée précédemment.

De ce qui vient d'être dit on peut tirer les conclusions suivantes : 1° La voie ne peut être ouverte à une extrémité d'une section qu'autant que le train a été annoncé à l'autre extrémité, ce qui, en voie unique, implique la clôture absolue de cette autre extrémité; cette manœuvre se fait par une seule opération de l'agent du premier poste, sans l'intervention de l'agent du poste correspondant, ce qui assure la rapidité de l'exécution. 2° L'agent peut à tout moment, par l'inspection des voyants intérieurs de ses appareils, connaître l'état des signaux des postes voisins, et il peut même, à volonté, condamner les deux sections entre lesquelles il se trouve placé et couvrir ainsi ses voies principales à grande distance si elles devaient être engagées pour des manœuvres.

Electro-sémaphores de M. A. Daussin. — Cet appareil dont le mécanisme électrique est représenté, fig. 7 pl. IX, s'applique à un signal composé de deux voyants rectangulaires portés par un mât. Chaque voyant desservant une des lignes de la double voie, est fixé à un pivot vertical portant une poulie sur laquelle passe une chaîne, dont une des extrémités est attachée, par un encliquetage, à une manivelle et dont l'autre est terminée par un contrepoids.

L'état de chaque voie est indiqué par la position du voyant qui le protège. Quand la voie est libre, le contrepoids est relevé, le voyant est tourné parallèlement à la voie, et la manivelle, maintenant le contrepoids et le voyant, est fixée à la tige d'une pédale placée sur la voie. Quand un train passe devant un voyant à voie libre, la pédale s'abaisse, la manivelle se désembraye et le contrepoids produit la mise à l'arrêt du signal.

Une fois à l'arrêt, le voyant ne peut être remis à voie libre qu'en faisant faire, dans un sens déterminé par un rochet à cliquet, un demi tour à la manivelle qui le commande. La manœuvre de cette manivelle n'est possible

que quand l'aiguille A du cadran B indique que le train a dépassé le signal
suivant. En effet, quand l'aiguille est à la croix, et c'est là sa position
certaine de repos, la rotation de la manivelle est empêchée par un disque C,
fixé sur l'axe prolongé de l'aiguille et masquant les entailles g et d, lesquelles entailles sont pratiquées dans la platine postérieure du rouage F
pour le passage des bras g et d' des manivelles G et D.

Il est nécessaire, pour que le signal puisse être remis à voie libre, que
l'entaille f du disque C soit venue se placer devant l'entaille de la platine
correspondante à la manivelle qui doit être manœuvrée. Quand on essaye
de faire tourner cette manivelle pendant que le disque C masque l'entaille,
son bras appuie sur le plein du disque; ce dernier cède, fait glisser dans
les trous de ses pivots l'axe qui le porte, et finalement offre, en s'appuyant contre la platine qui est épaisse et solidement fixée, une résistance
considérable qui empêche la manœuvre. Le disque et son axe reprennent,
par l'effet d'un ressort, leur position normale à environ deux millimètres en arrière de la platine, quand le bras de la manivelle cesse de les
repousser.

La juxtaposition de l'entaille f du disque et de l'entaille d de la platine
correspond à l'arrêt de l'aiguille du cadran sur les mots « voie droite libre. »
Le voyant de droite peut alors être effacé. Quand l'aiguille indique que la
voie de gauche est libre, l'extrémité du bras g' peut passer dans les
entailles f et g, et le voyant de gauche peut être remis à voie libre. Nous
verrons plus loin que le « signaleur » ne peut produire lui-même, pour
la réalisation de la manœuvre de son propre signal, le déplacement de son
disque. Ce déplacement ne peut être produit, dans ce but, que par le garde
du signal suivant.

A cet effet, les postes sont réunis électriquement; un seul fil suffit.
Chaque poste est muni de deux sonneries trembleuses, d'un commutateur
H, d'une pile et de deux électro-aimants Siemens commandant simultané-
ment la roue d'échappement K menée par le rouage.

Le commutateur se compose d'un cylindre isolant muni de contacts sur
lesquels appuient des lames de ressort. Ce cylindre est monté sur un axe
qu'une manivelle M permet d'amener dans les diverses positions indiquées
par les entailles du guidon. Quand la manivelle M est dans l'entaille d'attente A, la ligne venant du poste de gauche passe dans la sonnerie de
gauche, et va à la terre, et la sonnerie de droite est traversée par le fil de
droite réuni aussi à la terre. Quand le commutateur est placé dans l'entaille RG, les électro-aimants I, J se trouvent placés dans le circuit de
gauche, Cette intercalation se fait à droite quand la manivelle est placée

dans l'entaille R D. Quand la manivelle M est placée dans une des entailles TG, TD, la pile et les électro-aimants se trouvent simultanément intercalés du côté de la manivelle.

On comprend, d'après ce qui précède, que quand le commutateur est dans son entaille d'attente, la sonnerie de droite du poste n° 1, par exemple, se trouve en communication avec la sonnerie de gauche du poste n° 2, par le fil conducteur aboutissant à la terre par ses extrémités, et que quand on remplace dans un des postes la sonnerie par la pile, la sonnerie de l'autre poste fonctionne. De même, si l'un des postes introduit dans le circuit ses électro-aimants, et si l'autre fait entrer en ligne sa pile et ses électro-aimants, ce dernier poste peut produire simultanément des signaux sur son cadran et sur celui de son correspondant.

Les pôles des électro-aimants Siemens sont réglés de telle sorte que, quand il ne passe pas de courant, l'armature O est attirée par le pôle S, et l'armature P est maintenue contre le pôle n' de manière que les palettes i et j se trouvent en dehors du plan des chevilles de la roue K, et que la palette i retienne la cheville excentrique h. En faisant passer dans les électro-aimants des courants alternativement inversés se succédant sans interruption, on produit le fonctionnement simultané des deux électro-aimants. Un premier courant a pour effet, s'il est de sens convenable, de maintenir l'armature P contre le pôle n', de faire échapper la cheville h par la palette i et d'amener cette dernière dans le champ de la cheville m. Le courant suivant, de sens contraire, ramène l'armature O contre le pôle S, dégage la cheville m, attire l'armature P vers le pôle S' et fait arrêter la cheville n par la palette j.

On comprend qu'il suffit d'inverser le courant un certain de nombre de fois pour amener l'aiguille du cadran sur l'indicatif que l'on veut. La production des courants inversés s'obtient en opérant plusieurs fois la translation de la manivelle du commutateur, de l'extrémité — à l'extrémité + de l'entaille TG ou TD, comme dans le système de rappel dont nous avons parlé p. 459.

Quand tout courant cesse, les deux armatures reviennent au repos, et la roue à chevilles, rendue libre, complète d'un seul coup le tour commencé et s'arrête quand l'arrêt h bute contre la palette i. Le contact de cette palette avec cette dent correspond à la position de l'aiguille à la croix.

Cette remise automatique à l'accord assure l'exacte reproduction des signaux et a, en outre, l'avantage d'empêcher que l'aiguille ne puisse être amenée et maintenue sur l'un ou l'autre indicatif, par l'effet de décharges d'électricité atmosphérique, ou de courants produits par des contacts de

ligne ou toute autre cause accidentelle. En effet, on ne peut admettre, dans
aucun cas, que des courants étrangers au système puissent produire d'a-
bord l'avancement de l'aiguille au moyen de courants alternativement renversés se succédant sans interruption en nombre déterminé, et puissent
déterminer ensuite l'arrêt sur les mots « voie libre » au moyen d'un courant
de sens convenable, et d'une durée au moins égale au temps nécessaire au
signaleur pour faire passer le levier de la manivelle au travers des entailles
combinées.

Pour expliquer le mode d'emploi du système, supposons un train en
marche sur la voie de droite. En passant devant le poste n° 1, ce train
met à l'arrêt le voyant de droite. Cette remise à l'arrêt est entièrement
mécanique et n'est accompagnée d'aucun effet électrique. On pourrait
l'utiliser pour la production d'un signal prévenant le poste suivant de la
prochaine arrivée d'un train, mais suivant M. Daussin cet avertissement
est jugé inutile par quelques ingénieurs et même nuisible par d'autres.

Aussitôt le passage du train devant le deuxième poste, le garde de ce
poste place son commutateur à l'extrémité — de la grande entaille de
gauche. Il se produit alors, entre le poste n° 1 et le poste n° 2, un courant
négatif qui fait fonctionner la sonnerie du poste n° 1, et qui, par suite des
ruptures successives que lui fait subir automatiquement cette sonnerie,
fait osciller l'armature P du poste n° 2. L'extrémité p de cette armature
frappe alors contre la boîte en bois R, et, fonctionnant ainsi comme parleur, informe le garde du poste n° 2 du fonctionnement de la sonnerie du
poste n° 1.

Appelé à son poste par le fonctionnement de la sonnerie de droite, le
premier signaleur place son commutateur dans l'entaille RD, et, en
supprimant ainsi sa sonnerie, et en la remplaçant par ses électro-aimants,
se dispose à recevoir les indications que le deuxième signaleur, prévenu par
la cessation du bruit du parleur, s'empresse de transmettre, ce qu'il fait
en produisant, au moyen de son commutateur, le nombre nécessaire de
courants inverses.

Une fois l'aiguille arrivée sur les mots « voie droite libre », le signaleur
du poste n° 1 remet le signal à voie libre, en faisant passer le bras c' dans
les entailles d et f combinées. Il remet ensuite son commutateur au repos.
Cette remise sur attente fait de nouveau produire par la sonnerie des
interruptions de courant, qui produisent d'abord la remise à l'accord de
l'aiguille du cadran du poste n° 2, et informent ensuite, par le fonctionnement du parleur, le garde que le signal n° 1 est remis à voie libre.

Pour assurer la marche des trains circulant sur la voie de gauche, les commutateurs sont manœuvrés en sens contraire de ce qui vient d'être expliqué, et les aiguilles sont amenées sur les mots « voie gauche libre ».

L'appareil est complété par un écran rigide VV fixé à l'axe du commutateur et se déplaçant avec lui. Cet écran s'interpose : 1° entre les bras g' d' des manivelles, et les entailles $g d$ de la platine, quand la manivelle M du commutateur est à l'extrémité — de l'entaille TG ou TD ; 2° entre le bras de droite d' et l'entaille d, quand la manivelle M est sur R G ; 3° entre le bras de gauche g' et l'entaille g, quand la manivelle M est dans l'entaille R D.

Cet écran a donc pour but : 1° de s'opposer au mouvement des manivelles des voyants d'un poste qui, après avoir mis sa pile dans le circuit, a produit, pour l'usage seul de son correspondant, l'indicatif de remise à voie libre ; 2° d'empêcher la remise à voie libre d'un signal opposé au côté desservi par la manivelle du commutateur, quand elle se trouve dans une des entailles R G et RD.

Cet appareil permet aussi d'échanger sûrement et facilement des ordres, des renseignements, etc., d'un poste à l'autre; car les divisions du cadran non utilisées pour les indicatifs de voie libre peuvent recevoir des mots, des chiffres, des signes conventionnels et même des phrases.

Ce système s'applique également à la protection des trains sur les lignes à voie unique. Pour cela, il suffit de changer un peu sa disposition, son montage et son mode d'emploi. On place dans le même circuit tous les appareils intercalés entre deux stations consécutives; on remplace les deux indications de « voie libre » par les indications « train montant » et « train descendant »; on annonce en avant le sens de la marche des trains en amenant l'aiguille sur les indicatifs convenables, et enfin on efface le voyant ouvrant la voie au train en marche tout en maintenant l'autre voyant à l'arrêt.

Les appareils des postes intermédiaires n'ont pas de courant à produire et peuvent être simplifiés, par la suppression du commutateur.

3° **Systèmes avertisseurs de la marche des trains pour les passages à niveau et les tunnels.**

. Les sonneries à trembleur ont été les premiers appareils employés pour signaler la marche des trains. Ainsi on les a quelquefois utilisées pour signaler le passage des trains dans les tunnels d'une certaine longueur. Deux coups de timbre indiquaient l'entrée d'un train; le garde de l'extrémité opposée répondait par un coup de timbre qu'il avait reçu l'avis, et il annonçait par trois coups de timbre la sortie du train, ce dont on lui accusait réception par un coup. Ces sonneries réglaient dans une certaine mesure la position des signaux fixes établis aux extrémités des tunnels afin que deux trains n'y fussent jamais engagés à la fois dans une même direction.

On a encore employé les sonneries pour signaler l'arrivée des trains à des gardes-barrières chargés de la surveillance de certains passages à niveau placés dans des conditions particulières. Les sonneries employées dans ces conditions, forment entre les stations des groupes distincts, c'est-à-dire que chaque série entre deux stations est indépendante de la série suivante. Ces sonneries dites *Allemandes* se composent généralement d'un fort mouvement d'horlogerie mû par un poids et faisant fonctionner deux marteaux, frappant sur des timbres de sons différents. Une enveloppe de tôle posée sur un socle de maçonnerie, contient ce mécanisme, et un œil pratiqué dans la porte de l'enveloppe permet de remonter le poids sans ouvrir celle-ci. Le déclanchement qui s'opère sous l'action électrique permet au mécanisme une révolution correspondante à une série de coups frappés par les marteaux, et c'est un appareil d'induction généralement du modèle de Siemens qui fournit le courant nécessaire à cette action. Un commutateur permet d'ailleurs de le diriger dans le sens de l'un ou de l'autre des groupes de sonneries entre lesquels la gare est placée.

Pour éviter les erreurs de direction, le levier du commutateur est maintenu par deux verroux et ne peut être manœuvré qu'autant qu'on a relevé, au moyen d'une clef, le verrou du côté qui correspond au groupe de sonneries à faire fonctionner. Une boussole placée au-dessus du commutateur indique le passage du courant.

L'emploi de ce système permet aux stations de signaler le départ des trains et le sens de leur marche sur la voie unique. Pour cela il est convenu qu'une série de coups indique la marche dans une direction, et deux séries indiquent la marche en sens contraire.

Au moment du départ, le chef de la station dirige le commutateur du côté qui correspond au groupe de sonneries devant lesquelles le train doit passer pour atteindre la station suivante, et maintenant de la main gauche le levier dans cette position, il fait faire rapidement de la main droite un demi tour à la manivelle de l'inducteur. Suivant le cas, il manœuvre celui-ci une ou deux fois à un intervalle un peu plus grand que le temps nécessaire au tintement d'une série de coups par les sonneries.

Pour diminuer les chances d'erreurs dans l'évaluation des séries, on a disposé extérieurement à la sonnerie un cadran numéroté ou bien un voyant qui marque sur une échelle tracée le long de l'enveloppe en tôle, le nombre de séries sonnées. Les gardes sachant à quel chiffre le voyant s'était arrêté précédemment, peuvent constater si le signal qu'ils reçoivent comprend une ou deux séries, lors même que, pour une raison quelconque, ils n'auraient pu compter sûrement le nombre de coups au moment où ils étaient frappés.

Sur certaines lignes des chemins de fer du Nord, la mise en action de ces sonneries est faite automatiquement par les trains eux-mêmes quand ils se trouvent éloignés de 2 kilomètres des passages à niveau; à ces points sont placés des appareils interrupteurs, sur lesquels réagissent les roues des wagons, et dont la disposition ne laisse pas que d'être un peu compliquée, en raison des difficultés qu'entrainent toujours des actions mécaniques, aussi brusques que celles qui résultent de véhicules en mouvement rapide.

Ce système interrupteur se compose d'un levier maintenu par une pédale à contre-poids, lequel levier, quand la pédale est abaissée, tombe et fait glisser un contact communiquant avec la terre, contre une pièce isolée à laquelle aboutit le fil qui vient de la sonnerie. Un soufflet qui se remplit d'air rapidement par la chute du levier, et se vide lentement quand il est relevé par le contre-poids de la pédale, maintient le contact établi quelques instants, et a pour but principal de s'opposer au relèvement trop brusque de la pédale. Celle-ci placée le long du rail, est abaissée au passage du rebord de la première roue de la machine, et il est utile, pour éviter les détériorations, qu'elle ne soit pas atteinte par les roues suivantes, soit de la locomotive, soit des wagons. De là, la nécessité d'y adapter l'appareil modérateur à soufflet, dont on peut d'ailleurs régler l'action par l'agrandissement ou le rétrécissement de l'orifice d'échappement de l'air.

L'appareil pourrait être réduit à une simple pédale portant une petite boîte en matière isolante dans laquelle aboutiraient des fils communiquant d'un côté à la terre de l'autre à la sonnerie; alors le contact entre ces fils pourrait être établi, au moyen de mercure, quand la pédale en s'abaissant aurait déplacé ce mercure et l'aurait amené en contact avec les deux fils.

Dans ce système, la sonnerie du passage à niveau est disposée de telle sorte, que le circuit établi par la chute du levier du commutateur à pédale fait déclancher une pièce qui établit elle-même un courant permanent à travers le trembleur. Celui-ci fonctionne donc jusqu'à ce que le garde, après avoir fermé sa barrière, ait relevé au doigt la pièce de contact et l'ait enclanchée de nouveau.

Aujourd'hui on semble préférer aux sonneries, les appareils à signaux fixes dans le genre de celui de M. Regnault. Ainsi sur le réseau de Lyon, c'est l'indicateur de M. Jousselin qui remplace les sonneries pour prévenir de l'arrivée des trains aux passages à niveau.

Extérieurement, cet appareil consiste dans une boîte dont la partie supérieure porte un cadran sur lequel une aiguille peut osciller entre deux positions déterminées, tandis que de la partie inférieure sortent deux pédales servant de transmetteurs.

Sur les appareils qui doivent être installés aux stations et qui doivent être manœuvrés par les agents des stations, les positions extrêmes que peut prendre l'aiguille indicatrice portent les indications *j'ouvre, je ferme*, qui correspondent aux manœuvres des gardes barrière et sur les pédales sont gravés ces mots : *ouvrez — fermez*, qui sont les ordres que l'agent de la gare peut avoir à transmettre. Sur les appareils placés aux passages à niveau, ces indications sont renversées ; ainsi aux deux positions extrêmes de l'aiguille on a inscrit les mots : *ouvrez, fermez*, tandis que sur les pédales sont gravés les mots : *j'ouvre* pour la pédale de gauche, et *puis-je ouvrir ? je ferme* pour la pédale de droite.

L'organe électro-magnétique du récepteur n'est d'ailleurs qu'un électro-aimant droit dont le noyau, recourbé en dehors de la bobine magnétisante, peut osciller entre les pôles de noms contraires de deux aimants persistants. C'est du reste une disposition analogue à celle des électro-aimants du P. Cecchi ou de M. De la Follye, et l'aiguille indicatrice est fixée sur le noyau électro-magnétique, dans le prolongement de son axe. Lorsqu'un courant positif circule dans la bobine, l'aiguille dévie d'un côté, et elle dévie en sens opposé pour l'autre direction du courant ; de sorte que les pédales n'ont qu'à être disposées de manière à envoyer, l'une des courants positifs, l'autre des courants négatifs, pour que les indications soient fournies dans toutes les conditions de sûreté désirables. D'un autre côté, comme les aimants réagissent sur le noyau magnétique après la disparition du courant dans la bobine, l'aiguille de l'indicateur reste dans la dernière position que lui a fait prendre le courant, et les indications sont persistantes.

Au lieu de sonneries allemandes pour les passages à niveau, M. Lartigue a pensé qu'on pourrait employer avec avantage des timbres sur lesquels réagiraient de forts marteaux mis en action sous l'influence d'électro-aimants Hughes. En les adaptant à un mât sémaphorique, on pourrait, par leur intermédiaire, obtenir un électro-sémaphore simplifié qui pourrait être d'un service utile pour la circulation des trains sur ces points de la voie. Dans ces conditions, le mécanisme de la sonnerie consisterait dans un simple compas articulé de grande dimension, dont le bras supérieur, muni d'une plaque sur laquelle serait gravé le mot *arrêt*, porterait le marteau qui

arriverait à la position horizontale en touchant le timbre, et dont le petit
bras porterait une armature de fer doux enclanchée sur l'électro-aimant
Hughes. Ce petit bras serait muni en outre d'une plaque sur laquelle seraient
gravés les mots *laissez passer*, et qui apparaîtrait en dehors de la boîte au
moment du déclanchage, c'est-à-dire au moment où le marteau en tombant
sur le timbre aurait fait disparaître la première plaque. Une dent serait fixée
sur la douille d'articulation du compas, et serait tellement disposée, que le
tirant destiné à faire réagir le bras du sémaphore, se trouverait en temps
ordinaire enclanché sur elle par l'intermédiaire d'un cliquet ; or, comme
cette position qui correspondrait au signal d'arrêt ne pourrait être changée
qu'à la suite d'un déclanchement électro-magnétique, provoqué de la station correspondante, l'employé ne pourrait manœuvrer le sémaphore qu'en
temps opportun. Cette manœuvre aurait d'ailleurs pour résultat, tout en
relevant le bras sémaphorique, de renclancher le compas sur l'électro-aimant et de remettre l'appareil en situation d'être impressionné par une
nouvelle réaction électrique.

IV. — DISPOSITIONS ÉLECTRIQUES POUR LE SERVICE DES GARES ET DES
CONVOIS.

1° Contrôleurs des manœuvres.

Depuis quelques années, les administrations des chemins de fer, notamment celle des chemins de fer du Nord, semblent secouer l'indifférence
qu'elles avaient montrée jusque là pour l'emploi des moyens électriques,
et nous voyons avec plaisir que l'électricité se trouve maintenant non-
seulement appliquée à la sécurité de la marche des trains, mais encore pour
les besoins du service à l'intérieur des gares. Parmi les applications de ce
genre, nous citerons celles qu'en a faites M. Lartigue aux cuves à eau et
au contrôle de la manœuvre des aiguilles de la voie ; on sait que c'est le
plus souvent par le défaut de soin et d'exactitude des aiguilleurs, que les
accidents ont lieu, et on peut comprendre facilement d'après cela combien
un appareil contrôleur de la manœuvre des aiguilles peut rendre de services.

Avant de décrire ces ingénieuses applications, je dois entrer dans
quelques détails sur un commutateur à mercure de M. Lartigue qui en est
la pièce capitale et qui peut d'ailleurs avoir beaucoup d'autres applications.

Commutateur à mercure de M. Lartigue. — Ce commu-
tateur a pour but d'établir ou d'interrompre les circuits électriques dans

des conditions qu'il serait difficile ou impossible de réaliser avec les commu·
tateurs ordinaires. Il se compose essentiellement d'une boîte en substance
isolante : (Verre, porcelaine, ébonite, gutta-percha, etc.) bien étanche et
contenant du mercure qui, selon la position de la boîte, établit ou rompt la
communication entre des fils de platine dont la position est déterminée suivant les cas.

La boîte peut être divisée en deux ou plusieurs loges de proportions variables, isolées les unes des autres, ou communiquant par des orifices pratiqués dans les cloisons-intermédiaires. Dans cette dernière disposition, on
peut régler la durée des circuits établis, par le temps que peut mettre le
mercure à passer d'une loge dans l'autre : C'est alors une véritable clepsydre
à mercure, d'où le nom de commutateur clepsydrargyrique, sous lequel
l'appareil a été désigné. Les principaux résultats obtenus sont ceux-ci :

Etablir un circuit dans des conditions parfaites d'isolement, quelque soit
le milieu liquide ou gazeux, dans lequel le commutateur est placé, par
conséquent ni dérivations, ni oxydation des contacts;

Limiter automatiquement la durée du circuit;

Inverser les courants, soit d'une manière permanente, soit pendant une
durée déterminée;

Etablir le circuit par une manœuvre de la boîte, alors que la même
manœuvre, opérée moins rapidement, ne laisse pas établir le circuit.

Nous avons déjà parlé d'un commutateur de ce genre p. 466, au sujet du
contrôleur des disques de M. Lartigue ; nous allons le retrouver encore
sous une autre forme dans l'appareil qui suit et qui a été également imaginé par M. Lartigue.

**Contrôleur des aiguilles de changement de voie ma-
nœuvrées à distance.** — Au côté extérieur du contre-rail, vis-à-vis de
l'extrémité de chacune des lames mobiles de l'aiguille, est fixée une plaque
P, fig. 5, Pl. IX, sur laquelle est articulée une bascule B munie d'une
tringle t qui traverse l'âme du rail et fait une légère saillie. Lorsque la lame
d'aiguille est exactement appliquée sur le contre-rail, la tringle t est re-.
poussée comme on le voit à gauche de la figure, et la bascule B est maintenue dans une position inclinée; elle redevient horizontale lorsque la lame
est écartée comme on le voit à droite de la figure. Le commutateur à
mercure dont nous avons parlé précédemment, est fixé sur la bascule B, et
une boîte en métal abrite ces différentes pièces. Une sonnerie trembleuse et
une pile sont placées près des leviers de manœuvre.

Dans les conditions actuelles de son application, les contacts électriques
du commutateur à mercure sont assez simples : deux suffisent, et ils sont

placés au fond et aux deux bouts du plus grand compartiment. Ils sont d'ailleurs reliés d'un commutateur à l'autre, de manière que ceux qui sont les plus rapprochés de la cloison de séparation se trouvent réunis l'un à l'autre, et que les deux autres correspondent l'un à la terre, l'autre à la sonnerie. Or, voici les effets qui résultent de cette disposition, quand on manœuvre les aiguilles.

Quand l'une des lames de l'aiguille appuie exactement contre le rail auquel elle correspond, l'un des commutateurs est incliné et l'autre est horizontal; par conséquent, aucun courant ne peut être fermé à travers la sonnerie, l'un des contacts du commutateur incliné étant hors du mercure. Quand, au contraire, le rapprochement de l'aiguille du rail n'est pas complet, le commutateur incliné se rapproche davantage de la position horizontale, et le contact qui était dans le cas précédent hors du mercure, s'y trouve plus ou moins immergé; de sorte que le circuit de la sonnerie étant complet, celle-ci se met à tinter jusqu'à ce qu'on ait achevé la manœuvre. Comme, pour passer d'une position à une autre, l'aiguille est obligée de prendre une position intermédiaire qui entraîne le tintement de la sonnerie, on comprend aisément que, si une seconde sonnerie se trouve à la station, le chef de gare pourra être certain que la manœuvre des aiguilles a bien été réellement exécutée.

Ce tintement de la sonnerie à chaque manœuvre a encore l'avantage d'indiquer à l'aiguilleur si l'organisation électrique est en bon état; en effet, si ce tintement ne se faisait pas ou se produisait toujours malgré la répétition de la manœuvre, il aurait à s'assurer du dérangement survenu, et devrait y apporter remède.

Une seule pile et une seule sonnerie sont nécessaires pour chaque groupe d'aiguilles. Plusieurs aiguilles ne pouvant être manœuvrées simultanément, le contrôle s'applique sans aucun doute possible à celle qui est mise en mouvement.

Le réglage de l'appareil se fait au moyen d'un écrou mobile sur la broche t qui traverse le contre-rail et sur lequel appuie l'aiguille. On peut de cette manière arriver à constater l'écartement de l'aiguille à moins d'un millimètre près, et comme d'ailleurs, à chaque manœuvre l'état du système électrique se contrôle, cet appareil offre toutes les garanties de sécurité.

Indicateurs des niveaux d'eau dans les cuves à eau. — *Système de M. Lartigue.* — Cet appareil a pour but d'indiquer quand le niveau de l'eau a atteint une hauteur maxima dans les cuves à eau. A portée du trop plein de ces cuves, est disposé, à l'extrémité d'une longue bascule, un entonnoir à orifice étroit qui peut recevoir l'eau du trop plein et la garder assez longtemps pour maintenir la bascule abaissée tant que dure l'écoulement. Un contre-poids et un butoir d'arrêt maintiennent cette bascule horizontale en temps ordinaire, et un commutateur à mercure est placé à sa partie supérieure. Ce commutateur a la même disposition que celui dont nous avons parlé précédemment, seulement les contacts sont disposés de manière à n'être immergés dans le mercure que quand le commutateur, et par suite la bascule, sont inclinés sous un angle convenable. Alors un courant électrique se trouve fermé à travers une sonnerie d'avertissement qui prévient du trop grand remplissage de la cuve.

Le problème a été encore résolu au moyen d'un flotteur qui, au moment du plein, fait fonctionner un appareil d'induction par l'intermédiaire d'un levier. Le courant est transmis par un fil dans un indicateur où il fait apparaître un voyant qui prévient le chauffeur qu'il doit cesser de pomper. Une sonnerie ou un sifflet automoteur est parfois annexé à l'indicateur, et confirme ainsi, par un signal acoustique, le signal à vue donné au chauffeur.

Système de MM. Jousselin et Gaussin. — L'indicateur du niveau de l'eau dans les cuves à eau du chemin de fer de Lyon, quoique d'une date beaucoup plus ancienne que celle des appareils précédents, est établi d'une manière beaucoup plus complète; car non-seulement il réagit sur un avertisseur électrique qui prévient des moments où le niveau est trop bas ou trop haut, mais encore il fait en sorte que les hauteurs d'eau dans les cuves sont indiquées d'une manière permanente à l'endroit même où les pompes sont mises en jeu pour l'alimentation de ces réservoirs. Souvent la distance qui sépare cet endroit des cuves est considérable et peut atteindre 3 kilomètres. Or, on conçoit que, dans ces conditions, il est utile de connaître à chaque instant l'état d'approvisionnement de ces cuves, et naturellement on devait chercher à résoudre le problème en n'employant qu'un seul fil. On aurait pu appliquer dans ce cas, le mesureur électrique à distance que j'avais imaginé dès l'année 1856 et que nous avons décrit p. 424, mais on a préféré employer le dispositif suivant qui, bien que plus compliqué que le mien, est fort ingénieux comme mécanisme.

Dans ce système, un flotteur très-pesant est mis à contribution, et il réagit par l'intermédiaire d'une chaîne de Vaucanson sur une roue d'environ 8 centimètres de diamètre, fixée sur un axe qui commande le jeu d'un commutateur. Ce commutateur est, par conséquent, placé contre la cuve à eau, et comme il peut réagir à chaque demi-tour de la roue, chaque changement de niveau équivalent à 10 centimètres peut donner lieu à une action électrique capable de réagir sur l'appareil indicateur.

L'appareil indicateur est constitué par une double roue à rochet dont les dents sont tournées en sens inverse, et sur laquelle réagissent deux systèmes d'encliquetages, à butoirs de sûreté, qui sont eux-mêmes commandés par deux systèmes électro-magnétiques disposés magnétiquement en sens contraire, c'est-à-dire de telle manière qu'un courant les traversant tous les deux à la fois, l'un fonctionne sous l'influence de ce courant dirigé dans un sens, et l'autre sous l'influence de ce même courant dirigé en sens contraire. A cet effet, les armatures sont polarisées par des aimants fixes comme dans le système de Siemens, et se terminent par deux cliquets d'impulsion réagissant sur les deux roues à rochet, aux deux extrémités d'un même diamètre. Un sautoir maintient cette double roue dans une position fixe après l'action des cliquets, et ceux-ci terminés par des plans inclinés qui glissent entre deux vis butoirs réglées en conséquence, constituent en même temps leur butoir de sûreté, comme dans les systèmes de compteurs de MM. Mildé et Fournier que nous avons décrits p. 35 et 41. Naturellement l'aiguille indicatrice est fixée sur l'axe de ces roues à rochet, et, comme elle peut marcher dans un sens ou dans l'autre, suivant que c'est l'un ou l'autre des systèmes électro-magnétiques, qui est actif, les divisions du cadran ne comprennent qu'un arc de cercle qui correspond à la hauteur totale de l'eau, depuis le fond de la cuve jusqu'au déversoir du trop plein. A ces deux points extrêmes, deux ressorts en rapport avec une sonnerie d'appel rencontrent une came adaptée à l'axe des roues à rochet, et qui occupe toute l'étendue de l'arc complémentaire de celui qui correspond aux deux positions extrêmes de l'aiguille. On se trouve donc ainsi prévenu automatiquement quand la cuve n'a plus assez d'eau ou quand elle est trop remplie.

Le commutateur appelé à faire fonctionner cet appareil et que nous représentons, fig. 111 ci-dessous, est la partie la plus ingénieuse du système. Il devait avoir pour effet : 1° de faire en sorte que tous les mouvements du flotteur effectués dans un même sens pussent fermer un courant dans un sens donné, aux moments où le flotteur s'élevait successivement de 10 centimètres; 2° de faire en sorte que les mouvements rétrogrades du flotteur pussent renverser le sens du courant et déterminer ensuite des fermetures et interruptions de ce courant, ainsi renversé, à chaque abaissement du flotteur de 10 centimètres. Ce double problème a été réalisé au moyen d'un inverseur et d'un interrupteur mis en action par deux tambours à rebords A et B fixés sur l'axe horizontal DD', lequel est conduit, comme on l'a vu, par le flotteur et la chaîne de Vaucanson.

A cet effet, l'un de ces tambours A est muni de trois rebords saillants qui en font comme une poulie à deux gorges; le rebord du milieu est coupé

aux deux extrémités d'un même diamètre par une large entaille qui permet
à un levier articulé E muni d'une cheville c et sollicité par un fort ressort R
de passer d'une gorge dans l'autre. Ce tambour correspond à l'inverseur, et
celui-ci est constitué par le levier E dont nous venons de parler. Ce levier
porte, en effet, à son extrémité libre une lame de ressort G qui peut
osciller entre deux vis de contact v, v' en rapport avec les deux pôles de la

Fig. 111.

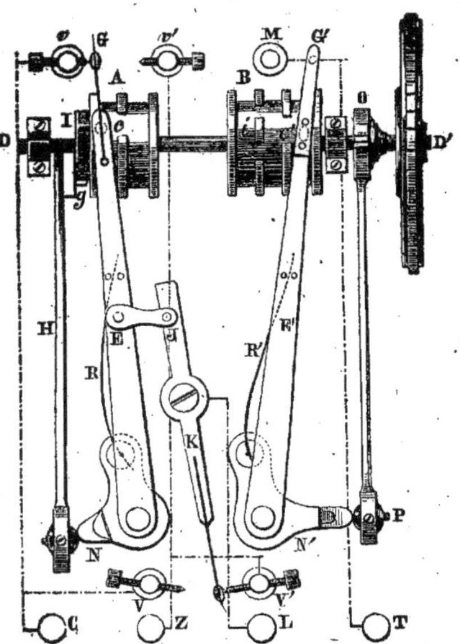

pile. C'est une sorte de godille analogue à celle des manipulateurs des télégraphes à cadran, mais qui, au lieu d'être manœuvrée au moyen d'une
gorge sinueuse, est mise en action par le ressort R et une bielle H sur laquelle réagit un disque I, muni de deux échancrures et porté par l'axe D D'
des tambours. Quand cet axe tourne dans un sens, l'une des échancrures rencontre bientôt un galet g adapté à l'extrémité d'un levier vertical articulé, qui
porte la bielle H, et ce galet en s'y enfonçant, se trouve engrené et repoussé

dans le sens du mouvement de l'axe, d'où résulte un mouvement de la godille dans un sens et, par conséquent, le contact de celle-ci avec un pôle de la pile. Tant que le mouvement de l'axe continue dans le même sens, cet effet se maintient, car le galet g ne peut rétrograder, étant maintenu par la circonférence du disque I après que l'échancrure en est dégagée, et la seconde échancrure ne peut davantage modifier cette action, en raison de la position que la bielle occupe alors; mais quand le mouvement de l'axe D D' s'effectue en sens contraire, l'échancrure en se présentant devant le galet g de la bielle, le saisit et l'entraîne pour le reporter avec la bielle du côté opposé, jusqu'à ce qu'elle l'abandonne de nouveau, en le laissant appuyé contre la circonférence du disque qui le maintient comme la première fois. Or, il résulte de ce mouvement une tension du ressort R en sens contraire de sa première action, et qui a pour résultat de mettre la godille en contact avec un autre pôle de la pile en v'.

Pour obtenir des effets symétriques à l'autre bout du circuit, effets qui complètent l'inversion du courant, la godille articulée E dont il vient d'être question, est reliée par une bride en ivoire E J à une seconde godille à bascule J K, pivotant sur une colonne métallique en rapport avec le fil de ligne L. Cette godille, comme la première, se termine par un ressort de contact qui oscille entre deux vis de contact V', V' en rapport avec les deux pôles de la pile, et son mouvement s'effectue de telle façon que quand la godille E de l'inverseur qui en commande l'action touche le contact positif v, la seconde godille touche le contact négatif V'. D'un autre côté, la terre T est mise en communication avec un contact M qui la relie au massif de l'appareil, et par suite avec la godille E (par l'intermédiaire de la bielle H), quand la seconde godille E' de l'interrupteur vient à le toucher; de sorte que, dans ce cas, la terre est négative ou positive suivant le sens d'inclinaison de la godille E, et comme, par ce seul fait, la petite godille J K met la ligne en rapport avec le pôle positif ou le pôle négatif, le courant est bien renversé suivant le sens du mouvement de l'axe D D', et par suite, suivant celui du flotteur. La première partie du problème se trouve donc ainsi résolue.

La seconde l'a été d'une manière analogue, mais plus simplement. Le tambour B qui commande le jeu de l'interrupteur a cette fois quatre rebords, et les deux du milieu présentent en face des entailles du premier tambour, de grandes entailles disposées d'une manière différente aux deux extrémités d'un même diamètre et placées d'une manière inverse l'une par rapport à l'autre sur les deux rebords contigus. L'une de ces entailles présente au milieu une partie pleine i d'une largeur égale à celle des fentes

laissées sur les deux côtés; celle du côté opposé est simple. Une godille
articulée E', semblable à celle dont il a été déjà question et terminée par un
ressort de contact G', est dirigée par les rebords de ce dernier tambour au
moyen d'une cheville c' qui est encastrée dans les rainures circulaires laissées par ces différents rebords; mais elle tend à s'échapper de ces rainures
sous l'influence d'un fort ressort R' sur lequel réagit un compas articulé N'
conduit par une bielle à excentrique O P. L'excentrique O de cette bielle est
fixée sur l'axe D D' des tambours; de sorte que, suivant le mouvement de
cet axe dans un sens ou dans l'autre, le ressort réagit sur la godille dans un
sens différent. Enfin, devant la rainure du milieu du tambour, se trouve la
colonne de cuivre M dont nous avons déjà parlé, qui est mise en rapport
avec le fil de terre et qui constitue le contact de l'interrupteur. Or, il résulte
de cette disposition les effets suivants : quand le mouvement de l'axe des
tambours s'effectue dans un sens, la godille E' qui était maintenue dans
l'une des rainures extrêmes du tambour B, se trouve sollicitée par le ressort
R' à en sortir, et elle s'en dégage aussitôt que l'une des fentes du rebord
voisin vient se présenter devant elle; elle tombe alors sur la partie pleine i
de l'entaille du second rebord qui la maintiendrait dans cette position si le
niveau de l'eau ne changeait pas, mais qui la laisse tomber dans la troisième rainure par la seconde fente de l'entaille, quand le mouvement continue. Or, dans ce mouvement, le ressort G' de la godille rencontre le contact M, en rapport avec le fil de terre, et ferme le courant à travers le
récepteur dans le sens établi par l'inverseur E; car la communication de
celui-ci avec la terre ne peut se produire que par la godille E' dont nous
venons de parler. Il en résulte donc l'avancement d'une division de l'aiguille
indicatrice sur le récepteur. Si le mouvement du flotteur se continue dans
le même sens, le même effet se produit, mais dans un sens différent, car
l'excentrique O réagit alors sur le ressort de la godille dans un sens inverse.
Une nouvelle fermeture du courant se trouve donc alors produite, et, pendant cette réaction, la godille de l'inverseur n'ayant pas changé de position
l'aiguille du récepteur avance d'une nouvelle division sur l'indicateur.
L'effet se renouvelle de la même manière tant que continue le mouvement
du flotteur dans le même sens. Supposons maintenant que le sens du mouvement change, l'inverseur E changera de position, et à la suite de l'inversion, l'interrupteur E' fonctionnera comme nous l'avons indiqué précédemment, mais avec des courants renversés qui feront rétrograder l'aiguille.

Comme la position des godilles E, E' est maintenue solidement tant que
les permutations ne se produisent pas, les petites fluctuations de niveau,

moindres que 10 centimètres sont sans action sur le commutateur, dont la marche se trouve ainsi parfaitement et nettement déterminée.

Cet appareil a très-bien fonctionné à la gare de Brunoy où il avait été installé dès l'année 1862.

2° Communications électriques à travers les trains.

A la suite des affreux attentats commis sur certaines lignes de chemins de fer, l'autorité s'est émue des conséquences graves que pouvait entraîner l'absence de relation entre les voyageurs et les chefs de train, et par une circulaire ministérielle du 29 novembre 1865, les compagnies des chemins de fer français ont été invitées à prendre, dans un délai de quatre mois, les mesures nécessaires, 1° pour qu'une communication fût établie entre les gardes-frein et les mécaniciens dans tous les trains de voyageurs et même dans les trains mixtes de leur réseau; 2° pour combiner un système de communication entre les voyageurs et les agents, avec l'appareil destiné à établir cette même communication entre les gardes-freins et le mécanicien.

Au premier abord, le problème paraît très-simple à résoudre, mais quand on étudie de près la question, on reconnaît qu'il est hérissé de difficultés au point de vue pratique. Il ne faut pas, en effet, perdre de vue que la composition des trains n'est pas immuable dans tout leur trajet; tantôt on ajoute des wagons, tantôt on en retire, et il faut, par conséquent, que le système de liaison électrique établi d'un bout à l'autre d'un convoi, puisse être disposé de telle manière que par le fait même de l'accrochement des wagons les uns aux autres, les communications électriques soient elles-mêmes établies. Mais comment obtenir une continuité métallique certaine dans un circuit soumis à tant d'interruptions, à tant de mouvements insolites et exposé à tant de causes de perturbations, telles que la poussière, la vapeur d'eau, la fumée de charbon, etc., etc?... Telle était la partie délicate du problème. D'un autre côté, en dehors de ces difficultés matérielles, il s'en présentait d'autres appartenant à l'ordre moral et qui étaient peut-être encore moins faciles à résoudre. C'étaient celles qui devaient résulter de l'indépendance des compagnies de chemins de fer. Pour arriver à un résultat pratique, il fallait nécessairement que tous les wagons présentassent certaines dispositions particulières qui devaient être toujours les mêmes. Or, si les wagons d'une compagnie étaient introduits dans les trains d'une autre compagnie qui n'aurait pas adopté le même modèle, il devenait impossible d'établir la liaison électrique et, dès lors, la mesure devenait illusoire. On pouvait d'ailleurs craindre que le public, par méchanceté, malice, sottise ou pusillanimité n'abusât de la facilité qu'il aurait entre les mains pour faire arrêter les trains, et n'entrainât, par suite de cet arrêt, des accidents plus graves que ceux que l'on voulait éviter.

Quoiqu'il en soit, l'opinion publique aidant en cela le gouvernement d'alors, on chercha à résoudre matériellement le problème, et une foule de systèmes furent proposés, les uns ne mettant à contribution que des effets purement mécaniques, les autres que des effets électriques. Mais de tous ces systèmes, le seul qui ait présenté quelque garantie sérieuse est celui de M. Prudhomme qui est, du reste, aujourd'hui adopté sur beaucoup de nos lignes ferrées et même sur quelques lignes anglaises. Ce système, outre les avantages qu'il peut donner en établissant une communication électrique d'un bout à l'autre d'un convoi, permet aussi de prévenir les agents des ruptures d'attelages qui pourraient se produire pendant la marche.

Fig. 112.

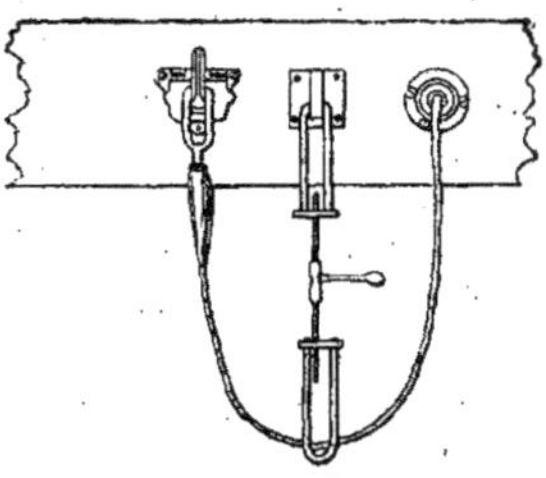

Les appareils Prudhomme se composent de diverses pièces ainsi disposées :

Chaque voiture porte à l'avant et à l'arrière d'une façon symétrique, à droite et à gauche de la barre d'attelage, une corde terminée par un anneau en fer galvanisé ou en bronze et un crochet à ressort dont nous parlerons plus tard. La fig. 112 ci-dessus, représente cette disposition pour un wagon de queue ou de tête sur lequel les communications électriques ne se continuant pas plus loin, le circuit doit être fermé. Des fils métalliques reliant ces pièces entre elles sont disposés en dessous du châssis de chaque voiture et constituent avec les cordes le circuit métallique.

Tous les fourgons et guérites des voitures à frein sont munis d'un commutateur d'appel que l'on manœuvre en déplaçant de droite à gauche un levier qu'un ressort ramène à sa position primitive, et d'une traverse garnie de plaques métalliques auxquelles on suspend, au moyen de ses crochets, une boîte portative contenant une pile et une sonnerie. Les appareils sont en état de fonctionner par le seul fait de la mise en place de la boîte à sonnerie et de l'accrochage des cordes de voiture ainsi qu'on le verra plus loin.

Toutes les voitures d'un train sont reliées entre elles de façon que l'anneau de la corde de l'une soit engagé à fond dans le crochet de celle qui lui fait face sans que les cordes soient croisées. La corde placée à l'avant de la première voiture aussi bien que celle placée à l'arrière de la dernière, est passée en dessous de la barre d'attelage et attachée au crochet placé de l'autre côté de cette barre comme le montre la fig 112.

Lorsqu'un train doit être décomposé, on retire les anneaux des cordes des crochets où ils sont engagés, et on les suspend, ainsi qu'il vient d'être dit. On doit toutefois éviter de laisser traîner les cordes pendant les manœuvres, de les enrouler autour des crochets de traction ou des chaînes d'attelage et surtout de s'en servir pour traîner les wagons.

Sur les chemins de fer du Nord, les voitures de première classe sont munies de transmetteurs composés de tringles logées dans les cloisons qui séparent les compartiments : ces tringles sont terminées, à leurs deux extrémités qui font saillie extérieurement, par des ailettes blanches, dont l'une est munie des contacts nécessaires pour fermer le circuit des piles et faire fonctionner les sonneries. On peut faire faire à la tringle un quart de tour en agissant sur un levier fixé sur elle au moyen d'une chaîne dont le dernier anneau paraît dans une ouverture triangulaire pratiquée dans la cloison des compartiments, et qui est fermée des deux côtés par un carreau de vitre. Pour faire le signal d'appel, le voyageur doit casser le carreau et tirer sur la chaîne ; la tringle fait alors son quart de tour, les contacts électriques sont établis, et les ailettes ordinairement horizontales et, par conséquent, ne présentant que leur tranche à l'œil des agents qui les regardent de leur fourgon, prennent la position verticale et deviennent apparentes. En tournant ces ailettes à la main en sens contraire, on remet la tringle dans sa position normale et on arrête la marche des sonneries. Ce sont ces ailettes que l'on distingue en E sur la figure 118.

Sur les lignes du chemin de fer de Lyon, les appareils transmetteurs d'appel ne sont autre chose que des boutons ordinaires de sonnerie d'appartement, qui sont fixés au plafond des différents compartiments.

Chaque train doit être muni d'une sonnerie dans le fourgon de tête et d'une autre dans le fourgon ou guérite à frein de queue.

Depuis l'installation des communications électriques des trains, les administrations ont pensé à les utiliser comme moyen de contrôle pour le service des convois. Ainsi le conducteur chef s'en sert pour s'assurer de la présence à leur poste des autres agents du train qui devront répondre à ses appels, ou pour éveiller leur attention lorsque le mécanicien siffle aux freins. Les gardes-freins peuvent aussi, par ce système, appeler le conducteur chef, si quelque circonstance particulière leur semble réclamer l'intervention de celui-ci. S'il survient une rupture des barres et chaînes d'attelage de l'une des voitures d'un train, les appareils fonctionnent automatiquement par le décrochage des cordes qui relient cette voiture à la précédente. Les agents du train prévenus par leur sonnerie agissent alors selon les prescriptions qui leur incombent en pareil cas.

Les machines pourvues d'un sifflet électro-automoteur étant munies de cordes et de crochets du système Prudhomme, on peut établir entre elles

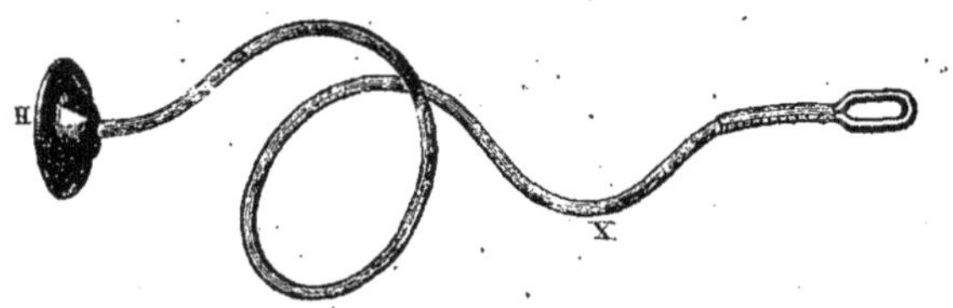

Fig. 113.

et le fourgon du conducteur chef de train, une communication qui permette à cet agent de faire un signal au mécanicien par le sifflet, en déclanchant cet appareil par l'envoi d'un courant de sa pile, et au moyen d'un commutateur spécial. L'accrochage des cordes de la machine se fait d'ailleurs de la manière ordinaire. On comprend que le fourgon d'où l'on envoie les signaux ne doit pas forcément être accroché directement après la machine. Une ou plusieurs voitures munies de communications peuvent être interposées.

Fig. 114.

Les figures 113, 114 et 115 représentent en détails les différentes pièces qui composent le système Prudhomme. La fig. 113 montre la manière dont sont disposées les cordes de jonction qui réunissent électriquement les wagons entre eux. Ces cordes sont formées de tresses de fils de cuivre rouge contournées en spirale autour d'une corde et recouvertes de trois couches de coton, guipées et goudronnées. Ces cordes portent, à l'une de leurs extrémités, un anneau métallique en contact immédiat avec les fils de cuivre, et à l'autre extrémité, une sorte de plateau H qui sert à les fixer sur la traverse en bois de la voiture, mais, en assurant un bon contact entre les fils de cuivre de la corde et le conducteur métallique de la voiture. Chaque voiture porte, comme nous l'avons dit, deux cordes ainsi établies et disposées symétriquement par rapport à la barre d'attelage, l'une à l'avant, l'autre à l'arrière, comme on le voit fig. 117 et 118. Les crochets sur lesquels sont fixés les cordes de communication sont représentés sur une grande échelle, fig. 114, et l'on voit, fig. 115, la manière dont les cordes s'y trouvent accrochées. Chacun de ces crochets est, comme on l'a vu, placé du côté de la barre d'attelage opposé à celui qu'occupe chacun des plateaux H des cordes. Par cette disposition, il arrive que de telle manière qu'on présente une voiture dans un train muni du système

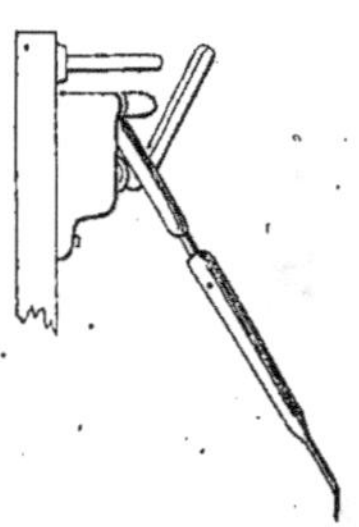

Fig. 115.

Prudhomme, il se trouvera toujours une corde en face d'un crochet et réciproquement.

Ce crochet se compose d'une clanche G montée sur un barillet horizontal Y, dans lequel est un fort ressort qui sert à maintenir la clanche G rapprochée de la monture en fonte qui sert à fixer le crochet sur la traverse de bois du wagon. La partie supérieure de cette monture fait saillie, de manière à maintenir l'anneau de la corde X, quand il est engagé dans le crochet. En face de la clanche G, et dans l'épaisseur de la traverse de bois du wagon, est fixé une sorte de boulon I qui, lorsque l'anneau X n'est pas engagé dans la clanche G, est en contact avec cette clanche, mais qui s'en trouve à une certaine distance dès que l'anneau est engagé. Ce boulon destiné à servir de contact électrique, est en communication à la fois

Fig. 116.

avec la terre et avec le pôle positif de la pile du wagon sur lequel il est fixé, alors que le crochet est en rapport avec le pôle négatif, comme on le voit, fig. 117; c'est-à-dire par l'intermédiaire de la sonnerie d'appel A et le commutateur manipulateur C dont il a été déjà question et dont nous allons indiquer la disposition.

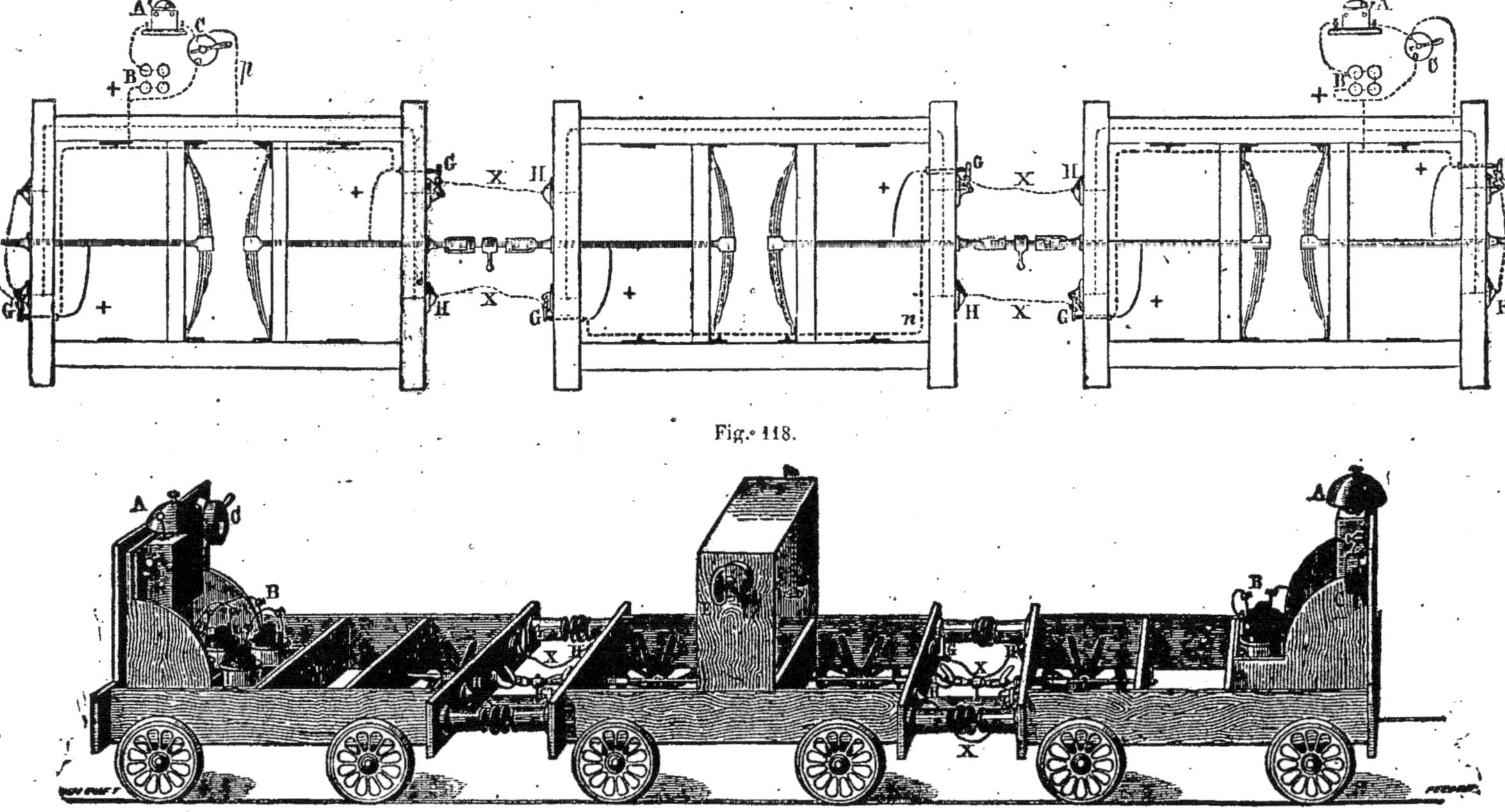
Fig. 117.

Fig. 118.

Ce commutateur que nous représentons, fig. 116, et qui est destiné à envoyer les signaux, n'est autre chose qu'un interrupteur à manette analogue à ceux que nous avons décrits, tome II, p. 392. La manette M dirige un frotteur C qui, étant incliné dans un sens ou dans l'autre peut fermer ou rompre le circuit correspondant aux sonneries. Il y a un commutateur de ce genre à la disposition de chacun des conducteurs, et celui des compartiments des wagons est à peu près du même genre.

Pour peu qu'on suive les communications électriques indiquées sur la figure 117, on peut reconnaître aisément ce qui arrive : 1° quand le commutateur n'étant pas sur contact, la clanche G du crochet touche ou non le boulon interrupteur I, fig. 114; 2° quand le commutateur étant placé sur contact, le circuit du convoi se trouve complété sur les deux wagons extrèmes par une liaison directe de la corde conductrice avec le crochet placé à côté.

Dans le premier cas, le courant de la pile B (de gauche) ira de B au boulon de contact I du crochet, et si ce boulon touche la clanche G du crochet, le courant sera dirigé, par le fil négatif du circuit du convoi et le fil p, à la sonnerie A et ira de là retourner à la pile. La sonnerie A se mettra donc à tinter jusqu'à ce que le contact entre G et I ait cessé, ce qui a lieu au moment où l'on introduit dans le crochet G l'anneau d'une corde de communication électrique, que cette corde appartienne au même wagon ou au wagon suivant.

Dans le second cas, le courant sera transmis à travers les deux sonneries du convoi, car la disposition des différents organes électriques, aux deux extrémités de ce convoi, étant symétrique par rapport aux fils de communication, le courant de chacune des piles anime la sonnerie la plus rapprochée. En effet, supposons que la manette du commutateur C (de gauche) soit tournée sur contact, le courant de la pile B (de gauche) ira de B en C, de C en A et de A en B. En même temps, le courant de la pile de droite ira, par la terre, regagner le commutateur C (de gauche), puis le fil de communication du convoi par le fil p, retournera au commutateur C (de droite), et de là à la pile après avoir passé par la sonnerie A (de droite); les deux sonneries se mettront donc à tinter, et l'échange des signaux pourra se faire.

On comprend aisément qu'avec cette disposition, il est facile de reconnaître, au moment où l'on attelle les voitures, si les communications électriques sont en bon état; car chaque fois qu'un crochet est dépourvu de son anneau, les sonneries placées aux deux extrémités du convoi doivent fonctionner, et si elles ne tintent pas, c'est que la pile ou les communications sont en mauvais état. C'est donc un moyen de contrôle excellent et qui n'entraîne aucune manœuvre spéciale.

Généralement les sonneries d'appel et leur pile sont placées dans les fourgons de tête et de queue des trains, et pour simplifier les manœuvres, elles sont disposées dans une même boîte qu'il suffit d'accrocher pour

Fig. 119.

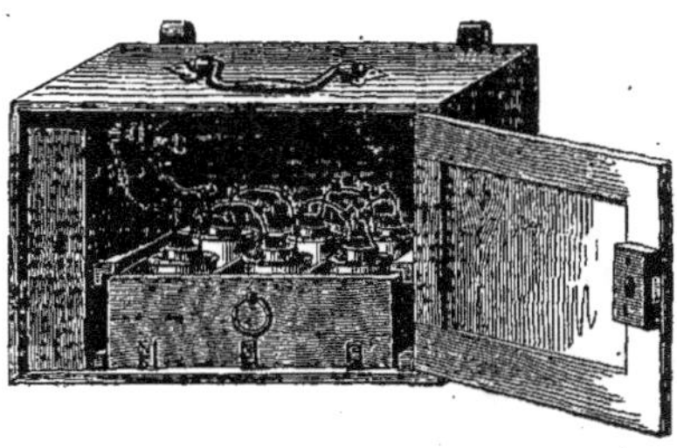

établir instantanément les communications électriques nécessaires. Cette boîte que nous représentons, fig. 119, est placée à côté du volant de manœuvre des freins, et s'enlève aussitôt que le train est arrivé à destination. Elle est mise dans un espèce de dépôt où on vérifie l'état de la pile, et comme toutes ces boîtes sont faites sur un même modèle, on peut prendre, au moment de la formation d'un train, l'une ou l'autre d'entre elles sans qu'il en résulte aucun inconvénient.

Fig. 120.

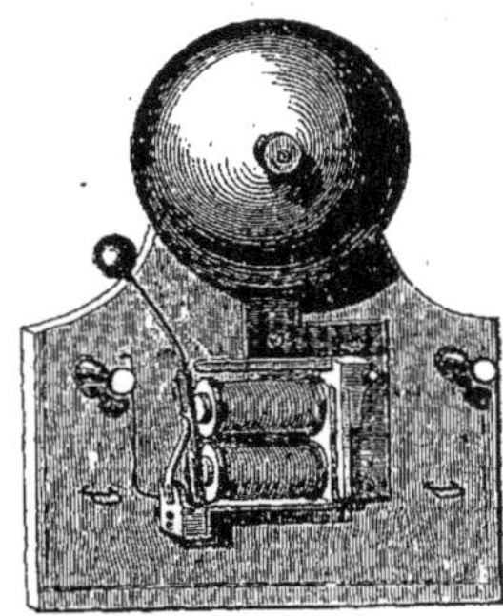

Les sonneries adaptées à ces boîtes ne sont pas exactement disposées comme les trembleuses ordinaires. On a dû leur apporter une petite modification nécessitée par certains inconvénients qui résultaient de leur installation sur un support sujet à des mouvements plus ou moins brusques, et qui les faisait tinter souvent inopportunément. Pour éviter cet inconvénient, on leur a donné la disposition représentée, fig. 120, et on à constitué la culasse de l'électro-aimant qui les anime par une pièce de fer articulée d'un côté comme une armature, et portant de l'autre côté une petite tige butoir repliée à angle droit, dont le bout vient appuyer contre un petit taquet adapté à l'armature. Dans ces conditions et à l'état normal, l'armature se trouve dans l'impossibilité complète de bouger; mais une fois que le courant anime l'électro-aimant, la culasse électro-magnétique, par son attraction, dégage l'armature, et celle-ci se trouve dès lors placée dans les conditions ordinaires.

Comme je le disais, ce système donne un moyen de contrôle extrèmement sûr et facile pour s'assurer de l'état des communications électriques et du bon fonctionnement des divers organes qui le composent; mais en outre de ces avantages, il permet de signaler automatiquement les accidents qui amènent la dislocation des trains. Supposons, en effet, que par une cause quelconque, un train se sépare en deux: comme les ressorts des crochets d'attelage des cordes X sont calculés pour céder avant la rupture des cordes, les anneaux se dégageront au point de séparation des deux parties du train, et les contacts établis par le conjoncteur des crochets mettront en action les sonneries sur les deux parties séparées du convoi; on se trouvera donc prévenu de cette séparation, et les différents véhicules composant chacune de ces parties séparées n'en resteront pas moins pour cela mis en relation électrique les uns avec les autres.

Sur les lignes du Nord, les communications de la pile avec le circuit ne sont pas établies comme l'indique la fig. 117; elles sont renversées, et cela parce que les conducteurs pouvant être utilisés à la manœuvre du sifflet automoteur, le sens du circuit n'est plus indifférent.

3° **Freins électriques**

Les freins sont, comme on le sait, des appareils destinés à arrêter plus ou moins rapidement un véhicule en mouvement par suite du frottement exercé sur les roues par un sabot en bois que manœuvre, au moyen de leviers et d'engrenages, le conducteur du véhicule. Sur les chemins de fer, les freins sont une des pièces mécaniques les plus importantes, puisque non-seulement ils peuvent modérer la vitesse acquise du train lorsque la locomotive n'agit plus, mais qu'ils pourraient même, avec une force convenable qui leur serait appliquée, arrêter plus ou moins spontanément le train dans sa marche, en cas d'accident. C'est pour obtenir ce dernier résultat qu'on a imaginé, il y a quelques années, les freins à contre-vapeur qui ont produit sous ce rapport d'excellents résultats, car cette fois c'est la vapeur elle-même qui réagit pour défaire ce qu'elle a fait. Mais dans la plupart des cas, les freins ne sont employés que comme modérateurs de vitesse et pour fixer l'arrêt des convois en un point déterminé, lorsque leur vitesse est déjà presque amortie. Or, dans ces conditions, la force mécanique exercée par la main de l'homme est suffisante ; mais on pouvait désirer, pour rendre l'effet plus efficace et plus prompt, qu'un certain nombre de freins fussent mis simultanément en action et pussent agir sur les différents véhicules d'un convoi. On pouvait même désirer que ces freins pussent réagir automatiquement dans des conditions données ; enfin on pouvait demander que la manœuvre du serrage de ces freins put être faite d'une manière très-facile sans exiger de la part des employés un déploiement de force qui est quelquefois insuffisant. Les freins électriques peuvent fournir tous ces avantages ; aussi l'imagination des inventeurs s'est-elle exercée sur ces appareils, et une foule de systèmes ont été proposés. Mais de tous ces systèmes, un seul a fourni des résultats réellement avantageux : c'est celui qui, imaginé il y a 20 ans par M. Achard, a fini après de nombreux perfectionnements par être adopté sur certaines lignes de chemins de fer, notamment sur les lignes du Nord et de l'Est. Aujourd'hui ce système ne semble laisser rien à désirer. Il a, du reste, été pour son auteur, l'objet des récompenses les plus élevées, entr'autre du prix Monthyon qui lui a été décerné en 1867.

Systèmes de M. Achard. — Nous avons décrit dans les tomes II et IV de notre seconde édition, les premières transformations de cette ingénieuse invention, depuis 1855 jusqu'en 1859 ; nous n'y reviendrons en conséquence ici que très-légèrement ; cependant, comme les moyens électriques employés dans ce système sont l'application d'un dispositif électro-mécanique qui a été souvent mis à contribution dans bon nombre d'applications électriques, nous croyons devoir entrer dans quelques détails sur les différentes transformations qu'a subies ce dispositif auquel M. Achard avait donné le nom d'*embrayeur électrique*.

Supposons qu'un mouvement de va-et-vient soit communiqué à une pièce mobile par une action mécanique quelconque, et que ce mouvement de va-et-vient ait pour résultat d'approcher ou d'éloigner alternativement d'un électro-aimant une armature de fer doux fixée à la pièce mobile ; admettons encore que cet électro-aimant soit adapté à l'extrémité d'un levier articulé qui réagira sur un frein lorsqu'il sera dérangé de sa position normale : on comprendra aisément que, si à un moment donné on ferme un courant à travers cet électro-aimant, la force magnétique qu'il possédera établira entre lui et son armature, au moment où celle-ci viendra en contact avec lui, une adhérence puissante qui, pour une force mécanique

lequel il est fixé. Ce levier pourra alors réagir sur le frein, soit directement, soit par l'intermédiaire d'une roue à rochet, et, dans ce dernier cas, ce rochet avançant d'un cran à chaque oscillation du levier, pourra fournir un serrage successif qui ne cessera qu'au moment où le courant sera interrompu, ou au moment où il y aura équilibre de force entre la puissance et la résistance. Or, si nous admettons que la puissance soit représentée par le mouvement de rotation du mobile qu'il s'agit d'arrêter, la force qui contribuera à l'arrêt de ce mobile sera d'autant plus grande que celle de ce mobile est elle-même plus grande, et les deux actions s'éteindront ensemble. On comprend donc d'après cela, que sous l'influence d'une force excessivement minime, celle nécessaire pour la fermeture d'un courant, on pourra déterminer une action mécanique puissante, et cette action pourra être déterminée automatiquement par un effet analogue à celui qui est produit dans le sifflet automoteur de M. Lartigue. La réaction du rochet sur les freins pouvant être d'ailleurs effectuée au moyen de cordes, on n'a pas à craindre avec ce système d'effets brusques. Toutefois, cette invention n'eût pas toute la réussite qu'on devait en attendre ; d'ailleurs le bruit du cliquet tombant sur les différentes dents du rochet était fort désagréable, et l'usure en était assez grande.

Fig. 121.

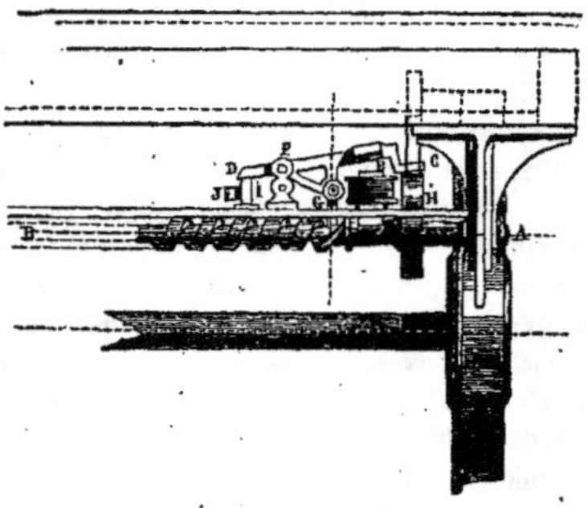

Après cette première disposition de son système, M. Achard substitua à l'embrayeur à roue à rochet son embrayeur à hélice que nous représentons fig. 121. C'est une espèce de vis sans fin à large filet, au-dessus de laquelle se trouve un petit chemin de fer sur lequel peut se promener un chariot, lorsqu'un taquet, commandé par l'armature d'un électro-aimant et mis en mouvement continuel de va-et-vient, se trouve maintenu électriquement au fond du filet de la vis. Ce chariot peut alors pousser un levier articulé et lui faire décrire un arc de cercle très-allongé.

Nous devons dire toutefois, pour l'intelligence de ce dessin, que la vis sans fin de l'embrayeur est mise en mouvement de rotation par un rochet sur lequel réagit l'un des essieux du wagon, par l'intermédiaire d'une excentrique et d'un second embrayeur analogue à celui que nous avons décrit précédemment. En fermant le courant à travers cet embrayeur secondaire, on met donc en marche la vis sans fin de l'embrayeur effectif, et on l'arrête par l'interruption de ce même courant. Cette partie du mécanisme, que nous ne représentons pas, de crainte de complication, est adaptée à l'extrémité B de la vis sans fin, et se présenterait de champ si elle était figurée.

Quant à l'embrayeur effectif, il se comprend aisément. E est l'électro-aimant, CD un levier oscillant en F et portant l'armature ainsi que le taquet d'embrayage qui se voit en G. H est une excentrique montée sur la vis AB, et qui réagit sur le levier CD par son extrémité C. I est un butoir d'arrêt pour limiter la course du levier CD et servir en même temps de poussoir ou d'embrayage au levier J qui est fort long et qu'on ne voit sur la figure que par le bout. Enfin au dessous du système, on voit l'essieu du wagon qui communique le mouvement de rotation à la vis AB, ainsi que nous l'avons dit.

A l'état normal, la vis AB ne tourne pas, mais quand on veut obtenir le serrage du frein on commence par la faire marcher en fermant le courant à travers l'embrayeur secondaire. Sous son influence, le levier CD se met à osciller, et lorsqu'on ferme ensuite le courant à travers l'électro-aimant E, le taquet G, maintenu électriquement au fond du filet de vis où il s'est trouvé porté après l'abaissement de l'excentrique H, suit forcément ce filet de vis et entraîne immédiatement le chariot qui porte tout le système électro-magnétique. Le levier d'embrayage, poussé par ce chariot, opère alors le serrage du frein qui peut être plus ou moins fort suivant que la course du chariot est elle-même plus ou moins grande. Or, comme il est facile de limiter à volonté la course du chariot, puisqu'il suffit pour l'arrêter d'interrompre le courant dans l'embrayeur auxiliaire, on peut, avec le système en question, obtenir tous les degrés de serrage possibles sans qu'on ait à craindre aucun desserrage, puisque d'un côté la vis AB ne peut reculer à cause de l'encliquetage du rochet qui la commande, et que de l'autre le taquet G, maintenu abaissé, ne peut s'échapper du filet de vis.

Quand on veut obtenir le desserrage, il suffit d'interrompre le courant à travers l'électro-aimant E du chariot ; alors le plan incliné du filet de vis, réagissant sur le taquet qui n'est plus maintenu par une adhérence magnétique, se soulève, et le chariot se trouve ramené spontanément à sa position initiale par le levier serré du frein lui-même.

Les inconvénients du premier embrayeur n'étant pas écartés complètement par cette seconde disposition. M. Achard voulut s'affranchir de ce
petit mouvement de va-et-vient communiqué à la pièce d'embrayage, et il
chercha à disposer son système dans les conditions des boîtes d'engrenage
ordinaires. A cet effet, il imagina le dispositif que nous représentons
fig. 122. Dans cette figure l'axe II, est un arbre horizontal, qui joue, dans
ce nouveau système, le rôle de la vis AB dans le système précédent ; il
porte, comme on le voit, l'embrayeur magnétique à mouvement circulaire

Fig. 122.

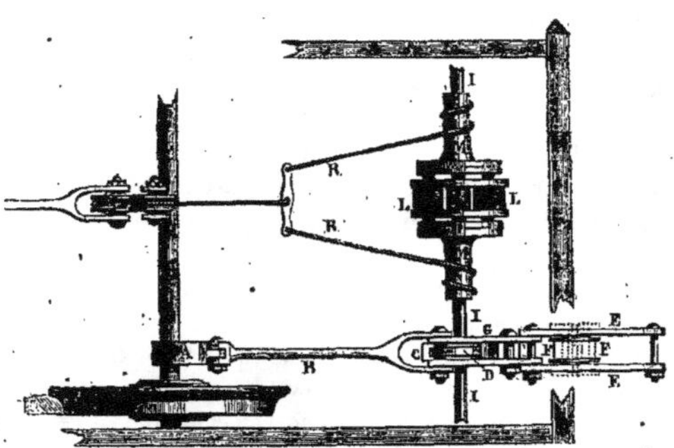

composé de ses deux disques de fer doux MM, montés sur des axes creux,
et de son système d'électro-aimants droits LL, disposé en regard de ces
disques sur une cage circulaire de cuivre fixée sur l'arbre II.

L'embrayeur auxiliaire, destiné à réagir sur le mécanisme à roue à
rochet qui doit communiquer le mouvement à l'arbre II, sous l'influence
de l'essieu du wagon, est adapté en EF. Il se compose essentiellement
d'un système électro-magnétique composé de deux ou quatre électro-
aimants droits dont les pôles peuvent glisser entre deux tringles de fer
doux EE. Ces tringles sont reliées à la bielle B sur laquelle réagit l'excentrique de l'essieu du wagon (1), par deux barres de cuivre GG qui portent
le cliquet d'impulsion D destiné à réagir sur le rochet moteur C, et tout ce

____

(1) Dans la figure, la pièce sur laquelle réagit cette excentrique ne se voit que
par le bout, car elle est verticale et articulée à la bielle B.

système fonctionne en dehors de l'action de l'excentrique sous l'influence
d'un fort ressort de rappel relié à la bielle B.

Le jeu de cet appareil est facile à comprendre : à l'état normal, le courant
circule dans les électro-aimants FF' et maintiennent les tringles EE au point
extrême de leur course, alors qu'elles ne sont plus sollicitées au mouvement que par le ressort de rappel. Dès lors l'arbre II ne bouge pas ; mais
aussitôt qu'on interrompt le courant dans l'embrayeur, ce ressort de rappel
repousse le système oscillant, et quand l'excentrique se présente, il provoque l'action du cliquet D, qui met en mouvement le rochet C, et par
suite l'arbre II. Toutefois, aucune action n'est encore produite sur le serre-
frein, car les disques de fer doux MM, sur l'axe desquels sont enroulées les

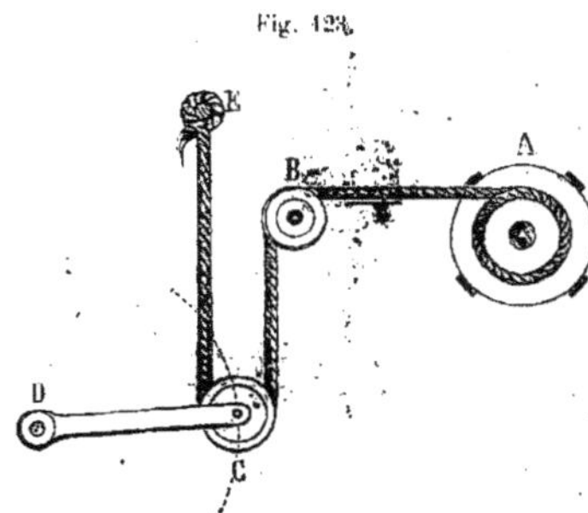

Fig. 123.

cordes ou les chaînes agissant sur ce serre-frein, ne
sont pas encore mis en
mouvement, et ce n'est que
quand le courant circule
dans les électro-aimants LL
que ces disques se trouvent
pour ainsi dire engrenés et
partagent le mouvement de
l'arbre II. Alors les chaînes
ou les cordes RR réagissent
par l'intermédiaire des poulies C, B, fig. 123, sur le
levier du serre-frein CD, et
produisent un serrage qui peut être gradué, maintenu ou supprimé spontanément comme précédemment, et de plus un desserrage gradué ; car,
en rétablissant le courant à travers l'embrayeur auxiliaire, on peut suspendre à volonté le mouvement de l'arbre II, fig. 122, et en l'interrompant
à travers l'embrayeur effectif, on met les disques MM à l'état de poulies
folles sur l'arbre II.

Nous ferons toutefois observer que l'action de l'embrayeur auxiliaire ne
pouvant être complète qu'autant que les tringles EE sont arrivées à la
limite extrême de leur course, il est important que l'action électrique ne
surprenne pas celles-ci dans une position autre que cette position extrême.
Pour obtenir ce résultat, il suffit d'un rhéotome adapté à l'axe II, et ce
rhéotome peut consister dans un manchon de matière isolante, ne présentant de parties conductrices devant un frotteur placé *ad hoc*, que quand les
tringles EE se trouvent dans la position voulue.

Ce système, outre qu'il évite le bruit produit par les autres embrayeurs, présente encore l'avantage d'être utilisé pour le serrage à la main, en embrayant la force développée par la rotation des roues. Il suffit pour cela d'un levier à main qui réagisse sur la bielle B, fig. 122, au lieu et place de l'excentrique, et de substituer à l'action de l'embrayeur celle d'une boîte d'engrenage placée sur l'axe II et s'emboîtant à volonté avec les manchons MM.

Pour éviter la rupture des chaînes qui pourrait avoir lieu si, par l'usure trop grande des sabots des freins, ces chaînes se trouvaient tout à fait enroulées sans que ces sabots aient rencontré les roues, M. Achard adapte au système un levier à main disposé de manière à maintenir la bielle B écartée de l'excentrique; de cette manière le jeu de l'embrayeur se trouve tout à fait suspendu.

M. Achard quelques années après ce système, dut le perfectionner encore pour le rendre pratique, et on peut voir dans le bulletin de la Société d'encouragement, la disposition qu'il lui donna au moment du rapport fait à cette Société par M. Tresca; mais ce n'est que dans ces derniers temps, et au moment de son application sur les chemins de fer du Nord, qu'il put atteindre la simplicité nécessaire pour ces sortes d'appareils. Cette fois, les freins électriques au lieu d'être plus chers d'exécution que les freins mécaniques, sont devenus moins dispendieux, et la bonté de leur fonctionnement s'est trouvée en rapport avec leur plus grande simplicité. Nous représentons, fig. 9, pl. IX, cette dernière disposition.

Cette fois, l'essieu des wagons n'est encombré par aucun mécanisme; deux simples manchons en fer fixés intérieurement entre les deux roues, constituent toute la transmission de mouvement, qui s'effectue par friction à l'aide de deux disques en fer D, adaptés sur l'axe de rotation A de l'embrayeur. Celui-ci, est suspendu sur deux coussinets à l'extrémité de deux leviers à fourchette L qui sont articulés en C sur le bâti du wagon et sont maintenus fortement repoussés vers la droite, par de forts ressorts N, qui assurent ainsi, entre les disques D et les manchons de l'essieu Q, une adhérence suffisante pour fournir l'équivalent d'un engrènement. L'embrayeur, constitué d'ailleurs comme celui de la fig. 122, est placé entre les deux disques et se compose comme lui de trois parties : 1° d'un système électro-magnétique composé de quatre électro-aimants tubulaires droits soutenus parallèlement et horizontalement sur un bâti en bronze fixé sur l'axe A ; 2° de deux disques en fer doux montés sur des manchons en fonte enveloppant à frottement doux l'axe A et portant des crochets sur lesquels sont fixées les chaînes du frein. Ces chaînes dont une se distingue aisément sur la figure et qu'on peut suivre dans sa révolution autour des poulies K' K" des leviers du frein, sont d'ailleurs disposées de manière à pouvoir faire réagir ces leviers sous l'influence de la main de l'homme et avec les systèmes mécaniques employés ordinairement ; de sorte que si l'embrayeur électrique ne produisait pas son effet, on aurait toujours à sa disposition les moyens anciens. On distingue du reste aisément sur la figure l'agencement des différentes pièces qui réagissent sur le frein, que l'on voit en F et dont le levier K commande le jeu.

Les communications électriques, dans ce système, sont très-simples : le fil qui s'enroule autour des bobines électro-magnétiques est soudé au sortir de celles-ci, à un fil recouvert de gutta-percha qui est logé dans une rainure évidée dans l'axe A lui-même, et ce fil aboutit des deux côtés, à deux tourillons de bronze sur lesquels tourne cet axe et qui en sont convenablement isolés au moyen de cales de bois. De cette manière, chacun des deux coussinets qui soutiennent l'axe A se trouve mis en rapport avec un bout du fil des électro-aimants, et comme leur support est fixé sur une pièce en bois, le courant peut être aisément transmis aux électro-aimants. Ce qui est curieux, c'est que malgré la couche de graisse qu'on interpose entre les coussinets et les tourillons de l'axe A, les communications électriques s'effectuent parfaitement. Une simple pile Leclanché de 6 éléments à grande surface, suffit pour développer une force de beaucoup supérieure à celle nécessaire pour un serrage à fond des freins. Un interrupteur de courant à clanche et des fils de communication établis d'un bout à l'autre du convoi dans le système Prudhomme, complètent le système.

Le fonctionnement de ce système est facile à comprendre : Tout le temps de la marche du convoi, les disques D sont mis en mouvement de rotation par leur frottement sur les manchons de fer qui garnissent l'essieu du wagon, et les électro-aimants tournent d'une manière incessante avec l'axe A, mais sans produire d'effet tant qu'ils ne sont pas animés par le courant ; au moment où, voulant faire agir le frein, le conducteur a fait fonctionner son interrupteur, ces électro-aimants en devenant actifs se collent contre les disques de fer doux sur l'axe desquels sont accrochées les chaînes du frein, et, constituant dès lors un système électro-magnétique fermé, ils entraînent avec eux les disques et les chaînes du frein, qui opèrent alors un serrage d'autant plus fort que le courant a circulé plus longtemps à travers le système électro-magnétique. Effectivement, quand le courant est interrompu, le collage des pièces magnétiques n'a plus lieu, et l'axe A tourne sans réaction sur les chaînes. Toutefois, pour que les effets du magnétisme rémanent n'empêchent pas le décollage immédiate des deux parties de cette espèce de boîte d'engrenage, M. Achard a été obligé de disposer les chaînes de traction sur les freins, de manière que la traction exercée par elle s'effectuât dans le sens de ce décollage.

Comme on le voit, ce système est arrivé à un grand degré de simplicité; on pouvait cependant désirer, pour éviter l'usure des disques tournant la majeure partie du temps à vide, que ceux-ci ne fussent mis en mouvement qu'au moment même de l'action du frein, et M. Achard a obtenu ce résultat de la manière la plus simple, en faisant des disques D, des électro-aimants circulaires analogues à ceux que nous avons décrits, tome II, p. 79. Ces électro-aimants sont, en temps ordinaire, maintenus à une distance très-faible de l'essieu du wagon (3 ou 4 millimètres), et quand le courant passe pour le fonctionnement des freins, ils viennent se coller sur l'essieu et participent à son mouvement jusqu'à ce que le courant ait cessé de les animer. La fig. 8, pl. IX représente la coupe verticale de ce dispositif qui est du reste facile à comprendre à première vue.

Système de M. Th. Masui. — Dans ce système, l'embrayeur électro-magnétique qui n'est autre chose que celui de M. Achard, comme le dit lui-même M. Masui, est monté directement sur l'essieu des wagons à freins au lieu de l'être sur un axe intermédiaire, comme dans le système précédent, et les communications électriques sont organisées de telle manière que les freins peuvent être manœuvrés à distance et fonctionner seuls ou isolément; enfin l'on s'est arrangé de manière que si le train venait à se séparer, l'action de ces freins put se produire dans chacun des tronçons disjoints, comme si l'accident n'était pas survenu. Ce système est actuellement employé en Belgique avec succès, et on compte l'appliquer même aux omnibus des tramways.

Les communications électriques, dans ce système, sont constituées essentiellement par deux fils isolés qui parcourent les convois dans toute leur longueur et dont la jonction des différents bouts qui les composent est produite, entre chaque wagon, par une boîte d'accouplement qui réunit d'un seul coup ensemble, les quatre bouts disjoints. A chaque véhicule pourvu d'un frein, ces fils sont mis en relation avec un relais qui établit la liaison de l'électro-aimant de l'embrayeur avec une pile locale, et cette pile locale, dans les fourgons de tête et de queue, est constituée par quelques éléments empruntés à une pile plus forte dite *pile de ligne*, qui est destinée à réagir à la fois sur tous les relais du convoi. Ces fourgons de tête et de queue sont d'ailleurs pourvus d'un commutateur à double manette dont nous parlerons à l'instant, mais qui est tellement disposé, que, suivant qu'on manœuvre l'une ou l'autre des manettes qui sortent de l'appareil, on peut faire réagir le courant sur tous les freins du convoi ou seulement sur un seul. Ce commutateur pourrait être d'une disposition assez simple si l'action à produire était simple en elle-même ; mais en raison du magnétisme rémanent de l'embrayeur, il devient essentiel d'envoyer un courant de désaimantation pour dégager les freins, et l'envoi de ce courant qui doit être de très-courte durée, a forcé de compliquer non-seulement ce commutateur, mais aussi les relais, comme on le verra à l'instant.

L'embrayeur électrique appelé à faire réagir les freins est fixé, comme nous l'avons déjà dit, sur l'un des essieux du fourgon qui les porte. La partie circulaire ou tambour qui soutient les disques de fer doux servant d'armatures, est fixée au moyen de colliers et de boulons sur l'essieu en question, et les disques de fer eux-mêmes y sont maintenus au moyen de fortes barres cylindriques disposées parallèlement à la génératrice du tambour et sur lesquelles ils peuvent accomplir un léger mouvement de glissement. Les électro-aimants, au nombre de quatre, sont disposés entre les deux disques de fer et fixés solidement à une pièce cylindrique qui enveloppe le système, et qui se termine à ses deux extrémités par une sorte de douille évasée susceptible de tourner à frottement doux sur l'essieu même qui porte les disques et qui se trouve recouvert en cet endroit d'une couche de métal blanc. Ce sont précisément sur ces douilles munies de forts crochets que s'enroulent les chaînes de serrage du frein, et c'est par l'intermédiaire de deux bandes circulaires de cuivre isolées, fixées sur l'enveloppe cylindrique elle-même et auxquelles sont soudées les deux extrémités du fil des électro-aimants, que pénètre le courant dans le système électro-magnétique. Deux ressorts frotteurs appuient, à cet effet sur ces bandes, et c'est à ces ressorts que se trouvent reliés, par des dérivations, les deux fils du circuit. Quant aux électro-aimants eux-mêmes, ils ont une disposition particulière que M. Achard a, du reste, adoptée dans ses derniers freins ; ce sont des espèces d'électro-aimants droits qui jouissent de la puissance des électro-aimants tubulaires par suite de l'action exercée sur eux par les deux disques de fer, dont l'un constitue la culasse de l'électro-aimant et l'autre l'armature. En conséquence, le noyau magnétique qui les compose et sur lequel est enroulée l'hélice magnétisante, est recouvert d'une chemise de fer dont les extrémités correspondent exactement à celles du noyau de fer lui-même. Quand, par suite de l'action du courant, les deux disques sont attirés contre les pôles de ce système magnétique, la chemise de fer qui est restée inerte sous l'influence directe du courant, se trouve polarisée par le noyau central avec lequel elle se trouve alors en contact magnétique, et quintuple la force de l'électro-aimant. Nous avons parlé de ces électro-aimants dans notre tome II, p. 78. Le seul inconvénient de ce système est le magnétisme rémanent ou plutôt le magnétisme condensé qui se manifeste après l'interruption du courant, et c'est pour le faire disparaître que l'interrupteur destiné à opérer le desserrage des freins est disposé de manière à faire passer préalablement à travers ces électro-aimants un courant inverse de très-courte durée. Nous avons vu que M. Achard employait pour cela un autre moyen, et faisait réagir à cet effet les chaînes de traction sous un angle suffisant pour constituer, au moment du desserrage, une force d'arrachement capable de lutter avec avantage contre ce magnétisme résiduel.

Il nous reste maintenant à parler du système commutateur et du relais employés par M. Masui pour la mise en action de ces freins et pour leur desserrage. Pour la simplicité du service, ces deux organes sont disposés dans un même appareil et sont accompagnés, comme moyen de contrôle, d'une sonnerie et d'un galvanomètre.

Le commutateur est, comme on l'a vu, à deux manettes, et chacune de ces manettes se termine par une sorte de fourchette constituée par deux ressorts frotteurs isolés l'un de l'autre, et en communication plus ou moins directe avec les deux pôles de la pile. Ces deux systèmes pivotent sur leur partie centrale de manière que les ressorts puissent appuyer, dans leur position verticale et oblique de droite, sur trois contacts isolés, dont l'un, celui du milieu, est commun aux deux positions de ces ressorts. Pour la manette de gauche destinée à faire réagir un seul frein, ces contacts sont reliés d'une part, à la sonnerie de contrôle, et d'autre part, à l'électro-aimant du frein par l'intermédiaire du galvanomètre, et cela de manière que, dans les deux positions de la manette, le courant traverse l'électro-aimant du frein dans un sens opposé. Quand la manette est dans la position verticale, position qui correspond au serrage du frein, elle doit y être maintenue toujours quelques instants et tout le temps que le frein doit réagir. Mais quand le desserrage doit avoir lieu, la manette doit être tournée promptement à droite pour être reportée immédiatement à gauche ; alors le courant inverse nécessaire à produire le décollage des armatures, a pu opérer son action sur l'électro-aimant du frein.

Les contacts de la manette de droite sont reliés aux fils de ligne par l'intermédiaire du fil de l'électro-aimant du relais, et d'une manière analogue à ceux de l'autre manette, c'est-à-dire de manière que, pour la position verticale, le courant envoyé soit positif, et que pour la position oblique de droite, ce courant soit négatif. Les relais eux-mêmes ont leur armature aimantée, et celles-ci oscillent entre les pôles de leur électro-aimant respectif de manière qu'une traverse horizontale qu'elles portent près de leur axe d'oscillation puisse en basculant immerger, d'un côté ou de l'autre,

quatre fils de fer ou de platine dans quatre tubes remplis de mercure. Ces
tubes sont mis en rapport avec le circuit local destiné à réagir sur les
freins, et suivant le sens de l'inclinaison de la bascule, le courant local se
trouve envoyé à travers ces freins dans un sens ou dans l'autre ; de sorte
que l'on obtient de cette manière, et par l'intermédiaire des relais, les
mêmes effets qu'avec le commutateur simple décrit précédemment ; seulement ces effets au lieu d'être isolés, sont répétés sur chacun des freins
adaptés au convoi. La manœuvre de la manette est, d'ailleurs, exactement
la même.

M. Masui a disposé aussi son système pour fonctionner avec les courants
d'induction produits par une machine magnéto-électrique. Dans ce système,
la source électrique réagit directement sur les électro-aimants du frein, et le
commutateur est remplacé par une pédale qui met en rapport le circuit
avec la machine d'induction en activité ; de cette manière le courant est
transmis directement aux électro-aimants des freins sans qu'il passe à
travers les appareils d'induction inactifs. Pour obtenir le desserrage, il
suffit de tourner la machine d'induction en sens inverse, jusqu'à ce qu'on
ait obtenu le décollage des disques armatures. Quand on ne veut faire agir
qu'un seul frein, un second interrupteur est nécessaire, et cet interrupteur
a pour mission, tout en coupant le circuit des électro-aimants du convoi, de
ne le fermer qu'à travers l'électro-aimant du fourgon où est installé l'appareil d'induction.

4° Moyens employés pour augmenter l'adhérence des roues motrices aux rails.

Si l'on considère que, sur les chemins de fer ordinaires, le point d'appui
de la force de traction du moteur est uniquement représenté par le frottement des roues motrices de la locomotive sur les rails, on peut comprendre
facilement que ce point d'appui ne peut exercer une action efficace pour
vaincre de grandes résistances, qu'en rendant ce frottement le plus dur
possible, c'est-à-dire en augmentant le poids de la locomotive dans une
proportion d'autant plus grande que la résistance à vaincre est plus considérable. Or, cette augmentation de poids entraîne la nécessité d'accroître la
force motrice, et l'usure des roues et des rails devient plus grande ; cette
usure augmente encore, si, pour rendre le frottement plus énergique, on
ensable les rails. En pensant à la puissance énorme d'adhérence que l'on peut
donner à deux pièces de fer en contact, par suite de l'aimantation de l'une
d'elles, on a eu depuis longtemps l'idée d'avoir recours à ce moyen pour

alléger les locomotives et augmenter la force de traction sur les pentes des voies ferrées ; mais pour y parvenir, il fallait aimanter les roues des locomotives, et ce n'est pas chose aisée. Cependant, il y a environ 25 ans, M. Nicklès, au moyen de ses électro-aimants circulaires que nous avons décrits, tome II, p. 79, était parvenu à produire ce résultat, et les expériences faites avaient suffisamment réussi pour montrer que le problème pouvait être résolu assez simplement. Mais, à cette époque, l'électricité n'était pas en honneur dans les administrations de chemins de fer, et il faut même le dire, la plupart de ceux qui ont vu les électro-aimants circulaires de M. Nicklès ne comprenaient pas leur mode d'action ; on était dans la persuasion qu'on ne pouvait aimanter la circonférence d'un disque en fer, et, comme les expériences faites auparavant en aimantant les rayons des roues n'avaient pas réussi, on enveloppa tous les systèmes de ce genre dans une même réprobation, et on ne s'en occupa plus. Il est vrai que les compagnies américaines, plus perspicaces et plus tenaces que les compagnies françaises, n'ont pas abandonné le problème, et, en nous reportant à une brochure publiée en 1864 par M. Prouteaux, laquelle n'était que la traduction d'une brochure américaine publiée par M. E. W. Serell, nous voyons que les essais commencés en France ont été continués en Amérique, et avec le plus grand succès, car la force de traction a pu se trouver augmentée, de cette manière, de plus d'un tiers pour un même poids de la locomotive. Il est vrai que les Américains, fidèles au principe de tout s'attribuer, ont avancé que ces bons résultats étaient dus uniquement à la perfection des moyens d'aimantation qu'ils avaient employés ; mais, avec la meilleure volonté du monde, il m'est impossible de voir en quoi diffèrent ces moyens de ceux employés par M. Nicklès. On pourra en juger par cette description très-vague, il est vrai, qu'en fait la brochure américaine :

« Après avoir essayé de placer les hélices autour des raies des roues motrices, on trouva que le courant magnétique était amené dans le moyeu des roues et dans l'essieu, mais nullement dans le bandage, et par suite sans utilité pour le but proposé. *Les hélices furent alors appliquées transversalement à la roue, et courbées dans la direction de la périphérie avec un rayon égal à celui de la roue elle-même, et le courant magnétique* passa instantanément dans le bandage. »

Nous voudrions savoir en quoi l'électro-aimant de M. Nicklès diffère de celui constitué ainsi qu'il vient d'être dit. Dans le système Nicklès, le fil est enroulé sur le moyeu de la roue, et les spires sont par conséquent courbées dans la direction de sa périphérie ; elles sont superposées les unes au-dessus des autres jusqu'à ce qu'elles atteignent le bandage ; elles ont donc un rayon égal à celui de la roue elle-même. Mais, ce que la brochure américaine ne dit pas, c'est la manière dont réagissent à la fois sur le rail les deux pôles de l'électro-aimant ainsi formé. Dans le système de M. Nicklès, ces deux pôles sont représentés par le bandage lui-même, qui est composé de deux circonférences de fer éloignés seulement de quelques millimètres l'une de l'autre, et qui se trouvent soudées sur les deux disques de fer constituant la roue proprement dite, dont elles enveloppent l'hélice magnétisante. Dans ces conditions, le noyau magnétique est représenté par le moyeu de la roue, et les deux disques qui le terminent en constituent les deux pôles. Il est vrai que ces pôles sont très-épanouis puisqu'ils se replient encore à leur circonférence pour couvrir l'hélice, mais ils sont dans le cas des pôles d'un électro-aimant muni de semelles de fer, et l'expérience m'a montré que cette disposition loin d'affaiblir l'action magnétique, la renforce au contraire dans une grande proportion. Le problème de l'aimantation d'une roue en fer se trouvait donc résolu, de cette manière, dans les meilleures conditions possibles, et nous doutons fort que le système américain fut supérieur. Mais, il faut le dire, on est généralement en France, même à l'époque actuelle, tellement peu au courant des réactions magnétiques, que peu de personnes comprennent l'électro-aimant de M. Nicklès, et nous voyons même certains recueils le donner comme une nouveauté en le baptisant sous autre nom. Je l'ai pourtant décrit dans tous mes ouvrages, depuis 1855. Il résulte de cette ignorance, que le système de M. Nicklès n'a pas été apprécié comme il l'aurait dû être, et il est probable qu'un jour on le verra préconisé sous un autre nom. Quoiqu'il en soit, voici quelques-uns des résultats obtenus en Amérique :

« Dans un essai fait sur le chemin de fer de Filchburg, sur la machine l'Anthracite, l'hélice était en communication avec une batterie disposée à cet effet, et l'augmentation d'adhérence dépassa 40 % quand une seule paire de roue était aimantée. Cet essai fut répété de plusieurs manières différentes :

« 1° La locomotive est enchaînée à un point fixe, la voie et les roues sont enduites d'un corps gras et l'on trouve que, sans magnétisme, il suffit d'une pression de vapeur de 19 livres au pouce pour opérer le glissement des roues. Avec les roues aimantées, et dans les mêmes conditions, il faut une pression de 35 livres pour obtenir le même résultat.

« 2° Sur une voie propre, unie, exposée aux rayons du soleil et dans les conditions les plus favorables de traction, les roues, sans magnétisme, glissèrent à la pression de 50 livres au pouce; avec le magnétisme, la pression était de 88 livres, et les roues ne glissaient pas encore. »

Ces résultats ont été confirmés par des certificats émanés de MM. T. Jakson, Samuel Nicolson, Ch. B. F. Adams, et ne peuvent laisser aucun doute dans l'esprit. Comment donc ne se préoccupe-t-on plus de cette question?... En Amérique ce système est établi depuis plus de 15 ans sur le chemin de fer central de New-Jersey, et nous en sommes encore à nous demander en France, si le problème est soluble!!!

FIN DU QUATRIÈME VOLUME

TABLE DES MATIÈRES

CONTENUES DANS CE VOLUME

QUATRIÈME PARTIE

APPLICATIONS MÉCANIQUES DE L'ÉLECTRICITÉ A L'INDUSTRIE, AUX SCIENCES ET AUX ARTS.

PREMIÈRE SECTION

HORLOGERIE ÉLECTRIQUE

CHAPITRE PREMIER

COMPTEURS ÉLECTRO-CHRONOMÉTRIQUES

CHAPITRE II

HORLOGES ÉLECTRIQUES

DEUXIÈME SECTION

ENREGISTREURS ÉLECTRIQUES

CHAPITRE PREMIER

CHRONOSCOPES ET CHRONOGRAPHES ÉLECTRIQUES

CHAPITRE II

ENREGISTREURS MÉTÉOROLOGIQUES

CHAPITRE III

ENREGISTREURS ÉLECTRIQUES DIVERS.

TROISIÈME SECTION

APPLICATION DE L'ÉLECTRICITÉ A LA SÉCURITÉ ET AUX SERVICES DES CHEMINS DE FER.

CHAPITRE PREMIER

SYSTÈMES ÉLECTRIQUES APPLIQUÉS SUR LES LIGNES DE CHEMINS DE FER.

TABLE DES NOMS D'AUTEURS

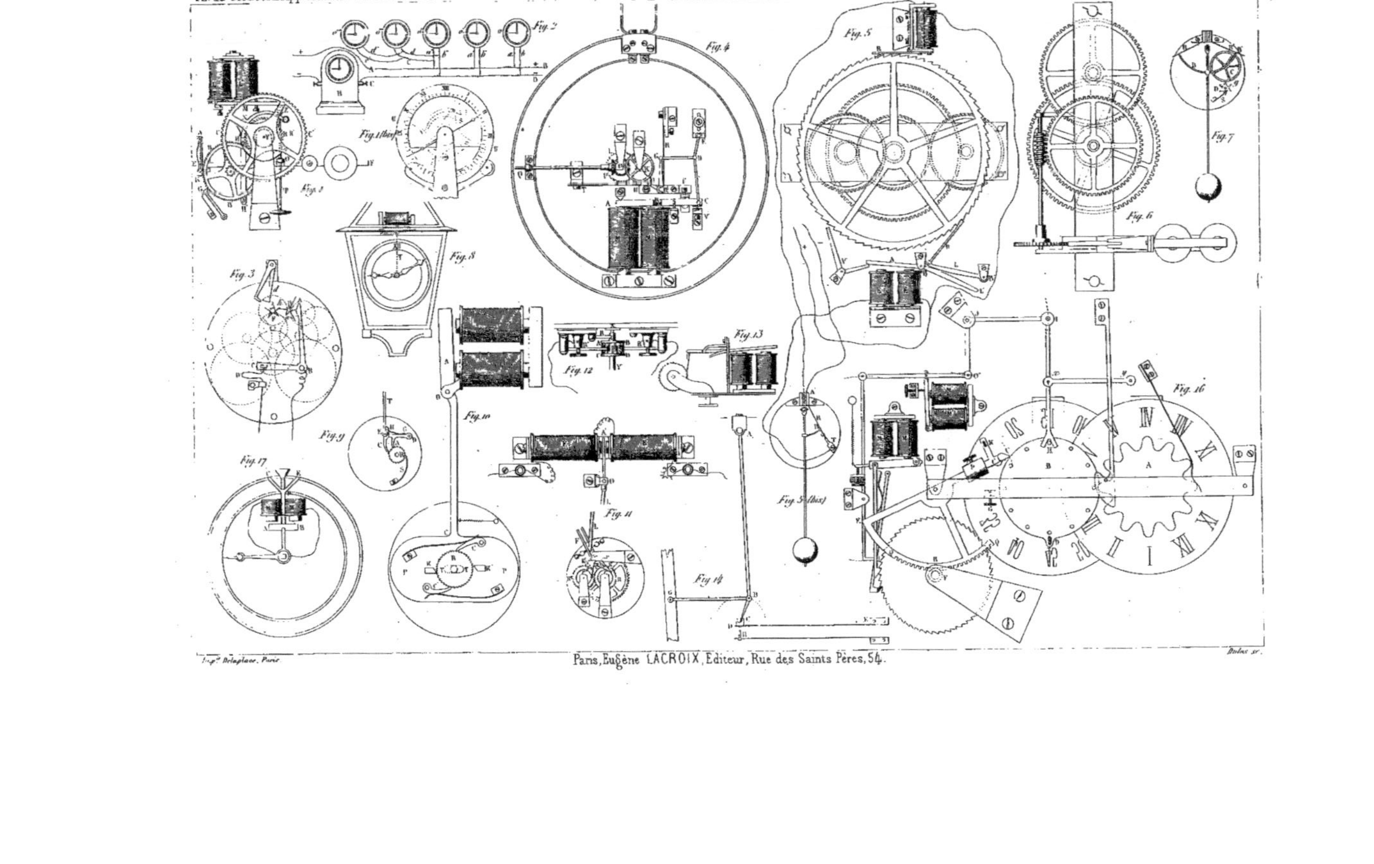

Imp.ᵉ Delaplace, Paris.   Paris, Eugène LACROIX, Editeur, Rue des Saints Pères, 54.   Dulos sc.

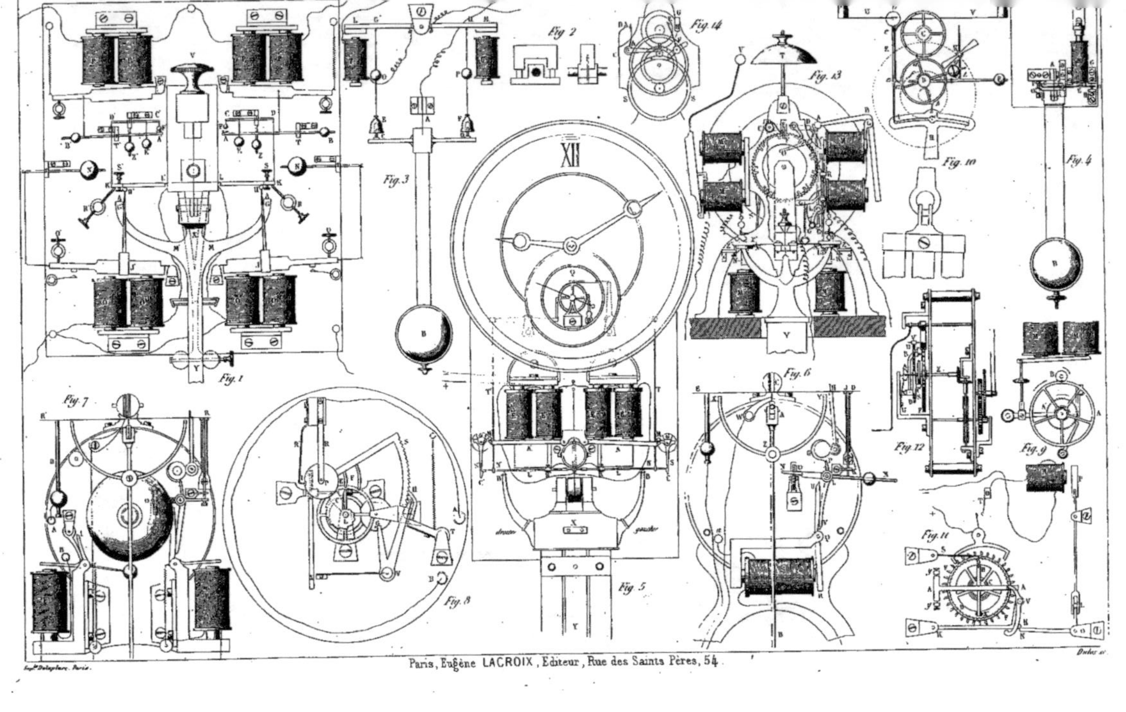

Paris, Eugène LACROIX, Éditeur, Rue des Saints Pères, 54.

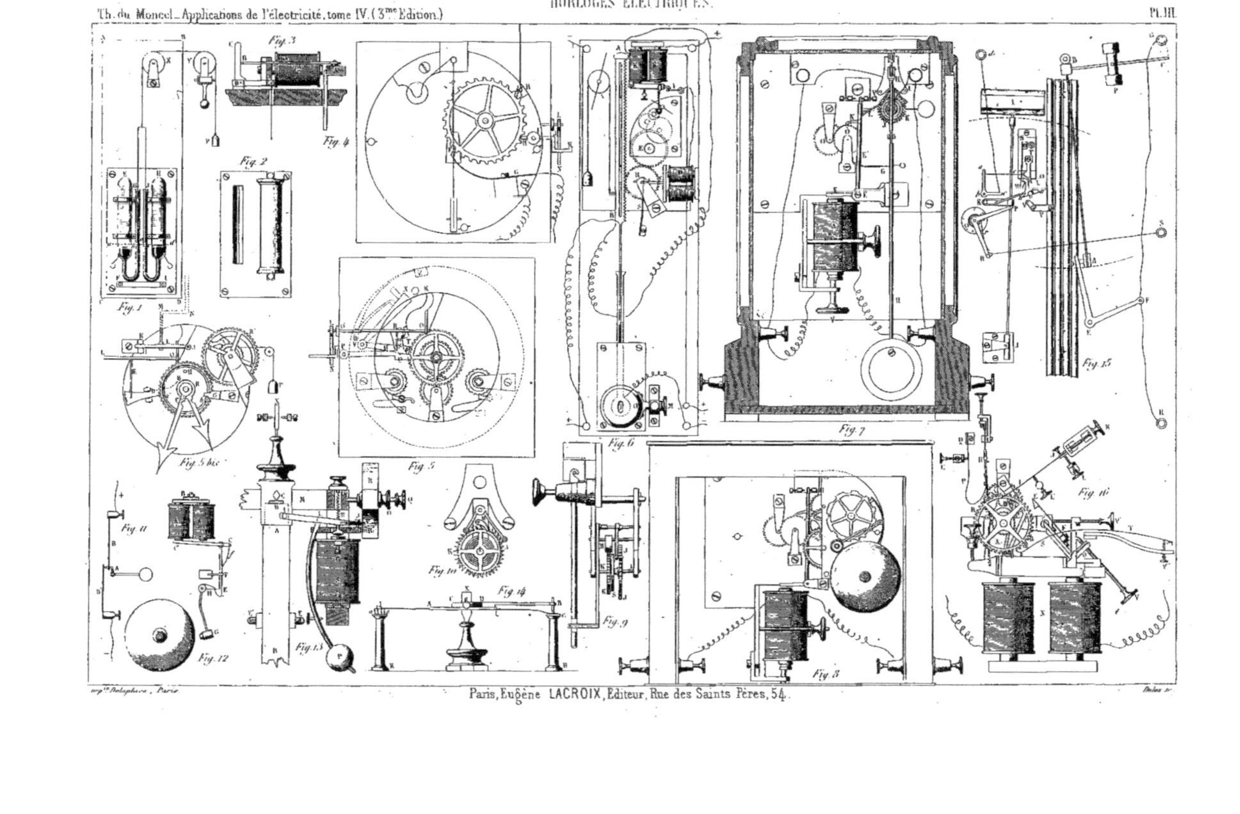

Th. du Moncel. Applications de l'électricité, tome IV (3me Edition.)
HORLOGES ELECTRIQUES
PL. III.
Paris, Eugène LACROIX, Editeur Rue des Saints Pères, 54.
Fig. 1
Fig. 2
Fig. 3
Fig. 4
Fig. 5
Fig. 5 bis
Fig. 6
Fig. 7
Fig. 8
Fig. 9
Fig. 10
Fig. 11
Fig. 12
Fig. 13
Fig. 14
Fig. 15
Fig. 16

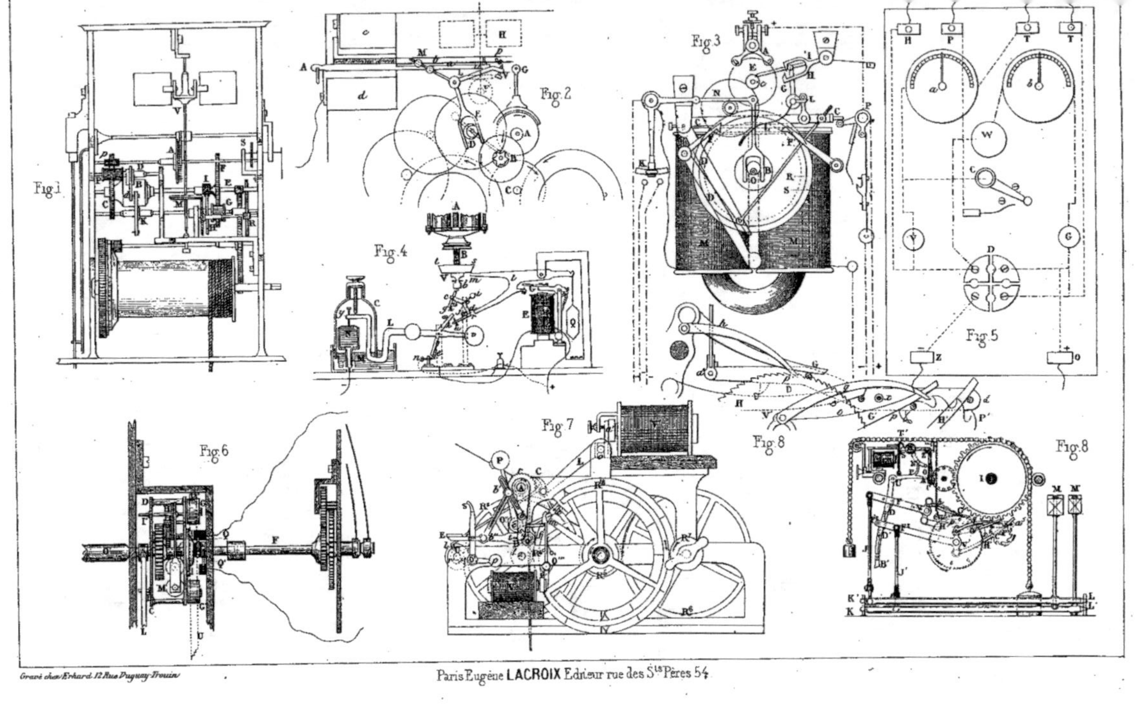

Fig.1
Fig.2
Fig.3
Fig.4
Fig.5
Fig.6
Fig.7
Fig.8
Fig.8
Gravé chez Erhard, 12 Rue Duguay-Trouin
Paris Eugène LACROIX Editeur rue des Sts Pères 54

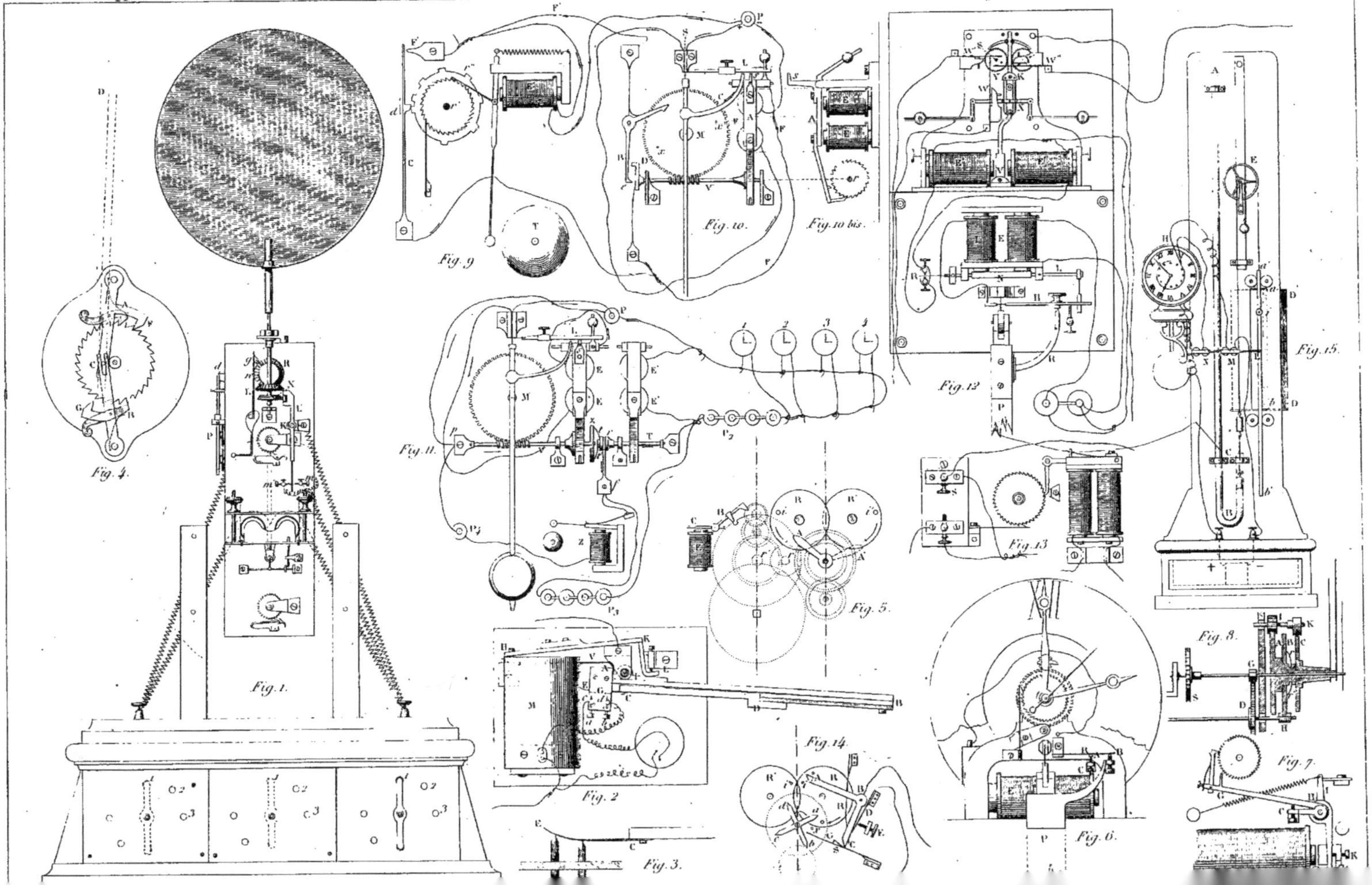

Th. du Moncel._Applications de l'électricité, tome IV, (3me Edition.)

Fig. 1.

Fig. 2.

Fig. 3.

Fig. 4.

Fig. 5.

Fig. 6.

Fig. 7.

Fig. 8.

Fig. 9.

Fig. 10.

Fig. 10 bis.

Fig. 11.

Fig. 12.

Fig. 13.

Fig. 14.

Fig. 15.

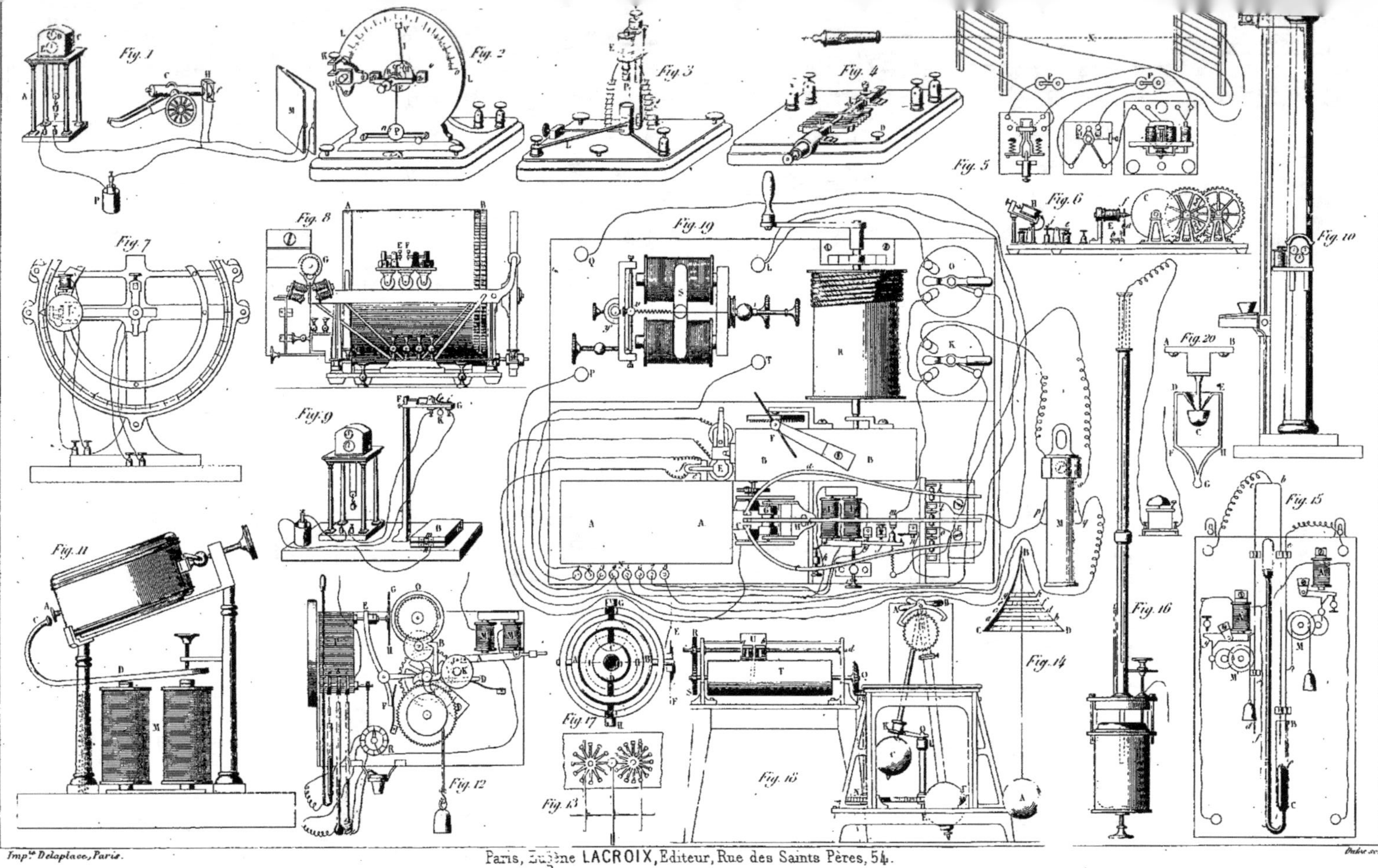

Imp.ᵉ Delaplace, Paris.
Paris, Eugène LACROIX, Editeur, Rue des Saints Pères, 54.
Fig. 1
Fig. 2
Fig. 3
Fig. 4
Fig. 5
Fig. 6
Fig. 7
Fig. 8
Fig. 9
Fig. 10
Fig. 11
Fig. 12
Fig. 13
Fig. 14
Fig. 15
Fig. 16
Fig. 17
Fig. 18
Fig. 19
Fig. 20

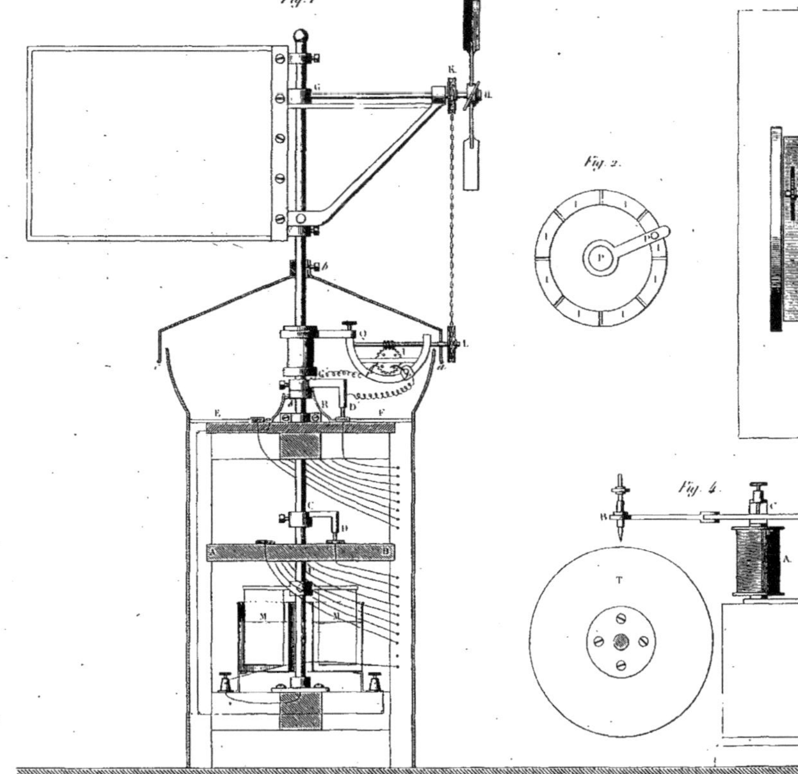
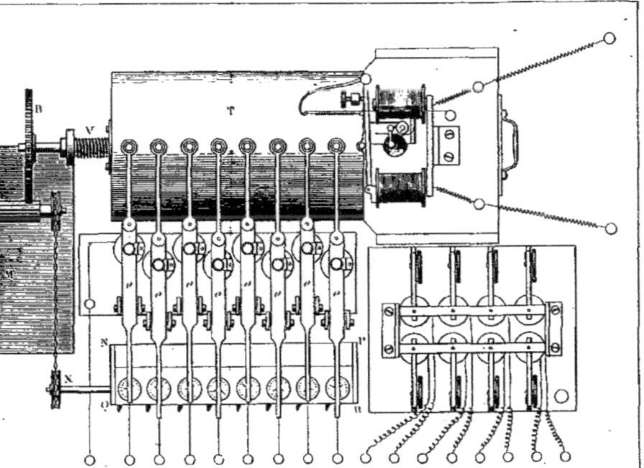
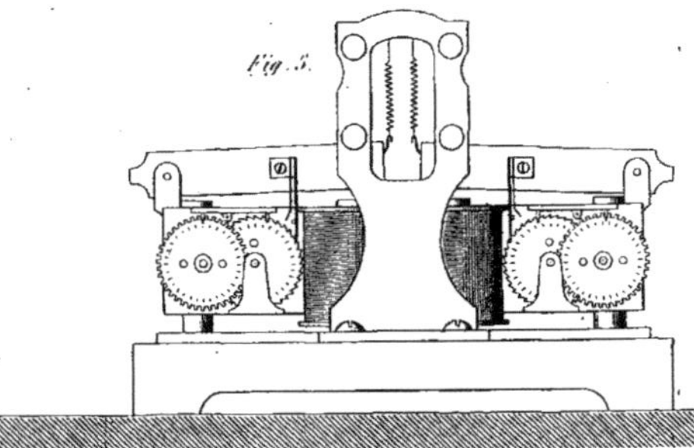

Paris, Eugène LACROIX, Éditeur, Rue des Saints Pères, 54.

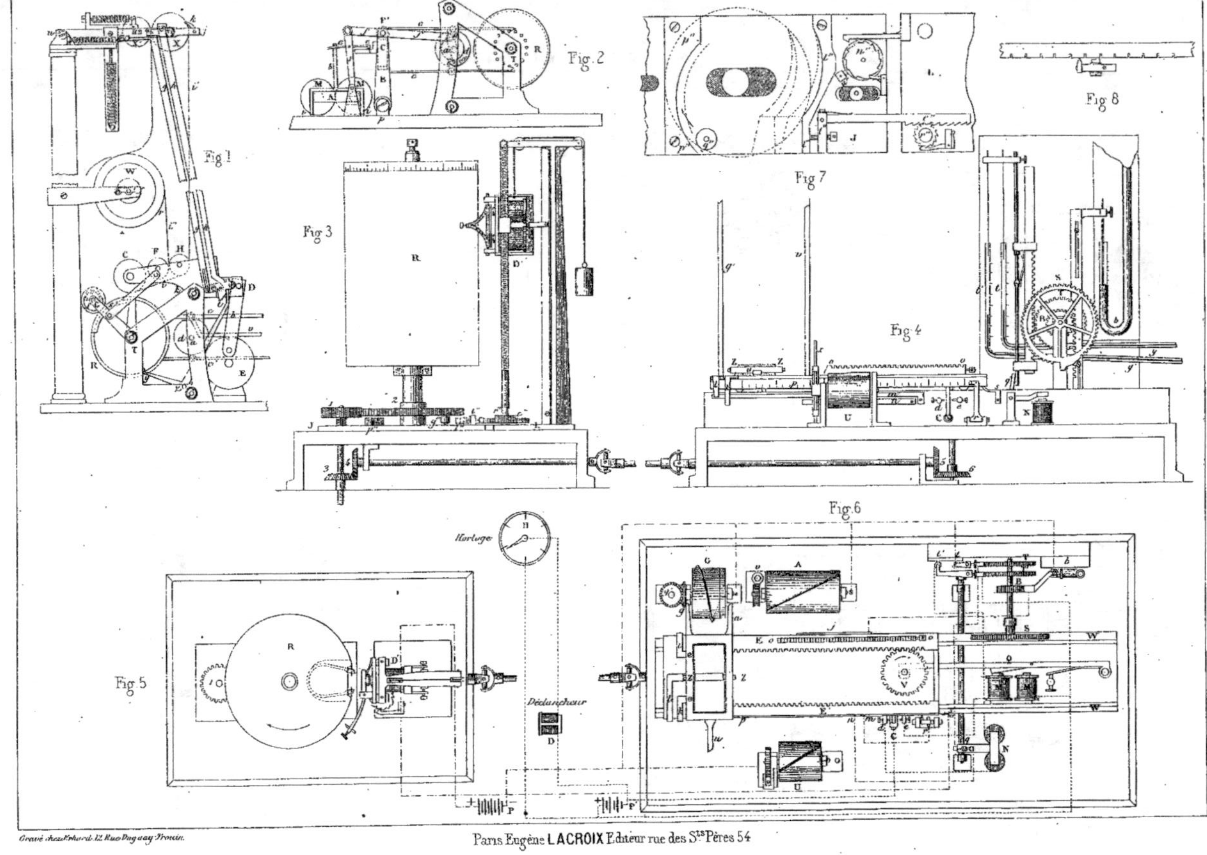

Fig 1
Fig. 2
Fig 3
Fig 4
Fig 5
Fig.6
Fig 7
Fig 8
Horloge
Déclancheur
Gravé chez Erhard 12 Rue Duguay Trouin.
Paris Eugène LACROIX Éditeur rue des Sts Pères 54

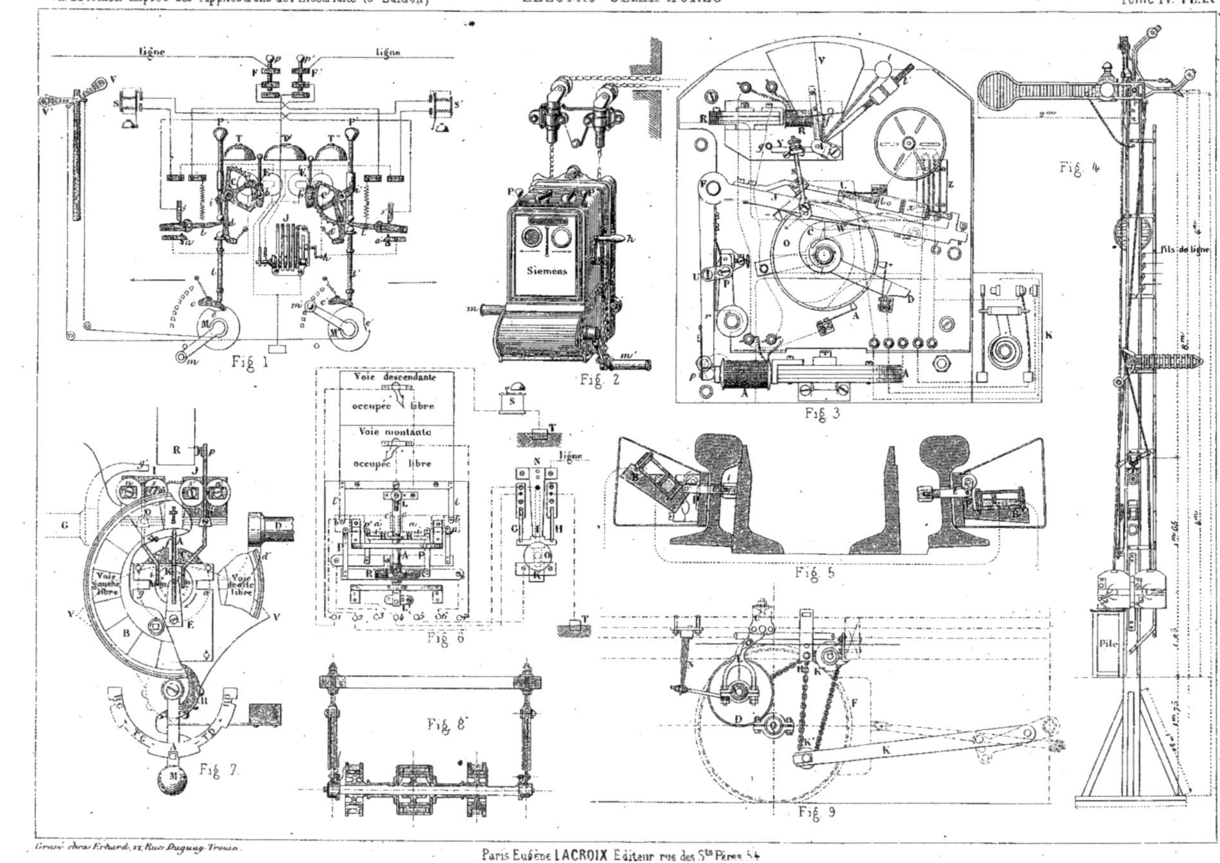

Paris Eugène LACROIX Editeur rue des Sts Pères 54

LIBRAIRIE SCIENTIFIQUE INDUSTRIELLE AGRICOLE
Eugène LACROIX, Imprimeur-Éditeur
Du *Bulletin officiel de la marine* et de plusieurs sociétés savantes
PARIS, 54, RUE DES SAINTS-PÈRES, 54, PARIS

THÉORIE ET PRATIQUE

DE

L'ART DE L'INGÉNIEUR

DU

CONSTRUCTEUR DE MACHINES

ET DE

L'ENTREPRENEUR DE TRAVAUX PUBLICS

OUVRAGE COMPRENANT

**Sous le titre d'INTRODUCTIONS, les connaissances théoriques
qui constituent la science de l'Ingénieur
et sous le titre de PROJETS, dépendants de ces Introductions,
leurs applications directes à toutes les branches de l'Industrie
et des Travaux publics**

PAR

L. VIGREUX, INGÉNIEUR CIVIL

Répétiteur du cours de construction des machines à l'École Centrale des Arts et Manufactures
Ancien Élève de cette École et de l'École nationale des Arts et Métiers de Châlons-sur-Marne

PRÉCÉDÉ D'UNE LETTRE A L'AUTEUR

PAR

M. CH. CALLON, INGÉNIEUR CIVIL
Professeur à l'École Nationale et des Arts et Manufactures

————◆◆◆————

L'importance et l'utilité de cet ouvrage sont incontestables, puisqu'il renferme toutes les connaissances théoriques et pratiques qui constituent la science et l'art de l'ingénieur.

L'auteur et l'éditeur se sont proposé un double but : faciliter aux ingé-

Série A : **Résistance des matériaux.** — Série B : **Cinématique.** — Série C :
Physique industrielle. — Série D : **Hydraulique appliquée.** — Série E :
Mécanique appliquée. — Série F : **Construction des machines à vapeur.**
— Série G : **Construction des machines.**

APPLICATION DE LA PARTIE DIDACTIQUE

AUX PRINCIPALES CLASSES D'USINES INDUSTRIELLES ET DE TRAVAUX PUBLICS.

Travaux publics. — **Usines industrielles.** — **Machinerie agricole.** — **Exploitation des mines et métallurgie.** — **Travaux d'édilité.** — **Constructions navales.** — **Chemin de fer et traction sur les routes ordinaires.**

Catalogue des livraisons publiées à l'époque du 1er mars 1876.

Il doit paraître une ou deux livraisons par mois.

PRINCIPAUX OUVRAGES PUBLIÉS SUR L'ÉLECTRICITÉ (1).

BECQUEREL (Alfred). Traité des applications de l'électricité à la thérapeutique médicale et chirurgicale. 2e édition. Paris, 1860. 1 vol. in-8, fig. 7 »

BLAVIER (E.-E.). Nouveau traité de télégraphie électrique. Cours théorique et pratique. 2 vol. gr. in-8 d'environ 500 pag. chacun, illustrés de près de 500 bois. Paris, 1867. . . 20 »

Cet ouvrage est sans contredit le plus recommandable et le seul complet qui ait été publié sur la matière. Il a été adopté dès son début par tous les employés des lignes télégraphiques en France et à l'étranger.

— Considérations sur le service télégraphique et sur la fusion des administrations des postes et des télégraphes. In-8, 130 p. 2 »

BOUSSAC (A.). Précis de télégraphie électrique et des connaissances mathématiques, physiques et chimiques indispensables pour la télégraphie. Un vol. in-8, 503 pag. fig. dans le texte. Paris, 1868. 7 »

BONNEJOY. Des moyens pratiques de constater la mort par l'électricité à l'aide de la faradisation. Paris, 1866, in-8, 32 p. 1 25

CALLAUD (A.). Essai sur les piles. Ouvrage couronné par la Société des Sciences, de l'Agriculture et des Arts de Lille. 2e édition. In-18 jésus, avec 2 pl.; 1875. 2 50

CASELLI et BONELLI. Description des télégraphes électro-chimiques. In-8. 2 50

CASTRO (Manuel Fernandez de), ingénieur en chef de première classe du corps royal des mines d'Espagne. — L'électricité sur les chemins de fer, description et examen de tous les systèmes proposés pour éviter les accidents sur les chemins de fer, au moyen de l'électricité. 2 vol. in-8, 1160 p. ornées de 351 bois intercalés dans le texte. 16 »

CHAPPE (aîné). Histoire de la télégraphie. 1 vol. in-8 de 270 p. et atlas in-4 de 34 pl. 12 »

CLARCK-LATIMER. An Elementary treatise on electrical measurement, for the use of telegraph inspectors and operators. In-12, London, 1868, 176 p. fig. et tableaux dans le texte. 9 »

COUDRET (J.-F.). Recherches médico-physiologiques sur l'électricité animale. Paris, 1837. In-8, fig. 7 »

DELAMARCHE (A.). Eléments de télégraphie sous-marine. Br. in-8, 83 p. 2 »

DE LA RIVE (A.-A.). Traité d'électricité théorique et appliquée, par A. de la Rive, membre correspondant de l'Institut de France, professeur émérite de l'Académie de Genève. Paris, 1854-1857, 3 vol. in-8, avec 447 fig. 27 »

DESROUSSEAUX. Electricité dévoilée. In-8. 4 fr.

DU MONCEL (le comte). Exposé des applications de l'électricité. 4 vol. in-8 avec nombreuses fig. dans le texte. 1872-1876. Prix, reliés. 56 »

— Etude sur la télégraphie. Télégraphes écrivants, systèmes Morse, Bonnelli, etc. Gr. in-8 19 fig. 2 50

— Considérations nouvelles sur l'électro-magnétisme et ses applications aux électro-moteurs et à l'aménographie électrique. In-8. 3 »

— Théorie de la perspective apparente, suivie d'une notice sur l'art lithographique. 2e édition. In-8. 2 »

— Mémoire sur les anémomètres à indications continues établies près Cherbourg. In-8. 1 50

— Recherches sur les constantes des piles voltaïques. In-8, 28 p. 2 »

— Etude du magnétisme et de l'électro-magnétisme au point de vue de la construction des électro-aimants. In-8, 472 p., fig. et pl. 5 »

(1) On peut se procurer tous ces ouvrages à la librairie scientifique industrielle et agricole de E. LACROIX, Imprimeur-Éditeur, 54, rue des Saints-Pères, Paris.

Du Moncel. Notice sur **l'appareil d'in-duction** électrique de Ruhmkorff et les expériences que l'on peut faire avec cet instrument. 5e *édition* in-8, avec de nombreuses figures dans le texte; 1867. 7 50

— Notice sur le **câble transatlantique**. In-8 illustré de 25 gravures dans le texte; 1869. 1 50

— Recherches sur les **meilleures con-ditions de construction** des électro-aimants. In-8; 1871. 3 »

— Origine de l'**induction**. In-8; 1873. » 75

— Effets produits dans **les piles à bi-chromate** de potasse, en général, et avec les sels excitateurs de MM. Voisin et Dronier en particulier. In-8; 1872. 1 50

— Détermination des **éléments de construction** des électro-aimants, sui-vant les applications auxquelles on veut les soumettre. Grand in-8; 1874. 1 50.

— Recherches sur la **non-homogénéité de l'étincelle électrique**. In-8; 1860. 2 50

— Etude des **lois des courants électri-ques** au point de vue des applications électriques. In-8 avec fig.; 1860. 4 »

— Recherches sur les **transmissions électriques** à travers le sol dans les circuits télégraphiques. In-8; 1861. 1 »

En outre de tous les ouvrages publiés par M. le comte Du Moncel et dont nous donnons ci-dessus la nomenclature, on trouvera du même auteur, de nombreux mémoires pu-bliés dans les recueils des *Sociétés Savantes* notamment dans les mémoires de l'*Académie* et les bulletins de la *Société d'encourage-ment*.

Ether (l'). L'électricité et la matière. In-8, 352 p. 5 »

Garnault. **Leçons élémentaires d'élec-tricité**, ou exposition concise des prin-cipes généraux de l'électricité et de ses applications, par W. Snow Harris, traduites et annotés par E. Garnault. In-18, avec fig. 3 »

Gavarret (J). **Traité d'électricité**. Paris, 1857-1858. 2 vol. in-18 avec fig, 16 »

Gloesener, professeur à l'université de Liége. Traité général des **applications de l'électricité**. Un fort volume grand in-8, avec 17 planches; 1861. 15 »

— Etudes sur l'**électro-dynamique** et l'**électro-magnétisme**. Importance du principe du renversement alternatif du courant dans les électro-aimants. 2e *édi-tion*, considérablement augmentée. Grand in-8; 1874. 4 »

Guitard (M.-J.). Histoire de l'**électricité** médicale. Paris, 1854, in-12, 396 p. 3 50

Hughes (D.-E.). Expériences sur la **forme** et la **nature des électro-aimants**. In-8. 3 50

Jobert (A.-J). Des **appareils électriques** des poissons électriques. Paris, 1858, in-8 avec atlas de 11 pl. gr. in-folio. 10 »

Love. Essai sur l'identité des agents qui produisent le **son, la chaleur, la lu-mière, l'électricité**, etc. 1 vol. in-8, 296 p. 6 »

Martin de Vervins, lauréat de l'Aca-démie des sciences et de la Société d'encouragement. — Nouvelle **Ecole électro-chimique** ou chimie des corps pondérables et impondérables. 1 vol. in-8, 487 p. 7 50

Matteucci. **L'électricité des animaux**. In-8. 3 »

Miège (B.), directeur de station de li-gnes télégraphiques. **Guide pratique de télégraphie électrique**, ou *Vade mecum* pratique à l'usage des em-ployés des lignes télégraphiques, suivi du programme des connaissances exi-gées pour être admis au surnuméra-riat dans l'administration des lignes télégraphiques, xi-148 p., avec figures dans le texte. 3 »

Nicklès. Les **électro-aimants** et l'ad-hérence magnétique. In-8. 5 »

Olivier (J.). Traité de **magnétisme**. In-8, 521 p. 9 »

Prouteaux (A.). **De l'électro-magné-tisme**, appliqué aux chemins de fer. 1 br. in-18 de 14 p. 1 »

Saint-Edme (E), professeur de sciences physiques aux Ecoles municipales d'Au-teuil, Lavoisier, Turgot et à l'Ecole supérieure du Commerce: **L'Electri-cité appliquée** aux arts mécaniques, à la marine, au théâtre. In-8, avec belles figures gravées sur bois, dans le texte; 1871. 4 »

Scoutetten (H.). **De l'électricité** consi-dérée comme cause principale de l'ac-tion des eaux minérales sur l'orga-nisme. Paris, 1864, 1 vol. in-8 de 420 p. 6 »

Ternant (A.-L.). Manuel pratique de **télégraphie sous-marine**, construc-tion, pose, entretien et exploitation des câbles sous-marins, épreuves électri-ques qu'ils subissent, à l'usage des électriciens constructeurs, des em-ployés du télégraphe et des action-naires de compagnies télégraphiques sous-marines. 1 vol. in-8. 226 pages, tableaux, pl. et fig. 4 »

Vail (A.). **Le télégraphe électro-ma-gnétique** américain. 1 vol. in-8 263, p. avec bois dans le texte. 7 »

Vinchent. Mémoire sur les **lignes télé-graphiques** du royaume de Belgique, leur matériel et leurs rapports avec l'exploitation des chemins de fer. Br. in-8. 3 »